Nancy Blachman
Michael J. Mossinghoff

Maple griffbereit

Nancy Blachman
Michael J. Mossinghoff

Maple griffbereit

Alle Versionen bis Maple V 3

Aus dem Amerikanischen übersetzt
von Hans J. Wolters

vieweg

© 1994 by Variable Symbols, Inc.

Alle Rechte an der deutschen Übersetzung vorbehalten
© Friedr. Vieweg & Sohn Verlagsgesellschaft mbH, Braunschweig/Wiesbaden, 1995

Der Verlag Vieweg ist ein Unternehmen der Bertelsmann Fachinformation.

Das Werk einschließlich aller seiner Teile ist urheberrechtlich geschützt. Jede Verwertung außerhalb der engen Grenzen des Urheberrechtsgesetzes ist ohne Zustimmung des Verlags unzulässig und strafbar. Das gilt insbesondere für Vervielfältigungen, Übersetzungen, Mikroverfilmungen und die Einspeicherung und Verarbeitung in elektronischen Systemen.

Gedruckt auf säurefreiem Papier
ISBN-13:978-3-528-06529-4   e-ISBN-13:978-3-322-83115-6
DOI: 10.1007/978-3-322-83115-6

Vorwort

Das vorliegende Buch *Maple V griffbereit* stellt eine klare und umfassende Beschreibung des Maple-Computeralgebra-Systems dar. Es wird dem Leser helfen, die Befehle, die er benötigt zu finden und effektiv zu verwenden. Das Buch ist für alle Benutzer geeignet; unabhängig davon wieviel Erfahrung sie mit der Anwendung von Maple haben.

Maple V griffbereit enthält:

- Einen Überblick und eine Einführung in Maple
- Informationen zur Benutzerschnittstelle von Maple
- Listen von Befehlnamen und -optionen, nach Sachgebiet geordnet
- Beschreibungen aller Maple-Befehle (alphabetisch geordnet)
- Details über frei erhältliche Maple-Programme
- Antworten zu oft gestellten Fragen
- Die geläufigen Mathematica-Befehlen entsprechenden Maple-Befehle
- Hinweise zu anderen Quellen
- Eine Kurzbeschreibung oft benutzter Begriffe

Zur Benutzung dieses Buches

Kapitel A, **Einführung in Maple**, stellt einen Überblick sowie eine Einführung in Maple dar. In diesem Kapitel wird Maples Syntax beschrieben; es werden viele Beispiele zur numerischen und symbolischen Berechnung, Graphik und zur Programmierung in Maple angegeben. Sollte der Leser nicht mit Maple vertraut sein und nach einem kurzen Überblick suchen, so sollte er mit diesem Abschnitt starten.

Kapitel B, **Die Benutzeroberfläche**, beschreibt die graphische Arbeitsblattbenutzerschnittstelle und die auf Text basierende Befehlszeilenschnittstelle von Maple.

Kapitel C, **Liste der Sachgebiete**, teilt alle Maple-Befehle abhängig von ihren Funktionen in bestimmte Kategorien auf. Man kann dieses Kapitel dazu benutzen, sich einen schnellen Überblick über alle in Maple vorhandenen Befehle zu verschaffen. Man kann auch nach dem Namen eines bestimmten Befehls oder einer bestimmten Option suchen.

Kapitel D, **Liste der Befehle**, listet alle Maple-Befehle alphabetisch auf und gibt eine Kurzbeschreibung sowie ein Schema für jeden der Befehle. Die meisten Einträge enthalten zumindest ein Beispiel.

Kapitel E, **Elektronische Resourcen**, beschreibt die Share-Bibliothek, elektronische Adresslisten, Nachrichtenquellen des Internets (news groups) und andere Resourcen, die auf dem elektronischen Wege zugänglich sind.

Kapitel F, **Oft gestellte Fragen**, beantwortet einige Fragen zu Maple, die von Benutzern oft gestellt werden.

Kapitel H, **Mathematica und Maple im Vergleich**, ist vor allem für solche Leser nützlich, die sich schon mit Mathematica auskennen. Die beiden Systeme werden miteinander verglichen und es werden die Maple Befehle aufgeslistet, die die Gegenstücke zu den Mathematica-Befehlen darstellen.

Kapitel I, **Wie man mehr über Maple erfährt**, listet andere Informationsquellen über Maple auf, darunter mehrere Publikationen und Benutzergruppen.

Kapitel J, **Verzeichnis wichtiger Begriffe**, definiert einige der in diesem Buch benutzten Begriffe.

Kapitel K, **Tabellen**, faßt Maples Operatoren und Sondersatzzeichen zusammen.

Zur Erstellung dieses Buches

Für dieses Buch wurden Maple-Befehle auf verschiedenen Plattformen getestet, darunter Sun und NeXT Arbeitsplatzrechner und Apple Macintosh und IBM-kompatible Personalcomputer; verwendet wurden Maple V, Maple V Version 2 und Maple V Version 3. Dieses Buch enthält Informationen aus den Maple-Hilfsdateien und aus dem *Maple V Library Reference Manual*, welches von Waterloo Maple Publishing erstellt wurde. Das vorliegende Buch wurde von Nancy Blachman, Michael Mossinghoff und Peter Altenberg gestaltet. Es wurde mit dem LaTeX Dokumentverarbeitungssystem gesetzt. Die PostScript-Illustrationen wurden von Maple erzeugt, leicht modifiziert und dann mit Hilfe der epsf-macros von Radical Eye Software eingefügt. Zur Erzeugung der LaTeX-Eingabe für die Kapitel C, D und 7 aus von den Autoren erzeugten Datenbanken, wurden Unix-Programme verwendet. Larry Walls perl-Programm war bei der Erstellung dieser Kapitel besonders hilfreich. Das dvips-Programm von Radical Eye Software verwandelte die TEX-Ausgabe in eine Postscript-Datei.

Danksagungen

Nancy und Michael — Wir sind allen dankbar, die uns Vorschläge zu diesem Buch gemacht haben. Wir wollen insbesondere den folgenden Leuten danken: Kate Atherly von Waterloo Maple Software, Bill Bauldry von der Appalachian State University, Nelson Blachman, der bis vor kurzem bei GTE tätig war, Jonathan Brown von Wadsworth, Inc., Robert Campbell von Variable Symbols, Stan Devitt von der University of Saskatchewan und Waterloo Maple Software, Michael Fennel, Dave Hart von der Indiana University, Jeremy Hayhurst von Brooks/Cole, Benton L. Leong von Waterloo Maple Software, Michael B. Monagan von der ETH, Darrel Redfern von Practical Approach, Peter Reynolds vom Office of Naval Research, Carol Scheftic von der Carnegie Mellon University und Brooks/Cole, Glenn A. Sowell von der University of Nebraska at Omaha, Paul Swets von der University of Texas at Austin, Jenny Watson von Clecom Ltd. und Sue Worden vom University of Texas Computation Center.
Wir wollen uns bei Daniel Drucker von der Wayne State University, Abi Fattahi vom Whittier College, Betty Field von den Maricopa Community Colleges, John Ramsay vom College of Wooster und Daniel Schwalbe vom Macalester College für die Durchsicht einer frühen Version des Buches und für ihre zahlreichen Ideen, Kommentare und Vorschläge danken, die wir aufgegriffen und in dieses Buch eingearbeitet haben.
Wir schätzen die Hilfe von Ed W. Sznyter von Bäbel Press und von Cameron Smith mit TEX. Wir danken Peter Altenberg für seine Unterstützung bei der graphischen Gestaltung dieses Buches.
Wir möchten außerdem den Entwicklern von Maple, den Autoren des Maple Library Reference Manual(Bruce W. Char, Keith O. Geddes, Gaston H. Gonnet, Benton L. Leong, Michael B. Monagan und Stephen M. Watt) und Ron Neumann von Waterloo Maple Software für ihre Unterstützung danken.
Wir danken auch Nancy Champlin Conti und Elizabeth Barelli Rammel, welche die Editorial Assistants bei Brooks/Cole sind, sowie dem Productions Editor Kirk Bomont für ihr außergewöhnliches Engagement.

Nancy — Ich möchte ferner Mark Yoder und Robert López vom Rose-Hulman Institute of Technology für ihre Einladung zu ihrem vom NSF gesponserten Workshop zur Belebung des Wissenschafts-, Mathematik- und Ingenieursunterrichts mit Hilfe von Computeralgebra-Systemen danken. Bei diesem Workshop erhielt ich wertvolle Anregungen von Herb Brown von der University at Albany, Duane Broline von der Eastern Illinois Univerisity, Brian Evans, der zur Zeit an der University of California at Berkeley forscht, Estela Llinas von der University of Pittsburgh at Greensburg und Joel Trussell von der North Carolina State University.
Ich danke Michael Morgan von Morgan/Kauffman Publishing Company und Bob Evans von Brooks/Cole dafür, daß sie mein Buch Jeremy Hayhurst empfohlen haben und Wayne Oler von Wadsworth dafür, daß er mir geholfen hat, sich für Brooks/Cole als Verleger zu entscheiden. I freue mich, daß Jeremy Hayhurst von Brooks/Cole sich für mein Manuskript interessiert hat; es war eine sehr angenehme Zusammenarbeit.
Ich möchte meinen Eltern, Nelson und Anne Blachman für ihre Zustimmung und Unterstützung danken.
Außerdem möchte ich Anupama Murty für seine Beiträge zu Kapitel D dieses Buches danken und Helen Chernicoff für die Geschäftsführung von Variable Symbols, während ich an diesem Buch arbeitete.

Michael — Ich möchte darüberhinaus dem Department of Mathematics der University of Texas at Austin danken, insbesondere Rafael de la Llave und Jeffrey Vaaler. Außerdem möchte ich mich bei Heather Lacey von Wadsworth, Inc. für ihre Unterstützung bedanken. Mein ganz besonderer Dank gilt meiner Frau Kristine für ihre Geduld und Unterstützung.

Schlußwort

Wegen der wachsenden Popularität von Maple haben wir uns dazu entschlossen, ein Buch zu schreiben, welches den Benutzern von Maple helfen soll. Wir hoffen, daß der Leser das Buch

Maple V griffbereit als nützlich ansieht. Sollten Sie Fehler finden oder bemerken, daß etwas fehlt, oder sollten Sie Verbesserungsvorschläge zu diesem Buch haben, so lassen Sie es uns bitte wissen.

Nancy Blachman
Variable Symbols, Inc.
6537 Chabot Road
Oakland, CA 94618-1618
USA
Email: nb@cs.stanford.edu
Fax: 510-652-8461
Telefon: 510-652-8462

Michael Mossinghoff
Department of Mathematics
University of Texas at Austin
Austin, TX 78712
USA
Email: mossingh@math.utexas.edu

Inhaltsverzeichnis

A   Einführung in Maple

Maple ist ein Computeralgebra-System: ein fortgeschrittenes Programm zur exakten symbolischen (Formel)manipulation, zur präzisen numerischen Berechnung, zum mathematischen Programmieren und zur Erzeugung von Graphikausgaben. Es wurde an verschiedenen Stellen von Forschern und Studenten entwickelt, unter anderem der University of Waterloo, Drexel University, der Eidgenössischen Technischen Hochschule (ETH) in Zürich und Waterloo Maple Software. Maple wird mittlerweile überall an höheren Schulen in Mathematikkursen, sowie in Unternehmen und an Universitäten zur Fortbildung, für technische Anwendungen und zur wissenschaftlichen Forschung eingesetzt. Maple beinhaltet:

- Fortgeschrittene Algorithmen zur symbolischen Manipulation, einschließlich aller Standardoperationen aus Algebra, Analysis und linearer Algebra.

- Eine umfangreiche Sammlung numerischer Routinen, die auf Zahlen beliebiger Größenordnungen und mit beliebiger numerischer Genauigkeit operieren.

- Zwei-und dreidimensionale Graphikroutinen zum Zeichnen von Funktionen und Visualisieren von Daten auf dem Bildschirm.

- Pakete mathematischer Funktionen, welche Kodieroperationen enthalten, sowie Algorithmen aus Gebieten wie Algebra, Analysis, Geometrie, linearer Algebra, diskreter Mathematik, Zahlentheorie, Statistik und mathematischer Physik.

- Eine umfangreiche Programmiersprache zum Entwickeln eigener Lösungen.

- Die Fähigkeit, den Quellcode der meisten der fast 2500 Funktionen zu inspizieren und sogar zu modifizieren.

- Besondere Routinen, die es Studenten erlauben, Probleme aus Algebra und Analysis schrittweise zu lösen.

- Eine erschwingliche Version speziell für Studenten.

Maple gibt es für alle möglichen Computer z.B. denen von Apple, Convex, Cray, DEC, Hewlett-Packard, IBM, MIPS, NeXT, Sequent, Silicon Graphics und Sun. Es läuft auf Personalcomputern unter DOS, sowohl ohne als auch mit Microsoft Windows.
Maple-Befehle und Programme sind portabel: Man kann dasselbe Maple-Programm auf einem PC, einem Arbeitsplatzrechner (Workstation), einem Großrechner (Mainframe) und einem Supercomputer ausführen.
Dieses Kapitel stellt eine Einführung in das Maple-Computeralgebra-System dar. Zuerst wird gezeigt, wie man Maple interaktiv benutzen kann, und wie man Hilfsinformation direkt auf dem Bildschirm angezeigt bekommen kann. Dann werden einige der numerischen und symbolischen Funktionen von Maple illustriert, sowie die Möglichkeiten, Plots und Graphiken zu erstellen. Anschließend werden die in Maple vorhandenen Datentypen sowie die Kontroll- und Datenstrukturen diskutiert, und die Programmbibliothek wird etwas detaillierter beschrieben. Dieses Kapitel enthält ferner eine Einführung zum Schreiben eigener Funktionen und Prozeduren in Maple, die von einer Zusammenfassung der Eingabe-und Ausgabedaten abgeschlossen wird. Eine Sammlung von Aufgaben bietet die Gelegenheit, das Gelernte zu üben. Im letzten Abschnitt führen wir mehrere Unternehmen auf, welche Maple-Software anbieten.
Dieses Buch basiert auf Maple V Version 3, Maple V Version 2 und Maple V. Alle zur Version 3 neu hinzugekommenen Funktionen sind klar gekennzeichnet. Maple V Version 3 ist bezüglich mathematischer Funktionen, Graphik, Programmierung und On-Line-Hilfe stark gegenüber den vorigen Versionen verbessert worden.

A.1 Der Aufbau von Maple

Das Maple-Computeralgebra-System besteht hauptsächlich aus drei Komponenten. Zuerst ist da der Kernel, der Maples Rechenmaschine darstellt. Er wird geladen, sobald man eine Maple-Sitzung beginnt. Er führt die grundlegenden Funktionen aus, z. B. das Auswerten von Ausdrücken, die Ausführung einfacher algebraischer Operationen und das Kontrollieren von Eingabe und Ausgabe. Der Kernel ist in der Programmiersprache C geschrieben und ist eher klein, nämlich nach Übersetzung in der Regel weniger als ein Megabyte.

Als zweite Komponente ist die Maple-Programmbibliothek zu nennen, die den Großteil von Maples mathematischen Kentnissen darstellt. Die Funktionen dieser Bibliothek sind in Maples eigener Programmiersprache geschrieben und man kann diesen Code buchstäblich selbst inspizieren. Einige der Bibliotheksroutinen werden vom Kernel während einer Sitzung nach Bedarf eingelesen. Andere liest der Benutzer explizit ein, wenn er sie braucht. Einige sind zu sogenannten *Paketen* zusammengefaßt. Man kann ein gesamtes Paket auf einmal einladen und somit Zugriff auf Dutzende von Routinen erhalten, die z.B. in das Gebiet der linearen Algebra oder auch der Graphik fallen. Der Aufbau der Programmbibliothek wird ausführlicher in Abschnitt A.11 auf Seite 53 erklärt.

Die dritte Komponente des Maple-Systems ist die Benutzerschnittstelle, auch Benutzer-Interface genannt. Unter Maple V Version 2 und Version 3 benutzen alle Computer, die hinreichend graphikfähig sind, ein sogenanntes *Worksheet*-Interface[1]. Die Arbeitsblätter erlauben es, Maple-Befehle, Ergebnisse, Graphiken und begleitenden Text in einem einzigen Dokument zusammenzufassen. Im Gegensatz zum Kernel oder zur Bibliothek kann die Benutzerschnittstelle von Computer zu Computer sehr verschieden sein. Kapitel 2, Die Benutzerschnittstelle, beschreibt die beiden Hauptvarianten von Benutzerschnittstellen zum Maple-System.

A.2 Notation

Wir geben oft ein sogenanntes Schema einer Maple-Funktion an, um die Anzahl und Typen der Parameter, die sie benötigt, darstellen zu können. In einem Schema müssen Worte und Symbole, welche im `Schreibmaschinen`-Zeichensatz gesetzt sind, wörtlich eingegeben werden, Begriffe in Kursivschrift hingegen, müssen durch besondere Maple-Ausdrücke ersetzt werden. Beispielsweise heißt die Maple-Funktion um Grenzwerte zu berechnen `limit`. Das Grundschema für limit zeigt, daß zwei Argumente benötigt werden: Erstens einen Ausdruck (expression) und zweitens eine Gleichung.

```
limit(ausdr, var = val);
```

In diesem Kapitel kommen viele Beispiele von Maple-Befehlen vor. Maple-Befehle sind in Schreibmaschinen-Zeichensatz gesetzt und eine Maple-Eingabeaufforderung geht ihnen voran. Bei den meisten Systemen ist diese Eingabeaufforderung (kurz Prompt genannt) das Zeichen >, aber manche Maple-Versionen können •, ein ausgefülltes Dreieck, oder ein vergrößertes > als Prompt benutzen. In diesem Buch werden wir > als die Maple-Eingabeaufforderung benutzen.

Von Maple stammende Ergebnisse werden in mathematischer Darstellung sowie zentriert angegeben. Maple V Version 2 und Version 3 drucken Ergebnisse auf diese Weise bei Computern aus, die die Arbeitsblattschnittstelle benutzen. Wir können zum Beispiel den Grenzwert der Folge $1/(1 + \frac{r}{m})^m$ für m gegen Unendlich mit Hilfe des folgenden Befehls berechnen:

```
> limit(1/(1+r/m)^m, m = infinity);
```

$$\frac{1}{e^r}$$

Bei Systemen ohne die Arbeitsblatt-Schnittstelle, wie zum Beispiel ein einfacher Bildschirm und auch bei früheren Maple-Versionen würde das Ergebnis folgendermaßen ausgedruckt werden:

```
       1
    ------
    exp(r)
```

---

[1]*Worksheet* kann man frei als Arbeitsblatt übersetzen. Im folgenden wird meistens der Begriff „Arbeitsblatt" verwendet werden.

Manchmal, wenn wir anzeigen wollen, daß eine bestimmte Taste auf der Tastatur gedrückt werden soll, rahmen wir die Taste ein. Das Betätigen der Enter- oder Datenfreigabetaste wird zum Beispiel durch ENTER angezeigt.

A.3 Wie man Maple benutzt

In diesem Abschnitt vermitteln wir dem Leser die zur interaktiven Benutzung von Maple erforderlichen Kenntnisse von grundlegenden Befehlen und Konventionen. Wir beschreiben, wie man eine Maple-Sitzung startet, Maple-Befehle eingibt und wie man langandauernde Berechnungen unterbricht.

Wie man Maple aufruft

Wie genau man Maple aufruft und eine Sitzung startet, hängt von der Art des benutzten Computers ab. Benutzt man Maple unter dem X Window System (bzw. eine der abgeleiteten Versionen wie zum Beispiel DECwindows, OpenWindows oder OSF/Motif), so gibt man xmaple & in einem Kommando-Fenster ein. Aus DOS, Unix oder einem VMS-Terminal heraus, ruft man Maple durch Eingabe von maple auf. Andere Systeme erlauben es, Maple durch Anklicken eines Ahornblatt-Symbols aufzurufen[2]. Die nachfolgende Tabelle faßt zusammen, wie man Maple auf verschiedenen Computern aufruft.

Computertyp	Befehl, um Maple aufzurufen
DOS	Man gibt maple ein
MS-Windows, Macintosh, NeXT	Man klickt das Ahornsymbol an.
X Window-Systeme	Eingabe von xmaple &
Unix-Bildschirm	Eingabe von maple
VMS-Bildschirm	Eingabe von maple

Wenn sich Maple nicht aufrufen läßt, sollte man zuerst sicherstellen, daß sich das Programm in einem Dateiverzeichnis befindet, welches zum Suchpfad gehört. Bei Unix-Systemen kann man sich den Suchpfad durch Eingabe von echo $PATH oder echo $path anzeigen lassen. Gegebenenfalls sollte man sich an den Systemverwalter wenden oder im Handbuch zur Maple-Installation nachlesen, wie man den Suchpfad so verändert, daß man Maple aufrufen kann.

Wenn man Maple aus einer Graphikumgebung heraus aufruft, erscheint ein neues Fenster für die Maple-Sitzung. (Ein Bild dieses Fensters, so wie es unter X-Window erscheint, findet man auf Seite 71 in Bild B.1.) Das Maple-Logo, versehen mit einem Portrait von Sir Isaac Newton, erscheint manchmal auf dem Bildschirm solange das Programm initialisiert wird (Bild A.1).

Bild A.1 Das Maple V-Logo

Wenn man Maple von einem Bildschirm aus aufruft, erscheint ein Vorspann, der so ähnlich aussieht wie der folgende:

---

[2] Anm. d. Übers: Das rührt daher, daß Maple als „Ahorn" übersetzt wird

```
    |\^/|       Maple V Version 2 (University of Texas at Austin)
._|\|   |/|_.   Copyright (c) 1981-1993 by the University of Waterloo.
 \  MAPLE  /    All rights reserved. Maple and Maple V are registered
 <____ ____>    trademarks of Waterloo Maple Software.
      |         Type ? for help.
>
```

Nachdem der Maple-Kernel eingeladen wurde, fordert Maple den Benutzer zur Eingabe auf und zeigt damit an, daß es bereit ist, Befehle zu bearbeiten.

Einige Maple-Versionen haben zwei Benutzerschnittstellen. Eine graphische Benutzerschnittstelle wird für interaktive Maple-Sitzungen bevorzugt, während eine Version mit Befehlszeilen sich besser für den Stapelbetrieb eignet. Unter Unix-Systemen wird die Version mit Befehlszeilen `maple` genannt, und sie sollte sich in dem Dateiverzeichnis befinden, in welchem Maple installiert ist.

Die Eingabe von Maple-Befehlen

Wir wollen nun von Maple den Wert von 5^{10} erfragen.

```
> 5^10;
```

$$9765625$$

Mit ganz wenigen Ausnahmen muß jeder eingegebene Maple-Befehl mit einem Semikolon (;) oder einem Doppelpunkt (:) enden. Beendet man einen Befehl mit einem Doppelpunkt, so wird zwar die Rechnung ausgeführt, das Ergebnis wird aber nicht auf dem Bildschirm ausgegeben. Ein Doppelpunkt wird immer dann benutzt, wenn es unerheblich ist, das Ergebnis des Befehls zu sehen, wenn man zum Beispiel einer Variablen einen Wert zuweist oder eine Funktion aus der Programmbibliothek liest. Da das Ende eines Befehls durch ein spezielles Zeichen gekennzeichnet ist, ist es möglich, mehrere Befehle in einer Zeile einzugeben, aber auch, mehrere Zeilen zur Eingabe eines einzigen Befehls zu benutzen. Sollte man das Semikolon einmal vergessen, so kann man es in der nächsten Zeile eingeben.

```
> 2^10; 2^20; 2^30;
```

$$1024$$

$$1048576$$

$$1073741824$$

```
> 13 + 29
> ;
```

$$42$$

Um die Ausführung von Berechnungen zu erzwingen, muß man die $\boxed{\text{RETURN}}$ oder $\boxed{\text{ENTER}}$-Taste betätigen. (Welche Taste man verwenden muß, hängt vom benutzten Computer ab.) Nachdem Maple die Rechnung beendet hat, wird wiederum ein Prompt angezeigt, um dem Benutzer mitzuteilen, daß ein neuer Befehl eingegeben werden kann.

Es gibt eine große Anzahl von Funktionen in Maple V. Einige Befehlsnamen sind geradezu selbst-erklärend[3]

Funktion	Beschreibung
factor	Zerlege ein Polynom in Linearfaktoren
limit	Berechne den Grenzwert eines Ausdruckes.
plot	Zeichne ein zweidimensionales Diagramm
round	Runde eine (Gleitkomma)zahl auf die nächste ganze Zahl
simplify	Vereinfache einen Ausdruck
solve	Löse Gleichungen auf

---

[3]Anm. d. Übers.: Dies gilt natürlich für die englische Sprache.

Viele Namen sind Abkürzungen; einige davon sind in der Mathematik sehr gebräuchlich.

Funktion	Beschreibung
abs	Absoluter Wert
diff	Differenziere
dsolve	Löse die Differentialgleichungen
ifactor	Zerlege eine ganze Zahl in Primfaktoren
igcd	Größter gemeinsamer Teiler einer ganzen Zahl
int	Integriere
tan	Tangens

Man ruft eine Maple-Funktion auf, indem man ihre Argumente in Klammern hinter den Funktionsnamen setzt. Man würde z. B. die Quadratwurzel mittels sqrt berechnen und die Ableitung der Sinusfunktion mittels diff.

```
> sqrt(676) - 1;
```

$$25$$

```
> diff(sin(x), x);
```

$$\cos(x)$$

Maple unterscheidet zwischen Groß- und Kleinschreibung, der Befehl diff(sin(x), x) unterscheidet sich deutlich von Diff(sin(x), x). Die Namen der meisten Maple-Funktionen beginnen mit einem Kleinbuchstaben. Viele der Funktionen, deren Name mit einem Großbuchstaben beginnt, wie Diff, Int und Limit sind *starr* – man versteht darunter formale Operationen, die keine aktuellen Berechnungen durchführen. Man kann beispielsweise die Ableitung der Sinusfunktion ohne Berechnen des Ergebnisses rein formal mit Hilfe der starren Funktion Diff angeben.

```
> Diff(sin(x), x);
```

$$\frac{\partial}{\partial x}\, \sin(x)$$

Leerzeichen innerhalb von Maple-Befehlen werden gewöhnlich ignoriert. Es kann sich jedoch als nützlich erweisen, Leerzeichen einzufügen, um die Lesbarkeit zu erhöhen.

Am besten erlernt man Maple durch Üben und duch Ausprobieren der einzelnen Befehle. Der Rest dieses Kapitels stellt an zahlreichen Beispielen die Fähigkeiten von Maple dar. Man sollte nun selbst versuchen, diese Befehle einzugeben und auch mit ihnen zu experimentieren. Wenn man die Beispiele dieses Buches eintippt, sollte man darauf achten, daß man
• dieselbe Rechtschreibung und Groß-Kleinschreibung
• dieselben Arten von Klammern (eckige, runde, Mengenklammern)
• dieselben Satzzeichen (Anführungszeichen, Kommata, Semicolon, Doppelpunkte) benutzt.

Wie man vorhergehende Ergebnisse benutzt

Oft will man ein Ergebnis, welches man von Maple erhalten hat, direkt als Eingabe an einen weiteren Befehl weiterreichen. Das Anführungszeichen " bezieht sich auf das vorher berechnete Ergebnis.

```
> int(cos(x) * sin(x)^5, x);
```

$$\frac{1}{6}\, \sin(x)^6$$

```
> diff(", x);
```

$$\cos(x)\sin(x)^5$$

Genauso kann man das vorletzte Ergebnis durch `" "` und das vorvorletzte Resultat durch `" " "` ansprechen.

Möchte man auf die Gesamtheit aller Ergebnisse, die während einer Maple-Sitzung berechnet wurden, zugreifen, so liest man die Bibliotheksfunktion `history` mit Hilfe des Befehls `readlib(history)` ein und gibt danach den Befehl `history()` ein, um den History-Mechanismus in Gang zu setzen. Man wird dann genau über dem Prompt oder auch anstelle des Prompts folgendes sehen: „On :=" (der Buchstabe O für Output, gefolgt von einer ganzen Zahl n).

Danach wird das n-te berechnete Ergebnis in der Variablen On gespeichert, und man kann mit diesem Namen dann in Zukunft auf das entsprechende Ergebnis zugreifen. Hat man einmal den History-Mechanismus gestartet, so sind die Befehle `" "` und `" " "` nicht mehr anwendbar. Um diese Eigenschaft zu umgehen, muß man `off` eingeben.

```
> readlib(history):
> history();

O1 := 3^10;
```

$$59049$$

```
O2 := O1 + 1;
```

$$59050$$

```
O3 := off;
>
```

Wie man Maple verläßt

Um eine Maple-Sitzung zu beenden, gebe man `quit`, `stop` oder `done` ein. Man braucht diese Befehle nicht mit einem Komma oder Semikolon abzuschließen. Die folgende Tabelle listet andere Möglichkeiten zum Verlassen von Maple, abhängig vom Computer, auf.

Computertyp	Befehl zum Verlassen
Alle	`quit`, `stop` oder `done`
DOS	Drücke die Taste F3
MS-Windows	Man wähle den **Exit**-Befehl im **File**-Menu, oder ALT - F4
Macintosh	Man wähle den **Quit**-Befehl im **File**-Menu oder COMMAND -q
X Window Systeme	Man wähle den **Exit**-Befehl im **File**-Menu oder ALT -x
Unix	Man betätige CONTROL -/
NeXT	Man wähle den **Quit**-Menubefehl oder COMMAND -q

Wie man eine Berechnung unterbricht

Man kann eine langandauernde Berechnung unterbrechen, indem man die Interrupt-Taste des Computers betätigt. Bei einigen Computern bricht man dadurch die gesamte Maple-Sitzung ab. Bei den meisten Systemen jedoch erscheint ein neuer Prompt und man bleibt in Maple, nachdem man einen Befehl abgebrochen hat. Hier sind die Befehle zum Unterbrechen von Maple auf verschiedene Computern.

Computertyp	Befehl zum Unterbrechen
DOS	CONTROL - BREAK oder CONTROL -c
MS-Windows	CONTROL - BREAK
Macintosh	COMMAND -. (Kommandotaste gefolgt von einem Punkt)
X Window-Systeme	**Interrupt**-Knopf
Unix	CONTROL -c
NeXT	**Interrupt**-Befehl im **Kernel**-Menu oder oder COMMAND -.
VMS	CONTROL -z

In Maple V unter Unix-Systemen kann man durch zweimaliges Eingeben des Interrupt-Befehls die Sitzung komplett abbrechen. Dies ist in Maple V Version 2 für Unix nicht mehr möglich.

A.4 On-Line-Hilfe

Während einer Maple-Sitzung kann man auf ausführliche Hilfe zurückgreifen. Man kann Dokumentation über jede beliebige Maple-Funktion mit Hilfe des ? Befehls anfordern. Man kann die Namen von Maple-Funktionen mit Hilfe eines Schlagwortverzeichnisses, welches auf dem Bildschirm vorgespielt wird, nachschlagen, und man kann einen Überblick über das ganze System mit Hilfe eines Lernprogramms (Tutorials), das sich direkt aufrufen läßt (on-line), bekommen.

Der Hilfebefehl

Durch die Eingabe eines Fragezeichens (?), gefolgt von einem Befehlsnamen, fordert man Hilfsinformationen zu diesem Befehl von Maple an. Die Hilfsinformation zu einem Befehl umfaßt in der Regel eine ausführliche Beschreibung des Befehls, zusammen mit einem Schema oder Muster, welches die Anzahl und Typen der erforderlichen Parameter angibt, sowie ein Beispiel zur Benutzung des Befehls und Querverweise zu verwandten Befehlen und anderen Hilfsinformationen des Schlagwortregisters. Eine Anforderung von Hilfsinformationen ist eine der wenigen Maple-Befehle, die nicht mit einem Semikolon enden müssen.
Nachfolgend erhalten wir Hilfsinformation zur Funktion igcd, die den größten gemeinsamen Teiler ganzer Zahlen berechnet. Es kann sein, daß dieser Hilfstext in einem anderen Fenster erscheint; das hängt vom benutzten Computer ab.

```
> ?igcd

FUNCTION: igcd - greatest common divisor of integers
FUNCTION: ilcm - least common multiple of integers

CALLING SEQUENCE:
    igcd(x_1,x_2,...);
    ilcm(x_1,x_2,...);

PARAMETERS:
    x_1,x_2,... - any integers

SYNOPSIS:
- The function igcd computes the greatest common divisor of an
  arbitrary number of integers.  The function ilcm computes the
  least common multiple of an arbitrary number of integers.

EXAMPLES:
> igcd();
                                  0

> ilcm();
                                  1

> igcd( -10, 6, -8 );
                                  2
```

```
> ilcm( -10, 6, -8 );
                                    120

> igcd( a, b );
                                 igcd(a, b)

SEE ALSO:  gcd, lcm
```

Man kann den ?-Befehl auch dazu benutzen, Befehlsnamen zu finden. Wenn die Hilfsanforderung mit keinem Stichwort übereinstimmt, dann listet Maple die Namen aller Stichworte die genauso wie die Anforderung beginnen. Beispielsweise werden unten alle Hilfseinträge aufgelistet, die mit dem Buchstaben „j" beginnen:

```
> ?j
  Try one of the following topics:
```

$$\{\textit{join, jordan, jacobi, J, jacobian, JordanBlock}\}$$

Wenn es keine Befehle gibt, die so wie die Nachfrage beginnen, schlägt Maple einige alternative Buchstabierungen vor:

```
> ?jorden
  Try one of the following topics:
```

$$\{\textit{jordan, JordanBlock}\}$$

Es gibt auch Hilfseinträge in Maple, die sich mit allgemeinen Aspekten von Maple befassen, wie zum Beispiel Typen und Datenstrukturen, Graphiken, Prozeduren und der Maple-Bibliothek. Diese Tabelle faßt zusammen, wie man den Hilfebefehl benutzen kann.

Befehl	Stichwort
?name	name, oder liste Einträge, die mit name beginnen
?name[unterbegriff]	unterbegriff im Zusammenhang mit name
?name,unterbegriff	unterbegriff im Zusammenhang mit name
?pkg[name]	name im Paket pkg
?	Der Hilfebefehl im allgemeinen
?index	Index der Stichworte für Hilfsinformation
?library	Die Standard-Bibliotheksfunktionen
?libmisc	Sonstige Bibliotheksfunktionen
?packages	Kurze Beschreibung aller Pakete
?datatypes	Grundlegende Datentypen
?expressions	Maple-Ausdrücke
?statements	Maple-Anweisungen (Statements)
?index,procedures	Maple-Prozeduren
?index,tables	Tabellen und Felder
?misc	Liste sonstiger Einträge
?updates	Zusammenfassung neuer Eigenschaften und Funktionalitäten einer jeden Neuauflage von Maple

Das Vorspielen von Hilfsinformation

Das Programm, welches Hilsinformation (Stichworte) vorspielt, der sogenannte Browser, hilft dem Benutzer, Namen und Beschreibungen von Maple-Befehlen zu finden. Alle Maple-Befehle sind innerhalb des Browsers kategorisiert und zwar in vier Grundkategorien: Graphik, Mathematik, Programmierung und System.
Indem man eines dieser Stichworte auswählt, erhält man eine Liste von Untereinträgen vorgespielt, die selbst wieder Untereinträge enthalten können und so weiter. Schließlich gelangt man zu einer Liste von Maple-Befehlen. Hebt man einen Befehl heraus, erscheint eine kurze Beschreibung des Befehls im unteren Teil des Browsers. Man kann dann den Hilfstext zu dieser Funktion aufrufen. Ein Bild des Browsers, so wie man ihn unter dem X-Window-System findet, befindet sich auf Seite 76, Bild B.2.
Wie man genau den Browser aufruft, durch die Stichworte hindurchnavigiert und Befehle auswählt,

ist von Computer zu Computer verschieden. Unter DOS wird der Browser durch Betätigen der F1-Taste aufgerufen, mit den Pfeiltasten steuert man durch die Stichworteinträge und die Enter-Taste wählt ein Stichwort aus. Auf anderen Plattformen wird die Maus zum Finden und Auswählen von Stichworteinträgen benutzt.

Der Browser in Maple V Version 3 enthält eine Suchfunktion, mit der man Namen von Befehlen finden kann. Die Kurzbeschreibung wird ebenso wie ein Abschnitt von Schlüsselworten des Hilfsindex nach einem gegebenen Wort bzw. einer gegebenen Zeichenkette durchsucht und eine Liste passender Befehle wird zurückgegeben. Einige Plattformen für Maple V Version 2, wie z.B. DOS, enthalten ebenfalls diese Funktion.

Ein Browser zum Anzeigen der Hilfseinträge gehört auf allen Plattformen zu Maple V Version 2 und Version 3.

Lernprogramm

Maple V Version 2 und Version 3 beinhalten ein Lernprogramm, auch Tutorial genannt; es befindet sich on-line und dient Maple-Anfängern zum Lernen der Grundlagen. Durch Auswählen von Stichworten aus einem Menü kann man sich auf ein bestimmtes Themengebiet konzentrieren oder man kann der Reihe nach alle Themen des Tutorials durcharbeiten. Das Lernprogramm behandelt die grundlegenden Aspekte von Maple und bringt unzählige Beispiele von Berechnungen, symbolischen Manipulationen und Graphik. Es gibt besondere Abschnitte, die sich mit Analysis und linearer Algebra in Maple befassen. Quizfragen dienen zum Überprüfen des Verständnisses der grundlegenden Maple-Befehle und der Maple-Syntax.

Man ruft das Lernprogramm mit dem Befehl `tutorial()` auf.

Zusätzliche Hilfebefehle

Maple V Version 3 beinhaltet vier neue Hilfebefehle: `info`, `usage`, `example` und `related`. Der `info`-Befehl spielt die Kurzbeschreibung einer Funktion vor, die man oben auf der entsprechenden Hilfsseite vorfindet.

```
> info(abs);
  FUNCTION: abs - The absolute value function
```

Der `usage`-Befehl spielt die Aufrufsfolge für eine Funktion vor und gibt eine Beschreibung ihrer Parameter. Diese Funktion kann auch mit einem doppelten Fragezeichen aufgerufen werden.

```
> ??abs
  CALLING SEQUENCE:
     abs(x)



  PARAMETERS:
     x - an expression
```

Der `example`-Befehl spielt den Abschnitt mit Beispielen des On-Line-Hilfstextes vor. Dieser kann mit einem dreifachen Fragezeichen aufgerufen werden: ???*funktion*.

Der `related`-Befehl schließlich, gibt zusammenhängende Funktionen und Hilfsstichworte an.

```
> related(abs);
  SEE ALSO: evalc, signum, inifcns
```

A.5 Numerische Berechnungen

Man kann Maple wie einen Taschenrechner zur Auswertung mathematischer Ausdrücke verwenden. Die numerischen Fähigkeiten von Maple übertreffen die eines gewöhnlichen Taschenrechners jedoch bei weitem. Maple besitzt eine umfassende Bibliothek numerischer Funktionen. Sie ermöglicht es Maple, Ergebnisse exakt zu berechnen oder mit beliebig hoher Genauigkeit zu approximieren. In diesem Abschnitt werden einige der numerischen Funktionalitäten beschrieben.

Einfache Berechnungen

Es ist üblich, gängige mathematische Ausdrücke mit speziellen Symbolen wie +, - und < zu schreiben. Maple benutzt diese Standard-Schreibweise für arithmetische und auch für Vergleichsoperationen. Diese Symbole sind Beispiele für *Programmiersprachen-Operatoren* in Maple. Eine vollständige Liste dieser Operatoren und anderer Spezialzeichen findet man am Ende dieses Buches, auf Seite 364 beginnend. Die folgende Tabelle stellt eine Liste der geläufigsten arithmetischen, Vergleichs- und Wertzuweisungsoperatoren dar.

Operator	Beschreibung	Beispiel
!	Fakultät	`4!`
^	Exponentiation	`2^5`
+	Addition	`13 + 29`
-	Subtraktion	`69 - 27`
-	Negation	`-42`
*	Multiplikation	`6 * 7`
/	Division	`168 / 4`
<	Kleiner als	`a < b`
<=	Kleiner als oder gleich	`a <= b`
>	Größer als	`a > b`
>=	Größer als oder gleich	`a >= b`
=	Ist gleich	`x^2 + 5*x = 6`
<>	Ist ungleich	`a <> b`
:=	Zuweisung	`a := 3`

Viele zum Standard gehörende mathematische Funktionen können mit Hilfe von Maple-Befehlen berechnet werden. Einige sind in der folgenden Tabelle aufgeführt.

Mathematik	Maple	Name
$|x|$	`abs(x)`	Absolutwert oder Betrag
$\sqrt{x}$	`sqrt(x)`	Quadratwurzel
$\binom{n}{m}$	`binomial(n, m)`	Binomialkoeffizient
e^x	`exp(x), E^x`	Exponentialfunktion
$\log x, \ln x$	`log(x), ln(x)`	Natürlicher Logarithmus
$\sin x, \cos x, \tan x$	`sin(x), cos(x), tan(x)`	Trigonometrische Funktionen
$\Gamma(z)$	`GAMMA(z)`	Gammafunktion
$J_v(x)$	`BesselJ(v, x)`	Besselfunktion
$2/\sqrt{\pi} \int_0^x e^{-t^2}\, dt$	`erf(x)`	Fehlerfunktion
$\zeta(s)$	`Zeta(s)`	Riemannsche Zetafunktion

Priorität und Assoziativität

Bei der Ausführung arithmetischer Operationen folgt Maple in der Regel den Standardregeln für Priorität und Assoziativität von Operatoren. Zum Beispiel werden Potenzen zuerst ausgeführt, dann werden Multiplikationen und Divisionen ausgewertet, schließlich Additionen und Subtraktionen. Man kann Klammern setzen, um einerseits die Reihenfolge der Ausführung von Operatoren zu verändern, oder andererseits zu betonen.

```
> 1 + 2 * 3;
```

7

```
> (1 + 2) * 3;
```

$$9$$

Manchmal sind Klammern notwendig. Negation ist auf derselben Prioritätsebene wie Addition, deshalb muß die -3 im folgenden Ausdruck in Klammern gesetzt sein.

```
> 25 + -3;
  syntax error:
  25 + -3;
       ^
> 25 + (-3);
```

$$22$$

Der Hochpfeil (^) zeigt auf die Stelle, an der der Syntaxfehler auftrat.
Klammern sind oft notwendig, wenn man potenziert. Soll Maple eine Kette von Potenzen auswerten, dann geht Maple nicht davon aus, daß die Kette von links nach rechts oder von rechts nach links abgearbeitet werden soll. Vielmehr wird eine Fehlermeldung ausgegeben. (Man sagt, daß der ^ -Operator *nicht-assoziativ* in Maple ist.)

```
> 2^3^4;
  syntax error:
  2^3^4;
     ^
> (2^3)^4;
```

$$4096$$

Ist ein Exponent negativ, so müssen ebenfalls Klammern gesetzt werden.

```
> 2^-5;
  syntax error:
  2^-5;
     ^
> 2^(-5);
```

$$\frac{1}{32}$$

Alle Maple-Operatoren sind, nach Priorität geordnet, in einer Tabelle im hinteren Teil des Buches aufgeführt (Seite 365). In derselben Tabelle findet man auch die Assoziativitätsregeln für jeden Operator.

Genaue und genäherte Zahlen

Maple unterscheidet *genaue* und *genäherte* Werte. Ganze Zahlen, sogenannte Integers, sind genaue Zahlen. Eine ganze Zahl in Maple ist eine Zahl ohne Dezimalpunkt[4]. Quotienten ganzer Zahlen (Brüche) und komplexe Zahlen, deren Real- und Imaginärteil ganz ist (Gaußsche Zahlen) sind auch exakt oder genau. Genäherte Zahlen erkennt man am Dezimalpunkt. In Maple werden diese Zahlen Gleitkommazahlen (floating point numbers, floats) genannt.
Die folgende Tabelle stellt einige der in Maple bekannten Typen von Zahlen zusammen.

---

[4] Anm. d. Übers.: In amerikanischer Schreibweise benutzt man einen Punkt, kein Komma, zur Darstellung von Gleitkommazahlen.

Typ	**Beschreibung**	**Genau/Genähert**	**Beispiele**
integer	Ganze Zahl	Genau	3, -47
float	Gleitkommazahl	Genähert	3., .2*10^5
fraction	Bruch ganzer Zahlen	Genau	3/4
complex	Komplexe Zahl	Genau oder Genähert	3 + 4*I, 1.7*I

Wenn man einen mathematischen Ausdruck eingibt, der nur aus genauen Werten besteht, so gibt Maple auch einen genauen Wert zurück.

```
> 4 + 2/4 + 24/144;
```

$$\frac{14}{3}$$

```
> sqrt(68);
```

$$2\sqrt{17}$$

```
> arctan(1);
```

$$\frac{1}{4}\pi$$

Maple druckt eine genaue Zahl auch dann aus, wenn sie nicht in eine Zeile paßt. Ein Schrägstrich, \, zeigt an, daß die Ausgabe in der nächsten Zeile fortgesetzt wird.

```
> 100!;
```

```
933262154439441526816992388562667004907159682643816214685929638952170\
599993229915608941463976156518286253679792082722375825118521091686400\
00000000000000000000000
```

Enthält ein arithmetischer Ausdruck eine genäherte Zahl, so erhält man von Maple auch eine genäherte Zahl zurück.

```
> 4. + 2/4 + 24/144;
```

$$4.666666667$$

```
> sqrt(68.);
```

$$8.246211251$$

```
> arctan(1.);
```

$$.7853981634$$

Um eine numerische Approximation eines genauen Wertes zu erhalten, benutzt man die Funktion evalf. Der Name evalf ist eine Abkürzung für „evaluate using floating-point arithmetic", was soviel heißt wie „Werte aus unter Benutzung von Gleitkommaarithmetik".

```
> evalf(sqrt(68));
```

$$8.246211251$$

Ein optionales zweites Argument für `evalf` gibt die gewünschte Präzision an. Selbstverständlich hängt die von Maple benötigte Rechenzeit direkt von der Höhe der gewünschten Genauigkeit ab. Hier wollen wir nun $\sqrt{68}$ auf 100 Dezimalstellen genau berechnen.

```
> evalf(sqrt(68), 100);
```

8.246211251235321099642819711948154050294398450747240868797267146189\
908692675243187175727301621368594

Will man während einer Sitzung mehrere genäherte Werte mit einer gewissen Genauigkeit berechnen, d.h. eine gewisse Anzahl signifikanter Stellen genau berechnen, so empfiehlt es sich, die globale Variable `Digits` gleich der Anzahl der signifikanten Stellen zu setzen. Der voreingestellte Wert ist 10.

```
> Digits := 30;
```

$$Digits := 30$$

```
> evalf(sqrt(68));
```

$$8.24621125123532109964281971194$$

Man sollte daran denken, `Digits` wieder auf den alten Wert zurückzusetzen, wenn man Ergebnisse nicht mehr länger mit 30 Stellen Genauigkeit berechnen will.

```
> Digits := 10:
```

Um eine genäherte reelle Zahl in einen exakten Bruch umzuwandeln, verwendet man die Funktion `convert`.
Diese vielseitig verwendbare Funktion wandelt Zahlen oder Ausdrücke von einem Format in ein anderes um.

```
> convert(3.1415926, fraction);
```

$$\frac{86598}{27565}$$

Symbolische Konstanten

Maple vergibt Namen für einige gängige mathematische Konstanten.

Konstante	Name in Maple	Beschreibung	Wert
π	`Pi`	Verhältnis von Umfang zu Durchmesser eines Kreises	≈ 3.141592654
e	`E oder exp(1)`	Eulersche Zahl	≈ 2.718281828
γ	`gamma`	Eulersche Konstante	$\approx .5772156649$
$\sum_{k=0}^{\infty} \frac{(-1)^k}{(2k+1)^2}$	`Catalan`	Catalansche Konstante	$\approx .9159655942$
i oder j	`I`	Imaginäre Einheitszahl	$\sqrt{-1}$
∞	`infinity`	Reell oder komplex Unendlich	

Zudem gibt es drei logische Konstanten: `true`, `false` und `FAIL`, welche im Abschnitt „Boolsche Werte" auf Seite 39 behandelt werden.
Maple betrachtet die Symbole für reelle Konstanten wie `Pi` und `E` als genaue Werte. Man kann beliebig genaue Approximationen an diese Werte durch Aufrufen von `evalf` berechnen.

```
> evalf(E, 40);
```

$$2.718281828459045235360287471352662497757$$

Genaue numerische Funktionen

In Maple gibt es eine Menge Routinen, die auf genauen Zahlen operieren. Unten testen wir, ob eine ganze Zahl eine Primzahl ist, zerlegen eine ganze Zahl in Primfaktoren und finden den ganzzahligen Teil der Quadratwurzel einer ganzen Zahl.

```
> isprime(27! + 1);
```

$$true$$

```
> ifactor(2^(2^6) + 1);
```

$$(67280421310721)\,(274177)$$

```
> isqrt(binomial(100, 50));
```

$$317633978890112$$

Approximation numerischer Funktionen

Zu Maple gehören auch eine ganze Reihe von Routinen, die genäherte Ergebisse berechnen, darunter Funktionen zur Berechnung von Nullstellen von Funktionen, Funktionen zur näherungsweisen Berechnung von Gleichungssystemen, zur Approximation von Integralen und zur numerischen Behandlung von Differentialgleichungen. In diesem Abschnitt geben wir einige Beispiele solcher Funktionen an.
Die Funktion fsolve findet die Wurzeln von Funktionen und löst Gleichungssysteme unter Benutzung von Näherungsmethoden. Sei eine Polynomialgleichung gegeben, dann findet fsolve alle reellen Nullstellen dieses Polynoms. (Man kann die Option complex als drittes Argument angeben, um so auch die komplexen Nullstellen zu finden.)

```
> fsolve(x^3 - 2*x^2 + 1 = 0, x);
```

$$-.6180339887,\ 1.,\ 1.618033989$$

Wenn die Gleichung nicht polynomial ist, sucht fsolve nach einer einzigen reellen Nullstelle. Gibt man als drittes Argument ein Intervall an, dann wird nur nach einer Nullstelle in diesem (offenen) Intervall gesucht. Können keine Nullstellen gefunden werden, so gibt Maple den fsolve-Befehl unausgewertet zurück.

```
> fsolve(BesselJ(0, x), x, 7..8);
```

$$fsolve(\mathrm{BesselJ}(0,x),x,7..8)$$

```
> fsolve(BesselJ(0, x), x, 5..9);
```

$$8.653727913$$

Maple versucht immer, bestimmte Integrale mittels symbolischer Manipulationen auszuwerten. Wenn eine Funktion in einem gegebenen Intervall frei von Singularitäten ist, so versucht `int`, eine inverse Ableitung auszurechnen und diese dann an den Integrationsendpunkten auszuwerten. Es kann natürlich vorkommen, daß eine Funktion gar keine inverse Ableitung in einfacher, geschlossener Form besitzt. In diesem Fall wird `int` die Antwort als spezielle Funktion, wie zum Beispiel die Fehlerfunktion „erf" liefern, oder das Integral wird einfach unausgewertet zurückgegeben.

```
> int(exp(-x^2), x=0..1);
```

$$\frac{1}{2}\sqrt{\pi}\,\mathrm{erf}(1)$$

```
> int(1/(x + ln(x)), x=1..exp(1));
```

$$\int_1^e \frac{1}{x + \ln(x)}\,dx$$

Diese Funktionen haben in der Tat keine inversen Ableitungen, die mit Hilfe elementarer Funktionen geschlossen dargestellt werden können. Maple V Version 2 benutzt einen anspruchsvollen Integrationsalgorithmus (den Risch-Algorithmus), der nachweisen kann, ob ein Integral, welches Exponential-, logarithmische, trigonometrische und algebraische Funktionen enthält, eine Lösung in geschlossener Form besitzt oder nicht.
Man kann immer einen angenäherten Wert für das Integral finden, indem man mittels der Funktion `evalf` numerische Techniken anwendet.

```
> evalf(", 15);
```

$$.796960924149206$$

Will man eine Funktion numerisch integrieren ohne es erst mit symbolischer Integration zu versuchen, so sollte man `evalf` zusammen mit der starren Integrationsfunktion `Int` benutzen.

```
> evalf(Int(ln(ln(x)), x=E..100));
```

$$124.4869388$$

Man kann Differentialgleichungen numerisch lösen, indem man bei dem `dsolve`-Befehl die Option `numeric` angibt. Man erhält eine Prozedur zurück, die zum Finden angenäherter Werte auf der Lösungskurve dienen kann, oder eine Graphik dieser Kurve erstellt.

```
> de := (D@@2)(y)(x) + D(y)(x) - x*y(x) = 0;
```

$$de := \mathrm{D}^{(2)}(y)(x) + \mathrm{D}(y)(x) - x\,y(x) = 0$$

```
> f := dsolve({de, D(y)(0)=1, y(0)=0}, y(x), numeric);
  f := proc(rkf45_x) ... end
```

```
> f(0);
```

$$\left[x = 0, y(x) = 0, \frac{\partial}{\partial x}y(x) = 1.\right]$$

```
> f(3);
```

$$\left[x = 3, y(x) = 4.351539384924291, \frac{\partial}{\partial x} y(x) = 5.289102578946162 \right]$$

Diese Berechnungen wurden unter Maple V Version 3 durchgeführt. Unter Version 2 ist das Format der zurückgegebenen Ausdrücke ein wenig anders.

```
> plots[odeplot](f, [x, y(x)], -3..3);
```

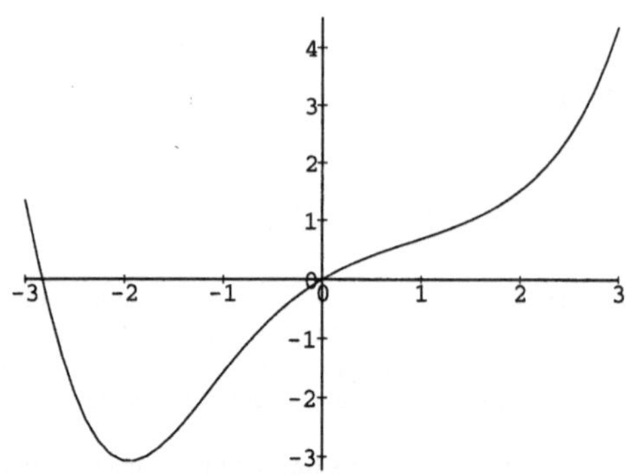

Bild A.2 Numerische Lösung einer Differentialgleichung

Die odeplot-Funktion aus dem plots-Paket zeichnet einen Graphen der Lösungskurve (Bild A.2). Ausführlichere Informationen zum plots-Paket findet man in Abschnitt A.7, Graphik, auf Seite 20.

Maple kann wesentlich mehr numerische Berechnungen ausführen als hier aufgeführt sind. Die Genauigkeit von Maple ist nicht durch die Architektur eines Computers begrenzt, ebenso ist die Größe der Ausgabe nicht durch die Maße des Bildschirms eingeschränkt. Maple gibt genaue Ergebnisse zurück, wenn genaue Ergebnisse eingegeben wurden und berechnet angenäherte Werte mit sehr hoher Genauigkeit, falls erwünscht.

A.6 Symbolische Manipulation

In Maple findet man eine große Anzahl Routinen zur symbolischen Manipulation von Ausdrücken. Wir werden in diesem Abschnitt einige dieser Funktionen untersuchen, nämlich solche, die auf Polynomen und rationalen Funktionen operieren, die ein Gleichungssystem exakt lösen und die oft vorkommende Operationen aus der Analysis ausführen.

Polynome und rationale Funktionen

Maple besitzt eine ganze Reihe von Funktionen zum Manipulieren von Polynomen und rationalen Funktionen. Hier entwickeln und faktorieren wir ein univariates Polynom.

```
> expand((x+1)^10 + (x-1)^10);
```

$$2x^{10} + 90x^8 + 420x^6 + 420x^4 + 90x^2 + 2$$

```
> factor(");
```

$$2\left(x^2 + 1\right)\left(x^8 + 44x^6 + 166x^4 + 44x^2 + 1\right)$$

Nun zerlegen wir ein bivariates Polynom in Faktoren und berechnen anschließend die Partialbruchzerlegung einer rationalen Funktion.

```
> factor(x^2 + 2*x^2*y - 2*x*y^2 - y^2);
```

$$(x + 2xy + y)(-y + x)$$

```
> convert(1/(x^3 + 5*x^2 + x - 3), parfrac, x);
```

$$-\frac{1}{6}\frac{1}{x+1} + \frac{1}{6}\frac{3+x}{x^2+4x-3}$$

Das Lösen von Gleichungen

Maple kann die exakten Lösungen von Polynomgleichungen finden, deren Grad kleiner oder gleich vier ist (und auch die einiger spezieller Polynomgleichungen von höherem Grad).

```
> solve(x^3 - 3*x^2 - 17*x + 51 = 0, x);
```

$$3, \sqrt{17}, -\sqrt{17}$$

Maple löst Simultangleichungen:

```
> solve({5*x + 6*y = 7,   5*x + 7*y = 8}, {x, y});
```

$$\left\{ y = 1, x = \frac{1}{5} \right\}$$

Wenn das Ergebnis einer solchen symbolischen Operation sehr lang ist, kann Maple das Ergebnis abkürzen, indem es Spezialsymbole wie %1, %2, etc. für mehrmals vorkommende Ausdrücke verwendet.

```
> solve(x^3 - x^2 - x - 1 = 0, x);
```

$$\%1^{1/3} + \frac{4}{9}\frac{1}{\%1^{1/3}} + \frac{1}{3},$$

$$-\frac{1}{2}\%1^{1/3} - \frac{2}{9}\frac{1}{\%1^{1/3}} + \frac{1}{3} + \frac{1}{2}I\sqrt{3}\left(\%1^{1/3} - \frac{4}{9}\frac{1}{\%1^{1/3}}\right),$$

$$-\frac{1}{2}\%1^{1/3} - \frac{2}{9}\frac{1}{\%1^{1/3}} + \frac{1}{3} - \frac{1}{2}I\sqrt{3}\left(\%1^{1/3} - \frac{4}{9}\frac{1}{\%1^{1/3}}\right),$$

$$\%1 := \frac{19}{27} + \frac{1}{9}\sqrt{33}$$

Analysis

Maple berechnet viele bestimmte Integrale genau. Eine Lösung kann mit Hilfe einer in Maple bekannten Konstanten wie z. B. π, der Eulerschen Zahl e oder der Catalanschen Konstanten ausgedrückt werden.

```
> int(sin(x)^4, x=0..Pi);
```

$$\frac{3}{8}\pi$$

```
> int(x^4*exp(x), x=0..1);
```

$$9e - 24$$

```
> int(x/sin(x), x=0..Pi/2);
```

$$2\,Catalan$$

Maple differenziert darüberhinaus Funktionen und berechnet auch unbestimmte Integrale. Es gibt zwei Funktionen zum Berechnen von Ableitungen. Die beiden ersten Beispiele unten verwenden `diff`; bei dieser Funktion werden Ausdrücke nach einer benannten Variable oder nach mehreren benannten Variablen differenziert. Im ersten Fall wird eine gewöhnliche erste Ableitung berechnet, im zweiten Fall erhält man eine gemischte partielle Ableitung einer Funktion in zwei Variablen. Das letzte Beispiel benutzt den Differentialoperator `D`, der auf Funktionen operiert.

```
> diff(x*ln(x) - x, x);
```

$$\ln(x)$$

```
> diff(sin(x*y), x, y);
```

$$-\sin(xy)xy + \cos(xy)$$

```
> D(sin);
```

$$\cos$$

Die `int`-Funktion berechnet dann ein unbestimmtes Integral, wenn man kein Integrationsintervall angibt. Im folgenden Beispiel berechnen wir das unbestimmte Integral einer rationalen Funktion, dann überprüfen wir das Resultat durch Differenzieren. Die `normal`-Funktion zusammen mit der `expanded`-Option vereinfacht den Ausdruck so, daß wir leicht überprüfen können, ob die Ableitung des Integrals wirklich die ursprüngliche Funktion ist.

```
> int(1/(x^3 + 5*x^2 + x - 3), x);
```

$$-\frac{1}{6}\ln(x+1) + \frac{1}{12}\ln\left(x^2 + 4\,x - 3\right) - \frac{1}{42}\sqrt{7}\,\mathrm{arctanh}\left(\frac{1}{14}(2\,x+4)\sqrt{7}\right)$$

```
> diff(", x);
```

$$-\frac{1}{6}\frac{1}{(x+1)} + \frac{1}{12}\frac{2x+4}{x^2+4x-3} - \frac{1}{42}\frac{1}{\left(1 - \frac{1}{28}(2x+4)^2\right)}$$

```
> normal(", expanded);
```

$$\frac{1}{x^3 + 5x^2 + x - 3}$$

Im Integranden kann durchaus ein Symbol vorkommen.

```
> int(exp(alpha*x)*sin(beta*x), x);
```

$$-\frac{\beta e^{\alpha x}\cos(\beta x)}{\alpha^2+\beta^2}+\frac{\alpha e^{\alpha x}\sin(\beta x)}{\alpha^2+\beta^2}$$

Manchmal hängt der Wert eines bestimmten Integrals von den Eigenschaften eines unbestimmten Symbols ab. Der Wert des folgenden Integrals hängt beispielsweise vom Vorzeichen von r ab.

```
> int(exp(-r*x), x=0..infinity);
```

$$\lim_{x\to\infty-}-\frac{e^{(-rx)}}{r}+\frac{1}{r}$$

In Maple V Version 2 und Version 3 erlaubt es der assume-Befehl, einer Variablen ein Attribut zu geben ohne ihr einen Wert zuzuweisen. Nehmen wir an, daß r positiv ist, so können wir das Integral berechnen.

```
> assume(r > 0);
> r;
```

$$r\sim$$

Die Tilde ($\sim$) soll uns daran erinnern, daß wir r mit Hilfe von assume ein Attribut zugewiesen haben.

```
> int(exp(-r*x), x=0..infinity);
```

$$\frac{1}{r\sim}$$

Neben Integration und Differentiation kann Maple auch Grenzwerte finden.

```
> limit(sin(x)/x, x=0);
```

$$1$$

Mit Maple können auch Taylorreihen berechnet werden. Hier finden wir eine Taylorreihenentwicklung von 7. Ordnung des natürlichen Logarithmus um den Punkt $x=1$.

```
> taylor(ln(x), x=1, 7);
```

$$x-1-\frac{1}{2}(x-1)^2+\frac{1}{3}(x-1)^3-\frac{1}{4}(x-1)^4+\frac{1}{5}(x-1)^5-\frac{1}{6}(x-1)^6+\mathrm{O}\left((x-1)^7\right)$$

Maple ist zudem in der Lage, viele gewöhnliche Differentialgleichungen exakt zu lösen. Die Lösungen von Differentialgleichungen ohne Randbedingungen werden unter Verwendung beliebiger Konstanten dargestellt, die mit _C1, _C2, usw. bezeichnet werden. Diese Namen beginnen mit einem Unterstrich, um die Wahrscheinlichkeit zu vermindern, daß der Name mit irgendwelchen vom Benutzer definierten Namen übereinstimmt.
Wir lösen hier die Differentialgleichung $y'(x)+y(x)\tan x=\sec x$.

```
> dsolve(D(y)(x) + y(x)*tan(x) = sec(x), y(x));
```

$$y(x)=\sin(x)+\cos(x)\_C1$$

Sollte Maple eine Differentialgleichung mit Randbedingungen nicht exakt lösen können, so werden numerische Methoden verwendet, wie auf Seite 15 angegeben.

A.7 Graphik

Maple ist sehr mächtig, was Graphik betrifft; man kann Kurven und Flächen zeichnen und Daten-diagramme (Plots) erstellen. In diesem Abschnitt stellen wir einige der oft verwendeten Befehle zum Darstellen von Graphen und zur graphischen Wiedergabe zwei- und dreidimensionaler Daten vor. Wir diskutieren auch die Möglichkeiten zum Abspeichern von Plots zur späteren Wiedergabe. Bei den meisten Maple-Plattformen kann man das Aussehen einer Graphik interaktiv verändern. Man kann die Achsen, die Zeichenoptionen und auch die Skalierungsparameter eines jeden Gra-phen verändern. Bei dreidimensionalen Graphiken kann man auch das Schattierungs- und Beleuch-tungsmodell verändern, sowie die Projektion und die Orientierung der Fläche. Bei der Arbeitsblatt-Benutzerschnittstelle kann man einen Plot in die laufende Sitzung hineinkopieren, sobald man mit ihm zufrieden ist.
Selbst wenn man nur einen simplen Textbildschirm oder einen Computer ohne Graphikkarte besitzt, kann man möglicherweise dennoch Kurven und Flächen zeichnen. Man muß dann überprüfen, ob das Terminal ein Graphikterminal, welches von Maple unterstützt wird, z. B. Tektronix oder ReGIS, emulieren kann. Hat man dann einen Graphikdrucker zur Verfügung, wie zum Beispiel einen HP LaserJet oder einen PostScript-Drucker, dann sollte man im letzten Teil dieses Abschnitts nachlesen, wie man die Maple-Graphik in eine Datei mit dem erforderlichen Format umleiten kann.

Zweidimensionale Graphik

Der plot-Befehl erzeugt zweidimensionale Graphiken.
Dieser Abschnitt listet einige der Arten, plot aufzurufen, auf und illustriert dies durch mehrere Beispiele.
Man kann plot auf zwei Arten aufrufen. Um einen univariaten Ausdruck entlang des Intervalls $[a, b]$ zu zeichnen, benutzt man einen Befehl der Form

```
plot(ausdr, var = a..b);
```

Um eine Funktion mit einem Argument über einem bestimmten Intervall zu zeichen benutzt man einen Befehl der folgenden Form:

```
plot( f, a..b);
```

Die beiden folgenden Befehle beispielsweise erzeugen denselben Plot, nämlich eine einzige Periode der Sinuskurve (Bild A.3).

```
> plot(sin(x), x = 0..2*Pi);
> plot(sin, 0..2*Pi);
```

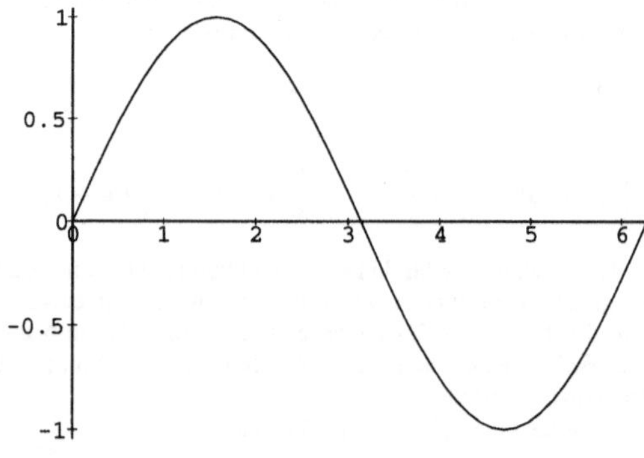

Bild A.3 Die Sinuskurve

Man kann einen Ausdruck über der ganzen oder halben reellen Zahlengerade zeichnen, indem man entweder beide oder einen Endpunkt gleich Unendlich setzt (Bild A.4).

```
> plot(x^3 - x, x=-infinity..infinity);
```

Ein zweites Intervall bestimmt den Wertebereich in bezug auf die y-Achse, den man aufzeichnen will (Bild A.5).

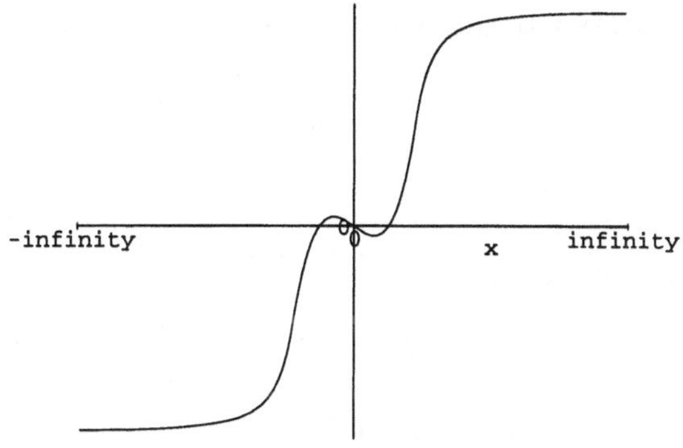

Bild A.4 Ein Plot über der unendlichen Zahlengeraden

```
> plot(tan(x), x = 0..10, -5..5);
```

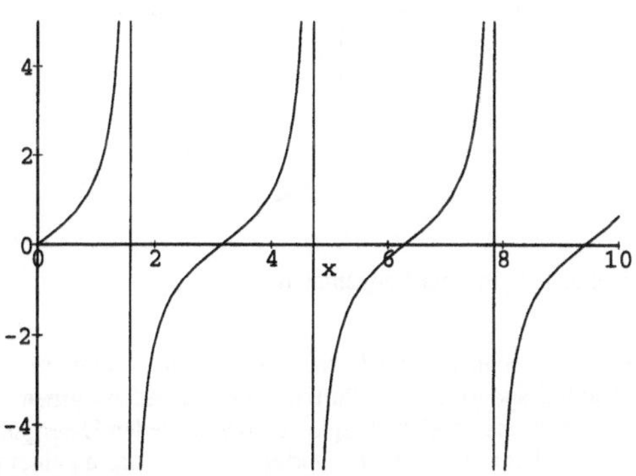

Bild A.5 Die Tangensfunktion

Mit dem folgenden Befehl erzeugt man einen parametrischen Plot:

```
plot([ausdr_x(t), ausdr_y(t), t = a..b]);
```

Zum Beispiel (Bild A.6),

```
> plot([cos(t), 2*sin(t), t=-Pi..Pi], scaling=CONSTRAINED);
```

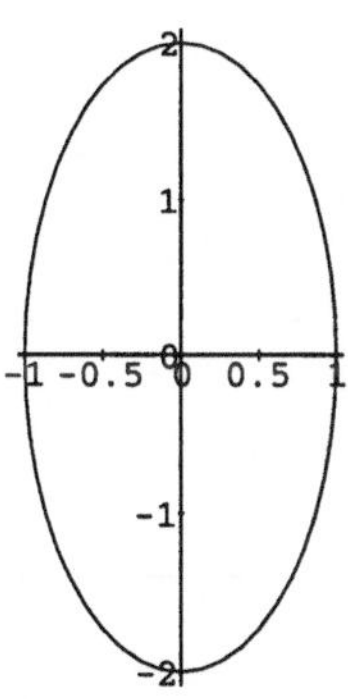

Bild A.6 Ein parametrischer Plot

Indem man die `scaling`-Option CONSTRAINED verwendet, verhindert man ein Verzerren des Bildes; man stellt damit sicher, daß eine Einheit entlang der x-Achse mit einer Einheit entlang der

y-Achse übereinstimmt. Man kann einen parametrischen Plot auch unter Benutzung von Polarkoordinaten erstellen.

```
plot([ausdr_r(t), ausdr_θ(t), t = a..b], coords=polar);
```

Zum Beispiel (Bild A.7),

```
> plot([1 + sin(5*t)/5, t, t=-Pi..Pi], coords=polar,
>      scaling=CONSTRAINED);
```

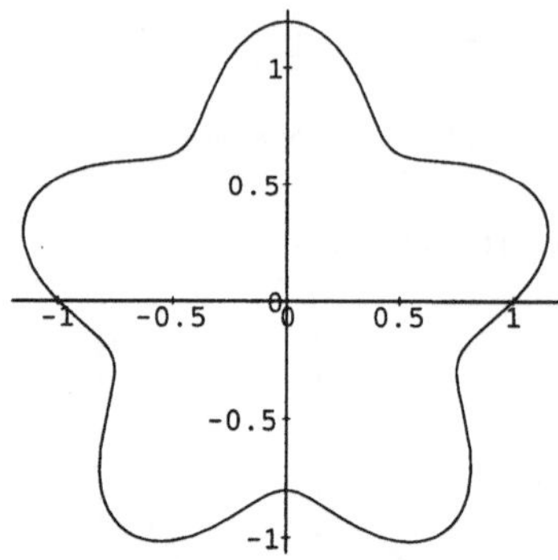

Bild A.7 Ein parametrischer Plot in Polarkoordinaten

Man kann eine ganze Liste von Punkten zeichnen, indem man sie explizit benennt. Im voreingestellten Modus werden aufeinanderfolgende Punkte durch Geradensegmente verbunden. Wählt man die Option `style=POINT`, so versieht Maple stattdessen jeden Datenpunkt mit einem kleinen Kreuz. In Maple Version 3 kann man mit der Option `symbol` das an einem jeden Datenpunkt gezeichnete Symbol benennen.

```
plot([x_1, y_1, x_2, y_2, x_3, y_3, ...], style=POINT);
```

Wir zeichnen hier zum Beispiel einige von einer Parabel stammende Punkte auf (Bild A.8).

```
> plot([0, 0, 1/4, 1/16, 1/2, 1/4, 3/4, 9/16, 1, 1,
>       5/4, 25/16, 3/2, 9/4, 7/4, 49/16, 2, 4], style=POINT);
```

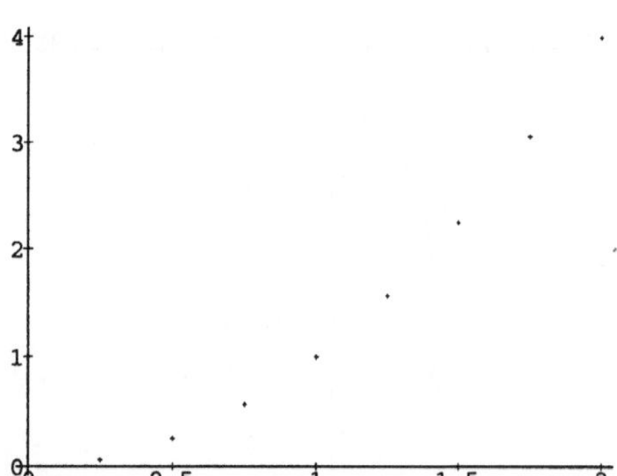

Bild A.8 Das Zeichen von Punkten

Schließlich kann man mehrere Funktionen in einen Graphen zeichnen und sogar einen Ausdruck mit einem parametrischen Plot kombinieren.

```
plot({ausdr_1, ausdr_2, ...}, var = a..b);
```

```
plot({ausdr₁(s), [ausdrₓ(t), ausdr_y(t), t = a..b]}, s = c..d);
```

Hier zeichnen wir zwei trigonometrische Funktionen in denselben Graphen (Bild A.9) und dann eine Gerade zusammen mit einem Kreisbogen, wobei der Kreisbogen parametrisiert ist (Bild A.10). Die beim ersten Beispiel vorkommende numpoints-Option verbessert die Kurvenresolution und damit die Qualität, indem sichergestellt wird, daß die Kurve an mindestens 100 Punkten ausgewertet wird anstatt des üblichen Minimalwerts von 49.

```
> plot({4*cos(x)*sin(x)^2, -sec(x)}, x=-2*Pi..2*Pi, -4..4,
>       numpoints=100);
```

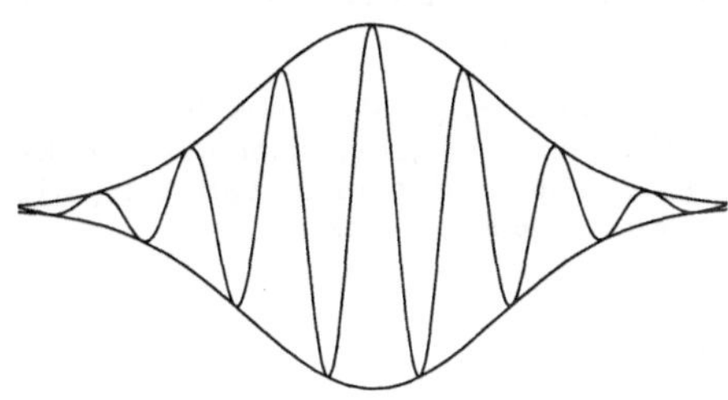

Bild A.9 Zwei Funktionen werden auf einmal dargestellt

```
> plot({s, [1+cos(t), sin(t), t=Pi/2..Pi]}, s=0..1,
>       scaling=CONSTRAINED);
```

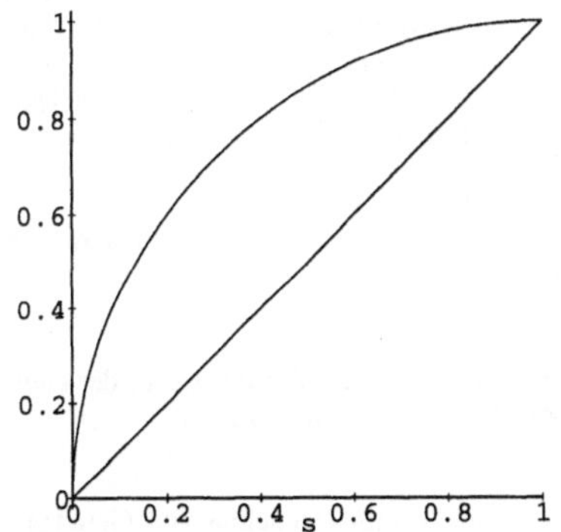

Bild A.10 Darstellen einer Funktion und einer parametrischen Kurve

Plot-Optionen

Optionen bestimmen, wie ein Plot gezeichnet wird; sie bestimmen aber auch, wie gut ein Plot aussieht. Unten sind alle Optionen für den plot-Befehl aufgelistet. Einige dieser Optionen, nämlich axes, linestyle, scaling, style, symbol und thickness können bei den meisten Maple-Plattformen interaktiv justiert werden.

a..b
> Wertebereich der bezüglich der y-Achse dargestellt wird. (Voreingestellt: Zeige den gesamtem Graphen).

axes=BOXED
> Schließe den gesamten Graphen in eine MinMax-Schachtel ein.

`axes=FRAME`
Zeichne Achsen entlang der äußeren Seiten des Graphen.

`axes=NONE`
Zeichne keine Achsen.

`axes=NORMAL`
Zeichne die Achsen durch den Graphen hindurch, wobei sie normalerweise den Ursprung schneiden (voreingestellt).

`axesfont=[`*family*`,` *style*`,` *size*`]`
Zeichensatz für die Bezeichnungen der Unterteilungsmarken an den Achsen. Siehe `font` zur genaueren Beschreibung. Diese Option ist neu in Maple V Version 3.

`color=`*c*
Farbe des Plots: `COLOR(RGB,` *r, g, b*`)`, `COLOR(HUE,` *h*`)`, `aquamarine, black, blue, brown, coral, cyan, gold, gray, green, grey, khaki, magenta, maroon, navy, orange, pink, plum, red, sienna, tan, turquoise, violet, wheat, white` oder `yellow` (voreingestellt: `black`).

`colour=`*c*
Synonym für `color`.

`coords=polar`
Zeichne einen parametrisch gegebenen Plot in Polarkoordinaten.

`discont=true`
Zeichnet den Ausdruck über solchen Teilintervallen, über dem er stetig ist. Diese Option gilt nur für Ausdrücke und nicht Funktionen. Sie ist neu in Maple V Version 3 (voreingestellt: false).

`font=[`*family*`,` *style*`,` *size*`]`
Zeichensatz für Textobjekte. *family* kann `TIMES`, `COURIER`, `HELVETICA` oder `SYMBOL` sein. Für `TIMES` kann *style* den Wert `ROMAN`, `BOLD`, `ITALIC` oder `BOLDITALIC` haben. Für `COURIER` oder `HELVETICA` kann *style* `BOLD`, `OBLIQUE`, `BOLDOBLIQUE` sein oder ganz weggelassen werden. Für `SYMBOL` sollte *style* weggelassen werden. *size* gibt die benutzte Größe des Zeichensatzes in Punkten an. Diese Option is neu in Maple V Version 3.

`labelfont=[`*family*`,` *style*`,` *size*`]`
Font für die Achsenbeschriftungen. Siehe `font` zur genaueren Beschreibung Diese Option ist neu in Maple V Version 3.

`labels=[`*str$_x$*`,` *str$_y$*`]`
Beschriftungen an den x- und y-Achsen (Voreingestellt: der Name der freien Variablen an der x-Achse, keine Beschriftung and der y-Achse).

`linestyle=`*n*
Das gestrichelte Muster, welches zum Darstellen von Geraden innerhalb der Zeichnung benutzt wird. Das voreingestellte Muster (normalerweise eine durchgezogene Gerade) wird dann gezeichnet, wenn *n* gleich 0 ist; Für größere Werte von *n* werden verschiedene unterbrochene Muster benutzt. Diese Option ist neu in Maple V Version 3.

`numpoints=`*n*
Minimale Anzahl von Punkten, an denen die Funktion ausgewertet wird (voreingestellt: 49).

`resolution=`*n*
Anzahl der Pixel des graphischen Ausgabegeräts (voreingestellt: 200). Bestimmt, wie oft ein Intervall maximal unterteilt wird, um eine Kurve zu zeichnen.

`scaling=CONSTRAINED`
Die Skalierung ist so eingeschränkt, daß das Perspektivverhältnis 1:1 bleibt.

`scaling=UNCONSTRAINED`
Die Qualität des gezeichneten Graphen wird maximiert, wobei die Skalierung frei verändert werden kann; man nimmt Verzerrungen in Kauf (Voreinstellung).

`style=LINE`
> Die gelisteten oder durch Auswertung erhaltenen Punkte werden durch Geraden verbunden (Voreinstellung).

`style=PATCH`
> Beim Zeichnen von Polygonen werden die Punkte betont.

`style=POINT`
> Nur die aufgelisteteten oder ausgewerteten Punkte werden gezeichnet.

`symbol=BOX`
> Zeichne einen Würfel um jeden Punkt, wenn `style=POINT` verlangt ist. Diese Option is neu in Maple V Version 3.

`symbol=CIRCLE`
> Zeichne einen Kreis um jeden Punkt, wenn `style=POINT` eingestellt ist. Diese Option ist neu in Maple V Version 3.

`symbol=CROSS`
> Zeichne ein Kreuz an jedem Punkt, wenn `style=POINT` eingestellt ist. Diese Option ist neu in Maple V Version 3.

`symbol=DIAMOND`
> Versehe jeden Punkt mit einem Diamanten, wenn `style=POINT` eingestellt ist. Diese Option ist neu in Maple V Version 3.

`symbol=POINT`
> Versehe einen jeden Punkt mit einem kleinen Punkt, wenn `style=POINT` eingestellt ist. Diese Option ist neu in Maple V Version 3.

`thickness=`n
> Dicke der Geraden in einer Zeichnung. n kann 0 (voreingestellt), 1, 2 oder 3 sein. Diese Option ist neu in Maple V Version 3.

`tickmarks=`$[n_x,\ n_y]$
> Minimale Anzahl von aufgetragenen Einheiten entlang der horizontalen und der vertikalen Achsen (Voreinstellung: Systemabhängig).

`title=`*string*
> Überschrift des Graphen (voreingestellt: keine Überschrift).

`titlefont=`[*family*, *style*, *size*]
> Zeichensatz für die Überschrift der Zeichnung. Siehe `font` zur genaueren Beschreibung. Diese Option ist neu in Maple V Version 3.

`view=`$[x_1 .. x_2,\ y_1 .. y_2]$
> Begrenze den Bereich der Kurve, der dargestellt wird (voreingestellt: ganze Kurve). Diese Option ist neu in Maple V Version 3.

`xtickmarks=`n
> Minimale Anzahl der aufgetragenen Einheiten entlang der horizontalen Achse (Voreinstellung: Systemabhängig).

`ytickmarks=`n
> Minimale Anzahl der aufgetragenen Einheiten entlang der vertikalen Achse (Voreinstellung: Systemabhängig).

Im `plots`-Paket der Maple-Programmbibliothek sind eine Reihe von Routinen zum Zeichnen von Kurven und Flächen enthalten. Man kann dieses Paket mit dem Befehl `with(plots)` einladen. Die Routinen aus dem Paket, die sich mit dem Erstellen zweidimensionaler Graphiken befassen, sind in der folgenden Tabelle aufgeführt. Die Bemerkung (R2) weist darauf hin, daß die entsprechende Routine neu in Maple V Version 2 ist.

Funktion		Beschreibung
`animate`	(R2)	Erzeuge eine Animation eines zweidimensionalen Funktionsplots
`conformal`		Konformer Plot einer komplexen Funktion (Bild A.11)
`display`		Zeige einen Plot nochmal oder spiele mehrere Plots in einen Graphen vor
`fieldplot`	(R2)	Zeichne ein zweidimensionales Vektorfeld
`gradplot`	(R2)	Zeichne ein zweidimensionales Gradientenfeld (Bild A.12)
`implicitplot`	(R2)	Zeichne eine Kurve, die implizit durch eine Gleichung in zwei Variablen gegeben ist
`loglogplot`	(R2)	Zeichne beide Achsen mit logarithmischer Skalierung
`logplot`	(R2)	Zeichne die vertikale Achse mit logarithmischer Skalierung
`odeplot`	(R2)	Zeichne die von `dsolve` mit der `numeric`-Option (siehe Seite 15) erzeugte Ausgabe
`polarplot`		Zeichne eine in Polarkoordinaten gegebene Kurve (Bild A.13)
`polygonplot`	(R2)	Zeichne ein oder mehrere Polygone
`sparsematrixplot`		Plotte die von Null verschiedenen Werte einer Matrix in einem zweidimensionalen Gitter, so daß man sieht, wie dünn die Matrix ist
`textplot`	(R2)	Plaziere Text im zweidimensionalen Raum

Hier geben wir mehrere Beispiele zu einigen dieser Funktionen an. Abschnitt A.7, Wie man Graphiken abspeichert und ausdruckt, (Seite 35), beinhaltet ein Beispiel zur Funktion `display`. Der `polarplot`-Befehl unten zeichnet einen Graphen des „Freethschen Nephroiden" (figure A.13).

```
> with(plots):
> animate(x^n, x=0..1, n=1..6, frames=30);

> conformal(z^4, z=0..1+I);
```

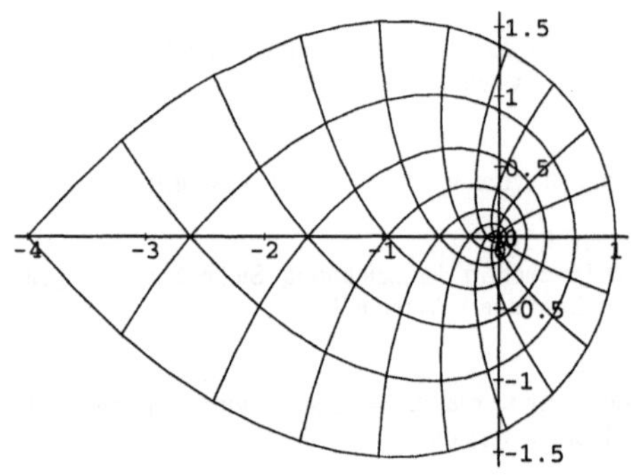

Bild A.11 Eine konforme Abbildung (`conformal`)

```
> gradplot(sin(x)*sin(y), x=-Pi..Pi, y=-Pi..Pi, arrows=SLIM,
>       axes=BOXED);


> polarplot(1 + 2*sin(t/2), t=0..4*Pi, scaling=CONSTRAINED,
>       axes=FRAME);
```

In Maple V Version 2 und Version 3 findet man auch ein Paket `DEtools`, zur graphischen Darstellung von Lösungen zwei- oder dreidimensionaler gewöhnlicher oder partieller Differentialgleichungen.

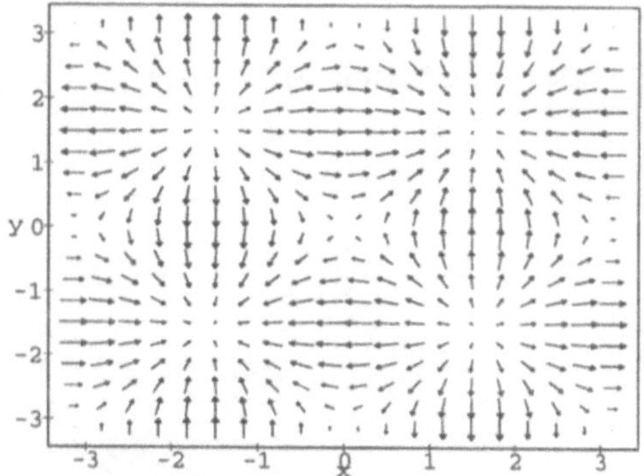

Bild A.12 Ein Gradientenfeld (`gradplot`)

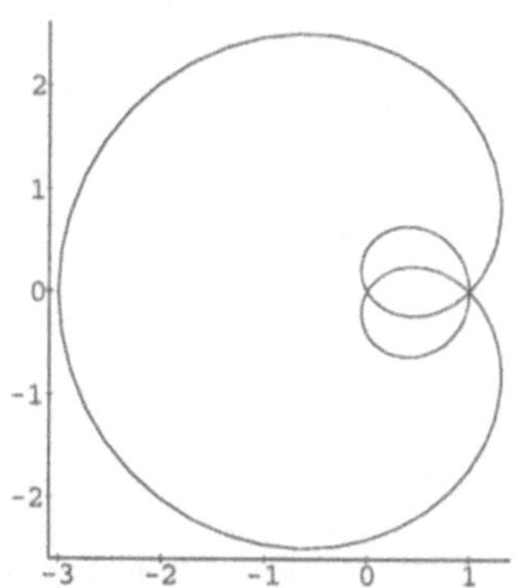

Bild A.13 Der Freethsche Nephroid (`polarplot`)

Analog zu `plot` kann man auch `plot3d` auf zweierlei Weise aufrufen. Um einen bivariaten Ausdruck über einem rechteckigen, ebenen Gebiet zu zeichnen, benutzt man einen Befehl der folgenden Form:

```
plot3d(ausdr, var₁ = a..b, var₂ = c..d);
```

Zum Beispiel (Bild A.14),

```
> plot3d(sin(x*y)/(x*y), x=-Pi..Pi, y=-Pi..Pi);
```

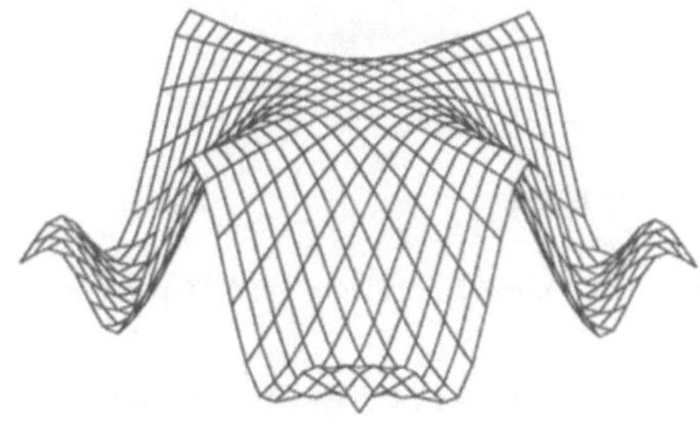

Bild A.14 $\sin(xy)/xy$ über $[-\pi, \pi] \times [-\pi, \pi]$

Um eine Funktion zu zeichnen, die nach zwei Argumenten verlangt, wird der Befehl in folgender Form benutzt:

```
plot3d( f, a..b, c..d);
```

Wir können zum Beispiel Maple's `Beta`-Funktion, die als $\text{Beta}(x, y) = \Gamma(x)\Gamma(y)/\Gamma(x + y)$ (Bild A.15) definiert ist, zeichnen.

```
> plot3d(Beta, 1..2, 1..2, axes=BOXED);
```

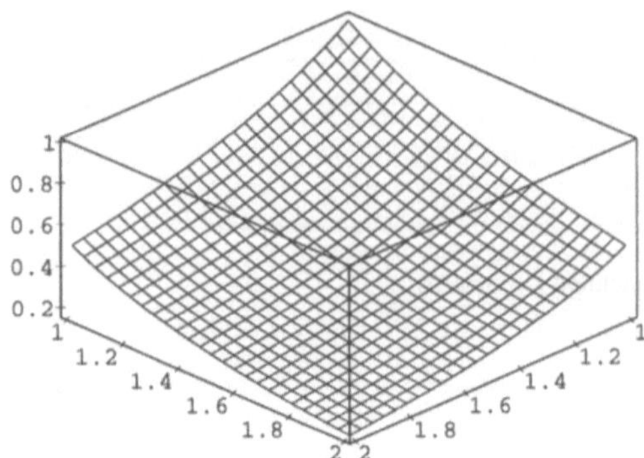

Bild A.15 Die Beta-Funktion

Das Zeichnen einer parametrischen Fläche wird durch einen Befehl wie der folgende ermöglicht:

```
plot3d([ausdr_x(s, t),ausdr_y(s, t),ausdr_z(s, t)], s=a..b,t=c..d);
```

Die Schreibweise für einen zweidimensionalen parametrischen Plot ist nicht mit der Schreibweise für einen dreidimensionalen parametrischen Plot konsistent. Im ersten Fall muß der Bereich in eckige Klammern eingeschlossen sein, im zweiten Fall müssen die Bereiche außerhalb der Klammern stehen. Wir können zum Beispiel eine schraubenlinienförmige Fläche folgendermaßen zeichnen (Bild A.16):

```
> plot3d([s*cos(t), s*sin(t), t], s=1..3, t=0..4*Pi, axes=FRAME);
```

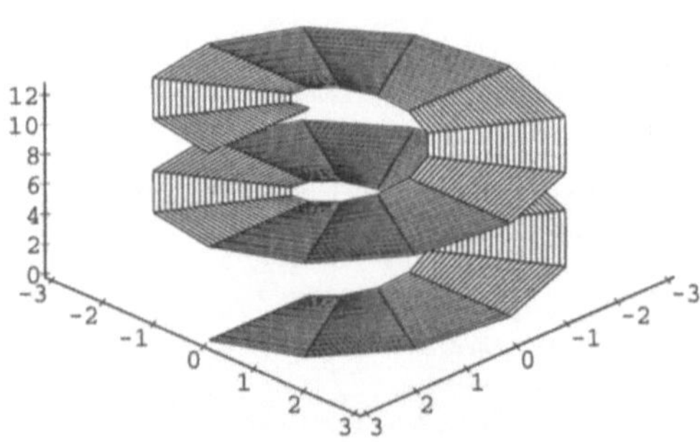

Bild A.16 Eine parametrische Fläche

Man kann die Höhenlinien oder Konturen einer Fläche mit der Option `style=CONTOUR` (Bild A.17) zeichnen.

```
> plot3d(2*x^2 + 3*y^2, x=-4..4, y=-4..4, style=CONTOUR,
>     scaling=CONSTRAINED, orientation=[0,0], axes=NORMAL);
```

Hierbei verhindert die `scaling`-Option eine Verzerrung der Höhenlinien und die `orientation`-Option wählt den normalen Blickwinkel für einen Graphen von Höhenlinien aus, nämlich den Blick von oben direkt auf die Fläche.

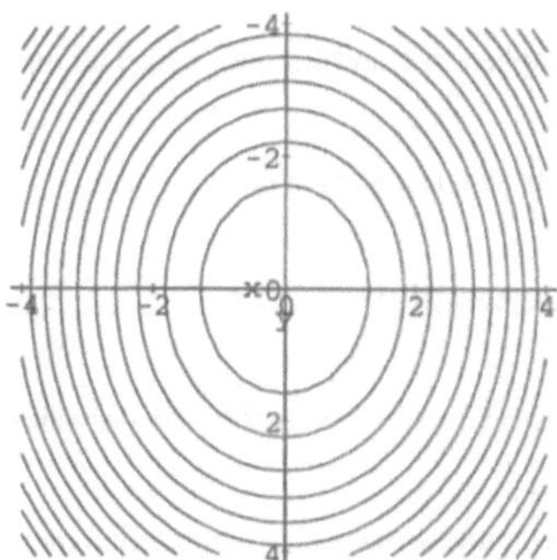

Bild A.17 Ein Höhenlinien- oder Konturenplot

Man kann mehrere Flächen in ein-und denselben Graphen zeichnen. Die letzten drei Optionen im nächsten Beispiel (Bild A.18), sorgen dafür, daß die zwei gezeichneten Flächen auch schattiert werden. Das voreingestellte Schattierungsmodell wird mittels shading=NONE außer Kraft gesetzt, dann werden die aquamarinfarbigen Flächen mit einem schwachen weißen Umgebungslicht und einem starken gerichteten, weißen Lichststrahl beleuchtet. Wenn man den ganzen Befehl so nicht eintippen möchte, kann man die ersten fünf Optionen weglassen und sie dann nachher interaktiv selbst einstellen, nachdem der Graph gezeichnet wurde.

```
> plot3d({exp(-y^2)*sin(x) - 1, exp(-y^2)*cos(x) + 1}, x=-Pi..Pi,
>     y=-2..2,scaling=CONSTRAINED,axes=FRAME,orientation=[60,75],
>     shading=NONE, style=PATCHNOGRID, color=aquamarine,
>     ambientlight=[0.5,0.5,0.5], light=[45,90,1,1,1]);
```

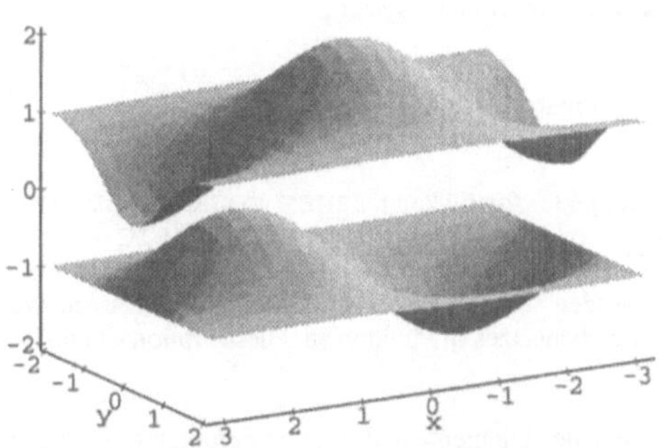

Bild A.18 Zwei Flächen mit vom Benutzer definierter Beleuchtung

Plot3d-Optionen

Sämtliche zum Befehl plot3d existierende Optionen sind unten aufgeführt. Einige dieser Optionen, nämlich axes, light, linestyle, orientation, projection, scaling, shading style, symbol und thickness, können bei den meisten Maple-Plattformen interaktiv eingestellt werden (siehe Seite 78).

ambientlight=[r, g, b]
> Benutze eine ungerichtete Lichtquelle mit den angegebenen Intensitäten für rot, grün und blau, um die Fläche zu beleuchten. Die Parameter r, g und b sind reelle Zahlen zwischen 0 und 1. (Voreinstellung: keine)

`axes=BOXED`
> Schließe den gesamten Graphen in eine Minmax-Schachtel ein.

`axes=FRAME`
> Zeichne Achsen entlang der äußeren Kanten des Graphen.

`axes=NONE`
> Zeichne keine Achsen (voreingestellt).

`axes=NORMAL`
> Zeichne die Achsen durch den Graphen hindurch(normalerweise den Ursprung schneidend).

`axesfont=[`*family*`,`*style*`,`*size*`]`
> Zeichensatz für die Bezeichnungen der Achsenunterteilungen. Siehe `font` zur genaueren Beschreibung. Diese Option ist neu in Maple V Version 3.

`color=`*c*
> Farbe eines Plots: entweder eine eine Farbe zurücklliefernde Prozedur oder Ausdruck in den Plotvariablen, oder eine konstante Farbe: `COLOR(RGB,` *r*`,` *g*`,` *b*`)`, `COLOR(HUE,` *h*`)`, `aquamarine`, `black`, `blue`, `navy`, `coral`, `cyan`, `brown`, `gold`, `green`, `gray`, `grey`, `khaki`, `magenta`, `maroon`, `orange`, `pink`, `plum`, `red`, `sienna`, `tan`, `turquoise`, `violet`, `wheat`, `white` oder `yellow` (voreingestellt: `black`). Ein Beispiel zur Option `color` findet man auf Seite 29.

`colour=`*c*
> Synonym für `color`.

`contours=`*c*
> Spezifiziere Konturen für einen Konturenplot. *c* ist die Anzahl der Höhenlinien (voreingestellt 10) oder eine Liste von von *z*-Werten, die für die Konturen benutzt werden sollen. Diese Option ist neu in Maple V Version 3.

`coords=cartesian`
> Benutze ein kartesisches (rechteckiges) Koordinatensystem (Voreinstellung).

`coords=cylindrical`
> Benutze ein zylindrisches Koordinatensystem.

`coords=spherical`
> Benutze ein Kugelkoordinatensystem.

`font=[`*family*`,`*style*`,`*size*`]`
> Zeichensatz für Textobjekte. *family* kann `TIMES`, `COURIER`, `HELVETICA` oder `SYMBOL` sein. Für `TIMES` kann *style* den Wert `ROMAN`, `BOLD`, `ITALIC` oder `BOLDITALIC` haben. Für `COURIER` oder `HELVETICA` kann *style* `BOLD`, `OBLIQUE`, `BOLDOBLIQUE` sein oder ganz weggelassen werden. Für `SYMBOL` sollte *style* weggelassen werden. *size* gibt die benutzte Größe des Zeichensatzes in Punkten an. Diese Option ist neu in Maple V Version 3.

`grid=[`n_x`,` n_y`]`
> Benutze ein Punktgitter der Dichten_x mal n_y, zur Erzeugung der Fläche. (Voreinstellung: 25 mal 25).

`labelfont=[`*family*`,`*style*`,`*size*`]`
> Font für die Achsenbeschriftungen. Siehe `font` zur genaueren Beschreibung. Diese Option ist neu in Maple V Version 3.

`labels=[`str_x`,` str_y`,` str_z`]`
> Beschriftungen an den x-, y- und z-Achsen (Voreinstellung: der Name der unabhängigen Variablen an den x- und y-Achsen keine Beschriftungen an der z-Achse.)

`light=[`ϕ`,` θ`,` r`,` g`,` b`]`
> Benutze eine gerichtete Lichtquelle mit den gegebenen Intensitäten für rot, grün und blau an der vorgeschriebenen Position (in Kugelkoordinaten), um die Fläche zu beleuchten. Die Parameter r, g und b müssen reelle Zahlen zwischen 0 und 1 sein. (Voreinstellung: Keine)

`linestyle=`*n*
Das gestrichelte Muster, welches zum Darstellen von Geraden innerhalb der Zeichnung benutzt wird. Das voreingestellte Muster (normalerweise eine durchgezogene Gerade) wird dann gezeichnet, wenn *n* gleich 0 ist; Für größere Werte von *n* werden verschiedene unterbrochene Muster benutzt. Diese Option ist neu in Maple V Version 3.

`numpoints=`*n*
Zur Erzeugung der Fläche soll ein rechteckiges Gitter mit insgesamt mindestens *n* Punkten benutzt werden (Voreinstellung: 625).

`orientation=`$[\theta, \phi]$
Orientierung des Betrachters, genauer Punkt von dem aus der Betrachter auf die Fläche schaut, wobei θ und ϕ Winkel sind, angegeben in Grad in bezug auf ein Kugelkoordinatensystem. (Voreinstellung: [45, 45])

`projection=`*p*
Schreibt die Art der Projektion vor. Der Parameter *p* stellt eine Zahl zwischen 0 und 1 dar. Der Wert 1 steht für die orthogonale Projektion (die Voreinstellung) und 0 steht für eine perspektivische Projektion mit Weitwinkel.

`projection=FISHEYE`
Benutze eine Weitwinkelperspektive, gleichbedeutend mit `projection=0`.

`projection=NORMAL`
Benutze eine normale Perspektive, gleichbedeutend mit `projection=0.5`.

`projection=ORTHOGONAL`
Benutze die orthogonale Projektion, gleichbdeutend mit `projection=1` (Voreinstellung).

`scaling=CONSTRAINED`
Die Skalierung ist eingeschränkt, so daß ein Perspektivverhältnis von 1:1:1 erhalten bleibt.

`scaling=UNCONSTRAINED`
Das Zeichnen des Graphen wird verbessert, wobei man in Kauf nimmt, daß das perspektivische Verhältnis durch Skalierung verzerrt wird (voreingestellt).

`shading=XYZ`
Jede der Achsen hat eine eigene Farbskala in bezug auf die Schattierung. Die Voreinstellung ist systemabhängig.

`shading=XY`
Schattiere die Fläche mit einer Farbskala entlang der x-Achse und mit einer anderen Farbskala entlang der y-Achse.

`shading=Z`
Schattiere die Fläche in Abhängigkeit von der Höhe oder dem z-Wert.

`shading=ZHUE`
Schattiere die Fläche gemäß der Höhe oder dem z-Wert, wobei ein Regenbogenspektrum von Farben entlang der z-Achse benutzt wird.

`shading=ZGRAYSCALE`
Schattiere die Fläche in Abhängigkeit von der Höhe oder dem z-Wert entlang der z-Achse unter Benutzung einer Grautonskala.

`shading=NONE`
Kein Schattierungsmodell.

`style=CONTOUR`
Konturenplot, d.h. Plot von Höhenlinien einer Fläche.

`style=HIDDEN`
Zeichne ein Drahtmodell, wobei alle Geradensegmente, die von Teilen der Fläche verdeckt sind, nicht gezeichnet werden (Voreinstellung).

`style=LINE`
Genauso wie `WIREFRAME`.

`style=PATCH`
  Zeichne die Fläche mittels schattierter rechteckiger Pflaster über einem Drahtgitter.

`style=PATCHCONTOUR`
  Kombination der Zeichenoptionen `PATCH` und `CONTOUR`.

`style=PATCHNOGRID`
  Zeichne die Fläche mittels schattierter rechteckiger Pflaster ohne ein Drahtgitter.

`style=POINT`
  Zeichne nur die abgetasteten Punkte.

`style=WIREFRAME`
  Zeichne ein Drahtmodell einer Fläche, indem benachbarte abgetastete Punkte durch Geradensegmente verbunden werden.

`symbol=BOX`
  Zeichne einen Würfel um jeden Punkt, wenn `style=POINT` verlangt ist. Diese Option is neu in Maple V Version 3.

`symbol=CIRCLE`
  Zeichne einen Kreis um jeden Punkt, wenn `style=POINT` eingestellt ist. Diese Option ist neu in Maple V Version 3.

`symbol=CROSS`
  Zeichne ein Kreuz an jedem Punkt, wenn `style=POINT` eingestellt ist. Diese Option ist neu in Maple V Version 3.

`symbol=DIAMOND`
  Versehe jeden Punkt mit einem Diamanten, wenn `style=POINT` eingestellt ist. Diese Option ist neu in Maple V Version 3.

`symbol=POINT`
  Versehe einen jeden Punkt mit einem kleinen Punkt, wenn `style=POINT` eingestellt ist. Diese Option ist neu in Maple V Version 3.

`thickness=`n
  Dicke der Geraden in einer Zeichnung. n kann 0 (voreingestellt), 1, 2 oder 3 sein. Diese Option ist neu in Maple V Version 3.

`tickmarks=[`n_x`,` n_y`,` n_z`]`
  Minimale Anzahl der aufgetragenen Einheiten entlang der x-, y- und z- Achsen. Jede Komponente sollte eine nichtnegative ganze Zahl oder der Name `default` für einen voreingestellten Wert sein.

`title=`*string*
  Überschrift eines Graphen (Voreinstellung: keine).

`titlefont=[`*family*`,` *style*`,` *size*`]`
  Zeichensatz für die Überschrift einer Zeichnung. Siehe `font` zur genaueren Beschreibung. Diese Option ist neu in Maple V Version 3.

`view=`z_1`..`z_2
  Begrenze den sichtbaren Teil der Fläche, auf das Gebiet mit z-Werten innerhalb von $z_1 .. z_2$ (Voreingestellt: gesamte Fläche).

`view=[`x_1`..`x_2`,` y_1`..`y_2`,` z_1`..`z_2`]`
  Schränke das sichtbare Gebiet der Fläche entsprechend ein (voreingestellt: gesamte Fläche).

Die folgenden drei Beispiele illustrieren einige weitere dieser Optionen: Eine Kugel, die in Kugelkoordinaten gegeben ist (Bild A.19), eine in kartesischen Koordinaten gegebene Sattelfläche, die mit einer Kombination von patch- und contour-Option gezeichnet wird (Bild A.20), und ein geneigter Doppelkegel, der in zylindrischen Koordinaten gegeben ist (Bild A.21). (Sollte der Leser über einen Schwarzweißmonitor verfügen, sollte er versuchen `shading=ZGRAYSCALE` anstelle von `Z` oder `ZHUE` zu benutzen.)

```
> plot3d(1, theta=0..2*Pi, phi=0..Pi, coords=spherical,
>         scaling=CONSTRAINED);
```

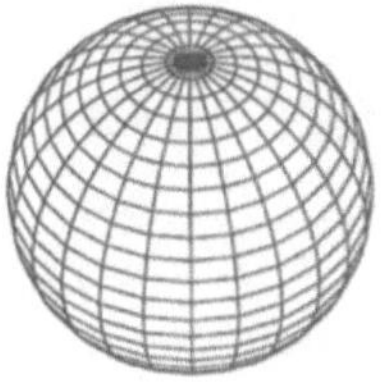

Bild A.19 Kugelkoordinaten

```
> plot3d(x^2 - y^2, x=-7..7, y=-5..5, style=PATCHCONTOUR,
>         orientation=[80,45], shading=ZHUE, axes=BOXED);
```

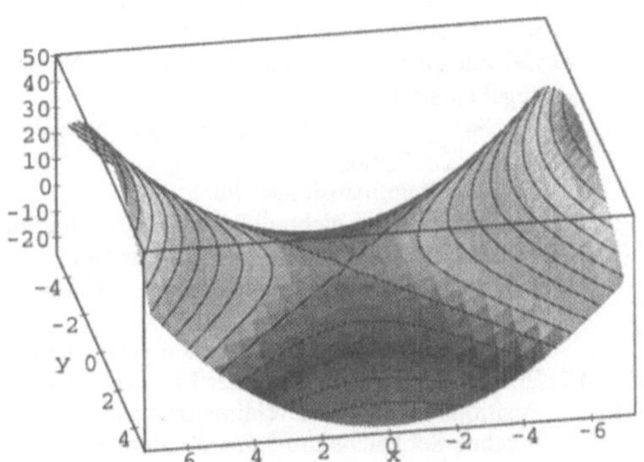

Bild A.20 Eine schattierte Sattelfläche mit Höhenlinien

```
> plot3d(z*sin(theta), theta=0..Pi, z=-4..4, style=HIDDEN,
>         coords=cylindrical, scaling=CONSTRAINED, shading=Z,
>         orientation=[45,75], axes=BOXED);
```

Das `plots`-Paket enthält zudem auch eine Reihe von Routinen zum Zeichnen dreidimensionaler Graphen. Diese sind in der folgenden Tabelle aufgeführt. Der Zusatz (R2) soll darauf hinweisen, daß die entsprechende Routine neu zu Maple V Version 2 hinzugekommen ist. Man sollte daran denken, dieses Paket erst mit Hilfe von `with(plots)` einzuladen.

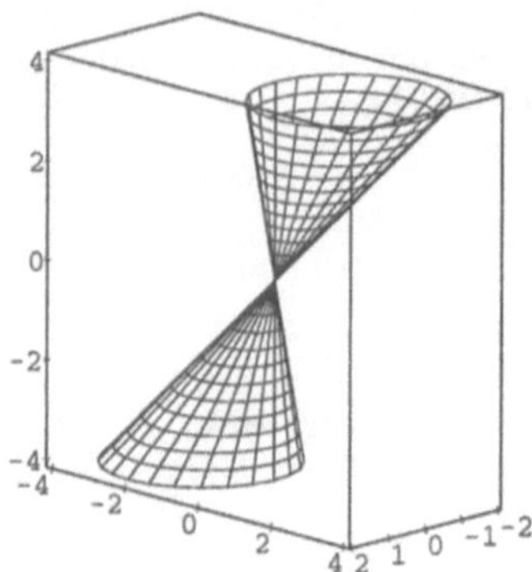

Bild A.21 Zylindrische Koordinaten

Funktion		**Beschreibung**
`animate3d`	(R2)	Erzeuge eine Animation eines dreidimensionalen Plots von Funktionen
`contourplot`	(R2)	Konturenplot einer Fläche
`cylinderplot`		Zeichne eine in zylindrischen Koordinaten gegebene Fläche
`densityplot`	(R2)	Zeichne die Dichte einer Fläche
`display3d`		Spiele einen Plot wiederholt vor oder zeichne mehrere Plots in einen Graphen
`fieldplot3d`	(R2)	Zeichne ein dreidimensionales Vektorfeld
`gradplot3d`	(R2)	Zeichne ein dreidimensionales Gradientenfeld
`implicitplot3d`	(R2)	Zeichne eine Fläche, die durch eine Gleichung in drei Variablen implizit gegeben ist (Bild A.22)
`matrixplot`		Zeichne eine Fläche, deren Höhen oder z-Werte in einer Matrix gegeben sind
`odeplot`	(R2)	Zeichne die von `dsolve` erzeugte Ausgabe mit Hilfe der `numeric`-Option
`pointplot`		Zeichne dreidimensionale Punkte
`polygonplot3d`	(R2)	Zeichne ein oder mehrere Polygone im Dreidimensionalen
`polyhedraplot`	(R2)	Zeichne einen oder mehrere Polyeder (Bild A.23)
`spacecurve`		Zeichne eine dreidimensionale, parametrisierte Kurve (Bild A.24)
`sphereplot`		Zeichne eine in Kugelkoordinaten gegebene Fläche
`surfdata`	(R2)	Erzeuge eine Fläche aus einer Liste von Daten
`textplot3d`	(R2)	Positioniere Text im Dreidimensionalen
`tubeplot`		Zeichne Schläuche um Kurven herum Bild A.25)

Wir geben hier einige Beispiele zu diesen Funktionen.

```
> with(plots):
> implicitplot3d(x^2 + y^2 + z^2/2 = 1,
>     x=-1..1, y=-1..1, z=-1.5..1.5, grid=[8,8,8], axes=FRAME,
>     scaling=CONSTRAINED, style=PATCH, shading=ZHUE);


> polyhedraplot([0,0,0], polytype=dodecahedron, style=WIREFRAME,
>     orientation=[40,80], scaling=CONSTRAINED);


> spacecurve([(sin(20*t)+3)*cos(t),(sin(20*t)+3)*sin(t),cos(20*t)],
>     t=0..2*Pi, numpoints=300, scaling=CONSTRAINED, shading=XY,
>     axes=FRAME);


> tubeplot([cos(t), sin(t), t], t=0..4*Pi, radius=.3, tubepoints=15,
>     axes=FRAME);
```

Betreffend weiterer Beispiele von in Maple erzeugbarer Flächen sei man auf die in Kapitel H auf Seite 354 beginnenden Literaturhinweise verwiesen.

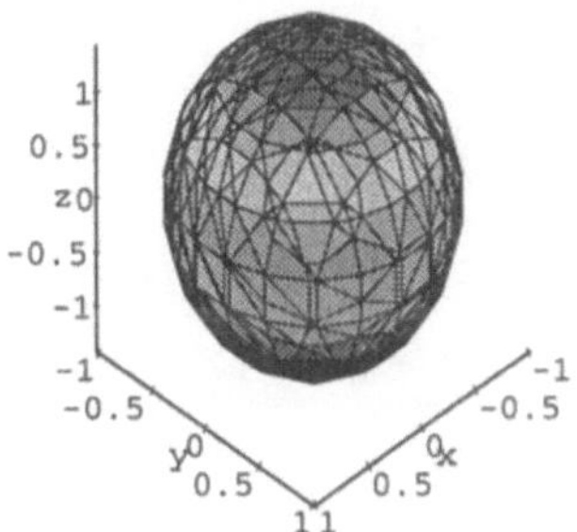

Bild A.22 Ein Plot einer implizit gegebenen Fläche im Dreidimensionalen (implicitplot3d)

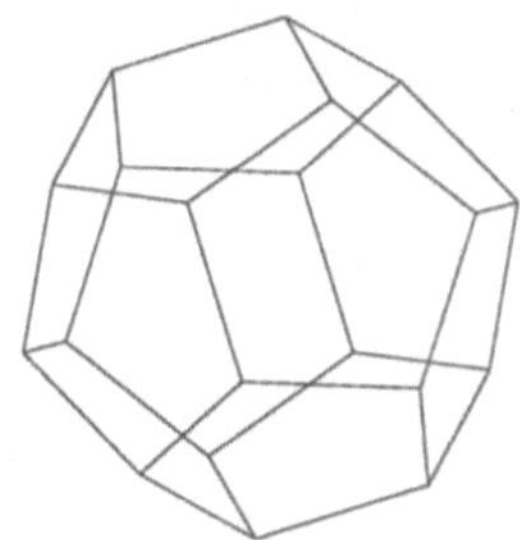

Bild A.23 Ein Dodekaeder (polyhedraplot)

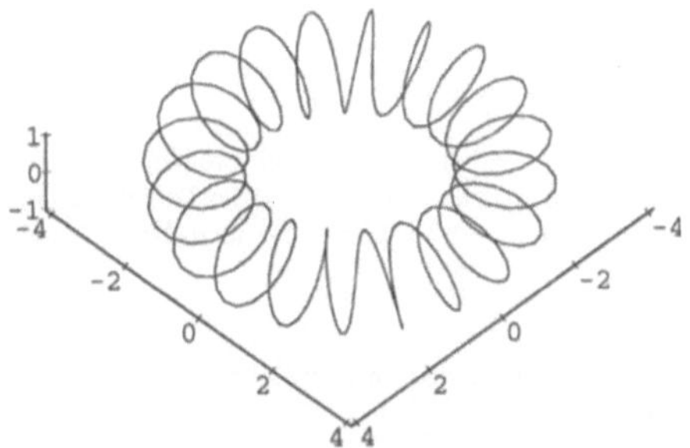

Bild A.24 Eine parametrische Kurve im Dreidimensionalen (spacecurve)

Wie man Graphiken abspeichert und ausdruckt

Bei jedem Plotten einer Kurve oder Fläche erzeugt Maple intern eine spezielle Datenstruktur. Maple benutzt diese Struktur zum schnellen Neuzeichnen einer Graphik, sobald einige der das Erscheinungsbild der Graphik verändernden Attribute modifiziert wurden; zum Beispiel wenn das Farbschema oder das Aussehen der Achsen verändert wurde. Man kann diese Datenstruktur in einer Variablen speichern und sie später dazu benutzen, die Graphik selber neu zu zeichnen. Wir erzeugen nun drei Plots und speichern ihre entsprechende Datenstruktur in drei Variablen. Der plot-Befehl wird mit dem Semikolon beendet, um das sofortige Zeichnen der Plots zu verhindern.

```
> midcurve := plot(exp(-x^2)*cos(12*x), x=-2..2):
> topcurve := plot(exp(-x^2), x=-2..2):
```

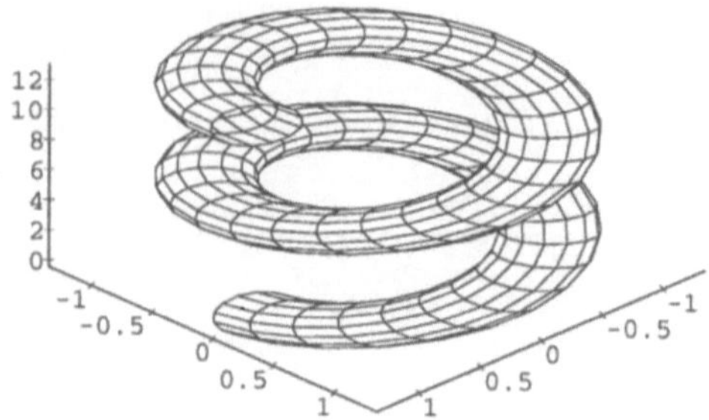

Bild A.25 Ein Schlauchplot

```
> botcurve := plot(-exp(-x^2), x=-2..2):
```

Das Auswerten einer dieser Variablen hat zur Folge, daß der Plot gezeichnet wird (Bild A.26):

```
> midcurve;
```

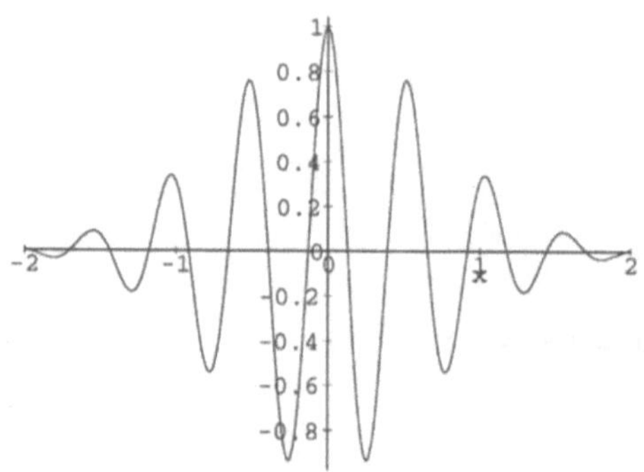

Bild A.26 `midcurve`

Die `display`-Funktion des `plots`-Pakets zeichnet mehrere Kurven im selben Graphen (Bild A.27). Das Setzen kosmetischer Optionen (solche Optionen, die das Bild des Graphen verändern) wie zum Beispiel `axes` oder `scaling` zur Funktion `display` setzt die in den einzelnen Plots voreingestellten Optionen außer Kraft.

```
> with(plots):
> display([topcurve, botcurve, midcurve], axes=NONE,
>     scaling=CONSTRAINED);
```

Möchte man diese Kurven in einer anderen Maple-Sitzung nochmal zeichnen, so speichert man die Variablen in einer Datei.

```
> save topcurve, midcurve, botcurve, `myfile.m`;
```

Der `read`-Befehl liest diese Datei in eine andere Maple-Sitzung ein. Dieselben Variablen sind dann wieder verfügbar, um die Kurven zu zeichnen.

```
> read `myfile.m`;
> with(plots):
> display([topcurve, botcurve, midcurve], axes=NONE,
>     scaling=CONSTRAINED);
```

Man beachte, daß die Argumente von `save` und `read` nicht in Klammern stehen müssen.
In Abschnitt A.13, Eingabe und Ausgabe auf Seite 62 findet man genauere Informationen zum Abspeichern von Resultaten in Dateien und zu deren Rekonstruktion während anderer Sitzungen.

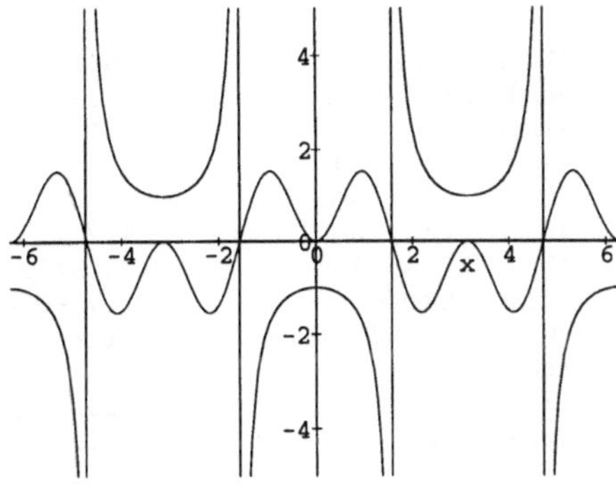

Bild A.27 Das Zeichnen mehrerer Plots

Die Plot-Datenstruktur ist nur Maples interne Darstellung eines Plot. Man kann sie nicht an einen Drucker senden, um ein Bild zu erzeugen. Um einen Plot zu drucken, muß man Maple erst den Typ des vorhandenen Druckers mitteilen. Bei vielen Systemen kann dies interaktiv gemacht werden, nachdem der Graph auf den Bildschirm gezeichnet wurde. Arbeitet man mit der Arbeitsblatt-Schnittstelle, sollte man ins Dateimenu im Graphikfenster schauen. Der in diesem Menu vorhandene Print- oder Printer-Setup-Befehl erlaubt als Eingabe ein Graphikformat, einen Dateinamen um den Plot abzuspeichern und manchmal auch einen Druckernamen zum unmittelbaren Ausdrucken des Plots.

Bei anderen Systemen, zum Beispiel der Schnittstelle mit Befehlszeilen wie UNIX-Systemen, muß man den `plotsetup`- oder den `interface`-Befehl benutzen, um Graphiken in eine speziell formatierte Datei umzuleiten, aus der heraus dann gedruckt wird. Die `interface`-Option `plotdevice` erlaubt es, das Graphikformat oder den Druckertyp zu benennen; mit der Option `plotoutput` gibt man den Dateinamen vor. Mit dem Hilfsbefehl `?plot[device]` kann man die Namen aller von Maple unterstützten Druckformate auflisten lassen.

Die folgenden Befehle veranlassen Maple, Graphik in der Datei `myplot.ps` im PostScript-Format abzuspeichern.

```
> interface(plotdevice=postscript);
> interface(plotoutput=`myplot.ps`);
```

Der nächste Plot wird in der Datei `myplot.ps` abgespeichert und erscheint nicht auf dem Bildschirm.

```
> plot(sin(x)*cos(2*x), x=-2*Pi..2*Pi);
```

Die nachfolgenden Plots werden ebenso in dieser Datei abgespeichert, allerdings wird vor jedem erneuten Abspeichern der bisherige Inhalt der Datei gelöscht, so daß nur der letzte aktuelle Graph dort gespeichert ist. Man sollte deswegen `plotoutput` nach jedem Bild, das man behalten möchte, umsetzen.

Nachdem man Maple verlassen hat, kann man die Datei `myplot.ps` auf dem PostScript-Drucker ausdrucken.

A.8 Datentypen

Im Gegensatz zu den meisten Programmiersprachen, braucht man nicht den Typ einer jeden in Maple benutzten Variablen oder Funktion zu definieren. Dennoch bestimmt Maple den Typ eines jeden eingegebenen Ausdrucks. Man kann auf diesen Typ testen und auch zwischen verschiedenen Typen konvertieren. Die folgende Tabelle gibt eine Übersicht über einige der in Maple vorhandenen grundlegenden Datentypen.

Typ	Beschreibung	Beispiele
numeric	Ein beliebiger numerischer Typ	3.7, 4, 8*I
integer	Ganze Zahl	0, 14
posint	Positive ganze Zahl	14
negint	Negative ganze Zahl	-4
fraction	Bruch zweier ganzer Zahlen	-4/7, 1/3
rational	Ganze Zahl oder Bruch	-15, 3/11
float	Gleitkommazahl	31.7, -0.05
complex	Beliebige komplexe Zahl	4.1 + I
complex(integer)	Ganze Gaußsche Zahl	5 - 3*I
boolean	Logischer Wert	true, false, FAIL
string	Zeichenfolge	'This is a string.'
polynom	Polynom	x^8 + 3.9*x - 17
series	Potenzreihe	1 + x + x^2/2 + O(x^3)
ratpoly	Rationaler Ausdruck	(1 + x^2)/(x - 4)

Man kann den Typ eines jeden Ausdrucks mit Hilfe des Befehls type erfragen.

```
> type(3., integer);
```

$$false$$

```
> type(3., float);
```

$$true$$

```
> type(3, posint);
```

$$true$$

```
> type(x+5, polynom);
```

$$true$$

Der convert-Befehl erlaubt es, Ausdrücke von einem Typ in einen anderen umzuwandeln.

```
> convert(355/113, float);
```

$$3.141592920$$

```
> series(exp(x), x, 5);
```

$$1 + x + \frac{1}{2}x^2 + \frac{1}{6}x^3 + \frac{1}{24}x^4 + O\left(x^5\right)$$

```
> convert(", polynom);
```

$$1 + x + \frac{1}{2}x^2 + \frac{1}{6}x^3 + \frac{1}{24}x^4$$

Einige der numerischen Typen sind bereits in Abschnitt A.5, Numerische Berechnungen, auf Seite 9 behandelt worden. In den folgenden Abschnitten werden wir zwei weitere sehr wichtige Typen kennenlernen, nämlich boolean und string.

Boolsche Konstanten

Eine *Boolsche Konstante* stellt einen logischen Wert dar. In Maple gibt es drei Boolsche Konstanten: `true`, `false` und `FAIL`. Wohldefinierte Abfragen geben entweder `true` (wahr) oder `false` (falsch) zurück; inkorrekt formulierte Abfragen oder unbestimmte Ergebnisse geben `FAIL` zurück. Bei den Tests kann es sich um einfache oder zusammengesetzte Tests handeln. Bei einem einfachen Test benutzt man einen Vergleichsoperator wie (=,<>, <, >, <=, >=), um auf Gleichheit bzw. Ungleichheit zu testen, oder man ruft eine Funktion auf, die einen Boolschen Wert zurückliefert. Beispiele solcher in Maple vorhandenen Funktionen sind `type` zum Testen des Typs einer Funktion und `isprime`, um zu prüfen, ob eine ganze Zahl eine Primzahl ist. Ein zusammengesetzter Test besteht aus einem oder mehreren einfachen Tests, die durch die logischen Operatoren `and`, `or` und `not` verknüpft sind. Der `not`-Operator hat die höchste Priorität, gefolgt von `and` und schließlich `or`. Der folgende zusammengesetzte Test zum Beispiel gibt als Resultat *true* zurück:

```
> not (1=2 or isprime(6)) and 3<>4;
```

$$true$$

Maple benutzt das short-circuit-Prinzip zur Auswertung Boolscher Ausdrücke: Das bedeutet, daß die Auswertung eines Boolschen Ausdruckes dann abgebrochen wird, sobald sein Wert mit Sicherheit bekannt ist. Man betrachte zum Beispiel einen Ausdruck der Form

```
Bedingung-1 or Bedingung-2 or Bedingung-3
```

Falls Bedingung-1 schon *true* ergibt, so ist der gesamte Ausdruck *true* und die anderen Bedingungen brauchen gar nicht erst ausgewertet zu werden.

Gibt man eine einfache Relation nach der Eingabeaufforderung ein, so passiert nichts, der Ausdruck wird nicht ausgewertet. Man muß `evalb`, „Werte Boolschen Ausdruck aus", aufrufen, um zu entscheiden, ob der Ausdruck wahr oder falsch ist.

```
> 1 < 2;
```

$$1 < 2$$

```
> evalb(");
```

$$true$$

Maple wertet einen solchen Ausdruck nicht aus, da viele Befehle, wie zum Beispiel die Funktion `solve`, eine symbolische Relation als Argument erwarten.

Zeichenketten

Es gibt zwei Arten von Strings[5] in Maple. Ein simple string, eine einfache Zeichenkette also, besteht aus einer Kombination von Buchstaben, Ziffern und unterstrichenenen Zeichen (_), solchen die mit einem Buchstaben oder einem Unterstrich beginnen. Ein quoted string, eine in Anführungszeichen gesetzte Zeichenkette, ist eine beliebige Kombination von Zeichen, die in einfache, schräge Hochkommata (` `) eingeschlossen ist. Eine Zeichenkette vom Typ *quoted string* kann Leerzeichen, Sonderzeichen wie + und [und sogar Steuerzeichen, wie Zeilenumbruch enthalten. In Maple V Version 2 ist die maximale Länge einer jeden Zeichenkette auf 499 Zeichen beschränkt, in Version 3 gibt es diese Einschränkung nicht mehr. Die leere Zeichenkette wird durch zwei aufeinanderfolgende, schräggestellte Hochkommata ` ` gekennzeichnet.

Jeder String oder Zeichenkette ist ein gültiger Name für eine Funktion oder eine Variable. Einfache Zeichenketten werden gewöhnlich für Namen verwendet, aber man könnnte genausogut in Hochkommata gesetzte Zeichenketten benutzen. Man sollte allerdings solche einfachen Zeichenketten vermeiden, die mit einem Unterstrich beginnen, da diese von Maple selbst zur Bezeichnung globaler Variablen benutzt werden.

Im folgenden Beispiel weisen wir einer einfachen und einer in Hochkommata stehenden Zeichenkette Werte zu. Man beachte, daß man ein schräggestelltes Hochkomma dadurch *in* eine in

---

[5]Anm. d. Übers.: Ein „String" ist eine „Zeichenkette".

Hochkommata gesetzte Zeichenkette einfügt, indem man *zwei* aufeinanderfolgende Hochkommata innerhalb der Zeichenkette eingibt.

```
> simple := 10;
```

$$simple := 10$$

```
> `strange +/`` quoted-string.` := 20;
```

$$strange +/` quoted-string. := 20$$

```
> simple + `strange +/`` quoted-string.`;
```

$$30$$

Um zwei Zeichenketten aneinanderzufügen, benutzt man den Verkettungsoperator (.). Der linke Operand muß dabei eine Zeichenkette, der rechte Operand kann ein beliebiger Maple-Ausdruck sein. Ist der rechte Operand von . eine ganze Zahl, so wird diese automatisch in die entsprechende Zeichenkette umgewandelt und an den linken Operanden angehängt. Dieser Operator wird zur Erzeugung von Meldungen, die von einem Programm ausgegeben werden, benutzt und auch zur Erzeugung neuer Symbole.

```
> student . 53;
```

$$student53$$

```
> z := 1000:
> `The value of z is ` . z;
```

$$The\ value\ of\ z\ is\ 1000$$

```
> `` . z . ` is the value of z.`;
```

$$1000\ is\ the\ value\ of\ z.$$

Man beachte, daß wir im letzten Beispiel mit einer leeren Zeichenkette beginnen. Dies ist nötig, da ja das erste Argument einer Verkettung ein Name sein muß. Das linke Argument einer Verkettung wird nicht ausgewertet, ohne die leere Zeichenkette würden wir demnach folgendes erhalten:

```
> z . ` is the value of z.`;
```

$$z\ is\ the\ value\ of\ z.$$

Der Verkettungsoperator wirkt auch auf Folgen von Ausdrücken (Seite 44) und auf Bereiche (Seite 45).

A.9 Anweisungen

In diesem Abschnitt werden Maple-Anweisungen zur Zuweisung und Freigabe von Variablen, zum Testen der Werte von Ausdrücken und zum Ausführen einer Folge von Anweisungen in einer Schleife beschrieben. Die Syntax dieser Anweisungen ähnelt der der Programmiersprache ALGOL 68 und - da Pascal von ALGOL abstammt - erinnert sie auch an Pascal. Diese Anweisungen sind in interaktiven Sitzungen nützlich; sie sind aber besonders wichtig zur Programmierung.

Wie man Variablen zuweist und freigibt

Man kann einer Variablen einen Maple-Ausdruck zuweisen, indem man den Zuweisungsoperator
: = benutzt. Zuweisungsanweisungen haben die Form

```
name := expression;
```

Jede Zeichenkette stellt einen gültigen Variablennamen in Maple dar. Die meisten Variablennamen
sind einfache Zeichenketten, die mit einem Buchstaben beginnen; aber in Hochkommata eingeschlossene Zeichenketten können auch nützlich sein, wie wir schon im Abschnit über Zeichenketten
auf Seite 39 gesehen haben.
Es folgen nun einige Beispielszuweisungen. Im zweiten Beispiel benutzen wir die starre Form des
Integrationsbefehls, sodaß das Integral nicht ausgewertet wird.

```
> a := 3.17 + 5;
```

$$a := 8.17$$

```
> easyIntegral := Int(x^3, x);
```

$$easyIntegral := \int x^3 \, dx$$

Tritt eine Variable mit zugewiesenem Wert in einem nachfolgenden Ausdruck auf, so wird der
entsprechende Wert bei Auswertung des Ausdrucks eingesetzt.

```
> a^2;
```

$$66.7489$$

Wird ein Ausdruck in einfache Hochkommata eingeschlossen, so verhindert dies, daß der Ausdruck ausgewertet wird. (es können allerdings triviale Vereinfachungen vorgenommen werden).
Im folgenden Beispiel werden rechte Hochkommata benutzt, um eine Substitution der Variablen a
zu verhindern.

```
> 'a^2 - 2 - 4';
```

$$a^2 - 6$$

Nun lassen wir die Hochkommata weg und, indem wir das letzte Resultat noch mal anfordern, wird
der Ausdruck mit dem obigen Operator komplett ausgewertet.

```
> ";
```

$$60.7489$$

Man kann eine Variable freigeben, d. h. sie von ihrem zugewiesenen Wert trennen, indem man der
Variablen ihren eigenen Namen zuweist. Man muß dabei die rechte Seite in einfache Hochkommata
einschließen, um eine Auswertung von a zu verhindern.

```
> a := 'a';
```

$$a := a$$

```
> a;
```

$$a$$

Die Funktion `unassign` gibt mehrere Variablen auf einmal frei. Man muß diese Funktion aus der Bibliothek einladen, bevor man sie benutzen kann. (siehe Abschnitt A.11, Seite 53 zur Struktur der Maple-Programmbibliothek). Wiederum muß jede Variable in Hochkommata eingeschlossen sein, um eine Auswertung bei der Freigabe zu verhindern. Im folgenden Beispiel geben wir `easyIntegral` frei, dazu auch `simple` und `z` aus dem letzten Abschnitt.

```
> readlib(unassign):
> unassign('easyIntegral', 'simple', 'z');
```

Der `restart`-Befehl gibt jede Variable sofort frei. Die Maple-Sitzung wird effektiv neu gestartet, jede gemachte Zuweisung ist gelöscht und jede eingelesene Definition ist vergessen. Dieser Befehl ist neu in Maple V Version 2.
Man kann sich alle in der aktuellen Sitzung definierten Symbole mit dem Befehl `anames()` anzeigen lassen.

Anweisungstrenner und die leere Anweisung

Das Semikolon und der Doppelpunkt werden in Maple als Anweisungs-*Trennzeichen* benutzt. Sie werden dazu gebraucht, aufeinanderfolgende Anweisungen abzutrennen, ähnlich dem Semikolon bei der Programmiersprache Pascal. Nach der letzten Anweisung einer Folge von Anweisungen ist also kein Satzzeichen notwendig. Dies erklärt, warum man nach dem `quit`-Befehl kein Satzzeichen braucht. In den folgenden Abschnitten werden uns eine Menge Beispiele von Folgen von Anweisungen begegnen, innerhalb von `if`-Blöcken, `do`-Schleifen und `proc`-Definitionen, wobei der letzten Anweisung kein Satzzeichen folgt.
Man kann ein Semikolon oder einen Doppelpunkt dahin setzen, wo es nicht erforderlich ist, ohne Probleme zu bekommen. Ein zusätzliches Satzzeichen wird als „leere Anweisung" interpretiert und hat deshalb keine Funktion.

Bedingungen

Die `if`-Anweisung erlaubt es, den Wert eines Maple-Ausdrucks zu testen. Sie ist ein sehr wichtiger Bestandteil der Maple-Programmiersprache.

```
if bedingung₁ then
    anweisungsfolge₁
elif bedingung₂ then
    anweisungsfolge₂
elif bedingung₃ then
    anweisungsfolge₃
    .
    .
else
    anweisung
fi;
```

Hier wird $bedingung_1$ zuerst gestestet. Ergibt sie *true*, so wird $anweisungsfolge_1$ ausgeführt. Sonst wird $bedingung_2$ getestet und so weiter. Falls keine der Bedingungen *true* ergibt, wird anweisung ausgeführt. Man beachte, daß Maple bei der Auswertung Boolscher Ausdrücke eine dreiwertige Logik benutzt. Eine wohldefinierte Bedingung ergibt *true* oder *false*; eine falsch formulierte Bedingung kann *FAIL* ergeben.
Sowohl die `elif`-Teile als auch der `else`-Teil sind optional. Jede `if`-Anweisung muß mit dem Schlüsselwort `fi` enden (`if` rückwärts gelesen).
Eine Bedingung kann ein beliebiger Boolscher Ausdruck sein, beispielweise ein Test auf Gleichheit. Die Bedingung in einer `if`-Anweisung wird automatisch ausgewertet; man braucht also nicht `evalb` zu benutzen. Wegen Maples abgekürzter Bearbeitung zusammengesetzter Tests, kann man eine Anweisung wie die folgende formulieren, ohne befürchten zu müssen, daß durch Null geteilt wird.

```
> if a <> 0 and b/a > c then c := 2*c fi;
```

Iteration

Man kann eine Folge von Maple-Anweisungen wiederholt ausführen, indem man sie in eine do-Schleife einschließt. Es gibt mehrere Arten von do-Schleifen in Maple. Alle verlangen nach dem Schlüsselwort do unmittelbar vor dem Block der zu wiederholenden Anweisungen und alle müssen mit dem Schlüsselwort od enden (do rückwärts gelesen).

Die erste Version der do-Anweisung ist die for-Schleife. Es gibt zwei verschiedene for-Schleifen. Die erste benutzt eine Indexvariable während die Schleife ausgeführt wird. Diese Variable nimmt sukzessive Werte einer Folge an, die durch die from, by und to-Klauseln der Anweisung gegeben ist. Die folgende Schleife gibt zum Beispiel die ersten vier Primzahlen in umgekehrter Reihenfolge aus. Die Indexvariable i nimmt die aufeinanderfolgenden Werte 4, 3, 2, 1 und 0. Die Schleife endet, sobald i den Wert 0 annimmt.

```
> for i from 4 by -1 to 1 do
>     ithprime(i)
> od;
```

$$7$$

$$5$$

$$3$$

$$2$$

Die from, by und to-Klauseln sind sämtlich optional. Ihre voreingestellten Werte sind 1, 1 und Unendlich. Unter Maple V Version 2 und Version 3 können diese Klauseln in beliebiger Reihenfolge auftreten.

Die andere Art einer for-Schleife operiert auf aufeinanderfolgenden Teilen eines Maple-Ausdrucks. Sie wird normalerweise dazu benutzt, eine Operation auf ein jedes Element einer Menge oder einer Liste anzuwenden.

```
for var in ausdr do
    anweisungsfolge
od;
```

Auf Seite 47 findet man ein Beispiel zu dieser Form einer for-Schleife.

Die zweite Variante der do-Anweisung ist die while-Schleife. Hierbei wird eine Folge von Anweisungen ausgeführt, solange eine gegebene Bedingung erfüllt ist.

```
while bedingung do
    anweisungsfolge
od;
```

Wir können beispielsweise das ursprünglich zur for-Schleife gegebene Beispiel als while-Schleife schreiben:

```
> i := 4:
> while i > 0 do
>     ithprime(i);
>     i := i-1
> od;
```

$$7$$

$$i := 3$$

$$5$$

$$i := 2$$

$$3$$

$$i := 1$$

$$2$$

$$i := 0$$

Bei dieser Konstruktion erhalten wir mehr Ausgabezeilen, da der Schleifenkörper zwei Anweisungen umfaßt. Wenn nichts anderes· vorgeschrieben ist, wird das Ergebnis einer jeden Anweisung in Maple - sei sie direkt eingegeben oder in einer zusammengesetzten Anweisung wie z. B. do oder if einfach verschachtelt - ausgegeben. Resultate, die zwei oder mehr Ebenen tief verschachtelt sind, werden allerdings nicht ausgegeben. Dies gilt zum Beispiel für Anweisungen innerhalb einer if-Anweisung, die sich ihrerseits selbst wieder in einer do-Schleife befindet. Die Interface-Variable printlevel legt fest, bis zu welcher Schachtelungstiefe Ergebnisse ausgedruckt werden; siehe Abschnitt A.12, Fehlersuche (Seite 60).
Die for und while-Klauseln können zusammen in einer einzigen Schleife auftauchen. Beispielsweise wird in der folgenden Schleife die kleinste Primzahl gesucht, die mit den Ziffern 21 endet und in der Variablen n gespeichert.

```
> for n from 21 by 100 while not isprime(n) do od;
> n;
```

$$421$$

Wir geben i und n frei, sodaß sie später erneut benutzt werden können.

```
> i := 'i':  n := 'n':
```

A.10   Datenstrukturen

In diesem Abschnitt werden die grundlegenden in Maple vorkommenden Datenstrukturen vorgestellt: Folgen von Ausdrücken, Bereiche, Listen, Mengen, Felder, Matrizen, Vektoren und Tabellen. Wir zeigen, wie man diese Strukturen erzeugt und benutzt und weisen auf spezielle Funktionen hin, die dazu dienen, auf den entsprechenden Datenstrukturen zu operieren.

Folge von Ausdrücken

Die *expression sequence*, Folge von Ausdrücken, ist eine der grundlegenden Datenstrukturen in Maple. Eine Folge ist eine Sammlung von Maple-Ausdrücken, die durch ein Komma getrennt sind. Die spezielle Folge, die keine Elemente enthält wird, mit NULL bezeichnet.
Einige Funktionen liefern eine Folge von Ausdrücken zurück.

```
> solve(x^2 - x + 1 = 0, x);
```

$$\frac{1}{2} + \frac{1}{2}I\sqrt{3}, \frac{1}{2} - \frac{1}{2}I\sqrt{3}$$

Die Argumente eines jeden Funktionsaufrufs bilden ebenso eine Folge von Ausdrücken. Im folgenden Beispiel weisen wir einer Variablen eine Folge von Unbestimmten zu und berechnen dann eine gemischte partielle Ableitung dritter Ordnung bezüglich dieser Unbestimmten.

```
> vars := x, y, z:
> diff(x^2 * (y+z)^3, vars);
```

$$12x(y + z)$$

Der Auswahloperator, [ ] erlaubt es, auf bestimmte Teile einer solchen Folge zuzugreifen. Wir wollen hier auf das zweite Element der Folge vars zugreifen.

```
> vars[2];
```

$$y$$

Die Folgenfunktion `seq` in Maple erzeugt eine Folge nach einer bestimmten Vorschrift. Sie ähnelt der `for`-Schleife, kann aber eine Folge in effizienterer Weise erzeugen. Wir erzeugen eine Folge von Monomen in x, deren Exponenten von der 20. Primzahl zur 27. Primzahl variieren, durch Benutzen der `seq`-Anweisung.

```
> seq(x^ ithprime(n), n=20..27);
```

$$x^{71}, x^{73}, x^{79}, x^{83}, x^{89}, x^{97}, x^{101}, x^{103}$$

Man sollte sicherstellen, daß der Iterationsvariablen der `seq`-Anweisung (n im obigen Beispiel) nicht schon ein Wert zugewiesen wurde. Hat sie schon einen Wert, so sollte man n in einfache Hochkommata einschließen, um eine Auswertung zu verhindern.

Der Folgenoperator $, stellt eine angenehme Verkürzung des `seq`-Befehls dar. Wir erzeugen nun dieselbe Folge von Monomen mit diesem Operator. Zuerst müssen wir die Definition von n löschen, da der `seq`-Befehl die Indexvariable nicht freigibt.

```
> n := 'n':
> x^ ithprime(n) $ n=20..27;
```

$$x^{71}, x^{73}, x^{79}, x^{83}, x^{89}, x^{97}, x^{101}, x^{103}$$

Der $-Operator wird meist bei der `diff`-Funktion benutzt, um eine Ableitung hoher Ordnung zu berechnen. Der einfache Ausdruck x$8 ergibt eine Folge von acht x, somit berechnet der folgende Befehl eine Ableitung achter Ordnung.

```
> diff(x^10, x$8);
```

$$1814400x^2$$

In Maple V Version 2 und Vesrsion 3 kann man den Verkettungsoperator für Zeichenketten dazu benutzen, neue Symbole zu erzeugen.

```
> t . (seq(binomial(k, 2), k=2..10));
```

$$t1, t3, t6, t10, t15, t21, t28, t36, t45$$

Wir geben k zur späteren Verwendung frei.

```
> k := 'k':
```

Bereich

Ein *range* (Bereich) in Maple ist ein Ausdruck der Form $a..b$, wobei a und b beliebige Maple-Ausdrücke sein können. Der Bereich steht für eine Menge von Zahlen zwischen a und b, wobei die exakte Bedeutung vom Kontext abhängt. Wir haben schon mehrere Beispiele für Ausdrücke, die einen Bereich definieren, kennengelernt.

In `seq` und `sum` steht $a..b$ für die Zahlen $a, a+1, a+2, \ldots, a+k$, wobei $a+k$ gleich b ist, oder, allgemeiner gesprochen, $a+k$ ist so nahe wie möglich an b, ohne b zu überschreiten. Unten summieren wir die ersten zehn Quadrate auf, wobei der Befehl `sum` benutzt wird. Der Summand und die Summationsvariable sind beide in einzelne Hochkommata eingeschlossen; dies ist für den Fall, daß i schon ein Wert zugewiesen wurde.

```
> sum('i^2', 'i'=1..10);
```

$$385$$

In `plot` und `int`, wird das reelle Intervall $[a, b]$ durch $a..b$ repräsentiert.

```
> int(4*x*ln(x), x=1..E);
```

$$(e)^2 + 1$$

Manchmal schließt Maple Ergebnisse in Klammern ein, obwohl das nicht notwendig wäre; ein Beispiel dafür ist obiges Ergebnis.

In `iscont`, einem Befehl, der die Stetigkeit von Funktionen testet, steht der Bereich $a..b$ für das offene reelle Intervall (a, b), wenn nichts anderes verabredet wurde.

```
> readlib(iscont):
> iscont(tan(x), x=-Pi/2..Pi/2);
```

$$true$$

Wir müssen `iscont` erst aus der Bibliothek mittels `readlib` einlesen.

Ein Bereich kann sogar komplexe Werte umfassen. Die Funktion `conformal` im `plots`-Paket verlangt nach einem Bereich, wo a und b komplexe Zahlen sind. Diese geben ein Rechteck in der komplexen Ebene an, über dem eine komplexwertige Funktion konform abgebildet wird.

```
> with(plots):
> conformal(z^4, z=0..1+I);
```

Weitere Informationen über Pakete und Bibliotheksfunktionen findet man in Abschnitt A.11 auf Seite 53.

Einige Maple-Funktionen können auch einen Bereich zurückliefern.

```
> limit(sin(1/x), x=0);
```

$$-1..1$$

Der Folgenoperator $ wandelt einen Bereich in eine Folge um.

```
> $1..5;
```

$$1, 2, 3, 4, 5$$

```
> $3.7 .. 9.2;
```

$$3.7, 4.7, 5.7, 6.7, 7.7, 8.7$$

Der Verkettungsoperator für Zeichenketten kann auf einen Bereich verteilt angewandt werden und gibt dann eine Reihe von Symbolen zurück.

```
> t . (1..5);
```

$$t1, t2, t3, t4, t5$$

Liste

Eine Liste, *list* in Maple, ist eine in rechteckige Klammern [ ] eingeschlossene Folge von Ausdrücken. Sollte die Tastatur über keine rechteckigen Klammern verfügen, so kann man wahlweise auch runde Klammern mit einem vertikalen Strich (| |) benutzen. Eine Liste kann eine beliebige Kombination von Maple-Ausdrücken enthalten, darunter auch andere Listen. Derselbe Ausdruck kann in einer Liste auch mehrmals auftreten. Die Elemente einer Liste sind geordnet: Maple ordnet die Elemente einer Liste nur um, wenn dies explizit gefordert wird. Die leere Liste wird mit [ ] gekennzeichnet.

Der Auswahloperator wählt bestimmte Elemente aus einer Liste aus, genauso wie bei Folgen von Ausdrücken. Das *ite* Element einer Liste L z. B. ist $L[i]$.
Der op-Befehl kann auch dazu benutzt werden, Teile einer Liste auszuwählen. In der Tat löst die op-Funktion jeden Maple-Ausdruck auf, mit Ausnahme von Ausdrucksfolgen. Der Befehl:

```
op(ausdr);
```

gibt eine Folge aller im gegebenen Ausdruck vorkommenden Komponenten oder Operanden zurück. Falls *ausdr* eine Liste ist, so liefert dieser Befehl die Folge aller in der Liste vorkommender Elemente. Der op-Befehl versehen mit zwei Argumenten:

```
op(index, ausdr);
```

oder

```
op(bereich, ausdr);
```

wählt ein besonderes Element oder einen besonderen Bereich von Elementen aus einem Ausdruck aus. Man kann also auf das *ite* Element einer Liste L auch mit dem Befehl op(i, L) zugreifen. Ein verwandter Befehl ist nops. Er liefert die Anzahl der in einem Ausdruck vorkommenden Operanden zurück.

```
nops(ausdr);
```

Falls *ausdr* eine Liste ist, so handelt es sich um die *Länge* der Liste.
Die folgenden Beispiele illustrieren mehrere Anwendungen des Auswahloperators sowie der op- und nops-Funktionen auf Listen.

```
> list1 := [Pi, exp(1), Catalan]:
> list2 := [Pi, mu, epsilon]:
> op(list1);
```

$$\pi, e, Catalan$$

```
> op(1, list1);
```

$$\pi$$

```
> biglist := [op(list1), op(list2)];
```

$$biglist := [\pi, e, Catalan, \pi, \mu, \epsilon]$$

```
> nops(biglist);
```

$$6$$

```
> biglist[3..5];
```

$$Catalan, \pi, \mu$$

```
> op(3..5, biglist);
```

$$Catalan, \pi, \mu$$

Man beachte, daß der Auswahloperator auch einen Indexbereich akzeptiert.

Eine Version der do-Schleife wird oft in Zusammenhang mit Listen benutzt. Die for-Anweisung zusammen mit dem Schlüsselwort in erlaubt es, jedes Element einer Liste sukzessive zu bearbeiten. Die folgende Schleife zum Beispiel berechnet die erste, vierte, 26. und 440. Primzahl.

```
> for i in [1, 4, 26, 440] do ithprime(i) od;
```

$$2$$

$$7$$

$$101$$

$$3079$$

Der select-Befehl wählt solche Listenelemente aus, die einem bestimmten Kriterium genügen und erzeugt eine neue Liste bestehend aus diesen Elementen. Das Kriterium sollte eine Prozedur sein, die einen Boolschen Wert zurückgibt. Unter Benutzung des Kriteriums isprime greifen wir alle Primzahlen aus einer Liste von ganzen Zahlen zwischen 3000 und 3100 heraus, ebenso alle Quadratzahlen der selben Liste mit Hilfe eines type-Tests.

```
> select(isprime, [$3000..3100]);
```

$$[3001, 3011, 3019, 3023, 3037, 3041, 3049, 3061, 3067, 3079, 3083, 3089]$$

```
> select(type, [$3000..3100], square);
```

$$[3025]$$

Der member-Befehl prüft, ob ein bestimmter Ausdruck in einer Liste enthalten ist. Das Ergebnis ist true oder false.

```
> member(a, [a, b, c]);
```

$$true$$

Der map-Befehl wendet eine gegebene Funktion auf jedes Element einer Liste an. Zurückgegeben wird eine neue Liste, deren Elemente die Bildelemente der ursprünglichen Liste unter der gegebenen Funktion sind.

```
> map(sin, [0, Pi/6, Pi/3, Pi/2, 2*Pi/3, 5*Pi/6, Pi]);
```

$$\left[0, \frac{1}{2}, \frac{1}{2}\sqrt{3}, 1, \frac{1}{2}\sqrt{3}, \frac{1}{2}, 0\right]$$

Die Funktion convert besitzt Unterbefehle zur Verarbeitung von Listen. Man kann alle Elemente einer Liste aufaddieren, indem man convert(list, '+') benutzt. Im folgenden Beispiel berechnen wir das arithmetische Mittel einer Liste von Zahlen.

```
> grades := [73, 85, 69, 99, 58, 78, 84]:
> convert(grades, '+') / nops(grades);
```

$$78$$

Auf analoge Weise berechnet man mit convert(list, '*') das Produkt von Listenelementen.

Menge

Eine Menge, *set* in Maple, ist eine Folge voneinander verschiedener Ausdrücke, die in geschweifte Klammern { } eingeschlossen sind. Sollte die Tastatur nicht über geschweifte Klammern verfügen, kann man auch runde Klammern gefolgt von einem Stern benutzen: (* *). Im Gegensatz zur Liste, sind die Elemente einer Menge ungeordnet: Maple kann die Elemente zu bestimmten Zwecken umordnen. Duplikate innerhalb einer Menge werden automatisch eliminiert. Die leere Menge ist durch {} gegeben.

Der Auswahloperator, die for/in Schleife und die Befehle op, nops, select, member, map, convert/'+' und convert/'*', welche sämtlich im letzten Abschnitt behandelt wurden, wirken auch auf Mengen und zwar ganz analog. Maple verfügt aber auch über die speziellen Mengenoperatoren intersect, union und minus.

```
> set1 := {0, Pi, 2*Pi, 3*Pi}:
> set2 := {Pi, exp(1), Catalan}:
> set1 union set2;
```

$$\{0, Catalan, \pi, e, 2\pi, 3\pi\}$$

```
> set1 intersect set2;
```

$$\{\pi\}$$

```
> set1 minus set2;
```

$$\{0, 2\pi, 3\pi\}$$

```
> map(sin, set1);
```

$$\{0\}$$

```
> member(gamma, set2);
```

$$false$$

```
> evalf(convert(set2, '*'));
```

$$7.822102731$$

Die symmdiff-Funktion berechnet die symmetrische Differenz zweier Mengen; symmdiff(A, B) ist also äquivalent zu (A minus B) union (B minus A). Im Gegensatz zu den anderen Mengenoperatoren ist symmdiff kein Infixoperator. Diese Funktion ist neu in Maple V Version 2. Man muß sie aus der Bibliothek einlesen, bevor man sie benutzen kann. In Abschnitt A.11 (Seite 53) findet man genaueres zum Aufbau der Maple-Bibliothek.

```
> readlib(symmdiff):
> symmdiff(set1, set2);
```

$$\{0, Catalan, e, 3\pi, 2\pi\}$$

Eine Menge kann in eine Liste umgewandelt werden, indem man die Befehle [op(*menge*)] oder convert(menge, list) verwendet; eine Folge kann in eine Menge durch {*folge*} umgeformt werden; eine Liste in eine Menge durch {op(*liste*)} oder convert(liste, set).

Feld, Matrix und Vektor

Ein Feld, *array*, ist eine mehrdimensionale Datenstruktur, die durch Bereiche ganzer Zahlen indiziert wird. Wir definieren hier zum Beispiel ein zweidimensionales Feld bestehend aus drei Reihen und zwei Spalten; die Reihen sind numeriert mit 0, 1, 2 und die Spalten mit $-3, -2$. Dies geschieht durch den Befehl:

```
> a := array(0..2, -3..-2):
```

Wir weisen nun einigen Elementen des Feldes Werte zu, indem wir den Auswahloperator benutzen:

```
> a[0, -3] := 10:
> a[0, -2] := 11:
```

Zur Ausgabe aller Werte eines Feldes sollte man `print` benutzen.

```
> print(a);
```

$$
\text{array}(0..2, -3..-2, [\\
(0, -3) = 10 \\
(0, -2) = 11 \\
(1, -3) = a_{1,-3} \\
(1, -2) = a_{1,-2} \\
(2, -3) = a_{2,-3} \\
(2, -2) = a_{2,-2} \\
])
$$

Der `array`-Befehl akzeptiert auch zusätzliche Parameter: Eine Indexfunktion und eine Liste von Anfangswerten. Eine Indexfunktion schränkt die Werte eines Feldes in gewisser Weise ein und erlaubt es, gewisse Arten von Feldern effizient zu speichern. Es gibt fünf vordefinierte Indexfunktionen, die zur Definition von Matrizen nützlich sind. Unter einer *Matrix* in Maple versteht man ein zweidimensionales Feld, wobei der Index in beiden Dimensionen bei 1 beginnt.
Die folgende Tabelle listet die fünf in Maple definierten Indexfunktionen auf und erläutert wie sie Matrizen einschränken. Ihr Effekt auf Felder höherer Dimensionen ist entsprechend.

Funktion	Beschränkung
symmetric	$A[i,j] = A[j,i]$
antisymmetric	$A[i,j] = -A[j,i]$
diagonal	Elemente, die nicht auf der Diagonalen liegen, sind 0
identity	Diagonalelemente sind 1, die anderen 0
sparse	Alle nicht explizit initialisierten Einträge werden als 0 vorausgesetzt

Wir definieren eine 2×2 Matrix mit gewissen Anfangswerten.

```
> m := array(1..2, 1..2, [[x, 10], [10, y]]);
```

$$
m := \left[\begin{array}{cc} x & 10 \\ 10 & y \end{array} \right]
$$

Da diese Matrix symmetrisch ist, könnten wir die Matrix effizienter abspeichern, wenn wir nach der Indexfunktion `symmetric` verlangen. In dem Fall ist es dann besser, eine andere Syntax zur Vorgabe der Anfangswerte zu benutzen. Sie verhindert, daß die Nebendiagonalelemente zweimal initialisiert werden.

```
> m := array(symmetric, 1..2, 1..2, [(1,1)=x, (2,2)=y, (1,2)=10]);
```

$$
m := \left[\begin{array}{cc} x & 10 \\ 10 & y \end{array} \right]
$$

Hier ist die 3×3 Einheitsmatrix.

```
> id3 := array(identity, 1..3, 1..3):
> print(id3);
```

$$\begin{bmatrix} 1 & 0 & 0 \\ 0 & 1 & 0 \\ 0 & 0 & 1 \end{bmatrix}$$

Man kann auch den Befehl „Werte über Matrizen aus" , `evalm`, benutzen, um eine Matrix auszudrucken. Dieser Befehl dient ferner dazu, einige Elementaroperationen auf Matrizen ausuzführen – Addition, Multiplikation, Invertierung. Man beachte dazu die Tabelle am Ende diese Abschnitts auf Seite 52.

Die `matrix`-Funktion im Paket `linalg` zur linearen Algebra stellt eine einfachere Art Matrizen zu definieren zur Verfügung. Ebenso erleichtert die `vector`-Funktion aus diesem Paket die Erzeugung von Vektoren, *vectors*, eindimensionalen Feldern, deren Index bei 1 beginnt. Um diese Funktionen, sowie einige andere aus diesem Paket, die in den folgenden Beispielen vorkommen, benutzen zu können, muß man das entsprechende Paket erst mit folgendem Befehl einladen:

```
> with(linalg):
```

Nun definieren wir einige Vektoren und eine Matrix.

```
> v1 := vector([1, 1, 1]):
> v2 := vector([1, 2, 4]):
> v3 := vector([1, 3, 9]):
> m  := matrix([v1, v2, v3]);
```

$$m := \begin{bmatrix} 1 & 1 & 1 \\ 1 & 2 & 4 \\ 1 & 3 & 9 \end{bmatrix}$$

Da wir das Paket zur linearen Algebra bereits geladen haben, stehen uns nun einige Befehle zur Manipulation von Vektoren und Matrizen zur Verfügung.

```
> det(m);
```

$$2$$

```
> dotprod(v2, v3);
```

$$43$$

```
> transpose(m);
```

$$\begin{bmatrix} 1 & 1 & 1 \\ 1 & 2 & 3 \\ 1 & 4 & 9 \end{bmatrix}$$

Viele Funktionen interpretieren einen Vektor als Spaltenvektor auch wenn er horizontal ausgedruckt wird.

```
> multiply(m, v1);
```

$$[3 \ 7 \ 13]$$

Die folgende Tabelle listet einige der in Maple definierten Operationen für Matrizen und Vektoren auf. Die `evalm`-Funktion und der Operator zur Matrizenmultiplikation `&*` sind jederzeit in einer Maple-Sitzung verfügbar; die anderen in der Tabelle aufgeführten Funktionen sind im Paket `linalg` definiert.

Mathematik	Maple
$A + B$	`add(A, B)` *oder* `evalm(A + B)`
$\vec{u} + \vec{v}$	`add(u, v)` *oder* `evalm(u + v)`
AB	`multiply(A, B)` *oder* `evalm(A &* B)`
$A\vec{v}$	`multiply(A, v)` *oder* `evalm(A &* v)`
cA	`scalarmul(A, c)` *oder* `evalm(c * A)`
$c\vec{v}$	`scalarmul(v, c)` *oder* `evalm(c * v)`
A^{-1}	`inverse(A)` *oder* `evalm(A^(-1))`
A^t	`transpose(A)`
A^*	`htranspose(A)`
$\mathrm{adj}A$	`adjoint(A)`
$\mathrm{Tr}(A)$	`trace(A)`
$|A|$	`det(A)`
$\mathrm{per}(A)$	`permanent(A)`
$A\vec{x} = \vec{b}$	`linsolve(A, b)`
$\vec{u}^t A \vec{v}$	`innerprod(u, A, v)`
$\vec{u} \cdot \vec{v}$	`dotprod(u, v)`
$\vec{u} \times \vec{v}$	`crossprod(u, v)`
Eigenwerte	`eigenvals(A)`
Eigenvektoren	`eigenvects(A)`
Nullraum	`kernel(A)` *oder* `nullspace(A)`
Rang	`rank(A)`

Tabelle

Unter einer Tabelle, *table*, versteht man in Maple eine Datenstruktur, deren sämtliche Einträge durch beliebige Maple-Ausdrücke indiziert werden können. Im Gegensatz zu Feldern braucht man für Tabellen keine spezielle Initialisierung. Der Auswahloperator erzeugt neue Einträge in der Tabelle nach Bedarf.

```
> days[Jan] := 31:
> days[Feb] := 28:
> days[Mar] := 31:
> days[FirstQuarter] := days[Jan] + days[Feb] + days[Mar];
```

$$days_{FirstQuarter} := 90$$

Der Befehl `indices` listet alle diejenigen Ausdrücke auf, die Werte in einer Tabelle indizieren. Der Befehl `entries` listet alle in einer Tabelle gespeicherten Werte auf. Die komplette Tabelle kann mit `print` ausgdruckt werden.

```
> indices(days);
```

$$[FirstQuarter], [Jan], [Mar], [Feb]$$

```
> entries(days);
```

$$[90], [31], [31], [28]$$

Die Indizes und Einträge werden immer in derselben Reihenfolge ausgedruckt, allerdings kann man diese Reihenfolge nicht vorhersagen.

```
> print(days);
```

```
            table([
                Mar = 31
                FirstQuarter = 90
                Jan = 31
                Feb = 28
                ])
```

Man kann genauso leicht höherdimensionale Tabellen definieren. Wir definieren unten days[Feb] um, so daß dies eine neue Tabelle ist, dabei wird days zu einer zweidimensionalen Tabelle. (Dadurch wird der alte Wert von days[Feb] gelöscht.

```
> days[Feb][Leap] := 29:
> days[Feb][NonLeap] := 28:
> print(days);
```

```
            table([
                Mar = 31
                FirstQuarter = 90
                Jan = 31
                Feb = table([
                Leap = 29
                NonLeap = 28
                ])
                ])
```

A.11 Funktionen in Maple

Startet man eine Maple-Sitzung, so stehen nicht direkt alle Befehle und Funktionen zur Verfügung. Einige werden automatisch geladen, sobald sie benötigt werden; andere muß der Benutzer selbst laden, bevor er sie benutzen kann. In diesem Abschnitt werden die vier grundlegenden Typen von Maple-Funktionen behandelt. Für jede Kategorie machen wir deutlich, ob Funktionen dieses Typs beim Start einer Sitzung zur Verfügung stehen, wie man sie lädt wenn nötig, und ob man den Quellcode dieser Funktionen inspizieren kann.

Spracheigene Funktionen

Eine kleine Teilmenge der Maple-Funktionen wird direkt in den Kernel hineinübersetzt. Diese Funktionen stehen immer zur Verfügung. Da sie mit dem Hauptprogramm übersetzt werden, kann man sich den Quellcode dieser Funktionen nicht ansehen. Die grundlegenden Funktionen wie op, type und evalf, sind spracheigene Funktionen, dazu kommen noch einige verbreitete mathematische Befehle, wie z. B. max und diff.

Man kann immer versuchen, sich den Quellcode einer Maple-Funktion anzeigen zu lassen, indem man die interface-Variable verboseproc gleich 2 setzt und dann print aufruft. Will man sich eine spracheigene Funktion anschauen, erhält man in etwa die folgende Antwort:

```
> interface(verboseproc=2);
> print(op);
  proc() options builtin; 117 end
```

Wir sehen nur einen sehr kurzen Kopf. Die ganze Zahl 117 stellt eine interne Identifizierung für die op-Funktion dar. Der Satz options builtin besagt, daß die op-Funktion eine spracheigene Funktion ist.

Man sollte daran denken, verboseproc auf den ursprünglichen Wert 1 zurückzusetzen, wenn man nicht mehr daran interessiert ist, sich die Implementation von Funktionen anzuschauen.

```
> interface(verboseproc=1);
```

Standard-Bibliotheksfunktionen

Standard-Bibliotheksfunktionen werden automatisch geladen, sobald sie zum ersten Mal in einer Sitzung aufgerufen werden. Die meisten der gebräuchlichen mathematischen Befehle in Maple, darunter int, solve, plot und exp, sind Standard-Bibliotheksfunktionen. Die Strategie von Maple, Funktionsdefinitionen nur dann zu laden, wenn sie wirklich gebraucht werden, dient dazu, Speicherplatz für Maple-Programme zu verringern. Für den einfachen Maple-Benutzer ist der Unterschied zwischen spracheigenen Funktionen und Standard-Bibliotheksfunktionen nicht ersichtlich, da der Benutzer keine zusätzlichen Befehle zum Laden von Definitionen eingeben muß. Es gibt allerdings einen bedeutenden Unterschied: Man kann sich den Quellcode von Standard-Bibliotheksfunktionen anschauen. Wir schauen uns hier den Quellcode für die Funktion ithprime an. Die im Programm vorkommende große ganze Zahl ist das Produkt der ersten neunzehn Primzahlen.

```
> interface(verboseproc=2);
> print(ithprime);
  proc(i)
  local j,k;
  options remember,`Copyright 199333y  Waterloo Maple Software`;
      if type(i,integer) and 0 < i then
          if i < 20 then
              op(i,[2,3,5,7,11,13,17,19,23,29,
                    31,37,41,43,47,53,59,61,67])
          elif i < 30000 then
              for j from ithprime(i-1)+2 by 2 do
                  if igcd(j,7858321551080267055879090) = 1 and
                     isprime(j) then RETURN(j) fi
              od
          else
              k := 29999;
              for j from 350353 by 2 do
                  if igcd(j,7858321551080267055879090) = 1 and
                     isprime(j) then
                      k := k+1; if k = i then RETURN(j) fi
                  fi
              od
          fi
      elif type(i,numeric) then
          ERROR(`argument must be a positive integer`)
      else 'ithprime(i)'
      fi
  end

> interface(verboseproc=1);
```

Diese Funktion ist, wie alle anderen Funktionen der Maple-Bibliothek, in Maple's eigener Programmiersprache geschrieben. Es ist ratsam, sich die Beispiele dieses Abschnitts noch mal anzusehen, wenn man Abschnitt A.12, Das Schreiben eigener Funktionen, liest.

Pakete

Unter einem Paket, *package* in Maple, versteht man eine Sammlung verwandter Funktionen, die in der Maple-Bibliothek zusammen abgespeichert sind. Maple V Version 2 und Version 3 enthalten jeweils mehr als zwei Dutzend Pakete, die Hunderte von Operationen und Algorithmen in linearer Algebra, Kombinatorik, Zahlentheorie, Statistik, Graphik und mehr umfassen. Ein Paket ist eigentlich eine Liste von Funktionen, Prozeduren innerhalb eines Pakets werden direkt durch die Syntax zum Auffinden von Listeneinträgen aufgerufen. Folgender Befehl zum Beispiel ruft die fibonacci-Funktion im Kombinatorik-Paket combinat auf, um die 73. Fibonacci-Zahl zu finden:

```
> combinat[fibonacci](73);
```

$$806515533049393$$

Der with-Befehl lädt Funktionen aus Paketen in die aktuelle Maple-Sitzung, sodaß diese sich anschließend genauso wie Standardfunktionen verhalten. Im nächsten Beispiel laden wir eine einzige Funktion aus dem combinat-Paket und rufen sie anschließend auf, ohne die spezielle Syntax zum Auffinden von Listeneinträgen zu benutzen.

```
> with(combinat, fibonacci):
> fibonacci(73);
```

$$806515533049393$$

Wird der with-Befehl ohne das zweite Argument gegeben, so werden alle Funktionen des entsprechenden Pakets auf einmal geladen. Dies ist dann von Vorteil, wenn man eine Reihe von Funktionen eines Pakets innerhalb einer Sitzung braucht.

```
> with(combinat):
> fibonacci(73);
```

$$806515533049393$$

```
> stirling2(20, 10);
```

$$5917584964655$$

Die Funktion stirling2 befindet sich ebenfalls im combinat package. Sie berechnet die sogenannten Stirlingschen Zahlen der zweiten Art. Zu zwei gegebenen ganzen Zahlen n und m gibt die Stirlingsche Zahl $\left\{ {n \atop m} \right\}$ die Anzahl verschiedener Aufteilungen von n Elementen in m nichtleere Teilmengen an. Sie wird unter Verwendung von Binomialkoeffizienten berechnet:
$$\left\{ {n \atop m} \right\} = \frac{1}{m!} \sum_{k=0}^{m} (-1)^{m-k} \binom{m}{k} k^n .$$
Wir drucken unten den Quellcode für stirling2 aus. Man kann sich den Quellcode einer jeden Funktion eines Pakets anzeigen lassen.

```
> interface(verboseproc=2);
> print(combinat[stirling2]);
  proc(n,m)
  local k;
  options remember,'Copyright 1993 by Waterloo Maple Software';
      if type(n,integer) and type(m,integer) then
          if m < 1 or n < m then 0
          else iquo(convert([seq((-1)^(m-k)*binomial(m,k)*k^n,
                          k = 0 .. m)],'+'),m!)
          fi
      elif m = 0 then 0
      elif n = m or m = 1 then 1
      elif n = m+1 then binomial(n,2)
      elif type(n,constant) and type(m,constant) then
          ERROR('invalid arguments')
      else 'procname(n,m)'
      fi
  end

> interface(verboseproc=1);
```

Unterpakete

Ein Paket, welches innerhalb eines anderen Pakets definiert ist, wird *subpackage* (Unterpaket) genannt. Unterpakete sind neu in Maple V Version 3. Das `stats`-Paket in Version 3 gruppiert fast alle seine Funktionen in sechs Unterpakete. Eines dieser Unterpakete ist `describe`, welches Funktionen zur Berechnung verschiedener beschreibender Statistiken enthält.
Wie bei Paketen kann man eine Funktion eines Unterpakets mit der langen Suchsyntax aufrufen:

```
> stats[describe, mean]([2,4,9]);
```

$$5$$

Nachdem das Paket geladen wurde, muß man immer noch die Suchsyntax benutzen, um auf Funktionen eines Unterpakets zugreifen zu können.

```
> with(stats):
> describe[mean]([2,4,9]);
```

$$5$$

Ist das Paket eingeladen, kann man ausgewählte Funktionen eines Unterpakets oder das gesamte Unterpaket auf einmal einladen unter Benutzung von `with`, genauso wie bei Paketen.

```
> with(describe):
> mean([2,4,9]), median([2,4,9]);
```

$$5, 4$$

Sonstige Bibliotheksfunktionen

Einige Maple-Funktionen müssen mit Hilfe des Befehls `readlib` explizit eingelesen werden, bevor man sie benutzen kann. Dies sind die Bibliotheksfunktionen, die man als Sonstige bezeichnet. Eine dieser Funktionen ist C, welche Ausdrücke so umformatiert, daß sie in einem C-Programm benutzt werden können. Wäre diese Funktion Teil der Standardbibliothek, könnte man C nicht als Symbol in mathematischen Ausdrücken benutzen.
Ein Beispiel für solch eine Übersetzung in C findet man in Abschnitt A.13, Übersetzen von Ausdrücken.
Eine andere Bibliotheksfunktion aus der Rubrik „Sonstige" ist `iscont`, welche prüft, ob ein gegebener Ausdruck über einem gegebenen Intervall stetig ist. Diese Funktion wird folgendermaßen aufgerufen:

```
> readlib(iscont):
> iscont(tan(x), x=0..Pi);
```

$$false$$

Der Quellcode von beliebigen Funktionen dieser Rubrik kann inspiziert werden. Die Funktion `readlib` druckt den Quellcode aus, falls `verboseproc` gleich 2 gesetzt worden ist.

Maple-Initialisierungsdateien

Wenn man erwarten kann, daß man ein bestimmtes Paket oder eine bestimmte der Sonstigen Bibliotheksfunktionen in Zukunft regelmäßig brauchen wird, kann es nützlich sein, den entsprechenden `with`- oder oder `readlib`-Befehl in eine persönliches Maple-Initialisierungsdatei einzufügen. Man kann sogar jede beliebige Folge von Maple-Anweisungen in eine solche spezielle Datei schreiben. Zum Beispiel ziehen es viele Benutzer vor, die Sonstige Bibliotheksfunktion `history` aufzurufen, um die Ausgabezeilen innerhalb einer jeden Maple-Sitzung durchzunumerieren.
In der folgenden Tabelle listen wir für mehrere Computersysteme den Namen der Maple-Initialisierungsdatei auf, sowie die Stelle im Dateiverzeichnis, an der sie angelegt werden muß.

Computer	Persönliche Initialisierungsdatei	Ort
DOS	MAPLE.INI	Aktuelles Dateiverzeichnis
Macintosh	MapleInit	Systemmappe
Unix	.mapleinit	Heimatdateiverzeichnis
VMS	MAPLE.INI	Aktuelles Dateiverzeichnis

Bei den meisten Computern gibt es auch eine System-Initialisierungsdatei, die Befehle enthält, die immer dann ausgeführt werden, wenn Maple auf dem System gestartet wird. Diese befindet sich in der Regel im Installationsdateiverzeichnis, oft aber auch im `lib`-Unterverzeichnis.

Computer	System-Initialisierungsdatei	Ort
DOS	MAPLE.INI	Maple LIB-Unterverzeichnis
Macintosh	MapleInit	Maple-Mappe
Unix	init	Maple lib/src-Unterverzeichnis
VMS	MAPLE.INI	Maple LIB-Unterverzeichnis

A.12 Das Schreiben eigener Funktionen

Das Schreiben einer Funktion zur Berechnung einer einfachen Formel ist in Maple leicht zu bewerkstelligen. Es ist aber möglich, komplizierte Programme in Maples mächtiger Programmiersprache zu schreiben. Maples eigene Bibliothek ist in dieser Sprache geschrieben. Wir diskutieren hier zwei grundlegende Ansätze zum Schreiben eigener Funktionen. Wir werden ferner einige Techniken zum Finden und Beheben von Programmierfehlern behandeln, sowie zum Testen und Verbessern der Effizienz des geschriebenen Maple-Programms. Im letzten Abschnitt weisen wir auf einige fortgeschrittene Themen hin, die in diesem Buch an anderer Stelle behandelt werden.

Pfeilfunktionen und Funktionen mit spitzen Klammern

Am einfachsten definiert man neue Funktionen mit Hilfe des Pfeiloperators `->`. Es ist wirklich leicht, mathematische Funktionen mit Hilfe dieses Operators zu definieren.

```
> f := x -> x^3 + x + 1;
```

$$f := x \rightarrow x^3 + x + 1$$

Hiermit definieren wir eine Funktion `f` mit einem Argument, die das Bild unter einem gegebenen Polynom berechnet. Man kann nun `f` wie jede andere Maple-Funktion benutzen.

```
> f(3);
```

$$31$$

```
> fsolve(f(z)=0, z, complex);
```

$$-.6823278038, .3411639019 - 1.161541400I, .3411639019 + 1.161541400I$$

```
> int(f(x), x=0..1);
```

$$\frac{7}{4}$$

```
> D(f);
```

$$x \rightarrow 3x^2 + 1$$

Man beachte, daß der Differentialoperator D angewandt auf f eine neue Funktion definiert, die ihrerseits die Ableitung von f darstellt.

Man kann natürlich auch eine Funktion zweier oder mehrerer Variablen mit Hilfe des Pfeiloperators definieren.

```
> g := (s, t) -> sqrt(s^2 + t^2);
```

$$g := (s, t) \rightarrow \mathrm{sqrt}\left(s^2 + t^2\right)$$

```
> g(105, 208);
```

$$233$$

Die Funktion `unapply`, angewandt auf einen mathematischen Ausdruck, gibt eine Pfeilfunktion zurück, die diesen Ausdruck berechnet. Zum Beispiel

```
> unapply(sin(2*Pi*x) + 5*x^3 - 3, x);
```

$$x \rightarrow \sin(2\pi x) + 5x^3 - 3$$

```
> unapply(sqrt(r^2 + s^2 + t^2), r, s, t);
```

$$(r, s, t) \rightarrow \sqrt{r^2 + s^2 + t^2}$$

Man kann auch eine Schreibweise mit spitzen Klammern benutzen, um solche Funktionen zu definieren. Unsere Funktionen f und g aus diesem Abschnitt könnten auch folgendermaßen definiert werden:

```
>   f := < x^3 + x + 1 | x >:
>   g := < sqrt(s^2 + t^2) | s, t >:
```

Wendet man den Differentialoperator auf eine Funktion in spitze Klammern an, so erhält man eine Funktion in derselben Schreibweise zurück.

```
> D(f);
```

$$< 3x^2 + 1 \mid x >$$

Prozeduren

Man kann kompliziertere Prozeduren schreiben, indem man die Syntax `proc ... end` benutzt. Die Definition einer Prozedur in Maple sieht im allgemeinen so aus:

```
proc(formal-parameters)
    local local-variable-names;
    global global-variable-names;
    options options;
    statement-sequence
end;
```

Die statement-sequence bildet den Prozedurkörper. Die `local-`,`global-` und `options`-Teile können alle weggggelassen werden. Die `local-` und `global`-Zeilen dienen zur Deklaration lokaler und globaler Variablen. Eine lokale Variable ist nur innerhalb des Prozedurenrumpfes bekannt. Ihr Wert hängt nicht von einer Variablen gleichen Namens ab, die möglicherweise irgendwo außerhalb der Prozedur definiert ist. Eine globale Variable ist während der gesamten Maple-Sitzung bekannt. Die `global`-Deklaration is neu in Maple V Version 3. In Version 2 wurde vorausgesetzt, daß alle undeklarierten Variablen global sind.

Im Rest dieses Abschnitts geben wir eine kurze Einführung ins Programmieren mit Prozeduren
in Maple und zwar anhand mehrerer Beispiele. Weitere Beispiele findet man in Form des Maple-
Quellcodes, der in Abschnitt A.11 auf Seite 53 ausgedruckt ist, oder auch in Kapitel F (Seite 331).
Zuerst schreiben wir eine Prozedur zur Definition des Polynoms des vorigen Abschnitts.

```
> f := proc(x)
>    x^3 + x + 1
> end:
```

Hier wird f als Funktion einer Variablen definiert. Die Variable x ist der Formalparameter für die
Prozedur f: sie ist ein Platzhalter für das aktuelle Argument, mit dem f dann aufgerufen wird. Der
Wert des Polynoms für diesen Argumentwert ist der Wert, der von f zurückgeliefert wird. Hinter
dem Polynom ist kein Semikolon vonnöten, da dies die letzte (und gleichzeitig einzige) Anweisung
im Prozedurenkörper ist. Man kann nun f wie jede andere Maple-Funktion benutzen.
Als nächstes schreiben wir eine Prozedur, die ein Element an eine Liste anhängt. Sie verlangt nach
zwei Argumenten: der ursprünglichen Liste und dem anzuhängenden Element.

```
> append := proc(l:list, e)
>    [op(l), e]
> end:
```

Hierbei muß das erste Argument, l, eine Liste sein (diese Fähigkeit, Typen zu prüfen ist neu
in Maple V Version 2). Zurückgegeben wird eine neue Liste, die alle Operanden der Liste l
enthält, gefolgt vom neuen Element e. Der Wert von l kann innerhalb der Prozedur nicht verändert
werden; der Grund dafür liegt in der Art, wie Maple Parameter weiterreicht. Wird eine Prozedur
aufgerufen, wertet Maple die gegebenen Aktualparameter aus und ersetzt jedes Vorkommen des
Formalparameters im Prozedurenkörper durch den Wert des Aktualparameters. Wenn append
aufgerufen wird, wird also l durch eine Liste ersetzt und wir können l dann keinen neuen Wert
mehr zuweisen.

```
> append([1, Pi, x], y^3);
```

$$\left[1, \pi, x, y^3\right]$$

```
> append(13, 4);
Error, append expects the 1st argument, l, to be of type list,
but received 13
```

Wir geben schließlich ein etwas komplizierteres Beispiel, welches eine Verallgemeinerung des
letzten Beispiels aus dem Abschnitt über do-Schleifen (Seite 44) ist. Gegeben seien zwei teiler-
fremde ganze Zahlen n und m, gesucht ist die kleinste Primzahl p die kongruent n modulo m ist.
Das heißt, daß wir Rest n erhalten, wenn wir p durch m teilen. Drücken wir das frühere Beispiel
in dieser Sprechweise aus, so heißt dies, daß 421 die kleinste Zahl ist, welche 21 modulo 100 ist.
Der Satz von Dirichlet besagt, daß es immer eine Primzahl gibt, die solch einer Kongruenz genügt,

```
> # Finde die kleinste Primzahl, die kongruent  n mod m ist.
> dirichlet := proc(n:posint, m:posint)
>    local p;
>    if gcd(n, m) > 1 then
>        ERROR(`` . n . ` and ` . m . ` have a common factor.`)
>    else
>        for p from (n mod m) by m while not isprime(p) do od;
>        RETURN(p)
>    fi
> end:
```

Die erste Programmzeile ist ein Kommentar. Maple ignoriert alles, was hinter dem Zeichen # in einer
Zeile steht. Man macht Programme verständlicher und lesbarer, wenn man Kommentare hinzufügt.
Wir benutzen eine Variable p innerhalb des Prozedurenkörpers. Sie ist local erklärt, sodaß sie
keinen Einfluß auf ein möglicherweise außerhalb der Prozedur definiertes Symbol p hat. Wir
benutzen ferner die ERROR-Anweisung, um die Ausführung des Programms abzubrechen, sollte
ein Fehler auftreten. Die vorgespielte Fehlermeldung wird mit Hilfe des Verkettungsoperators in

Maple zusammengebaut. Eine RETURN-Anweisung gibt den Rückgabewert der Prozedur explizit an.

Man sollte diese Prozedur an einigen Beispieleingabedatensätzen testen. Der erste Satz von Daten unten erzeugt noch einmal das Beispiel aus dem Abschnitt über do-Schleifen.

```
> dirichlet(21, 100);
```

$$421$$

```
> dirichlet(215, 1000);
Error, (in dirichlet) 215 and 1000 have a common factor.
> dirichlet(1024, 99999);
```

$$501019$$

Weitere Beispiele zu Maple-Programmen findet man in Kapitel F und zwar auf Seite 331 beginnend. Man kann auch weiteren Code der Maple-Bibliothek inspizieren oder in eines der in Kapitel H (Seite 354) aufgeführten Maple-Bücher schauen.

Fehlersuche

Sollte der Maple-Code nicht die erwarteten Ergebnisse liefern, hilft es meist, sich folgende Fragen zu stellen, um den Fehler einzukreisen.

- Hat man einer der Variablen etwa früher in der Sitzung schon einen Wert zugewiesen?
- Hat man versehentlich einer Maple-Funktion oder einer globalen Variablen einen Wert zugewiesen?
- Hat man alle erforderlichen Pakete und Sonstige Bibliotheksfunktionen geladen?
- Besitzen alle Funktionsaufrufe die korrekte Anzahl von Argumenten und die korrekten Argumenttypen?
- Sind alle Indexvariablen voneinander verschieden?
- Hat man irgendein Satzzeichen vergessen?
- Haben alle runden, geschweiften und eckigen Klammern entsprechende öffnende und schließende Gegenstücke?
- Sind alle Befehle korrekt buchstabiert, auch in bezug auf Groß-Kleinschreibung?
- Tut jede Anweisung das, was sie soll?

Das Program Mint, welches mit den meisten Maple-Versionen geliefert wird, ist dazu bestimmt, die Fehlersuche in Maple-Programmen zu unterstützen. Es ähnelt dem Unix-Programm `lint` zum Aufdecken von Syntaxfehlern in C-Programmen. Wendet man das Programm Mint auf die das Mapleprogramm enthaltende Datei an, so meldet es Syntaxfehler und spricht Warnungen unterschiedlicher Gewichtigkeit aus, darunter:

- Geschachtelte Schleifen, die dieselben Indexvariablen benutzen.
- Lokale Variablen, die definiert aber nie benutzt wurden.
- Variablen, die benutzt werden, aber nie lokal definiert wurden.
- Falsche Anzahl von Argumenten bei einem Funktionsaufruf.
- Ein vom System definierter Name ist von einem vom Benutzer definierten Namen verschattet.
- Gleichheitszeichen (=) benutzt, wo höchstwahrscheinlich ein Zuweisungszeichen (:=) beabsichtigt war.

Mint ist auch in der Lage, Statistiken zu erzeugen, die zeigen, wie alle Variablen im Programm benutzt wurden.

Der debug-Befehl verfolgt schrittweise die Ausführung bestimmter Prozeduren. Nachdem der Befehl `debug(`*procedure-name*`)` eingegeben wurde, werden alle von der Prozedur *procedure-name* berechneten Zwischenresultate auf dem Bildschirm angezeigt, sobald die Prozedur aufgerufen wurde. Man kann diese Verfolgung wieder abschalten, indem man `undebug(`*procedure-name*`)` eingibt. In Maple V heißen diese Befehle `trace` bzw. `untrace`. Man mußte diese Namen ändern, da die Funktion `trace` aus dem Paket `linalg` zur linearen Algebra von dem Fehlersuchbefehl `trace` verschattet wurde, sobald man das `linalg`-Paket geladen hatte.

Die globale Variable `printlevel` bestimmt, bis zu welcher Schachtelungstiefe Zwischenresultate auf dem Bildschirm angezeigt werden. Anweisungen, die direkt in eine Maple-Sitzung eingegeben werden, haben Tiefe 0. Eine Prozedur vergrößert die Schachtelungstiefe um 5; ein do oder if-Block bewirkt eine Vergrößerung um 1. Der voreingestellte Wert für `printlevel` ist 1, das heißt, daß nur Ergebnisse der obersten Anweisungen und von Anweisungen innerhalb eines einzigen do oder if-Blocks gedruckt werden. Zur Fehlersuche sollte man diese Variable auf einen großen Wert setzen, sodaß man die Zwischenresultate von jeder gerufenen Prozedur bis zu einer großen Tiefe angezeigt bekommt. Es ist zum Beispiel nicht ungewöhnlich, printlevel gleich 1000 zu setzen. Setzt man andererseits printlevel gleich 0, so werden nur die Ergebnisse der obersten Anweisungen ausgedruckt. Hat printlevel den Wert -1, so ist die Ausgabe aller Ergebnisse unterdrückt.

Die globale Variable infolevel erlaubt es, in Maple kodierte, beschreibende Meldungen mit Hilfe der userinfo-Anweisungen ausdrucken zu lassen. Diese Meldungen liefern verschieden detaillierte Informationen zu den aufgerufenen Funktionen und angewandten Algorithmen. Um die Meldungen für die Funktion *fcn* zu sehen, setze man infolevel[*fcn*] auf einen Wert zwischen 1 und 5. Je größer die Zahl, desto detaillierter ist die Information. Um Meldungen für alle aufgerufenen Funktionen zu bekommen, setzt man infolevel[all]. Hier ist ein Beispiel dieser Funktionalität in Maple V Version 2 (Version 2 hat wesentlich mehr in der Bibliothek kodierte userinfo-Anweisungen als Maple V):

```
> infolevel[factor] := 2:
> factor(x^2 + 2*x + 1);
    factor/polynom:    polynomial factorization: number of terms    3
    factor/quadfact:   applying the quadratic formula in    x
```

$$(x+1)^2$$

Man kann userinfo-Anweisungen auch in eigene Programme hineinkodieren. Ein Beispiel findet man auf Seite 331 in Kapitel F.

Man kann einen Fehler auch leichter finden, wenn man in ein Programm explizite print-Anweisungen einfügt. Genaueres zu den Print-Befehlen findet man im Abschnitt „Zur Ausgabe von Ausdrücken" auf Seite 62.

Zeitnahme und Optimierung

Um die benutzte Zeit sowie den benutzten Speicherplatz eines jeden eingegebenen Maple-Befehls zu sehen, benutzt man die Funktion showtime. Genauso wie history, speichert showtime die Ergebnisse in aufeinanderfolgend durchnumerierten Variablen. Diese Funktion gehört zu den Sonstigen Bibliotheksfunktionen, muß also zuerst eingeladen werden.

```
> readlib(showtime):
> showtime();
O1 := ifactor(20! + 1);
```

$$(117876683047)\,(20639383)$$

```
time   7.00    words    356635
O2 :=
```

Mit dem Befehl off kann man dies wieder außer Kraft setzen.

Man kann Maple-Prozeduren *profilieren*, um diejenigen Prozeduren zu finden, die die meisten Resourcen verbrauchen. Mit Hilfe dieser Information kann man die am meisten Speicherplatz und Rechenzeit verbrauchenden Prozeduren optimieren. Man benutze den Befehl profile, um Daten ausgewählter Prozeduren zu sammeln. Nachdem man diese Prozeduren mit mehreren beispielhaften Eingaben aufgerufen hat, schaut man sich die gesammelten Daten mit dem Befehl showprofile an. Der Befehl unprofile setzt das Profilieren wieder außer Kraft. Bevor man diese Funktionen benutzen kann, muß man sie mit dem Befehl readlib(profile) einladen.

Man kann die Effizienz einer Prozedur manchmal erheblich verbessern, indem man die Option remember hinzufügt. Mit dieser Option „erinnert" die Prozedur sich an ihren Wert bezüglich jeder vorgenommenen Eingabe. Nachfolgende Aufrufe der Prozedur mit derselben Eingabe brauchen deshalb nicht nochmal berechnet zu werden. Sie müssen nur aus einer Tabelle vergangener Ergebnisse zurückgeholt werden. Enthält eine Prozedur myprog beispielsweise die Deklaration options remember und haben wir myprog(10) schon berechnet, so wird bei einer erneuten Ausführung von myprog(10) einfach die vorher berechnete Antwort nochmal ausgegeben. Die Einsparung ist dann besonders gravierend, wenn es sich um eine rekursive Prozedur handelt, wenn also die Berechnung von `myprog(11)` vom Wert von `myprog(10)` abhängt. Diese Einsparung zieht natürlich einen größeren Speicherplatzbedarf nach sich. Eine ganze Reihe der Maple-Funktionen, darunter die beiden, deren Quellcode wir vorher ausgegeben haben (`ithprime`, Seite 54 und `combinat[stirling2]`, Seite 55), benutzen die `remember`-Option.

Weiterführende Themen

Einige weiterführende, die Maple-Programmierung betreffende Themen, werden in Kapitel F, Oft gestellte Fragen, angesprochen. Eine Beschreibung der Regeln zum Gültigkeitsbereich von Variablen in Maple findet man auf Seite 329. Wie man Hilfstext für eigene Prozeduren erstellt, ist auf Seite 335 beschrieben. Hinweise zum Erzeugen eigener Pakete von Funktionen und eigener Bibliotheken von Maple-Routinen findet man auf Seite 331.

A.13   Eingabe und Ausgabe

In diesem Abschnitt werden die verschiedenen Möglichkeiten geschildert, Maple-Ausdrücke zu formatieren. Ferner wird gezeigt, wie man Befehle aus Dateien liest und Ergebnisse in einer Datei abspeichert, wie man Daten in ein Maple-Programm einliest und wie man Maple-Ausdrücke in ein solches Format übersetzt, welches von anderen Anwendungen verstanden werden kann.

Zur Ausgabe von Ausdrücken

Es gibt drei grundlegend verschiedene Arten von Maple-Ausgaben. Die voreingestellte Art der Ausgabe ist durch den Wert der `interface`-Variablen `prettyprint` bestimmt. Ist `prettyprint` gleich 0 gesetzt, so wird die Maple-Ausgabe in einem linearen Format ausgegeben. Man kann Ergebnisse in diesem Format abspeichern und sie dann später als Maple-Eingabe weiterverwenden.

```
> interface(prettyprint = 0):
> Int(x^7 / 7 + x^(a^3), x=sqrt(2)..Pi);
  Int(1/7*x^7+x^(a^3),x = 2^(1/2) .. Pi)
```

Hat die Variable `prettyprint` den Wert 1, so wird die Maple-Ausgabe in einem Mehrzeilenformat ausgedruckt. Exponenten stehen in einer gesonderten Zeile, und Symbole wie z. B. Integralzeichen und Matrixklammern werden durch Textzeichen angenähert.

```
> interface(prettyprint = 1):
> Int(x^7 / 7 + x^(a^3), x=sqrt(2)..Pi);

                Pi
                /
                |                     3
                |            7      (a )
                |      1/7 x   + x          dx
                /
              1/2
             2
```

Besitzt `prettyprint` den Wert 2, welcher der voreingestellte Wert ist, so wird die Maple-Ausgabe in der üblichen mathematischen Schreibweise ausgedruckt; also mit Integral- und Summenzeichen, echten Matrixklammern, griechischen Buchstaben und Quadratwurzelzeichen.

```
> interface(prettyprint = 2):
> Int(x^7 / 7 + x^(a^3), x=sqrt(2)..Pi);
```

$$\int_{\sqrt{2}}^{\pi} \frac{1}{7}x^7 + x^{\left(a^3\right)}\,dx$$

Es gibt drei Funktionen zur expliziten Ausgabe von Maple-Ausdrücken. Die Funktion zur linearen Ausgabe, lprint, gibt einen Ausdruck im linearen Format aus, welches zur Eingabe in Maple geeignet ist. Die Funktion print gibt einen Ausdruck in dem durch den Wert von prettyprint angezeigten Format aus. Die Funktion printf gibt formatierte Ausgabe aus und ähnelt der printf-Anweisung in C-Programmen. Diese Funktion ist neu in Maple V Version 2. Diese Funktionen werden oft aus Maple-Programmen heraus aufgerufen, um Informationen über den aktuellen Status von Berechnungen auszugeben.

Zum Abspeichern in Dateien

Der save-Befehl dient dazu, Variablennamen in eine Datei in Form einer Zuweisung abzuspeichern. Werte werden so abgespeichert, daß man sie wieder in Maple als Eingabe verwenden kann. Man kann entweder Variablen benennen, die gespeichert werden sollen, oder man kann alle die Variablen abspeichern, denen im Laufe der Maple-Sitzung ein Wert zugewiesen wurde. Die Syntax sowohl des save-Befehls als auch der anderen in diesem Abschnitt behandelten Befehle ist in der Tabelle unten angegeben. In Abschnitt A.7 auf Seite 35 findet man ein Beispiel zum save-Befehl; er diente dazu, die Beschreibung eines Graphen in einer Datei abzuspeichern.
Man sollte Dateinamen immer in schräggestellte Hochkommata einschließen, um zu verhindern, daß Maple sie als Ausdrücke interpretiert. Das ist besonders dann wichtig, wenn der Dateiname spezielle Zeichen wie Schrägstrich (/), Punkt (.) oder Bindestrich (-) enthält. Endet der Dateiname mit einem „.m", so speichert Maple die Daten in einem speziellen binären Format ab. Dateien in diesem Format können nicht wie Klarschrift gelesen werden, aber Maple kann Dateien dieses Formats schneller als gewöhnliche Textdateien einlesen.
Es gibt auch Maple-Befehle zum Abspeichern einzelner Ausdrücke. Der Befehl open öffnet eine Datei zur Ausgabe. Die Befehle write und writeln schreiben Ausdrücke in eine Datei. Die Ergebnisse werden im Maple-Eingabeformat abgespeichert. Der Befehl close schließt die Ausgabedatei. Diese Funktionen gehören zu den Sonstigen Bibliotheksfunktionen und müssen deshalb mit readlib(write) eingelesen werden, bevor man sie benutzen kann.
Die Funktionen writeto und appendto geben alle nachfolgenden Eingabebefehle wieder und schreiben sämtliche folgenden Ausgaben in eine Datei. Mit Hilfe dieser Befehle ist es möglich, ein Protokoll einer Maple-Sitzung zu erstellen. Man benutze den besonderen Dateinamen terminal um alles wieder auf dem Bildschirm auszugeben.
Die Arbeitsblatt-Schnittstelle enthält einen **Save**-Befehl im **File**-Menu, welcher das gesamte Maple-Arbeitsblatt abspeichert. Siehe Kapitel B, Seite 72.
Alle Befehle sind in folgender Tabelle zusammengefaßt.

Funktion	Beschreibung
save 'file'	Speichere alle zugewiesenen Variablen in der Datei file
save 'file.m'	Speichere alle zugewiesenen Variablen in der Binärdatei file.m
save x, 'file'	Speichere den x zugewiesenen Wert in file
save varseq, 'file'	Speichere die Werte der in varseq aufgeführten Variablen in file
open('file')	Öffne file zur Ausgabe
write(expr)	Schreibe expr in die Ausgabedatei
writeln(expr)	Schreibe expr plus Zeilenumbruch in die Ausgabedatei
close()	Schließe die Ausgabedatei
appendto('file')	Hänge alle nachfolgenden Ergebnisse an den Inhalt von file an
writeto('file')	Schreibe alle nachfolgenden Ergebnisse in file
writeto(terminal)	Gib alle nachfolgenden Ergebnisse wieder auf dem Schirm aus
Save (im **File**-Menu)	Speichere das gesamte Arbeitsblatt ab

Zum Einlesen von Dateien

Mit dem Befehl read liest man Maple-Definitionen und -Anweisungen aus einer Datei. Man kann ein Maple-Programm in einer Datei abspeichern und es anschließend mit diesem Befehl wieder einlesen. Endet der Dateiname mit „.m", so nimmt Maple an, daß es sich um binäres Format handelt.
Es gibt mehrere Befehle zum Einlesen von Daten oder einem Programm in eine Maple-Sitzung. Der readstat-Befehl gibt eine Eingabeaufforderung aus und wertet anschließend die vom Benutzer eingegebene Maple-Anweisung aus. Der Wert der Anweisung wird zurückgegeben.
Der Befehl readline liest eine Textzeile entweder aus einer Datei oder vom Bildschirm. Bei diesem Text muß es sich nicht um eine Maple-Anweisung handeln. Zum Auswählen einzelner Felder in einer von readline zurückgelieferten Zeichenkette, benutzt man die Funktion sscanf.

Um die Zeichenkette als Maple-Ausdruck auszuwerten, benutzt man die `parse`-Anweisung. Diese drei Befehle sind neu in Maple V Version 2.

Der Befehl `readdata` liest Zahlenspalten aus einer Datei und gibt eine Liste von Listen zurück, die diese Daten enthalten. Man kann angeben, ob die Zahlen ganze Zahlen oder Gleitkommazahlen sein sollen. Angenommen die Datei `datafile` enthält vier Spalten von Zahlen:

```
1  1   1   1
1  2   3   4
1  3   6  10
1  4  10  20
1  5  15  35
```

Mit dem folgenden Befehl lesen wir diese Zahlen als ganze Zahlen in eine Liste von Listen:

```
> readlib(readdata):
> readdata('datafile', integer, 4);
```

$$[[1, 1, 1, 1], [1, 2, 3, 4], [1, 3, 6, 10], [1, 4, 10, 20], [1, 5, 15, 35]]$$

Ohne das Argument `integer` oder mit `float` anstatt, werden die Zahlen als Gleitkommazahlen eingelesen:

```
> readdata('datafile', 4);
```

$$[[1., 1., 1., 1.], [1., 2., 3., 4.], [1., 3., 6., 10.], [1., 4., 10., 20.], [1., 5., 15., 35.]]$$

Die Funktion `readdata` ist neu in Maple V Version 2. Sie gehört zu den Sonstigen Bibliotheksfunktionen.

Schließlich gibt es unter der Arbeitsblatt-Schnittstelle in Maple V Version 2 den **Open**-Befehl; dieser befindet sich im **File**-Menu und dient dazu ein vorher abgespeichertes Maple-Arbeitsblatt einzulesen. Siehe Kapitel B, Seite 72.

Die hier vorgestellten Befehle sind in der folgenden Tabelle zusammengefaßt.

Funktion	Beschreibung
`read 'file'`	Liest den Inhalt der Datei file
`read 'file.m'`	Liest den Inhalt der Binärdatei file.m
`readstat(string)`	Fordert den Benutzer mit string zur Eingabe auf und gibt das Ergebnis der vom Benutzer eingegeben Maple-Anweisung zurück
`readline('file')`	Liest die nächste Zeile aus der Datei file und gibt diese Zeile aus
`readline(terminal)`	Liest die nächste Zeile von der Standardeingabe und gibt diese Zeile aus
`sscanf(string)`	Wählt Felder aus string aus
`parse(string)`	Wandelt string in einen Maple-Ausdruck um
`parse(string, statement)`	Wandelt string in einen Maple-Ausdruck um und wertet diesen aus
`readdata('file', type, c)`	Liest c Datenspalten vom Typ type aus der Datei file ein und gibt eine Liste von Listen zurück
Open (im **File**-Menu)	Liest ein Arbeitsblatt ein

Zum Übersetzen von Ausdrücken

Maple kann Ausdrücke in bestimmte andere Formate übersetzen. Man kann einen Maple-Ausdruck in eine Form übersetzen, die zur Verabeitung in C- oder FORTRAN-Programmen oder auch in einem LaTeX oder troff-Dokument geeignet ist.

Befehl	Übersetzung
`C(ausdr)`	Programmiersprache C
`fortran(ausdr)`	Programmiersprache FORTRAN
`latex(ausdr)`	Eingabe zur LaTeX Texverabeitung und Schriftsatz
`eqn(ausdr)`	eqn-Bezeichnung für troff-Dokumente

Unten übersetzen wir einen Maple-Ausdruck in C, FORTRAN, LaTeX und eqn. Dieser Ausdruck liefert eine sehr gute Annäherung an den Wert der harmonischen Reihe $1/1 + 1/2 + \ldots + 1/n$.

```
> h := n -> ln(n) + gamma + 1/(2*n) - 1/(12*n^2) + 1/(120*n^4);
```

$$h := n \rightarrow \ln(n) + \gamma + \frac{1}{2n} - \frac{1}{12n^2} + \frac{1}{120n^4}$$

Die Funktion C ist eine der Sonstigen Bibliotheksfunktionen und muß deshalb erst eingeladen werden.

```
> readlib(C):
> C(h(n));
  t0 = log(n)+0.5772156649015329+1/n/2-1/(n*n)/12+1/pow(n,4.0)/120;
```

Die Voreinstellung ist so, daß die Routine fortran Ausdrücke in FORTRAN-Anweisungen in einfach genaue Arithmetik übersetzt. Setzt man die globale Variable precision auf double, so verlangt der entsprechende FORTRAN-Code nach doppelt genauer Arithmetik.

```
> precision := double:
> fortran(h(n));
  t0 = dlog(n)+0.5772156649015329D0+1/n/2-1/n**2/12+1/n**4/120
```

```
> latex(h(n));
  \ln (n)+\gamma+{\frac {1}{2n}}-{\frac {1}{12n^{2}}}+
  {\frac {1}{120n^{4}}}
```

```
> eqn(h(n));
  {{ln (   "n"  )}^+^gamma^+^{ 1 over {2 ^ "n" }}^-^{ 1 over
  {12 ^{   "n"  sup 2 }}}^+^{ 1 over {120 ^{   "n"   sup 4 }}}}
```

A.14 Übungen

Wir hoffen, daß der Leser nun soweit mit Maple vertraut ist, daß er numerische und symbolische Berechnungen ausführen, Ausdrücke manipulieren, Funktions- und Datendiagramme erzeugen, sowie einfache Funktionen schreiben kann. Wir empfehlen, die folgenden Übungen durchzuarbeiten, um den Umgang mit Maple in der Praxis zu erlernen.

1. Man benutze die direkt aufrufbare Hilfe (On-Line), um folgendes zu finden.

    (a) Man liste alle Befehle, die mit dem Buchstaben a beginnen, auf.

    (b) Man finde die Namen aller der mit Maple zusammen ausgelieferten Pakete.

    (c) Man finde die Namen der im Paket linalg vorhandenen Funktionen.

2. Man berechne $262537412640768744 - e^{\pi\sqrt{163}}$ bis auf eine Genauigkeit von 10, 20, 30, 35 und 40 Stellen.

3. Welcher Ausdruck ist größer, π^e oder e^π?

4. Man verifiziere die folgenden Identitäten:

    (a) $27^5 + 84^5 + 110^5 + 133^5 = 144^5$

    (b) $2682440^4 + 15365639^4 + 18796760^4 = 20615673^4$

    (c) $95800^4 + 217519^4 + 414560^4 = 422481^4$

    Diese Identitäten verwerfen eine von Leonhard Euler gemachte Annahme aus dem Jahre 1769. Die erste Identität wurde von L. J. Lander und T. R. Parkin 1966 entdeckt, die zweite von N. D. Elkies 1988 und die dritte von R. Frye ebenfalls 1988.

5. Man finde die reelle, zwischen 1 und 2 liegende Nullstelle des Polynoms

$$f(x) = x^{10} + x^9 - x^7 - x^6 - x^5 - x^4 - x^3 + x + 1$$

Man finde alle reelle Nullstellen. Man finde alle zehn Nullstellen im Komplexen. Man stelle die Nullstellen in einer Liste zusammen und wende mittels map die Betragsfunktion abs auf jedes Element an. Was ist allen komplexen Wurzeln gemein?

6. Man betrachte die Funktion

$$f(x) = \frac{2x}{e^x - e^{-x}}$$

   (a) Wie lautet der $\lim_{x \to 0} f(x)$?

   (b) Man versuche, das bestimmte Integral $\int_0^1 f(x)\,dx$ zu berechnen. Dabei setze man zuerst infolevel[int] auf 1, um zu sehen, wie die Integrationsfunktion arbeitet.

   (c) Man berechne eine Taylorreihe für $f(x)$ um $x = 0$ bis zur Ordnung 10.

   (d) Man integriere diese Reihe nach x.

   (e) Man wandle diesen Ausdruck in ein Polynom um.

   (f) Man ersetze in diesem Polynom x durch 1. Wir haben soeben eine Approximation an das Integral mit Hilfe der Taylorreihe von $f(x)$ berechnet.

   (g) Man benutze evalf sowie die starre Funktion Int, um die numerische Auswertung von $\int_0^1 f(x)\,dx$ zu erzwingen. Man vergleiche dieses Ergebnis mit dem Ergebnis aus Teil 6f.

   (h) Man benutze int um das Integral

$$\int_0^1 \frac{x}{\sinh x}\,dx$$

   zu berechnen. Man beachte, daß der Integrand mit $f(x)$ übereinstimmt. Bekommt man eine andere Antwort? Ruft int nun irgendwelche Routinen auf, die beim erstenmal nicht aufgerufen wurden?

7.   (a) Man löse die Differentialgleichung

$$y'' + y' - 6y = 20e^x$$

   mit den Anfangsbedingungen

$$y(0) = 5,\, y'(0) = 10$$

   (b) Man zeichne die Lösung über dem Intervall $[-1, 1]$. Wo ungefähr nimmt diese Funktion ihr Minimum an?

   (c) Man zeichne die Kurve über einem kleineren Intervall, etwa $[-0.5, 0]$, um eine bessere Idee zu bekommen, wo das Minimum sich befindet.

   (d) Man finde den angenäherten x-Wert des Minimums, indem man die Ableitung der Funktion gleich Null setzt und dann nach x auflöst. Man benutze fsolve, wobei man ein Intervall angibt, in dem das Minimum sich wahrscheinlich befindet.

   (e) Man setze diesen Wert dann in die ursprüngliche Funktion ein, um das Minimum von $y(x)$ zu finden.

8. Man lade das Paket zur linearen Algebra linalg in die Maple-Sitzung ein.

   (a) Man definiere M als 5×5-Matrix mit dem Binomialkoeffizienten $\binom{i-1}{j-1}$ als Eintrag für die $i$te Reihe und $j$te Spalte. Man benutze den Befehl:
   ```
   > M := matrix(5, 5, (i,j) -> binomial(i-1,j-1));
   ```

   (b) Man stelle die Einträge von M graphisch dar mit dem Befehl:
   ```
   > plots[matrixplot](M, heights=histogram, gap=0.3,
   >      orientation=[-150,60]);
   ```

(c) Man definiere eine andere Matrix S als Produkt von M mit der Transponierten von M, $S = MM^t$. (S ist eine *Pascalsche Matrix*.)

(d) Wie lautet die Determinante von S? Man berechne die Inverse von S. Man prüfe unter Benutzung der Funktion `definite`, ob S positiv definit ist.

(e) Man berechne die Eigenwerte und Eigenvektoren von M. Man benutze die Funktionen `eigenvals` und `eigenvects` aus dem `linalg`-Paket.

(f) Man berechne das charakteristische Polynom von S mit der Funktion `charpoly`. Man berechne die Wurzeln dieses Polynoms, um die Eigenwerte von S zu finden.

(g) Man definiere einen aus fünf ganzen Zahlen bestehenden Vektor $\vec{v}$. Man benutze `linsolve`, um den Vektor $\vec{(x)}$ zu finden, der der Matrixgleichung $S\vec{x} = \vec{v}$ genügt.

(h) Man berechne die Permanente von S mit der Funktion `permanent`. Die *Permanente* einer Matrix ist ähnlich wie die Determinante definiert, allerdings kommt in den Entwicklungen der Minoren kein alternierendes Vorzeichen vor.

9. (a) Man zeichne die Funktion $\sin(2\pi x) + x$ für x im Bereich $[0, 47]$.

(b) Man erzeuge denselben Graphen, wobei die Option `numpoints` auf 60 gesetzt ist, wiederhole dies mit `numpoints` gleich 29.

10. Man gebe die Zuweisungen
```
> x := 1:
> y := 2:
```
ein.
Nun gebe man ein
```
> 'x + y';
```
Welcher Wert wird zurückgegeben? Warum? Man gebe nun
```
> ";
```
ein. Was passiert? Warum? Schließlich gebe man
```
> `x + y`;
```
gefolgt von
```
> ";
```
ein. Was passiert nun? Warum?

11. In einer Stadt gibt es genau drei Spielwarengeschäfte, die alle fünf sehr gefragte Spielzeuge verkaufen. Geschäft A verkauft die Spielzeuge zum Preis von 15 DM, 17 DM, 18 DM, 32 DM und 29 DM. Geschäft B verkauft dieselben fünf Spielzeuge zum Preis von 14 DM, 18 DM, 22 DM, 29 DM und 26 DM. Geschäft C verkauft die Spielzeuge immer zum besten Preis in der Stadt, das heißt das billigste Angebot der anderen beiden Geschäfte wird übernommen. Man schreibe einen Maple-Ausdruck zur Bestimmung des Verkaufspreises von Geschäft C für die fünf Spielzeuge. Man versuche es zuerst mit einer `for`-Schleife und schlage dann den Befehl `zip` nach.)

12. Man lade die Sonstige Bibliotheksfunktion `finance`.

(a) Man berechne die monatliche Rate zur Abzahlung eines dreijährigen 12000-DM-Kredits mit einer jährlichen Zinsrate von 8%, die monatlich erhoben wird:
```
> finance(amount=12000, interest=.08/12, periods=36);
```

(b) Man berechne einen Plan, wann der Kredit sich amortisiert hat. Dazu benutze man die Funktion `amortization`. Sie steht zur Verfügung, sobald `finance` geladen ist.
```
> amortization(12000, .08/12, payment);
```
Hierbei ist *payment* die erforderliche Rate, die in Teil 12a berechnet wurde.

13. Warum kann `op` keine Folge von Ausdrücken abarbeiten?

14. Man schreibe eine Funktion `first`, die das erste Element einer Liste zurückgibt.

15. Es gibt fünf verschiedene Möglichkeiten, die Zahl 4 als Summe ganzer Zahlen zu schreiben; wenn man die Reihenfolge der Terme außer acht läßt: $1+1+1+1$, $1+1+2$, $1+3$, $2+2$ and 4. Die Funktion `partition` im Paket `combinat` gibt eine Liste aller möglichen Darstellungen einer ganzen Zahl zurück.

(a) Man lade das `combinat`-Paket und teste die Funktion dann anhand der Eingabe von:

```
> partition(4);
```

(b) Man finde alle möglichen Unterteilungen für die Zahl 8. Wieviele gibt es? Sollte man sich an mehrere Dutzend Ausgabezeilen nicht stören, sollte man 16 versuchen.

(c) Die `numbpart`-Funktion im selben Paket berechnet die Anzahl der Unterteilungen einer ganzen Zahl. Man benutze diese Funktion, um die Anzahl der Unterteilungen von 16, 32 und 64 zu berechnen.

(d) Es ist bekannt, daß für große n der folgende Ausdruck die Anzahl der Unterteilungen approximiert:

$$\frac{e^{\pi\sqrt{2n/3}}}{4n\sqrt{3}}$$

Man definiere eine Funktion $p(n)$, die diesen Wert berechnet.

(e) Wie gut ist die Approximation für $n = 64$? Wie sieht es für $n = 128$ aus?

(f) Man benutze `plots[logplot]`, um $p(n)$ über dem Intervall $[1, 128]$ zu zeichnen, wobei man die senkrechte Achse logarithmisch skaliert.

A.15   Ausgaben für Studenten und akademische Ausgaben

Maple gibt es in zwei Versionen: Die Version für Studenten und die akademische Version. Beide Versionen enthalten die komplette Maple-Bibliothek in Maple V Version 2 und Version 3, wobei alle Pakete spezieller mathematischer Funktionen eingeschlossen sind. In der studentschen Version ist die Bibliothek in einer komprimierten Version abgespeichert, um Plattenplatz zu speichern. Die studentische Version ist aber genauso schnell wie die akademische Version.

Die akademische Version ist für eine Vielzahl von Computern erhältlich, darunter Personalcomputer (PC), Arbeitsplatzrechner (Workstations), Großrechner (Mainframes) und Superrechner. Die studentische Version ist zur Zeit nur für unter DOS laufende Personalcomputer (mit oder ohne Microsoft Windows) und Apple Macintosh Personalcomputer erhältlich.

Die studentische Version ist preiswert, hat aber einige Beschränkungen, die dennoch den studentischen Bedürfnissen angepaßt sind. Die Einschränkungen sind in der Tabelle unten aufgeführt.

Beschränkungen der Maple V Version 2 Studentenversion

Speicherplatzbedarf	4 megabytes
Gleitkommapräzision	100 Stellen
Dimensionen von Feldern	3
Gesamtgröße Feld/Matrix	5120 Einträge
Größe einer Folge	16382 Terme
Größe einer Summe oder eines Produkts	8191 Terme

Die studentische Version enthält auch weniger beigesteuerte Programme aus der gemeinsamen Maple-Bibliothek. Diese Programme sind jedoch auf elektronischem Wege frei erhältlich (siehe Kapitel E, Seite 308).

Die akademische Version ist teurer, ist aber wesentlich weniger restriktiv.

Einschränkungen der akademischen Version von Maple V Version 2

Speicherplatz	Keine Einschränkung
Gleitkommagenauigkeit	500000 Stellen
Dimension von Feldern	Keine Einschränkung
Gesamtgröße eines Felds/einer Matrix	Keine Einschränkung
Größe einer Folge	131070 Terme
Größe einer Summe oder eines Produkts	65535 Terme

A.16   Wie man Maple erwirbt

Um mehr Informationen über Maple zu erhalten oder um Maple zu bestellen, sollte man sich an den nächsten Softwarehändler oder an den Vertreiber wenden. Waterloo Maple Software ist der Hauptvertreiber von Maple. Brooks/Cole ist der alleinige Vertreiber der Studentenversion von Maple innerhalb der Vereinigten Staaten. Außerhalb der Vereinigten Staaten wird die Studentenversion von mehreren Unternehmen vertrieben, darunter Waterloo Maple Software, Springer-Verlag und Brooks/Cole's International Thomson Affiliates. Die akademische Version ist von allen diesen Anbietern überall auf der Welt erhältlich. MathSoft vertreibt Maple hauptsächlich für Unternehmen.

Waterloo Maple Software
450 Phillip Street
Waterloo, Ontario
Canada N2L 5J2
Email: info@maplesoft.on.ca
Fax: +1-519-747-5284
Telefon: +1-519-747-2373
Telefon: +1-800267-6583

Brooks/Cole Publishing Company
511 Forest Lodge Road
Pacific Grove, CA 93950-5098
Email: info@brookscole.com
Fax: +1-408-375-6414
Telefon: +1-408-373-0728

MathSoft, Inc.
201 Broadway
Cambridge, MA 02139
Telefon: +1-800-MathCAD
Telefon: +1-617-577-1017

Springer-Verlag
175 Fifth Avenue
New York, NY 10010
Fax: +1-212-473-6272
Telefon: +1-212-460-1500

B Die Benutzeroberfläche

In diesem Kapitel werden die beiden grundlegenden Versionen von Maples Benutzerschnittstelle behandelt: die Arbeitsblatt-Schnittstelle und die Befehlszeilen-Schnittstelle. In Maple V Version 2 und Version 3 ist die Arbeitsblatt-Oberfläche auf allen mit genügend Graphikfähigkeiten versehenen Rechnern vorhanden. Darunter sind Arbeitsplatzrechner oder auch Graphikbildschirme, die unter dem X-Window-System laufen, Personalcomputer die MS-Windows unterstützen, sowie NeXT- und Macintosh-Maschinen. Die Befehlszeilenoberfläche wird bei einfacheren textorientierten Bildschirmen verwandt oder bei DOS-Rechnern, die nicht über MS-Windows verfügen.

B.1 Die Arbeitsblatt-Schnittstelle

Ein Maple-Arbeitsblatt erlaubt es, Maple-Befehle und -Resultate mit Erklärungstext und Graphiken zu einem gemeinsamen Dokument zusammenzustellen. Mit Arbeitsblättern kann man interaktive mathematische Lernprogramme erstellen, sowie hochwertige Ausdrucke einer Maple-Sitzung erzeugen, ohne vorher in ein Drucksetzungsprogramm wie TeX zu übersetzen. Tatsächlich sind viele der im *Maple Technical Newsletter* erschienenen Artikel mit Maple-Arbeitsblättern produziert worden.

Die Arbeitsblatt-Benutzeroberfläche weicht bei verschiedenen Rechnerplattformen in manchen Details voneinander ab. Dies liegt zum Teil daran, daß die Arbeitsblätter den Standards und Konventionen der entsprechenden Rechner angepaßt sind. Das X-Arbeitsblatt folgt zum Beispiel den Konventionen der Motif-Schnittstelle, während die MS-Windows Version wie andere unter Windows laufende Anwenderprogramme aussieht. Eine Tastaturabkürzung zur Auswahl einer Menuoption kann zudem die COMMAND-Taste bei einem Macintosh- oder NeXT-Rechner, die CONTROL- oder ALT-Taste bei einem X-Arbeitsplatzrechner oder eine Funktionstaste bei einem PC verwenden.

Dieser Abschnitt beschreibt die Arbeitsblatt-Benutzerschnittstelle so wie sie bei X-Window-Systemen vorkommt. Einige andere schöne, in anderen Versionen – meist MS-Windows – vorkommende Eigenschaften werden aber auch erwähnt. In den ersten Paragraphen dieses Abschnitts werden die Hauptbestandteile der Arbeitsblatt-Schnittstelle beschrieben: das Arbeitsblatt-Fenster, Graphikfenster und Hilfsfenster. Im letzten Abschnitt werden einige der X-Resourcen beschrieben, die man ändern kann, um das Erscheinungsbild, Verhalten und die Voreinstellung gewisser Optionen der X-Arbeitsblatt-Schnittstelle zu verändern.

Das Arbeitsblatt-Fenster

Sobald man eine Maple-Sitzung in einem Arbeitsblatt startet, erhält man einen Eingabe-Prompt vorgespielt und kann dann sofort anfangen, Maple-Befehle einzugeben. Die Ergebnisse erscheinen in einer sauberen mathematischen Schreibweise unter dem entsprechenden eingegebenen Befehl. Mit Hilfe der Maus oder der Pfeiltasten ist es einfach, Fehler zu berichtigen und Teile eines früheren Befehls in neue Befehle hineinzukopieren. Bild B.1 zeigt eine Beispielsitzung unter dem X-Window-System.

Ein Arbeitsblatt ist in eine Anzahl von *Regionen* aufgeteilt. Es gibt fünf verschiedene Regionen: Eingabe-, Ausgabe-, Text-, Graphik- und Trennregion. Eingaberegionen enthalten Maple-Befehle. Die Eingabe eines Befehls in einer Eingaberegion zieht die Erzeugung einer Ausgaberegion nach sich, die das berechnete Ergebnis festhält. Textregionen beinhalten Erklärungstext und Kommentare, Graphikregionen beinhalten Graphiken und Diagramme. Eine Trennregion ist eine dünne Linie, die eine Ausgaberegion von der nächsten Eingaberegion abgrenzt.

Um Erklärungstext zu einem Arbeitsblatt hinzuzufügen, geht man folgendermaßen vor: Bei der nächsten Eingabeaufforderung wechselt man von der Eingaberegion zur Textregion als aktuelle Region. Unter X klickt man das linke Feld in der Menuleiste an und wählt somit **Text** aus. Unter MS-Windows drückt man F5, oder man wählt den Befehl **Text Region** aus dem **Format**-Menu aus. Um eine Textregion zu beenden und wieder in den regulären Eingabemodus zurückzukehren, finde man den Befehl **Insert Prompt** im **Edit**-Menu oder auch **Insert New Region** im **Format**-Menu (MS-Windows) und ändere dann, falls nötig, die neue Region so, daß es sich um eine Eingaberegion handelt.

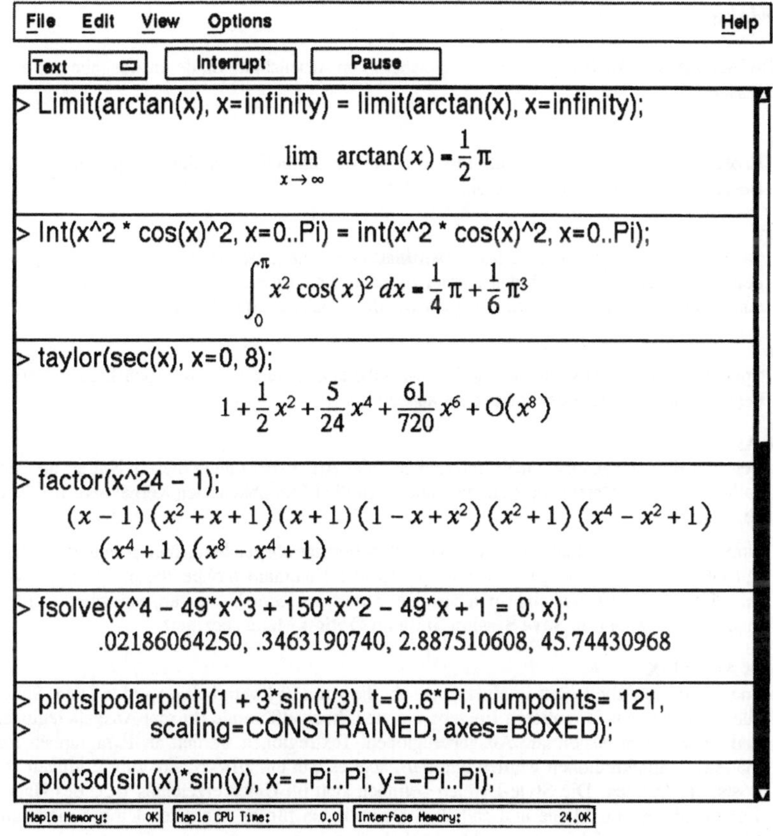

$$\lim_{x \to \infty} \arctan(x) = \frac{1}{2}\pi$$

$$\int_0^{\pi} x^2 \cos(x)^2\, dx = \frac{1}{4}\pi + \frac{1}{6}\pi^3$$

$$1 + \frac{1}{2}x^2 + \frac{5}{24}x^4 + \frac{61}{720}x^6 + O(x^8)$$

$$(x-1)\,(x^2+x+1)\,(x+1)\,(1-x+x^2)\,(x^2+1)\,(x^4-x^2+1)\,(x^4+1)\,(x^8-x^4+1)$$

Bild B.1 Die Arbeitsblatt-Schnittstelle

Bei der Arbeitsblatt-Schnittstelle erscheint die graphische Ausgabe in einem eigenen Fenster. Um Graphik zu einem Arbeitsblatt hinzuzufügen, wähle man den **Copy**-Befehl im **Edit**-Menu des Graphikfensters. Anschließend wähle man **Paste** im Arbeitsblatt-Fenster, um die Graphik genau unter der gegenwärtigen Kursorposition im Arbeitsblatt einzusetzen.

In den folgenden Abschnitten beschreiben wir die verschiedenen Menus und Knöpfe der Arbeitsblatt-Schnittstelle, so wie sie beim X-Window-System vorkommen. Einige in anderen Versionen (meist MS-Windows) vorkommenden Befehle werden hier auch aufgeführt. Die Schnittstelle des Lesers kann von der hier beschriebenen Version etwas abweichen. Man sollte dann in das mit dem System gelieferte Handbuch „Getting Started" schauen oder sich durch die On-Line-Hilfe arbeiten, um speziellere Informationen zur vorliegenden Schnittstelle zu erhalten.

Knöpfe

Direkt unter der Menuleiste im Haupt-Arbeitsblatt-Fenster findet man drei Knöpfe (engl. buttons). Der erste zeigt an, von welcher Art die gerade aktive Region ist. Indem man diesen Knopf „drückt", kann man den Typ der Region verändern. Man kann z. B. eine Maple-Ausgabe in einfachen Text verwandeln oder auch einfachen Text in eine Maple-Eingabe konvertieren.

Der zweite Knopf, **Interrupt**, unterbricht die gerade ablaufende Rechnung. Man kann dies als Alternative zur Unterbrechungstaste benutzen.

Mit dem dritten Knopf, **Pause**, kann man das Vorspielen mehrerer Zeilen von einer Schleife oder von Ausgabe, die von einer Folge von Anweisungen stammen, anhalten. Klickt man **Pause** nochmal an, wird mit der Ausgabe der Ergebnisse auf dem Bildschirm fortgefahren.

File-Menu

Das **File**-Menu steuert das Einladen und Abspeichern von Arbeitsblättern, deren Ausgabe und auch das Verlassen.

New

Erzeuge ein neues Arbeitsblatt, lösche dabei das aktuelle komplett. Maple ersucht um Bestätigung bevor es diesen Befehl ausführt.

Open

Öffne ein vorher abgespeichertes Arbeitsblatt oder eine „.ms"Datei. Man hat die Möglichkeit, zur gleichen Zeit auch den Kernel zu laden. Es wird angenommen, daß dieser sich in einer „.m" Datei mit demselben Namen wie die geladene „.ms" Datei befindet.

Save

Speichere das Arbeitsblatt ab. Sollte das Arbeitsblatt neu sein und noch keinen Namen besitzen, so wird stattdessen **Save As** ausgeführt.

Save As

Verlangt Eingabe eines Namens und speichert das Arbeitsblatt unter diesem Namen ab. Dies sollte eine „.ms" Datei sein. Man hat dabei auch die Möglichkeit, den Kernel als „.m" Datei abzuspeichern.

Unter MS-Windows kann man in Arbeitsblatt-Format abspeichern, indem man eine Datei mit Zusatz „.ms" angibt; gibt man einen beliebigen Dateinamen ohne diesen Zusatz an, wird im einfachen Textformat abgespeichert. Der Status des Kernels kann abgespeichert werden, indem man die Option **Save Session State** im **Option**-Menu spezifiert.

Export As LaTeX

Speichere das Arbeitsblatt in einer Form ab, die von LaTeX verarbeitet werden kann. Spezielle Umgebungen formatieren Eingaberegionen, hochauflösende (hi-res) Ausgaberegionen und auf Zeichen basierende Ausgaberegionen. Textregionen werden als Paragraphen formatiert. Graphikregionen werden ignoriert, aber es gibt ein LaTeXMacro zum Einfügen von Postscript-Dateien. Die Style-Dateien befinden sich im Unterverzeichnis `etc` des Hauptverzeichnisses von Maple und enthalten Definitionen für die benutzten Umgebungen und Macros. Dieser Befehl ist neu in Maple V Version 3.

Unter MS-Windows ist dieser Befehl eine Option in der **Save As** Dialogbox.

Export As Text

Speichere das Arbeitsblatt als Textdatei ab. Unter MS-Windows ist dieser Befehl eine Option in der **Save As** Dialogbox.

Import Text

Importiere eine Textdatei in ein Arbeitsblatt. Sollte es sich bei der Datei um ein als einfacher Text abgespeichertes Maple-Arbeitsblatt handeln, muß man sich vergewissern, daß der Indikator „Use Maple prompts to identify input" aktiv ist. Ist die Datei eine Folge von Maple-Befehlen, die vom Benutzer selbst erzeugt wurden, so muß man diesen Indikator abstellen.

Include

Einlesen einer Textdatei in eine Region des Arbeitsblatts. Handelt es sich bei der Region um eine Textregion, so wird die Information als Text formatiert; handelt es sich um eine Eingaberegion, so wird sie als Folge von Maple-Befehlen behandelt. Im zweiten Fall kann man nach Einladen der Datei die ENTER -Taste drücken und die gerade eingelesenen Befehle werden ausgewertet.

Print

Abspeichern des Arbeitsblatts in einem zum Ausdrucken geeigneten Format, z. B. PostScript. Man kann die Größe der Seite sowie der Freiräume angeben.

Unter MS-Windows kann man mittels **Print** das Arbeitsblatt direkt ausdrucken, **Printer Setup** wählt die Größe des Papiers und seine Orientierung aus und **Page Margins** stellt die Freiräume auf den Seiten zum Ausdruck ein.

Exit

Verlasse die Sitzung, wobei sämtliche Information, die nicht abgespeichert wurde, zerstört wird. Maple verlangt nach Bestätigung, bevor dieser Befehl ausgeführt wird.

Edit-Menu

Viele der Befehle aus dem **Edit**-Menu operieren auf Text, der vorher mit Hilfe der Maus oder spezieller Tasten ausgewählt wurde. Um einen gewissen Teil eines Arbeitsblatts auszuwählen, klicke man mit der (linken) Maustaste an den Anfang des auszuwählenden Gebietes, dann ziehe man die Maus zum Ende des Gebietes und gebe dann die Maustaste frei. Das ausgewählte Gebiet ist herausgehoben. Man kann einen beliebigen Teil einer Eingaberegion oder einer Textregion auswählen, aber man kann nur eine komplette Graphik- oder „hi-res"-Region[1] auswählen. Um einen Teil einer Ausgaberegion darzustellen, muß das Format erst auf den Textstil „pretty print" eingestellt werden.

Man kann Regionen auch mit der Tastatur auswählen. Unter X geschieht dies durch $\boxed{\text{CONTROL}}$ -G; die gesamte Region, in der der Kursor gerade positioniert ist, wird ausgewählt.

Cut
> Lösche alles aus dem Arbeitsblatt, was zur Zeit ausgewählt ist und speichere es in einem speziellen, Clipboard genannten Puffer ab. Das Clipboard wird nicht auf dem Bildschirm angezeigt.

Copy
> Kopiere alles aus dem Arbeitsblatt, was zur Zeit ausgewählt ist in den Puffer Clipboard hinein. Das ursprüngliche Material verbleibt im Arbeitsblatt.

Paste
> Kopiere den gesamten Inhalt des Puffers Clipboard in das Arbeitsblatt und zwar an die Stelle, wo der Kursor sich gerade befindet. Das kopierte Material verbleibt im Clipboard, sodaß man dieselbe Information mehrmals einkopieren kann, ohne das Clipboard neu zu laden.

Delete Selection
> Lösche das ausgewählte Material des Arbeitsblatts ohne es in den Puffer zu kopieren.

Delete Cursor Region
> Lösche die gesamte Region, in der der Kursor sich gerade befindet. Das Material wird nicht in den Puffer Clipboard einkopiert.

Delete By Type
> Spiel ein Untermenu vor, mit dem man jede Region eines bestimmten Typs im Arbeitsblatt löschen kann: Eingabe-, Ausgabe-, Text-, Graphik-, oder Trennregionen. Diese Regionen werden nicht in den Puffer kopiert.
>
> Unter MS-Windows heißt dieser Befehl **Remove All** und er befindet sich im **Format**-Menu.

Delete to End of Session
> Lösche jede Region unterhalb der aktuellen Kursorposition. Wiederum wird dieses Material nicht im Puffer Clipboard abgespeichert.

Insert Prompt
> Füge einen Prompt genau unterhalb der aktuellen Kursorposition ein. Man kann diesen Befehl dazu benutzen, eine Textregion abzuschließen und wieder mit der Eingabe von Maple-Befehlen zu beginnen.
>
> MS-Windows besitzt einen Befehl **Insert New Region** im **Format**-Menu, um eine neue Region entweder oberhalb oder unterhalb der aktuellen Region anzufügen.

Insert Text
> Füge eine Textregion unterhalb der Region ein, auf die der Kursor gerade zeigt.

Insert Separator
> Füge eine Trennregion unterhalb der Region ein, auf die der Kursor gerade zeigt.

Split Region at Cursor
> Splitte eine Eingabe- oder Textregion auf in zwei Regionen und zwar an der gegenwärtigen Kursorposition. Unter MS-Windows befindet sich dieser Befehl im **Format**-Menu.

---

[1] Anm. d. Übers.: Der Begriff „hi-res" leitet sich von „high resolution" ab, was „hochauflösend" bedeutet. Es bezieht sich auf die Bildschirmauflösung, die nötig ist, um dies darzustellen.

Join Region at Cursor

Fasse zwei benachbarte Eingabe- oder Textregionen zu einer Region zusammen: die gerade aktive Region und die, die sich unmittelbar darunter befindet. Unter MS-Windows befindet sich dieser Befehl im **Format**-Menu.

View-Menu

Reformat Cursor Region

Formatiere die den Kursor enthaltende Ausgaberegion gemäß den gegenwärtig im **Options**-Menu gesetzten Formatoptionen um.

Reformat Session

Formatiere alle Ausgaberegionen gemäß den gegenwärtig im **Options**-Menu gesetzten Formatoptionen um.

Show Regions

Das Einschalten dieses Schalters hat zur Folge, daß dünne oder gestrichelte Linien die Grenzen der einzelnen Regionen des Arbeitsblatts anzeigen. Beim Ausschalten dieser Option verschwinden diese Linien.

Execute Worksheet

Führe jeden Befehl des Arbeitsblatts aus. Dieser Befehl ist neu in Maple V Version 3. In MS-Windows befindet sich dieser Befehl im **Format**-Menu.

Options-Menu

Output Mode

Bestimmt das Format der Maple-Ausgabe im Arbeitsblatt. Mit einem Untermenu kann man aus den folgenden Optionen auswählen: **Line Print, Pretty Print,** oder **Hi-res Print**. Diese Einstellungen entsprechen einem Wert der Variablen `prettyprint` von 0, 1 bzw. 2. Beispielsweise erzeugt die Eingabe des folgenden Maple-Befehls im Hi-Res-Modus die Ausgabe in druckgesetzter Form:

```
> alpha*x^3 + beta*Diff(f(x),x) + Int(c[0]/sqrt(t),
t=exp(1)..Pi);
```

$$\alpha\, x^3 + \beta \left(\frac{\partial}{\partial x} f(x) \right) + \int_e^\pi \frac{c_0}{\sqrt{t}}\, dt$$

Im Pretty-Print-Modus erzeugt dasselbe Kommando eine zwei-dimensionale Ausgabe als einfachen Text:

```
                                       Pi
                                       /
        3            / d     \        |    c[0]
  alpha x  + beta  |---- f(x)|  +     |    ---- dt
                    \ dx     /        |    1/2
                                     /     t
                                   exp(1)
```

Im Line-Print-Modus wird das Ergebnis in einer Zeile ausgegeben:

```
alpha*x^3+beta*Diff(f(x),x)+Int(c[0]/t^(1/2),t=exp(1) .. Pi)
```

Der voreingestellte Modus ist **Hi-res Print**. Hat man den Modus geändert, bleibt das Arbeitsblatt solange unverändert, bis man einen der Umformatierungsbefehle aus dem **View**-Menu aufruft.

Output Fontsize

Bestimmt die Zeichengröße für „Hi-Res"-Ausgabe. Zur Auswahl stehen **Large, Medium** oder **Small**. Voreingestellt ist **Medium**.

Unter MS-Windows wird dies mit Hilfe des Befehls **Math Style** des **Format**-Menus, sowie durch die Funktion **Output Mode** realisiert. Im Gegensatz zu X wird bei MS-Windows automatisch neu formatiert, sobald der Ausgabemodus oder die Größe des Zeichensatzes modifiziert wurde.

Change Fonts
Verändert einen der Zeichensätze des Arbeitsblatts. Spezifiert man diesen Befehl, so erscheint ein Untermenu bestehend aus fünf Befehlen. Mit den ersten drei kann man den Zeichensatz verändern, der bei jeder Eingaberegion, Ausgaberegion oder Textregion benutzt wird. Mit der vierten Option verändert man nur den Zeichensatz der Region, in die der Kursor gerade zeigt. Mit der fünften Wahl kann man den Zeichensatz der aktiven Region auf den Standardzeichensatz zurücksetzen, der gewöhnlich in dieser Region Verwendung findet.

Verändert man einen Zeichensatz, so hat man immer auch die Gelegenheit, den zur Ausgabe des Arbeitsblatts auf einem Postscript-Drucker benutzten Zeichensatz zu verändern.

Die meisten dieser Funktionen sind auch unter MS-Windows vorhanden – man findet sie unter dem Befehl **Fonts** im **Format**-Fenster.

Show Status Bar
Ein Schalter, der die Anzeige von Statusinformation im unteren Teil des Arbeitsblatt-Fensters steuert. Die Leiste enthält Statistiken zum benutzten Speicherplatz und zur verbrauchten CPU-Zeit; die Voreinstellung ist so, daß diese Leiste sichtbar ist.

Unter MS-Windows erscheint die Status-Information in einem eigenen Fenster und die Voreinstellung ist die, daß dieses Fenster nicht sichtbar ist. Der Menu-Befehl um dieses Fenster wechselseitig sichtbar zu machen und wieder verschwinden zu lassen lautet **Status Window**.

Automatic Separators
Ein Schalter, der steuert, ob ein Trenner nach jeder Ausgaberegion ausgegeben wird oder nicht. In der Voreinstellung ist dieser Schalter aktiv. Das Ausschalten dieser Option hat keinen Effekt auf bereits vorhandene Trenner. Um diese zu löschen, muß man den Befehl **Delete By Type** im **Edit**-Menu benutzen.

Replace Mode
Mit diesem Schalter steuert man die Positionierung der Ausgabe bei wiederholter Ausführung eines Befehls. Ist dieser Schalter eingestellt, das ist die Voreinstellung, so ersetzt die neue Ausgabe die alte. Ist der Schalter aus, so wird die neue Ausgabe in eine neue Region eingefügt, die sich unmittelbar über der alten Ausgabe befindet.

Die MS-Windows-Schnittstelle enthält mehrere zusätzliche Befehle im **Options**-Menu, die wir bis jetzt noch nicht erwähnt haben. Der Befehl **Show Prompts** schaltet die Anzeige eines Prompts am Anfang einer jeden Eingaberegion wechselseitig an oder aus. Der Befehl **Confirmation Checks** erlaubt es, die Bestätigung von Befehlen wie **New** und **Exit** zu unterdrücken. **Show Tool Bar** (neu in Maple V Version 3) schaltet die Anzeige der Leiste von Piktogrammen am oberen Rand des Arbeitsblatts wechselseitig an und aus. Mit dem Befehl **Fast Graphics Redraw** kann man dreidimensionale Graphiken im Hauptspeicher halten, um sie schneller neu zeichnen zu können; das hat allerdings einen erhöhten Speicherplatzbedarf zur Folge. **Automatic Save Settings** bewirkt, daß die Einstellung aller Optionen automatisch mit abgespeichert wird, sobald man eine Sitzung verläßt. **Save Settings** (im **File**-Menu) speichert die Einstellungen der Optionen direkt ab.
Obwohl diese Befehle nicht zur Schnittstelle unter X gehören, kann man doch einige dieser Befehle imitieren, indem man die X-Resourcen geeignet setzt (siehe Seite 80).

Help-Menu

Das Hilfsmenu dient zum Starten des Programms, welches Hilfsinformation zu eingegebenen Stichworten direkt anzeigt, dem sogenannten Browser. Ferner erlaubt das Hilfsmenu, auf Informationen zur Benutzerschnittstelle und zur aktuellen Version von Maple zuzugreifen.

Help Browser
Startet das Programm zum Anzeigen von Hilfsinformation (Browser) in einem eigenen Fenster. Der Browser ordnet alle Maple-Befehle gemäß Funktion und erlaubt schnellen Zugriff auf Hilfsinformation zu einem gewissen Befehl. Zur obersten Ebene des Browsers gehören vier Hauptstichworte; diese sind in der ganz links stehenden Spalte aufgeführt: Graphik, Mathematik, Programmierung und System. Ein Stichwort gefolgt von drei Punkten besitzt Unterstichworte. Wählt man eines dieser Stichworte aus, so wird die nächste Spalte mit den Unterstichworten aufgefüllt und so weiter bis man schließlich einen Maple-Befehl ausgewählt hat. Eine kurze zusammenfassende Erklärung des Befehls erscheint dann in einem Kasten im unteren Teil des Fensters und der **Help**-Knopf ist dann aktiv. Drückt man

Help, so wird der Hilfstext zu diesem Stichwort in einem gesonderten Fenster angezeigt. Durch Betätigen des **Close**-Knopfes (oder **Cancel** bei einigen Systemen) verläßt man den Browser. In Bild B.2 ist ein Beispiel dargestellt.

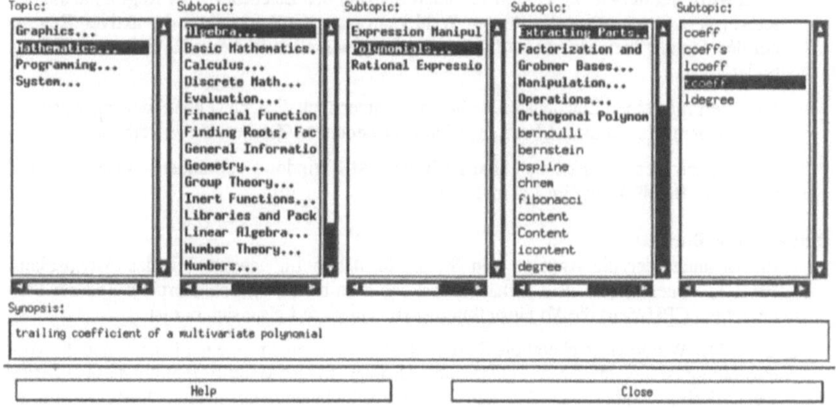

Bild B.2 Der Browser zum Anzeigen von Hilfsinformation zu Stichworten

Keyword Search

Suche nach Hilfsstichworten, welche eine gegebene Zeichenkette in ihrer Kurzbeschreibung enthalten. Dieser Befehl ist in vielen Ausgaben von Maple V Version 3 neu hinzugekommen. In Maple V Version 2 unter DOS kann man eine Suche nach Schlüsselworten starten, wenn man F2 betätigt, solange man sich im Browser befindet.

On Context

Man erhält damit Hilfsinformation zur Arbeitsblatt-Benutzerschnittstelle. Bei Auswahl dieses Befehls kann man einen beliebigen Teil des Arbeitsblattsfensters anklicken, um Hilfe zu einem Stichwort zu erhalten. Zum Beispiel bewirkt Anklicken des Felds **Edit** der Menuleiste nach Auswahl von **On Context** das Vorspielen von Hilfstext zu den Befehlen aus dem **Edit**-Menu.

On Keys

Spielt Hilfstext zu den Tasten vor, die beim Arbeitsblattfenster eine besondere Bedeutung haben. Dies ist keine Liste für Tastenabkürzungen zum Aufruf bestimmter Menubefehle. Zum Beispiel kann man mit CONTROL -G die gesamte Region auswählen, in der der Kursor gerade positioniert ist, CONTROL -S hält das Vorspielen der Ausgabe an und CONTROL -Q beginnt wieder mit dem Vorspielen der angehaltenen Ausgabe.

MS-Windows besitzt einen Befehl **Interface Help**, der die vorhergehenden beiden Befehle in X vereint.

On Version

Zeigt in einem gesonderten Fenster das folgende an: das Maple-Zeichen, die aktuelle Versionskennung, den Lizenznehmer sowie Information zum Copyright. Bei manchen anderen Systemen heißt dieser Befehl **About Maple**.

Fenster für zweidimensionale Graphiken

Plots

Gibt man einen Plotbefehl in einem Maple-Arbeitsblatt ein, so erscheint der entsprechende Graph in einem eigenen Fenster, wie in Bild B.3 zu sehen ist. Eine Reihe von Operationen kann man auf diesem Graphen aus diesem Fenster heraus ausführen. Im nächsten Abschnitt werden wir diese Operationen behandeln.

Indem man das Innere des Graphikfensters mit der (linken) Maustaste anklickt, kann man sich die x und y-Koordinaten dieses Punktes in der oberen linken Ecke des Fensters anzeigen lassen. (Dies funktioniert nicht bei unendlich oder logarithmisch skalierten Diagrammen).

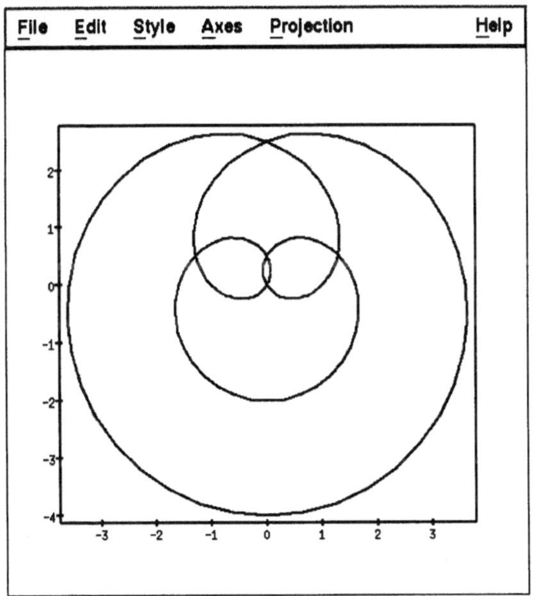

Bild B.3   Fenster mit zweidimensionalem Plot

Menubefehle erlauben es, einige Optionen zum Zeichnen einer zweidimensionalen Graphik ein-
zustellen, ohne vorher ins Arbeitsblattfenster zurückkehren und die Zeichenbefehle verändern zu
müssen. Das **Style**-Menu setzt die `style`-, `linestyle`-, `thickness`- und `symbol`-Optionen,
Axes setzt die `axes`-Option, und **Projection** stellt die `scaling`-Option ein. Zur Beschreibung
dieser Zeichenoptionen schlage man Seite 23 in Kapitel A nach.
Man kann den Graphen auch ins Clipboard hineinkopieren, um ihn dann anschließend ins Arbeitsblatt einsetzen zu können. Man benutze dazu den **Copy**-Befehl aus dem **Edit**-Menu.
Der Befehl **Print** im **File**-Menu erlaubt es, ein Format und einen Dateinamen auszuwählen, um
den Graphen dann abzuspeichern. Bei einigen Systemen wie z. B. MS-Windows kann man einen
Graphen direkt mit Hilfe des **Print**-Befehls ausdrucken.
Das **Help**-Menu umfaßt nur einen einzigen Befehl, nämlich **Plot 2D Help**, der Hilfsinformationen
zu den Befehlen vorspielt, die aus dem Graphikfenster (zweidimensional) heraus aufrufbar sind.
Um dieses Fenster zu verlassen, kann man entweder den **Exit**-Befehl aus dem **File**-Menu aufrufen
oder man gibt ein „q" innerhalb dieses Fensters ein.

Animation

Zusätzlich zu den im regulären Graphikfenster zur Verfügung stehenden Funktionen und Menube-
fehlen enthält das Fenster zur zweidimensionalen Animation eine Reihe von Knöpfen, mit denen
man steuern kann, wie die Animation präsentiert wird.

- Play (ein ausgefülltes Dreieck oder „Play") beginnt mit der Animation.

- Stop (■ oder „Stop") hält die Animation an.

- Frame Advance (ein ausgefülltes Dreieck, welches an eine vertikale Gerade grenzt oder
  „Adv") zeigt den nächsten Rahmen aus der Bildfolge.

- Increase Speed (zwei nach rechts zeigende Dreiecke) und Decrease Speed (zwei nach
  links zeigende Dreiecke) verändern die Zeitfrequenz, in der die einzelnen Bilder vorgespielt werden. Man kann diese Frequenzrate explizit mit Hilfe einer X-Resource einstellen
  (Seite 84).

- Playback Mode kann auf einzelnes Vorspielen ($\rightleftharpoons$ oder „Once") oder wiederholtes Vorspielen (kreisförmiger Pfeil oder „Loop") gesetzt werden.

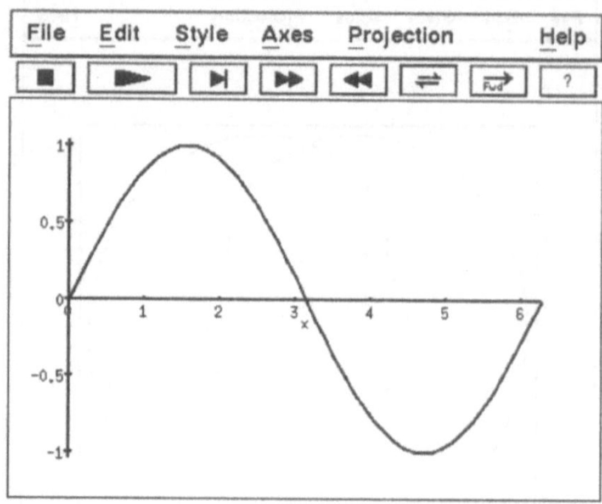

Bild B.4 Animationsfenster

- Direction erlaubt es die Animation in normaler Folge (→) oder umgekehrter Folge (←) vorzuspielen.

- Show Labels (**?**) schaltet das Anzeigen der Knopfbezeichnungen wechselseitig an und ab.

Siehe Bild B.4.

Fenster zur dreidimensionalen Graphik

Plots

Dreidimensionale Plots erscheinen ebenfalls in einem eigenen Fenster. Wie bei zweidimensionalen Graphiken, so kann man auch bei dreidimensionalen Graphiken eine Reihe von Operationen aus diesem Fenster heraus ausführen; siehe Bild B.5.
Indem man mit der (linken) Maustaste das Innere des Graphikfensters anklickt, wird der Graph durch eine ihn eingrenzende Schachtel ersetzt. Siehe dazu Bild B.6. Diese Schachtel stellt einen Orientierungsrahmen dar; man kann damit die Fläche in eine gewünschte Position ausrichten. Durch Ziehen der Maus bei gedrückter Taste kann man die Schachtel rotieren und somit den Graphen entsprechend orientieren, also `orientation` setzen. Die aktuellen Werte der Kugelkoordinaten θ und ϕ werden in der oberen linken Ecke angezeigt. Der Wert von R, der Perspektive, wird auch in dieser Ecke angezeigt. Man kann R verschiedene Werte geben (1.0, 0.8, 0.5 oder 0.1), indem man **No Perspective**, **Far View**, **Medium View** oder **Near View** aus dem **Projection**-Menu einstellt.
Mit den Menus kann man verschiedene Optionen zur Darstellung des Graphen einstellen. Man kann aus dem **Projection**-Menu heraus nicht nur die Option `perspective`, sondern auch die `scaling`-Option auf **Constrained** bzw. **Unconstrained** setzen. Mit dem Menu **Axes** wird die Option `axes`, mit **Color** `shading` und mit **Style** wird `style` gesetzt. Aus dem **Color**-Menu heraus kann man auch eines der vordefinierten Beleuchtungsschemata wählen: besondere Werte für `ambientlight` und `light`. **Style** erlaubt es außerdem, ein dreickiges statt dem üblichen rechteckigen Gitter zu spezifizieren (diese Option steht dem `plot3d`-Befehl nicht zur Verfügung).
Zur Beschreibung dieser Plotoptionen siehe Seite 29 in Kapitel A.
Unter MS-Windows kann man mit dem **Color**-Menu getönte anstatt der üblichen einfarbigen Flächen spezifizieren. Dies läßt die Fläche glatter erscheinen. Das Tönen von Flächen steht als Option dem Befehl `plot3d` nicht zur Verfügung.
Nachdem man alle Optionen so gewählt hat, wie man sie gerne hätte, kann man den Graphen erneut zeichnen, indem man die mittlere Maustaste betätigt. Bei manchen Systemen kann man auch ENTER oder „p" innerhalb des Fensters verwenden oder den Befehl **Redraw** im **Edit**-Fenster auswählen.
Mit dem Befehl **Copy** im **Edit**-Menu kann man den Graphen in das Clipboard hineinkopieren, um ihn später ins Arbeitsblatt einzusetzen.

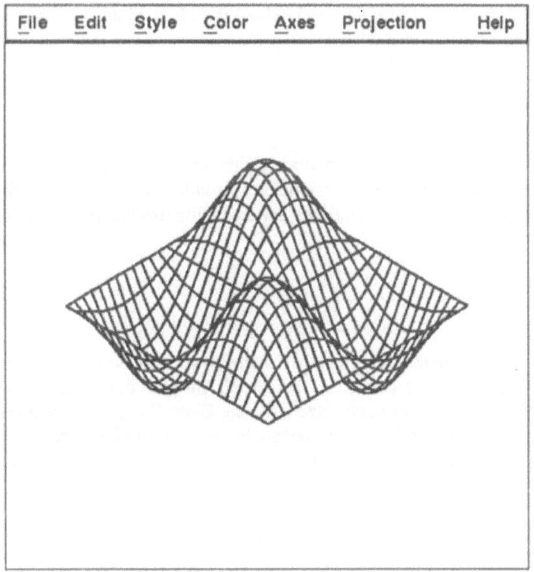

Bild B.5 Fenster zur dreidimensionalen Graphik

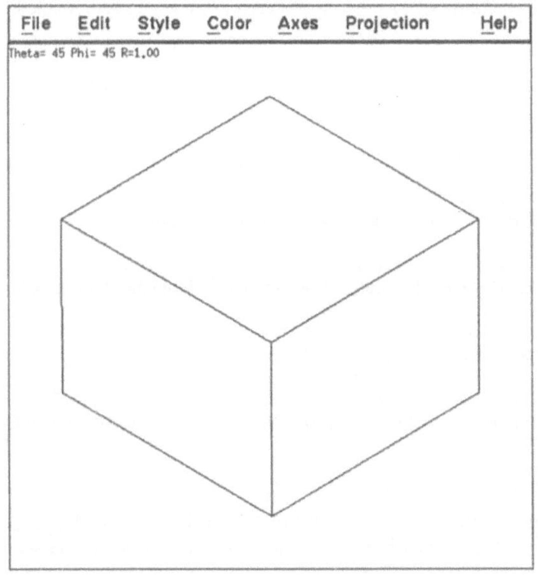

Bild B.6 Wie man einen dreidimensionalen Plot orientiert.

Der **Print**-Befehl im **File**-Menu speichert einen Graphen zum späteren Ausdruck ab, genauso wie es bei zweidimensionalen Graphiken der Fall ist. Mit dem Befehl **Plot 3D Help** des **Help**-Menus kann man sich Hilfsinformation zum Fenster für dreidimensionale Graphik anzeigen lassen. Man kann dieses Fenster durch Auswahl von **Exit** aus dem **File**-Menu schließen oder auch, indem man „q" innerhalb des Fensters eingibt.

Animation

Das Fenster zur dreidimensionalen Animation besitzt dieselben Menus und Befehle, die man auch beim regulären Fenster zur dreidimensionalen Graphik findet, zusätzlich dieselbe Leiste von Knöpfen, die wir schon bei der Behandlung der zweidimensionalen Animation kennengelernt haben.

X-Resourcen

Beim X-Window-System kann man sogenannte *Resourcen* spezifizieren, um Anwendungsprogramme nach eigenem Geschmack zu gestalten. Bei der X-Ausgabe der Maple-Arbeitsblattbenutzerschnittstelle kann man solche Resourcen setzen, die die Einstellung von Optionen, Zeichensätzen, Farben und anderer Attribute betreffen. Wir behandeln einige dieser Resourcen in diesem Abschnitt und geben ihre voreingestellten Werte an. Die Resourcen können in sieben verschiedene Kategorien eingeteilt werden: Eingaberegion, Ausgaberegion, Textregion, Optionseinstellungen, allgemeines Arbeitsblattfenster, Hilfsfenster und Graphikfenster. Jeder Listeneintrag beginnt mit dem Resourcenamen und der Angabe des voreingestellten Wertes. Die folgende Resource-Spezifikation bewirkt, daß alle Eingabebefehle rot sind:

```
MapleV.input.foreground: red
```

Will man stattdessen, daß alle Eingabebefehle in schwarz dargestellt werden, so muß man diese Zeile in die Datei .Xdefaults aus dem Heimatdateiverzeichnis einfügen:

```
MapleV.input.foreground: black
```

Eventuell ist es nötig, den Befehl `xrdb` auszuführen, um diese Präferenzen der X-Sitzung bekanntzugeben. Man kann den Befehl `xrdb .Xdefaults` entweder aus einem Shell-Fenster innerhalb von X ausführen, oder man kann den Befehl in die Datei .xinitrc einfügen.

Wir listen hier solche Resourcen auf, die der Benutzer mit einer gewissen Wahrscheinlichkeit ändern möchte. Eine komplette Liste aller von Maple erkannten Resourcen findet man im Dateiverzeichnis X11_defaults – dieses befindet sich innerhalb des Verzeichnisses, in dem Maple installiert ist.

Eingaberegion

```
MapleV.input.foreground: red
```
Die Farbe der Eingabebefehle.

```
MapleV.input.promptcolor: black
```
Die Farbe der Befehlseingabeaufforderung, d. h. des Prompts.

```
MapleV.input.font: variable
```
Der X11-Zeichensatz zur Darstellung der Eingabebefehle auf dem Schirm.

```
MapleV.input.psFont: Helvetica
```
Der PostScript-Zeichensatz zum Ausdruck der Eingaberegionen.

```
MapleV.input.psFontSize: 12
```
Die Größe (in Punkten) des PostScript-Zeichensatzes zum Ausdruck von Eingaberegionen.

```
MapleV.input.leftmargin: 10
MapleV.input.rightmargin: 10
```

Die Anzahl von Pixeln (auf dem Bildschirm) oder von Punkten (bei der PostScript-Ausgabe), die als linker und rechter Zwischenraum für Eingaberegionen freigelassen werden sollen.

Textregion

```
MapleV.comment.foreground: black
```
Die Farbe von Text in Textregionen.

```
MapleV.comment.font: -adobe-courier-medium-o-normal--*-120-*
```
Der X11-Zeichensatz zur Ausgabe von Text auf dem Bildschirm.

```
MapleV.comment.psFont: Helvetica-Oblique
```
Der PostScript-Zeichensatz zum Druck von Textregionen.

```
MapleV.comment.psFontsize: 12
```
Die Größe (in Punkten) des PostScript-Zeichensatzes zum Ausdruck von Textregionen.

```
MapleV.comment.leftmargin: 0
MapleV.comment.rightmargin: 0
```

Die Anzahl von Pixeln (auf dem Bildschirm) oder von Punkten (bei der PostScript-Ausgabe),
die als linker und rechter Zwischenraum für Textregionen freigelassen werden sollen.

Ausgaberegion

```
MapleV.output.foreground: black
```
Die Farbe von Ergebnissen in Ausgaberegionen.

```
MapleV.output.leftmargin: 0
MapleV.output.rightmargin: 0
```

Die Anzahl von Pixeln (auf dem Bildschirm) oder von Punkten (bei der PostScript-Ausgabe),
die als linker und rechter Zwischenraum für Ausgaberegionen in gewöhnlichem Textformat
freigelassen werden sollen.

```
MapleV.output.firstindent: 10
```
Die Größe des Einschubs (in Pixeln oder Punkten) der ersten Zeile der von einem Befehl
erstellten hochaufgelösten (hi-res) Ausgabe.

```
MapleV.output.subseqindent: 40
```
Die Größe des Einschubs (in Pixeln oder Punkten) der nachfolgenden Zeilen hochaufgelöster
(hi-res) Ausgabe. Dies findet dann Anwendung, wenn ein Befehl mehrere Ausgabezeilen
erzeugt.

```
MapleV.output.fontsize: medium
```
Die voreingestellte Größe zur Formatierung hochauflösender Ausgabe. Zur Auswahl stehen
`large`, `medium` oder `small`. Die tatsächlich verwendete Größe hängt von dem Zeichensatz ab, der in den Resourcen numberFont, variableFont und symbolFont spezifiziert
ist.

```
MapleV.output.numberFont1:
    -adobe-new century schoolbook-medium-r-normal--*-240-*
MapleV.output.numberFont2:
    -adobe-new century schoolbook-medium-r-normal--*-180-*
MapleV.output.numberFont3:
    -adobe-new century schoolbook-medium-r-normal--*-120-*
```

Zeichensätze zur Darstellung von Zahlen auf dem Bildschirm bei hochauflösender (hi-
res) Ausgabe. Dieser Zeichensatz ist „Roman" nach Vereinbarung. Satz 1 ist der große
Zeichensatz, 2 der mittlere und 3 der kleine.

```
MapleV.output.variableFont1:
    -adobe-new century schoolbook-medium-i-normal--*-240-*
MapleV.output.variableFont2:
    -adobe-new century schoolbook-medium-i-normal--*-180-*
MapleV.output.variableFont3:
    -adobe-new century schoolbook-medium-i-normal--*-120-*
```

Zeichensätze zur Darstellung von Variablennamen auf dem Bildschirm bei hochauflösender
(hi-res) Ausgabe. Dieser Zeichensatz ist „Italic" nach Vereinbarung. Satz 1 ist der große
Zeichensatz, 2 der mittlere und 3 der kleine.

```
MapleV.output.symbolFont1:
   -adobe-symbol-medium-r-normal--*-240-*
MapleV.output.symbolFont2:
   -adobe-symbol-medium-r-normal--*-180-*
MapleV.output.symbolFont3:
   -adobe-symbol-medium-r-normal--*-120-*
```
Zeichensätze zur Darstellung gewöhnlicher mathematischer Symbole auf dem Bildschirm bei hochauflösender (hi-res) Ausgabe. Dieser Zeichensatz muß aus der Familie „Symbol" stammen. Satz 1 ist der große Zeichensatz, 2 der mittlere und 3 der kleine.

```
MapleV.output.psNumberFont: Times-Roman
```
PostScript-Zeichensatzfamilie zum Ausdruck von Zahlen in hochauflösender Ausgabe. Die Größe des benutzten Zeichensatzes hängt vom Wert der Resource psFontSize ab.

```
MapleV.output.psVariableFont: Times-Italic
```
PostScript-Zeichensatzfamilie zum Ausdruck von Variablen in hochauflösender Ausgabe. Die Größe des benutzten Zeichensatzes hängt vom Wert der Resource psFontSize ab.

```
MapleV.output.psSymbolFont: Symbol
```
PostScript-Zeichensatzfamilie zum Ausdruck gewöhnlicher mathematischer Symbole in hochauflösender Ausgabe. Die Größe des benutzten Zeichensatzes hängt vom Wert der Resource psFontSize ab.

```
MapleV.output.psFontSize1: 24
MapleV.output.psFontSize2: 18
MapleV.output.psFontSize3: 12
```
Größe (in Punkten) des PostScript-Zeichensatzes, der zum Ausdruck hochauflösender Ausgabe benutzt wird. Größe 1 bezeichnet den großen Zeichensatz, 2 den mittleren und 3 den kleinen.

```
MapleV.output.font: fixed
```
Der X11-Zeichensatz der zur Ausgabe von nur aus gewöhnlichem Text bestehender mathematischer Ausgabe, formatierter Prozeduren, Fehlermeldungen und Warnungen auf dem Bildschirm benutzt wird.

```
MapleV.output.psFont: Courier
```
Der PostScript-Zeichensatz zum Ausdruck von mathematischer Ausgabe, die nur aus Text besteht, formatierten Prozeduren sowie Fehlermeldungen und Warnungen.

```
MapleV.output.psFontsize: 12
```
Größe (in Punkten) des PostScript-Zeichensatzes zum Ausdruck von mathematischer Ausgabe, die nur aus Text besteht, formatierten Prozeduren, sowie Fehlermeldungen und Warnungen.

Optionswerte

```
MapleV*menubar*show_region_extents.set: False
```
Initialisierung des Schalters **Show Regions** im **View**-Menu.

```
MapleV.output.fontsize: medium
```
Voreinstellung für den Befehl **Output Fontsize** im **Options**-Menu.

```
MapleV*menubar*show_status_bar.set: True
```
Initialisierung des Schalters **Show Status Bar** im **Options**-Menu.

```
MapleV*menubar*automatic_separators.set: True
```
Initialisierung des Schalters **Automatic Separators** im **Options**-Menu.

```
MapleV*menubar*replace_mode.set: True
```
Initialisierung des Schalters **Replace Mode** im **Options**-Menu.

```
MapleV.psForcedPageBreaks: True
```
Falls der Wert `True` ist, werden beim Ausdruck des Arbeitsblattes in Postscript-Form zwei aufeinanderfolgende Trennzeichen als Seitenumbruch interpretiert.

```
MapleV.queryOnExit: True
```
Falls der Wert True ist, verlangt Maple nach Bestätigung bei Auswahl von **Exit** aus dem **File**-Menu.

Das allgemeine Arbeitsblattfenster

```
MapleV*background: grey
```
Die Farbe des Hintergrunds aller Komponenten im Arbeitsblattfenster.

```
MapleV*canvas.foreground: black
MapleV*canvas.background: white
```

Nachdem alle Hintergrundkomponenten durch die Voreinstellung auf grau gesetzt worden sind, kann man nun ausgewählten Komponenten eine andere Hintergrundfarbe geben. Der Vordergrund der Leinwand (canvas.foreground) umfaßt den Kursor und Trennzeilen, aber nicht die Farbe der Eingabe, der Ausgabe oder des Prompts. Unter Hintergrund der Leinwand (canvas.background) versteht man hier den Hintergrund des Arbeitsblattes.

```
MapleV.geometry: 600x500
```
Die Größe des Arbeitsblattfensters in Pixel; hierbei wird die gewöhnliche X11-Schreibweise für die Geometrie-Resource benutzt.

```
MapleV*buttonbar*Pause.indicatorOn: False
```
Ist dieser Schalter auf True gesetzt, dann enthält der **Pause**-Knopf eine Anzeige, die anzeigt, ob der Knopf gedrückt ist oder nicht.

```
MapleV*buttonbar*Pause.shadowThickness: 2
```
Die Tiefe des Schattens entlang der Abgrenzung des **Pause**-Knopfes im Arbeitsblattfenster in Pixel.

```
MapleV*frame.shadowType: shadow_in
```
Die Richtung des Schattens im Arbeitsblattfenster. Dies ist entweder shadow_in oder shadow_out.

```
MapleV*frame.shadowThickness: 3
```
Die Tiefe des Schattens in Pixel entlang des äußeren Rahmens des Arbeitsblattfensters.

```
MapleV.backFillOnScroll: True
```
Zur Umgehung eines bekannten Fehlers bei einigen X-Servern. Sollte der X-Server sich aufhängen, wenn man das Arbeitsblattfenster rollt, so sollte dieser Schalter auf False gesetzt werden.

```
MapleV*buttonbar*fontList: variable
```
Zeichensatz zur Ausgabe von Text in der Leiste von Knöpfen.

```
MapleV*menubar*fontList: variable
```
Zeichensatz zur Ausgabe von Text in der Menuleiste.

Hilfsfenster

```
maplehelp*background: grey
```
Hintergrundfarbe des Kontrollbereichs des Fensters für Hilfstext.

```
maplehelp*foreground: black
```
Vordergrundfarbe des Kontrollbereichs des Fensters für Hilfstext.

```
maplehelp*helptext.background: white
```
Hintergrundfarbe des Textbereichs des Fensters für Hilfstext.

```
maplehelp*helptext.foreground: black
```
Vordergrundfarbe des Textbereichs des Fensters für Hilfstext.

```
maplehelp*fontList: fixed
```
Zeichensatz für den Hilfstext im Hilfsfenster. Mancher Benutzer bevorzugt vielleicht einen größeren Zeichensatz, wie zum Beispiel 8x13 oder 9x15.

```
maplebrowser*background: grey
```
Hintergrundfarbe des Browsers zum Vorspielen von Hilfsstichworten.

```
maplebrowser*foreground: black
```
Vordergrundfarbe des Browsers zum Vorspielen von Hilfsstichworten.

```
maplebrowser*XmList.fontList:
    7x13=charset-normal, 7x13bold=charset-bold
```

Vom Browser benutzte Zeichensätze. Man beachte, daß hier zwei Zeichensätze spezifiziert werden: einer für normalen Text (7x13) und ein anderer für fettgedruckten Text (7x13bold).

Graphikfenster

Zweidimensionale Graphik

```
Maple2dX11m.reverseVideo: True
```
Ist dieser Schalter auf `True` gesetzt, so werden zweidimensionale Graphiken mit schwarzem Hintergrund gezeichnet, ist er `False`, so wird weißer Hintergrund benutzt.

```
Maple2dX11m*background: grey
```
Hintergrundfarbe des Kontrollbereichs eines zweidimensionalen Graphikfensters.

```
Maple2dX11m*foreground: black
```
Vordergrundfarbe des Kontrollbereichs eines zweidimensionalen Graphikfensters.

```
Maple2dX11m*canvas.height: 500
Maple2dX11m*canvas.width: 500
```

Größe (in Pixel) des Hauptbereichs (der eigentlichen Graphikfläche) des zweidimensionalen Graphikfensters.

```
Maple2dX11m.titlefont: -adobe-helvetica-bold-r-normal--14-*
```
Der Zeichensatz, der für die Überschrift eines zweidimensionalen Diagramms benutzt wird.

```
Maple2dX11m*menubar*fontList: variable
```
Zeichensatz zur Darstellung von Text in der Menuleiste.

```
Maple2dX11m*animatecanvas.height: 300
Maple2dX11m*animatecanvas.width: 300
```

Größe (in Pixel) des Hauptbereichs (der eigentlichen Graphikfläche) des zweidimensionalen Animationsfensters. Die voreingestellte Größe ist kleiner als beim normalen Graphikfenster, um Speicherplatzbedarf zu reduzieren.

```
Maple2dX11m.framedelay: 100
```
Die in Millisekunden gemessene Verzögerung zwischen dem Zeichnen zweier aufeinanderfolgender Bilder bei zweidimensionalen Animationen. Bei einigen Plattformen ist die Einstellung von kurzen Intervallen nicht möglich.

```
Maple2dX11m.fastanimation: False
```
Falls `True`, so werden alle Bilder schon vorbereitet, bevor mit der Animation begonnen wird. Sonst wird jedes Bild dann vorgespielt, sobald es zur Verfügung steht. Im zweidimensionalen Fall ist die Voreinstellung `False`, da jedes Bild normalerweise schnell vorgespielt werden kann und man somit viele Bilder darstellen kann, ohne viel Speicherplatz zu verbrauchen.

Dreidimensionale Graphik

```
Maple3dX11m.reverseVideo: True
```
Ist dieser Schalter auf `True` gesetzt, so werden dreidimensionale Graphiken mit schwarzem Hintergrund gezeichnet, ist er `False`, so wird weißer Hintergrund benutzt.

```
Maple3dX11m*background: grey
```
Hintergrundfarbe des Kontrollbereichs eines dreidimensionalen Graphikfensters.

```
Maple3dX11m*foreground: black
```
Vordergrundfarbe des Kontrollbereichs eines dreidimensionalen Graphikfensters.

```
Maple3dX11m*canvas.height: 500
Maple3dX11m*canvas.width: 500
```

Größe (in Pixel) des Hauptbereichs (der eigentlichen Graphikfläche) des dreidimensionalen Graphikfensters.

```
Maple3dX11m.titlefont: -adobe-helvetica-bold-r-normal--14-*
```
Der Zeichensatz, der für die Überschrift eines dreidimensionalen Diagramms benutzt wird.

```
Maple3dX11m*menubar*fontList: variable
```
Zeichensatz zur Darstellung von Text in der Menuleiste.

```
Maple3dX11m*animatecanvas.height: 300
Maple3dX11m*animatecanvas.width: 300
```

Größe (in Pixel) des Hauptbereichs (der eigentlichen Graphikfläche) des dreidimensionalen Animationsfensters. Die voreingestellte Größe ist kleiner als beim normalen Graphikfenster, um Speicherplatzbedarf zu reduzieren.

```
Maple3dX11m.framedelay: 100
```
Die in Millisekunden gemessene Verzögerung zwischen dem Zeichnen zweier aufeinanderfolgender Bilder bei dreidimensionalen Animationen. Bei einigen Plattformen ist die Einstellung von kurzen Intervallen nicht möglich.

```
Maple3dX11m.fastanimation: True
```
Falls `True`, so werden alle Bilder schon vorbereitet, bevor mit der Animation begonnen wird. Sonst wird jedes Bild dann vorgespielt, sobald es zur Verfügung steht. Im dreidimensionalen Fall ist der voreingestellte Wert `True`, da die Wiedergabe dreidimensionaler Bilder normalerweise länger dauert. Dies zieht jedoch erhöhten Speicherplatzbedarf nach sich, so daß es sich empfiehlt, bei schnellauszuführenden Animationen die Anzahl der Bilder gering zu halten.

B.2 Die Befehlszeilenoberfläche

Die Befehlszeilenschnittstelle von Maple ist eine auf Text basierende Benutzerschnittstelle für Bildschirme und Rechner, die nicht besonders graphikfähig sind. Diese Schnittstelle besitzt einige interessante Eigenschaften, die sie benutzerfreundlich machen; dies gilt besonders für Maple V Version 2 und Version 3. In diesem Abschnitt werden diese Eigenschaften herausgehoben. Zuerst beschreiben wir den Befehlszeileneditor, insbesondere zeigen wir, wie man zuvor eingegebene Befehle wiederholt benutzen und modifizieren kann. Anschließend behandeln wir einige Befehle zur Modifikation der Schnittstelleneigenschaften, sowie Befehle zum Abspeichern von Graphiken in eine Datei und zum Umschalten in einen speziellen Graphikmodus bei Bildschirmen, die dies unterstützen. Schließlich geben wir auch einige Hinweise, wie man die Befehlszeilenversion von Maple zur Stapelverarbeitung nutzen kann.

Zum Editieren von Befehlen

Zu Maple V Version 2 ist ein Werkzeug zum Editieren vorher eingegebener Befehle hinzugekommen. Dies vereinfacht die Berichtigung von Fehlern und die Modifikation von Parametern vorher eingegebener Befehle. Man kann alle der letzten 100 eingegebenen Zeilen abrufen.

Eine Eingabezeile der Befehlszeilenschnittstelle kann aus zu bis zu 1023 Zeichen bestehen. Ist der Kursor am rechten Ende des Schirms angelangt, verschiebt sich die Eingabezeile um eine halbe Schirmweite nach links und man kann mit der Eingabe fortfahren.

Die Syntax zum Editieren ähnelt stark der Syntax zweier populärer Editoren, nämlich emacs und vi. Einige der Editierbefehle können durch Betätigen der CONTROL-Taste zusammen mit einem anderen Buchstaben ausgeführt werden. Diese Befehle folgen im allgemeinen der für emacs gültigen Konvention; emacs ist ein beliebter, von der Free Software Foundation, stammender Editor. Andere Befehle werden im sogenannten Befehlsmodus eingegeben. Man schaltet in diesen Modus mit der ESCAPE-Taste um. Diese Befehle sind denen des gewöhnlichen Unix-Editors vi sehr ähnlich.

Obwohl die Editierfunktionen der Befehle in emacs-Version und vi-Version sich erheblich überlappen, braucht man dem System dennoch nicht mitzuteilen, welche Klasse von Befehlen man benutzen will. Beide Stilarten stehen gleichzeitig zur Verfügung.

Zusätzlich zu den unten beschriebenen Befehlen, stehen den meisten Bildschirmen auch die Pfeiltasten zur Verfügung, mit denen man vorhergehende und nachfolgende Zeilen aus dem Befehlszeilenarchiv abrufen kann (nach oben bzw. nach unten zeigende Pfeiltaste), sowie den Kursor links und rechts auf der Befehlszeile positionieren kann (rechte und linke Pfeiltaste). Manche Rechner verfügen auch über Tasten mit der Beschriftung „Home" und „End", mit denen man den Kursor an den Anfang bzw. ans Ende einer Befehlszeile positionieren kann. Diese Tasten sind immer aktiv.

Kontrolltasten

Diese Befehle stehen immer während der Eingabe von Maple-Befehlen zur Verfügung, selbst wenn man sich im vi-Befehlsmodus befindet (mit Ausnahme von CONTROL -I). Verhalten sich Kontrolltasten anders als beim gewöhnlichen emacs, so wird darauf hingewiesen.

CONTROL -P   Rufe die vorangehende Zeile aus dem Befehlsarchiv ab. Indem man dies wiederholt, kommt man schließlich wieder bei der zuletzt eingegebenen Zeile an.

CONTROL -N   Rufe die nächste Zeile aus dem Befehlsarchiv ab. Man kann zu der ältesten abgespeicherten Zeile zurückfinden, von der zuletzt eingegebenen Zeile aus betrachtet.

CONTROL -B   Positioniere den Kursor um ein Zeichen nach links.

CONTROL -F   Positioniere den Kursor um ein Zeichen nach rechts.

CONTROL -A   Positioniere den Kursor an den Zeilenanfang.

CONTROL -E   Positioniere den Kursor ans Zeilenende.

CONTROL -]   Positioniere den Kursor auf die korrespondierende runde, eckige oder geschweifte Klammer (dies ist kein standardisierter emacs-Befehl).

CONTROL -W   Positioniere den Kursor an den Anfang des nächsten Wortes (dies ist kein standardisierter emacs-Befehl).

CONTROL -Y   Positioniere den Kursor an den Anfang des aktuellen Wortes, oder, falls der Kursor schon am Wortanfang steht, auf den Anfang des vorhergehenden Wortes (dies ist kein standardisierter emacs-Befehl).

CONTROL -D   Lösche das Zeichen an der gegenwärtigen Kursorposition.

CONTROL -H *oder* BACKSPACE *oder* DELETE   Lösche das links vom Kursor stehende Zeichen und positioniere den Kursor um ein Zeichen nach links (nur DELETE ist ein standardisierter emacs-Befehl).

CONTROL -K   Lösche alles bis zum Zeilenende.

CONTROL -G *oder* CONTROL -X   Lösche die gesamte Zeile (dies ist kein standardisierter emacs-Befehl).

CONTROL -V   Schalte vom Einfügemodus in den Ersatzmodus und umgekehrt (dies ist kein standardisierter emacs-Befehl). Der Einfügemodus ist die Voreinstellung.

CONTROL -I *oder* TAB   Während des Texteinfügens werden solange Leerzeichen eingefügt, bis ein Tabulatorstopp erreicht wird. Die Tabulatorenstopps sind alle in gleichbleibenden Intervallen angeordnet, die Länge eines Intervalles wird durch die Schnittstellenvariable `indentamount` festgelegt. Wird Text ersetzt, so wird der Kursor bis zum nächsten Tabulatorstopp bewegt. Dieser Befehl funktioniert nicht im vi-Befehlsmodus.

CONTROL -U   Mache alle Veränderungen der Zeile wieder rückgängig (dies ist kein standardisierter emacs-Befehl).

CONTROL -R   Suche die jüngste Zeile im Befehlsarchiv, die das enthält, was sich in der aktuellen Zeile befindet. Im Gegensatz zu emacs wird erst die zu suchende Zeichenkette und dann der Suchbefehl eingegeben.

CONTROL -L   Spiele die Zeile noch mal vor.

Zur Vervollständigung von Befehlen

Zur Befehlszeilenschnittstelle gehören zwei besondere Folgen von Kontrolltasten zur Vervollständigung von Befehlen, die soweit nur teilweise in der Befehlszeile eingegeben wurden. Die Liste von Befehlen, die durchsucht wird, wenn man nach Vervollständigung verlangt kann, von einer der beiden folgenden Dateien stammen: Unter Unix sucht Maple zuerst nach einer Datei mit Namen „.maplecmds" im Heimatdateiverzeichnis. Ist diese nicht vorhanden, wird stattdessen nach einer Datei „cmds" im Unterverzeichnis „src" gesucht, das sich seinerseits im Unterverzeichnis „lib" des Maple-Hauptverzeichnisses befindet. Diese Dateien werden in der Reihenfolge durchsucht, die durch den für den Rechner gültigen Zeichensatz gegeben ist (entweder ASCII oder EBCDIC).
Keiner der beiden Befehle ist ein standardierter emacs-Befehl.

CONTROL -@ *oder* CONTROL - SPACE   Versuche, den Befehl zu vervollständigen, der zum Teil in der Befehlszeile eingegeben wurde. Passen mehrere Befehle, so wird soweit wie möglich vervollständigt.

CONTROL -T   Zeige eine Liste aller Befehle an, die zum Anfang des teilweise eingegeben Befehls der Befehlszeile passen.

Vi-Befehlsmodus

Man schaltet in diesen Modus um, indem man die ESCAPE -Taste betätigt. Man kommt in den Texteingabemodus zurück, indem man einen der Texteingabebefehle wie z. B. i eingibt.

k   Rufe die vorhergehende Zeile aus dem Befehlsarchiv ab. Indem man diesen Befehl wiederholt eingibt, kommt man schließlich zum letzten eingegebenen Befehl zurück.

j   Rufe die nächste Zeile aus dem Befehlsarchiv ab. Man kann zu der ältesten abgespeicherten Zeile zurückfinden, von der zuletzt eingegebenen Zeile aus betrachtet.

h   Positioniere den Kursor um ein Zeichen nach links.

l *oder* SPACE   Positioniere den Kursor um ein Zeichen nach rechts.

0   Positioniere den Kursor an den Zeilenanfang.

$ Positioniere den Kursor ans Zeilenende.

%   Positioniere den Kursor auf die korrespondierende runde, eckige oder geschweifte Klammer.

w   Positioniere den Kursor an den Anfang des nächsten Wortes.

b   Positioniere den Kursor an den Anfang des aktuellen Wortes, oder, falls der Kursor schon am Wortanfang steht, auf den Anfang des vorhergehenden Wortes.

x   Lösche das Zeichen an der gegenwärtigen Kursorposition.

X   Lösche das links vom Kursor stehende Zeichen und positioniere den Kursor um ein Zeichen nach links.

D   Lösche alles bis zum Zeilenende, wobei man im vi-Befehlsmodus bleibt.

C   Lösche alles bis zum Zeilenende, wobei man in den Einfügemodus umschaltet.

S   Lösche die gesamte Zeile und schalte in den Einfügemodus um.

U   Mache alle Veränderungen der Zeile wieder rückgängig.

?   Suche die jüngste Zeile im Befehlsarchiv, die das enthält, was sich in der aktuellen Zeile befindet. Im Gegensatz zu vi wird erst die zu suchende Zeichenkette und dann der Suchbefehl eingegeben.

f   Bewege den Kursor vorwärts bis zum nächsten Vorkommen des nächsten eingegebenen Zeichens.

F   Bewege den Kursor rückwärts bis zum nächsten Vorkommen des nächsten eingegebenen Zeichens.

;   Wiederhole die letzte f- oder F-Suche.

,   Wiederhole die letzte f- oder F-Suche, aber in umgekehrter Richtung.

i   Füge Text genau vor der gegenwärtigen Kursorposition ein.

a   Füge Text genau hinter der gegenwärtigen Kursorposition an.

I   Füge Text am Zeilenanfang ein.

A   Hänge Text am Zeilenende an.

R   Schalte in Textersatzmodus um, beginnend an der aktuellen Kursorposition. Alles was nun eingegeben wird, überschreibt den vorhandenen Text in der Befehlszeile.

r   Ersetze das aktuelle Zeichen durch das nächste eingegebene Zeichen.

s   Lösche das aktuelle Zeichen und füge stattdessen Text ein.

Mehreren der vi-artigen Befehle kann eine ganze Zahl vorangehen, die bewirkt, daß der Befehl sooft wiederholt wird, wie die Zahl angibt. Die ganze Zahl sollte aus dem Bereich von 1 bis 999 sein. Befehle, die solch ein Wiederholungsargument akzeptieren sind b f F , ; h j k l s w x und X.

Schnittstellenbefehle

Es gibt eine Reihe von Maple-Befehlen, die das Aussehen und das Verhalten der Maple-Sitzung beeinflussen. Dieser Abschnitt behandelt alle Schnittstellenvariablen und diskutiert einige andere Befehle, die die Benutzerschnittstelle beeinflussen.

Schnittstellenvariablen

Der `interface`-Befehl erlaubt es, den Wert einiger der Variablen abzufragen oder zu setzen, die die Benutzerschnittstelle beeinflussen. Dieser Befehl findet häufiger bei der Befehlszeilenschnittstelle Anwendung, nicht so oft bei der Arbeitsblattschnittstelle, da es bei der letzteren andere Mechanismen zum Setzen dieser Variablen gibt.
Um den aktuellen Wert einer Schnittstellenvariablen herauszufinden, reicht man den Namen der Variable als Argument an den `interface`-Befehl. Um eine Variable zu setzen, muß man eine Gleichung angeben. Zum Beispiel

```
> interface(indentamount);
```

4

```
> interface(indentamount=2);
> interface(indentamount);
```

2

Die allen Maple-Plattformen geläufigen Schnittstellenvariablen werden in diesem Abschnitt beschrieben. Die Variablen, die die Erzeugung von Graphiken betreffen, sind in einer Gruppe zusammengefaßt.

echo
: Legt fest, wann Eingabebefehle an die Ausgabe weitergegeben werden, d. h. die Eingabe erscheint als Ausgabe nochmal auf dem Schirm. Für interaktive Sitzungen ist dies nur von begrenztem Wert, aber wenn man die Ausgabe in eine Datei schreiben will, z. B. mit der Funktion `writeto` oder wenn man Maple als Stapelverarbeitung laufen lassen will, so erweist sich dies oft als nützlich. Die Variable `echo` wird von `quiet` überstimmt: Ist `quiet` gesetzt, so erscheint die Eingabe nicht nochmal als Ausgabe. Man kann dieser Variablen fünf verschiedene Werte zuweisen:

> 0 Die Eingabe erscheint niemals nochmals.
>
> 1 Gib die Eingabe als Ausgabe aus nur dann, wenn die Ausgabe nicht an den Bildschirm geht, oder wenn die Eingabe nicht von der Tastatur stammt. Gib die Eingabe nicht aus, wenn Eingabe mit `read` gelesen wird. Dies ist die Voreinstellung.
>
> 2 Gib die Eingabe als Ausgabe aus nur dann, wenn die Ausgabe nicht an den Bildschirm geht, oder wenn die Eingabe nicht von der Tastatur stammt.
>
> 3 Gib die Eingabe als Ausgabe aus nur dann, wenn die Eingabe mit `read` gelesen wird.
>
> 4 Gib die Eingabe immer auch als Ausgabe aus.

endcolon
: Zeigt an, ob die letzte Eingabeanweisung mit einem Doppelpunkt beendet wurde oder nicht. Gibt entweder `True` oder `False` zurück. Diese Variable kann mit dem `interface`-Befehl nur abgefragt, aber nicht gesetzt werden.

errorbreak
: Legt fest, wie Maple sich verhält, wenn in der Eingabedatei ein Fehler gefunden wird. Diese Variable ist neu in Maple V Version 2.

> 0 Fahre mit dem Einlesen der Datei fort, auch wenn ein Fehler auftrat. Dies entspricht dem Verhalten von Maple V.
>
> 1 Beende das Einlesen der Datei, sobald ein Fehler auftrat. Damit verhindert man das Auflisten aller Folgefehler. Dies ist die Voreinstellung für Version 2 und Version 3.
>
> 2 Beende das Einlesen der Datei sobald ein Fehler auftritt; einschließlich eines Fehlers bei der Befehlsausführung.

Bei einigen Systemen kann man diese Variable mit einer Option des Befehls setzen, mit dem man Maple aufruft. Bei Unix ist dies die -e-Option, gefolgt vom gewünschten Wert.

indentamount
: Die Anzahl der Zeichen, um die nachfolgende Zeilen eingerückt werden, wenn ein Befehl mehrere Ausgabezeilen erzeugt. Dies ist auch die Anzahl von Einrückungszeichen beim Formatieren einer Prozedur, sowie die Entfernung zweier aufeinanderfolgender Tabulatorenstopps bei Maple-Eingabe. Voreingestellt ist der Wert 4.

iris
: Der Name und die Versionsnummer der Benutzerschnittstelle. Diese Variable kann mit dem Befehl `interface` nur gelesen, nicht aber gesetzt werden. Dies ist neu in Maple V Version 3.

labeling *oder* labelling
: Ermöglicht oder verhindert den Gebrauch von Bezeichnungen (%1, %2, etc.) zum Ersetzen von Teilausdrücken bei langen Ausgabeausdrücken. Mögliche Werte sind `True` oder `False`. Voreingestellt ist `True`.

`labelwidth`
Die minimale Länge, die ein Teilausdrucks in einem langen Ausdruck haben muß, um durch eine Bezeichnung wie %1 ersetzt werden zu können. Der voreingestellte Wert lautet 20.

`prettyprint`
Stellt ein, wie Maple-Ausgabe dargestellt wird. Die möglichen Werte unter Maple V Version 2 sind:

0 Benutze lprint um Ergebnisse linear auszudrucken. Auf diese Weise ausgedruckte Ergebnisse können als Maple-Eingabe verwendet werden.

1 Benutze zweidimensionale, auf Text basierende Form, um Ergebnisse auszudrucken. Dies ist die Voreinstellung bei der Befehlszeilenschnittstelle.

2 Benutze das „hi-res" Format, die gewöhnliche mathematische Schreibweise für Graphikgeräte. Dies ist die Voreinstellung bei der Arbeitsblattschnittstelle.

Man kann diese Variable auf einen größeren Wert setzen, aber die Ausgabemethode bleibt die für das jeweilige Gerät bestmögliche.

Unter Maple V kann diese Variable die Werte `True` oder `False` haben. Aus Kompatibilitätsgründen sind diese Werte auch noch für spätere Versionen zulässig. `False` entspricht dem Wert Null, lineare Ausgabe und `True` entspricht dem Wert Eins, also textgestützte Ausgabe.

`printfile`
Zeigt die Datei mit dem entsprechenden Namen. Eventuell wird ein Programm zum schnellen Anzeigen benutzt, das der Benutzerschnittstelle zur Verfügung steht. Dies wird für die Hilfsfunktionen benutzt.

`prompt`
Die Zeichenkette, die dann erscheint, wenn Eingabe vom Benutzer erwartet wird. Bei der Befehlszeilenschnittstelle wird diese Variable zusammen mit der Variablen `screenwidth` inspiziert, um zu entscheiden, wieviel Platz auf der Befehlszeile zur Verfügung steht, bevor der Bildschirm nach rechts verschoben wird. Die Voreinstellung bei der Befehlszeilenschnittstelle ist normalerweise ` > `.

`quiet`
Ist dieser Schalter gesetzt, so werden alle Start- und Statusmeldungen unterdrückt (Logo, Speicherplatz -und CPU-Verbrauch, Prompt). Diese Einstellung ist für Maple-Programme in Stapelverarbeitung nützlich. Die Voreinstellung ist `False`. Bei einigen Systemen kann man diese Variable mit einer Option zum Startbefehl setzen. In Unix ist dies die Option `-q`.

`screenheight`
Die Anzahl der Textzeilen auf dem Bildschirm.

`screenwidth`
Die Anzahl der Zeichen, die auf eine Bildschirmzeile passen. Bei der Befehlszeilenschnittstelle wird diese Variable benutzt, um zu bestimmen, wie lang eine Ausgabezeile maximal sein kann, sowie (zusammen mit der `prompt`-Variablen) um zu entscheiden, wieviel Platz auf der Befehlszeile zur Verfügung steht, bevor der Bildschirm nach rechts verschoben wird. Der Minimalwert dieser Variablen ist 10.

`verboseproc`
Legt fest, ob Prozedurenkörper beim Einlesen in die Maple-Sitzung mit `read` oder `readlib` oder bei der expliziten Ausgabe mit `print` mit ausgedruckt werden. Die möglichen Werte sind:

0 Drucke den Körper einer beliebigen Prozedur niemals aus. Drucke stattdessen eine Abkürzung der Form:

```
proc(f) ... end
```

1 Drucke vom Benutzer definierte Prozeduren aus, wenn sie eingelesen oder explizit ausgedruckt werden, aber drucke keine der Maple-Bibliotheksroutinen aus. Dies ist die Voreinstellung.

2 Drucke alle Prozeduren aus, wenn sie eingelesen oder explizit ausgedruckt werden.

`version`

In Maple V Version 3 gibt dies die gerade laufende Version von Maple an. In Version 2 ist es der Name und die Versionsnummer der Benutzerschnittstelle. Diese Variable kann nicht mit dem `interface`-Befehl gesetzt, sondern nur abgefragt werden.

`warnlevel`

In Maple V Version 3 wird angenommen, daß eine in einer Prozedur benutzte, undeklarierte Variable lokal ist, wenn sie auf der linken Seite einer Zuweisung auftaucht oder wenn sie die Indexvariable einer `for`-Schleife oder einer `seq`-Anweisung ist. Diese Schnittstellenvariable bestimmt, ob Warnmeldungen ausgegeben werden, sobald Prozeduren definiert werden, bei denen undeklarierte Variablen vorkommen, die dann implizit als lokal definiert sind. Warnmeldungen werden ausgedruckt, wenn der Wert 1 ist (die Voreinstellung); nichts wird ausgegeben, wenn der Wert 0 ist. Diese Variable ist neu in Maple V Version 3.

`wordsize`

Die Größe eines Maschinenworts. Diese Variable ist neu in Maple V Version 3. Sie kann mit dem `interface`-Befehl nur gelesen, nicht aber gesetzt werden.

Graphik   Die folgenden Schnittstellenvariablen legen fest, wie Graphiken dargestellt und in Dateien abgespeichert werden.

`plotdevice`

Die Art des Graphikmediums, für das die Graphiken erzeugt werden; dies bezieht sich sowohl auf interaktives Darstellen von Graphiken als auch auf Abspeichern in Dateien. Wenn man die Befehlszeilenschnittstelle benutzt und das Sichtgerät einen Graphikmodus wie ReGIS oder Tektronix unterstützt, so kann man diese Variable eventuell so einstellen, daß man sich die Graphiken interaktiv anschauen an. Steht ein graphikfähiger Drucker zur Verfügung, so sollte man die Variable auf das Format des Druckers setzen. Man siehe dazu den Hilfstext zu plot[device]; er enthält eine Liste aller Ausgabegeräte, die von der vorhandenen Maple-Installation unterstützt werden.

`plotoptions`

Eine Zeichenkette, welche die Optionen angibt, die zum Zeichnen an den Gerätetreiber weitergegeben werden sollen. Diese Variable ist neu in Maple V Version 3.

`plotoutput`

Der Name der Datei, in der Graphikausgabe abgespeichert ist und zwar in dem Format, das durch den Wert der Variablen `plotdevice` bestimmt ist. Man sollte sicherstellen, daß der Wert nach jedem Diagramm geändert wird.

`preplot`

Eine Liste von Zeichenkodierungen, die das Sichtgerät in Graphikmodus umschalten, sobald ein Graphikbefehl gegeben wurde. Die Zeichenkodierungen sind ganzzahlige Werte des auf dem Rechner vorhandenen Zeichensatzes. Beispielsweise ist 27 die ASCII-Kodierung für die `ESCAPE`-Taste.

Bei einigen Sichtgeräten ist beim Umschalten des Modus eine kurze Verzögerung nötig, bevor ein Plot gezeichnet werden kann. Ein negativer Wert in der Liste `preplot` gibt die Verzögerung bevor ein Graph auf dem Bildschirm gezeichnet werden kann in Sekunden an.

Wenn zum Beispiel die Zeichenfolge `ESCAPE` ~> bewirkt, daß das Sichtgerät in Tektronix-Emulationsmodus umschaltet, so sollte man die Sitzung so konfigurieren, daß in diesen Modus nur nach einer Verzögerung von zwei Sekunden umgeschaltet wird sobald Graphik mit angefordert wird. Dies kann man mit dem folgenden Befehl erreichen:

```
> interface(preplot = [-2, 27, 126, 62]);
```

Siehe Hilfsinformation zu plot[setup] zur Beschreibung einiger oft vorkommender Folgen.

`postplot`

Eine Liste von Zeichenkodierungen, die das Sichtgerät von Graphikmodus zurück in den Textmodus umschalten, nachdem `RETURN` im Graphikschirm eingegeben wurde. Die Zeichenkodierungen sind ganzzahlige Werte des auf dem Rechner vorhandenen Zeichensatzes. Wie bei `preplot`, gibt ein negativer Wert eine Verzögerung gemessen in Sekunden an. Siehe Hilfsinformation zu plot[setup] zur Beschreibung einiger oft vorkommender Folgen.

```
terminal
```
> Setzt die Schnittstellenvariablen so, daß Graphik auf jedem der gängigsten Bildschirme erzeugt werden kann. Setzt man diese Variable auf einige der bekannten Schirmtypen (gewöhnlich HP2393A, kd500g, vt240 und xtek), so werden die richtigen Werte auch für `plotdevice`, `preplot` und `postplot` eingestellt. Die bekannten Schirmtypen sind unter dem „terminal"-Verzeichnis in der Bibliothek aufgelistet.

Der Befehl `plotsetup` stellt eine bequeme Möglichkeit dar, Schnittstellenvariablen zur Kontrolle von Graphik in den meisten Fällen zu setzen.

Andere Schnittstellenbefehle

Wir listen hier einige zusätzliche Befehle zur Steuerung der Häufigkeit von Statusmeldungen und zum Zeichnen von Graphiken unter der Befehlszeilenschnittstelle.

Statusmeldungen Unter der Befehlszeilenschnittstelle gibt Maple manchmal Statusmeldungen aus, die angeben, wieviel Speicherplatz insgesamt in der Sitzung verbraucht wurde (in Bytes), wieviel Speicherplatz insgesamt der Sitzung zugewiesen wurde (ebenfalls in Bytes) und wieviel CPU-Zeit insgesamt von der Sitzung verbraucht wurde. (Unter der Arbeitsblattschnittstelle erscheint diese Information in einem abgetrennten Statusbereich, manchmal auch in einem eigenen Fenster.) Eine Statusmeldung sieht folgendermaßen aus:

```
bytes used=5001188, alloc=851812, time=14.78
```

Maple gibt normalerweise eine Statusmeldung aus, sobald eines der folgenden Ereignisse auftritt:

1. Es wurden zusätzliche n Worte an Speicherplatz von der Maple-Sitzung verbraucht, wobei n der Wert von `status[4]` ist.

2. Eine Sammlung unbenutzter Speicherplatzfragmente (garbage collection) wird durchgeführt, dabei wird nicht mehr benutzter Speicherplatz freigegeben.

3. Man verläßt die Maple-Sitzung.

Man erhält dieselbe Information (und sogar etwas mehr), wenn man den Wert der `status`-Variablen abfragt.

Man kann die Häufigkeit der Meldungen, die von Quelle Nummer 1 stammen, mit Hilfe des Befehls `words` ändern. Der Befehl `words(n)` bewirkt, daß eine Statusmeldung immer dann erscheint, wenn wieder n zusätzliche Speicherplatzworte von der gegenwärtigen Sitzung verbraucht wurden, wobei ein Wort normalerweise vier Byte entspricht. Ein Spezialfall ist `words(0)`; damit verhindert man das Erscheinen von Statusmeldungen aus dieser Quelle. Bei vielen Plattformen ist dies die Voreinstellung.

Man kann die Häufigkeit der von Quelle Nummer 2 stammenden Meldungen auf ähnliche Weise ändern und zwar mit dem Befehl `gc`. Der Befehl `gc(n)` bewirkt ein Einsammeln unbenutzten Speicherplatzes immer dann, wenn die gegenwärtige Sitzung n zusätzliche Speicherplatzworte verbraucht hat. Der besondere Befehl `gc(0)` verhindert die Ausgabe von Statusmeldungen während des Einsammeln unbenutzten Speicherplatzes, ändert aber nicht die Häufigkeit des Einsammelns. Die folgende Zeile verhindert demnach den Ausdruck von Statusmeldungen während einer Sitzung voll und ganz:

```
> words(0): gc(0):
```

plotsetup Der Befehl `plotsetup` setzt die folgenden sehr oft die Graphikausgabe steuernden Schnittstellenvariablen: `plotdevice`, `plotoptions`, `plotoutput`, `preplot` und `postplot`. Will man zum Beispiel Graphiken in eine PostScript-Datei abspeichern, so werden die Plotvariablen durch den folgenden Befehl entsprechend geändert:

```
> plotsetup(postscript);
  Warning, plotoutput set to postscript.out by default


> interface(plotdevice);
```

ps

Wenn man ein Sichtgerät vom Typ VT240 benutzt und zum Darstellen von Graphiken eine Tektronix-Emulation verwenden will, sollte man diesen Befehl ausprobieren:

```
> plotsetup(tek, vt240);
> interface(preplot);
```

$$[27, 91, 63, 51, 56, 104]$$

Eine Liste der vom System unterstützten Geräte- und Bildschirmtypen findet man auf der Hilfsseite zu plotsetup.

Stapelverarbeitung

Auch bei Rechnern, bei denen die Arbeitsblattschnittstelle zur Verfügung steht, ist die Befehlszeilenversion dann sehr nützlich, wenn man Maple-Programme im Stapelverarbeitungsmodus laufen lassen will. Dabei werden alle Befehle vorher aufgeschrieben und in eine Datei abgespeichert. Die Befehle werden dann nacheinander in einer Folge abgearbeitet.

Um Maple im Stapelverarbeitungsmodus ablaufen zu lassen, muß man die Folge von Befehlen zuerst in eine Datei schreiben. Man kann nach Syntaxfehlern fahnden, indem man die Parameter im Programm auf kleine Werte verändert und die Datei dann in eine interaktive Maple-Sitzung einlädt. Ist dies ohne Probleme möglich, sollte man einige Zeilen hinzufügen, um das Programm dann ohne Intervention vom Benutzer laufen zu lassen.

- Man sollte Ausgabe explizit behandeln. Dies kann auf mehrere Arten geschehen. Die einfachste Methode ist, writeln einmal am Anfang der Datei auszuführen, um somit sämtliche Ausgaben in die benannte Datei umzuleiten. Man kann aber ebenso am Anfang der Liste von Befehlen eine Ausgabedatei mit open öffnen und dann mittels write ausgewählte Ergebnisse dort hineinschreiben. Bei einigen Systemen, z.B. Unix-Rechnern, kann man die Ausgabe auf einfachem Wege steuern, indem man alle Ergebnisse, die normalerweise auf dem Schirm erscheinen würden, in eine Datei umleitet.

- Man setze die Schnittstellenvariable quiet auf true. Damit verhindert man die Ausgabe von Information, die normalerweise nur im Eingabemodus von Nutzen ist: das Logo, Eingabeaufforderungen und Statusmeldungen. Bei manchen Systemen kann man die quiet-Variable direkt beim Aufruf von Maple mittels einer Option setzen. In Unix ist dies die Option -q.

- Man setze die Schnittstellenvariable echo, um die Ausgabe von Eingabezeilen zu kontrollieren. In der Voreinstellung erscheinen bei Stapelverarbeitung alle Eingabezeilen nochmals als Ausgabe.

- Man sollte eine quit-Anweisung ans Ende des Programms anhängen. Ohne eine solche Anweisung schaltet Maple möglicherweise in interaktiven Modus um, nachdem die Befehle abgearbeitet wurden. Man kann bei manchen Systemen Maple auch als Filter laufenlassen, sodaß bei Erreichen des Dateiendes das Programm automatisch terminiert. Unter Unix speziefiert man den Filtermodus durch die Option -f beim Aufruf von Maple.

Bei vielen Systemen lautet der Befehl zum Aufruf der Befehlszeilenversion von Maple einfach maple. Unter Unix kann man ein Maple-Program in Stapelverarbeitung mit dem folgenden Befehl aufrufen:

```
maple -q -f < inputfile &
```

Will man die Ausgabe umleiten, sieht der Befehl folgendermaßen aus:

```
maple -q -f < inputfile > outputfile &
```

Hierbei zeigt das nachfolgende & an, daß Unix das Programm im Hintergrund ablaufen lassen soll, so daß der Benutzer andere Dinge tun kann, während das Programm läuft.

C   Liste der Sachgebiete

In diesem Kapitel listen wir alle Maple-Befehle, -Optionen und -Hilfsinformationen nach Sachgebiet geordnet auf. Die vier Hauptkategorien sind **Graphik, Mathematik, Programmierung** und **System**. Jede dieser Kategorien ist weiter in Teilkategorien unterteilt, welche manchmal noch weiter untergliedert sind.

Maple-Befehle sind in der Grundschrift dargestellt. Ein Befehl, der in einem Paket definiert ist, wird mit dem Paketnamen vorangestellt aufgelistet, gefolgt vom Befehlsnamen in eckigen Klammern, z. B. „linalg[det]“. Ein in einem Unterpaket definierter Befehl wird ähnlich behandelt, z. B. „stats[fit, leastsquare]“. Sonstige Bibliotheksfunktionen, die man explizit einladen muß, bevor man sie aufrufen kann (siehe Seite 56) sind durch einen nachgestellten Stern ($\star$) gekennnzeichnet, z. B. „C $\star$“. Die meisten dieser Funktionen werden geladen, indem man den Funktionsnamen als Argument zum `readlib`-Befehl benutzt, etwa `readlib(C)`. Einige der Sonstigen Bibliotheksfunktionen sind allerdings unter einem anderen Namen definiert. Um den Befehl `minpoly` zu benuzten, muß man bespielsweise `readlib(lattice)` aufrufen. Dieser Fall ist mit „minpoly $\star$*lattice*“ in diesem Kapitel gekennzeichnet.

Die zu Befehlen gehörenden Optionen sind auch aufgelistet. In den meisten Fällen stehen die Optionen hinter dem Befehlsnamen, wobei Befehlsname und Optionsname mit einem Schrägstrich (/) abgetrennt sind, z. B. „normal/expanded“, „linalg[det/sparse]“ und „C/optimized $\star$“. Die Graphikoptionen sind ein Spezialfall; sie sind in einem gesonderten Abschnitt **Graphik** aufgelistet, da sie zu sehr vielen verschiedenen Befehlen gehören. Zu jeder Graphikoption geben wir außerderm ein Schema oder eine Reihe von Wahlmöglichkeiten an, z. B. „numpoints $= n$“ oder „arrows = (THIN, LINE, SLIM, THICK)“. Im letzteren Fall wird der voreingestellte Wert, sofern vorhanden, zuerst aufgelistet.

Hilfsstichworte, die nicht einfach Maple-Befehle sind, werden auch aufgelistet. In diesem Kapitel beginnen alle Hilfsstichworte mit einem Fragezeichen (?).

Befehle und Optionen, die neu zu Maple V Version 3 hinzugekommen sind, werden durch ein hochgestelltes Pluszeichen gekennzeichnet, z. B. „protect$^+$“, „sqrt/symbolic$^+$“, „student[Lineint]$^+$“ und „piecewise$^+$ $\star$“. Befehle und Optionen, die Maple V Version 2 aber nicht mehr in Version 3 vorhanden sind, werden durch einen durchgestrichenen Kreis gekennzeichnet: „linalg[range]$^\oslash$“.

Die benutzten Bezeichnungskonventionen sind in folgender Tabelle zusammengefaßt.

Liste	Befehlstyp	Beispiel
fcn	Eingebaut oder gewöhnliche Bibliotheksfunktion	sqrt
fcn/option	Standardfunktion, die eine Option akzeptiert	convert/polynom
pkg[fcn]	In einem Paket definierter Befehl	linalg[det]
pkg[fcn/option]	Funktion mit Option, welche in einem Paket definiert ist	linalg[det/sparse]
fcn $\star$	Sonstige Bibliotheksfunktion	FFT $\star$
fcn/option $\star$	Sonstige Bibliotheksfunktion mit Option	iscont/closed $\star$
fcn $\star$*name*	Sonstige Bibliotheksfunktion, die in *name* definiert ist	iFFT $\star$*FFT*
?topic	Hilfsstichwort	?index
?topic[subtopic]	Hilfsunterstichwort	?index[library]
command$^+$	Neuer Befehl in Maple V Version 3	Berlekamp$^+$
command$^\oslash$	Befehl nicht mehr in Maple V Version 3 vorhanden	linalg[range]$^\oslash$

C.1 Graphik

Zweidimensional

networks[draw]	plots[sparsematrixplot]	stats[statplot]$^\oslash$
plot	plots[textplot]	student[leftbox]
plots[animate]	stats[statplots, boxplot][+]	student[middlebox]
plots[conformal]	stats[statplots, changecolour][+]	student[rightbox]
plots[display]	stats[statplots, histogram][+]	student[showtangent]
plots[fieldplot]	stats[statplots, notchedbox][+]	type/PLOT
plots[gradplot]	stats[statplots, quantile][+]	?plot[function]
plots[implicitplot]	stats[statplots, quantile2][+]	?plot[infinity]
plots[loglogplot]	stats[statplots, scatter1d][+]	?plot[multiple]
plots[logplot]	stats[statplots, scatter2d][+]	?plot[parametric]
plots[odeplot]	stats[statplots, symmetry][+]	?plot[polar]
plots[polarplot]	stats[statplots, xscale][+]	?plot[range]
plots[polygonplot]	stats[statplots, xshift][+]	?plot[structure]
plots[replot]	stats[statplots, xyexchange][+]	

Optionen

Allgemein

axes = (NORMAL, BOXED, FRAME, NONE)

axesfont[+] = [*familie, stil, groesse*]

color *oder* colour = (black, aquamarine, blue, brown, coral, cyan, gold, gray, green, grey, khaki, magenta, maroon, navy, orange, pink, plum, red, sienna, tan, turquoise, violet, wheat, white, yellow, COLOR(RGB, r, g, b), COLOR(HUE, h))

font[+] = [*familie, stil, groesse*]

labelfont[+] = [*familie, stil, groesse*]

scaling = (UNCONSTRAINED, CONSTRAINED)

style = (LINE, PATCH, POINT)

symbol[+] = (BOX CIRCLE, CROSS, DEFAULT, DIAMOND, POINT)

titlefont[+] = [*familie, stil, groesse*]

$a..b$	linestyle[+] = n	thickness[+] = n	xtickmarks = n
coords = polar	numpoints = n	tickmarks = $[n_x, n_y]$	ytickmarks = n
discont[+] = true	plots[setoptions]	title = str	?plot[options]
labels = $[str_x, str_y]$	resolution = n	view[+] = $[x_1..x_2, y_1..y_2]$	?plot[style]

Siehe Seite 23 für Details zu zweidimensionalen Plotoptionen.

Speziell

networks[draw]	Concentric($list_1, \ldots$), Linear($list_1, \ldots$)
plots[animate]	frames = n
plots[conformal]	grid = $[n_x, n_y]$, numxy = $[n_x, n_y]$
plots[display]	insequence = true
plots[fieldplot]	grid = $[n_x, n_y]$, arrows = (THIN, LINE, SLIM, THICK)
plots[gradplot]	grid = $[n_x, n_y]$, arrows = (THIN, LINE, SLIM, THICK)
plots[implicitplot]	grid = $[n_x, n_y]$
plots[textplot]	align = (ABOVE, BELOW, LEFT, RIGHT)

Dreidimensional

plot3d	plots[implicitplot3d]	plots[sphereplot]
plots[animate3d]	plots[matrixplot]	plots[surfdata]
plots[contourplot]	plots[odeplot]	plots[textplot3d]
plots[cylinderplot]	plots[pointplot]	plots[tubeplot]
plots[densityplot]	plots[polygonplot3d]	stats[statplots, changecolour][+]
plots[display3d]	plots[polyhedraplot]	type/PLOT3D
plots[fieldplot3d]	plots[replot]	?plot3d[structure]
plots[gradplot3d]	plots[spacecurve]	

Optionen

Allgemein

axes = (NONE, BOXED, FRAME, NORMAL)
axesfont[+] = [*familie, stil, groesse*]
color *oder* colour = (black, aquamarine, blue, brown, coral, cyan, gold, gray, green, grey, khaki, magenta, maroon, navy, orange, pink, plum, red, sienna, tan, turquoise, violet, wheat, white, yellow, COLOR(RGB, r, g, b), COLOR(HUE, h), f)
coords = (cartesian, cylindrical, spherical)
font[+] = [*familie, stil, groesse*]
labelfont[+] = [*familie, stil, groesse*]
projection = (ORTHOGONAL, FISHEYE, NORMAL, p)
scaling = (UNCONSTRAINED, CONSTRAINED)
shading = (XYZ, XY, Z, ZHUE, ZGRAYSCALE, NONE)
style = (HIDDEN, CONTOUR, LINE, PATCH, PATCHCONTOUR, PATCHNOGRID, POINT, WIREFRAME)
symbol[+] = (BOX CIRCLE, CROSS, DEFAULT, DIAMOND, POINT)
titlefont[+] = [*familie, stil, groesse*]
view = $z_1..z_2$ *or* $[x_1..x_2, y_1..y_2, z_1..z_2]$

ambientlight = $[r, g, b]$	linestyle[+] = n	tickmarks = $[n_x, n_y, n_z]$
contours[+] = c	numpoints = n	title = str
grid = $[n_x, n_y]$	orientation = $[\theta, \phi]$	?plot3d[colorfunc]
labels = $[str_x, str_y, str_z]$	plots[setoptions3d]	?plot3d[options]
light = $[\phi, \theta, r, g, b]$	thickness[+] = n	

Siehe Seite 29 für detaillierte Informationen zu dreidimensionalen Plotoptionen.

Speziell

plots[animate3d]	frames = n
plots[display3d]	insequence = true
plots[fieldplot3d]	grid = $[n_x, n_y, n_z]$, arrows = (THIN, LINE, SLIM, THICK)
plots[gradplot3d]	grid = $[n_x, n_y, n_z]$, arrows = (THIN, LINE, SLIM, THICK)
plots[implicitplot3d]	grid = $[n_x, n_y, n_z]$
plots[matrixplot]	heights = histogram, gap = r
plots[polyhedraplot]	polyscale = r, polytype = (tetrahedron, dodecahedron, hexahedron, icosahedron, octahedron)
plots[textplot3d]	align = (ABOVE, BELOW, LEFT, RIGHT)
plots[tubeplot]	radius = f, tubepoints = n

Differentialgleichungen

DEtools[dfieldplot]	DEtools[DEplot1]	DEtools[PDEplot]	plots[odeplot]
DEtools[DEplot]	DEtools[DEplot2]	DEtools[phaseportrait]	

Optionen

arrows = (THIN, LINE, SLIM, THICK)
method = (rk4, backeuler, 'euler', impeuler, f)
label = $[ket_1, ket_2]$ *oder* $[ket_1, ket_2, ket_3]$
scene = $[var_1, var_2]$ *oder* $[var_1, var_2, var_3]$
tickmarks = $[n_1, n_2]$ *oder* $[n_1, n_2, n_3]$

arraysize = n	iterations = n	mparam = [*args*]	title = ket
grid = $[n, m]$	limitrange = (false, true)	stepsize = h	?DEtools[options]

Graphikgeräte

interface/plotdevice	interface/terminal	plotsetup/preplot[+]
interface/plotoptions[+]	plotsetup	plotsetup/postplot[+]
interface/plotoutput	plotsetup/plotdevice[+]	?plot[device]
interface/postplot	plotsetup/plotoptions[+]	?plot[setup]$^\oslash$
interface/preplot	plotsetup/plotoutput[+]	

Bildschirme

char   kd404g   kd500g   mac   regis   tek   vt100   wy99gt   x11

Drucker und Spezialformate

bmp   deskjet   epson9hi   hplj   ibm_mon   laserjet   paintjet   postscript   tiff
canon   epson24   gif+   i300   ibm_pro   ln03   pcx   postscriptc   toshiba
cps   epson9   hpgl   ibm   ibmquiet   oki92   pic   ps   unix

C.2   Mathematik

Algebra

Algebraische Manipulation

asubs ★   combine/trig   normal   simplify/hypergeom
asubs/always ★   convert   normal/expanded   simplify/ln
collect   expand   Normal   simplify/polar
collect/distributed   Expand   Normalizer   simplify/power
collect/recursive   expandoff   op   simplify/radical
combine   expandon   optimize ★ .   simplify/RootOf
combine/abs+   factor   radnormal ★   simplify/sqrt
combine/exp   Factor   radsimp   simplify/trig
combine/ln   freeze ★   rationalize+ ★   ?simplify[siderels]
combine/power   frontend   simplify   sort
combine/Psi   indets   simplify/assume+   subs
combine/radical+   invfunc ★   simplify/atsign   subsop
combine/radical/symbolic+   isolate ★   simplify/Ei   thaw ★*freeze*
combine/signum+   match   simplify/GAMMA

Zahlkörper und Funktionenkörper

AFactor   evala/independent   numtheory[factorEQ]+   Sqrfree
AFactors   Expand   numtheory[sq2factor]   Subres
alias   factor   Prem   Trace
Content   Factor   Primfield   type/algext
convert/radical   Factors   Primpart   type/algfun
convert/RootOf   Gcd   Quo   type/algnum
Divide   Gcdex   Rem   type/algnumext
evala   Indep   Resultant   type/radext
evala/Factor/lenstra   irreduc   RootOf   type/radfun
evala/Factor/linear   Irreduc   roots   type/radfunext
evala/Factor/trager   maxorder ★   simplify/RootOf   type/radnum
evala/Factors/lenstra   minpoly ★*lattice* Sprem   type/radnumext
evala/Factors/linear   Norm   sqrfree   type/RootOf
evala/Factors/trager   Normal

Endliche Körper

evalgf ★   '^' ★*GF*   extension ★*GF*   order ★*GF*   modpol ★
GF ★   0 ★*GF*   input ★*GF*   output ★*GF*   Primitive
'+' ★*GF*   1 ★*GF*   inverse ★*GF*   PrimitiveElement ★*GF*   Randpoly
'-' ★*GF*   ConvertIn ★*GF*   isPrimitiveElement ★*GF*   random ★*GF*   Randprime
'*' ★*GF*   ConvertOut ★*GF*   norm ★*GF*   trace ★*GF*   RootOf
'/' ★*GF*

Siehe auch   C.2 Algebra: Polynome: Modulare Arithmetik (S. 99)
               C.2 Zahlentheorie: Modulare Arithmetik (S. 109)

Gröbnerbasen

grobner[finduni] grobner[leadmon/plex] grobner[solvable/plex]
grobner[finite] grobner[leadmon/tdeg] grobner[solvable/tdeg]
grobner[gbasis] grobner[normalf] grobner[spoly]
grobner[gbasis/plex] grobner[normalf/plex] grobner[spoly/plex]
grobner[gbasis/tdeg] grobner[normalf/tdeg] grobner[spoly/tdeg]
grobner[gsolve] grobner[solvable] ?simplify[siderels]
grobner[leadmon]

Gruppentheorie

galois group[cosrep] group[isabelian] group[permgroup]
group[areconjugate] group[derived] group[isnormal] group[permrep]
group[center] group[DerivedS] group[issubgroup] group[pres]
group[centralizer] group[grelgroup] group[LCS] group[RandElement]
group[convert/disjcyc] group[groupmember] group[mulperms] group[subgrel]
group[convert/permlist] group[grouporder] group[NormalClosure] group[Sylow]
group[core] group[inter] group[normalizer] group[type/disjcyc]
group[cosets] group[invperm] group[orbit]

Nichtkommutative Multiplikation

&* convert/c *commutat* c *commutat* expand/&* *commutat*
commutat * convert/&* *commutat* expand/c *commutat* simplify/c *commutat*

Polynome

bernoulli icontent numapprox[hornerform] resultant
bernstein * indets numapprox[minimax] Resultant
bspline * interp numapprox[remez] sign
combinat[fibonacci] Interp numtheory[cyclotomic] spline *
content lcm polynom sprem
Content linalg[bezout] powseries[powpoly] Sprem
convert/polynom linalg[charpoly] prem Subres
degree linalg[companion] Prem subs
discrim linalg[hermite] primpart translate *
divide linalg[minpoly] Primpart type/expanded
Divide linalg[smith] quo type/monomial
euler linalg[sylvester] Quo type/polynom
fixdiv * maxnorm recipoly * type/square
galois minpoly *lattice* rem ?polynomials
genpoly norm Rem ?polyrefs

Faktorzerlegung und Finden von Nullstellen

AFactor factors Gcdex RootOf
AFactors Factors irreduc roots
allvalues fsolve Irreduc Roots
allvalues/d fsolve/complex numtheory[cfracpol] solve
Berlekamp[+] fsolve/fulldigits padic[rootp] split *
convert/radical fsolve/maxsols ProbSplit[+] sqrfree
convert/RootOf GaussInt[GIfacpoly][+] proot * Sqrfree
convert/sqrfree GaussInt[GIroots] psqrt * student[completesquare]
DistDeg gcd realroot * sturmseq *sturm*
factor Gcd rootbound * sturm *
Factor gcdex
Siehe auch C.2 Auflösen von Gleichungen und Rekursionen (S. 110)

Manipulation von Polynomen

collect convert/horner convert/series sort coeff ldegree
collect/distributed convert/mathorner convert/sqrfree sort/plex coeffs op
collect/recursive convert/polynom degree sort/tdeg lcoeff tcoeff
compoly convert/ratpoly expand

Modulare Arithmetik

Add	Det	Gcd	modpol $\star$	Primitive	Roots
Berlekamp[+]	Diff	Gcdex	Monomial	Primpart	Shift
chrem	dinterp $\star$	GetAlgExt	msolve	ProbSplit[+]	sinterp $\star$
Chrem	Discrim	Hermite	Multiply	Quo	Smith
Coeff	DistDeg	Interp	numtheory[mipolys]	Randpoly	Sprem
Constant	Divide	Irreduc	One	Randprime	Sqrfree
Content	Embed	Lcm	Power	ratrecon $\star$	Subtract
convert/mod2	Eval	Lcoeff	Powmod	Ratrecon	Tcoeff
ConvertIn	evalgf $\star$	Ldegree	powmod $\star$	Rem	UNormal
ConvertOut	Expand	mod	Prem	Resultant	Zero
Degree	Factors	modp1			

Siehe auch C.2 Algebra: Endliche Körper (S. 97)

C.2 Zahlentheorie: Modulare Arithmetik (S. 109)

Orthogonale Polynome

chebyshev	orthopoly[H]	orthopoly[P]	orthopoly[U]
orthopoly[G]	orthopoly[L]	orthopoly[T]	

Zufallspolynome

randpoly	randpoly/degree	randpoly/expons	Randpoly
randpoly/coeffs	randpoly/dense	randpoly/terms	Randprime

Rationale Funktionen

asympt	Normalizer	numtheory[cfrac/quotients]	sort
convert/confrac	numapprox[chebpade]	numtheory[cfrac/regular]	subs
convert/parfrac	numapprox[confracform]	numtheory[cfrac/simple]	thiele $\star$
convert/ratpoly	numapprox[hornerform]	numtheory[nthconver]	type/fraction
denom	numapprox[minimax]	rationalize[+] $\star$	type/rational
frontend	numapprox[pade]	ratrecon	type/ratpoly
normal	numapprox[remez]	Ratrecon	type/square
normal/expanded	numer	singular $\star$	?ratpolys
Normal	numtheory[cfrac]		

Student-Algebra

student[changevar]	student[equate]	student[makeproc/slope]	student[powsubs]
student[combine]	student[intercept]	student[midpoint]	student[slope]
student[completesquare]	student[isolate]		

Approximationen

Reelle Zahlen

ceil	FFT $\star$	numtheory[minkowski]
convergs $\star$	Float	numtheory[nearestp]
convert/binary	floor	realroot $\star$
convert/confrac	fnormal	round
convert/double/ibm	frac	shake $\star$
convert/double/maple	fsolve	surd[+] $\star$
convert/double/mips	fsolve/complex	testfloat $\star$
convert/double/vax	fsolve/fulldigits	testfloat/digits $\star$
convert/float	fsolve/maxsols	testfloat/model $\star$
convert/fraction	harmonic	testfloat/test $\star$
convert/fraction/exact	iFFT $\star$*FFT*	trunc
convert/octal	minpoly $\star$*lattice*	type/float
convert/rational	numtheory[cfracpol]	type/negative
convert/rational/exact	numtheory[cfrac]	type/nonneg
Digits	numtheory[cfrac/centered]	type/positive
evalf	numtheory[cfrac/quotients]	type/realcons
evalhf	numtheory[kronecker]	?solve[floats]

Funktionen

asympt	numapprox[hornerform]	numtheory[cfrac/subdiagonal]
bernstein ⋆	numapprox[infnorm]	numtheory[cfrac/superdiagonal]
chebyshev	numapprox[laurent]	numtheory[nthconver]
coeftayl ⋆	numapprox[minimax]	O
convert/confrac	numapprox[pade]	order
convert/polynom	numapprox[remez]	Order
convert/ratpoly	numapprox[taylor]	poisson ⋆
convert/series	numtheory[cfrac]	residue ⋆
dsolve/numeric	numtheory[cfrac/quotients]	series
eulermac ⋆	numtheory[cfrac/regular]	taylor
mtaylor ⋆	numtheory[cfrac/semisimple]	type/laurent
numapprox[chebpade]	numtheory[cfrac/simple]	type/series
numapprox[chebyshev]	numtheory[cfrac/simregular]	type/taylor
numapprox[confracform]		

Interpolation und Anpassen von Kurven

bspline ⋆	spline ⋆	spline/quartic ⋆	stats[multregress]$^\oslash$
dinterp ⋆	spline/cubic ⋆	'spline/makeproc' ⋆*spline*	stats[multregress/const]$^\oslash$
interp	spline/linear ⋆	stats[fit, leastsquare]$^+$	stats[regression]$^\oslash$
Interp	spline/quadratic ⋆	stats[linregress]$^\oslash$	thiele ⋆
sinterp ⋆			

Siehe auch   C.2   Analysis: Integration: Numerische Integration (S. 101)

              C.2   Analysis: Potenzreihen (S. 102)

              C.2   Zahlentheorie: Kettenbrüche (S. 109)

Grundlegende mathematische Funktionen

Grundlegende Arithmetik

+	/	&*	convert/'+'	igcd	irem	product	sqrt/symbolic$^+$
-	^	!	convert/'*'	ilcm	max	signum	sum
*	**	abs	factorial	iquo	min	sqrt	?arithmetic

Exponenten und Logarithmen

^   **   E   exp   gamma   ln   log   log10 ⋆   log[b]

Trigonometrische und Hyperbolische Funktionen

arccos	arccoth	arcsec	arcsinh	convert/degrees	cosh	csc	sec	sinh
arccosh	arccsc	arcsech	arctan	convert/radians	cot	csch	sech	tan
arccot	arccsch	arcsin	arctanh	cos	coth	Pi	sin	tanh

Andere mathematische Funktionen

Ai	binomial	erfc	Heaviside	LegendrePi	Shi ⋆
bernoulli	Chi ⋆	euler	hypergeom ⋆	LegendrePic	Si
BesselI	Ci	FresnelC	LegendreE	LegendrePic1	Ssi ⋆
BesselJ	dawson ⋆	Fresnelf ⋆	LegendreEc	Li ⋆	W
BesselK	dilog	Fresnelg ⋆	LegendreEc1	lnGAMMA ⋆	Zeta
BesselY	Dirac	FresnelS	LegendreF	MeijerG	?funcrefs
Beta	Ei	GAMMA	LegendreKc	Psi	?inifcns
Bi	erf	harmonic	LegendreKc1		

Manipulation

combine/abs[+]
combine/exp
combine/ln
combine/Psi
combine/radical[+]
combine/radical/symbolic[+]
combine/signum[+]
combine/trig
convert/binomial[+]

convert/degrees
convert/Ei
convert/erf
convert/erfc
convert/exp
convert/expln
convert/expsincos
convert/factorial
convert/GAMMA

convert/hypergeom
convert/ln
convert/radians
convert/sincos
convert/tan
convert/trig
radnormal ⋆
simplify/Ei
simplify/GAMMA

simplify/hypergeom
simplify/ln
simplify/radical
simplify/sqrt
simplify/trig
trigsubs ⋆
type/mathfunc
type/trig

Analysis

Stetigkeit und Grenzwerte

asympt
discont ⋆

iscont ⋆
iscont/closed ⋆

limit
limit/complex

limit/left
limit/real

limit/right
Limit

student[Limit]

Differentiation und Extremwertprobleme

convert/D
convert/diff
D
diff
Diff

extrema ⋆
maximize ⋆*minimize*
maximize/infinite[+] ⋆*minimize*
minimize ⋆
minimize/infinite[+] ⋆

numapprox[infnorm]
powseries[powdiff]
student[D]
student[extrema]
student[maximize]

student[minimize]
student[showtangent]
student[value]
?operators[D]

Siehe auch C.2 Lineare Programmierung (S. 108)
C.2 Mathematische Physik (S. 108)

Differentialgleichungen

Ai
BesselI
BesselJ
BesselK
BesselY
Bi
DESol[+]
DEtools[Dchangevar]
DEtools[DEplot]
DEtools[DEplot1]

DEtools[DEplot2]
DEtools[dfieldplot]
DEtools[PDEplot]
DEtools[phaseportrait]
dsolve
dsolve/explicit
dsolve/laplace
dsolve/method[+]
dsolve/numeric
dsolve/series

dsolve/type[+]
fourier ⋆
invfourier ⋆*fourier*
invlaplace ⋆*laplace*
laplace
mellin
mellintable ⋆*mellin*
plots[odeplot]
powseries[powsolve]
?dsolve[dverk78][+]

Siehe auch C.2 Mathematische Physik: Lie-Symmetrie (S. 108)

Integration

assume
Chi ⋆
Ci
convert/Ei
convert/erf
convert/erfc
dawson ⋆
dilog
Ei
ellipsoid ⋆
erf

erfc
FresnelC
Fresnelf ⋆
Fresnelg ⋆
FresnelS
int
int/CauchyPrincipalValue
int/continuous
Int
integrate
LegendreE

LegendreEc
LegendreEc1
LegendreF
LegendreKc
LegendreKc1
LegendrePi
LegendrePic
LegendrePic1
Li ⋆
powseries[powint]
Shi ⋆

Si
simplify/Ei
Ssi ⋆
student[changevar]
student[Doubleint]
student[Int]
student[integrand]
student[intparts]
student[Lineint][+]
student[Tripleint]
?intrefs

Numerische Integration

evalf
evalf/Int
'evalf/int' ⋆
'evalf/int'/_CCquad ⋆

'evalf/int'/_Dexp ⋆
'evalf/int'/_NCrule ⋆
student[leftbox]
student[leftsum]

student[middlebox]
student[middlesum]
student[rightbox]
student[rightsum]

student[simpson]
student[trapezoid]
?int[numerical]

Potenzreihen

coeftayl ⋆	powseries[evalpow]	powseries[reversion]
convert/confrac	powseries[inverse]	powseries[subtract]
convert/polynom	powseries[multconst]	powseries[tpsform]
convert/ratpoly	powseries[multiply]	residue ⋆
convert/series	powseries[negative]	series
mtaylor ⋆	powseries[powcreate]	series/leadterm
numapprox[laurent]	powseries[powdiff]	taylor
O	powseries[powexp]	type/laurent
order	powseries[powint]	type/series
Order	powseries[powlog]	type/taylor
poisson ⋆	powseries[powpoly]	?powseries[powseries]
powseries[add]	powseries[powsolve]	?solve[series]
powseries[compose]	powseries[quotient]	

Siehe auch C.2 Approximationen: Funktionen (S. 100)

C.2 Diskrete Mathematik: Erzeugende Funktionen und Rekursionsrelationen (S. 103)

Vektoranalysis

linalg[curl]	linalg[grad/coords][+]	linalg[laplacian/coords][+]
linalg[curl/coords][+]	linalg[hessian]	linalg[potential]
linalg[diverge]	linalg[jacobian]	linalg[vecpotent]
linalg[diverge/coords][+]	linalg[laplacian]	linalg[Wronskian]
linalg[grad]		

Komplexe Zahlen

abs	convert/radical	Im	signum	sortcx/lexReIm ⋆
argument	convert/RootOf	polar ⋆	simplify/polar	sortcx/polar ⋆
cmagdiff ⋆	csgn	Re	sortcx ⋆	testfloat/model ⋆
combine/conjugate	evalc	residue ⋆	sortcx/abs ⋆	type/complex
conjugate	I	RootOf	sortcx/lexImRe ⋆	?evalc[functions]
convert/polar				

Gaußsche Zahlen

GaussInt[GIbasis]	GaussInt[GIlcm]	GaussInt[GIquo]
GaussInt[GIchrem][+]	GaussInt[GImcmbine]	GaussInt[GIrem]
GaussInt[GIdivisor]	GaussInt[GInearest]	GaussInt[GIroots]
GaussInt[GIfacpoly][+]	GaussInt[GInodiv][+]	GaussInt[GIsieve]
GaussInt[GIfacset]	GaussInt[GInorm]	GaussInt[GIsmith][+]
GaussInt[GIfactor]	GaussInt[GInormal][+]	GaussInt[GIsqrfree][+]
GaussInt[GIfactors]	GaussInt[GIorder]	GaussInt[GIsqrt]
GaussInt[GIgcd]	GaussInt[GIphi]	GaussInt[GIunitnormal][+]
GaussInt[GIgcdex]	GaussInt[GIprime]	numtheory[GIgcd]
GaussInt[GIhermite][+]	GaussInt[GIquadres]	type/complex(integer)
GaussInt[GIissqr]		

Konstanten

Catalan	E	false	I	Pi	type/constant	type/realcons
constants	FAIL	gamma	infinity	true	type/infinity[+]	?evalhf[constants]

Diskrete Mathematik

Boolsche Logik

convert/mod2	logic[&or]	logic[canon/MOD2]	logic[environ]
logic[&and]	logic[&xor]	logic[convert/frominert]	logic[randbool]
logic[&iff]	logic[bequal]	logic[convert/MOD2]	logic[randbool/CNF]
logic[&implies]	logic[bsimp]	logic[convert/MOD2/expanded]	logic[randbool/DNF]
logic[&nand]	logic[canon]	logic[convert/toinert]	logic[randbool/MOD2]
logic[&nor]	logic[canon/CNF]	logic[distrib]	logic[satisfy]
logic[¬]	logic[canon/DNF]	logic[dual]	logic[tautology]

Kombinatorik

!	combinat[lastpart]	combinat[stirling2]
binomial	combinat[multinomial]	combinat[subsets]
combinat[bell]	combinat[nextpart]	combinat[vectoint]
combinat[binomial]	combinat[numbcomb]	convert/binomial+
combinat[cartprod]	combinat[numbcomp]	convert/factorial
combinat[character]	combinat[numbpart]	convert/GAMMA
combinat[Chi]	combinat[numbperm]	group[convert/disjcyc]
combinat[choose]	combinat[partition]	group[convert/permlist]
combinat[composition]	combinat[permute]	group[groupmember]
combinat[conjpart]	combinat[powerset]	group[inter]
combinat[decodepart]	combinat[prevpart]	group[invperm]
combinat[encodepart]	combinat[randcomb]	group[mulperms]
combinat[fibonacci]	combinat[randpart]	group[permgroup]
combinat[firstpart]	combinat[randperm]	group[type/disjcyc]
combinat[graycode]	combinat[stirling1]	MOLS ⋆
combinat[inttovec]		

Siehe auch C.2 Algebra: Gruppentheorie (S. 98)

Erzeugende Funktionen und Rekursionsrelationen

genfunc[rgf_charseq]	genfunc[rgf_sequence]	genfunc[rgf_term]
genfunc[rgf_encode]	genfunc[rgf_sequence/boundary]	genfunc[termscale]
genfunc[rgf_expand]	genfunc[rgf_sequence/coeffs]	genfunc[type/rgf_seq]
genfunc[rgf_findrecur]	genfunc[rgf_sequence/delta]	invztrans ⋆*ztrans*
genfunc[rgf_hybrid]	genfunc[rgf_sequence/first]	rsolve
genfunc[rgf_norm]	genfunc[rgf_sequence/firstcf]	rsolve/genfunc
genfunc[rgf_norm/factored]	genfunc[rgf_sequence/firstrecur]	rsolve/makeproc
genfunc[rgf_pfrac]	genfunc[rgf_sequence/order]	ztrans
genfunc[rgf_pfrac/no_RootOf]	genfunc[rgf_sequence/recur]	ztrans/Delta
genfunc[rgf_relate]	genfunc[rgf_simp]	ztrans/Step

Siehe auch C.2 Analysis: Potenzreihen (S. 102)

Graphentheorie

networks[acycpoly]	networks[delete]	networks[incident/Out]
networks[addedge]	networks[departures]	networks[indegree]
networks[addedge/Cycle]	networks[diameter]	networks[induce]
networks[addedge/names]	networks[dinic]	networks[isplanar]
networks[addedge/Path]	networks[djspantree]	networks[maxdegree]
networks[addedge/weights]	networks[dodecahedron]	networks[mincut]
networks[addvertex]	networks[draw]	networks[mindegree]
networks[addvertex/weights]	networks[draw/Concentric]	networks[neighbors]
networks[adjacency]	networks[draw/Linear]	networks[new]
networks[allpairs]	networks[duplicate]	networks[octahedron]
networks[ancestor]	networks[edges]	networks[outdegree]
networks[arrivals]	networks[edges/all]	networks[path]
networks[bicomponents]	networks[ends]	networks[petersen]
networks[charpoly]	networks[eweight]	networks[random]
networks[chrompoly]	networks[flow]	networks[random/prob]
networks[complement]	networks[flow/maxflow]	networks[rank]

networks[complete]
networks[components]
networks[connect]
networks[connect/directed]
networks[connect/names]
networks[connect/weights]
networks[connectivity]
networks[contract]
networks[countcuts]
networks[counttrees]
networks[cube]
networks[cycle]
networks[cyclebase]
networks[daughter]
networks[degreeseq]

networks[flowpoly]
networks[fundcyc]
networks[getlabel]
networks[girth]
networks[graph]
networks[graphical]
networks[graphical/MULTI]
networks[gsimp]
networks[gunion]
networks[gunion/SIMPLE]
networks[head]
networks[icosahedron]
networks[incidence]
networks[incident]
networks[incident/In]

networks[rankpoly]
networks[shortpathtree]
networks[show]
networks[shrink]
networks[span]
networks[spanpoly]
networks[spantree]
networks[tail]
networks[tetrahedron]
networks[tuttepoly]
networks[type/GRAPH]
networks[vdegree]
networks[vertices]
networks[void]
networks[vweight]

Summen und Produkte

asubs ⋆
asubs/always ⋆
bernoulli
Catalan
convert/'+'

convert/'*'
convert/hypergeom
eulermac ⋆
gamma
harmonic

hypergeom ⋆
product
Product
select

simplify/hypergeom
student[Sum]
student[value]
sum

Sum
ztrans
ztrans/Delta
ztrans/Step

Auswertung

' '
allvalues
allvalues/d
assume
convert/float
cost ⋆
Digits
Digitsp
eval
Eval

evala
evalb
evalc
?evalc[functions]
evalf
'evalf/int' ⋆
evalgf ⋆
evalhf
evalhf/Digits
evalhf/var

?evalhf[arrays]
?evalhf[boolean]
?evalhf[constants]
?evalhf[fcnlist]
?evalhf[fortran]
?evalhf[function]
evalm
evaln
padic[evalp]
evalr ⋆

freeze ⋆
frontend
optimize ⋆
powseries[evalpow]
student[value]
subs
subsop
thaw ⋆*freeze*
value
?uneval

Finanzen

amortization ⋆*finance*
blackscholes ⋆*finance*

finance ⋆
finance/amount ⋆

finance/interest ⋆
finance/payment ⋆

finance/periods ⋆

Funktionale Transformationen

Dirac
dsolve/laplace
FFT ⋆

fourier ⋆
Heaviside
iFFT ⋆*FFT*

invfourier ⋆*fourier*
invlaplace ⋆*laplace*
invztrans ⋆*ztrans*

laplace
mellin
mellintable ⋆*mellin*

ztrans
ztrans/Delta
ztrans/Step

Geometrie

Student-Geometrie

student[distance]
student[intercept]

student[makeproc/slope]
student[midpoint]

student[showtangent]
student[slope]

student[type/Point]

Zweidimensionale euklidsche Geometrie

geometry[altitude]
geometry[Appolonius]
geometry[area]
geometry[bisector]
geometry[center]
geometry[centroid]
geometry[circle]
geometry[circle/diameter]
geometry[circumcircle]
geometry[conic]
geometry[convexhull]
geometry[coordinates]
geometry[detailf]
geometry[diameter]
geometry[distance]
geometry[ellipse]
geometry[ellipse/x_axis]
geometry[ellipse/y_axis]
geometry[Eulercircle]
geometry[Eulerline]
geometry[excircle]
geometry[find_angle]
geometry[Gergonnepoint]
geometry[harmonic]
geometry[incircle]
geometry[inter]
geometry[inversion]
geometry[line]
geometry[make_square]
geometry[make_square/adjacent]
geometry[make_square/center]
geometry[make_square/diagonal]
geometry[median]
geometry[midpoint]
geometry[Nagelpoint]
geometry[onsegment]
geometry[orthocenter]
geometry[parallel]
geometry[perpendicular]
geometry[perpen_bisector]
geometry[point]
geometry[polar_point]
geometry[pole_line]
geometry[powerpc]
geometry[projection]
geometry[radius]
geometry[rad_axis]
geometry[rad_center]
geometry[randpoint]
geometry[reflect]
geometry[rotate]
geometry[rotate/clockwise]
geometry[rotate/counterclockwise]
geometry[sides]
geometry[similitude]
geometry[Simsonline]
geometry[slope]+
geometry[square]
geometry[symmetric]
geometry[tangentpc]
geometry[tangent]
geometry[triangle]

Zweidimensionale Tests

geometry[are_collinear]
geometry[are_concurrent]
geometry[are_harmonic]
geometry[are_orthogonal]
geometry[are_parallel]
geometry[are_perpendicular]
geometry[are_similar]
geometry[are_tangent]
geometry[concyclic]
geometry[is_equilateral]
geometry[is_right]
geometry[on_circle]
geometry[on_line]
geometry[type/circle2d]
geometry[type/line2d]
geometry[type/point2d]

Dreidimensionale euklidische Geometrie

ellipsoid *
geom3d[angle]
geom3d[area]
geom3d[center]
geom3d[centroid]
geom3d[coordinates]
geom3d[coplanar]
geom3d[distance]
geom3d[inter]
geom3d[line3d]
geom3d[midpoint]
geom3d[onsegment]
geom3d[parallel]
geom3d[perpendicular]
geom3d[perpendicular/line]
geom3d[perpendicular/line3d]
geom3d[plane]
geom3d[point3d]
geom3d[powerps]
geom3d[projection]
geom3d[radius]
geom3d[rad_plane]
geom3d[reflect]
geom3d[sphere]
geom3d[sphere/diameter]
geom3d[symmetric]
geom3d[tangent]
geom3d[tetrahedron]
geom3d[triangle3d]
geom3d[volume]

Dreidimensionale Tests

geom3d[are_collinear]
geom3d[are_concurrent]
geom3d[are_parallel]
geom3d[are_perpendicular]
geom3d[are_tangent]
geom3d[on_plane]
geom3d[on_sphere]
geom3d[type/line3d]
geom3d[type/plane]
geom3d[type/point3d]
geom3d[type/sphere]
geom3d[type/tetrahedron]
geom3d[type/triangle3d]

Projektive Geometrie

projgeom[conic]	projgeom[join]	projgeom[line]	projgeom[polarp]
projgeom[ctangent]	projgeom[lccutc]	projgeom[midpoint]	projgeom[poleline]
projgeom[fpconic]	projgeom[lccutr]	projgeom[onsegment]	projgeom[ptangent]
projgeom[harmonic]	projgeom[lccutr2p]	projgeom[point]	projgeom[rtangent]
projgeom[inter]	projgeom[linemeet]		

Tests aus der Projektiven Geometrie

projgeom[collinear]	projgeom[conjugate]	projgeom[tharmonic]
projgeom[concur]	projgeom[tangentte]	

Starre Funktionen

AFactor	Eigenvals	Indep	Prem	Resultant	student[Lineint][+]
AFactors	Eval	Int	Primfield	RootOf	student[Sum]
Ai	Expand	Interp	Primitive	Roots	student[Tripleint]
Berlekamp[+]	Factor	Irreduc	Primpart	Signum	student[value]
Bi	Factors	Lcm	ProbSplit[+]	Smith	Subres
Content	Gausselim	Limit	Product	Sprem	Sum
DESol[+]	Gaussjord	Norm	Quo	Sqrfree	Svd
Det	Gcd	Normal	Randpoly	student[Doubleint]	Trace
Diff	Gcdex	Nullspace	Randprime	student[Int]	value
DistDeg	GetAlgExt	Power	Ratrecon	student[Limit]	?inert
Divide	Hermite	Powmod	Rem		

Ganze Zahlen

binomial	ifactor/easy	isqrt	numtheory[nthpow]
ceil	ifactor/lenstra	issqr ⋆	numtheory[phi]
chrem	ifactor/pollard	linalg[ihermite]	numtheory[sigma]
combinat[bell]	ifactor/squfof	linalg[ismith]	numtheory[tau]
combinat[fibonacci]	ifactors ⋆	mod	numtheory[thue]
combinat[multinomial]	igcd	'mod'	rand
combinat[stirling1]	igcdex	modp	round
combinat[stirling2]	ilcm	mods	trunc
convert/base	ilog10	numtheory[bigomega][+]	type/even
convert/binary	ilog ⋆	numtheory[divisors]	type/facint
convert/decimal	iperfpow ⋆	numtheory[ifactor]	type/integer
convert/hex	iquo	numtheory[ifactors]	type/negint
convert/octal	irem	numtheory[invphi]	type/nonnegint
euler	iroot ⋆	numtheory[isolve]	type/odd
factorial	isolve	numtheory[issqrfree]	type/posint
floor	isprime	numtheory[mcombine]	type/square
ifactor	isqrfree ⋆	numtheory[mobius]	

Primzahlen

isprime	numtheory[fermat]	numtheory[mersenne]	numtheory[safeprime]
ithprime	numtheory[isprime]	numtheory[nextprime]	prevprime
nextprime	numtheory[ithprime]	numtheory[prevprime]	type/primeint
numtheory[factorset]			

Lineare Algebra

Matrizen

Erzeugen von Matrizen

array	linalg[companion]	linalg[randmatrix/antisymmetric]
array/antisymmetric	linalg[concat]	linalg[randmatrix/dense]
array/diagonal	linalg[copyinto]	linalg[randmatrix/entries]
array/identity	linalg[diag]	linalg[randmatrix/sparse]
array/sparse	linalg[entermatrix]	linalg[randmatrix/symmetric]
array/symmetric	linalg[fibonacci]	linalg[randmatrix/unimodular]
convert/array	linalg[genmatrix]	linalg[stack]
convert/matrix	linalg[hessian]	linalg[sylvester]
linalg[augment]	linalg[hilbert]	linalg[toeplitz]
linalg[band]	linalg[jacobian]	linalg[vandermonde]
linalg[bezout]	linalg[JordanBlock]	linalg[Wronskian]
linalg[BlockDiagonal]	linalg[matrix]	MOLS ⋆
linalg[blockmatrix]	linalg[randmatrix]	?indexfcn

Normalformen, Gaußelimination und das Lösen von Systemen

Gausselim	linalg[ffgausselim]	linalg[ihermite]	linalg[pivot]
GaussInt[GIhermite]+	linalg[frobenius]	linalg[ismith]	linalg[ratform]
GaussInt[GIsmith]+	linalg[gausselim]	linalg[jordan]	linalg[rref]
Gaussjord	linalg[gaussjord]	linalg[leastsqrs]	linalg[smith]
Hermite	linalg[hermite]	linalg[linsolve]	Smith
linalg[backsub]			

Matrixoperationen

comparray ⋆	linalg[delrows]	linalg[nullspace]
comparray/dontprint ⋆	linalg[det]	linalg[orthog]
convert/eqnlist	linalg[det/sparse]	linalg[permanent]
convert/listlist	linalg[eigenvals]	linalg[range]⊘
convert/mathorner	linalg[eigenvals/implicit]	linalg[rank]
Det	linalg[eigenvals/radical]	linalg[row]
Eigenvals	linalg[eigenvects]	linalg[rowdim]
evalm	linalg[eigenvects/implicit]	linalg[rowspace]
linalg[add]	linalg[eigenvects/radical]	linalg[rowspan]
linalg[addcol]	linalg[equal]	linalg[scalarmul]
linalg[addrow]	linalg[exponential]	linalg[singularvals]
linalg[adj]	linalg[extend]	linalg[submatrix]
linalg[adjoint]	linalg[hadamard]	linalg[subvector]
linalg[charmat]	linalg[htranspose]	linalg[swapcol]
linalg[charpoly]	linalg[indexfunc]	linalg[swaprow]
linalg[col]	linalg[innerprod]	linalg[trace]
linalg[coldim]	linalg[inverse]	linalg[transpose]
linalg[colspace]	linalg[iszero]	Nullspace
linalg[colspan]	linalg[kernel]	plots[matrixplot]
linalg[cond]	linalg[minor]	plots[sparsematrixplot]
linalg[cond/1]	linalg[minpoly]	Svd
linalg[cond/2]	linalg[mulcol]	Svd/left
linalg[cond/frobenius]	linalg[mulrow]	Svd/right
linalg[cond/infinity]	linalg[multiply]	type/array
linalg[definite/negative_def]	linalg[norm]	type/matrix
linalg[definite/negative_semidef]	linalg[norm/1]	type/matrix/square
linalg[definite/positive_def]	linalg[norm/2]	type/scalar
linalg[definite/positive_semidef]	linalg[norm/frobenius]	?linalg[references]
linalg[delcols]	linalg[norm/infinity]	

Vektoren

comparray ⋆	linalg[diverge]	linalg[potential]
comparray/dontprint ⋆	linalg[dotprod]	linalg[randvector]
convert/list	linalg[dotprod/orthogonal]	linalg[randvector/entries]
convert/vector	linalg[grad]	linalg[scalarmul]

lattice ⋆	linalg[GramSchmidt]	linalg[sumbasis]
lattice/integer ⋆	linalg[innerprod]	linalg[vecpotent]
linalg[add]	linalg[intbasis]	linalg[vectdim]
linalg[angle]	linalg[laplacian]	linalg[vector]
linalg[basis]	linalg[norm/frobenius]	type/scalar
linalg[crossprod]	linalg[norm/infinity]	type/vector
linalg[curl]	linalg[normalize]	

Siehe auch C.2 Mathematische Physik (S. 108)

C.2 Statistik (S. 110)

Lineare Programmierung

simplex[basis]	simplex[maximize/NONNEGATIVE]
simplex[convert/equality]	simplex[maximize/UNRESTRICTED]
simplex[convert/std]	simplex[minimize]
simplex[convert/stdle]	simplex[minimize/NONNEGATIVE]
simplex[convexhull]	simplex[minimize/UNRESTRICTED]
simplex[cterm]	simplex[pivot]
simplex[define_zero]+	simplex[pivoteqn]
simplex[display]+	simplex[pivotvar]
simplex[dual]	simplex[ratio]
simplex[feasible]	simplex[setup]
simplex[feasible/NONNEGATIVE]	simplex[setup/NONNEGATIVE]
simplex[feasible/UNRESTRICTED]	simplex[standardize]
simplex[maximize]	simplex[type/NONNEGATIVE]

Mathematische Physik

cartan ⋆	com12 ⋆*oframe*	id ⋆*oframe*	display ⋆*tensor*
printcartan ⋆*cartan*	com23 ⋆*oframe*	transfo ⋆*oframe*	Einstein ⋆*tensor*
riemann ⋆*cartan*	com31 ⋆*oframe*	petrov ⋆	invmetric ⋆*tensor*
simp1 ⋆*cartan*	const ⋆*oframe*	nonzero ⋆*petrov*	Ricci ⋆*tensor*
simp2 ⋆*cartan*	deriv ⋆*oframe*	tensor ⋆	Ricciscaler ⋆*tensor*
clear ⋆*oframe*	e0 ⋆*oframe*	Christoffel1 ⋆*tensor*	Riemann ⋆*tensor*
com01 ⋆*oframe*	e1 ⋆*oframe*	Christoffel2 ⋆*tensor*	Weyl ⋆*tensor*
com02 ⋆*oframe*	e2 ⋆*oframe*	d1metric ⋆*tensor*	?relativity
com03 ⋆*oframe*	e3 ⋆*oframe*	d2metric ⋆*tensor*	

Differentialformen

difforms[&^]	difforms[defform/odd]	difforms[simpform]
difforms[d]	difforms[defform/scalar]	difforms[type/const]
difforms[defform]	difforms[formpart]	difforms[type/form]
difforms[defform/const]	difforms[mixpar]	difforms[type/scalar]
difforms[defform/even]	difforms[parity]	difforms[wdegree]
difforms[defform/form]	difforms[scalarpart]	

Lie-Symmetrie

classi ⋆*bianchi*	liesymm[determine]	liesymm[hook]	liesymm[setup]
liesymm[&^]	liesymm[dvalue]	liesymm[indepvars]	liesymm[TD]
liesymm[&mod]	liesymm[Eta]	liesymm[Lie]	liesymm[translate]
liesymm[annul]	liesymm[extgen]	liesymm[Lrank]	liesymm[vfix]
liesymm[autosimp]	liesymm[extvars]	liesymm[makeforms]	liesymm[wcollect]
liesymm[close]	liesymm[getcoeff]	liesymm[mixpar]	liesymm[wdegree]
liesymm[d]	liesymm[getform]	liesymm[prolong]	liesymm[wedgeset]
liesymm[depvars]	liesymm[hasclosure]	liesymm[reduce]	liesymm[wsubs]

Newman-Penrose

curvature *debever	NPspinor[contract]	NPspinor[suball]	NPspinor[Y_D]	np[V_D]
npspin *debever	NPspinor[D]	NPspinor[symm]	NPspinor[Y_V]	np[X]
printcurve *debever	NPspinor[del]	NPspinor[V]	NPspinor[Y_X]	np[X_D]
printspin *debever	NPspinor[dyad]	NPspinor[V_D]	np[conj]	np[X_V]
simp *debever	NPspinor[eqns]	NPspinor[X]	np[D]	np[Y]
NPspinor[basis]	NPspinor[findsymm]	NPspinor[X_D]	np[eqns]	np[Y_D]
NPspinor[checkvars]	NPspinor[makeeqn]	NPspinor[X_V]	np[suball]	np[Y_V]
NPspinor[conj]	NPspinor[rewrite]	NPspinor[Y]	np[V]	np[Y_X]

Zahlentheorie

lattice *	numtheory[ifactor/easy]	numtheory[mersenne]
lattice/integer *	numtheory[ifactor/lenstra]	numtheory[minkowski]
Li *	numtheory[ifactor/pollard]	numtheory[mobius]
maxorder *	numtheory[ifactor/squfof]	numtheory[nearestp]
minpoly *lattice	numtheory[ifactors]	numtheory[nextprime]
numtheory[B]	numtheory[invphi]	numtheory[nthpow]
numtheory[bernoulli]	numtheory[isolve]	numtheory[phi]
numtheory[bigomega]+	numtheory[isprime]	numtheory[prevprime]
numtheory[cyclotomic]	numtheory[issqrfree]	numtheory[safeprime]
numtheory[divisors]	numtheory[ithprime]	numtheory[sigma]
numtheory[euler]	numtheory[J]	numtheory[sq2factor]
numtheory[F]	numtheory[jacobi]	numtheory[sum2sqr]+
numtheory[factorEQ]+	numtheory[kronecker]	numtheory[tau]
numtheory[factorset]	numtheory[L]	numtheory[thue]
numtheory[fermat]	numtheory[legendre]	surd+ *
numtheory[GIgcd]	numtheory[M]	Zeta
numtheory[ifactor]		

Kettenbrüche

convergs *	numtheory[cfrac/semisimple]	numtheory[cfracpol]
convert/confrac	numtheory[cfrac/simple]	numtheory[nthconver]
numtheory[cfrac]	numtheory[cfrac/simregular]	numtheory[nthdenom]
numtheory[cfrac/centered]	numtheory[cfrac/subdiagonal]	numtheory[nthnumer]
numtheory[cfrac/quotients]	numtheory[cfrac/superdiagonal]	thiele *
numtheory[cfrac/regular]		

Modulare Arithmetik

chrem	iratrecon *	numtheory[imagunit]	numtheory[mroot]
convert/mod2	mod	numtheory[index]	numtheory[msqrt]
Det	'mod'	numtheory[lambda]	numtheory[order]
frac	modp	numtheory[mcombine]	numtheory[pprimroot]
Gausselim	mods	numtheory[mipolys]	numtheory[primroot]
Gaussjord	msolve	numtheory[mlog]	numtheory[rootsunity]
genpoly	Nullspace		

P-adische Zahlen

Digitsp	padic[arccscp]	padic[coshp]	padic[expp]	padic[sinhp]
genpoly	padic[arcsechp]	padic[cosp]	padic[logp]	padic[sinp]
padic[arccoshp]	padic[arcsecp]	padic[cothp]	padic[ordp]	padic[sqrtp]
padic[arccosp]	padic[arcsinhp]	padic[cotp]	padic[ratvaluep]	padic[tanhp]
padic[arccothp]	padic[arcsinp]	padic[cschp]	padic[rootp]	padic[tanp]
padic[arccotp]	padic[arctanhp]	padic[cscp]	padic[sechp]	padic[valuep]
padic[arccschp]	padic[arctanp]	padic[evalp]	padic[secp]	?padic[functions]

Siehe auch C.2 Algebra: Zahlkörper und Funktionenkörper (S. 97)
C.2 Algebra: Endliche Körper (S. 97)
C.2 Algebra: Polynome: Modulare Arithmetik (S. 99)
C.2 Komplexe Zahlen: Gaußsche Zahlen (S. 102)
C.2 Ganze Zahlen (S. 106)
C.2 Ganze Zahlen: Primzahlen (S. 106)

Zahlen

Auflösen von Gleichungen und Rekursionen

convert/eqnlist	fsolve/fulldigits	linalg[linsolve]	solve
convert/equality	fsolve/maxsols	_MaxSols	solve/identity
convert/lessequal	GaussInt[GIroots]	msolve	student[equate]
convert/lessthan	grobner[finite]	numtheory[isolve]	student[isolate]
DESol+	grobner[gsolve]	numtheory[thue]	type/equation
dsolve	grobner[solvable]	padic[rootp]	?solve[floats]
dsolve/explicit	grobner[solvable/plex]	powseries[powsolve]	?solve[functions]
dsolve/laplace	grobner[solvable/tdeg]	rhs	?solve[ineqs]
dsolve/method+	invfunc ★	roots	?solve[linear]
dsolve/numeric	isolate ★	Roots	?solve[radical]
dsolve/series	isolve	rsolve	?solve[scalar]
dsolve/type+	lhs	rsolve/genfunc	?solve[series]
fsolve	linalg[genmatrix]	rsolve/makeproc	?solve[system]
fsolve/complex	linalg[leastsqrs]	singular ★	

Statistik

Beschreibende Statistik

stats[describe, coefficientofvariation]+	stats[describe, standarddeviation]+
stats[describe, count]+	stats[describe, variance]+
stats[describe, countmissing]+	?describe[gaps]+
stats[describe, covariance]+	stats[average]⊘
stats[describe, decile]+	stats[correlation]⊘
stats[describe, geometricmean]+	stats[covariance]⊘
stats[describe, harmonicmean]+	stats[mean]⊘
stats[describe, kurtosis]+	stats[mean/continuous]⊘
stats[describe, linearcorrelation]+	stats[mean/discrete]⊘
stats[describe, mean]+	stats[mean/geometric]⊘
stats[describe, meandeviation]+	stats[mean/harmonic]⊘
stats[describe, median]+	stats[mean/quadratic]⊘
stats[describe, mode]+	stats[median]⊘
stats[describe, moment]+	stats[mode]⊘
stats[describe, percentile]+	stats[projection]⊘
stats[describe, quadraticmean]+	stats[projection/const]⊘
stats[describe, quantile]+	stats[Rsquared]⊘
stats[describe, quartile]+	stats[sdev]⊘
stats[describe, range]+	stats[serr]⊘
stats[describe, skewness]+	stats[variance]⊘

Verteilungen

stats[random]+	stats[random/default]+	stats[random/inverse]+
stats[random/auto]+	stats[random/generator]+	?stats[distributions]
stats[random/builtin]+		

Stetige

stats[statevalf, cdf]$^+$	stats[N]$^\oslash$	stats[RandNormal]$^\oslash$
stats[statevalf, icdf]$^+$	stats[Q]$^\oslash$	stats[RandStudentsT]$^\oslash$
stats[statevalf, pdf]$^+$	stats[RandBeta]$^\oslash$	stats[RandUniform]$^\oslash$
stats[ChiSquare]$^\oslash$	stats[RandChiSquare]$^\oslash$	stats[StudentsT]$^\oslash$
stats[Exponential]$^\oslash$	stats[RandExponential]$^\oslash$	stats[StudentsT/area]$^\oslash$
stats[Fdist]$^\oslash$	stats[RandFdist]$^\oslash$	stats[Uniform]$^\oslash$
stats[Ftest]$^\oslash$	stats[RandGamma]$^\oslash$	

Die folgenden stetigen Verteilungen können mit random *oder* statevalf *benutzt werden.*

beta	chisquare	fratio	laplaced	lognormal	studentst	weibull
cauchy	exponential	gamma	logistic	normald	uniform	

Diskrete

stats[statevalf, dcdf]$^+$	stats[statevalf, pf]$^+$
stats[statevalf, idcdf]$^+$	stats[RandPoisson]$^\oslash$

Die folgenden diskreten Verteilungen können mit random *oder* statevalf *benutzt werden.*

binomiald   discreteuniform   empirical   hypergeometric   negativebinomial   poisson

Manipulation

stats[transform, apply]$^+$	stats[transform, standardscore]$^+$
stats[transform, classmark]$^+$	stats[transform, statsort]$^+$
stats[transform, cumulativefrequency]$^+$	stats[transform, statvalue]$^+$
stats[transform, deletemissing]$^+$	stats[transform, tally]$^+$
stats[transform, divideby]$^+$	stats[addrecord]$^\oslash$
stats[transform, frequency]$^+$	stats[evalstat]$^\oslash$
stats[transform, moving]$^+$	stats[getkey]$^\oslash$
stats[transform, multiapply]$^+$	stats[putkey]$^\oslash$
stats[transform, remove]$^+$	stats[removekey]$^\oslash$
stats[transform, scaleweight]$^+$	?stats[data]
stats[transform, split]$^+$	?stats[updates]$^+$

Regression

stats[fit, leastsquare]$^+$	stats[multregress]$^\oslash$	stats[regression]$^\oslash$
stats[linregress]$^\oslash$	stats[multregress/const]$^\oslash$	

Statistische Diagramme

stats[statplots, boxplot]$^+$	stats[statplots, scatter1d/projected]$^+$
stats[statplots, changecolour]$^+$	stats[statplots, scatter1d/stacked]$^+$
stats[statplots, histogram]$^+$	stats[statplots, scatter2d]$^+$
stats[statplots, notchedbox]$^+$	stats[statplots, symmetry]$^+$
stats[statplots, quantile]$^+$	stats[statplots, xscale]$^+$
stats[statplots, quantile2]$^+$	stats[statplots, xshift]$^+$
stats[statplots, scatter1d]$^+$	stats[statplots, xyexchange]$^+$
stats[statplots, scatter1d/jittered]$^+$	stats[statplot]$^\oslash$

Student Paket

student[changevar]	student[intparts]	student[minimize]
student[combine]	student[isolate]	student[powsubs]
student[completesquare]	student[leftbox]	student[rightbox]
student[convert/'@']	student[leftsum]	student[rightsum]
student[convert/nested]	student[Limit]	student[showtangent]
student[D]	student[Lineint]+	student[simpson]
student[distance]	student[makeproc]	student[slope]
student[Doubleint]	student[makeproc/slope]	student[Sum]
student[equate]	student[maximize]	student[trapezoid]
student[extrema]	student[middlebox]	student[Tripleint]
student[Int]	student[middlesum]	student[type/Point]
student[integrand]	student[midpoint]	student[value]
student[intercept]		

Maßeinheiten

acre	convert/degrees	ft	gills	km	Mile	Ozs	quart
acres	convert/metric	furlong	gr	Lb	miles	pint	quarts
bu	convert/radians	furlongs	hr	lbs	MPG	pints	US
bushel	cord	gal	imp	light_year	MPH	pole	yard
bushels	cords	gallon	inch	light_years	ounce	poles	yards
chain	degrees	gallons	inches	lt	Ounces	pound	yd
chains	feet	Gals	ins	m	oz	pounds	yds
cm	foot	gill	kg	mi			

Siehe auch C.3 Datentypen: Umwandlung (S. 114)

C.3   Programmierung

Zuweisung und Freigabe von Variablen

:=	assign	macro	type/name	unassign ⋆	?indexed
alias	assigned	protect+	type/protected+	unprotect+	?keywords
anames	evaln	restart	unames	?environment	?strings

Annahme von Eigenschaften

about	assume	OrProp	totorder[ordering]
additionally	_Envadditionally	simplify/assume+	totorder[tassume]
addproperty	is	totorder[forget]	totorder[tis]
AndProp	isgiven	totorder[init]	?asspar

Funktionseigenschaften

addmul	continuous	mapping	PolynomialMap
ArithmeticOper	differentiable	monotonic	StrictlyMonotonic
binary	InfinitelyDifferentiable	operator	unary
commutative	LinearMap		

Matrixeigenschaften

antisymmetric	matrix	PositiveDefinite	SquareMatrix
diagonal	nilpotent	PositiveSemidefinite	symmetric
ElementaryMatrix	NonSingular	RectangularMatrix	triangular
Hermitian	NonSymmetric	scalar	tridiagonal
idempotent	NonZero	ScalarMatrix	UpperTriangular
IdentityMatrix	NullMatrix	singular	vector
LowerTriangular	NullVector		

Numerische Eigenschaften

complex	GaussianInteger	integer	prime	RealRange
composite	GaussianPrime	irrational	rational	RealRange/Open
fraction	imaginary	NumeralNonZero	real	

Andere Eigenschaften

BottomProp MutuallyExclusive property TopProp type

Kontrollanweisungen

if	elif	fi	in	from	next	do	break	traperror	done	stop
then	else	for	by	to		while	od	ERROR	RETURN	quit	?statements

Datenstrukturen

Array (Feld)

array	comparray $\star$	convert/matrix	indices
array/antisymmetric	comparray/dontprint $\star$	convert/set	map
array/diagonal	convert/array	convert/vector	type/array
array/identity	convert/eqnlist	copy	?indexfcn
array/sparse	convert/list	entries	?index[tables]
array/symmetric	convert/listlist	evalhf[arrays]	?selection

Ausdrucksfolge

$,   NULL   seq   ?selection   ?sequence

Heap

heap[empty] $\star heap$	heap[insert] $\star heap$	heap[new] $\star heap$
heap[extract] $\star heap$	heap[max] $\star heap$	heap[size] $\star heap$

Liste

[ ]	convert/list/'='	nops	sortcx/abs $\star$
(| |)	convert/list/list	select	sortcx/lexImRe $\star$
comparray $\star$	convert/listlist	sort	sortcx/lexReIm $\star$
comparray/dontprint $\star$	convert/matrix	sort/'<'	sortcx/polar $\star$
convert/'+'	convert/multiset	sort/address	type/list
convert/'*'	convert/set	sort/lexorder	type/listlist
convert/array	convert/vector	sort/numeric	zip
convert/eqnlist	map	sort/string	?lists
convert/list	member	sortcx $\star$	?selection

Queue (Schlange)

initialize $\star priqueue$ insert $\star priqueue$ extract $\star priqueue$

Bereich

..   evalr $\star$ lhs   rhs   shake $\star$ type/'..'   type/range   ?ranges

Menge

{ }	convert/list	intersect	member	nops	symmdiff $\star$	union	?sets
(* *)	convert/set	map	minus	select	type/set	?selection	

Tabelle

convert/array	convert/set	map	table/identity	?indexfcn
convert/eqnlist	copy	table	table/sparse	?index[tables]
convert/list	entries	table/antisymmetric	table/symmetric	?selection
convert/multiset	indices	table/diagonal	?indexed	

Datentypen

Umwandlung

convert	convert/expln	convert/multiset
convert/'+'	convert/expsincos	convert/name
convert/'*'	convert/factorial	student[convert/nested]
student[convert/'@']	convert/float	convert/octal
convert/array	convert/fraction	convert/parfrac
convert/base	convert/fraction/exact	group[convert/permlist]
convert/binary	logic[convert/frominert]	convert/polar
convert/binomial[+]	convert/GAMMA	convert/polynom
convert/confrac	convert/hex	convert/radians
convert/D	convert/horner	convert/radical
convert/decimal	convert/hostfile	convert/rational
convert/degrees	convert/hypergeom	convert/rational/exact
convert/diff	convert/lessequal	convert/ratpoly
group[convert/disjcyc]	convert/lessthan	convert/RootOf
convert/double/ibm	convert/list	convert/series
convert/double/maple	convert/list/'='	convert/set
convert/double/mips	convert/list/list	convert/sincos
convert/double/vax	convert/listlist	convert/sqrfree
convert/Ei	convert/ln	simplex[convert/std]
convert/eqnlist	convert/mathorner	simplex[convert/stdle]
convert/equality	convert/matrix	convert/string
simplex[convert/equality]	convert/metric	logic[convert/toinert]
convert/erf	logic[convert/MOD2]	convert/tan
convert/erfc	logic[convert/MOD2/expanded]	convert/trig
convert/exp	convert/mod2	convert/vector

Siehe auch C.2 Maßeinheiten (S. 112)

Strings (Zeichenketten)

' '	convert/name	parse	searchtext[+]	substring	?nullstring
.	convert/string	parse/statement	SearchText[+]	TEXT	?strings
cat	lexorder	search ★	sscanf	type/string	

Typen und Typenchecks

hastype	type/indexed	type/protected[+]
type	type/infinity[+]	type/quadratic
type/'!'	type/integer	type/quartic
type/'*'	type/'intersect'	type/radext
type/'**'	type/laurent	type/radfun
type/'+'	geometry[type/line2d]	type/radfunext
type/'.'	geom3d[type/line3d]	type/radical
type/'..'	type/linear	type/radnum
type/'<'	type/list	type/radnumext
type/'<='	type/listlist	type/range
type/'<>'	type/logical	type/rational
type/'='	type/mathfunc	type/ratpoly
type/'^'	type/matrix	type/realcons
type/algebraic	type/matrix/square	type/relation
type/algext	type/'minus'	genfunc[type/rgf_seq]
type/algfun	type/monomial	type/RootOf
type/algnum	type/name	type/scalar

type/algnumext	type/negative	difforms[type/scalar]
type/'and'	type/negint	type/series
type/anyfunc	type/nonneg	type/set
type/anything	simplex[type/NONNEGATIVE]	type/specfunc
type/arctrig	type/nonnegint	geom3d[type/sphere]
type/array	type/'not'	type/sqrt
type/boolean	type/nothing	type/square
geometry[type/circle2d]	type/numeric	type/string
type/complex	type/odd	type/table
difforms[type/const]	type/oddfunc	type/taylor
type/constant	type/operator	geom3d[type/tetrahedron]
type/cubic	type/'or'	type/TEXT
group[type/disjcyc]	geom3d[type/plane]	geom3d[type/triangle3d]
type/equation	type/PLOT	type/trig
type/even	type/PLOT3D	type/type
type/evenfunc	type/point	type/uneval
type/expanded	student[type/Point]	type/'union'
type/facint	geometry[type/point2d]	type/vector
type/float	geom3d[type/point3d]	whattype
difforms[type/form]	type/polynom	?index[datatypes]
type/fraction	type/posint	?type[argcheck]
type/function	type/positive	?type[definition]
networks[type/GRAPH]	type/primeint	?type[structured]
type/identical	type/procedure	?type[surface]

Fehlersuche

debug	infolevel[all]	lasterror	printlevel	undebug	userinfo
ERROR	interface/errorbreak	mint	trace	untrace	verify $\star$
infolevel	interface/warnlevel$^+$	option/trace	traperror		

Definitonsbereich für die Berechnungen (Gauss)

Um auf diese Funktionen zugreifen zu können, muß man das erst das Gauss-Paket laden.

addCategory	hasCategory	show/categories	show/properties	?Gauss[domain]
defOperation	show	show/operations	?Gauss[coding]	?Gauss[example]

Kategorien

AbelianGroup	FiniteRing	OrderedRing
AbelianMonoid	GcdDomain	OrderedSet
CommutativeRing	Group	PartiallyOrderedSet
DistributedMultivariatePolynomial	IntegralDomain	QuotientField
EuclideanDomain	Monoid	Ring
ExponentVector	OrderedAbelianGroup	SemiGroup
Field	OrderedAbelianMonoid	Set
Finite	OrderedDomain	UniqueFactorizationDomain
FiniteCommutativeRing	OrderedField	UnivariatePolynomial
FiniteField		

Definitionsbereiche

AlgebraicExtension	MUP
SAE	OrderedUnivariatePolynomial
DenseExponentVector	OUP
DEV	PrimeExponentVector
DenseUnivariatePolynomial	PEV
DUP	Q
ExpandedNormalForm	QuotientField
ENF	QF

FactoredNormalForm   RationalFunction
FNF   RF
G   SparseDistributedMultivariatePolynomial
GaloisField   SDMP
GF   SparseMultivariatePolynomial
LazyUnivariatePowerSeries SMP
LUPS   SquareMatrix
MacaulayExponentVector   SM
TEV   TableDistributedMultivariatePolynomial
MapleExponentVector   TDMP
MEV   UnivariatePowerSeries
MapleMultivariatePolynomial UPS
MMP   Z
MapleUnivariatePolynomial Zmod

Manipulation von Ausdrücken

asubs $\star$	length	nops	rhs	subsop	trigsubs $\star$
asubs/always $\star$	lhs	numboccur[+]	student[powsubs]	thaw $\star$*freeze*	?selection
freeze $\star$	map	op	subs		

Globale Variablen und Umgebungsvariablen

. constants	_Env*string*	libname	Order	status
Digits	infolevel	_MaxSols	precision	Testzero
Digitsp	infolevel[all]	'mod'	printlevel	?constants
_Envadditionally	integrate	Normalizer	_seed	?environment
_Envsignum0[+]	lasterror	NULL	sharename	?ininame

Eingabe und Ausgabe

Eingabe

convert/hostfile	parse	readdata/float $\star$	readline/terminal	unload $\star$
interface/errorbreak	parse/statement	readdata/integer $\star$	readstat	with
libname	read	readlib	sscanf	?files
linalg[entermatrix]	readdata $\star$	readline		

Ausgabe

%n	fortran/digits	interface/plotoutput	printf
appendto	fortran/filename	interface/prettyprint	printlevel
appendto/terminal	fortran/mode[+]	interface/verboseproc	save
close $\star$*write*	fortran/optimized	latex	savelib
convert/hostfile	precision	?latex[functions]	TEXT
C $\star$	interface/echo	?latex[names]	updtsrc[+]
C/digits $\star$	interface/endcolon	lprint	writeln $\star$*write*
C/filename $\star$	interface/indentamount	m2src[+]	writeto
C/optimized $\star$	interface/labeling	NPspinor[makeeqn]	writeto/terminal
eqn	interface/labelling	open $\star$*write*	write $\star$
fortran	interface/labelwidth	print	?files

Interner Zugriff

addressof   assemble   disassemble   pointto

Operatoren

&	define/group$^\oslash$	option/angle	?define[operators]
@	define/Group$^+$	option/arrow	?index[expressions]
@@	define/identity	option/operator	?neutral
combine/'@@'	define/inverse	procbody $\star$	?operators
combine/atatsign	define/linear$^\oslash$	procmake $\star$	?operators[binary]
define	define/Linear$^+$	simplify/atsign	?operators[examples]
define/antisymmetric	define/symmetric	simplify/'@'	?operators[functional]
define/associative	define/type	type/operator	?operators[nullary]
define/binary	define/unary	unapply	?operators[precedence]
define/commutative	define/zero	?arithop	?operators[unary]
define/forall			

Optimierung

cost $\star$	'optimize/makeproc' $\star$	profile $\star$	on $\star$*showtime*
evalhf	'optimize/makeproc'/globals $\star$	showprofile $\star$*profile*	status
evalhf/var	'optimize/makeproc'/locals $\star$	unprofile $\star$*profile*	time
forget $\star$	'optimize/makeproc'/parameters $\star$	showtime $\star$	words
gc	option/remember	off $\star$*showtime*	?remember
optimize $\star$	option/system		

Prozeduren und Funktionen

->	nargs	options	updtsrc$^+$
< >	'optimize/makeproc' $\star$	piecewise$^+$ $\star$	#
< | >	option	proc	?comments
< || >	option/angle	procbody $\star$	?functions
args	option/arrow	procmake $\star$	?index[procedures]
end	option/builtin	procname	?parameters
ERROR	option/Copyright	RETURN	?procedures
forget $\star$	option/operator	student[makeproc]	?procfile
global$^+$	option/remember	student[makeproc/slope]	?remember
local	option/system	type/procedure	?type[argcheck]
makehelp $\star$	option/trace	unapply	

Satzzeichen

;	''	( )	{ }	(* *)	< | >	?quotes
:	' '	[ ]	(| |)	< >	< || >	?separators

Tests

Arithmetische und lexikographische Beziehungen

<	=	convert/equality	lexorder	type/'<>'	type/relation
<=	>	convert/lessequal	type/'<'	type/'='	?inequalities
<>	>=	convert/lessthan	type/'<='	type/equation	

Boolsche Auswertung

and	FAIL	not	testeq	type/boolean	?evalhf[boolean]
evalb	false	or	true	type/logical	

Numerische und Algebraische Tests

has	iscont ⋆	match	testfloat/digits ⋆	Testzero
hastype	isgiven	numtheory[issqrfree]	testfloat/model ⋆	type/algebraic
irreduc	isprime	Primitive	testfloat/test ⋆	type/numeric
Irreduc	issqr ⋆	recipoly ⋆	testfloat ⋆	verify ⋆
is				

Siehe auch

C.4 System

Externe Funktionen

!   helptomaple   m2src[+]   maple   march   mint   system   updtsrc[+]   ?escape

Hilfe

?   ???[+]   help   helptomaple   related[+]   usage[+]

??[+]   example   info[+]   makehelp ⋆   tutorial

System-Hilfsstichworte

?copyright	?index	?maple_group	?scg	?updates[v4.0]	?updates[v4.3]
?demo	?index[misc]	?mtn[+]	?support	?updates[v4.1]	?updates[v5]
?distribution	?introduction	?mtn[n][+]	?trademark	?updates[v4.2]	?updates[v5.2]
?hardware	?maple	?references	?updates		

Bibliotheken

libname	?index[library]	?share[combinat][+]	?share[linalg][+]
readlib	?index[packages]	?share[contents]	?share[numerics][+]
savelib	?share	?share[contributions]	?share[numtheory][+]
sharename	?share[address]	?share[engineer][+]	?share[programming][+]
with	?share[algebra][+]	?share[geometry][+]	?share[science][+]
?index[external]	?share[analysis][+]	?share[graphics][+]	?share[statistics][+]
?index[internal]	?share[autodiff][+]	?share[help]	?share[system][+]
?index[libmisc]	?share[calculus][+]		

Pakete

combinat	geom3d	liesymm	numapprox	priqueue ⋆	stats[random][+]
DEtools	geometry	linalg	numtheory	projgeom	stats[statevalf][+]
difforms	GF ⋆	logic	orthopoly	simplex	stats[statplots][+]
Gauss	grobner	networks	padic	stats	stats[transform][+]
GaussInt	group	np	plots	stats[describe][+]	student
genfunc	heap ⋆	NPspinor	powseries	stats[fit][+]	totorder

Resourcen

forget ⋆	option/system	showtime ⋆	on *showtime*	time
gc	restart	off *showtime*	status	words

Siehe auch C.3 Optimierung *(S. 117)*.

Benutzerschnittstelle

"	clear *history	interface/plotdevice	interface/terminal
""	off *history	interface/plotoptions[+]	interface/verboseproc
"""	timing *history	interface/plotoutput	interface/version
?ditto	interface/echo	interface/postplot	interface/warnlevel[+]
%n	interface/endcolon	interface/preplot	interface/wordsize[+]
\	interface/errorbreak	interface/prettyprint	plotsetup
?backslash	interface/indentamount	interface/printfile	plotsetup/plotdevice[+]
edit *	interface/iris[+]	interface/prompt	plotsetup/plotoptions[+]
?editing	interface/labeling	interface/quiet	plotsetup/plotoutput[+]
gc	interface/labelling	interface/screenheight	plotsetup/preplot[+]
history *	interface/labelwidth	interface/screenwidth	plotsetup/postplot[+]

Verlassen von Maple

done   quit   stop

Bemerkung: Noch mehr Funktionen befinden sich in der gemeinsamen Bibliothek (shared library); dies ist eine Sammlung von Programmen und Anwendungen, die von Benutzern beigetragen wurden. Kapite 5 beschreibt diese Bibliothek etwas detaillierter (siehe Seite 308).

D   Liste der Befehle

In diesem Kapitel werden alle Maple-Befehle alphabetisch geordnet aufgelistet. Jeder Befehl ist folgendermaßen beschrieben:

function
```
funktion(arg_1,arg_2,...,arg_n)
```
Eine kurze Beschreibung der Funktion ◇ Zusatzinformation zur Funktion, notwendige und optionale Argumente und zurückgegebener Wert. ◇ Ein oder mehrere Beispiele zur Funktion. ◇ Siehe auch: andere Befehle, die ähnlichen Namen oder ähnliche Funktionalität besitzen.

`Schreibmaschinen-Zeichensatz` in der Beschreibung zeigt solchen Text an, der genauso wie gezeigt eingegeben werden muß. In Kursivschrift stehen variable Argumente.

Dieses Kapitel beinhaltet ferner Beschreibungen wichtiger globaler Variablen, symbolischer Konstanten und Paketnamen. Die Überschriften für diese Einträge sind in serifenloser Schrift, z. B. Digits gehalten.

Die Argumente, die in den Schemata für die Befehle vorkommen, gehorchen den folgenden Konventionen:

A, B = Matrix		p = Primzahl
Feld = Feld		Poly = Polynom
Glg = Gleichung		Zgr = Zeiger
Ausdr = Ausdruck		r = reelle Zahl
f = Funktion		Menge = Menge
i, j = ganze Zahlen		Table = Tabelle
K = algebraische Erweiterung		u, v = Vektoren
List = Liste		Var = Variablenname
m, n = ganze Zahlen		z = Komplexe Zahl
Name = nicht zugewiesener Name oder zitierter Name		

Zusätzlich folgen einige Pakete ihrer eigenen Konvention für Argumentnamen. So steht z. B. G für einen Graphen im `networks`-Paket. Die Beschreibung eines Paketnamens beinhaltet deshalb auch die zusätzlichen Vereinbarungen, die für Funktionen dieses Paketes gelten.

!

```
!Befehl
```
Ruft einen Befehl im unterliegenden Betriebssystem auf ◇ Diese Operationen wird nicht von allen Plattformen unterstützt. Das ! sollte am Zeilenanfang stehen. Das Zeichen ! steht auch für den Fakultätsoperator. ◇ Siehe auch: `system`.

$

```
$ a..b
Ausdr $ n
Ausdr $ Var = a..b
```
Operator zum Bilden einer Folge von Ausdrücken. ◇ Die erste Form gibt eine Folge der Form $a, a+1, \ldots, b$ (oder bis zum letzten nicht b übersteigenden Wert) zurück. Das zweite Schema erzeugt eine Folge von n Kopien von Ausdr. Die dritte Version erzeugt eine Folge, bei der Var in Ausdr durch die Werte $a, a+1, \ldots, b$ (oder bis zum letzten nicht b übersteigenden Wert) ersetzt wurde. ◇ `z$3;` $\longrightarrow z, z, z$ ◇ `sin(i*Pi/2)$i=0..3;` $\longrightarrow 0, 1, 0, -1$ ◇ Siehe auch: `seq`.

&*

```
Ausdr₁ &* Ausdr₂
```
Nicht-kommutativer Multiplikationsoperator ◇ Dieser Operator wird meistens zur Kennzeichnung einer Matrizenmultiplikation benutzt. `&*()` bezeichnet die Matrizenidentität. ◇ `evalm(A &* B):` ◇ Siehe auch: `commutat, evalm`.

&^

```
Ausdr₁ &^ Ausdr₂
```
Neutraler Potenzenoperator ◇ Dieser Operator erlaubt die effiziente Berechnung von Potenzen modulo einer ganzen Zahl. ◇ `237 &^ 1007 mod 641;` $\longrightarrow 96$ ◇ Siehe auch: `difforms[&^], liesymm[&^], mod, Powmod`.

?

```
?Stichwort
?Stichwort,Unterstichwort
?Stichwort[Unterstichwort]
```
Erhält Hilfsinformation zu einem Befehl oder einem anderen Stichwort ◇ Die letzten zwei Versionen sind äquivalent, wenn man Hilfsinformation zu einem Unterstichwort erhalten möchte.

??

```
??name
```
Zeige die Aufrufsfolge und die Beschreibung der Parameter einer Funktion an ◇ Diese Information wird aus dem On-Line-Hilfstext gewonnen. ◇ Diese Funktion ist neu in Version 3. ◇ Siehe auch: `usage`.

???

```
???name
```
Gibt Beispiele von Funktionsaufrufen ◇ Diese Information wird aus dem On-Line-Hilfstext gewonnen. ◇ Diese Funktion ist neu in Version 3. ◇ Siehe auch: `example`.

@

```
f @ g
```
Der Kompositionsoperator für Funktionen. ◇ $(f@g)(x)$ ist äquivalent zu $f(g(x))$. ◇ `(ln@cos)(0);` $\longrightarrow 0$ ◇ Siehe auch: `@@`.

@@

```
f @@ n
```
Der Operator für wiederholte Kompositionen ◇ Dies ist f, n mal angewandt auf sich selbst. Falls n negativ ist, so wird die Tabelle `invfunc` auf die inverse Funktion hin durchsucht. ◇ `(D@@2)(sin*cos);` $\longrightarrow -4 \cos \sin$ ◇ Siehe auch: `@, invfunc`.

about

```
about(Name)
about(Eigenschaft)
```
Spielt Informationen zu den Eigenschaften von Variablennamen vor und zeigt zugleich die Eltern und Kinder von Eigenschaftsnamen an. ◇ `assume(x>0): about(x);` $\longrightarrow$ `Originally x, renamed x~: is assumed to be: RealRange(Open(0),infinity)` ◇ Siehe auch: `additionally, addproperty, assume, is, isgiven`.

abs

`abs(Ausdr)`

Berechnet den Absolutwert des Ausdrucks Ausdr ◇ Falls Ausdr eine Funktion f enthält, so versucht abs die Prozedur abs/f auszuführen. Somit kann die Funktionalität von abs erweitert werden. ◇ `abs(4+3*I);` ⟶ 5 ◇ Siehe auch: `evalc`, `signum`.

additionally

`additionally(Name, Eigenschaft)`
`additionally(Relation)`

Fügt zusätzliche Annahmen zu einem Namen hinzu. ◇ Siehe auch: `addproperty`, `assume`, `is`, `isgiven`.

addproperty

`addproperty(Eigenschaft, Eltern, Kinder)`
`addproperty(Relation)`

Fügt der Tabelle von Eigenschaften eine weitere Eigenschaft hinzu. ◇ Eltern und Kinder sind Mengen, die die Eigenschaften der Eltern und Kinder benennen. ◇ Siehe auch: `about`, `additionally`, `assume`, `is`, `isgiven`.

addressof

`addressof(Ausdr)`

Ergibt die Adresse, die auf einen Ausdruck zeigt. ◇ Diese Funktion erlaubt den Zugriff auf die interne Darstellung eines Ausdrucks. ◇ `addressof(a+2*b);` ⟶ 1443820 ◇ Siehe auch: `assemble`, `disassemble`, `pointto`.

AFactor

`AFactor(Poly)`

Starre absolute Zerlegung in Faktoren ◇ Wird dieser Befehl in zusammen mit evala benutzt, so wird die absolute Faktorisierung des multivariaten Polynoms Poly berechnet, d. h. eine Faktorisierung über einen algebraischen Abschluß des Koeffizientenkörpers. Das Ergebnis wird als Ausdruck zurückgegeben. ◇ `evala(AFactor(2*x^2 + 6*y^2));` ⟶ $2\left(x - \text{RootOf}(\_Z^2 + 3)\,y\right)\left(x + \text{RootOf}(\_Z^2 + 3)\,y\right)$ ◇ Siehe auch: `AFactors`, `evala`, `factor`, `Factor`, `RootOf`.

AFactors

`AFactors(poly)`

Starre absolute Zerlegung in Faktoren ◇ Wird dieser Befehl in Zusammenhang mit evala benutzt, so wird die absolute Faktorisierung des multivariaten Polynoms Poly berechnet, d. h. eine Faktorisierung über einen algebraischen Abschluß des Koeffizientenkörpers. Das Ergebnis ist eine Liste, deren erstes Element der führende Koeffizient ist und das zweite Element ist eine Liste von Faktor-Exponenten-Paaren. ◇ `evala(AFactors(2*x^2+6*y^2));` ⟶ $\left[2, \left[\left[x - \text{RootOf}(\_Z^2 + 3)\,y, 1\right], \left[x + \text{RootOf}(\_Z^2 + 3)\,y, 1\right]\right]\right]$ ◇ Siehe auch: `AFactor`, `evala`, `factors`, `Factors`, `RootOf`.

Ai

`Ai(r)`

Luftige Wellenfunktion (Wellengleichung) ◇ Ai und Bi sind linear unabhängige Lösungen für w in der Gleichung $w'' - wz = 0$. Man benutze evalf, um den numerischen Wert dieser Funktion zu berechnen. ◇ `evalf(Ai(1.));` ⟶ .1352924163 ◇ Siehe auch: `Bi`, `evalf`.

alias

`alias(Glchg`$_1$`, Glchg`$_2$`, ...)`

Definition einer Abkürzung oder einer Schreibweise für einen bestimmten Ausdruck ◇ Jede dieser Gleichungen hat die Form `Neuname=Altname`. Die mit dieser Funktion festgelegten Abkürzungen werden sowohl zur Ausgabe als auch zur Eingabe benutzt. Das Ergebnis von alias ist eine Folge aller gegenwärtig definierten Aliasnamen. Ein Aliasname kann nicht unter Verwendung eines anderen Aliasnamen definiert werden. Um einen Aliasnamen zu löschen, benutze man eine Gleichung der Form `Name=Name`. ◇ `alias(alpha = RootOf(x^2+x+1,x));` ⟶ I, α ◇ Siehe auch: `I`, `macro`, `subs`.

allvalues

`allvalues(Ausdr)`
`allvalues(Ausdr, d)`

Wertet alle möglichen Werte von Ausdrücken aus, die RootOfs beinhalten ◇ Zurückgegeben wird eine Folge von Ausdrücken. Können die Wurzeln nicht genau bestimmt werden, wird `fsolve` zur Berechnung numerischer Lösungen benutzt. Das zweite Argument d besagt, daß `RootOfs` der selben Gleichung denselben Wert darstellt und daß sie deshalb nicht unabhängig voneinander ausgewertet werden sollen. ◇ `allvalues(RootOf(x^2-x+1, x));` $\longrightarrow$ $\frac{1}{2} + \frac{1}{2}I\sqrt{3}, \frac{1}{2} - \frac{1}{2}I\sqrt{3}$ ◇ Siehe auch: `fsolve, RootOf`.

amortization
`amortization(Betr, Zins, Rate)`
Berechnet einen Amortisierungsplan ◇ Der Kreditbetrag ist Betr, die Zinsrate pro Zahlungsperiode ist Zins und die Rate pro Periode ist Rate. Der Plan wird als Feld zurückgegegen, welches von 0 bis zur Anzahl der Perioden indiziert ist, wobei jeder Feldeintrag eine Liste ist, mit Periode, gezahltem Betrag, Zins, Hauptreduktion und neuem Kontostand. ◇ Man muß erst `readlib(finance)` eingeben, bevor man diesen Befehl benutzen kann. ◇ `amortization(10000, .065/12, 306.49)[9];` $\longrightarrow$ $[9, 306.49, 43.02, 263.47, 7679.26]$ ◇ Siehe auch: `blackscholes, finance`.

anames
`anames()`
Zugewiesene Namen ◇ Diese Funktion ergibt eine Folge von Namen, denen gegenwärtig ein Wert, verschieden vom eigenen Namen, zugewiesen ist. ◇ Siehe auch: `assigned, unames`.

and
`a and b`
Logischer Operator ◇ Der Ausdruck ist wahr genau dann, wenn sowohl a als auch b wahr sind. Er ist falsch, wenn zumindest einer der beiden Ausdrücke falsch ist. Ergibt ein Ausdruck FAIL und der andere ist wahr oder ergibt ebenfalls FAIL, so ergibt sich FAIL. Der Ausdruck b wird nicht ausgewertet, wenn a schon falsch ist. ◇ Siehe auch: `evalb, not, or`.

antisymmetric
Die antisymmetrische Indexfunktion für Felder und Tabellen ◇ Diese Funktion ergibt das Resultat der Indexfunktion `symmetric`, multipliziert mit -1, fals alle Indizes verschieden sind und man eine ungerade Zahl von Transpositionen benötigt, um die Indizes umzuordnen. Die geläufigste Anwendung sind antisymmetrische Matrizen, wo das (i,j)te Element das negative des (j,i)ten Elements ist. ◇ Siehe auch: `array, symmetric, table`.

appendto
`appendto(Dateiname)`
`appendto(terminal)`
Schreibt alle nachfolgenden Ausgaben in eine Datei ◇ Bei der Befehlszeilenschnittstelle werden auch Prompts und Eingabeanweisungen in die Datei ausgeschrieben, wobei die Prompts nicht auf dem Schirm erscheinen, während sie in die Datei geschrieben werden. Die zweite Form stellt den alten Zustand wieder her, wo alles auf dem Schirm erscheint. Existiert die angegebene Datei noch nicht, so wird sie erzeugt. ◇ Siehe auch: `save, write, writeto`.

arccos
`arccos(z)`
Die inverse Kosinusfunktion ◇ Siehe auch: `cos`.

arccosh
`arccosh(z)`
Die inverse hyperbolische Kosinusfunktion. ◇ Siehe auch: `cosh`.

arccot
`arccot(z)`
Die inverse Kotangensfunktion. ◇ Siehe auch: `cot`.

arccoth
`arccoth(z)`
Die inverse hyperbolische Kotangensfunktion. ◇ Siehe auch: `coth`.

arccsc
`arccsc(z)`
Die inverse Kosekansfunktion. ◇ Siehe auch: `csc`.

arccsch
`arccsch(z)`
Die inverse hyperbolische Kosekansfunktion. ◇ Siehe auch: `csch`.

arcsec
```
arcsec(z)
```
Die inverse Sekansfunktion. ◇ Siehe auch: `sec`.

arcsech
```
arcsech(z)
```
Die inverse hyperbolische Sekansfunktion. ◇ Siehe auch: `sech`.

arcsin
```
arcsin(z)
```
Die inverse Sinusfunktion. ◇ Siehe auch: `sin`.

arcsinh
```
arcsinh(z)
```
Die inverse hyperbolische Sinusfunktion. ◇ Siehe auch: `sinh`.

arctan
```
arctan(z)
arctan(y, x)
```
Die inverse Tangensfunktion ◇ Die zweite Form berechnet den Hauptwert des Arguments der komplexen Zahl $x + I\,y$. ◇ `arctan(1,1);` $\longrightarrow \frac{1}{4}\pi$ ◇ Siehe auch: `tan`.

arctanh
```
arctanh(z)
```
Die inverse hyperbolische Tangensfunktion. ◇ Siehe auch: `tanh`.

args
Die Folge der an eine Prozedur gegebenen Aktualparameter ◇ Der Wert des besonderen Namens `args` in einer Prozedur ist die Ausdrucksfolge der Aktualparameter, mit der die Prozedur aufgerufen wurde. ◇ Siehe auch: `nargs`, `proc`, `procname`.

argument
```
argument(z)
```
Komplexe Argumentfunktion ◇ Diese Funktion berechnet den Hauptwert des Arguments des komplexwertigen Ausdrucks z. ◇ `argument(1+I);` $\longrightarrow \frac{1}{4}\pi$ ◇ Siehe auch: `convert/polar`, `evalc`, `polar`, `signum`.

array
```
array(Indexfkt, Grenzen, Liste)
```
Erzeugt ein Feld ◇ Die Dimension des Feldes ergibt sich aus der Anzahl der angegebenen Grenzen. Jede Grenze ist ein Bereich von ganzen Zahlen. Die Elemente von Liste sind die Anfangswerte. Indexfkt ist die Indexfunktion für das Feld. Spracheigene Indexfunktionen sind `antisymmetric`, `diagonal`, `identity`, `sparse` und `symmetric`. Jedes der Argumente ist optional. ◇ `array(1..3,[2,3,5]);` $\longrightarrow [2\,3\,5]$ ◇ `array([2,3,5]);` $\longrightarrow [2\,3\,5]$ ◇ `array(identity,1..3,1..2):` ◇ Siehe auch: `antisymmetric`, `copy`, `diagonal`, `entries`, `identity`, `indices`, `linalg[matrix]`, `linalg[vector]`, `sparse`, `symmetric`, `table`.

assemble
```
assemble(Addrfolge)
```
Stellt eine Folge von Adressen zu einem Objekt zusammen. ◇ Die erste ganze Zahl dieser Folge spezifiziert den Objekttyp. ◇ `pointto( assemble( disassemble( addressof(a+2*b))));` $\longrightarrow a + 2\,b$ ◇ Siehe auch: `addressof`, `disassemble`, `pointto`.

assign
```
assign(Name, Ausdr)
assign(Name = Ausdr)
assign(Glchgliste)
assign(Glchgmenge)
```
Führt Zuweisungen aus ◇ Bei den beiden ersten Versionen wird Ausdr Name zugewiesen. Die beiden letzten Versionen dienen dazu, die durch die angegebenen Listen oder Mengen von Gleichungen spezifizierten Zuweisungen vorzunehmen. Die Argumente für `assign` werden vollständig ausgewertet, ein Name sollte deshalb in einfache Hochkommata eingeschlossen werden, wenn er schon einen Wert besitzt. Der Wert der Funktion ist NULL. ◇ Siehe auch: `solve`, `unassign`.

assigned

```
assigned(Name)
```

Prüft, ob ein Name schon zugewiesen wurde ◇ Diese Funktion ergibt *true* falls Name einen vom eigenen Namen verschiedenen Wert besitzt, sonst wird *false* zurückgegeben. Name kann ein Name, ein tiefgestellter Name oder ein Funktionsaufruf sein. ◇ Siehe auch: `anames`, `evaln`, `unames`.

assume

```
assume(Name, Eigenschaft)
assume(Relation)
```

Verbindet Eigenschaften mit einem Namen ◇ Eigenschaften können einem Funktionsnamen beigefügt werden (z. B `continuous`, `differentiable`), einem Matrixnamen (z. B. `singular`, `triangular`), oder einem numerischen Variablennamen (z. B. `integer`, `prime`). Man kann einen Variablennamen auch mit einer Eigenschaft versehen, indem man eine Beziehung wie $x > 0$ angibt. Auf Seite 112 findet man Listen von Eigenschaften. Ein Name mit einer Eigenschaft wird mit einer angehängten Tilde ($\sim$) versehen. Diese Funktion macht vorgehende mit dem Namen verbundene Annahmen unwirksam. Um Eigenschaften hinzuzufügen, benutze man `additionally`. Annahmen können durch die Freigabe von Namen eliminiert werden. ◇ `assume(x>0)`, `x`; $\longrightarrow x \sim$ ◇ Siehe auch: `about`, `additionally`, `addproperty`, `is`, `isgiven`, `unassign`.

asubs

```
asubs(Glchg, Ausdr)
asubs(Glchg, Ausdr, Var)
asubs(Glchg, Ausdr, always)
asubs(Glchg, Ausdr, Var, always)
```

Ersetzt in einer Summe vorkommende Unterausdrücke ◇ Diese Funktion gibt den Ausdruck zurück, der sich ergibt, wenn die durch die Gleichung angegebenen Ersetzungen auf den gegebenen Ausdruck angewandt werden. Der Befehl unterscheidet sich von `subs` dadurch, daß er speziell auf Teile einer Summe angewandt wird und deshalb nicht nur auf syntaktische Ersetzungen angewiesen ist. Das optionale Argument `always` besagt, daß die Ersetzungen bei allen Summen durchgeführt werden sollen. ◇ Man muß erst `readlib(asubs)` eingeben, bevor man diesen Befehl benutzen kann. ◇ `asubs(x+1=z, x+y+1)`; $\longrightarrow y + z$ ◇ Siehe auch: `student[powsubs]`, `subs`, `subsop`.

asympt

```
asympt(Ausdr, Var)
asympt(Ausdr, Var, n)
```

Asymptotische Entwicklung ◇ Diese Funktion berechnet die asymptotische Entwicklung von Ausdr in bezug auf die Variable Var (für Var gegen Unendlich strebend). Die Zahl n gibt an, bei welcher Potzenordnung die Reihe abgebrochen werden soll; ist dies nicht vorgegeben, so wird der Wert der globalen Variablen `Order` benutzt. ◇ `asympt(x/(x-1), x, 3)`; $\longrightarrow$ $1 + \frac{1}{x} + \frac{1}{x^2} + O\left(\frac{1}{x^3}\right)$ ◇ Siehe auch: `limit`, `Order`, `series`.

Berlekamp

```
Berlekamp(poly, var) mod p
Berlekamp(poly, var, K) mod p
```

Faktorierung nach unterschiedlichen Graden ◇ Wird diese Funktion zusammen mit `mod` benutzt, so wird ein monisches quadratfreies univariates Polynom über einem endlichen Körper mit Hilfe von Berlekamps Algorithmus faktoriert. Das optionale Argument K gibt einen Erweiterungskörper an, über dem die Faktorisierung ausgeführt wird. Eine Menge von unzerlegbaren Faktoren wird zurückgegeben. ◇ Diese Funktion ist neu in Version 3. ◇ `Berlekamp(x^5+x^4+1, x)` `mod 2`; $\longrightarrow \{x^2 + x + 1, x^3 + x + 1\}$ ◇ Siehe auch: `DistDeg`, `Factors`, `ProbSplit`, `Sqrfree`.

bernoulli

```
bernoulli(n)
bernoulli(n, x)
```

Bernoullizahlen und -polynome ◇ Diese Funktion berechnet die nte Bernoullizahl oder das nte Bernoullipolynom im Ausdruck x. Die Bernoullipolynome B(n,x) werden durch die folgende exponentielle erzeugende Funktion definiert:

$$\frac{te^{xt}}{(e^t - 1)} = \sum_{n=0}^{\infty} \frac{B(n, x)}{n!} t^n$$

⋄ `bernoulli(2);` $\longrightarrow \frac{1}{6}$ ⋄ `bernoulli(2,x);` $\longrightarrow \frac{1}{6} + x^2 - x$ ⋄ Siehe auch: `euler`, `numtheory[B]`.

bernstein

`bernstein(n, f, Var)`
Das eine Funktion approximierende Bernsteinpolynom ⋄ Hierbei ist f eine univariate Funktion. Die Prozedur ergibt das Bernsteinpolynom vom Grad n in Var, welches die Funktion f auf dem Intervall $[0, 1]$ approximiert. ⋄ Man muß erst `readlib(bernstein)` eingeben, bevor man diesen Befehl benutzen kann. ⋄ `bernstein(2, x->2/(2*x+1), x);` $\longrightarrow 2 - 2x + \frac{2}{3}x^2$

BesselI

`BesselI(v, x)`
Die modifizierte Besselfunktion der ersten Art ⋄ v ist die Ordnung der Besselfunktion, x ist das Argument. ⋄ `BesselI(0, 1.);` $\longrightarrow 1.266065878$ ⋄ Siehe auch: `BesselJ`, `BesselK`, `BesselY`.

BesselJ

`BesselJ(v, x)`
Die Besselfunktion der ersten Art ⋄ v ist die Ordnung der Besselfunktion und x ist das Argument. ⋄ `BesselJ(-1, 2.3);` $\longrightarrow -.5398725326$ ⋄ Siehe auch: `BesselI`, `BesselK`, `BesselY`.

BesselK

`BesselK(v, x)`
Die modifizierte Besselfunktion der zweiten Art ⋄ v ist die Ordnung der Besselfunktion und x ist das Argument. ⋄ `BesselK(0, -1.);` $\longrightarrow .4210244382 - 3.977463261\,I$ ⋄ Siehe auch: `BesselI`, `BesselJ`, `BesselY`.

BesselY

`BesselY(v, x)`
Die Besselfunktion der zweiten Art ⋄ v ist die Ordnung der Besselfunktion und x ist das Argument. ⋄ `BesselY(1.2, 1.);` $\longrightarrow -.9012149548$ ⋄ Siehe auch: `BesselI`, `BesselJ`, `BesselK`.

Beta

`Beta(z₁, z₂)`
Die Betafunktion ⋄ Die Betafunktion ist definiert als

$$B(z_1, z_2) = \frac{\Gamma(z_1)\Gamma(z_2)}{\Gamma(z_1 + z_2)}$$

⋄ `Beta(3,4);` $\longrightarrow \frac{1}{60}$ ⋄ Siehe auch: GAMMA.

Bi

`Bi(r)`
Luftige Wellenfunktion (Wellengleichung) ⋄ `Ai` und `Bi` sind linear unabhängige Lösungen für w der Gleichung $w'' - wz = 0$. Man benutze `evalf`, um numerische Werte für die Funktion zu berechnen. ⋄ `evalf(Bi(1.));` $\longrightarrow 1.207423595$ ⋄ Siehe auch: `Ai`, `evalf`.

binomial

`binomial(n, m)`
Berechnet Binomialkoeffizienten ⋄ Wenn beide Argumente ganze Zahlen sind, so berechnet diese Funktion den Binomialkoeffizienten $\binom{n}{m}$. Für rationale Zahlen oder Gleitkommazahlen wird die verallgemeinerte Definition $\Gamma(n + 1)/(\Gamma(m + 1)\,\Gamma(n - m + 1))$ benutzt. Dies gibt an, auf wieviel Arten man m Objekte aus n verschiedenen Objekten auswählen kann. ⋄ `binomial(5,3);` $\longrightarrow 10$ ⋄ Siehe auch: `combinat[multinomial]`.

blackscholes
```
blackscholes(Ex, t, P, s, rf)
blackscholes(Ex, t, P, s, rf, name)
```
Gegenwärtiger Wert einer aufrufbaren Option ◇ Diese Funktion verwendet die von Black und Scholes stammende Formel zum Bestimmen des aktuellen Wertes einer Option und des Delta oder Absicherungsverhältnisses der Option. Ex ist der Ausübungspreis der Option, t die verbleibende Zeit bis zum Ausübungstermin, P der gegenwärtige Preis der Aktie, s die Standardabweichung per Periode der stetig errechneten Ergebnisrate der Aktie und rf ist die stetig berechnete riskiskofreie Zinsrate. Falls die Variable name angegeben ist, wird ihr das Absicherungsverhältnis oder Optionsdelta zugewiesen. ◇ Man muß erst `readlib(finance)` eingeben, bevor man diesen Befehl benutzen kann. ◇ Siehe auch: `amortization`, `finance`.

break
Beendet die am tiefsten geschachtelte Wiederholungsanweisung ◇ Diese Anweisung muß innerhalb der Wiederholungsanweisung stehen. ◇ Siehe auch: `do`, `next`.

bspline
```
bspline(n, Var)
bspline(n, Var, Liste)
```
Berechnet die B-Spline-Segmentpolynome ◇ Diese Funktion berechnet die Segmentpolynome für den B-Spline vom Grade n in der Variablen Var bezüglich der Knotenfolge Liste. Falls Liste nicht angegeben ist, wird die uniforme Folge $[0, 1, ..., n + 1]$ benutzt. Eine Liste von Paaren der Form $[\,Relation, Ausdr\,]$ wird zurückgegeben. ◇ Man muß erst `readlib(bspline)` eingeben, bevor man diesen Befehl benutzen kann. ◇ `bspline(1,t);` $\longrightarrow [[t < 0, 0], [t < 1, t], [t < 2, 2 - t], [2 \leq t, 0]]$ ◇ Siehe auch: `interp`, `spline`.

C
```
C(Ausdr, Optionen)
```
Erzeugt C-Quellcode ◇ Diese Funktion erzeugt C-Code zur Auswertung des gegebenen Ausdrucks, Felds von Ausdrücken oder Liste von Anweisungen. Im letzteren Fall ist jede Anweisung als eine Gleichung gegeben. Die Option `optimized` bewirkt, daß beim erzeugten Code gemeinsame Unterausdrücke optimiert werden. Die Option `digits` gibt die Anzahl der Ziffern an, die zur Umwandlung rationaler Zahlen oder symbolischer Konstanten wie z. B. `Pi` benutzt werden (voreingestellt ist 16). Die Option `filename` benennt eine Datei, in die der erzeugte C-Code hineingeschrieben werden soll. Ohne Angabe wird der Code auf die Standardausgabe geschrieben. ◇ Man muß erst `readlib(C)` eingeben, bevor man diesen Befehl benutzen kann. ◇ `C(sin(Pi*x^2), digits=5);` $\longrightarrow$ `t0 = sin(0.31416E1*x*x);` ◇ Siehe auch: `optimize`, `eqn`, `fortran`, `latex`.

cartan
```
cartan(h, hinv, koords, g)
printcartan(R)
riemann(hinv, gamma, koords, g)
simp1(name, f, gamma)
simp2(name, f, R)
```
Eine Prozedurensammlung zur Berechnung der Verbindungskoeffizienten und Krümmungskomponenten unter Benutzung von Cartans Strukturgleichungen ◇ Die Argumente sind:

h	Ein Feld, welches von 0 bis 15 indiziert ist
hinv	Die Inverse von h
coords	Eine Liste von vier Variablennamen
g	Eine konstante Metrik mit Indizes 0..3
var	Ein Variablenname
f	Ein Prozedurenname
gamma	Das Feld der durch `cartan` berechneten Verbindungskoeffzienten
R	Das Feld der von `riemann` berechneten Riemannschen Tensoren

`cartan` berechnet die Verbindungskoeffizienten. `simp1` vereinfacht das Feld gamma und weist das Ergebnis der Variablen var zu. `printcartan` gibt die von Null verschiedenen Einträge eines Feldes aus. `riemann` berechnet die Komponenten des Riemannschen Tensoren. `simp2` vereinfacht die Komponenten des Riemannschen Tensoren und weist das Ergebnis der Variablen var zu. Man muß zuerst `readlib(cartan)` eingeben, bevor man diese Funktionen aufrufen kann. ◇ Siehe auch: `debever`, `tensor`.

cat
```
cat(ausdr1, ausdr2, ...)
```
Setzt Ausdrücke zusammen ◇ Diese Funktion ist äquivalent zu `'' . ausdr1 . ausdr2 ...` ◇ `cat(4,x,4);` $\longrightarrow$ *4x4* ◇ Siehe auch: `length`, `linalg[concat]`, `substring`.

Catalan
Catalansche Konstante ⋄

$$\text{Catalan} = \sum_{k \geq 0} \frac{(-1)^k}{(2k+1)^2}$$

Sie hat den ungefähren Wert 0.915965594177219.

ceil
```
ceil(z)
ceil(1, z)
```
Gibt die kleinste ganze Zahl zurück, die größer oder gleich z ist, falls z eine reelle Zahl ist ⋄ Ist z komplex, so wird der Wert $-\text{floor}(-z)$ berechnet. Die zweite Form gibt die erste Ableitung dieser Funktion zurück und zwar überall dort, wo sie definiert ist. ⋄ `ceil(3.99-2.4*I);` $\longrightarrow 4 - 2I$ ⋄ Siehe auch: `floor`, `frac`, `round`, `trunc`.

chebyshev
```
chebyshev(ausdr, var=a..b, ε)
chebyshev(ausdrr, var, ε)
```
Reihenentwicklung bezüglich Tschebyscheff-Polynome ⋄ Diese Funktion berechnet die Reihenentwicklung mit Tschebyscheff-Polynomen des Ausdrucks bezüglich der Variablen var auf dem Intervall $[a, b]$, bis auf einen Fehler ϵ. Ist kein Intervall angegeben, so wird das Intervall $[-1, 1]$ benutzt. Das dritte Argument, ϵ, ist optional. Ist es vorhanden, so kann es nicht kleiner als $10^{-\text{Digits}}$ sein, dem voreingestellten Wert. ⋄ `chebyshev(sin(x), x, .1);` $\longrightarrow$ $.8801011715\,T(1, x) - .03912670797\,T(3, x)$ ⋄ Siehe auch: `numapprox[chebpade]`, `orthopoly[T]`, `series`, `taylor`.

Chi
```
Chi(z)
```
Das Integral des hyperbolischen Kosinus ⋄

$$\text{Chi}(z) = \gamma + \ln z + \int_0^z \frac{\cosh t - 1}{t}\, dt$$

⋄ Man muß erst `readlib(Chi)` eingeben, bevor man diesen Befehl benutzen kann. ⋄ Siehe auch: `Ci`, `combinat[Chi]`, `Shi`.

chrem
```
chrem(reslist, modlist)
```
Algorithmus zum Chinesischen Restsatz ⋄ modlist ist eine Liste moduli $[m_1, \ldots, m_n]$ paarweiser Primzahlen und reslist ist eine Liste von Residuen $[a_1, \ldots, a_n]$. Diese Funktion berechnet die eindeutige, positive ganze Zahl $m < m_1 \cdots m_n$, die $m \equiv a_i \bmod m_i$ erfüllt. reslist kann eine Liste von ganzen Zahlen oder eine Liste von Polynomen sein. Im zweiten Fall wird der Algorithmus auf die Koeffizienten eines jeden Term angewandt. ⋄ `chrem([1,4,5],[3,5,7]);` $\longrightarrow 19$ ⋄ Siehe auch: `GaussInt[GImcmbine]`, `numtheory[mcombine]`.

Ci
```
Ci(z)
```
Das Kosinusintegral ⋄

$$\text{Ci}(z) = \gamma + \ln Iz - I\frac{\pi}{2} + \int_0^z \frac{\cos t - 1}{t}\, dt$$

⋄ Siehe auch: `Chi`, `Si`.

classi
```
classi()
```
Funktion zum Bestimmen des Bianchi-Typen einer 3-dimensionalen Lie-Algebra ⋄ Bevor man diese Funktion aufrufen kann, muß man das Feld `structure` wie folgt definieren: `array([` $C_{123}, C_{231}, C_{312}, C_{112}, C_{113}, C_{221}, C_{223}, C_{331}, C_{332}$ `])` wobei die Größen C_{ijk} neun unabhängige Strukturkonstanten der 3-dimensionalen Lie-Algebra darstellen; man nimmt ferner an, daß sie bezüglich des letzten Indexpaares antisymmetrisch sind. Falls `structure` nicht definiert wurde, so fragt die Prozedur nach den Konstanten. Diese Funktion gibt den Bianchi-Typus aus, wenn die Strukturkonstanten eine Lie-Algebra definieren. ⋄ Man muß erst `readlib(bianchi)` eingeben, bevor man diesen Befehl benutzen kann. ⋄ Siehe auch: `liesymm`.

close
```
close()
```
Schließt die zur Ausgabe mittels open geöffnete Datei ◇ Man muß erst readlib(write) eingeben, bevor man diesen Befehl benutzen kann. ◇ Siehe auch: open, write, writeln.

cmagdiff
```
cmagdiff(z)
```
Differenz von komplexen Größen ◇ Diese Funktion gibt den Größenunterschied zwischen den reellen und den komplexen Teilen der komplexen Zahl z zurück. Für diese Funktion gibt es keine Hilfsseite On-Line. ◇ Man muß erst readlib(cmagdiff) eingeben, bevor man diesen Befehl benutzen kann. ◇ cmagdiff(10+.1*I); $\longrightarrow 2$ ◇ Siehe auch: ilog10.

coeff
```
coeff(poly, var, n)
coeff(poly, var^n)
```
Isoliert einen Koeffizienten eines multivariaten Polynoms ◇ Diese Funktion isoliert den Koeffizienten von var^n in poly. Das Polynom muß nach der Variablen var geordnet (collected) sein. ◇ coeff(x^2*y + 7*x*y^2 + 8*y^3, x); $\longrightarrow 7y^2$ ◇ Siehe auch: Coeff, coeffs, collect, lcoeff, tcoeff.

Coeff
```
Coeff(poly, n)
```
Starre Koeffizientenfunktion ◇ Wird diese in Verbindung mit modp1 benutzt, so wird der Koeffizient eines univariaten Polynoms über einem gegebenen Definitionsbereich zurückgegeben. ◇ Siehe auch: coeff, Lcoeff, Tcoeff.

coeffs
```
coeffs(poly)
coeffs(poly, vars)
coeffs(poly, vars, name)
```
Isoliert alle Koeffizienten von var des multivariaten Polynoms ◇ Diese Funktion berechnet eine Folge von Ausdrücken aller Polynomkoeffizienten bezüglich einer oder einer Liste von Variablen Falls vars nicht bestimmt ist, werden alle Unbestimmte von poly behandelt. Das Polynom muß bezüglich der betrachteten Variablen geordnet (collected) sein. Ist als drittes Argument ein Name gegeben, so wird diesem eine Folge von Ausdrücken, bestehend aus den Termen von poly, zugewiesen. ◇ coeffs(x^2*y + 7*x*y^2 + 8*y^3,y); $\longrightarrow x^2, 7x, 8$ ◇ Siehe auch: coeff, collect, indets, lcoeff, tcoeff.

coeftayl
```
coeftayl(ausdr, var=a, n)
coeftayl(ausdr, varlist=alist, nlist)
```
Berechnet einen Koeffizienten der Taylorreihenentwicklung von ausdr, ohne die Reihe zu bilden ◇ Die erste Form berechnet den Koeffizienten von $(var - a)^n$ der (univariaten) Taylorreihenentwicklung von ausdr um den Punkt $var = a$. Die zweite Form berechnet den Koeffizienten von $\prod(var_i - a_i)^{n_i}$ der multivariaten Taylorreihenentwicklung von expr um a_i. ◇ Man muß erst readlib(coeftayl) eingeben, bevor man diesen Befehl benutzen kann. ◇ coeftayl(ln(x),x=1,5); $\longrightarrow \frac{1}{5}$ ◇ Siehe auch: mtaylor, taylor.

collect
```
collect(ausdr, vars)
collect(ausdr, vars, form, f)
```
Sammelt und ordnet die Koeffizienten mit denselben Potenzen ◇ vars kann der Name einer einfachen Variablen oder einer Liste von Variablen sein. form kann distributed oder recursive (voreingestellt) sein; diese ergeben dasselbe Resultat wenn vars ein einfacher Name ist. Ist eine Funktion f als viertes Argument gegeben, so wird diese auf die Koeffizienten des geordneten Polynoms angewandt. ◇ p := x*y + a*x*y+ b*x*y^2: ◇ collect(p, [x,y]); $\longrightarrow (by^2 + (1+a)y)x$ ◇ collect(p, [x,y], distributed, abs); $\longrightarrow |1+a|\,x\,y + |b|\,x\,y^2$ ◇ Siehe auch: coeff, coeffs, sort.

combinat
Das Paket der kombinatorischen Funktionen. ◇ Siehe auch: combinat[function], with.

combinat[bell]
```
bell(n)
```
Berechnet die $n$te Bellsche Zahl. ◇ bell(5); $\longrightarrow 52$ ◇ Siehe auch: binomial.

combinat[binomial]

```
binomial(n, m)
```

Berechnet Binomialkoeffizienten ◇ Synonym für `binomial`. ◇ Siehe auch: `binomial`.

combinat[cartprod]

```
cartprod(listlist)
```

Iteriert über dem kartesischen Produkt einer Liste von Listen ◇ Diese Funktion gibt eine Tabelle mit zwei Einträgen zurück: `nextvalue` und `finished`. Der Eintrag `nextvalue` ist eine Prozedur, die das kartesische Produkt durchläuft. Durch Aufruf dieser Funktion erhält man das nächste Element des kartesischen Produktes. Der Eintrag `finished` ist entweder *true* oder *false* und zeigt an, ob die Iteration beendet ist. ◇ Siehe auch: `combinat[subsets]`.

combinat[character]

```
character(n)
```

Berechnet eine Zeichentabelle einer symmetrischen Gruppe ◇ Diese Funktion berechnet die Zeichentabelle für S_n, der symmetrischen Gruppe mit n Elementen. ◇ Siehe auch: `combinat[Chi]`, `combinat[partition]`.

combinat[Chi]

```
Chi(λ, ρ)
```

Berechnet die Chi-Funktion für Zerlegungen der symmetrischen Gruppe ◇ Diese Funktion berechnet die Spur der Matrizen, die zur konjugierten Klasse bezüglich der Zerlegung ρ in der unzerlegbaren, der Zerlegung λ entsprechenden Darstellung gehören. ρ und λ müssen Zerlegungen derselben Mächtigkeit sein. ◇ `Chi([2,2],[1,3]);` ⟶ -1 ◇ Siehe auch: `combinat[character]`, `combinat`, `combinat[partition]` `combinat[character]`.

combinat[choose]

```
choose(n)
choose(list)
choose(n, m)
choose(list, m)
```

Konstruiert Potenzmengen oder Kombinationen einer Liste ◇ Die erste Version gibt die Potenzmenge einer Menge von ganzen Zahlen von 1 bis n zurück. Die zweite Form gibt eine Liste aller möglichen Teillisten einer Liste zurück. Die beiden letzten Varianten ergeben nur Teillisten der Länge m. ◇ `choose(2);` ⟶ $\{\{\,\},\{1\},\{2\},\{1,2\}\}$ ◇ `choose(2,1);` ⟶ $[[1],[2]]$ ◇ Siehe auch: `combinat[numbcomb]`, `combinat[permute]`.

combinat[composition]

```
composition(n, k)
```

k-Kompositionen einer ganzen Zahl ◇ Diese Funktion berechnet eine Liste, die alle verschiedenen, geordneten, k-Tupel positiver ganzen Zahlen enthält, wobei die Elemente eines jeden k-Tupel sich zu n aufsummieren. ◇ `composition(4, 2);` ⟶ $\{[2,2],[1,3],[3,1]\}$ ◇ Siehe auch: `@`, `@@`, `combinat[numbcomp]`.

combinat[conjpart]

```
conjpart(list)
```

Berechnet die zur kanonischen Zerlegungsfolge konjugierte Zerlegung. ◇ `conjpart([1,3]);` ⟶ $[1,1,2]$ ◇ Siehe auch: `combinat[encodepart]`, `combinat[firstpart]`, `combinat[inttovec]`, `combinat[lastpart]`, `combinat[nextpart]`, `combinat[numbpart]`, `combinat[partition]`, `combinat[prevpart]`, `combinat[randpart]`.

combinat[decodepart]

```
decodepart(n, m)
```

Berechnet die durch eine ganze Zahl repräsentierte kanonische Zerlegung ◇ Gegeben seien positive ganze Zahlen n und m zwischen 1 und `numbpart(n)`, dann ergibt diese Funktion die durch m repräsentierte Zerlegung. ◇ `decodepart(6,9);` ⟶ $[2,4]$ ◇ Siehe auch: `combinat[encodepart]`, `combinat[inttovec]`, `combinat[numbpart]`, `combinat[partition]`, `combinat[vectoint]`.

combinat[encodepart]

```
encodepart(list)
```

Berechnet eine kanonische Zerlegung, die eine ganze Zahl repräsentiert ◇ Gegeben sei eine Zerlegung list von n, dann gibt diese Funktion die zwischen 1 und `numbpart(n)` liegende ganze Zahl zurück, die diese Zerlegung eindeutig repräsentiert. ◇ `encodepart([2,4]);` ⟶ 9 ◇ Siehe auch: `combinat[decodepart]`.

combinat[fibonacci]

```
fibonacci(n)
fibonacci(n, var)
```
Berechnet die $n$te Fibonaccizahl oder das $n$te Fibonaccipolynom bezüglich der Variablen var. $\diamond$ `fibonacci(4);` $\longrightarrow 3$ $\diamond$ `fibonacci(4,x);` $\longrightarrow x^3 + 2x$ $\diamond$ Siehe auch: `linalg[fibonacci]`.

combinat[firstpart]

```
firstpart(n)
```
Gibt die erste Zerlegung in der kanonischen Zerlegungsfolge von n zurück. $\diamond$ `firstpart(3);` $\longrightarrow [1,1,1]$ $\diamond$ Siehe auch: `combinat[conjpart]`, `combinat[encodepart]`, `combinat[inttovec]`, `combinat[lastpart]`, `combinat[nextpart]`, `combinat[numbpart]`, `combinat[partition]`, `combinat[prevpart]`, `combinat[randpart]`.

combinat[graycode]

```
graycode(n)
```
Konstruiert eine Grauskala mit n Bits $\diamond$ Diese Funktion gibt eine Liste zurück, die alle 2^n n-Bit-Zahlen einer kodierten Grauskala enthält, angefangen von null. $\diamond$ `graycode(2);` $\longrightarrow [0,1,3,2]$

combinat[inttovec]

```
inttovec(m, n)
```
Gibt den in einer kanonischen Anordnung der Zahl m entsprechenden Vektor zurück $\diamond$ Diese Funktion stellt eine eineindeutige Beziehung zwischen nichtnegativen ganzen Zahlen und Vektoren n nichtnegativer ganzer Zahlen her. $\diamond$ `inttovec(1001,3);` $\longrightarrow [10,3,4]$ $\diamond$ Siehe auch: `combinat[decodepart]`, `combinat[encodepart]`, `combinat[vectoint]`.

combinat[lastpart]

```
lastpart(n)
```
Gibt die erste Zerlegung der kanonischen Zerlegungsfolge von n zurück. $\diamond$ `lastpart(3);` $\longrightarrow [3]$ $\diamond$ Siehe auch: `combinat[conjpart]`, `combinat[encodepart]`, `combinat[firstpart]`, `combinat[inttovec]`, `combinat[nextpart]`, `combinat[numbpart]`, `combinat[partition]`, `combinat[prevpart]`, `combinat[randpart]`.

combinat[multinomial]

```
multinomial(n, k₁, k₂, ..., kₘ)
```
Berechnet den Multinomialkoeffizienten $\binom{n}{k_1,k_2,\ldots,k_m}$ $\diamond$ Hierbei setzt man voraus, daß gilt $n = k_1 + k_2 + \ldots + k_m$. $\diamond$ `multinomial(7,3,2,2);` $\longrightarrow 210$ $\diamond$ Siehe auch: `binomial`.

combinat[nextpart]

```
nextpart(list)
```
Berechnet die nächste Zerlegung innerhalb der kanonischen Zerlegungsfolge. $\diamond$ `nextpart([2,4]);` $\longrightarrow [1,5]$ $\diamond$ Siehe auch: `combinat[conjpart]`, `combinat[encodepart]`, `combinat[firstpart]`, `combinat[inttovec]`, `combinat[lastpart]`, `combinat[numbpart]`, `combinat[partition]`, `combinat[prevpart]`, `combinat[randpart]`.

combinat[numbcomb]

```
numbcomb(n)
numbcomb(list)
numbcomb(n, m)
numbcomb(list, m)
```
Zählt die Kombinationen $\diamond$ Die erste Variante gibt 2^n zurück, also die Anzahl der Kombinationen ganzer Zahlen von 1 bis n. Die zweite Variante berechnet die Anzahl der Kombinationen von Elementen in list, wobei Duplikate in der Liste berücksichtigt werden. Die letzten beiden Versionen betrachten nur die Teillisten der Länge m. $\diamond$ `numbcomb(5,2);` $\longrightarrow 10$ $\diamond$ `numbcomb([a,a]);` $\longrightarrow 3$ $\diamond$ Siehe auch: `binomial`, `combinat[choose]`.

combinat[numbcomp]

```
numbcomp(n, k)
```
Berechnet die Anzahl von k-Kompositionen von n $\diamond$ Diese Funktion zählt die Anzahl der verschiedenen geordneten geordneten k-Tupel ganzer Zahlen, deren Elemente sich zu n aufsummieren. $\diamond$ `numbcomp(4,2);` $\longrightarrow 3$ $\diamond$ Siehe auch: `combinat[composition]`.

combinat[numbpart]

```
numbpart(n)
```

Berechnet die Anzahl der Zerlegungen von n ◇ Dies gibt an, auf wieviele Arten man n als eine Summe darstellen kann, wobei die Reihenfolge nicht berücksichtigt wird. ◇ `numbpart(10);` ⟶ 42 ◇ Siehe auch: `combinat[partition]`.

combinat[numbperm]

```
numbperm(n)
numbperm(list)
numbperm(n, m)
numbperm(list, m)
```

Zählt die Anzahl der Permutationen ◇ Bei der ersten Form erhält man die Anzahl der Permutationen von n Objekten, $n!$. Die zweite Form berechnet die Anzahl der Permutationen der Elemente in list, wobei die Duplikate in der Liste berücksichtigt werden. Die letzten beiden Varianten zählen die Permutationen von n Objekten oder von list Elementen, wobei m Elemente gleichzeitig betrachtet werden. ◇ `numbperm(7,3);` ⟶ 210 ◇ Siehe auch: `combinat[permute]`.

combinat[partition]

```
partition(n)
```

Gibt alle möglichen Zerlegungen der ganzen Zahl n an ◇ Diese Funktion gibt eine Liste von Zerlegungen zurück. ◇ `partition(3);` ⟶ $[[1,1,1],[1,2],[3]]$ ◇ Siehe auch: `combinat[numbpart]`.

combinat[permute]

```
permute(n)
permute(liste)
permute(n, m)
permute(liste, m)
```

Konstruiert Permutationen ◇ Die erste Form gibt eine Liste aller Permutationen der ganzen Zahlen von 1 bis n zurück. Die zweite Form berechnet die Liste der Permutationen aller in liste vorkommender Elemente. Die letzten zwei Varianten listen die Permutationen, wobei man m Elemente gleichzeitig permutiert. ◇ `permute([a,a,b]);` ⟶ $[[a,a,b],[a,b,a],[b,a,a]]$ ◇ Siehe auch: `combinat[numbperm]`.

combinat[powerset]

```
powerset(n)
powerset(liste)
powerset(menge)
```

Konstruiert die Potenzmenge ◇ Die erste Variante gibt die Potenzmenge der ganzen Zahlen von 1 bis n zurück. Die zweite Variante erzeugt eine Liste aller Teillisten von liste, die letzte Variante berechnet die Potenzmenge zu einer gegebenen Menge. ◇ `powerset(2);` ⟶ $\{\{\},\{1\},\{2\},\{1,2\}\}$ ◇ Siehe auch: `combinat[choose]`, `combinat[subsets]`.

combinat[prevpart]

```
prevpart(list)
```

Berechnet die vorhergehende Zerlegung innerhalb der kanonischen Zerlegungsfolge. ◇ `prevpart([1,5]);` ⟶ $[2,4]$ ◇ Siehe auch: `combinat[conjpart]`, `combinat[encodepart]`, `combinat[firstpart]`, `combinat[inttovec]`, `combinat[lastpart]`, `combinat[nextpart]`, `combinat[numbpart]`, `combinat[partition]`, `combinat[randpart]`.

combinat[randcomb]

```
randcomb(n, m)
randcomb(liste, m)
```

Berechnet eine Zufallskombination ◇ Die erste Form berechnet eine Zufallskombination von m ganzen Zahlen, die alle zu den n ersten positiven ganzen Zahlen gehören. Die zweite Form erzeugt eine Zufallskombination von m Elementen von liste. ◇ `randcomb(4,2);` ⟶ $\{2,3\}$ ◇ Siehe auch: `combinat[choose]`.

combinat[randpart]

```
randpart(n)
```

Erzeugt eine zufällige Zerlegung von n. ◇ `randpart(7);` ⟶ $[2,2,3]$ ◇ Siehe auch: `combinat[partition]`.

combinat[randperm]

```
randperm(n)
randperm(list)
```

Erzeugt eine zufällige Vertauschung ◇ Bei der ersten Version wird eine zufällige Permutation der ersten n positiven ganzen Zahlen erzeugt. Die zweite Version erzeugt eine Zufallskombination der Elemente von list. ◇ `randperm(4);` $\longrightarrow [2,4,1,3]$ ◇ Siehe auch: `combinat[permute]`, `combinat[numbperm]`.

combinat[stirling1]

```
stirling1(n, m)
```

Berechnet die Stirlingzahlen der ersten Art. ◇ `stirling1(5,3);` $\longrightarrow 35$ ◇ Siehe auch: `combinat[stirling2]`.

combinat[stirling2]

```
stirling2(n, m)
```

Berechnet die Stirlingzahlen der zweiten Art ◇ Diese sind $\frac{1}{m!} \sum_{k=0}^{m} (-1)^{m-k} \binom{m}{k} k^n$. ◇ `stirling2(5,3);` $\longrightarrow 25$ ◇ Siehe auch: `combinat[stirling1]`.

combinat[subsets]

```
subsets(menge)
subsets(liste)
```

Iteriert über die Elemente der Potenzmenge einer Obermenge oder Liste ◇ Diese Funktion gibt eine Tabelle mit zwei Einträgen zurück: `nextvalue` und `finished`. Der Eintrag `nextvalue` ist eine Prozedur, die die Potenzmenge durchläuft. Ein Aufruf dieser Funktion liefert das nächste Element der Potenzmenge. Jedes zurückgelieferte Element stellt eine Menge dar, falls das ursprügliche Element eine Menge war und eine Liste, falls das ursprüngliche Element eine Liste war. Der Eintrag `finished` ist entweder *true* oder *false* und zeigt an, ob die Iteration beendet ist oder nicht. ◇ Siehe auch: `combinat[cartprod]`, `combinat[powerset]`.

combinat[vectoint]

```
vectoint(liste)
```

Gibt die Liste liste entsprechende ganze Zahl in einer kanonischen Ordnung zurück ◇ Diese Funktion stellt eine eineindeutige Zuordnung zwischen Vektoren nichtnegativer ganzer Zahlen und nichtnegativen Zahlen dar. ◇ `vectoint([10,3,4]);` $\longrightarrow 1001$ ◇ Siehe auch: `combinat[encodepart]`, `combinat[decodepart]`, `combinat[inttovec]`.

combine

```
combine(ausdr)
combine(ausdr, name)
combine(ausdr, namensliste)
```

Faßt zwei Terme zu einem einzigen Term zusammen ◇ Diese Funktion wendet Transformationen an, die Terme innerhalb von Summen, Produkten und Potenzen zu einem einzigen Term zusammenfassen. Sie wird auf Komponenten von Listen, Mengen und Relationen angewandt. Für viele Funktionen stellt sie die Umkehrung von `expand` dar. Teilausdrücke, die `Int`, `Limit` und `Sum` beinhalten, werden, wenn möglich, unter Benutzung von Linearität zu einem Ausdruck zusammengefaßt. Man kann auf andere Transformationen zugreifen, indem man einen Namen oder eine Liste von Namen als zweites Argument spezifiziert. ◇ `combine(Int(f(x),x)+Int(g(x),x));` $\longrightarrow \int f(x) + g(x)\,dx$ ◇ Siehe auch: `combine/name`, `expand`, `factor`.

combine/'@@'

```
combine(ausdr, '@@')
```

Synonym für `combine/atatsign` ◇ Siehe auch: `combine/atatsign`.

combine/abs

```
combine(ausdr, abs)
```

Kombinierte Produkte von Absolutwerten ◇ Diese Option ist neu in Version 3. ◇ `combine(abs(x)*abs(y)^3, abs);` $\longrightarrow |x\,y^3|$

combine/atatsign

```
combine(ausdr, atatsign)
combine(ausdr, '@@')
```

Kombiniert Ausdrücke, die Operatoren beinhalten ◇ Diese Funktion kombiniert geschachtelte Funktionen zu Funktionsausdrücken, wobei der iterierte Kompositionsoperator @@, benutzt wird. ◇ `combine(f(f(x)), '@@');` $\longrightarrow f^{(2)}(x)$

combine/conjugate

```
combine(ausdr, conjugate)
```
Faßt komplex Konjugierte zusammen ⋄ Summen, Produkte und reelle Potenzen von komplex Konjugierten werden zu einem einzigen Term zusammengefaßt. ⋄ `combine(conjugate(a) + 3*conjugate(b), conjugate);` ⟶ $\mathrm{conjugate}(a + 3\,b)$ ⋄ Siehe auch: `evalc`.

combine/exp

```
combine(ausdr, exp)
```
Fasse Exponenten zusammen ⋄ Es werden hierzu drei Transformationen angewandt:

$$\begin{aligned} \mathrm{e}^x\,\mathrm{e}^y &\rightarrow \mathrm{e}^{x+y} \\ (\mathrm{e}^x)^y &\rightarrow \mathrm{e}^{x\,y} \\ \mathrm{e}^{(x+n\,\ln y)} &\rightarrow y^n\mathrm{e}^x \quad (n \text{ ganze Zahl}) \end{aligned}$$

⋄ `combine(exp(ln(a)), exp);` ⟶ a

combine/ln

```
combine(ausdr, ln)
```
Faßt logarithmische Terme zusammen ⋄ Es werden zwei Transformationen angewandt:

$$\begin{aligned} a\,\ln x &\rightarrow \ln x^a \\ \ln x + \ln y &\rightarrow \ln xy \end{aligned}$$

⋄ `combine(a*ln(x)+b*ln(x), [ln,power]);` ⟶ $\ln\left(x^{(a+b)}\right)$

combine/power

```
combine(ausdr, power)
```
Faßt Terme mit Potenzen zusammen ⋄ Die folgenden fünf Transformationen werden benutzt:

$$\begin{aligned} x^y\,x^z &\rightarrow x^{y+z} \\ (x^y)^z &\rightarrow x^{y\,z} \\ \mathrm{e}^x\,\mathrm{e}^y &\rightarrow \mathrm{e}^{x+y} \\ (\mathrm{e}^x)^y &\rightarrow \mathrm{e}^{x\,y} \\ \sqrt{-n} &\rightarrow I\,\sqrt{n} \quad (n \text{ ganze Zahl}) \\ n^q\,m^q &\rightarrow (n\,m)^q \quad (n, m \text{ ganze Zahlen, } q \text{ rational}) \end{aligned}$$

⋄ `combine(5^(2/3)*7^(2/3), power);` ⟶ $35^{2/3}$

combine/Psi

```
combine(expr, Psi)
```
Faßt Psi-Funktionen zusammen ⋄ Die angewandte Transformation hat die Form $\Psi(q \pm x) + \Psi(r \pm x) \rightarrow \Psi(x) \pm Q(x) \pm \pi\,P(\cot(\pi\,x))$, wobei Q eine rationale Funktion und P ein univariates Polynom ist; q sowie r sind rational. ⋄ `combine(Psi(x)+Psi(1-x), Psi);` ⟶ $2\,\Psi(x) + \pi\cot(\pi\,x)$

combine/radical

```
combine(ausdr, radical)
combine(ausdr, radical, symbolic)
```
Kombiniert Produkte von Radikalen derselben Potenz ⋄ Die angewandte Haupttransformation ist $x^{m/d}y^{n/d} \rightarrow (x^m y^n)^{1/d}$, wobei m und n positive ganze Zahlen sind, die kleiner als die ganze Zahl d sind; x und y sind positiv. Ist das Argument `symbolic` angegeben, so wird angenommen, daß alle Radikanten reell und positiv sind. ⋄ Diese Option ist neu in Version 3. ⋄ `combine(sqrt(2)*sqrt(3), radical);` ⟶ $\sqrt{6}$ ⋄ Siehe auch: `assume`.

combine/signum

```
combine(ausdr, signum)
```
Kombiniert Produkte von Vorzeichenfunktionen ⋄ Diese Option ist neu in Version 3. ⋄ `combine(signum(x)*signum(y)^3, signum);` ⟶ $\mathrm{signum}\left(x\,y^3\right)$

combine/trig

```
combine(ausdr, trig)
```
Faßt trigonometrische Terme zusammen ⋄ Die angewandten Transformationen sind:

$$\begin{aligned} \sin(a)\,\sin(b) &\rightarrow \tfrac{1}{2}\cos(a-b) - \tfrac{1}{2}\cos(a+b) \\ \sin(a)\,\cos(b) &\rightarrow \tfrac{1}{2}\sin(a-b) + \tfrac{1}{2}\sin(a+b) \\ \cos(a)\,\cos(b) &\rightarrow \tfrac{1}{2}\cos(a-b) + \tfrac{1}{2}\cos(a+b) \end{aligned}$$

zusammen mit den entsprechenden Transformationen für Produkte und Potenzen von sinh und cosh. ⋄ `combine(sinh(x)*sinh(y), trig);` ⟶ $\tfrac{1}{2}\cosh(x+y) - \tfrac{1}{2}\cosh(x-y)$

commutat

```
c(x, y)
commutat(c)
convert(ausdr, '&*')
convert(ausdr, c)
expand(ausdr, '&*')
expand(ausdr, c)
simplify(ausdr, c)
```

Routinen zur Manipulation und Vereinfachung von Kommutatoren ◇ `c(x, y)` steht für den Kommutator $xy - yx$, wobei die Multiplikation hier nichtkommutativ ist. `commutat` wandelt einen Kommutator in die Form mit Lie-Klammern (Liste) um. Die Routine `convert` wandelt einen Ausdruck von Kommutator-Schreibweise nach &*-Schreibweise um und wieder zurück. Die Routinen `expand` und `simplify` liefern Definitionen zur Entwicklung und Vereinfachung von Kommutatoren und &*-Ausdrücken. Man muß `readlib(commutat)` aufrufen, bevor man diese Funktionen benutzen kann. ◇ `commutat(c(x,y))`; $\longrightarrow [x,y]$ ◇ `convert(c(x,y),'&*')`; $\longrightarrow (x\,\&^*\,y) - (y\,\&^*\,x)$ ◇ Siehe auch: &*.

comparray

```
comparray(A, B)
comparray(A, B, dontprint)
comparray(A, B, ...)
```

Vergleicht die Einträge zweier Felder oder Listen ◇ Hierbei können A und B Felder, Listen oder Listen von Listen derselben Dimension sein. Die erste Form liefert *true* zurück, falss A und B identisch sind, sonst *false*. Ein Feld von Boolschen Ausdrücken wird genauso wie A ausgedruckt, wobei Einträge die übereinstimmen und solche, die nicht übereinstimmen dargestellt werden. Ist `dontprint` angegeben, so wird nichts ausgedruckt. In der dritten Form wird `testfloat` aufgerufen, um A und B zu vergleichen. Zusatzargumente werden an `testfloat` weitergereicht. ◇ Man muß erst `readlib(comparray)` eingeben, bevor man diesen Befehl benutzen kann. ◇ Siehe auch: `linalg[equal]`, `testfloat`.

compoly

```
compoly(poly, var)
```

Bestimmt eine mögliche Komposition eines Polynoms ◇ Diese Funktion gibt eine Folge der Form ausdr, glchg zurück, derart, daß poly gleich `subs(glchg, ausdr)` ist. Kann solch ein Paar nicht gefunden werden, so wird *FAIL* zurückgegeben. ◇ `compoly(x^4+1, x)`; $\longrightarrow x^2 + 1, x = x^2$

conjugate

```
conjugate(ausdr)
```

Berechnet das komplex Konjugierte eines Ausdrucks ◇ Sollen die unbekannten Variablen für reelle Werte stehen, so benutze man `assume` oder `evalc`. ◇ Siehe auch: `assume`, `evalc`, `Im`, `NPspinor[conj]`, `projgeom[conjugate]`, `Re`.

constants

Globale Variable ◇ Eine Folge von Namen wird als Systemkonstanten behandelt. Man kann dieser Folge keinen Wert oder Namen zuweisen. Diese Variablen sind zunächst `false`, `gamma`, `infinity`, `true`, `Catalan`, `E`, `Pi`. Man kann zusätzliche geschützte Namen definieren, indem man sie an diese Folge anhängt. ◇ Siehe auch: `type/constant`.

content

```
content(poly, vars, name)
```

Inhalt eines multivariaten Polynoms ◇ Der Inhalt ist das größte gemeinsame Vielfache der Koeffizienten von poly in bezug auf die Variable oder die Variablenliste bzw. -menge vars. Falls name spezifiziert ist, so wird diesem der primitive Teil von poly zugewiesen, also das Polynom dividiert durch den Inhalt. ◇ `content(2*x+4*x*y, y)`; $\longrightarrow 2x$ ◇ Siehe auch: `coeffs`, `Content`, `gcd`, `icontent`, `primpart`.

Content

```
Content(poly, vars, name)
```

Starre Inhaltsfunktion ◇ Wird diese in Verbindung mit `evala`, `evalgf` oder `mod` benutzt, so berechnet diese Funktion den Inhalt des Polynoms in der Variablen oder in der Liste bzw. Menge von Variablen vars über dem Definitionsbereich der Koeffizienten. Ist die Variable name angegeben, so wird ihr der primitive Teil zugewiesen. ◇ Siehe auch: `content`, `evala`, `evalgf`, `mod`, `Primpart`.

convergs
```
convergs(liste)
convergs(f)
convergs(liste₁, liste₂)
convergs(liste₁, liste₂, n)
convergs(f₁, f₂, n)
```
Druckt die Konvergenten eines Kettenbruchs aus ◇ liste ist eine Liste der Teilquotienten eines einfachen Kettenbruchs, sonst berechnet f diese Zahlen als $f(1)$, $f(2)$, usw. Bei zwei Listen enthält liste₁ die Nenner eines regulären Kettenbruchs und liste₂ enthält die Zähler, oder die beiden Funktionen berechnen diese Zahlen. Diese Funktion akzeptiert auch eine Liste zusammen mit einer Funktion. Das optionale Argument n gibt an, wieviele Konvergenten angezeigt werden sollen. Diese Funktion gibt NULL zurück. ◇ Man muß erst `readlib(convergs)` eingeben, bevor man diesen Befehl benutzen kann. ◇ Siehe auch: `convert`, `convert/confrac`.

convert
```
convert(ausdr, form)
convert(ausdr, form, args)
```
Wandelt einen Ausdruck in eine andere Form oder in einen anderen Typ um ◇ Die Funktion `convert` gibt es in Dutzenden von Varianten. Einige Umwandlungen akzeptieren zusätzliche Argumente. Man kann für diese Funktion zusätzliche Umwandlungsroutinen definieren, indem man Prozeduren mit Namen `convert/f`, erzeugt, wobei f der Name eines neuen Typen oder einer neuen Form ist. ◇ Siehe auch: `convert/name`, `type`.

convert/'+'
```
convert(ausdr, '+')
```
Wandle in eine Summe um ◇ Diese Funktion summiert alle Operanden der Form ausdr. ◇ `convert([2,3,4], '+');` ⟶ 9 ◇ Siehe auch: `convert/'*'`.

convert/'*'
```
convert(ausdr, '*')
```
Wandelt in ein Produkt um ◇ Diese Funktion multipliziert alle Operanden von ausdr miteinander. ◇ `convert({2,3,4}, '*');` ⟶ 24 ◇ Siehe auch: `convert/'+'`.

convert/array
```
convert(liste, array, grenzen, indexfkt)
convert(tabelle, array, grenzen, indexfkt)
convert(feld, array, grenzen, indexfkt)
```
Wandelt eine Liste, Tabelle oder Feld in eine Feld um ◇ Die Grenzen des Feldes und die Indexfunktion sind optional. ◇ Siehe auch: `array`, `convert/matrix`, `convert/vector`.

convert/base
```
convert(n, base, ausgabebasis)
convert(list, base, eingabebasis, ausgabebasis)
```
Wandelt von einer Basis in eine andere Basis um ◇ Beim ersten Schema wird die in der Dezimalbasis dargestellte Zahl n in die Basis ausgabebasis umgewandelt. Das zweite Schema wandelt eine Liste von Ziffern list, die man als Zahl in der Basis eingabebasis versteht, in eine Basis ausgabebasis um. Die am wenigsten signifikante Ziffer ist die erste in der Liste. ◇ `convert([1,1,2], base,5,10);` ⟶ [6,5] ◇ Siehe auch: `convert/binary`, `convert/decimal`, `convert/hex`, `convert/octal`.

convert/binary
```
convert(r, binary)
convert(r, binary, m)
```
Wandelt eine Dezimalzahl in eine Binärzahl um ◇ Die Zahl kann entweder positiv oder negativ sein, es kann sich um eine ganze Zahl oder eine Gleitkommazahl handeln. Handelt es sich um eine Gleitkommazahl, so bestimmt m die Anzahl der Stellen Genauigkeit der Antwort (voreingestellt ist Digits). ◇ `convert(0.75,binary,3);` ⟶ .110 ◇ Siehe auch: `convert/base`, `convert/decimal`, `convert/hex`, `convert/octal`.

convert/binomial
```
convert(ausdr, binomial)
```
Wandelt GAMMAs und Fakultäten in Ausdrücke mit Binomialkoeffizienten um ◇ Diese Funktion ist neu in Version 3. ◇ `convert((2*n)!/(n!)^2, binomial);` ⟶ $binomial(2n, n)$ ◇ Siehe auch: `convert/factorial`, `convert/GAMMA`.

convert/confrac
```
convert(r, confrac, n, name)
convert(reihe, confrac, option)
convert(ausdr, confrac, var, n)
```
Wandelt Zahlen, Reihen, rationale Funktionen und andere algebraische Objekte in eine Kettenbruchapproximation um ◇ Die erste Variante wandelt die rationale oder reelle Zahl r in einen Kettenbruch um, wobei eine Liste von n Teilquotienten zurückgegeben wird. Der voreingestellte Wert von n ist 9. Gibt man name an, so wird diesem eine Liste der Konvergenten zugewiesen. Die zweite Variante berechnet eine Kettenbruchapproximation einer Reihe und zwar bis zur Ordnung der Reihe. option kann entweder `superdiagonal` (voreingestellt) oder `subdiagonal` sein. Die dritte Variante operiert auf rationalen Funktionen oder anderen algebraischen Objekten. Es wird nach dem Namen der Variablen var verlangt; n ist optional. ◇ `convert(1.57,confrac,4);` $\longrightarrow [1,1,1,3]$ ◇ Siehe auch: `convergs`, `numtheory[cfrac]`, `numtheory[cfracpol]`.

convert/D
```
convert(ausdr, D)
```
Wandelt solche Ausdrücke in D-Operatorschreibweise um, welche Ableitungen in `diff`-Schreibweise enthalten. ◇ `convert(diff(f(x),x), D);` $\longrightarrow D(f)(x)$ ◇ Siehe auch: `convert/diff`.

convert/decimal
```
convert(n, decimal, binary)
convert(kette, decimal, hex)
convert(n, decimal, octal)
```
Wandelt in Dezimalbasis um ◇ Diese Funktion wandelt Binär-, Hexadezimal- oder Oktalzahlen in Dezimalzahlen um. Die Binär- oder Oktalzahl ist als ganze Zahl, die Hexadezimalzahl als Zeichenkette gegeben. ◇ `convert('AB', decimal, hex);` $\longrightarrow 171$ ◇ Siehe auch: `convert/base`, `convert/binary`, `convert/hex`, `convert/octal`.

convert/degrees
```
convert(zahl, degrees)
```
Wandelt Bogenlänge in Grad um. ◇ `convert(Pi, degrees);` $\longrightarrow 180$ *degrees* ◇ Siehe auch: `convert/radians`.

convert/diff
```
convert(ausdr, diff, x)
```
Ersetzt den D-Operator durch die `diff`-Funktion, wenn möglich. ◇ `convert(D(f)(x), diff);` $\longrightarrow \frac{\partial}{\partial x} f(x)$ ◇ Siehe auch: `convert/D`.

convert/double
```
convert(r, double, ausgabeform)
convert(kette, double, maple, eingabeform)
```
Wandelt eine Gleitkommazahl in doppelter Genauigkeit von einer Form in eine andere Form um ◇ Mit drei Argumenten ist ausdr eine Maple-Gleitkommazahl und ausgabeform muß `ibm`, `mips`, oder `vax` sein. Mit vier Argumenten ist kette eine Hexadezimalkette in eingabeform, welche eine der obigen drei sein muß. ◇ `convert(0.75, double, ibm);` $\longrightarrow 40C0000000000000$ ◇ Siehe auch: `convert/float`, `convert/hex`.

convert/Ei
```
convert(ausdr, Ei)
```
Wandelt trigonometrische, hyperbolische und logarithmische Integrale in Exponentialintegrale um. ◇ `convert(Li(x), Ei);` $\longrightarrow Ei(\ln(x))$ ◇ Siehe auch: `Ei`, `simplify/Ei`.

convert/eqnlist
```
convert(feld, eqnlist)
convert(liste, eqnlist)
convert(tabelle, eqnlist)
```
Wandelt ein Feld, eine Liste oder eine Tabelle in eine sie definierende Gleichung um ◇ Jedes Element der zurückgegebenen Liste hat die Form index = element. ◇ `convert([7,8],eqnlist);` $\longrightarrow [1 = 7, 2 = 8]$ ◇ Siehe auch: `convert/list`, `convert/listlist`.

convert/equality

```
convert(relation, equality)
```
Wandelt die Relation in eine Gleichung um, indem die Relation durch = ersetzt wird. ◇ `convert(x<y, equality);` $\longrightarrow x = y$ ◇ Siehe auch: `convert/lessequal`, `convert/lessthan, simplex[convert/equality]`.

convert/erf

```
convert(ausdr, erf)
```
Wandelt Ausdrücke, die die ergänzende Fehlerfunktion oder Dawsons Integral beinhalten, in eine gleichwertige Form unter Benutzung der Fehlerfunktion um. Es wird in die Fehlerfunktion umgewandelt. ◇ `convert(erfc(x), erf);` $\longrightarrow 1 - \mathrm{erf}(x)$ ◇ Siehe auch: `convert/erfc`, `dawson, erf`.

convert/erfc

```
convert(ausdr, erfc)
```
Wandelt Ausdrücke, die die Fehlerfunktion enthalten, in eine gleichwertige Form um, wobei die ergänzende Fehlerfunktion benutzt wird. ◇ `convert(erf(x), erfc);` $\longrightarrow 1 - \mathrm{erfc}(x)$ ◇ Siehe auch: `convert/erf, erfc`.

convert/exp

```
convert(ausdr, exp)
```
Wandelt trigonometrische Funktionen und hyperbolische trigonometrische Funktionen in Exponentialform um. ◇ `convert(2*sinh(x), exp);` $\longrightarrow e^x - \frac{1}{e^x}$ ◇ Siehe auch: `convert/expsincos, convert/expln, convert/ln, convert/sincos`, `convert/trig`.

convert/expln

```
convert(ausdr, expln)
```
Wandelt elementare Funktionen in `exp` und `ln` um. ◇ `convert(2*cos(x)+arcsinh(x),` `expln);` $\longrightarrow e^{I x} + \frac{1}{e^{I x}} + \ln\left(x + \sqrt{x^2 + 1}\right)$ ◇ Siehe auch: `convert/exp`, `convert/ln, convert/trig`.

convert/expsincos

```
convert(ausdr, expsincos)
```
Wandelt trigonometrische Funktionen in `sin` und `cos` um, sowie hyperbolische trigonometrische Funktionen in Exponentialform. ◇ `convert(tan(theta), expsincos);` $\longrightarrow \frac{\sin(\theta)}{\cos(\theta)}$ ◇ Siehe auch: `convert/exp, convert/sincos, convert/tan, convert/trig`.

convert/factorial

```
convert(ausdr, factorial)
convert(ausdrr, factorial, var)
```
Wandelt GAMMAs, Binomial- und Multinomialkoeffizienten in einen Ausdruck mit Fakultäten um ◇ vars benennt eine Unbestimmte, eine Liste von Unbestimmten oder eine Menge von Unbestimmten zur Umwandlung von GAMMA oder eines binomialen Ausdrucks. ◇ `convert(binomial(n,m), factorial);` $\longrightarrow \frac{n!}{m!\,(n-m)!}$ ◇ Siehe auch: `convert/GAMMA`.

convert/float

```
convert(ausdr, float)
```
Wandelt den Ausdruck in Gleitkommaschreibweise um ◇ Die Genauigkeit wird durch den Wert von `Digits` angegeben. ◇ `convert(erf(1),float);` $\longrightarrow .8427007929$ ◇ Siehe auch: `Digits, evalf`.

convert/fraction

```
convert(r, fraction)
convert(r, fraction, n)
convert(r, fraction, exact)
```
Synonym für `convert/rational`. ◇ See `convert/rational`.

convert/GAMMA

```
convert(ausdr, GAMMA)
convert(ausdr, GAMMA, vars)
```
Wandelt binomiale, multinomiale oder Fakultätsausdrücke in einen die GAMMA-Funktion enthaltenden Ausdruck um ◇ vars benennt eine Unbestimmte, eine Liste von Unbestimmten oder eine Menge von Unbestimmten zur Umwandlung eines binomialen oder Fakultätsausdrucks. ◇ `convert(n!,GAMMA);` $\longrightarrow \Gamma(n + 1)$ ◇ Siehe auch: `convert/factorial`.

convert/hex

`convert(n, hex)`

Wandelt in hexadezimale Form um ◇ Diese Funktion konvertiert eine positive ganze Dezimalzahl in eine Hexadezimalzahl. Die Zahl wird als Zeichenkette zurückgegeben. ◇ `convert(171, hex);` $\longrightarrow AB$ ◇ Siehe auch: `convert/base`, `convert/binary`, `convert/decimal`, `convert/double`, `convert/octal`.

convert/horner

`convert(poly, horner)`
`convert(poly, horner, vars)`

Stellt ein Polynom in Hornerform (geschachtelt) dar ◇ vars kann der Name einer einfachen Variablen oder aber einer Liste bzw. Menge von Variablen sein. Ist mehr als eine Variable angegeben, so wird die Umwandlung rekursiv auf jeden der Koeffizienten angewandt. Eine Liste erlaubt es, die Reihenfolge der Konvertierungen zu kontrollieren. ◇ `convert(x^2+x+1, horner);` $\longrightarrow 1 + (x + 1)x$ ◇ Siehe auch: `convert/mathorner`.

convert/hostfile

`convert(dateiname, hostfile)`

Wandelt den Maple-Dateinamen in einen für das zugrundeliegende System gültigen Namen um ◇ Der zurückgegebene Dateiname wird von System zu System variieren. ◇ Siehe auch: `read`, `save`.

convert/hypergeom

`convert(ausdr, hypergeom)`

Wandelt Summationen in hypergeometrische Entwicklungen um. ◇ `convert(Sum(1/k^2, k=1..infinity), hypergeom);` $\longrightarrow$ hypergeom$([1, 1, 1], [2, 2], 1)$ ◇ Siehe auch: `hypergeom`, `simplify/hypergeom`.

convert/lessequal

`convert(relation, lessequal)`

Verwandelt die gegebene Relation in eine schwache Ungleichung, indem die Relation durch <= ersetzt wird. ◇ `convert(x<>y, lessequal);` $\longrightarrow x \leq y$ ◇ Siehe auch: `convert/equality`, `convert/lessthan`.

convert/lessthan

`convert(relation, lessthan)`

Verwandelt die gegebene Relation in eine strikte Ungleichung, indem die Relation durch < ersetzt wird. ◇ `convert(x=y, lessthan);` $\longrightarrow x < y$ ◇ Siehe auch: `convert/equality`, `convert/lessequal`.

convert/list

`convert(tabelle, list)`
`convert(feld, list)`
`convert(ausdr, list)`
`convert(ausdr, list, list)`
`convert(ausdr, list, '=')`

Verwandelt ein eindimensionales Feld, Tabelle oder Ausdruck in eine Liste ◇ Ein Ausdruck wird in eine Liste seiner Operanden konvertiert. Ist ein drittes Argument `list` angegeben, so bewirkt diese Funktion ein `convert/listlist` angewandt aufs erste Argument. Bei Angabe von `'='` wird `convert/eqnlist` aufgerufen. ◇ `convert(a+b*c,list);` $\longrightarrow [a, bc]$ ◇ Siehe auch: `convert/eqnlist`, `convert/listlist`, `convert/set`.

convert/listlist

`convert(feld, listlist)`
`convert(liste, listlist)`

Konvertiert ein Feld oder eine Liste von Gleichungen in eine Liste von Listen ◇ Die aus einem Feld geformte Liste von Listen ist genau die Liste, die an die Funktion `array` zur Erzeugung des Feldes gegeben würde. Bei der zweiten Form wird eine ein Feld definierende Liste von Gleichungen in eine Liste verwandelt. ◇ `convert([2=8,1=7],listlist);` $\longrightarrow [7, 8]$ ◇ Siehe auch: `array`, `convert/eqnlist`, `convert/list`.

convert/ln

`convert(ausdr, ln)`

Wandelt inverse trigonometrische und hyperbolische trigonometrische Funktion in logarithmische Form um. ◇ `convert(2*arctanh(z), ln);` $\longrightarrow \ln(z + 1) - \ln(1 - z)$ ◇ Siehe auch: `convert/exp`.

convert/mathorner

```
convert(poly, mathorner)
convert(poly, mathorner, var)
convert(poly, mathorner, A)
```

Verwandlet ein Polynom in Hornerform für Matrizen ◇ poly ist ein Polynom bezüglich des dritten Arguments, ein Variablenname oder eine Matrix. ◇ `convert(x^2+x+1,mathorner);` $\longrightarrow 1 + ((1 + x)\,\&^*\,x)$ ◇ Siehe auch: `convert/horner`.

convert/matrix

```
convert(feld, matrix)
convert(listenliste, matrix)
```

Verwandelt ein zweidimensionales Feld oder eine Liste von Listen in eine Matrix. ◇ Siehe auch: `convert/array, convert/vector, linalg[matrix]`.

convert/metric

```
convert(ausdr, metric)
convert(ausdr, metric, imp)
convert(ausdr, metric, US)
```

Verwandelt in metrische Maßeinheiten ◇ Erscheint ein dritter Parameter `imp` oder US, so sollen die auftretenden Maßeinheitenals imperial bzw. U.S. aufgefaßt werden.Die folgenden Einheiten können

	acre	cord	gallon	inches	mi	oz	pounds
	acres	cords	gallons	ins	Mile	Ozs	quart
	bu	feet	Gals	kg	miles	pint	quarts
bearbeitet werden:	bushel	foot	gill	km	MPG	pints	yard
	bushels	ft	gills	Lb	MPH	pole	yards
	chain	furlong	gr	lbs	ounce	poles	yd
	chains	furlongs	hr	light_year	Ounces	pound	yds
	cm	gal	inch	light_years			

◇ `convert(1*furlong, metric);` $\longrightarrow 201.1680\,m$

convert/mod2

```
convert(ausdr, mod2)
```

Reduziert einen logischen Ausdruck modulo 2 ◇ Der Ausdruck kann die Boolschen Operatoren not, and und or enthalten. ◇ `convert(not x^3 and y, mod2);` $\longrightarrow (1 + x)\,y$ ◇ Siehe auch: `logic[convert]`, mod.

convert/multiset

```
convert(ausdr, multiset)
convert(liste, multiset)
convert(tabelle, multiset)
```

Konvertiert in einen Multiset ◇ Ein Multiset wird als eine Liste von Paaren der Form $[e, m]$ dargestellt, wobei e ein Element und m seine Vielfachheit ist. Die Faktoren eines algebraischen Ausdrucks werden als Elemente, ihre Exponenten als zugeordnete Vielfachheiten interpretiert. Bei einer Liste bestimmt die Häufigkeit seines Vorkommens die Vielfachheit eines jeden Eintrags. Schließlich werden die Indizes einer Tabelle als Elemente und die Einträge als zugeordnete Vielfachheiten intrepretiert. ◇ `convert(x^4*y, multiset);` $\longrightarrow [[x, 4], [y, 1]]$ ◇ Siehe auch: `convert/set`.

convert/name

```
convert(ausdr, name)
```

Ein Synonym für convert/string. ◇ Siehe auch: `convert/string`.

convert/octal

```
convert(r, octal)
convert(r, octal, m)
```

Verwandelt eine Dezimalzahl in eine Oktalzahl ◇ r kann positiv oder negativ, eine ganze oder eine Gleitkommazahl sein. Handelt es sich um eine Gleitkommazahl, so bestimmt m die Anzahl der Stellen, bis auf die die Antwort genau ist (voreingestellt ist `Digits`). ◇ `convert(135,octal);` $\longrightarrow 207$ ◇ Siehe auch: `convert/base, convert/binary, convert/decimal, convert/hex`.

convert/parfrac

```
convert(ausdrr, parfrac, var)
convert(ausdr, parfrac, var, factored)
```

Verwandelt den in der Variablen var rationalen Ausdruck ausdr in Partialbruchform ◇ Falls factored den Wert `true` besitzt, so ist der Nenner bereits faktorisiert und `normal` wird auf ausdr nicht angewandt. Der voreingestellte Wert ist `false`. ◇ `convert(2/(x^2-1),` `parfrac,x)`; $\longrightarrow -\frac{1}{x+1} + \frac{1}{x-1}$ ◇ Siehe auch: `normal`.

convert/polar

`convert(z, polar)`

Verwandelt den komplexwertigen Ausdruck z in seine Darstellung mit Polarkoordinaten ◇ Das Ergebnis wird als `polar(r, `θ`)` dargestellt, wobei r der Modulus und θ das Argument von z ist. ◇ `convert(1+I, polar)`; $\longrightarrow$ `polar`$\left(\sqrt{2}, \frac{1}{4}\pi\right)$ ◇ Siehe auch: `argument`, `evalc`, `polar`.

convert/polynom

`convert(reihe, polynom)`

Verwandelt eine Reihe in eine Summe von Produkten ◇ Sollte die Reihe Terme wie $1/x$ oder $\ln(x)$ enthalten, so wird das Ergebnis kein Polynom sein. ◇ `convert(series(cos(x)/x,` `x,3), polynom)`; $\longrightarrow \frac{1}{x} - \frac{1}{2}x$ ◇ Siehe auch: `convert/series`.

convert/radians

`convert(zahl, radians)`

Verwandelt Grad in Bogenmaß ◇ Der Ausdruck muß linear in der Unbestimmten degrees sein. ◇ `convert(180*degrees, radians)`; $\longrightarrow \pi$ ◇ Siehe auch: `convert/degrees`.

convert/radical

`convert(ausdr, radical)`

Verwandelt `RootOf`s im Ausdruck in Wurzelzeichen und `I` wenn irgend möglich. ◇ `convert(RootOf(_Z^2-2), radical)`; $\longrightarrow \sqrt{2}$ ◇ Siehe auch: `convert/RootOf`, `RootOf`.

convert/rational

`convert(r, rational)`
`convert(r, rational, n)`
`convert(r, rational, exact)`

Konvertiert eine Gleitkommazahl in eine angenäherte rationale Zahl ◇ Das dritte Argument spezifiziert die Genauigkeit der Approximation. Die ganze Zahl n gibt an, bis auf wieviele Stellen genau die Approximation sein soll. `exact` verlangt nach einem genauen rationalen Gegenstück. Voreingestellt ist der Wert von `Digits`. ◇ `convert(.75, rational)`; $\longrightarrow \frac{3}{4}$ ◇ Siehe auch: `convert/confrac`, `Digits`.

convert/ratpoly

`convert(reihe, ratpoly)`
`convert(reihe, ratpoly, m, n)`

Verwandelt die Reihe in ein rationales Polynom ◇ Stellt das erste Argument eine Taylor- oder Laurent-Reihe dar, so ist das Ergebnis eine Padé-Approximation, ist das erste Argument eine Tschebyscheff-Reihe, so wird eine Tschebyscheff-Padé-Approximation berechnet. Hierbei ist m der gewünschte Grad des Zählers und n der des Nenners. Ist nichts angegeben, so werden m und n so gewählt, daß $m + n + 1 = \operatorname{order}(reihe)$ und $m = n$ oder $m = n + 1$ gilt. ◇ Siehe auch: `chebyshev`, `convert/confrac`, `numapprox`.

convert/RootOf

`convert(ausdr, RootOf)`

Wandelt alle Vorkommen der algebraischen Konstanten `I`, sowie alle Vorkommen von Radikalen (seien sie algebraische Konstanten oder Funktionen) in `RootOf` Schreibweise um. ◇ `convert(sqrt(2), RootOf)`; $\longrightarrow \operatorname{RootOf}(\_Z^2 - 2)$ ◇ Siehe auch: `allvalues`, `convert/radical`, `RootOf`.

convert/series

`convert(poly, series)`
`convert(poly, series, var)`

Transformiert ein Polynom in eine Reihe ◇ Bei dieser Konvertierung bleiben alle Terme des Polynoms erhalten. Diese Funktion akzeptiert als erstes Argument auch eine Reihe. ◇ `convert(1+3*x^7, series)`; $\longrightarrow 1 + 3\,x^7$ ◇ Siehe auch: `convert/polynom`, `series`.

convert/set
```
convert(feld, set)
convert(liste, set)
convert(tabelle, set)
convert(ausdr, set)
```
Wandelt in eine Menge um ◇ Diese Funktion konstruiert aus den Einträgen eines Feldes, einer Liste, einer Tabelle oder den Operanden eines Ausdrucks eine Menge. ◇ `convert([1,1,2], set);` $\longrightarrow \{1, 2\}$ ◇ Siehe auch: `convert/list`.

convert/sincos
```
convert(ausdr, sincos)
```
Verwandelt trigonometrische Funktionen in `sin` und `cos`, und hyperbolische trigonometrische Functionen in `sinh` und `cosh`. ◇ `convert(tanh(z), sincos);` $\longrightarrow \frac{\sinh(z)}{\cosh(z)}$ ◇ Siehe auch: `convert/exp`, `convert/expsincos`, `convert/tan`.

convert/sqrfree
```
convert(poly, sqrfree)
convert(poly, sqrfree, var)
```
Konvertiert das Polynom in quadratfreie Form in bezug auf die Unbekannte var ◇ Das Ergebnis ist ein Ausdruck, dessen Basisfaktoren alle zueinander prim sind. Falls var nicht spezifiziert wurde, so wird eine komplette quadratfreie Faktorisierung durchgeführt, wobei diese Funktion rekursiv solange auf den Inhalt angewandt wird, bis keine Variablen mehr enthalten sind. ◇ `convert(x^4+4*x^3+3*x^2-4*x-4, sqrfree, x);` $\longrightarrow \left(x^2 - 1\right)(x + 2)^2$ ◇ Siehe auch: `content`, `sqrfree`.

convert/string
```
convert(ausdr, string)
```
Wandelt den Ausdruck in eine Zeichenkette (Namen) um. ◇ `convert(a+1, string);` $\longrightarrow$ *(a)+(1)* ◇ Siehe auch: `type/name`, `type/string`.

convert/tan
```
convert(ausdr, tan)
```
Wandelt trigonometrische Funktionen in `tan` um. ◇ `convert(sin(2*phi)/2, tan);` $\longrightarrow \frac{\tan(\phi)}{1+\tan(\phi)^2}$ ◇ Siehe auch: `convert/expsincos`, `convert/sincos`.

convert/trig
```
convert(expr, trig)
```
Verwandelt exponentielle Funktionen in trigonometrische und hyperbolische trigonometrische Funktionen. ◇ `convert(exp(z), trig);` $\longrightarrow \cosh(z) + \sinh(z)$ ◇ Siehe auch: `convert/exp`, `convert/expln`, `convert/expsincos`.

convert/vector
```
convert(feld, vector)
convert(liste, vector)
```
Konvertiert ein Feld oder eine Liste in einen Vektor. ◇ `convert([1,2],vector);` $\longrightarrow$ [1 2] ◇ Siehe auch: `convert/array`, `convert/matrix`, `linalg[vector]`.

ConvertIn
```
ConvertIn(poly, var)
```
Konvertiert ein in der Variablen var univariates Polynom in `modp1`-Darstellung, sofern diese Funktion in Zusammenhang mit `modp1` benutzt wird. ◇ `modp1(ConvertIn(x^2-x+7, x), 5);` $\longrightarrow$ 100040002 ◇ Siehe auch: `ConvertOut`, `GF`, `modp1`.

ConvertOut
```
ConvertOut(poly)
ConvertOut(poly, var)
```
Konvertiert ein Polynom in `modp1`-Darstellung in ein in der Variablen var univariates Polynom, sofern diese Funktion in Zusammenhang mit `modp1` benutzt wird ◇ Falls var nicht vorhanden ist, so werden die Polynomkoeffizienten in einer Liste zurückgegeben. ◇ `modp1(ConvertOut(100040002, x), 5);` $\longrightarrow x^2 + 4x + 2$ ◇ Siehe auch: `ConvertIn`, `GF`, `modp1`.

copy

```
copy(feld)
copy(tabelle)
```

Erzeugt eine Kopie eines Feldes oder einer Tabelle ◇ Diese Kopie kann ohne Modifikation des Originals verändert werden.

cos

```
cos(z)
```

Die Kosinusfunktion. ◇ Siehe auch: `arccos`.

cosh

```
cosh(z)
```

Die hyperbolische Kosinusfunktion. ◇ Siehe auch: `arccosh`.

cost

```
cost(ausdr₁, ausdr₂, ...)
```

Zählt Anzahl der Operationen zum Auswerten ◇ Diese Funktion zählt die Operationen, die zur numerischen Auswertung gegebener Ausdrücke notwendig sind. Diese Zählung wird als Linearkombination der Namen `additions,multiplications,divisions,functions, subscripts` und `assignments` dargestellt. Indem man diesen Namen Werte zuweist, erhält man gewichtete Kosten. ◇ Man muß erst `readlib(cost)` eingeben, bevor man diesen Befehl benutzen kann. ◇ `cost(sin(ln(x)+y^3));` $\longrightarrow$ *additions* $+$ 2 *multiplications* $+$ 2 *functions* ◇ Siehe auch: `optimize`.

cot

```
cot(z)
```

Die Kotangensfunktion. ◇ Siehe auch: `arccot`.

coth

```
coth(z)
```

Die hyperbolische Kotangensfunktion. ◇ Siehe auch: `arccoth`.

csc

```
csc(z)
```

Die Kosekansfunktion. ◇ Siehe auch: `arccsc`.

csch

```
csch(z)
```

Die hyperbolische Kosekansfunktion. ◇ Siehe auch: `arccsch`.

csgn

```
csgn(z)
csgn(1, z)
```

Vorzeichenfunktion für reelle und komplexe Ausdrücke ◇ Diese Funktion bestimmt die Halbebene, in der die komplexe Zahl z liegt. Sie ist 1, falls z in der rechten Halbebenen $(\text{Re}(z) > 0$, oder $\text{Re}(z) = 0$ und $\text{Im}(z) \geq 0)$ liegt und -1, falls z in der linken Halbebenen $(\text{Re}(z) < 0$, oder $\text{Re}(z) = 0$ und $\text{Im}(z) < 0)$ liegt. Die zweite Form berechnet die Ableitung der `csgn`-Funktion an der Stelle z. Diese Funktion wird dazu benutzt, die Ebene („links" oder „rechts") zu bestimmen, in der der komplexwertige Ausdruck oder die komplexwertige Zahl x liegt. ◇ `csgn(I);` $\longrightarrow$ 1 ◇ Siehe auch: `evalc, sign, signum`.

D

```
D( f)
D[i]( f)
D[i, j, ...]( f)
```

Differentialoperator ◇ Die erste Form berechnet die Ableitung einer univariaten Funktion. Die zweite Form berechnet die partielle Ableitung in bezug auf das ite Argument einer multivariaten Funktion. Die dritte Form berechnet Ableitungen höherer Ordnung. Sie ist äquivalent zu `D[i](D[j, ...]( f)`. Die Ableitung wird als eine Funktion zurückgegeben. ◇ `D(sinh);` $\longrightarrow$ `cosh` ◇ `D(sin+tan);` $\longrightarrow$ $\cos +1 + \tan^2$ ◇ `D(x->x^2);` $\longrightarrow$ $x \to 2x$ ◇ `D[1,2,2]((x,y)->x^2*y^3);` $\longrightarrow$ $(x,y) \to 12\,x\,y$ ◇ Siehe auch: `diff, unapply`.

dawson

```
dawson(x)
```

Dawsons Integral ◇ Dawsons Integral ist definiert als $e^{-x^2} \int_0^x e^{t^2}\, dt$. ◇ Man muß erst `readlib(dawson)` eingeben, bevor man diesen Befehl benutzen kann. ◇ Siehe auch: `erf, Fresnel`.

debever

```
curvature(spincf, info, flag)
npspin(h, info, coords, flag)
printcurve(kurve)
printspin(spincf)
simp(name, f, spincf)
```

Eine Samlung von Prozeduren zur Berechnung der Newman-Penrose Spinkoeffizienten und Krümmungskomponenten unter Benutzung des Formalismus von Debever ◇ Die Argumente sind

	h	ein von 0 bis 15 indiziertes Feld
	info	ein noch nicht zugewiesener Name
	coords	eine Liste von vier Variablennamen
	flag	ein optionales Argument zur Unterdrückung der Ausgabe
die folgenden:	spincf	ein von 0 bis 11 indiziertes Feld
	name	ein noch nicht zugewiesener Name
	f	ein Prozedurenname
	curve	ein von 0 bis 11 indiziertes Feld

`npspin` berechnet die Spinkoeffizienten; sie werden als Feld mit Namen `spincf` zurückgegeben. `printspin` druckt alle Spinkoeffizienten aus. `curvature` berechnet die Krümmungskomponenten; sie werden als Feld mit Namen `curve` zurückgegegen. `printcurve` druckt alle Krümmungskomponenten aus. `simp` vereinfacht die Feldkomponenten unter Benutzung der Funktion f, wobei das neue Ergebnis der Variablen name zugewiesen wird. Man muß `readlib(debever)` eingeben, bevor man diese Funktionen benutzen kann. ◇ Siehe auch: `cartan, tensor`.

debug

```
debug(f₁, f₂, ...)
```

Mit dieser Funktion kann man den Ablauf der genannten Prozeduren zum Zwecke der Fehlersuche verfolgen ◇ Werden die genannten Prozeduren nun aufgerufen, so werden die Eintrittsstellen, berechnete Zwischenresultate, sowie die Rückkehrstellen ausdgedruckt. Synonym für `trace`. ◇ Siehe auch: `infolevel, printlevel, profile, trace, undebug, untrace, userinfo`.

define

```
define(linear(oper))
define(group(oper, id, invoper))
define(oper, property₁, property₂, ...)
```

Definiert die Charakteristiken eines Operatornamens ◇ Diese Funktion definiert die Auswertungs- und Vereinfachungsregeln eines Operators. Das erste Schema macht oper zu einem linearen Operator. Das zweite bestimmt ein Gruppengesetz für oper, mit gegebenem Einheitselement und Inversem. Die dritte Form listet spezielle Eigenschaften für den Operator auf. Diese können `unary, binary, associative, commutative, symmetric, antisymmetric, inverse=invoper, identity=id, zero=zero` oder `forall(vars, oper(args₁)=res₁, ...)` sein. Der Ausdruck `forall` definiert spezielle Beziehungen, die für gewisse Argumente des Operators gelten. ◇ `define('&+', associative, binary, commutative, identity=0);` ◇ `define(F, forall(x, F(1/x)=F(x)));`

degree

```
degree(poly, vars)
```

Grad eines Polynoms ◇ Das erste Argument kann negative ganzzahlige Exponenten enthalten. vars kann eine einfache Unbekannte oder eine Liste oder Menge von Unbekannten sein. Bei einer Menge wird der Gesamtgrad benutzt, bei einer Liste der Vektorgrad. ◇ `degree(x^3+x^2,x);` ⟶ 3 ◇ Siehe auch: `lcoeff, ldegree`.

denom

```
denom(ausdr)
```

Nenner eines Ausdrucks ◇ Falls ausdr nicht in Normalform ist, so wird erst in Normalform umgewandelt. ◇ `denom(18/4);` ⟶ 2 ◇ Siehe auch: `normal, numer`.

DESol

```
DESol(dgls)
DESol(dgls, vars)
DESol(dgls, vars, glgen)
```

Stellt die Lösung einer Diffentialgleichung bzw. einer Menge von Differentialgleichungen dar ◇ Diese Funktion ermöglicht es, die Lösung einer Differentialgleichung symbolisch zu manipulieren, ohne sie vorher zu berechnen. Maple kann differenzieren, integrieren, numerisch auswerten und eine Reihenentwicklung für eine DESol-Struktur berechnen. vars ist eine einfache Variable oder eine Menge von Variablen; glgen ist entweder eine einfache Anfangswertbedingung oder eine Menge von Anfangswertbedingungen. ◊ Diese Funktion ist neu in Version 3. ◊ Siehe auch: dsolve.

Det
Det(A)
Starre Determinantenfunktion ◊ Diese Funktion dient als Platzhalter zur Darstellung der Determinanten einer Matrix A. Sie wird in Zusammenhang mit mod und modp1 benutzt, welche den Definitionsbereich der Koeffizienten festlegen. ◊ Det(array([[3,2],[8,7]])) mod 2; ⟶ 1 ◊ Siehe auch: linalg[det], mod, modp1.

DEtools
Paket zur Behandlung von Differentialgleichungen ◊ Die Funktionen dieses Pakets müssen erst mit with eingeladen werden, bevor man sie aufrufen kann. Einige Funktionen dieses Pakets erzeugen Graphiken. Zusätzlich zu den gewöhnlichen Plotoptionen akzeptieren diese Funktionen mehrere zusätzliche Optionen, welche auf Seite 96 aufgelistet sind. ◊ Siehe auch: DEtools[function], with.

DEtools[Dchangevar]
Dchangevar(glchgmenge, diffglchg, konstantmenge)
Nimmt einen Variablenwechsel bei einer Differentialgleichung vor ◊ Gegeben sei eine Differentialgleichung $n$ter Ordnung und eine Menge von Gleichungen, dann nimmt diese Funktion eine Ersetzung dieser Gleichungen in der Differentialgleichung vor. Diese Routine verhält sich wie subs, umgeht aber das Problem, daß man subs nicht auf diff zur Änderung des zweiten Arguments anwenden kann. Das optionale dritte Argument stellt eine Menge von Variablen dar, die von der Funktion als Konstanten behandelt werden sollten. ◊ Siehe auch: student[changevar], subs.

DEtools[DEplot]
DEplot(diffglchg, vars, tbereich, initmenge, options)
DEplot(diffglchg, vars, tbereich, xbereich, ybereich, options)
Zeichnet die Lösung eines Systems von Differentialgleichungen ◊ Gegeben sei ein System von Differentialgleichungen erster Ordnung der Form $x' = f_1(t, x, y)$, $y' = f_2(t, x, y)$, oder eine Differentialgleichung höherer Ordnung der Form $\frac{d^n}{dx^n} y(x) = f(x, y)$ und eine Menge von Anfangsbedingungen. Diese Funktion zeichnet die Lösungskurven für das System von Differentialgleichungen unter den gegebenen Anfangsbedingungen. Für nicht-autonome Systeme werden als Voreinstellung Lösungskurven in den ersten drei Variablen gezeigt. Für ein autonomes System zweier Gleichungen wird als Voreinstellung eine zweidimensionale Graphik, nämlich x gegen y gezeigt. Das zweite Argument, vars, kann in der Form [t,y] oder y(t) gegeben sein. tbereich kann die Form a..b oder t=a..b haben. ◊ DEplot(diff(y(x),x$3)+x*y = 2, [x,y], -1..3, {[1,0,0,0]}); ◊ Siehe auch: DEtools[DEplot1], DEtools[DEplot2], DEtools[dfieldplot], DEtools[phaseportrait], dsolve.

DEtools[DEplot1]
DEplot1(diffglchg, vars, tbereich, initmenge, options, ...)
DEplot1(diffglchg, vars, tbereich, ybereich, options, ...)
Zeichnet die Lösung zu einer Differentialgleichung erster Ordnung ◊ Gegeben sei eine einzige Differentialgleichung erster Ordnung, dann erzeugt diese Funktion einen Graph der Lösungskurve der Differentialgleichung für die gegebenen Anfangswerte, sowie ein Gitter von Pfeilen, die das Richtungsfeld der Gleichung anzeigen sollen. Sind keine Anfangswerte spezifiziert, so werden nur die Pfeile gezeichnet. ◊ DEplot1(diff(y(t),t) = cos(t-y), y(t), t=-Pi..Pi, {[0,1], [0,0], [0,-1]}); ◊ Siehe auch: DEtools[DEplot], DEtools[DEplot2], DEtools[dfieldplot], DEtools[phaseportrait], dsolve.

DEtools[DEplot2]
DEplot2(diffglchg, vars, tbereich, initmenge, options)
DEplot2(diffglchg, vars, tbereich, xbereich, ybereich, options)
Zeichnet die Lösung zu einem zweidimensionalen System von Differentialgleichungen ◊ Gegeben seien zwei Differentialgleichungen erster Ordnung der Form $x' = f_1(t, x, y)$, $y' = f_2(t, x, y)$ und eine Menge von Anfangswerten. Dann zeichnet diese Funktion die Lösungskurven für das Differentialgleichungssystem unter diesen Anfangswertbedingungen. Für nicht-autonome

Systeme wird als Voreinstellung eine dreidimensionale Graphik der Lösungskurven gezeigt. Für ein autonomes System zweier Gleichungen wird als Voreinstellung eine zweidimensionale Graphik, nämlich x gegen y gezeigt. Das Richtungsfeld wird zugefügt, wenn $\frac{dy}{dx}$ nicht von t abhängt. Sind keine Anfangswerte spezifiziert, so werden nur die Pfeile gezeichnet. ◇ `DEplot2([y,-x+y/7], [x,y], -5..5, {[0,1,1]}, stepsize=.1);` ◇ Siehe auch: `DEtools[DEplot]`, `DEtools[DEplot1]`, `DEtools[dfieldplot]`, `DEtools[phaseportrait]`, `dsolve`.

DEtools[dfieldplot]

`dfieldplot(diffglcg, vars, tbereich, options)`
Zeichnet das Richtungsfeld eines ein- oder zweidimensionalen Systems von Differentialgleichungen ◇ Gegeben sei eine Differentialgleichung erster Ordnung oder ein Paar von Gleichungen, bei denen die unabhängige Variable eliminiert werden kann; dann erzeugt diese Funktion ein Gitter von Pfeilen, welches das Richtungsfeld der Differentialgleichung(en) skizziert. Das zweite Argument, vars, kann entweder in der Form `[t,y]` oder in der Form `y(t)` gegeben sein. tbereich kann von der Form a..b oder t=a..b sein. ◇ `dfieldplot(y^2*cosh(x), [x,y], -4..4);` ◇ Siehe auch: `DEtools[DEplot]`, `DEtools[DEplot1]`, `DEtools[DEplot2]`, `DEtools[phaseportrait]`, `dsolve`.

DEtools[PDEplot]

`PDEplot(pdiffglchg, vars, inits, sbereich, options)`
Zeichnet die Lösung einer quasi-linearen partiellen Differentialgleichung erster Ordnung ◇ Diese Funktion erzeugt die Lösungsfläche einer quasi-linearen, partiellen Differentialgleichung erster Ordnung der Form $P(x,y,u)\,u_x(x,y) + Q(x,y,u)\,u_y(x,y) = R(x,y,u)$. pdiffglchg sollte eine Liste von P, Q und R sein, wobei diese Ausdrücke oder Funktionen sind. vars kann entweder von der Form `[x,y,u]` oder `u(x,y)` sein. inits ist eine Liste der Länge drei, die die parametrische Form einer Kurve im Dreidimensionalen in kartesischen Koordinaten beschreibt. sbereich ist der Bereich der anfänglichen Datenparameter. ◇ `PDEplot([u,1,0], [x,y,u], [s,2*s,3*s], s=0..1);` ◇ Siehe auch: `liesymm`.

DEtools[phaseportrait]

`phaseportrait(diffglchg, vars, tbereich, inits, options)`
Zeichnet das Phasenportrait eines ein- oder zweidimensionalen Systems von Differentialgleichungen ◇ Gegeben seien eine oder zwei Differentialgleichungen erster Ordnung der Form $x' = f_1(t,x,y)$, $y' = f_2(t,x,y)$ und eine Menge von Anfangswerten. Diese Funktion erzeugt dann einen Graphen der Integralkurven zu diesem System von Differentialgleichungen unter den gegebenen Anfangswertbedingungen. Für nicht-autonome Systeme zweier Gleichungen wird als Voreinstellung eine dreidimensionale Graphik der Integralkurven erzeugt, für autonome Systeme wird als Voreinstellung eine zweidimensionale Graphik, nämlich x aufgezeichnet gegen y gezeigt. Das Richtungsfeld wird dann hinzugefügt, wenn $\frac{dy}{dx}$ von t unabhängig ist. ◇ `phaseportrait([y,-x+y/5], [t,x,y], 0..15, {[1,1,1],[2,2,1]}, stepsize=.2);` ◇ Siehe auch: `DEtools[DEplot]`, `DEtools[DEplot1]`, `DEtools[DEplot2]`, `DEtools[dfieldplot]`, `dsolve`.

diagonal

Die diagonale Indexfunktion ◇ Diese Funktion ergibt Null, falls die Komponenten eines Feld- oder eines Tabellenindex nicht alle identisch sind. Man verhindert das nochmalige Zuweisen von Nebendiagonalelementen, wenn man diese Indexfunktion zur Definition eines Feldes oder einer Tabelle verwendet. ◇ Siehe auch: `array`, `identity`, `linalg[diag]`, `table`.

diff

`diff(ausdr, var₁)`
`diff(ausdr, var₁, var₂, ...)`
Partielle Differentiation ◇ Diese Funktion berechnet die partielle Ableitung eines Ausdrucks nach der benannten Variable bzw. nach den benannten Variablen. `diff(ausdr, x,y)` ist gleichwertig mit `diff(diff(ausdr, x),y)`. Die Ableitung wird als ein Ausdruck(expression) zurückgegeben. ◇ `diff(sinh(a*x), x);` $\longrightarrow \cosh(a\,x)\,a$ ◇ `diff(x^2*y^3, x,y,y);` $\longrightarrow 12\,x\,y$ ◇ `diff(t*ln(t)-t, t$3);` $\longrightarrow -\frac{1}{t^2}$ ◇ Siehe auch: `$`, `D`, `Diff`, `dsolve`, `int`.

Diff

`Diff(ausdr, var₁)`
`Diff(ausdr, var₁, var₂, ...)`
Starre partielle Differentiation ◇ Diese Funktion gibt die Ableitung einfach unausgewertet zurück. ◇ `Diff(cos(x), x,x);` $\longrightarrow \frac{\partial^2}{\partial x^2}\cos(x)$ ◇ Siehe auch: `D`, `Diff`, `Int`.

difforms

Paket für Differentialformen ◊ Siehe auch: `difforms[function]`, `with`.

difforms[&^]

```
ausdr₁ &^ ausdr₂
&^(ausdr₁, ausdr₂, ...)
```

Dachprodukt ◊ Dieser Operator berechnet das Dachprodukt von Differentialformen.

difforms[d]

```
d(ausdr)
d(ausdr, forms)
```

Berechnet die äußere Ableitung des Ausdrucks ◊ Wird diese Funktion mit einer Liste von 1-Formen als zweites Argument aufgerufen, so wird jede Variable des Ausdrucks vom Typ `scalar` in diese 1-Formen umgeformt. Man nimmt an, daß diese 1-Formen unabhängig sind. Für jede 1-Form wird ein neuer skalarer Wert erzeugt, der dann die Komponente dieser 1-Form darstellt. Falls der Ausdruck eine Liste ist, so wird d auf jedes Element in der Liste angewandt. ◊ Siehe auch: `D`, `diff`, `difforms[mixpar]`.

difforms[defform]

```
defform(glchg₁, glchg₂, ...)
```

Definiert die in einer Berechnung benutzten Variablen ◊ Die Variablen können auf zweierlei Arten definiert werden: *name=type* und `d(`*ausdr₁*`)=`*ausdr₂*. Die erste Variante bestimmt, daß name vom Typ type sei, z. B. `const`, `even`, `form`, `nonhmg`, `odd` oder `scalar`. Die zweite Form definiert die äußere Ableitung von *ausdr₁*. Indem man diese Funktion benutzt, löscht man die Einträge der Buchführungstabelle für alle Funktionen des Pakets `difforms`; die während der Sitzung durch `defform` gemachten Definitionen bleiben allerdings erhalten. ◊ `defform(c=const,s=scalar,f=form);` ◊ Siehe auch: `difforms[type]`.

difforms[formpart]

```
formpart(ausdr)
```

Finde den Formteil des Ausdrucks ◊ Diese Funktion eliminiert alle Skalare und Konstanten eines Produkts, so daß nur der Teil übrig bleibt, der die eigentliche Form darstellt, oder der Teil, der undeklariert ist. ◊ Siehe auch: `difforms[scalarpart]`.

difforms[mixpar]

```
mixpar(ausdr)
```

Stellt die Gleichheit von gemischten partiellen Ableitungen sicher ◊ Diese Funktion ordnet geschachtelte Aufrufe von `diff` so um, daß die gemischten Ableitungen als gleich erkannt werden. ◊ Siehe auch: `diff`, `sort`.

difforms[parity]

```
parity(ausdr)
```

Erweiterung mod 2 ◊ Diese Funktion berechnet die Parität eines Ausdrucks, wobei unspezifizierte Exponenten als ganze Zahlen betrachtet werden.

difforms[scalarpart]

```
scalarpart(ausdr)
```

Findet den skalaren Teil des Ausdrucks ◊ Diese Funktion sammelt die Skalaren und Konstanten eines Produkts, wobei die Teile, die eine Form darstellen oder die undeklariert sind, weggelassen werden. ◊ Siehe auch: `difforms[formpart]`.

difforms[simpform]

```
simpform(ausdr)
```

Vereinfacht einen solchen Ausdruck, der Formen enthält ◊ Unter Vereinfachungen versteht man das Sammeln gleicher Faktoren, die Vereinfachung von Dachprodukten und das Herausziehen skalarer Faktoren.

difforms[type]

```
type(ausdr, const)
type(ausdr, form)
type(ausdr, form, n)
type(ausdr, scalar)
```

Sucht nach Konstanten, Formen und Skalaren ◊ Diese Funktion gibt entweder *true* oder *false* zurück. Der Typ `const` enthält alles was vom Typ `constant` ist, sowie zusätzlich `const` through solche Namen, die durch `difforms[defform]` als `const` deklariert wurden. Genauso gehören zu `form` und `scalar` alle Namen, die entsprechend definiert wurden. Die dritte Variante prüft, ob ausdr eine Form mit `wdegree` n ist. Die drei hier behandelten Typen schließen sich gegenseitig aus. ◇ Siehe auch: `type`, `type/constant`, `difforms[wdegree]`.

difforms[wdegree]

```
wdegree(ausdr)
```
Grad einer Form ◇ Diese Funktion berechnet den Grad eines Ausdrucks, wenn er als Form betrachtet wird und gibt `nonhmg` zurück, wenn der Ausdruck eine Summe von Formen verschiedenen Grades ist.

Digits

Umgebungsvariable ◇ Die Anzahl der Ziffern, die bei Gleitkommaarithmetik immer beibehalten werden. Der voreingestellte Wert ist 10.

dilog

```
dilog(x)
```
Die Dilogarithmusfunktion ◇ Diese Funktion sit definiert als $\int_1^x \frac{\ln(t)}{1-t}\, dt$ ◇ `dilog(0);` $\longrightarrow$ $\frac{1}{6}\pi^2$

dinterp

```
dinterp(f, n, k, d, p)
```
Stochastische Gradinterpolation ◇ Gegeben sei eine Funktion f, die ein Polynom in n Unbekannten modulo p auswertet, sowie eine Obergrenze für den Grad d in der kten Variablen, dann berechnet diese Funktion den Grad der kten Variablen im von f berechneten Wert auf stochastische Weise. ◇ Man muß erst `readlib(dinterp)` eingeben, bevor man diesen Befehl benutzen kann.

Dirac

```
Dirac(x)
Dirac(n, x)
```
Die Diracsche Deltafunktion ◇ Die Diracfunktion ist überall gleich Null, mit Ausnahme vom Punkt 0, wo sie eine Singularität besitzt. Sie besitzt außerdem die Eigenschaft $\int_{-\infty}^{\infty} Dirac(x)\, dx = 1$. Die zweite Form berechnet die nte Ableitung der Diracfunktion an der Stelle x. ◇ Siehe auch: `fourier`, `Heaviside`, `laplace`, `mellin`.

disassemble

```
disassemble(zgr)
```
Bricht das Objekt an der gegebenen Adresse in seine Teile auf ◇ Es wird eine Folge von Adressen zurückgegeben, wobei die erste ganze Zahl dieser Folge den Typ des Objekts anzeigt. Dies Funktion erlaubt es, auf die interne Darstellung eines Objekts zuzugreifen. ◇ `disassemble(addressof(a+2*b));` $\longrightarrow$ 11, 1404964, 1240560, 1410692, 1240576 ◇ Siehe auch: `addressof`, `assemble`, `pointto`.

discont

```
discont(ausdr, var)
```
Berechnet alle Unstetigkeiten des Ausdrucks in bezug auf die angegebene Variable ◇ Für diese Funktion gibt es keine Hilfsseite On-Line. ◇ Man muß erst `readlib(discont)` eingeben, bevor man diesen Befehl benutzen kann. ◇ `discont(x^2+1/x,x);` $\longrightarrow$ $\{0\}$ ◇ `discont(cot(x),x);` $\longrightarrow$ $\{\pi\_Z1\}$ ◇ Siehe auch: `iscont`, `singular`.

discrim

```
discrim(poly, var)
```
Berechnet die Diskriminante des Polynoms. ◇ `discrim(x^3+a*x+b, x);` $\longrightarrow$ $-4\,a^3 - 27\,b^2$ ◇ Siehe auch: `Discrim`, `resultant`.

Discrim

```
Discrim(poly, var)
```
Starre Diskriminante des Polynoms ◇ Wird diese Funktion zusammen mit `mod` benutzt, so wird die Diskriminate des Polynoms über einem gegebenen Bereich für die Koeffizienten berechnet. ◇ `Discrim(x^2+x+1,x) mod 2;` $\longrightarrow$ 1 ◇ Siehe auch: `discrim`, `Resultant`.

DistDeg

```
DistDeg(poly, var) mod p
```
Faktorisierung gemäß verschiedener Grade ◇ Wird diese Funktion zusammen mit mod benutzt,
so berechnet diese Funktion die Faktorisierung gemäß verschiedener Grade, eines quadratfreien,
univariaten Monoms über einem gegebenen Definitionsbereich. Zurückgegeben wird eine Liste
von Paaren der Form $[q, d]$, wobei q das Produkt der Faktoren von poly vom Grad d ist. ◇
`DistDeg(x^4+x, x) mod 2;` $\longrightarrow [[x^2 + x, 1], [x^2 + x + 1, 2]]$ ◇ Siehe auch:
`Factors`, `Sqrfree`.

divide

```
divide(poly₁, poly₂, name)
```
Prüft, ob $poly_2$ $poly_1$ über den rationalen Zahlen teilt ◇ Die Polynome müssen rationale
Koeffizienten besitzen. Diese Funktion ergibt *true* oder *false*. Ist das Ergebnis *true* und ist ein
Name spezifiziert, so wird diesem der Quotient zugewiesen. ◇ `divide(x^2-y^2, x+y);`
$\longrightarrow$ *true* ◇ Siehe auch: `Divide`, `gcd`, `quo`, `rem`.

Divide

```
Divide(poly₁, poly₂, name)
```
Starrer Test zur Division von Polynomen ◇ Diese Funktion prüft, ob $poly_2$ $poly_1$ über einem
gegebenen Definitionsbereich der Koeffizienten teilt. Diese Funktion wird in Zusammenhang mit
`evala`, `evalgf`, `mod` und `modp1` benutzt. Ist das Ergebnis *true* und ist ein Name spezifizert, so
wird diesem der Quotient zugewiesen. ◇ `Divide(x^2+y^2, x+y) mod 2;` $\longrightarrow$ *true* ◇
Siehe auch: `divide`, `evala`, `evalgf`, `Gcd`, `mod`, `modp1`, `Quo`, `Rem`.

do

```
for var from ausdr₁ to ausdr₂ by ausdr₃ do statements od
for var in ausdr do statements od
while bed do anweisungen od
for var ... while bed do anweisungen od
do anweisungen od
```
Die Wiederholungs- (Schleifen-) Anweisung ◇ Die erste for-Schleife führt die Anweisungen
sooft aus, wie die Indexvariable anzeigt, wobei die Indexvariable var Werte zwischen $ausdr_1$
und $ausdr_2$ annimmt; nach jedem Schleifendurchlauf wird die Variable um $ausdr_3$ erhöht.
Jede der from, to und by-Klauseln ist optional(voreingestellt sind 1, Unendlich und 1), und
sie können in beliebiger Reihenfolge auftreten. Die zweite for-Schleife läßt var die Werte
der aufeinanderfolgenden Operanden in ausdr annehmen. Die Anzahl der Operanden bestimmt
die Anzahl der Schleifendurchläufe. Die while-Schleife führt die Anweisungen aus, solange
die Bedingung cond true ist. Die Bedingung wird zu Beginn eines jeden Schleifendurchlaufs
geprüft. Die for und while-Formen können zu einer einzigen Schleife kombiniert werden. Eine
do-Anweisung ohne solche Klauseln durchläuft die Schleife unendlich oft, bzw. solange bis eine
Anweisung wie z. B. break auftritt. ◇ `s:=0: for i to 5 by 2 do s:=s+i od: s;`
$\longrightarrow 9$ ◇ `s:=0: for i in [1,3,5] do s:=s+i od: s;` $\longrightarrow 9$ ◇ `t:=0: while`
`t<5 do t:=t+2 od: t;` $\longrightarrow 6$ ◇ Siehe auch: `break`, `ERROR`, `for`, `if`, `next`, `op`,
`RETURN`, `while`.

done

Beendet eine Maple-Sitzung. ◇ Siehe auch: `quit`, `stop`.

dsolve

```
dsolve(glchgen, vars)
dsolve(glchgen, vars, option)
```
Löst gewöhnliche Differentialgleichungen ◇ glchgen ist eine Differentialgleichung oder eine
Menge von Differentialgleichungen und Anfangswerten. vars ist die Variable oder die Menge
von Variablen, nach denen aufgelöst werden soll; jede dieser Variablen hat die Form `y(x)`.
Ableitungen können mit `diff` oder `D` gekennzeichnet sein. Die Option `explicit` bewirkt, daß
die Lösung explizit in bezug auf die abhängige Variable zurückgegeben wird, falls dies möglich
ist. Die Option `laplace` besagt, daß zur Lösung der Gleichungen eine Laplace-Transformation
vorgenommen werden soll. Bei Angabe der Option `series` wird ein Reihenansatz benutzt. Mit
der Option `numeric` wird ein Runge-Verfahren fünfter Ordnung nach Fehlberg zur Lösung des
Systems verwendet; gleichzeitig wird eine Prozedur zurückgegeben, die dazu benutzt werden
kann, die Lösung auszuwerten oder zu zeichnen. ◇ `dsolve(diff(y(x),x,x)=y(x),`
`y(x));` $\longrightarrow y(x) = e^x \_C1 + \_C2\, e^{-x}$ ◇ `dsolve({(D)(y)(x)=y(x), y(0)=3},`
`y(x));` $\longrightarrow y(x) = 3\, e^x$ ◇ Siehe auch: `D`, `DEtools`, `diff`, `laplace`, `mellin`,
`plots[odeplot]`, `series`.

E

Eulersche Zahl ◇ Die Basis des natürlichen Logarithmus, ungefähr 2.718281828459045. Identisch mit `exp(1)`.

edit

`edit(ausdr)`

Ausdruckseditor ◇ ausdr wird eingeschlossen in einer Funktion namens BOX vorgespielt. Die folgenden Operationen können auf BOX angewandt werden:

–	der Inhalt von BOX
child(i)	verschiebe BOX an den iten Teilausdruck
child(i,j)	genau wie child(i); child(j);
down	positioniere BOX an den ersten Operanden des Ausdrucks
find(e)	verschiebe BOX ans nächste Vorkommen von e
first	verschiebe BOX an den ersten Teilausdruck auf der aktuellen Ebene
last	verschiebe BOX an den letzten Teilausdruck auf der aktuellen Ebene
prev	verschiebe BOX an den vorangehenden Teilausdruck auf der aktuellen Ebene
show	spiele den Ausdruck vor
succ	verschiebe BOX an den nachfolgenden Teilausdruck auf der aktuellen Ebene
top	verschiebe BOX so, daß der ganze Ausdruck eingeschlossen wird
up	verschiebe BOX an den einschließenden Ausdruck
use(e)	e ersetzt den Inhalt von BOX

Bemerkung: Die Fähigkeit zum Editieren von Befehlszeilen (Seite 85) stellt eine wesentlich einfachere Methode zum Editieren von Ausdrücken dar. ◇ Man muß erst `readlib(edit)` eingeben, bevor man diesen Befehl benutzen kann.

Ei

`Ei(x)`

`Ei(n, z)`

Das Exponentialintegral ◇ Die Variante mit einem einzigen Argument ist der Hauptwert des Cauchy-Intergrals, welches für reelle x definiert ist als:

$$\mathrm{Ei}(x) = \int_{-\infty}^{x} \frac{e^t}{t}\, dt$$

Bei der zweiten Variante handelt es sich um eine Familie von Exponentialintegralen, die durch eine nichtnegative ganze Zahl n indiziert werden:,

$$\mathrm{Ei}(n, z) = \int_{1}^{\infty} \frac{e^{-zt}}{t^n}\, dt, \quad \mathrm{Re}(z) > 0$$

◇ Siehe auch: `convert/Ei`, `simplify/Ei`.

Eigenvals

`Eigenvals(A, name)`

`Eigenvals(A, B, name)`

Berechnet die Eigenwerte/Eigenvektoren einer numerischen Matrix ◇ Diese Funktion gibt ein Feld der Eigenwerte der reellen oder komplexen quadratischen Matrix A zurück. Ist ein Name angegeben, so werden die Eigenvektoren name als quadratische Matrix zugewiesen, wobei die *ite* Spalte den Eigenvektor zum *iten* Eigenwert darstellt. Dies ist eine starre Funktion. Man benutze `evalf`, um die Eigenwerte und Eigenvektoren zu berechnen. Die zweite Form behandelt das verallgemeinerte Eigenwertproblem, nämlich Eigenwerte L und Eigenvektoren X zu finden, so daß $AX = LBX$. ◇ Siehe auch: `evalf`, `linalg[eigenvals]`, `linalg[eigenvects]`.

ellipsoid

`ellipsoid(a, b, c)`

Flächenmaß eines Ellipsoid ◇ Diese Funktion gibt das Flächenmaß eines Ellipsoid mit Halbachsen a, b und c, mit $a \geq b \geq c \geq 0$ zurück. ◇ Man muß erst `readlib(ellipsoid)` eingeben, bevor man diesen Befehl benutzen kann. ◇ `ellipsoid(1,1,1);` $\longrightarrow 4\pi$

entries

`entries(feld)`

`entries(tabelle)`

Einträge einer Tabelle oder eines Feldes ◇ Diese Funktion erzeugt eine Folge von Listen der Einträge einer Tabelle oder eines Feldes, die vorher explizit abgespeichert wurden. Zwischen den Ergebnissen von `indices` und `entries` existiert eine eineindeutige Beziehung. ◇ `entries(array([5,6,7]));` $\longrightarrow$ [6],[7],[5] ◇ Siehe auch: `array, indices, op, table`.

eqn

```
eqn(ausdr)
eqn(ausdr, dateiname)
```

Erzeugt troff/eqn-Format zur Ausgabe des Ausdrucks ⋄ Diese Funktion formatiert Integrale, Grenzwerte, Summen, Produkte und Matrizen. Ist ein Name als zweiter Parameter angegeben, so wird die Ausgabe in diese Datei geschrieben. ⋄ Siehe auch: `C`, `fortran`, `latex`.

erf

```
erf(z)
```

Die Fehlerfunktion ⋄ Die Fehlerfunktion ist definiert als $\frac{2}{\sqrt{\pi}} \int_0^z e^{-t^2}\, dt$ für reelle z und auf die komplexe Ebene erweitert. ⋄ `erf(1.);` $\longrightarrow$ `.8427007929` ⋄ Siehe auch: `convert/erfc`, `dawson`, `erfc`, `Fresnel`.

erfc

```
erfc(z)
erfc(n, z)
```

Die komplementäre Fehlerfunktion und ihre iterierten integrale ⋄ $\mathrm{erfc}(z) = 1 - \mathrm{erf}(z)$. Ihre iterierten Integrale sind definiert als $\mathrm{erfc}(-1, z) = \frac{2}{\sqrt{\pi}} e^{-z^2}$ und $\mathrm{erfc}(n, z) = \int_z^\infty \mathrm{erfc}(n - 1, t)\, dt$ für $n \geq 0$ und reelle z, sowie erweitert auf die komplexe Ebene. ⋄ `erfc(1.);` $\longrightarrow$ `.1572992071` ⋄ Siehe auch: `convert/erf`, `erf`.

ERROR

```
ERROR(ausdr₁, ausdr₂, ...)
```

Fehlerausstieg aus einer Prozedur ⋄ Diese Funktion bewirkt eine sofortige Rückkehr an den Punkt, von dem die Prozedur aufgerufen wurde, und es wird eine Fehlermeldung ausgegeben, die den Prozedurnamen und die Folge gegebener Ausdrücke enthält. ⋄ Siehe auch: `lasterror`, `proc`, `procname`, `RETURN`, `traperror`.

euler

```
euler(n)
euler(n, x)
```

Euler-Zahlen und -Polynome ⋄ Diese Funktion berechnet die nte Eulerzahl oder das nte Euler-Polynom in der Variablen x. Die nte Euler-Zahl $E(n)$ ist definiert durch die erzeugende Exponentialfunktion:

$$\frac{2}{(e^t + e^{-t})} = \sum_{n=0}^{\infty} \frac{E(n)}{n!} t^n$$

⋄ `euler(2);` $\longrightarrow$ -1 ⋄ `euler(2,x);` $\longrightarrow$ $x^2 - x$ ⋄ Siehe auch: `bernoulli`.

eulermac

```
eulermac(ausdr, var)
eulermac(ausdr, var, n)
```

Euler-Maclaurin-Summation ⋄ Diese Funktion berechnet eine Approximation nten Grades an die Summenfunktion von ausdr in der Variablen var unter Benutzung der Euler-Maclaurinschen Summenformel. Der voreingestellte Wert von n ist um eins geringer als der Wert von `Order`. ⋄ Man muß erst `readlib(eulermac)` eingeben, bevor man diesen Befehl benutzen kann. ⋄ `eulermac(ln(n), n, 2);` $\longrightarrow n \ln(n) - n - \frac{1}{2}\ln(n) + \frac{1}{12}\frac{1}{n} + O\left(\frac{1}{n^3}\right)$

eval

```
eval(ausdr)
eval(ausdr, n)
```

Explizite Auswertung ⋄ Normalerweise werden globale Variablen komplett ausgewertet und lokale Variablen und Parameter nur eine Stufe. Die erste Form verlangt explizit nach vollständiger Auswertung, die zweite Form verlangt nach n Stufen. ⋄ `a:=b: b:=1: eval(a,1);` $\longrightarrow b$ ⋄ Siehe auch: `evalf`, `evaln`, `subs`, `value`.

Eval

```
Eval(poly, var=val))
Eval(poly, {var₁=val₁, var₂=val₂,...}))
Eval(poly, val))
```

Starre Polynomauswertung ⋄ Wenn in Zusammenhang mit mod benutzt, so wertet diese Funktion das Polynom über einem gegebenen Definitionsbereich der Koeffizienten aus. Die dritte Form wird zusammen mit modp1 benutzt. ⋄ `Eval(x^2+x+1, x=2) mod 3;` $\longrightarrow 1$ ⋄ Siehe auch: `mod`, `modp1`, `subs`.

evala

```
evala(ausdr)
evala(ausdr, independent)
```

Wertet innerhalb eines algebraischen Zahlen- oder Funktionenkörpers aus ◇ Falls ausdr ein unausgewerteter Funktionsaufruf (wie z. B. Gcd(u,v)) ist, so wird die Funktion innerhalb des kleinstmöglichen algebraischen Zahl- (oder Funktionen-) Körpers ausgeführt. Algebraische Zahlen und Funktionen müssen in der RootOf-Schreibweise dargestellt sein. Die Option independent verhindert das Überprüfen von Unabhängigkeit der RootOfs bei vielen starren Funktionen. Die folgenden Platzhalter sind evala bekannt:

AFactor	Divide	Factors	Indep	Prem	Quo	Sprem
AFactors	Expand	Gcd	Norm	Primfield	Rem	Sqrfree
Content	Factor	Gcdex	Normal	Primpart	Resultant	Trace

◇ alias(alpha=RootOf(y^2+2,y)): evala(Factor(x^2+8, alpha)); ⟶ $(x - 2\alpha)(x + 2\alpha)$ ◇ Siehe auch: alias, RootOf.

evalb

```
evalb(ausdr)
```

Wertet einen Boolschen Ausdruck aus ◇ Diese Funktion erzwingt die Auswertung von Ausdrücken, die Vergleichsoperatoren enthalten, unter Benutzung einer dreiwertigen Logik. Diese Funktion gibt entweder *true, false,* oder *FAIL* zurück. ◇ evalb(1<2); ⟶ *true* ◇ Siehe auch: Boolean.

evalc

```
evalc(ausdr)
```

Auswertung über dem komplexen Körper ◇ Diese Funktion versucht, den Ausdruck in Real- und Imaginärteile aufzuspalten. Von unbekannten Variablen wird angenommen, daß sie reellwertige Größen darstellen. Diese Funktion bildet auf Mengen, Gleichungen und Listen ab. ◇ evalc(exp(I*theta)); ⟶ $\cos(\theta) + I\sin(\theta)$ ◇ Siehe auch: convert/polar, argument, evalf, Im, polar, Re.

evalf

```
evalf(ausdr, n)
```

Wertet den Ausdruck unter Benutzung von Gleitkommaarithmetik aus ◇ n gibt die Anzahl der Dezimalziffern an, die benutzt werden sollen. Falls nichts angegeben ist, wird dazu der Wert der globalen Variablen Digits benutzt. ◇ evalf(Pi,5); ⟶ 3.1416 ◇ Siehe auch: Digits, `evalf/int`, evalhf, Int.

'evalf/int'

```
'evalf/int'(ausdr, var=a..b)
'evalf/int'(ausdr, var=a..b, n, methodname)
```

Numerische Integration ◇ Diese Routine wird aufgerufen, wenn evalf in bezug auf Int aufgerufen wird, aber sie kann auch direkt gerufen werden, um die Approximation besser kontrollieren zu können. Der dritte Parameter n gibt an, auf wieviel Stellen genau das gewünschte Ergebnis sein soll (die Voreinstellung ist durch Digits gegeben). Der vierte Parameter benennt die verwendete Methode. Zur Auswahl stehen _CCquad (Clenshaw-Curtis-Quadratur), _Dexp (Doppelexponentenquadratur) oder _NCrule (Newton-Cotes-Regel). Voreingestellt ist Clenshaw-Curtis mit spezieller Behandlung aller gefundenen Singularitäten. ◇ Man muß erst readlib('evalf/int') eingeben, bevor man diesen Befehl benutzen kann. ◇ 'evalf/int'(exp(-x^2), x=0..1, 12, _NCrule); ⟶ .746824132812 ◇ Siehe auch: evalf, int, Int.

evalgf

```
evalgf(ausdr, p)
```

Wertet innerhalb einer algebraischen Erweiterung eines endlichen Körpers aus ◇ Ist ausdr ein unausgewerteter Funktionsaufruf (wie z. B. evalgf(Gcd(u,v)),p), so wird die Funktion auf die kleinstmögliche algebraische Erweiterung der ganzen Zahlen modulo p angewandt. Die folgenden Platzhalter sind der Funktion evalgf bekannt:

| Content | Expand | Gcd | Normal | Primpart | Rem | Sprem |
| Divide | Factor | Gcdex | Prem | Quo | Resultant | |

◇ Man muß erst readlib(evalgf) eingeben, bevor man diesen Befehl benutzen kann. ◇ evalgf(Gcd(x^2+1, x^2+x*RootOf(_Z^2+1)+2), 3); ⟶ $x + 2\,\mathrm{RootOf}\left(\_Z^2 + 1\right)$ ◇ Siehe auch: mod, RootOf, GF.

evalhf
```
evalhf(ausdr)
evalhf(Digits)
```
Wertet einen Ausdruck unter Benutzung der Gleitkommaarithmetik der Hardware aus ◇ Diese Auswertung wird mit doppelter Genauigkeit durchgeführt. Hier sind keine symbolischen Antworten zugelassen. Als Parameter an `evalhf` gegebene Felder sollten Einträge haben, die entweder zu Gleitkommazahlen ausgewertet werden oder nicht zugewiesen sind. Ein als `var(A)` gegebenes Felddargument hat einen ähnlichen Effekt wie `var`-Argumente in Pascal. Diese Funktion behandelt viele gewöhnliche mathematische Funktionen und Konstanten. Die Spezialform `evalhf(Digits)` gibt die Anzahl der Dezimalstellen zurück, die bei der Hardware-Gleitkommaarithmetik benutzt werden. ◇ Siehe auch: `evalf`.

evalm
```
evalm(ausdr)
```
Auswertung eines Matrixausdrucks ◇ Der Ausdruck kann aus Summen, Produkten und ganzzahligen Potenzen vom Matrizen bestehen, sowie aus Abbildungen, die Funktionen auf Matrizen abbilden. Diese Funktion versteht 0 entweder als Nullmatrix oder als skalaren Wert 0 und `&*()` als Matrixidentität. ◇ Siehe auch: `&*`, `array`, `linalg[matrix]`.

evaln
```
evaln(ausdr)
```
Wertet den Ausdruck bis zur Namensstufe aus, aber nicht weiter ◇ Der Name selbst wird nicht ausgewertet. Diese Funktion gibt ein Objekt zurück, das zugewiesen werden kann. Für einfache Namen (wie z. B. eine Zeichenkette), kann man denselben Effekt durch einfache Hochkommata erzielen. ◇ `i:=2: evaln(a.i);` ⟶ $a2$ ◇ Siehe auch: `assigned`.

evalr
```
evalr(ausdr)
```
Wertet ausdr aus, indem man eine auf Bereiche operierende Arithmetik benutzt ◇ Diese Funktion wertet einen Ausdruck ausdr aus, der Bereiche enthalten kann, die als `[a..b]` mit $a \leq b$ gegeben sind; ferner kann der Ausdruck auch Bereichsfolgen, wie `[a..b, c..d,...]`, oder beschränkte Variablen, geschrieben `[var,a..b]`, enthalten. Wenn nicht anders bestimmt wurde, wird var umgewandelt zu `[var, -infinity..infinity]`. Wird die Funktion ohne Bereiche aufgerufen, dann wertet sie abs, max, min und `Signum` mit dieser Arithmetik aus. ◇ Man muß erst `readlib(evalr)` eingeben, bevor man diesen Befehl benutzen kann. ◇ `evalr(cos([1..4]));` ⟶ $[-1..cos(1)]$ ◇ `evalr(min(Pi^exp(1),` `exp(1)^Pi));` ⟶ $\pi^{(e)}$ ◇ Siehe auch: `shake`.

example
```
example(f)
example(type)
```
Erzeugt ein Beispiel einer Funktion oder eines Typs. ◇ `example(fraction);` ⟶ $\frac{3}{4}$ ◇ `example(D);` ⟶ $D(f@g)$ ◇ Siehe auch: `?`.

exp
```
exp(z)
```
Die Exponentialfunktion ◇ Diese Funktion berechnet e^z, wobei e ungefähr gleich 2.718281828459045 ist. `exp(z)` wird gegenüber `E^z` bevorzugt. ◇ `exp(I*Pi);` ⟶ -1 ◇ Siehe auch: `ln`.

expand
```
expand(ausdr)
expand(ausdr, teilausdr₁, teilausdr₂, ...)
```
Entwickelt einen Ausdruck ◇ Auf Polynome angewendet, verteilt diese Funktion Produkte über Summen. Für rationale Funktionen werden nur die Summen des Zählers entwickelt. Diese Funktion entwickelt auch viele mathematische Funktionen. Die optionalen Argumente *teilausdr$_i$* verhindern, daß diese Teilausdrücke entwickelt werden. ◇ `expand(sin(2*t) +` `(x+y)*(x-y));` ⟶ $2 \sin(t) \cos(t) + x^2 - y^2$ ◇ `expand((x+y)*(x-y), x+y);` ⟶ $(x+y)x - (x+y)y$ ◇ Siehe auch: `collect`, `combine`, `expandoff`, `expandon`, `Expand`, `factor`, `sort`.

Expand
```
Expand(expr)
```
Starre Entwicklungsfunktion ◇ In Zusammnenhang mit `evala`, `evalgf` oder `mod`, entwickelt diese Funktion den Ausdruck über einem gegebenen Definitionsbereich der Koeffizienten. ◇

Expand((x+1)^8) mod 2; $\longrightarrow x^8 + 1$ ◊ Siehe auch: evala, evalgf, expand, mod.

expandoff
expandoff(f$_1$, f$_2$, ...)
Verhindert die Entwicklung von Funktionen ◊ Diese Funktion verhindert die Entwicklung der aufgelisteten Funktionen. Werden keine Argumente für diese Funktion angegeben, so wird die Entwicklung aller Funktionen unterdrückt. Man muß expand(expandoff()) eingeben, bevor man diesen Befehl benutzen kann. ◊ expandoff(sin): expand(sin(2*t)); $\longrightarrow$ $\sin(2t)$ ◊ Siehe auch: expand, expandon.

expandon
expandon(f$_1$, f$_2$, ...)
Hebt die Unterdrückung der Entwicklung von Funktionen wieder auf ◊ Diese Funktion sorgt dafür, daß die gelisteten Funktionen wieder entwickelt werden können. Werden keine Argumente angegeben, so wird die Entwickelbarkeit aller Funktionen sichergestellt. Man muß expand(expandon()) eingeben, bevor man diesen Befehl benutzen kann. ◊ Siehe auch: expand, expandoff.

extrema
extrema(ausdr, einschr)
extrema(ausdr, einschr, vars)
extrema(ausdr, einschr, vars, name)
Finde die relativen Extrema des multivariaten Ausdrucks unter den gegebenen Einschränkungen mit Hilfe der Lagragangeschen Multiplikatoren ◊ Zurückgegeben wird eine Menge von Extremwerten. einschr ist eine einfache Gleichung oder Ausdruck, eine Menge von Nullstellen oder eine Reihe von Gleichungen oder Ausdrücken. Ein als Einschränkung gegebener Ausdruck wird gleich null gesetzt. vars ist entweder ein Variablenname oder eine Menge von Variablennamen. Falls ein Name als viertes Argument gegeben ist, wird diesem eine Menge von möglichen Extremwertpunkten zugewiesen. Jeder dieser möglichen Punkte ist eine Mengengleichung, die Werte für vars ergibt. ◊ Man muß erst readlib(extrema) eingeben, bevor man diesen Befehl benutzen kann. ◊ extrema(2*x*y, x^2+y^2=1, {x,y}); $\longrightarrow \{-1, 1\}$ ◊ Siehe auch: maximize, minimize.

factor
factor(ausdr)
factor(ausdr, K)
Faktoriert ein multivariates Polynom mit Koeffizienten, die entweder ganze Zahlen, rationale Zahlen oder algebraische Zahlen sind ◊ Die erste Form faktoriert ausdr über dem Körper, der durch seine Koeffizenten induziert ist. Die zweite Variante faktoriert ausdr über dem durch K gegebenen algebraischen Zahlkörper. K kann ein einfaches RootOf oder eine Wurzel, bzw. eine Liste von RootOfs und Wurzeln sein. Handelt es sich bei ausdr um eine rationale Funktion, so wird dieser erst normiert, dann werden Zähler und Nenner des entstandenen Ausdrucks faktorisiert. Das Ergebnis wird als ein Ausdruck zurückgegeben. ◊ factor(x^4-5, 5^(1/4)); $\longrightarrow \left(x^2 + \sqrt{5}\right)\left(x + 5^{1/4}\right)\left(x - 5^{1/4}\right)$ ◊ Siehe auch: AFactor, Factor, factors, ifactor, irreduc, normal, roots, split, sqrfree.

Factor
Factor(ausdr)
Factor(ausdr, K)
Starre Form der Faktorisierung eines multivariaten Polynoms ◊ Diese Funktion wird zusammen mit evala, evalgf oder mod benutzt. K sollte ein einfaches RootOf mit evalgf oder mod sein, kann aber auch eine Menge von RootOfs mit evala sein. Drei Faktorisierungsmethoden stehen zusammen mit evala zur Verfügung: lenstra, linear und trager (voreingestellt). Man wählt eine der Methoden aus, indem man ihren Namen als Option für evala angibt. Das Ergebnis wird als Ausdruck zurückgegeben. ◊ Factor(x^2+1) mod 2; $\longrightarrow$ $(x + 1)^2$ ◊ Siehe auch: AFactor, evala, evalgf, factor, Factors, ifactor, mod, RootOf.

factorial
factorial(n)
Die Fakultätsfunktion ◊ Diese Funktion berechnet das Produkt der ganzen Zahlen von 1 bis zur nichtnegativen ganzen Zahl n. Sie kann auch als n! aufgerufen werden. ◊ factorial(4); $\longrightarrow 24$ ◊ 4!; $\longrightarrow 24$ ◊ Siehe auch: GAMMA.

factors

```
factors(poly)
factors(poly, K)
```

Faktoriert ein multivariates Polynom ⋄ Das erste Argument muß ein Polynom sein. Die erste Form faktoriert das Polynom über dem Körper, der durch seine Koeffizienten induziert wird. Die zweite Form faktoriert das Polynom über dem durch K gegebenen algebraischen Zahlkörper. K kann entweder ein einfaches `RootOf` oder Wurzel sein, oder eine Liste bzw. Menge von `RootOf`s und Wurzeln. Das Ergebnis ist eine Liste, deren erstes Element der führende Koeffizient ist und deren zweites Element eine Liste von Faktor-Exponent-Paaren ist. ⋄ `factors(2*x^2-4,` `sqrt(2))`; $\longrightarrow [2,[[x+\sqrt{2},1],[x-\sqrt{2},1]]]$ ⋄ Siehe auch: `AFactors`, `factor`, `Factors`, `ifactors`, `irreduc`, `roots`, `sqrfree`.

Factors

```
Factors(poly)
Factors(poly, K)
```

Starre Faktorisierung eines multivariaten Polynoms ⋄ Diese Funktion wird zusammen mit `evala`, `mod` oder `modp1` benutzt. K sollte ein einfaches `RootOf` mit `mod` sein, kann aber auch eine Menge von `RootOf`s mit `evala` sein. Drei Faktorisierungsmethoden stehen zusammen mit `evala` zur Verfügung: `lenstra`, `linear` und `trager` (voreingestellt). Man wählt eine der Methoden aus, indem man ihren Namen als Option für `evala` angibt. Das Ergebnis ist eine Liste, deren erstes Element der führende Koeffizient ist und deren zweites Element eine Liste von Faktor-Exponent-Paaren ist. ⋄ `Factors(x^2+1) mod 2`; $\longrightarrow [1,[[x+1,2]]]$ ⋄ Siehe auch: `AFactors`, `evala`, `DistDeg`, `Factor`, `factors`, `ifactors`, `Irreduc`, `mod`, `modp1`, `Sqrfree`.

FAIL

Boolsche Konstante ⋄ Dieser Wert wird oft von Maple-Prozeduren zurückgegeben, um anzuzeigen, daß die Berechnung nicht erfolgreich war oder abgebrochen wurde.

false

Boolsche Konstante.

FFT

```
FFT(m, x-feld, y-feld)
```

Schnelle Fourier-Transformation (Fast Fourier transform) ⋄ x-feld und y-feld sind eindimensionale Felder von Gleitkommazahlen, die von 1 bis 2^m gehen. x-feld beinhaltet die reellen Teile der Folge und y-feld die imaginären. Die schnelle Fourier-Transform wird auf der Stelle berechnet, wobei die ursprünglichen Felder modifiziert werden. Die Funktion gibt 2^m zurück. Diese Funktion kann mittels `evalhf` aufgerufen werden. ⋄ Man muß erst `readlib(FFT)` eingeben, bevor man diesen Befehl benutzen kann. ⋄ Siehe auch: `iFFT`, `evalhf`, `fourier`, `iFFT`.

finance

```
finance(glchg1, glchg2, glchg3)
finance(amount=a, interest=i, payment=p)
finance(amount=a, payment=p, periods=n)
```

Betrag, Zins, Raten, oder Zahlungsperioden ⋄ Die Prozedur `finance` erwartet drei der folgenden vier Gleichungen als Argumente: `amount=amt`, `interest=rate`, `payment=pay`, `periods=n`. Sie löst dann die vierte Gleichung auf. ⋄ Man muß erst `readlib(finance)` eingeben, bevor man diesen Befehl benutzen kann. ⋄ `finance(amount=10000,` `interest=.065/12, periods=36)`; $\longrightarrow payment = 306.4900288$ ⋄ Siehe auch: `amortization`, `blackscholes`.

fixdiv

```
fixdiv(poly, var)
```

Berechnet den festen Teiler eines Polynoms ⋄ poly ist ein Polynom in var mit ganzzahligen Koeffizienten. Der feste Teiler ist die größte ganze Zahl, die $poly(n)$ für alle ganzen Zahlen n teilt. ⋄ Man muß erst `readlib(fixdiv)` eingeben, bevor man diesen Befehl benutzen kann. ⋄ `fixdiv(x^2-1, x)`; $\longrightarrow 2$

Float

```
Float(mantisse, exponent)
```

Eine andere Art, Gleitkommazahlen darzustellen ⋄ Diese Schreibweise entspricht `mantisse*10^exponent`. Sie wird vorwiegend dazu benutzt, sehr kleine oder sehr große Gleitkommazahlen auszugeben, kann aber natürlich jede beliebige Gleitkommazahl darstellen. ⋄ `Float(3,1)`; $\longrightarrow 30.$ ⋄ `2.^54321`; $\longrightarrow$ `Float(1779895328, 16343)` ⋄ Siehe auch: `Digits`, `evalf`.

floor
```
floor(z)
floor(1, z)
```
Gibt die größte ganze Zahl zurück, die kleiner oder gleich z ist, falls z reell ist ◇ Ist z komplex, so berechnet diese Funktion $\mathrm{floor}(\mathrm{Re}(z)) + I\,\mathrm{floor}(\mathrm{Im}(z)) + X$, wobei

$$X = \begin{cases} 0 & a + b < 1 \\ 1 & a + b \geq 1 \text{ und } a \geq b \\ I & a + b \geq 1 \text{ und } a < b \end{cases}$$

und $a = (\mathrm{Re}(z)) - \mathrm{floor}(\mathrm{Re}(z))$, $b = (\mathrm{Im}(z)) - \mathrm{floor}(\mathrm{Im}(z))$. Die zweite From berechnet die Ableitung von floor überall da, wo sie definiert ist. ◇ `floor(3.99);` $\longrightarrow 3$ ◇ `floor(3.99-2.4*I);` $\longrightarrow 4 - 3\,I$ ◇ Siehe auch: `ceil, frac, round, trunc`.

fnormal
```
fnormal(ausdr)
fnormal(ausdr, n)
fnormal(ausdr, n, ε)
```
Normalisierung von Gleitkommazahlen ◇ Diese Funktion gibt einen Wert zurück, der als gleichwertig zu ausdr unter der Annahme angesehen wird, daß numerische Werte, die kleiner als ϵ sind, als Null betrachtet werden können. n spezifiziert die Anzahl der gültigen Stellen bei der Auswertung von Gleitkommaausdrücken (voreingestellt ist der Wert von `Digits`). Der voreingestellte Wert für ϵ ist $10^{-\mathrm{Digits}+2}$. ◇ `fnormal(10^(-9));` $\longrightarrow 0$ ◇ Siehe auch: `evalf, simplify, testfloat`.

for
```
for var from ausdr₁ to ausdr₂ by ausdr₃ do anweisungen od
for var in ausdr do anweisungen od
for var ... while bed do anweisungen od
```
Ausführung von Anweisungen in einer Schleife ◇ Die erste Form führt die Anweisungen sooft aus, wie die Indexvariable anzeigt, wobei die Indexvariable var Werte zwischen $ausdr_1$ und $ausdr_2$ annimmt; nach jedem Schleifendurchlauf wird die Variable um $ausdr_3$ erhöht. Jede der `from`, `to` und `by`-Klauseln ist optional (voreingestellt sind 1, Unendlich und 1), und sie können in beliebiger Reihenfolge auftreten. Die zweite Form läßt var die Werte der aufeinanderfolgende Operanden in ausdr annehmen. Die Anzahl der Operanden bestimmt die Anzahl der Schleifendurchläufe. Die `for` und `while`-Formen können zu einer einzigen Schleife kombiniert werden. ◇ Siehe auch: `do`.

forget
```
forget(f)
forget(f, arg₁, arg₂, ...)
```
Entfernt einen Eintrag oder mehrere Einträge aus der Buchführungstabelle ◇ Die erste Variante entfernt alle Einträge aus der Tabelle für f, die zweite Form entfernt nur die Einträge, die f(arg₁, arg₂, ...) entsprechen. ◇ Man muß erst `readlib(forget)` eingeben, bevor man diesen Befehl benutzen kann. ◇ Siehe auch: `options, remember`.

fortran
```
fortran(ausdr)
fortran(ausdr, options)
```
Erzeugt FORTRAN-Code ◇ Diese Funktion erzeugt FORTRAN-Code zur Auswertung des gegebenen Ausdrucks, eines Feldes von Ausdrücken oder einer Liste von Zuweisungen. Im letzteren Fall ist jede Zuweisung als Gleichung gegeben. Der globalen Variablen `precision` kann `single` oder `double` (voreingestellt ist single) für einfache oder doppelte Genauigkeit zugewiesen werden. Die Option `digits` gibt an, auf wieviel Stellen genau rationale Zahlen oder symbolische Konstanten wie `Pi` umgewandelt werden sollen (voreingestellt ist 7 für einfache und 16 für doppelte Genauigkeit). Die Option `filename` benennt eine Datei, in die der erzeugte FORTRAN-Code hineingeschrieben werden kann. Ist keine Datei angegeben, wird der Code auf die Standardausgabe geschrieben. ◇ `fortran(sin(Pi*x^2));` $\longrightarrow$ `t0 = sin(0.3141593E1*x**2)` ◇ Siehe auch: `C, eqn, latex, optimize`.

fourier
```
fourier(ausdr, t, w)
```
Fourier-Transformation ◇ Diese Funktion wendet die Fourier-Transformation auf ausdr bezüglich der Variablen t an, wobei ein Ausdruck in w zurückgegeben wird. Ausdrücke, die komplexe Exponenten enthalten, Polynome, trigonometrische Ausdrücke mit linearen Argumenten sowie

eine Vielzahl von Funktionen und anderer Integraltransformationen können transformiert werden. Die Diracsche Deltafunktion `Dirac` sowie die Heaviside Treppenfunktion `Heaviside` werden ebenso behandelt wie Ableitungen und Integrale. Die Transformation ist folgendermaßen definiert:

$$F(w) = \int_{-\infty}^{\infty} (expr)\, e^{-Itw}\, dt$$

◇ Man muß erst `readlib(fourier)` eingeben, bevor man diesen Befehl benutzen kann. ◇ Siehe auch: `invfourier`, `laplace`, `mellin`, `ztrans`.

frac
```
frac(z)
frac(1, z)
```
Der gebrochene Anteil einer Zahl ◇ Fü reelle z gilt $\mathrm{frac}(z) = z - \mathrm{trunc}(z)$. Für komplexe z wird die Funktion jeweils auf den Real- und den Imaginärteil angewandt. Die zweite Form berechnet die erste Ableitung der Funktion überall dort, wo sie definiert ist. ◇ `frac(-1.3);` $\longrightarrow -.3$ ◇ Siehe auch: `ceil`, `floor`, `round`, `trunc`.

freeze
```
freeze(ausdr)
```
Ersetzt einen Ausdruck durch einen Namen. ◇ Man muß erst `readlib(freeze)` eingeben, bevor man diesen Befehl benutzen kann. ◇ `freeze(x^2-y);` $\longrightarrow$ _R0 ◇ Siehe auch: `frontend`, `thaw`.

FresnelC
```
FresnelC(x)
```
Fresnel-Kosinusintegral ◇ Das Fresnel-Kosinusintegral ist definiert als $\int_0^x \cos\left(\frac{\pi}{2}t^2\right)\, dt$. ◇ Siehe auch: `erf`, `dawson`, `Fresnelf`, `Fresnelg`, `FresnelS`.

Fresnelf
```
Fresnelf(x)
```
Fresnelsche Hilfsfunktion ◇ Diese Funktion ist definiert als

$$\left(\frac{1}{2} - \mathrm{FresnelS}(x)\right) \cos\left(\frac{\pi}{2}x^2\right) - \left(\frac{1}{2} - \mathrm{FresnelC}(x)\right) \sin\left(\frac{\pi}{2}x^2\right)$$

◇ Man muß erst `readlib(Fresnelf)` eingeben, bevor man diesen Befehl benutzen kann. ◇ Siehe auch: `FresnelC`, `Fresnelg`, `FresnelS`.

Fresnelg
```
Fresnelg(x)
```
Fresnelsche Hilfsfunktion ◇ Diese Funktion ist definiert als

$$\left(\frac{1}{2} - \mathrm{FresnelC}(x)\right) \cos\left(\frac{\pi}{2}x^2\right) - \left(\frac{1}{2} - \mathrm{FresnelS}(x)\right) \sin\left(\frac{\pi}{2}x^2\right)$$

◇ Man muß erst `readlib(Fresnelg)` eingeben, bevor man diesen Befehl benutzen kann. ◇ Siehe auch: `FresnelC`, `Fresnelf`, `FresnelS`.

FresnelS
```
FresnelS(x)
```
Fresnel-Sinusintegral ◇ Das Fresnel-Sinusintegral ist definiert als $\int_0^x \sin\left(\frac{\pi}{2}t^2\right)\, dt$. ◇ Siehe auch: `erf`, `dawson`, `FresnelC`, `Fresnelf`, `Fresnelg`.

frontend
```
frontend( f, arglist)
frontend( f, arglist, [ freezeset, nofreezeset])
```
Verarbeitet einen allgemeinen Ausdruck zu einem rationalen Ausdruck ◇ Diese Funktion ersetzt Teilausdrücke in der Liste der Ausdrücke arglist durch namen (freeze), so daß sie zu rationalen Funktionen werden, wendet dann die Funktion f auf diese Argumente ein und taut dann die eingefrorenen Ausdrücke wieder auf (thaw). Damit wird der Anwendungsbereich für Funktionen, die eigentlich nur rationale Ausdrücke als Argumente haben können, erweitert. Der optionale dritte Parameter benennt eine einzufrierende Menge von Ausdrücken und eine Menge von Ausdrücken, die nicht verändert werden dürfen. Diese Funktion kann nicht mit Funktionen f aufgerufen werden, die einem Argument einen Wert zuweisen. ◇ `frontend(rem, [ln(t)^4+5, ln(t)^3+1, ln(t)]);` $\longrightarrow 5 - \ln(t)$ ◇ Siehe auch: `freeze`, `thaw`.

fsolve

```
fsolve(glchgen)
fsolve(glchgen, vars, options)
```

Löst eine Gleichung bzw. ein Gleichungssystem unter Verwendung von Gleitkommaarithmetik ◇ glchgen ist entweder eine einzelne Gleichung bzw. Ausdruck oder eine Menge von Gleichungen bzw. Ausdrücken. Bei einem Ausdruck wird angenommen, daß er zu null gemacht werden soll. vars ist ein Variablenname oder eine Liste von Variablennamen. Ist ein einzelnes Polynom gegeben, so versucht diese Funktion, alle ihre reellen Nullstellen zu berechnen. Bei allgemeineren Ausdrücken wird nur nach einer Nullstelle gesucht. Die folgenden Optionen können angegeben werden:

`complex`	für Polynome: finde alle Nullstellen, sowohl reell als auch komplex; sonst: suche eine Nullstelle in der komplxen Ebene
`fulldigits`	führe alle Zwischenrechnungen mit voller Genauigkeit aus
`maxsols=n`	für Polynome: finde nur die n kleinsten Nullstellen
`a..b` oder `var=a..b`	suche Nullstellen nur im angegebenen Intervall

◇ `fsolve(x^3+x+1);` $\longrightarrow -.6823278038$ ◇ Siehe auch: `dsolve`, `isolve`, `msolve`, `rsolve`, `solve`.

galois

```
galois(poly)
```

Berechnet die Galoisgruppe eines irreduziblen Polynoms ◇ Diese Funktion berechnet die Galoisgruppe eines irreduziblen, univariaten rationalen Polynoms, dessen Grad nicht höher als 7 ist. Zurückgegeben wird eine Folge von Ausdrücken mit dem Namen der Galoisgruppe (mit +, falls es sich um eine gerade Gruppe oder eine symmetrische Gruppe handelt), die Ordnung der Gruppe und eine Menge von Erzeugenden der Gruppe bis hin zur Konjugierten. Jedes erzeugende Element ist dargestellt als eine Zeichenkette, die ein Element der symmetrischen Gruppe über n Buchstaben repräsentiert, wobei n der Grad von poly ist. ◇ `galois(x^4+1);` $\longrightarrow +V4$, 4, $\{(13)(24),(12)(34)\}$ ◇ Siehe auch: `group`, `GF`.

gamma

Eulersche Konstante ◇

$$\gamma = \lim_{n \to \infty} \left(\sum_{k=1}^{n} 1/k - \ln(n) \right)$$

Sie ist ungefähr $.5772156664901533$.

gamma

```
gamma(n)
```

Verallgemeinerte Gamma-Konstante ◇ Für jede nichtnegative ganze Zahl n stellt diese Funktion die Konstante

$$\lim_{m \to \infty} \left(\sum_{k=1}^{n} \frac{\ln(k)^n}{k} - \frac{\ln(m)^{n+1}}{n+1} \right)$$

dar. `gamma(0)` ist gleich gamma. ◇ `evalf(gamma(3));` $\longrightarrow .002053834420$

GAMMA

```
GAMMA(z)
GAMMA(a,z)
```

Die Gamma und die unvollständigen Gammafunktionen ◇ Die Gammafunktion ist definiert als:

$$\Gamma(z) = \int_0^\infty e^{-t} t^{z-1}\, dt$$

Die unvollständige Gammafunktion ist definiert als:

$$\Gamma(a,z) = \int_z^\infty e^{-t} t^{a-1}\, dt$$

◇ `GAMMA(6);` $\longrightarrow 120$ ◇ Siehe auch: `Beta`, `factorial`, `lnGAMMA`, `Psi`.

Gauss

Das Gausspaket zum abstrakten mathematischen Programmieren ◊ Gauss unterstützt eine Hierarchie algebraischer Strukturen, die Kategorien genannt werden (wie z. B. Ring, Integral-Domain und Field), sowie eine Reihe von abstrakten Datentypen und Definitionsbereichen (wie DenseUnivariatePolynomial, QuotientField und RationalFunction). Ein Definitionsbereich wird durch ein oder mehrere Kategorien parametrisiert, z. B. kann ein Definitionsbereich für ein Polynom Koeffizienten in einem beliebigen Ring besitzen. Diese Trennung erlaubt es, Methoden für bestimmte Definitonsbereiche unabhängig von der Darstellung bestimmter Datenstrukturen zu entwickeln. Somit braucht man z. B. Matrixalgorithmen nicht für jeden möglichen Definitionsbereich der Matrixeinträge neu zu schreiben. Auf Seite 115 findet man eine Liste von Kategorien und Definitionsbereichen. Einige Teile der Maple-Bibliothek werden sehr wahrscheinlich in zukünftigen Versionen durch Gauss-Code ersetzt werden, da Gauss flexibler ist.

Gausselim

```
Gausselim(A)
Gausselim(A, name_1)
Gausselim(A, name_1, name_2)
```

Starre Gaußelimination ◊ Wird diese Funktion zusammen mit `mod` benutzt, so wird eine Gaußelimination mit Reihenpivotsuche auf A angewandt, einer rechteckigen Matrix von ganzen Zahlen modulo einer positiven ganzen Zahl. $name_1$, falls vorhanden, wird der Rang von A zugewiesen. Ist der Rang gleich der Anzahl der Reihen von A, so wird der Variablen $name_2$ die Determinante der quadratischen Untermatrix von A zugewiesen, die durch die ersten $rang(A)$ Spalten gebildet wird. Sonst wird Null zugewiesen. ◊ Siehe auch: `Gaussjord`, `linalg[gausselim]`.

GaussInt

Gausspaket für ganze Zahlen ◊ Die Funktionen in diesem Paket müssen mit `with` eingeladen werden, bevor man sie aufrufen kann. Bei der Beschreibung der Funktionen diese Pakets steht ξ für eine ganze Gaußsche Zahl. Eine Gaußsche Zahl ist eine komplexe Zahl, deren Real- und Imaginärteil ganz ist. ◊ `3+4*I`, `-2*I` ◊ Siehe auch: `GaussInt[function]`, `with`.

GaussInt[GIbasis]

```
GIbasis(ξ_1, ξ_2)
```

Testet auf Basis ◊ Diese Funktion gibt *true* zurück, falls ξ_1 und ξ_2 eine Basis für den Bereich der ganzen Gaußschen Zahlen über den rationalen ganzen Zahlen bilden; sonst *false*. ◊ `GIbasis(1+I,2+I);` $\longrightarrow$ *true*

GaussInt[GIchrem]

```
GIchrem(resliste, modliste)
```

Chinesischer Restalgorithmus für Gaußsche Zahlen ◊ modliste ist eine Liste paarweise relativ primer Gaußscher Zahlen $[\xi_1, \ldots, \xi_n]$ und resliste ist eine Liste von Residuen $[\rho_1, \ldots, \rho_n]$. Diese Funktion berechnet die eindeutige Gaußsche Zahl ξ (bis auf Multiplikation mit einer Einheit), deren Norm kleiner als $|\xi_1 \cdots \xi_n|$ ist und die $\xi \equiv \rho_i \bmod \xi_i$ genügt. ◊ Diese Funktion ist neu in Version 3. ◊ `GIchrem([2*I,1+I], [I+2,3+2*I]);` $\longrightarrow -1 + 4\,I$ ◊ Siehe auch: `chrem`, `GaussInt[mcmbine]`.

GaussInt[GIdivisor]

```
GIdivisor(ξ)
```

Teiler einer ganzen Gaußschen Zahl ◊ Diese Funktion gibt die Menge der zum ersten Quadranten gehörenden Vertreter der Teiler der ganzen Gaußschen Zahl ξ zurück. ◊ `GIdivisor(13);` $\longrightarrow$ $\{1, 13, 3+2\,I, 2+3\,I\}$ ◊ Siehe auch: `GaussInt[GIfactor]`, `GaussInt[GIfactors]`, `GaussInt[GIfacset]`.

GaussInt[GIfacpoly]

```
GIfacpoly(poly)
```

Faktoriert ein multivariates Polynom über den Gaußschen Zahlen ◊ Das Ergebnis ist eine Liste, deren erstes Element ein konstanter Koeffizient und deren zweites Element eine Liste von Paaren unzerlegbarer Faktoren und Exponenten ist. ◊ Diese Funktion ist neu in Version 3. ◊ `GIfacpoly(x^2+y^2);` $\longrightarrow [1, [[x - I\,y, 1], [x + I\,y, 1]]]$ ◊ Siehe auch: `factors`.

GaussInt[GIfacset]

```
GIfacset(ξ)
```

Berechnet die Menge der primären Primfaktoren der ganzen Gaußschen Zahl ξ ◊ Eine prime Gaußsche Zahl $\xi = n + m\,I$ ist primär, falls $n \equiv 1 \bmod 4$ and $m \equiv 0 \bmod 4$, oder $n \equiv -1 \bmod 4$ and $m \equiv 2 \bmod 4$ gilt. ◊ `GIfacset(13);` $\longrightarrow \{3 + 2\,I, 3 - 2\,I\}$ ◊ Siehe auch: `GaussInt[divisor]`, `GaussInt[GIfactor]`, `GaussInt[GIfactors]`.

GaussInt[GIfactor]

```
GIfactor(ξ)
```
Faktoriert eine Gaußsche Zahl ⋄ Diese Funktion berechnet eine Faktorzerlegung der Gaußschen Zahl ξ, wobei ein multiplikativer Ausdruck zurückgeliefert wird. ⋄ `GIfactor(4*I);` $\longrightarrow (-I)(1+I)^4$ ⋄ Siehe auch: `GaussInt[GIfactors]`, `GaussInt[GIfacset]`, `GaussInt[GIprime]`, `ifactor`, `numtheory[sq2factor]`.

GaussInt[GIfactors]

```
GIfactors(ξ)
```
Faktoriert eine Gaußsche Zahl ⋄ Diese Funktion berechnet eine Faktorzerlegung der Gaußschen Zahl ξ, wobei eine Liste von primären Primfaktoren und Exponenten zurückgegeben wird. ⋄ `GIfactors(4*I);` $\longrightarrow [-I,[[1+I,4]]]$ ⋄ Siehe auch: `GaussInt[GIfactor]`, `GaussInt[GIfacset]`, `ifactors`.

GaussInt[GIgcd]

```
GIgcd(ξ₁, ξ₂, ..., ξₙ)
```
Berechnet den größten gemeinsamen Teiler der gegebenen Gaußschen Zahlen ⋄ Das Ergebnis ist die dem größten gemeinsamen Teiler entsprechende Zahl des ersten Quadranten. ⋄ `GIgcd(19+17*I,11+13*I);` $\longrightarrow 1+3I$ ⋄ Siehe auch: `GaussInt[GIgcdex]`, `igcd`.

GaussInt[GIgcdex]

```
GIgcdex(ξ₁, ξ₂, name₁, name₂)
```
Erweiterter Euklidischer Algorithmus für Gaußsche Zahlen ⋄ Diese Funktion berechnet den größten gemeinsamen Teiler von ξ_1 und ξ_2 und weist $name_1$ und $name_2$ (falls vorhanden) Gaußsche Zahlen zu, so daß der größte gemeinsame Teiler gerade gleich $name_1\, \xi_1 + name_2\, \xi_2$ ist. ⋄ `GIgcdex(19+17*I,11+13*I,'s','t'): s,t;` $\longrightarrow 2+I,-3-I$ ⋄ Siehe auch: `GaussInt[GIgcd]`, `igcdex`.

GaussInt[GIhermite]

```
GIhermite(A)
GIhermite(A, name)
```
Hermite-Normalform nur für Gaußsche Zahlen ⋄ Diese Funktion berechnet die Hermite-Normalform (reduzierte Zeilenstufenform) einer rechteckigen Matrix von Gaußschen Zahlen. Ist ein Name als drittes Argument angegeben, so wird diesem die Transformationsmatrix U zugewiesen, sodaß das Ergebnis UA ist. ⋄ Diese Funktion ist neu in Version 3. ⋄ Siehe auch: `GaussInt[GIsmith]`, `linalg[ihermite]`.

GaussInt[GIissqr]

```
GIissqr(ξ)
```
Prüft, ob eine Gaußsche Zahl ein perfektes Quadrat bildet ⋄ Diese Funktion ergibt entweder *true* oder *false*. ⋄ `GIissqr(4*I-3);` $\longrightarrow$ *true* ⋄ Siehe auch: `GaussInt[GIsqrt]`.

GaussInt[GIlcm]

```
GIlcm(ξ₁, ξ₂, ..., ξₙ)
```
Berechnet das kleinste gemeinsame Vielfache der gegebenen Gaußschen Zahlen ⋄ Das Ergebnis ist die dem kgV entsprechenden, im ersten Quadranten liegende Gaußsche Zahl. ⋄ `GIlcm(3*I-1,3-I);` $\longrightarrow 5+5I$ ⋄ Siehe auch: `GaussInt[GIgcd]`, `GaussInt[GIgcdex]`, `ilcm`.

GaussInt[GImcmbine]

```
GImcmbine(ξ₁, ρ₁, ξ₂, ρ₂)
```
Chinesischer Restsatz ⋄ Diese Funktion berechnet eine Gaußsche Zahl ξ, sodaß gilt $\xi \equiv \rho_1 \bmod \xi_1$ und $\xi \equiv \rho_2 \bmod \xi_2$. Gibt es keine solche Gaußsche Zahl. so wird *FAIL* zurückgegeben. ⋄ `GImcmbine(I+2,2*I,3+2*I,1+I);` $\longrightarrow -1+4I$ ⋄ Siehe auch: `chrem`, `numtheory[mcombine]`.

GaussInt[GInearest]

```
GInearest(z)
```
Finde die Gaußsche Zahl, die der gegebenen komplexen Zahl am nächsten liegt ⋄ Ist die Antwort nicht eindeutig, so wird die Zahl ausgewählt, die die kleinste Norm besitzt. ⋄ `GInearest(.5+.5*I);` $\longrightarrow 0$ ⋄ Siehe auch: `GaussInt[GIsqrt]`, `GaussInt[GIissqr]`.

GaussInt[GInodiv]

GInodiv(ξ)

Berechnet die Anzahl der nicht-assoziativen Teiler einer Gaußschen Zahl $\diamond$ Diese Funktion ist neu in Version 3. $\diamond$ GInodiv(13); $\longrightarrow$ 4 $\diamond$ Siehe auch: GaussInt[GIdivisor], numtheory[tau].

GaussInt[GInorm]

GInorm(ξ)

Berechnet die Norm der Gaußschen Zahl $\diamond$ Die Norm von ξ lautet $\|\xi\| = \xi\bar{\xi}$. $\diamond$ GInorm(1+2*I); $\longrightarrow$ 5 $\diamond$ Siehe auch: abs.

GaussInt[GInormal]

GInormal(ξ)

Normiert eine Gaußsche Zahl $\diamond$ Diese Funktion gibt die Assoziierte aus dem ersten Quadranten der Gaußschen Zahl ξ zurück. $\diamond$ Diese Funktion ist neu in Version 3. $\diamond$ GInormal(I-1); $\longrightarrow 1 + I$ $\diamond$ Siehe auch: GaussInt[GIunitnormal].

GaussInt[GIorder]

GIorder(ξ_1, ξ_2)

Berechnet die Ordnung einer Gaußschen Zahl $\diamond$ Diese Funktion berechnet die kleinste ganze Zahl i, so daß $\xi_1^i \equiv 1 \bmod \xi_2$. Falls ξ_1 und ξ_2 nicht zueinander prim sind, so wird *FAIL* zurückgegeben. $\diamond$ GIorder(4+I,1+I); $\longrightarrow$ 16 $\diamond$ Siehe auch: numtheory[order].

GaussInt[GIphi]

GIphi(ξ)

Berechnet die Anzahl Gaußscher Zahlen in einem reduzierten System modulo ξ $\diamond$ Ein reduziertes System modulo ξ ist eine maximale Menge Gaußscher Zahlen, welche paarweise inkongruent modulo ξ sind. $\diamond$ GIphi(9*I-7); $\longrightarrow$ 48 $\diamond$ Siehe auch: numtheory[phi].

GaussInt[GIprime]

GIprime(ξ)

Test auf wahrscheinliche Primeigenschaft $\diamond$ Diese Funktion prüft, ob ξ mit hoher Wahrscheinlichkeit eine prime Gaußsche Zahl ist und gibt *true* oder *false* zurück. Die Methode reduziert sich auf den Aufruf isprime für eine ganze Zahl. $\diamond$ GIprime(5+2*I); $\longrightarrow$ *true* $\diamond$ Siehe auch: isprime.

GaussInt[GIquadres]

GIquadres(ξ_1, ξ_2)

Quadratisches Residuum und Nicht-Residuum $\diamond$ Diese Funktion ergibt 1, falls ξ_1 ein quadratisches Residuum (mod ξ_2) ist und -1, falls sie ein quadratisches Nicht-Residuum bildet. ξ_1 und ξ_2 müssen zueinander prim sein. $\diamond$ GIquadres(1+4*I,2+3*I); $\longrightarrow -1$ $\diamond$ Siehe auch: numtheory[legendre].

GaussInt[GIquo]

GIquo(ξ_1, ξ_2)

GIquo(ξ_1, ξ_2, name)

Berechnet die Gaußsche Zahl, die den Quotienten ξ_1 dividiert durch ξ_2 darstellt $\diamond$ Ist das dritte Argument vorhanden, so wird diesem der Rest zugewiesen. $\diamond$ GIquo(12+3*I, 2+7*I, 'r'), r; $\longrightarrow$ 1-I, 3-2 I $\diamond$ Siehe auch: GaussInt[GIrem], irem, iquo.

GaussInt[GIrem]

GIrem(ξ_1, ξ_2)

GIrem(ξ_1, ξ_2, name)

Berechnet den Rest als Gaußsche Zahl von ξ_1 dividiert durch ξ_2 $\diamond$ Ist das dritte Argument vorhanden, so wird diesem der Quotient zugewiesen. $\diamond$ GIrem(12+3*I, 2+7*I, 'q'), q; $\longrightarrow$ 3-2 I, 1-I $\diamond$ Siehe auch: GaussInt[GIquo], irem, iquo.

GaussInt[GIroots]

GIroots(poly)

Berechnet die Gaußschen Zahlen, die Nullstellen des gegebenen Polynoms sind $\diamond$ poly ist ein univariates Polynom dessen Koeffizienten Gaußsche Zahlen sind. Zurückgegeben wird eine Liste von Nullstellen und ihrer entsprechenden Vielfachheiten. $\diamond$ GIroots(x^3-(1+2*I)*x^2-2*x+2*I); $\longrightarrow [[-1,1],[1+I,2]]$

GaussInt[GIsieve]

```
GIsieve(n)
```
Erzeugt Gaußsche Primzahlen ◇ Diese Funktion erzeugt eine Liste von Gaußschen Primzahlen, welche im ersten Oktanten liegen und deren Normen kleiner oder gleich n^2 sind, wobei n eine ganze Zahl ist. Der erste Eintrag in der Liste ist die Anzahl der gefundenen Primzahlen. ◇
```
GIsieve(3);
```
$\longrightarrow [3, [1 + I, 1 + 2I, 3]]$

GaussInt[GIsmith]

```
GIismith(A)
GIismith(A, name₁, name₂)
```
Smith-Normalform nur für Gaußsche Zahlen ◇ Diese Funktion berechnet die Smith-Normalform einer rechteckigen Matrix Gaußscher Zahlen. Sind drei Argumente speizifiziert, so werden den Variablen $name_1$ und $name_2$ die Transformationsmatrizen U und V zugewiesen, so daß das Ergebnis gleich UAV ist. ◇ Diese Funktion ist neu in Version 3. ◇ Siehe auch: `GaussInt[GIhermite]`, `linalg[ismith]`.

GaussInt[GIsqrfree]

```
GIsqrfree(ξ)
```
Quadratfreie Faktorierung Gaußscher Zahlen ◇ Diese Funktion gibt eine Liste quadratfreier Faktoren und Exponenten zurück. ◇ Diese Funktion ist neu in Version 3. ◇
```
GIsqrfree(79-47*I);
```
$\longrightarrow [I, [[1 + I, 1], [1 - 8 * I, 2]]]$ ◇ Siehe auch: `isqrfree`, `GaussInt[GIfactor]`, `GaussInt[GIfactors]`.

GaussInt[GIsqrt]

```
GIsqrt(ξ)
```
Berechnet eine Approximation in Gaußschen Zahlen an die Quadratwurzel der gegebenen Gaußschen Zahl ◇ Der Wert ist exakt für perfekte Quadrate; sonst ist der Fehler höchstens $1/\sqrt{2}$. ◇ `GIsqrt(4*I-3);` $\longrightarrow 1 + 2I$ ◇ Siehe auch: `GaussInt[GIissqr]`, `isqrt`.

GaussInt[GIunitnormal]

```
GIunitnormal(ξ)
```
Normiert eine Gaußsche Zahl ◇ Diese Funktion gibt eine Liste mit drei Elementen zurück: die Einheit, die man braucht, um $ξ$ zu normieren, die Assoziierte von $ξ$ aus dem ersten Quadranten und die Inverse der normierenden Einheit. ◇ Diese Funktion ist neu in Version 3. ◇
```
GIunitnormal(I-1);
```
$\longrightarrow [-I, 1 + I, I]$ ◇ Siehe auch: `GaussInt[GInormal]`.

Gaussjord

```
Gaussjord(A)
Gaussjord(A, name₁)
Gaussjord(A, name₁, name₂)
```
Starre reduzierte Zeilenstufenform ◇ A ist eine rechteckige Matrix mit ganzzahligen Einträgen. Wird diese Funktion zusammen mit `mod` benutzt, so berechnet sie die reduzierte Zeilenstufenform (Gauß-Jordanform) von A modulo einer positiven ganzen Zahl. $name_1$, falls vorhanden, wird der Rang von A zugewiesen. Ist der Rang gleich der Anzahl der Reihen von A, so wird $name_2$ die Determinante der quadratischen Untermatrix von A zugewiesen, die durch die ersten $rang(A)$ Spalten gebildet wird. Sonst wird Null zugewiesen. ◇ Siehe auch: `Gausselim`, `linalg[rref]`.

gc

```
gc()
gc(n)
```
Einsammlung herumliegender Daten (Müllsammlung) ◇ Diese Sammlung zerstört solche Daten, auf die nicht verwiesen wird und löscht die Buchhaltungstabellen von Prozeduren mit Option `system` oder Option `builtin`, indem Einträge, auf die nicht verwiesen wird, gelöscht werden. Bei der ersten Form wird eine solche Müllsammlung unverzüglich durchgeführt. Die zweite Form gibt an, daß eine solche Sammlung automatisch dann vorgenommen werden soll, wenn ungefähr n Speicherworte neu belegt wurden. Diese Häufigkeit wird in `status[5]` abgespeichert. ◇ Siehe auch: `status`, `words`.

gcd

```
gcd(poly₁, poly₂, name₁, name₂)
```
Berechnet den größten gemeinsamen Teiler zweier Polynome mit rationalen Koeffizienten ◇ Ist $name_1$ vorhanden, so wird ihm der Kofaktor von $poly_1$ zugewiesen; ebenso wird $name_2$ der Kofaktor von $poly_2$ zugewiesen. ◇ `gcd(x^2-1,x^3+1);` $\longrightarrow x + 1$ ◇ Siehe auch: `Gcd`, `gcdex`, `igcd`, `lcm`, `numtheory[GIgcd]`.

Gcd

```
Gcd(poly1, poly2)
Gcd(poly1, poly2, name1, name2)
```

Starre Routine zum größten gemeinsamen Teiler von Polynomen ◇ Wird diese Funktion in Zusammenhang mit mod oder modp1 benutzt, so berechnet sie den größten gemeinsamen Teiler der Polynome modulo einer positiven ganzen Zahl. Wird sie mit evala benutzt, so wird der ggT von Polynomen mit algebraischen Koeffizienten berechnet. Sind $name_1$ und $name_2$ angegeben, so werden ihnen die Kofaktoren zugewiesen. ◇ `Gcd(x^2+1,x+1) mod 2;` $\longrightarrow x+1$ ◇ Siehe auch: evala, gcd, Gcdex, Lcm.

gcdex

```
gcdex(poly1, poly2, var, name1, name2)
gcdex(poly1, poly2, poly3, var, name1, name2)
```

Erweiterter euklidischer Algorithmus für Polynome ◇ $poly_1$ und $poly_2$ sind Polynome in der Variablen var. Die erste Form berechnet Polynome s und t mit $degree(s) < degree(poly_2)$ und $degree(t) < degree(poly_1)$, so daß $s * poly_1 + t * poly_2 = g$, wobei g der ggT der Polynome ist. Zurückgegeben wird g. Die zweite Form löst die polynomiale diophantische Gleichung $s * poly_1 + t * poly_2 = poly_3$ und gibt NULL zurück. s und t werden als $name_1$ und $name_2$ abgespeichert. ◇ Siehe auch: gcd, Gcdex, igcdex.

Gcdex

```
Gcdex(poly1, poly2, var, name1, name2)
```

Starre ggT-Funktion für den erweiterten euklidischen Algorithmus ◇ Wird diese Funktion zusammen mit mod oder modp1 benutzt, so führt sie den erweiterten euklidischen Algorithmus in bezug auf die Polynome modulo einer positiven ganzen Zahl aus. Wird sie in Zusammenhang mit evala aufgerufen, so arbeitet sie auf Polynomen mit algebraischen Koeffizienten. ◇ Siehe auch: evala, Gcd, gcdex.

genfunc

Das Paket zu den rationalen erzeugenden Funktionen ◇ Die Funktionen aus diesem Paket müssen mit with eingeladen werden, bevor sie benutzt werden können. In den Beschreibungen der Funktionen dieses Pakets steht F immer für eine rationale erzeugende Funktion in der Unbestimmtem gfvar. nvar repräsentiert die Variable, die die Folge, die durch die erzeugende Funktion kodiert wurde, indiziert. ◇ Siehe auch: genfunc[function], with.

genfunc[rgf_charseq]

```
rgf_charseq(F, gfvar, ausdr, nvar)
```

Finde die charakteristische Folge einer rationalen erzeugenden Funktion ◇ Diese Funktion ergibt die charakteristische Folge der erzeugenden Funktion F in der Variablen gfvar, wobei der nvarte Term der Folge gegeben ist durch ausdr, welcher einen Ausdruck in nvar darstellt. ◇ `rgf_charseq(z/(1+z),z,a(n),n);` $\longrightarrow a(n+1)$ ◇ Siehe auch: genfunc, genfunc[termscale], genfunc[rgf_encode], genfunc[rgf_expand], denom, tcoeff, ldegree.

genfunc[rgf_encode]

```
rgf_encode(ausdr, nvar, gfvar, options)
```

Kodiert eine rationale erzeugende Funktion ◇ Diese Funktion berechnet die rationale erzeugende Funktion in der Variablen gfvar für die durch ausdr definierte Folge; ausdr ist ein gültiger Ausdruck in geschlossener Form für eine Folge mit einer rationalen erzeugenden Funktion. Eine Option der Form nvar = m definiert den mten Term als den ersten von Null verschiedenen Term der Folge. Eine Liste von Gleichungen der Form index = wert definiert die einzelnen Werte der Folge. ◇ `rgf_encode(3^n,n,z);` $\longrightarrow \frac{1}{1-3z}$ ◇ Siehe auch: type/rgf_seq, genfunc, genfunc[rgf_expand], genfunc[rgf_seq], ztrans, invztrans.

genfunc[rgf_expand]

```
rgf_expand(F, gfvar, nvar)
```

Entwickle die rationale erzeugende Funktion ◇ Diese Funktion findet die bezüglich der Variablen nvar geschlossene Form der Folge, die durch die rationale erzeugende Funktion F kodiert ist. ◇ `rgf_expand(1/(1-3*z),z,n);` $\longrightarrow 3^n$ ◇ Siehe auch: genfunc, genfunc[rgf_encode], RootOf, ztrans, invztrans.

genfunc[rgf_findrecur]

```
rgf_findrecur(m, liste, folgenname, nvar)
```

Findet eine Rekursionsbeziehung für Terme in einer Folge ◇ Diese Funktion findet die homogene lineare Rekursion mter Ordnung mit konstanten Koeffizienten, der die Folge

in liste genügt. liste ist eine Liste von $2m$ aufeinanderfolgenden Werten der Folge. $\diamond$
`rgf_findrecur(2,[2,3,7,13],a,n);` $\longrightarrow$ $a(n) = a(n-1) + 2\,a(n-2)$ $\diamond$
Siehe auch: `genfunc`, `genfunc[rgf_sequence]`, `rsolve`.

genfunc[rgf_hybrid]

`rgf_hybrid(gfvar, F`$_1$`, F`$_2$`, ...)`
Finde die erzeugende Funktion der gemischten Terme $\diamond$ Diese Funktion findet die Erzeugende,
die man dann erhält, wenn man die Folgen, die durch die Erzeugenden F_1, F_2 ... kodiert sind,
Term für Term miteinander multipliziert. $\diamond$ `rgf_hybrid(z,1/(1+z),1/(1-3*z));` $\longrightarrow$
$\frac{1}{1+3z}$ $\diamond$ Siehe auch: `genfunc`, `genfunc[rgf_expand]`.

genfunc[rgf_norm]

`rgf_norm(F, gfvar)`
`rgf_norm(F, gfvar, factored)`
`rgf_norm(F, gfvar, factored(K))`
Normiert die rationale erzeugende Funktion $\diamond$ Diese Funktion transformiert die erzeugende Funktion in Normalform, indem Zähler und Nenner entwickelt und die Koeffizienten
niedriger Ordnung aus dem Nenner herausfaktoriert werden. Die Option `factored` wendet `factor` auf den Nenner an, optional über einer algebraischen Erweiterung K. $\diamond$
`rgf_norm(1/(1+z^2),z,factored(I));` $\longrightarrow$ $\frac{1}{(I\,z+1)(-I\,z+1)}$ $\diamond$ Siehe auch:
`genfunc`, `factor`, `normal`.

genfunc[rgf_pfrac]

`rgf_pfrac(F, gfvar)`
`rgf_pfrac(F, gfvar, no_RootOf)`
Berechnet die vollständige Partialbruchentwicklung von F über den komplexen Zahlen. $\diamond$ Die
Option `no_RootOf` gibt an, daß der Nenner vollständig über den komplexen Zahlen faktoriert
werden soll ohne `RootOf`-Ausdrücke zu verwenden. $\diamond$ `rgf_pfrac(1/(z^2+1),z);` $\longrightarrow$
$-\frac{1}{2}\frac{I}{z-I} + \frac{1}{2}\frac{I}{z+I}$ $\diamond$ Siehe auch: `genfunc`, `convert[parfrac]`, `factor`, `RootOf`.

genfunc[rgf_relate]

`rgf_relate(F`$_1$`, gfvar, ausdr, nvar, F`$_2$`)`
`rgf_relate(F`$_1$`, gfvar`$_1$`, ausdr, nvar, F`$_2$`, gfvar`$_2$`)`
Setzt Folgen mit gemeinsamen von Null verschiedenen Wurzeln der Nenner ihrer Erzeugenden
F_1 und F_2 zueinander in Beziehung $\diamond$ ausdr ist ein Ausdruck in nvar für den nvarten
Term der erzeugenden Funktion F_1. Der nvarte Term der von F_2 kodierten Folge wird als
Funktion von ausdr geschrieben. Haben die beiden Funktionen keine gemeinsamen Wurzeln, so
wird *FAIL* zurückgegeben. $\diamond$ `rgf_relate(1/(1-z^2),z,a(n),n,1/(1+z));` $\longrightarrow$
$a(n) - a(n-1)$ $\diamond$ Siehe auch: `genfunc`, `genfunc[rgf_charseq]`.

genfunc[rgf_sequence]

`rgf_sequence(queryname, F, gfvar, args)`
Extrahiert Information über eine Folge aus der rationalen erzeugenden Funktion $\diamond$
Die möglichen Spezifikationen, die sowohl für queryname als auch für die zurück-
gegebene Information gültig sind, sind in der folgenden Tabelle zusammengefaßt.

`boundary`	Randbedingungen für die Folge
`coeffs`	Koeffizienten der die Folge definierenden Rekursion
`delta`	Zur geschlossenen Form hinzugefügte Deltaterme
`first`	Index des ersten von null verschiedenen Terms der Folge
`firstcf`	Minimaler Index bei dem die geschlossene Form die Folge bestimmt
`firstrecur`	Minimaler Index bei dem die Rekursionsformel die Folge bestimmt
`order`	Ordnung der Rekursion
`recur`	Die Rekursion

`boundary` und `coeffs` akzeptieren ein viertes Argument, den Namen der Folge. `recur`
verlangt nach zwei zusätzlichen Argumenten: dem Namen der Folge und dem Namen der
Indexvariablen für die Folge. $\diamond$ `rgf_sequence(order,1/(1-3*z),z);` $\longrightarrow$ 1 $\diamond$
Siehe auch: `genfunc`, `genfunc[rgf_encode]`, `genfunc[rgf_expand]`, `rsolve`.

genfunc[rgf_simp]

`rgf_simp(ausdr, F, gfvar, folgenname, nvar, options)`
Vereinfacht einen Ausdruck mit einer rationalen erzeugenden Funktionenfolge $\diamond$ Diese Funktion
vereinfacht die Vorkommen von folgenname in ausdr, wobei folgenname der Funktionsname
für die durch F kodierte Folge ist. folgenname kann einen Parameter der Form i*nvar +
j haben, wobei i eine positive ganze Zahl und j eine ganze Zahl ist. Diese Vorschrift stellt

den Index des nvarten Terms in der Folge dar. Wenn ein Ausdruck in nvar als optionales Argument weitergereicht wird, so wird der Term bezüglich dieses Ausdrucks vereinfacht. Eine als optionales Argument angegebene Prozedur wird auf jeden Koeffizienten des Gesamtergebnisses angewandt. $\diamond$ `rgf_simp(a(n+2)+3*a(n+1),1/(1-3*z),z,a(n),n);` $\longrightarrow 18\,a(n)$
$\diamond$ `rgf_simp(a(n+2)+3*a(n+1),1/(1-3*z),z,a(n),n,n+1);` $\longrightarrow 6\,a(n+1)$
$\diamond$ `rgf_simp(a(n+2)+3*a(n+1),1/(1-3*z),z,a(n+1),n);` $\longrightarrow 6\,a(n+1)$ $\diamond$
Siehe auch: `genfunc`, `collect`.

genfunc[rgf_term]

`rgf_term(F, gfvar, n)`
Findet bestimmte Terme in einer von ihrer rationalen erzeugenden Funktion stammenden Folge $\diamond$ Diese Funktion findet den Wert des nten Terms in der Folge, die durch die erzeugende Funktion F kodiert wurde. $\diamond$ `rgf_term(1/(1-3*z),z,5);` $\longrightarrow 243$ $\diamond$ Siehe auch: `genfunc`, `genfunc[rgf_expand]`.

genfunc[termscale]

`termscale(poly, gfvar, ausdr, nvar)`
Multipliziert eine erzeugende Funktion mit einem gegebenen Polynom $\diamond$ ausdr ist ein Ausdruck in nvar für den nvarten Term einer Folge. Diese Funktion verschiebt und skaliert ausdr, um die durch das Produkt von poly mit der erzeugenden Funktion von ausdr kodierte Folge zu bestimmen.
$\diamond$ `termscale(1+z^2,z,3^n,n);` $\longrightarrow 3^n + 3^{(n-2)}$ $\diamond$ Siehe auch: `genfunc`, `genfunc[rgf_charseq]`, `genfunc[rgf_expand]`, `genfunc[rgf_relate]`.

genfunc[type/rgf_seq]

`type(ausdr, rgf_seq(nvar))`
Testet den Ausdruck um festzustellen, ob er eine durch eine rationale erzeugende Funktion kodierte Folge darstellt $\diamond$ ausdr ist ein Ausdruck in nvar. Diese Funktion stellt fest, ob die Folge mit dem nvarten Term ausdr eine rationale erzeugende Funktion besitzt. $\diamond$ `type(3^n,rgf_seq(n));` $\longrightarrow$ *true* $\diamond$ Siehe auch: `genfunc[rgf_encode]`, `genfunc[rgf_expand]`.

genpoly

`genpoly(n, m, var)`
`genpoly(poly, m, var)`
Erzeugt ein Polynom aus der ganzen Zahl n durch eine m-adische Entwicklung $\diamond$ Diese Funktion berechnet ein Polynom in der Variablen var, dessen Koeffizienten von einer symmetrischen Menge von Repräsentanten modulo m stammen, solange m positiv und der Wert dieses Polynoms an der Stelle m gleich n ist. Beim zweiten Schema wird jeder Koeffizient des gegebenen Polynoms poly in ein Polynom in var entwickelt. $\diamond$ `genpoly(45,7,x);` $\longrightarrow 3 - x + x^2$ $\diamond$ Siehe auch: `mods`, `padic[evalp]`.

geom3d

Dreidimensionale euklidische Geometrie $\diamond$ In diesem Paket werden die Namen `x`, `y`, `z` und `_t` für globale Variablen verwendet; man sollte sich also davor hüten, diese für andere Zwecke zu benutzen. Die Funktionen dieses Pakets müssen erst mit `with` eingeladen werden, bevor man sie benutzen kann. $\diamond$ Siehe auch: `geom3d[function]`, `geometry`, `projgeom`, `with`.

geom3d[angle]

`angle(g1, g2)`
Finde den kleinsten Winkel zwischen zwei Geraden, zwei Ebenen oder ienr Geraden und einer Ebenen $\diamond$ Der Winkel wird im Bogenmaß zurückgegeben. $\diamond$ Siehe auch: `geom3d[distance]`.

geom3d[area]

`area(g)`
Berechnet den Flächeninhalt eines Dreiecks oder den Oberflächeninhalt einer Kugel $\diamond$ Der Flächeninhalt ist immer positiv. $\diamond$ Siehe auch: `geom3d[volume]`, `geometry[area]`.

geom3d[are_collinear]

`are_collinear(pt1, pt2, pt3)`
Überprüft die Kollinearität dreier Punkte $\diamond$ Diese Funktion ergibt *true*, *false* oder eine Bedingung. $\diamond$ Siehe auch: `geom3d[are_concurrent]`, `geometry[are_collinear]`.

geom3d[are_concurrent]

`are_concurrent(line1, line2, line3)`
Prüft, ob drei Geraden einen gemeinsamen Schnittpunkt haben $\diamond$ Diese Funktion gibt entweder *true*, *false* oder eine Bedingung, unter die drei Geraden sich schneiden, zurück. $\diamond$ Siehe auch: `geom3d[are_collinear]`, `geometry[are_concurrent]`.

geom3d[are_parallel]

```
are_parallel(g1, g2)
```

Stellt fest, ob zwei Geraden, zwei Ebenen oder eine Gerade und eine Ebene zueinander parallel sind ◇ Diese Funktion ergibt *true, false* oder eine Bedingung. ◇ Siehe auch: `geom3d[are_perpendicular]`, `geometry[are_parallel]`.

geom3d[are_perpendicular]

```
are_perpendicular(g1, g2)
```

Stellt fest, ob zwei Geraden, zwei Ebenen oder eine Gerade und eine Ebene senkrecht zueinander stehen ◇ Diese Funktion ergibt *true, false* oder eine Bedingung. ◇ Siehe auch: `geom3d[are_parallel]`, `geometry[are_perpendicular]`.

geom3d[are_tangent]

```
are_tangent(g1, g2) stellt fest, ob zwei Kugeln, eine Kugel und
eine Ebene oder eine Kugel und eine Gerade tangential zueinander
sind
```

Diese Funktion ergibt *true, false* oder eine Bedingung. ◇ Siehe auch: `geom3d[tangent]`, `geometry[are_tangent]`.

geom3d[center]

```
center(kugel)
```

Berechnet den Mittelpunkt der gegebenen Kugel ◇ Diese Funktion ergibt einen Punkt mit Namen `center_of_kugel`. ◇ Siehe auch: `geom3d[sphere]`, `geom3d[point3d]`, `geom3d[coordinates]`, `geometry[center]`.

geom3d[centroid]

```
centroid(g, name)
centroid(ptlist, name)
```

Berechnet den Schwerpunkt eines gegeben Tetreders oder Dreiecks g, oder den Scwerpunkt einer Liste von Punkten ptlist ◇ name ist der Variablenname, der dem Schwerpunkt zugewiesen wird. ◇ Siehe auch: `geom3d[coordinates]`, `geom3d[tetrahedron]`, `geometry[centroid]`.

geom3d[coordinates]

```
coordinates(pt)
```

Gibt die Koordinaten des gegebenen Punktes zurück ◇ Die Koordinaten werden als eine Liste zurückgegeben. ◇ Siehe auch: `geom3d[point3d]`, `geometry[coordinates]`.

geom3d[coplanar]

```
coplanar(pt1, pt2, pt3, pt4)
coplanar(gerade1, gerade2)
```

Prüft, ob vier Punkte bzw. zwei Geraden koplanar sind ◇ Diese Funktion ergibt einen Punkt mit Namen `center_of_kugel`. ◇ Siehe auch: `geom3d[are_collinear]`.

geom3d[distance]

```
distance(g1, g2)
```

Berechnet den Abstand zwischen zwei Punkten, zwei Geraden, einem Punkt und einer Geraden oder einer Geraden und einer Ebenen ◇ Siehe auch: `geom3d[angle]`, `geometry[distance]`, `student[distance]`.

geom3d[inter]

```
inter(gerade1, gerade2, name)
inter(ebene1, ebene2, name)
inter(gerade, ebene, name)
inter(ebene1, ebene2, ebene3, name)
```

Berechnet die Schnitte zweier Geraden, zweier Ebenen, einer Geraden und einer Ebene oder dreier Ebenen ◇ Der Variablenname wird der Schnittpunkt, die Schnittgerade bzw. die Schnittebene zugewiesen. ◇ Siehe auch: `geom3d[coordinates]`, `geometry[inter]`, `projgeom[inter]`, `student[intersection]`.

geom3d[line3d]

```
line3d(name, liste)
```

Bestimmt eine Gerade im dreidmensionalen Raum ◇ name ist der Name, der der definierten Geraden gegeben wird, liste enthält entweder zwei Punkte oder einen Punkt und einen Richtungsvektor. ◇ Siehe auch: `geom3d[point3d]`, `geom3d[plane]`.

geom3d[midpoint]

```
midpoint(pt₁, pt₂, name)
```

Finde den Mittelpunkt des die zwei gegebenen Punkte verbindenden Segmentes ◇ Der Mittelpunkt ist wird ind er Variablen name abgespeichert. ◇ Siehe auch: `geom3d[onsegment]`, `geom3d[symmetric]`, `geom3d[coordinates]`, `geometry[midpoint]`, `projgeom[midpoint]`, `student[midpoint]`.

geom3d[on_plane]

```
on_plane(pkt, ebene)
on_plane(pktliste, ebene)
on_plane(pktmenge, ebene)
```

Prüft, ob eine Punkt bzw. eine Liste oder eine Menge von Punkten in einer gegebenen Ebene liegen ◇ Diese Funktion ergibt *true*, *false* oder eine Bedingung. ◇ Siehe auch: `geom3d[on_sphere]`.

geom3d[onsegment]

```
onsegment(pkt₁, pkt₂, r, name)
```

Berechnet den Punkt, der das die beiden Punkte verbindende Segment im Verhältnis r schneidet ◇ Der berechnete Punkt wird der Variablen name zugewiesen. Indem man $r = 1$ spezifiziert, kann man den Mittelpunkt berechnen. r kann aber nicht gleich -1 sein. ◇ Siehe auch: `geom3d[midpoint]`, `geom3d[coordinates]`, `geometry[onsegment]`, `projgeom[onsegment]`.

geom3d[on_sphere]

```
on_sphere(pkt, kugel)
on_sphere(pktliste, kugel)
on_sphere(pktmenge, kugel)
```

Prüft, ob der Punkt, die Liste bzw. Menge von Punkten auf der gegebenen Kugel liegt ◇ Diese Funktion ergibt *true*, *false* oder eine Bedingung. ◇ Siehe auch: `geom3d[on_plane]`, `geom3d[sphere]`.

geom3d[parallel]

```
parallel(pkt, gerade, name)
parallel(pkt, ebene, name)
parallel(gerade₁, gerade₂, name)
```

Berechnet eine solche Gerade oder Ebene, die durch einen gegebenen Punkt läuft und parallel zu der gegebenen Geraden oder Ebenen ist. Die dritte Form berechnet eine Ebene, die durch eine gegebene Gerade verläuft und parallel zu der anderen Geraden ist ◇ Die berechnete Gerade bzw. Ebene wird der Variablen name zugewiesen. ◇ Siehe auch: `geom3d[perpendicular]`, `geometry[parallel]`.

geom3d[perpendicular]

```
perpendicular(pkt, gerade, name)
perpendicular(pkt, ebene, name)
perpendicular(pkt, gerade, name, line)
perpendicular(pkt, gerade, name, line3d)
```

Berechnet: eine Ebene, die durch einen gegebenen Punkt verläuft und senkrecht auf einer gegebenen Geraden steht, eine Gerade, die durch den gegeben Punkt verläuft und senkrecht auf der gegeben Ebene steht, eine Gerade die durch den gegebenen Punkt und die gegebene Gerade verläuft und senkrecht zur gegebenen Geraden steht ◇ Die letzten beiden Varianten berechnen dasselbe. Die berechnete Gerade bzw. Ebene wird der Variablen name zugewiesen. ◇ Siehe auch: `geom3d[parallel]`, `geometry[perpendicular]`.

geom3d[plane]

```
plane(name, liste)
```

Definition einer Ebene ◇ name ist der Name der definierten Ebene, liste kann entweder eine lineare Gleichung (oder ein lineares Polynom) in x, y und z, ein Punkt und ein Normalenvektor oder ein Punkt und zwei Vektoren sein. ◇ Siehe auch: `geom3d[point3d]`, `geom3d[line3d]`.

geom3d[point3d]

```
point3d(name, [ausdrₓ, ausdr_y, ausdr_z])
point3d(name, ausdrₓ, ausdr_y, ausdr_z)
```

Definiert einen Punkt im dreidimensionalen Raum ◇ name ist der dem Punkt zugewiesene Variablenname. ◇ Siehe auch: `geom3d[line3d]`, `geom3d[plane]`, `geom3d[coordinates]`.

geom3d[powerps]
```
powerps(pkt, kugel)
```
Findet die Potenz des gegebenen Punktes in bezug auf die Kugel ◇ Siehe auch:
`geometry[powerpc]`.

geom3d[projection]
```
projection(pkt, gerade, name)
projection(pkt, ebene, name)
projection(gerade, ebene, name)
```
Berechnet die Projektion eines Punktes auf eine Gerade oder Ebene, bzw. einer Geraden auf eine
Ebene ◇ Der projizierte Punkt bzw. die projizierte Gerade wird name zugewiesen. ◇ Siehe auch:
`geom3d[perpendicular]`, `geometry[projection]`.

geom3d[radius]
```
radius(kugel)
```
Berechnet den Radius der gegebenen Kugel ◇ Diese Funktion ist gleichbedeutend mit dem
Befehl `sphere[radius]`. ◇ Siehe auch: `geom3d[sphere]`, `geometry[radius]`.

geom3d[rad_plane]
```
rad_plane(kugel₁, kugel₂, name)
```
Findet die radikale Ebene der zwei gegebenen Kugeln ◇ Die radikale Ebene der beiden Kugel
wird der Variablen name zugewiesen.

geom3d[reflect]
```
reflect(pkt, gerade, name)
reflect(pkt, ebene, name)
reflect(gerade, ebene, name)
```
Berechnet den Spiegelpunkt bezüglich einer Geraden oder einer Ebene, bzw. die Spiegelgerade
bezüglich einer Ebene ◇ Der Spiegelpunkt bzw. die Spiegelgerade wird name zugewiesen. ◇
Siehe auch: `geom3d[symmetric]`, `geometry[reflect]`.

geom3d[sphere]
```
sphere(name, liste)
```
Definition einer Kugel ◇ name ist der Name der definierten Kugel, liste kann entweder
eine Gleichung in x, y und z, der Mittelpunkt und Radius, vier Punkte oder zwei Punkte
plus Name `diameter` sein. ◇ Siehe auch: `geom3d[line3d]`, `geom3d[point3d]`,
`geom3d[plane]`.

geom3d[symmetric]
```
symmetric(pkt₁, pkt₂, name)
```
Bestimme den symmetrischen Punkt eines Punktes bezüglich eines zweiten gegebenen
Punktes ◇ name ist der Name des symmetrischen Punktes von pkt_1 bezüglich pkt_2. ◇
Siehe auch: `geom3d[reflect]`, `geom3d[midpoint]`, `geom3d[coordinates]`,
`geometry[symmetric]`.

geom3d[tangent]
```
tangent(pkt, kugel, name)
```
Berechnet die Tangentialebene des Punktes auf der gegebenen Kugel ◇ name ist der der
Tangentialebenen gegebene Name. Der Punkt muß auf der Kugel liegen. ◇ Siehe auch:
`geom3d[are_tangent]`, `geometry[tangent]`.

geom3d[tetrahedron]
```
tetrahedron(name, liste)
```
Definition eines Tetraeders ◇ Die Liste kann aus vier Punkten oder vier Ebenen bestehen. ◇
Siehe auch: `geom3d[line3d]`, `geom3d[point3d]`, `geom3d[plane]`.

geom3d[triangle3d]
```
triangle3d(name, liste)
```
Definition eines Dreiecks im dreidimensionalen Raum ◇ Die Liste besteht aus drei Punkten.
◇ Siehe auch: `geom3d[line3d]`, `geom3d[point3d]`, `geom3d[tetrahedron]`,
`geometry[triangle]`.

geom3d[type]

```
type(g, typenname)
```
Testet auf dreidimensionale geometrische Typen ◇ typenname kann einer der folgenden sein: `point3d`, `line3d`, `plane`, `sphere`, `triangle3d` oder `tetrahedron`. Diese Funktion ergibt entweder *true* oder *false*. ◇ Siehe auch: `geom3d[point3d]`, `geom3d[line3d]`, `geom3d[plane]`, `geometry[type]`.

geom3d[volume]

```
volume(g)
```
Berechnet das Volumen eines Tetraeder oder einer Kugel ◇ Das Volumen ist immer positiv. ◇ Siehe auch: `geom3d[area]`.

geometry

Zweidimensionale euklidische Geometrie ◇ Die Namen x und y werden in diesem Paket für globale Variablen benutzt, man sollte sich also davor hüten, diese für andere Zwecke zu verwenden. Die Funktionen dieses Pakets müssen erst mit `with` eingelesen werden, bevor man sie benutzen kann. ◇ Siehe auch: `geometry[function]`, `geom3d`, `projgeom`, `with`.

geometry[altitude]

```
altitude(dreieck, pkt, name)
```
Berechnet die Höhe des gegebenen Dreiecks am angegebenen Eckpunkt ◇ name ist der Name der Geraden, die als Höhe des Dreiecks dreieck an der Ecke pkt berechnet wurde. ◇ Siehe auch: `geometry[median]`, `geometry[bisector]`.

geometry[Appolonius]

```
Appolonius(kreis₁, kreis₂, kreis₃)
```
Berechne die Kreise von Appolonius zu den drei gegebenen Kreisen ◇ Zurückgegeben wird eine Liste der Kreise von Appolonius. Dies sind im allgemeinen acht Kreise. Die Koordinaten der Mittelpunkte und der Radii der Kreise müssen numerisch sein.

geometry[area]

```
area(g)
```
Berechnet den Flächeninhalt des gegebenen Dreiecks, Quadrats oder Kreises. ◇ Siehe auch: `geom3d[area]`.

geometry[are_collinear]

```
are_collinear(pkt₁, pkt₂, pkt₃)
```
Prüft, ob drei Punkte kollinear sind ◇ Diese Funktion ergibt entweder *true*, *false* oder eine Bedingung. ◇ Siehe auch: `geometry[are_concurrent]`, `geom3d[are_collinear]`.

geometry[are_concurrent]

```
are_concurrent(gerade₁, gerade₂, gerade₃)
```
Prüft, ob sich die drei Linien treffen ◇ Diese Funktion ergibt entweder *true*, *false* oder eine Bedingung. ◇ Siehe auch: `geometry[are_collinear]`, `geom3d[are_concurrent]`.

geometry[are_harmonic]

```
are_harmonic(pkt₁, pkt₂, pkt₃, pkt₄)
```
Stellt fest, ob das erste Punktepaar, das harmonsich konjugierte Paar zum zweiten Punktepaar ist ◇ Diese Funktion ergibt entweder *true*, *false* oder eine Bedingung. Die gegebenen Punkte müssen hier kollinear sein. ◇ Siehe auch: `geometry[harmonic]`.

geometry[are_orthogonal]

```
are_orthogonal(kreis₁, kreis₂)
```
Prüft, ob zwei Kreise zueinander orthogonal sind ◇ Diese Funktion ergibt entweder *true*, *false* oder eine Bedingung.

geometry[are_parallel]

```
are_parallel(gerade₁, gerade₂)
```
Prüft, ob zwei Geraden parallel sind ◇ Diese Funktion ergibt entweder *true*, *false* oder eine Bedingung. ◇ Siehe auch: `geometry[parallel]`, `geometry[are_perpendicular]`, `geom3d[are_parallel]`.

geometry[are_perpendicular]

```
are_perpendicular(gerade₁, gerade₂)
```
Prüft, ob zwei Geraden senkrecht aufeinander stehen ◇ Diese Funktion ergibt entweder *true*, *false* oder eine Bedingung. ◇ Siehe auch: `geometry[perpendicular]`, `geometry[are_parallel]`, `geom3d[are_perpendicular]`.

geometry[are_similar]
`are_similar(dreieck₁, dreieck₂)`

Überprüft die Ähnlichkeit zweier Dreiecke ◇ Diese Funktion ergibt entweder *true, false* oder eine Bedingung.

geometry[are_tangent]
`are_tangent(g₁, g₂)`

Prüft ob eine Gerade und ein Kreis, bzw. zwei Kreise tangential zueinander sind ◇ Diese Funktion ergibt entweder *true, false* oder eine Bedingung. ◇ Siehe auch: `geometry[tangent]`, `geom3d[are_tangent]`.

geometry[bisector]
`bisector(dreieck, pkt, name)`

Finde die Mittelsenkrechte des gegebenen Dreiecks an der angegebenen Ecke ◇ name ist der Name der gesuchten Mittelsenkrechten. ◇ Siehe auch: `geometry[altitude]`, `geometry[median]`.

geometry[center]
`center(kreis)`

Berechne den Mittelpunkt des gegebenen Kreises ◇ Diese Funktion liefert einen Punkt mit Namen `center_of_kreis`. ◇ Siehe auch: `geom3d[center]`.

geometry[centroid]
`centroid(dreieck, name)`
`centroid(pktliste, name)`
`centroid(pktmenge, name)`

Berechnet den Schwerpunkt des gegebenen Dreiecks, der gegebenen Liste oder der gegegeben Menge von Punkten ◇ Der Schwerpunkt wird der Variablen name zugewiesen. ◇ Siehe auch: `geom3d[centroid]`.

geometry[circle]
`circle(name, liste)`

Definiert einen Kreis ◇ name ist der Name des definierten Kreises, liste kann eine Kreisgleichung, drei Punkte, Mittelpunkt und Radius oder zwei Punkte plus Name `diameter` sein. ◇ Siehe auch: `geometry[ellipse]`, `geometry[point]`.

geometry[circumcircle]
`circumcircle(dreieck, name)`

Berechnet den Umkreis des gegebenen Dreiecks ◇ name ist der Name des berechneten Umkreises. ◇ Siehe auch: `geometry[excircle]`, `geometry[incircle]`.

geometry[concyclic]
`concyclic(pkt₁, pkt₂, pkt₃, pkt₄)`

Testet ob vier Punkte auf einem Kreis liegen ◇ Diese Funktion ergibt entweder *true, false* oder eine Bedingung. ◇ Siehe auch: `geometry[on_circle]`.

geometry[conic]
`conic(name, pktliste)`

Finde den durch die fünf Punkte laufenden Kegelschnitt ◇ name ist der Name des berechneten Kegelschnitts, die fünf Punkte befinden sich in pktliste. ◇ Siehe auch: `geometry[ellipse]`.

geometry[convexhull]
`convexhull(pktliste)`
`convexhull(pktimenge)`

Berechnet die konvexe Hülle, die die gegebenen Punkte umfaßt ◇ Die Funktion gibt eine Liste von Punkten zurück, die im Gegenuhrzeigersinn angeordnet sind.

geometry[coordinates]
`coordinates(pkt)`

Gibt die Koordinaten des gegebenen Punktes zurück ◇ Die Koordinaten werden in einer Liste abgespeichert. ◇ Siehe auch: `geom3d[coordinates]`.

geometry[detailf]
`detailf(g)`

Gibt Informationen zu einem Punkt, einer Geraden oder einem Kreis in Gleitkommadarstellung zurück ◇ Diese Funktion gibt die Koordinaten eines Punktes, die Gleichung einer Geraden oder die Koordinaten des Mittelpunkts sowie den Radius eines Kreises zurück.

geometry[diameter]
```
diameter(pktliste)
diameter(pktmenge)
```
Berechnet den Durchmesser der gegebenen Liste bzw. Menge von Punkten ◊ Diese Funktion ergibt eine Liste mit drei Einträgen: Die beiden Endpunkte des Durchmessers, sowie den Durchmesser selbst. ◊ Siehe auch: `geometry[convexhull]`.

geometry[distance]
```
distance(pkt_1, pkt_2)
distance(pkt, gerade)
```
Berechnet den Abstand zwischen zwei Punkten oder zwischen einem Punkt und einer Geraden. ◊ Siehe auch: `geom3d[distance]`, `student[distance]`.

geometry[ellipse]
```
ellipse(name, liste)
```
Definiert eine Ellipse ◊ liste kann sein: eine Gleichung, fünf Punkte, der Mittelpunkt, die Längen der beiden Achsen, sowie die Worte `x_axis` oder `y_axis`, um die Richtung der Hauptachen zu spezifizieren. ◊ Siehe auch: `geometry[circle]`, `geometry[conic]`.

geometry[Eulercircle]
```
Eulercircle(dreieck, name)
```
Berechnet den Eulerschen Kreis zu einem gegebenen Dreieck ◊ name wird der Eulersche Kreis zugewiesen.

geometry[Eulerline]
```
Eulerline(dreieck, name)
```
Findet die Eulersche Gerade zu einem Dreieck ◊ name wird die Eulersche Gerade zugewiesen.

geometry[excircle]
```
excircle(dreieck)
```
Findet die drei Außenkreise zu einem gegebenen Dreieck ◊ Diese Funktion ergibt eine Folge dreier Kreise mit Namen `excircle_of_dreieck_eckname`. ◊ Siehe auch: `geometry[circumcircle]`, `geometry[incircle]`.

geometry[find_angle]
```
find_angle(gerade_1, gerade_2)
find_angle(kreis_1, kreis_2)
```
Berechnet den von zwei Geraden bzw. zwei Kreisen definierten Winkel ◊ Diese Funktion gibt den kleinsten Winkel zurück, der von zwei Geraden bestimmt wird. Der Winkel zwischen zwei Kreisen liegt im Bereich von 0 und π. ◊ Siehe auch: `geometry[distance]`.

geometry[Gergonnepoint]
```
Gergonnepoint(dreieck, name)
```
Berechnet den Gergonne-Punkt des gegebenen Dreiecks ◊ name ist die Variable, der der Gergonnepunkt zugewiesen wird.

geometry[harmonic]
```
harmonic(pt_1, pkt_2, pkt_3, name)
```
Findet einen solchen Punkt, der zu dem anderen Punkt bezüglich zweier weiterer Punkte harmonisch konjugiert ist ◊ name wird der Punkt zugewiesen, der harmonisch konjugiert zu pkt_1 ist, bezüglich pkt_2 und pkt_3. ◊ Siehe auch: `projgeom[harmonic]`.

geometry[incircle]
```
incircle(dreieck, name)
```
Finde den Inkreis des gegebenen Dreiecks ◊ name wird der Inkreis zugewiesen. ◊ Siehe auch: `geometry[circumcircle]`, `geometry[excircle]`.

geometry[inter]
```
inter(g_1, g_2)
```
Finde den Schnitt zweier Geraden, einer Geraden mit einem Kreis oder zweier Kreise ◊ Diese Funktion liefert entweder einen einzigen Punkt namens $g_1\_intersect\_g_2$ oder eine Folge zweier Punkte mit Namen $g_1\_intersect1\_g_2$ und $g_1\_intersect2\_g_2$ zurück. ◊ Siehe auch: `geom3d[inter]`, `projgeom[inter]`, `student[intersection]`.

geometry[inversion]
```
inversion(g, kreis, name)
```
Berechne die Inversion des Punktes, der Geraden oder des Kreises g bezüglich des gegebenen Kreises ◊ name wird die Inversion zugewiesen.

geometry[is_equilateral]
```
is_equilateral(dreieck)
```
Prüft, ob das gegebene Dreieck gleichseitig ist ◊ Diese Funktion gibt entweder *true*, *false*, oder eine Bedingung zurück. ◊ Siehe auch: `geometry[is_right]`.

geometry[is_right]
```
is_right(dreieck)
```
Prüft, ob das gegebene Dreieck ein rechtwinkliges Dreieck ist ◊ Diese Funktion gibt entweder *true*, *false*, oder eine Bedingung zurück. ◊ Siehe auch: `geometry[is_equilateral]`.

geometry[line]
```
line(name, liste)
```
Definition einer Geraden ◊ name wird die Gerade zugewiesen, die definiert wurde. liste kann aus zwei Punkten, einer linearen Gleichung oder einem linearen Polynom in x und y bestehen. ◊ Siehe auch: `geometry[point]`, `geometry[circle]`.

geometry[make_square]
```
make_square(name, liste)
```
Konstruktion eines Quadrats ◊ name wird das soeben definierte Quadrat zugewiesen. liste kann aus zwei benachbarten Ecken und dem Namen `adjacent`, zwei gegenüberliegenden Ecken und dem Namen `diagonal`, oder einer Ecke und einem Mittelpunkt bestehen, wobei der Mittelpunkt als `center = punkt` bezeichnet wird. ◊ Siehe auch: `geometry[square]`.

geometry[median]
```
median(dreieck, pkt, name)
```
Findet die Mittelgeraden des gegebenen Dreiecks am gegebenen Eckpunkt ◊ name wird die Mittelgerade zugewiesen. ◊ Siehe auch: `geometry[altitude]`, `geometry[bisector]`.

geometry[midpoint]
```
midpoint(pkt1, pkt2, name)
```
Finde den Mittelpunkt eines zwei Punkte verbindenden Segmentes ◊ Der Mittelpunkt wird der Variablen name zugewiesen. ◊ Siehe auch: `geom3d[midpoint]`, `projgeom[midpoint]`, `student[midpoint]`.

geometry[Nagelpoint]
```
Nagelpoint(dreieck, name)
```
Finde den Nagelpunkt des gegebenen Dreiecks ◊ Der Nagelpunkt wird der Variablen name zugewiesen.

geometry[on_circle]
```
on_circle(pkt, kreis)
```
Prüft, ob ein Punkt, eine Liste von Punkten oder eine Menge von Punkten auf dem angegebenen Kreis liegen ◊ Diese Funktion gibt entweder *true*, *false*, oder eine Bedingung zurück. ◊ Siehe auch: `geometry[on_line]`.

geometry[on_line]
```
on_line(pkt, gerade)
on_line(pktliste, gerade)
on_line(pktmenge, gerade)
```
Prüft, ob ein Punkt oder eine Liste bzw. Menge von Punkten auf einer Geraden liegen ◊ Diese Funktion gibt entweder *true*, *false*, oder eine Bedingung zurück. ◊ Siehe auch: `geometry[on_circle]`.

geometry[onsegment]
```
onsegment(pkt1, pkt2, r, name)
```
Berechet den Punkt, der das die beiden gegebenen Punkte verbindende Segment im vorgeschriebenen Verhältnis r schneidet ◊ Der berechnete Punkt wird der Variablen name zugewiesen. Indem man $r = 1$ spezifiziert, berechnet man den Mittelpunkt. r kann nicht gleich -1 sein. ◊ Siehe auch: `geom3d[onsegment]`, `projgeom[onsegment]`.

geometry[orthocenter]
```
orthocenter(dreieck, name)
```
Berechnet das Orthozentrum eines Dreiecks ◇ Das Orthozentrum wird der Variablen name zugewiesen.

geometry[parallel]
```
parallel(pkt, gerade, name)
```
Erzeuge eine Gerade, die durch den gegebenen Punkt verläuft und dabei gleichzeitig parallel zur gegebenen Gerade ist ◇ name wird die parallele Gerade zugewiesen. ◇ Siehe auch: geometry[are_parallel], geometry[perpendicular], geom3d[parallel].

geometry[perpen_bisector]
```
perpen_bisector(pkt₁, pkt₂, name)
```
Finde die Gerade, die durch den Mittelpunkt der Geraden verläuft, die durch die beiden gegebenen Punkte definiert wird und gleichzeitig senkrecht auf dieser Geraden steht ◇ Die senkrechte Seitenhalbierende wird der Variablen name zugewiesen. ◇ Siehe auch: geometry[perpendicular].

geometry[perpendicular]
```
perpendicular(pkt, gerade, name)
```
Berechne die Gerade, die durch den gegebenen Punkt verläuft und senkrecht auf der gegebenen Geraden steht ◇ Die senkrechte Gerade wird der Variablen name zugewiesen. ◇ Siehe auch: geometry[are_perpendicular], geometry[parallel], geometry[perpen_bisector], geom3d[perpendicular].

geometry[point]
```
point(name, ausdr_x, ausdr_y)
point(name, [ausdr_x, ausdr_y])
point(name, x=ausdr_x, y=ausdr_y)
point(name, [x=ausdr_x, y=ausdr_y])
```
Definition eines Punktes im zweidimensionalen Raum ◇ Der definierte Punkt wird der Variablen name zugewiesen. ◇ Siehe auch: geometry[line], geometry[circle].

geometry[polar_point]
```
polar_point(pkt, kegelschnitt, name)
```
Bestimmt die Polargerade des gegebenen Punktes bezüglich des gegebenen Kegelschnitts ◇ Die Polargerade wird der Variablen name zugewiesen. ◇ Siehe auch: geometry[pole_line].

geometry[pole_line]
```
pole_line(gerade, kegelschnitt, name)
```
Bestimme den Pol der gegebenen Geraden bezüglich des gegebenen Kegelschnitts ◇ Der Pol der Geraden wird der Variablen name zugewiesen. ◇ Siehe auch: geometry[polar_point].

geometry[powerpc]
```
powerpc(pkt, kreis)
```
Finde die Potenz des gegebenen Punktes bezüglich des gegebenen Kreises. ◇ Siehe auch: geom3d[powerps].

geometry[projection]
```
projection(pkt, geradee, name)
```
Berechne die Projektion des gegebenen Punktes auf die gegebene Gerade ◇ Der projizierte Punkt wird der Variablen name zugewiesen. ◇ Siehe auch: geometry[perpendicular], geometry[parallel], geom3d[projection].

geometry[rad_axis]
```
rad_axis(kreis₁, kreis₂, name)
```
Finde die radikale Achse der beiden gegebenen Kreise ◇ Die radikale Achse wird der Variablen name zugewiesen. ◇ Siehe auch: geometry[rad_center].

geometry[rad_center]
```
rad_center(kreis₁, kreis₂, kreis₃, name)
```
Berechne den radikalen Mittelpunkt der drei gegebenen Kreise ◇ Der radikale Mittelpunkt wird der Variablen name zugewiesen. ◇ Siehe auch: geometry[rad_axis].

geometry[radius]
```
radius(kreis)
```
Berechnet den Radius des gegebenen Kreises ◇ Diese Funktion ist äquivalent zu circle[radius]. ◇ Siehe auch: geometry[circle], geom3d[radius].

geometry[randpoint]
```
randpoint(gerade, bereich_x, name)
randpoint(kreis, name)
randpoint(bereich_x, bereich_y, name)
```
Wählt einen „zufälligen" Punkt auf einer Geraden, einem Kreis oder einem rechteckigen Gebiet aus. ◇ Ein auf der Geraden liegender Zufallspunkt hat eine x-Koordinate aus dem gegebenen Bereich. Ein rechteckiges Gebiet ist durch Angabe des x- bzw. y-Bereiches definiert. Aufeinanderfolgende Aufrufe mit demselben Argument ergeben denselben Punkt; der Wert von _seed hat darauf keinen Einfluß. ◇ randpoint(0..2,-3..1,P); ◇ Siehe auch: geometry[point].

geometry[reflect]
```
reflect(pkt, geradee, name)
```
Berechne die Spiegelung eines Punktes an einer Geraden ◇ Der gespiegelte Punkt wird der Variablen name zugewiesen. ◇ Siehe auch: geometry[rotate], geometry[symmetric], geom3d[reflect].

geometry[rotate]
```
rotate(pkt_1, θ, rchtg, name, pkt_2)
```
Berechnet den Punkt, den man erhält, wenn man pkt_1 um einen Winkel von θ Radianten in Richtung rchtg bezüglich des Punktes pkt_2 rotiert ◇ Der berechnete Punkt wird der Variablen name zugewiesen. rchtg muß entweder clockwise oder counterclockwise sein. Wird pkt_2 weggelassen, so ist der Ursprung der Rotationsmittelpunkt. ◇ Siehe auch: geometry[reflect], geometry[symmetric].

geometry[sides]
```
sides(dreieck)
sides(quadrat)
```
Berechnet die Seitenlängen eines Dreiecks bzw. eines Quadrats ◇ Die Seitenlängen eines Dreiecks werden als Liste zurückgegeben. Für das Quadrat wird ein einziger Ausdruck zurückgeliefert.

geometry[similitude]
```
similitude(kreis_1, kreis_2)
```
Finde die inneren und die äußeren Ähnlichkeiten zweier Kreise ◇ Diese Funktion liefert entweder eine oder zwei Ähnlichkeiten, dann als Ausdrucksfolge. Die Ähnlichkeiten werden durch Zusammenschmelzen der Namen der gegebenen Kreise benannt: in_similitude_of_ und out_similitude_of_.

geometry[Simsonline]
```
Simsonline(dreieck, pkt, name)
```
Berechnet die Simsongerade des gegebenen Kreises bezüglich des gegebenen Punktes auf dem Umkreis des Dreiecks ◇ Die Simsongerade wird der Variablen name zugewiesen.

geometry[slope]
```
slope(line)
slope(pkt_1, pkt_2)
```
Berechnet die Steigung einer Geraden ◇ Die Gerade kann entweder explizit oder implizit durch zwei Punkte gegeben sein. ◇ Diese Funktion ist neu in Version 3. ◇ Siehe auch: geometry[line].

geometry[square]
```
square(name, [pkt_1, pkt_2, pkt_3, pkt_4])
```
Definition eines Quadrats ◇ Die Ecken müssen in der Ordnung des Umfangs in der Liste angegeben werden (Richtung beliebig). ◇ Siehe auch: geometry[make_square].

geometry[symmetric]
```
symmetric(pkt_1, pkt_2, name)
```
Findet den symmetrischen Punkt eines Punktes bezüglich eines anderen Punktes ◇ Der symmetrische Punkt von $varpkt_1$ bezüglich $varpkt_2$ wird der Variablen name zugewiesen. ◇ Siehe auch: geometry[rotate], geometry[reflect], geom3d[symmetric].

geometry[tangent]

```
tangent(pkt, kreis, name1, name2)
```

Finde die beiden Kreistangenten, die durch den gegebenen Punkt verlaufen ◇ name1 und name2 sind die Variablennamen, denen die Kreistangenten zugewiesen werden. ◇ Siehe auch: `geometry[are_tangent]`, `geometry[tangentpc]`, `geom3d[tangent]`.

geometry[tangentpc]

```
tangentpc(pkt, kreis, name)
```

Finde die Tangentenlinie des gegebenen Punktes auf dem gegebenen Kreis ◇ Die Tangentenlinie wird der Variablen name zugewiesen. ◇ Siehe auch: `geometry[are_tangent]`, `geometry[tangent]`.

geometry[triangle]

```
triangle(name, liste)
```

Definition eines Dreiecks im zweidimensionalen Raum ◇ liste kann aus drei Punkten, drei Geraden, drei Seitenlängen oder zwei Seitenlängen mit zugehörigem Winkel bestehen. Ein Winkel wird durch eine Gleichung der Form `angle` = θ definiert, wobei θ im Bogenmaß gemessen wird. ◇ Siehe auch: `geometry[line]`, `geometry[point]`, `geometry[circle]`, `geom3d[triangle]`.

geometry[type]

```
type(g, typname)
```

Überprüft auf zweidimensionale geometrische Typen ◇ typname kann einer der Namen `point2d`, `line2d` oder `circle2d` sein. Diese Funktion ergibt entweder *true* oder *false*. ◇ Siehe auch: `geometry[circle]`, `geometry[line]`, `geometry[point]`, `geom3d[type]`.

GetAlgExt

```
GetAlgExt(ausdr) mod n
```

Gibt die in einem Ausdruck benutzte algebraische Erweiterung zurück ◇ Wird diese Funktion zusammen mit `mod` benutzt, so ergibt sie den `RootOf`-Term im gegebenen Ausdruck. ◇ Siehe auch: `RootOf`.

GF

```
GF(p, n)
GF(p, n, poly)
```

Berechnungen für Galoiskörper ◇ Diese Funktion ergibt eine Tabelle von Funktionen und Konstanten zur Ausführung arithmetischer Operationen im endlichen Körper mit p^n Elementen, die durch $GF(p)[x]/(poly)$ gegeben sind, wobei poly ein irreduzibles Polynom in x vom Grad n über den ganzen Zahlen modulo p ist. Ist solch ein Polynom nicht vorgegeben, so wird es zufällig ausgewählt. Die Elemente des Körpers werden mittels der `modp1` Schreibweise dargestellt. Die folgenden Operationen sind in der gelieferten Tabelle enthalten:

'+'	Addition im Körper
'-'	Subtraktion im Körper
'*'	Multiplikation im Körper
'/'	Division im Körper
'^'	Exponentiation im Körper
0	Additive Einheit
1	Multiplikative Einheit
ConvertIn	Konvertiere ein Polynom in ein Element des Körpers
ConvertOut	Konvertiere ein Element des Körpers in ein Polynom
extension	Polynom, welches eine Erweiterung definiert
input	Konvertiere eine ganze Zahl aus dem Bereich $0 .. p^n - 1$ in ein Element des Körpers
inverse	Inverse eines Körperelements
isPrimitiveElement	Test, ob ein Element primitiv ist
norm	Norm eines Elements
order	Multiplikative Ordnung eines Elements
output	Konvertiere ein Körperelement in eine ganze Zahl
PrimitiveElement	Gibt ein zufällig ausgewähltes primitives Element zurück
random	Gibt ein zufällig ausgewähltes Körperelement zurück
trace	Spur eines Elements

◇ Man muß erst `readlib(GF)` eingeben, bevor man diesen Befehl benutzen kann. ◇ Siehe auch: `evalgf`, `modp1`, `modpol`.

global
```
global var₁, var₂, ...
```
Identifiziert globale Variablen ⋄ Die global-Deklaration erscheint am Anfang eines Prozedur-rumpfs. ⋄ Diese Deklaration ist neu in Version 3. ⋄ Siehe auch: local, options, proc, updtsrc.

grobner
Paket zum Rechnen mit Gröbnerbasen ⋄ Dieses Paket stellt eine Sammlung von Routinen zur Rechnung mit Gröbnerbasen dar. ⋄ Siehe auch: grobner[function], with.

grobner[finduni]
```
finduni(var, polys)
finduni(var, polys, vars)
```
Versucht, ein univariates Polynom kleinsten Grades in einem Ideal zu finden ⋄ Diese Funktion konstruiert das univariate Polynom var vom kleinstmöglichen Grad in dem Ideal, welches von der Liste bzw. Menge von Polynomen in polys erzeugt wird. Eine Liste bzw. Menge von Unbestimmten kann als ein viertes Argument gegegeben sein. Die Konstruktion benutzt den totalen Grad der Gröbnerbasis. grobner[finite] sollte zuerst aufgerufen werden um sicherzustellen, daß es nur endlich viele Lösungen gibt. ⋄ finduni(x, [y^2*z+1, x^2+y^2, x*z^2+1]); ⟶ $1 + x^3$ ⋄ Siehe auch: grobner[finite], grobner[gsolve], grobner[solvable].

grobner[finite]
```
finite(polys)
finite(polys, vars)
```
Entscheidet, ob ein gegebenes algebraisches System nur endlich viele Lösungen besitzt ⋄ Benutzt den totalen Grad der Gröbnerbasis sowie ein Kriterium von Buchberger um herauszufinden, ob die Liste bzw. Menge von Polynomen polys in den Unbekannten vars nur endlich viele Lösungen besitzt. vars kann eine Liste oder eine Menge sein. ⋄ finite([y^2*z+1, x^2+y^2, x*z^2+1]); ⟶ *true* ⋄ Siehe auch: grobner[finduni], grobner[gsolve], grobner[solvable].

grobner[gbasis]
```
gbasis(polys, vars)
gbasis(polys, vars, termord)
gbasis(polys, vars, termord, name)
```
Berechnet eine reduzierte, minimale Gröbnerbasis ⋄ Diese Funktion berechnet die reduzierte, minimale Gröbnerbasis der Polynome der Liste bzw. Menge polys bezüglich der Variablen vars und der gegebenen Anordnung der Terme. Die Termanordnung termord kann entweder plex (rein lexikographisch) oder tdeg (totaler Grad, die Voreinstellung) sein. vars kann eine Liste oder eine Menge sein. Handelt es sich um eine Liste, so werden die Variablen in einer „heuristisch optimalen" Weise angeordnet, und man braucht einen Namen zur Speicherung dieser Ordnung. ⋄ gbasis([y^2*z+1, x^2+y^2, x*z^2+1], [x,z,y], plex); ⟶ $[x + y^4, z - y^4, 1 + y^6]$ ⋄ Siehe auch: grobner[normalf].

grobner[gsolve]
```
gsolve(polys)
gsolve(polys, nichtnullpolys)
gsolve(polys, nichtnullpolys, vars)
```
Bereitet das gegegebene algebraische System zur Lösung auf ⋄ Diese Funktion berechnet eine Sammlung reduzierter (lexikographischer) Gröbnerbasen, die der Liste bzw. Menge von Polynomen polys in den Variablen vars entsprechen. vars kann eine Liste oder eine Menge sein. Die Menge der Polynome nichtnullpolys bewirkt, daß gewisse Größen nicht als Wurzeln in Erwägung gezogen werden. Das Ergebnis ist eine Liste reduzierter Teilsysteme, deren Nullstellen mit denen des ursprünglichen Systems übereinstimmen, aber deren Variablen erfolgreich eliminiert und soweit wie möglich separiert wurden. solve kann dann auf jede Teilliste des Ergebnis angewandt werden. ⋄ gsolve([y^2*z+1, x^2+y^2, x*z^2+1]); ⟶ $[[x + 1, z - 1, y^2 + 1], [x + y^2 - 1, 1 - y^2 + z, y^4 - y^2 + 1]]$ ⋄ Siehe auch: grobner[solvable], grobner[finite], grobner[finduni], solve.

grobner[leadmon]
```
leadmon(poly, varliste, termord)
leadmon(poly, varliste)
```
Berechnet das führende Monom eines Polynoms bezüglich einer gegebenen Termanordnung ⋄ varliste ist eine Liste von Unbestimmten, die bei der Termanordnung benutzt wird, termord

kann entweder `plex` (rein lexikographisch) oder `tdeg` (totaler Grad, die Voreinstellung) sein. Zurückgegeben wird eine Liste von zwei Elementen: der führende Koeffizient und der führende Term. ◇ `leadmon(2*x^2*z^4-x^3*y*z, [x,y,z], plex);` $\longrightarrow [-1, x^3\,y\,z]$ ◇ Siehe auch: `grobner`.

grobner[normalf]

`normalf(poly, polyliste, varliste)`
`normalf(poly, polyliste, varliste, termord)`
Reduzierte Form eines Polynoms modulo eines Ideals ◇ Diese Funktion berechnet die vollständig reduzierte Form von poly bezüglich der gegebenen Idealbasis, Unbestimmten und Termanordnung. Normalerweise ist polyliste eine Gröbnerbasis für dieselbe Liste von Variablen mit derselben Termanordnung. In diesem Fall berechnet die Funktion eine kanonische Form für poly modulo des von polyliste erzeugten Ideals. Die Termanordnung kann entweder `plex` (rein lexikographisch) oder `tdeg` (totaler Grad, die Voreinstellung) sein. ◇ `normalf(x^3*y^8+x*y^4*z, [x+y^4,z-y^4,1+y^6], [x,z,y], plex);` $\longrightarrow$ $y^2 - 1$ ◇ Siehe auch: `grobner[gbasis]`.

grobner[solvable]

`solvable(polys)`
`solvable(polys, vars)`
`solvable(polys, vars, termord)`
Entscheidet, ob das gegebene algebraische System lösbar ist ◇ Diese Funktion stellt unter Verwendung von Gröbnerbasis-Methoden fest, ob eine Liste bzw. Menge von Polynomen polys bezüglich der Unbestimmten vars algebraisch konsistent ist. termord kann entweder `plex` (rein lexikographisch) oder `tdeg` (totaler Grad, die Voreinstellung) sein. ◇ `solvable([y^2*z+1, x^2+y^2,x*z^2+1], [x,z,y], plex);` $\longrightarrow$ *true* ◇ Siehe auch: `grobner[finite]`, `grobner[finduni]`, `grobner[gsolve]`.

grobner[spoly]

`spoly(poly`$_1$`, poly`$_2$`, varliste, termord)`
`spoly(poly`$_1$`, poly`$_2$`, varliste)`
Berechnet das S-Polynom der zwei gegebenen Polynome zur Liste der Unbestimmten sowie zur gegebenen Anordnung der Terme ◇ termord kann entweder `plex` (rein lexikographisch) oder `tdeg` (totaler Grad, die Voreinstellung) sein. ◇ `spoly(x^2*z+x*y,z^2+y^3,[x,y,z]);` $\longrightarrow x\,y^4 - x^2\,z^3$ ◇ Siehe auch: `grobner[leadmon]`.

group

Paket zum Manipulieren von Permutationsgruppen und endlich dargestellten Gruppen ◇ Die Funktionen dieses Pakets müssen zuerst mit `with` geladen werden, bevor man sie benutzen kann. Bei den Beschreibungen der Funktionen dieses Pakets steht G imer für eine Gruppe, H für eine Untergruppe, g für ein Gruppenelement und perm für eine Permutation. ◇ Siehe auch: `group[function]`, `with`.

group[areconjugate]

`areconjugate(G, g`$_1$`, g`$_2$`)`
Prüft, ob zwei Elemente einer gegebenen Permutationsgruppe G zueinander konjugiert sind ◇ g_1 und g_2 müssen Elemente von G sein. Diese Funktion ergibt entweder *true* oder false. ◇ Siehe auch: `group[permgroup]`, `group[RandElement]`.

group[center]

`center(G)`
Berechnet das Zentrum der Permutationsgruppe G ◇ Das Zentrum ist die Untergruppe, die aus all den Elementen besteht, die mit jedem Element von G kommutieren. Das Ergebnis dieser Funktion ist vom Typ `permgroup`. ◇ `center(permgroup(3, {[[1,2,3]],[[1,2]]}));` $\longrightarrow$ `permgroup(3, { })` ◇ Siehe auch: `group[centralizer]`, `group[normalizer]`.

group[centralizer]

`centralizer(G, permmenge)`
`centralizer(G, perm)`
Finde den Zentralisator einer Menge von Permutationen oder einer einfachen Permutation ◇ G ist eine Permutationsgruppe. Der Zentralisator ist die Untergruppe aller Elemente von G, die mit jeder Permutation in permmenge (oder mit der einfachen Permutation perm) kommutieren. perm braucht kein Element von G zu sein. Das Ergebnis dieser Funktion ist eine `permgroup`. ◇ `centralizer(permgroup(3, {[[1,2,3]], [[1,2]]}), [[1,2]]);` $\longrightarrow$ `peremgroup(3,{[[1, 2]]})` ◇ Siehe auch: `group[permgroup]`.

group[convert/disjcyc]
```
convert(permliste, disjcyc)
convert(wort, disjcyc, G)
```
Wandelt eine Permutation in Listenschreibweise bzw. ein Wort in disjunkte Zyklen um ◇ permliste ist eine Permutation in Listenschreibweise: eine Liste, deren ites Element das Bild von i unter der Permutation ist. Die Permutation wird als disjunkte Zyklen geschrieben zurückgegeben. wort ist ein Wort der erzeugenden Namen von G. Das von wort dargestellte Produkt wird berechnet und als disjunkte Zyklen geschrieben zurückgegeben. Diese Funktion kann nur nach dem Einladen des group-Pakets aufgerufen werden. ◇ `convert([3,4,1,2],disjcyc);` ⟶ $[[1,3],[2,4]]$ ◇ Siehe auch: `group[convert/permlist]`, `group[permgroup]`, `group[grelgroup]`, `group[type/disjcyc]`.

group[convert/permlist]
```
convert(perm, permlist, n)
```
Wandelt eine Permutation, die als disjunkte Zyklen geschrieben ist, in Listenschreibweise um ◇ n ist der Grad der Permutation perm. Das Ergebnis ist eine Liste deren ites Element das Bild von i unter perm ist, für i = 1..n. Diese Funktion kann nur nach dem Einladen des group-Pakets aufgerufen werden. ◇ `convert([[1,3],[2,4]], permlist,4);` ⟶ $[3,4,1,2]$ ◇ Siehe auch: `group[convert/disjcyc]`, `group[permgroup]`, `group[type/disjcyc]`.

group[core]
```
core(H, G)
```
Findet den Kern einer Untergruppe einer Permutationsgruppe ◇ Diese Funktion berechnet die größte normale Untergruppe der Permutationsgruppe G, die in der Untergruppe H enthalten ist. Das Ergebnis ist eine permgroup. ◇ Siehe auch: `group[issubgroup]`, `group[NormalClosure]`.

group[cosets]
```
cosets(H)
cosets(G, H)
```
Berechnet eine vollständige Liste aller Vertreter der rechten Nebenklasse für eine Untergruppe der Permutationgruppe oder eine Untergruppe einer Gruppe, die durch Erzeugende und Relationen definiert ist ◇ Für Gruppen, die durch Erzeugende und Relationen definiert sind, sollte H eine subgrel sein. Das Ergebnis ist eine Menge von Worten in den Erzeugenden dieser Gruppe. Für Permutationsgruppen sollte H eine Untergruppe von G sein. Das Ergebnis ist eine Menge von Permutationen, geschrieben als disjunkte Zyklen. ◇ Siehe auch: `group[cosrep]`, `group[grelgroup]`, `group[subgrel]`, `group[permgroup]`.

group[cosrep]
```
cosrep(g, H)
```
Stellt ein Gruppenelement als Produkt eines Elements einer Untergruppe mit einem Vertreter der rechten Nebenklasse dieser Untergruppe dar ◇ Diese Funktion ergibt eine Liste zweier Elemente: ein Element von H und ein Vertreter der rechten Nebenklasse von H. Falls H ein subgrel ist, dann sollte g ein Wort in den Erzeugenden der Gruppe sein. Falls H eine permgroup ist, dann sollte g eine Permutation geschrieben als disjunkte Zyklen sein. In diesem Fall werden die Nebenklassen von H in der symmetrischen Gruppe berechnet, die vom gleichen Grad wie H ist. ◇ Siehe auch: `group[permgroup]`, `group[subgrel]`, `group[cosets]`.

group[derived]
```
derived(G)
```
Berechnet die abgeleitete Untergruppe [G, G] der gegebenen Permutationsgruppe G ◇ Das Ergebnis dieser Funktion ist eine permgroup. ◇ `derived(permgroup(3, {[[1,2,3]],[[1,2]]}));` ⟶ permgroup(3, {[ ],[[1,2,3]]}) ◇ Siehe auch: `group[DerivedS]`, `group[LCS]`, `group[permgroup]`.

group[DerivedS]
```
DerivedS(G)
```
Berechnet die abgeleitete Reihe der gegebenen Permutationsgruppe G ◇ Die abgeleitete Reihe bestimmt, ob G auflösbar ist. Diese Funktion ergibt eine Liste von Objekten des Typs permgroup. ◇ `DerivedS(permgroup(3,{[[1,2,3]],[[1,2]]}));` ⟶ [permgroup(3, {[[1,2,3]],[[1,2]]}), permgroup(3, {[ ],[[1,2,3]]}), permgroup(3, {[ ]})] ◇ Siehe auch: `group[derived]`, `group[LCS]`, `group[permgroup]`.

group[grelgroup]
`grelgroup(genmenge, relmenge)`
Stellt eine Gruppe durch Erzeugende und Relationen dar ◇ genmenge ist eine Menge von Namen, den Erzeugenden dieser Gruppe. relmenge ist eine Menge von Worten in den Erzeugenden, den Relationen, die die Gruppe definieren. Ein Wort wird dargestellt als eine Liste von Erzeugenden und Inversen der Erzeugenden. Das Inverse eines erzeugenden Elements a wird als 1/a dargestellt. Eine leere Liste steht für das leere Wort. Diese Funktion liefert den Aufruf `grelgroup` zurück. ◇ `grelgroup({a,b}, {[a,a,a], [b,b], [a,b,a,1/b]})`: ◇ Siehe auch: `group[convert/disjcyc]`, `group[permgroup]`, `group[subgrel]`.

group[groupmember]
`groupmember(perm, G)`
Prüft, ob eine Permutation in der Permutationsgruppe G vorhanden ist ◇ Das Ergebnis Dieser Funktion ist entweder *true* oder *false*. ◇ `groupmember([[1,2]], permgroup(4,{[[1,2,3]],[[1,2],[3,4]]}));` ⟶ *false* ◇ Siehe auch: `group[permgroup]`.

group[grouporder]
`grouporder(G)`
Berechnet die Ordnung einer Gruppe ◇ Diese Funktion ergibt die Anzahl der Elemente G, eine permgroup oder aber eine grelgroup. ◇ `grouporder(permgroup(4,{[[1,2,3]], [[1,2],[3,4]]}));` ⟶ 12 ◇ Siehe auch: `group[permgroup]`, `group[grelgroup]`.

group[inter]
`inter(G_1, G_2)`
Berechnet den Schnitt zweier Permutationsgruppen ◇ Die Gruppen müssen denselben Grad haben. Das Ergebnis dieser Funktion ist eine permgroup. ◇ Siehe auch: `group[permgroup]`.

group[invperm]
`invperm(perm)`
Berechnet die inverse Permutation zu einer gegebenen Permutation ◇ Die inverse Permutation wird als disjunkte Zyklen dargestellt. ◇ `invperm([[1,2,3],[4,5]]);` ⟶ `[[1,3,2],[4,5]]` ◇ Siehe auch: `group[mulperms]`, `group[permgroup]`.

group[isabelian]
`isabelian(G)`
Bestimmt, ob die Permutationsgruppe G abelsch ist ◇ Diese Funktion ergibt entweder *true* oder *false*. ◇ `isabelian(permgroup(4, {[[1,2,3]], [[1,2], [3,4]]}));` ⟶ *false* ◇ Siehe auch: `group[permgroup]`.

group[isnormal]
`isnormal(H)`
`isnormal(G, H)`
Bestimmt, ob eine Untergruppe normal ist ◇ Die erste Variante prüft, ob die subgrl H normal ist, die zweite Form stellt fest, ob die Permutationsgruppe H normal in der Permutationsgruppe G ist. G und H müssen denselben Grad besitzen. Diese Funktion ergibt entweder *true* oder *false*. ◇ `isnormal(subgrel({x=[a]}, grelgroup({a,b}, {[a,a,a], [b,b], [a,b,a,b]})));` ⟶ *true* ◇ Siehe auch: `group[issubgroup]`, `group[permgroup]`, `group[subgrel]`, `group[grelgroup]`.

group[issubgroup]
`issubgroup(H, G)`
Stellt fest, ob die Permutationsgruppe H eine Untergruppe der Permutationsgruppe G ist ◇ G und H müssen vom selben Grad sein. Diese Funktion ergibt entweder *true* oder *false*. ◇ `issubgroup(permgroup(4, {[[1,2], [3,4]]}), permgroup(4, {[[1,2]], [[1,2,3,4]]}));` ⟶ *true* ◇ Siehe auch: `group[permgroup]`, `group[isnormal]`.

group[LCS]
`LCS(G)`
Berechnet die niedere Zentrumsreihe der Permutationsgruppe G ◇ Diese Reihe bestimmt, ob G nilpotent ist und ggf. die Klasse der Nilpotenz. Zurückgegeben wird eine Liste von Objekten vom Typ permgroup. ◇ `LCS(permgroup(3, {[[1,2,3]]}));` ⟶ `[permgroup(3,{[[1,2,3]]}), permgroup(3,{[ ]})]` ◇ Siehe auch: `group[derived]`, `group[DerivedS]`.

group[mulperms]
mulperms(perm₁, perm₂)
Multiplikation zweier Permutationen, die als disjunkte Zyklen dargestellt sind ◇ Diese
Funktion gibt das Ergebnis geschrieben als disjunkte Zyklen zurück. Permutationen wirken auf die rechte Seite, deshalb gilt $(perm_1 * perm_2)(i) = perm_2(perm_1(i))$
◇ mulperms([[1,2,4]],[[1,2],[3,4]]); ⟶ [[2,3,4]] ◇ Siehe auch:
group[invperm], group[permgroup].

group[NormalClosure]
NormalClosure(H, G)
Berechnet den Normalabschluß einer Untergruppe einer Permutationsgruppe ◇ Diese Funktion
berechnet die kleinste normale Untergruppe der Permutationsgruppe G, die H enthält. Zurückgegeben wird eine permgroup. ◇ NormalClosure(permgroup(4, {[[1,2]]}),
permgroup(4, {[[1,2]], [[1,2,3,4]]})); ⟶ permgroup(4, {[[3,4]], [[2,3]],
[[1,2]]}) ◇ Siehe auch: group[issubgroup], group[core].

group[normalizer]
normalizer(G, H)
Berechnet den Normalisator der Untergruppe H der Permutationsgruppe G ◇ Diese Funktion
berechnet die größte Untergruppe von G, in der H eine normale Untergruppe ist. Das
Ergebnis dieser Funktion ist eine permgroup. ◇ Siehe auch: group[NormalClosure],
group[permgroup].

group[orbit]
orbit(G, i)
orbit(permmenge, i)
Berechnet den Orbit eines Punktes unter der Aktion einer Permutationsgruppe oder einer Menge von Permutationen G ◇ Der Orbit wird als eine Punktmenge zurückgegeben.
◇ orbit({[[1,2],[3,4]],[[1,2,3]]},3); ⟶ $\{1,2,3,4\}$ ◇ Siehe auch:
group[permgroup].

group[permgroup]
permgroup(n, permmenge)
Darstellung einer Permutationsgruppe ◇ n ist der Grad der Permutationsgruppe und permmenge
ist eine Menge von benannten oder unbenannten Permutationen, die die Gruppe erzeugen.
Eine benannte Permutation hat die Form name = perm. Eine Permutation wird als disjunkte
Zyklen dargestellt: ein Zyklus ist eine Liste voneinander verschiedener ganzer Zahlen
zwischen 1 und n; eine Permutation ist eine Liste paarweiser disjunkter Zyklen. Die identische
Permutation wird durch die leere Liste dargestellt. Permutationen wirken immer auf die
rechte Seite. Diese Funktion gibt den Aufruf permgroup zurück. ◇ permgroup(4,
{[[1,2],[3,4]], [[2,3,4]]}): ◇ Siehe auch: group[convert/disjcyc],
group[convert/permlist], group[grelgroup], group[type/disjcyc].

group[permrep]
permrep(H)
Finde eine Permutationsdarstellung einer Untergruppe H einer Gruppe, die durch Erzeugende und
Relationen gegeben ist ◇ H ist eine subgrl. Diese Funktion findet alle rechten Nebenklassen
von H in ihrer Obergruppe G, weist diesen Nebenklassen ganze aufeinanderfolgende Zahlen zu,
konstruiert eine Permutation dieser Nebenklassenzahlen für jedes erzeugende Element dieser
Gruppe und gibt die durch diese Permutationen erzeugte Permutationsgruppe zurück. Diese Gruppe
ist ein homomorphes Bild von G, aber sie ist nicht notwendigerweise isomorph zu G. Diese Funktion
gibt eine permgroup zurück, deren Erzeugende genauso benannt sind wie die Erzeugenden
der ursprünglichen Gruppe. ◇ permrep(subgrel({x=[a]}, grelgroup({a,b},
{[a,a,a], [b,b], [a,b,a,b]}))); ⟶ permgroup(2,$\{a = [\,], b = [[1,2]]\}$) ◇
Siehe auch: group[permgroup], group[grelgroup], group[subgrel].

group[pres]
pres(H)
Berechnet eine Darstellung einer Untergruppe H einer Gruppe, die durch Erzeugende und
Relationen definiert ist ◇ Diese Funktion berechnet eine Menge von Relationen zwischen den
Namen der Erzeugenden von H, die ausreicht, die Untergruppe zu definieren. Das Ergebnis dieser
Funktion ist eine grelgroup. ◇ pres(subgrel({x=[a]}, grelgroup({a,b},
{[a,a,a], [b,b], [a,b,a,b]}))); ⟶ grelgroup($\{x\}$, $\{[x,x,x]\}$) ◇ Siehe auch:
group[grelgroup], group[subgrel].

group[RandElement]

```
RandElement(G)
```

Wählt ein Zufallselement aus der Gruppe G aus ◇ G kann eine permgroup oder eine grelgroup sein. ◇ `RandElement(grelgroup({a,b}, {[a,a,a], [b,b,b], [b,a,b,a]}));` $\longrightarrow \left[\frac{1}{a}, \frac{1}{a}, \frac{1}{a}, b\right]$ ◇ Siehe auch: `group[groupmember]`.

group[subgrel]

```
subgrel(glchgsmenge, G)
```

Darstellung einer Untergrupope einer Gruppe ◇ glchgsmenge ist eine Menge von Gleichungen der Form name = wort. name ist der Name des Erzeugenden der Untergruppe und wort ist ein Wort in den Erzeugenden der Gruppe G. Diese Funktion gibt den Aufruf subgrel zurück. ◇ `subgrel({x=[b,1/a]}, grelgroup({a,b}, {[a,a,a], [b,b,b], [b,a,b,a]})):` ◇ Siehe auch: `group[grelgroup]`.

group[Sylow]

```
Sylow(G, p)
```

Findet die p-Sylow-Untergruppe der Permutationsgruppe G ◇ p ist eine Primzahl, die die Ordnung von G teilt. Diese Funktion findet eine maximale p-Gruppe, die in G enthalten ist. Zurückgegeben wird eine permgroup. ◇ `Sylow(permgroup(6, {[[1,2]], [[1,2,3,4,5,6]]}), 3);` $\longrightarrow$ `permgroup(4, {[[3,4]],[[1,3,2,4]]})` ◇ Siehe auch: `group[grouporder]`, `group[issubgroup]`, `group[permgroup]`.

group[type/disjcyc]

```
type(ausdr, disjcyc(n))
```

Testet auf eine Permutation, geschrieben als disjunkte Zyklen ◇ Diese Funktion ergibt *true*, falls ausdr eine gültige Permutation vom Grad n in disjunkter Zyklenschreibweise ist und *false* sonst. Diese Funktion kann nur dann aufgerufen werden, wenn das Paket group vorher geladen wurde. ◇ `type([[3,4],[1,2]],disjcyc(4));` $\longrightarrow$ *true* ◇ Siehe auch: `group[convert/disjcyc]`, `group[convert/permlist]`, `group[permgroup]`.

harmonic

```
harmonic(z)
```

Die harmonische Funktion ◇ Für eine positive ganze Zahl n ist die harmonische Funktion gegeben durch $\sum_{k=1}^{n} 1/k$. Allgemein für komplexe z ist sie $\Psi(z+1) + \gamma$. Um den Wert dieser Funktion zu berechnen, muß man evalf benutzen. ◇ `evalf(harmonic(100));` $\longrightarrow$ 5.187377518 ◇ Siehe auch: gamma, `Psi`.

has

```
has(ausdr, teilausdrr)
has(ausdr, liste)
has(ausdr, menge)
```

Testet auf einen bestimmten Teilausdruck ◇ In der ersten Variante ergibt diese Funktion *true*, falls ausdr den Teilausdruck teilausdr enthält; sonst wird *false* zurückgegeben. Bei den anderen Varianten ergibt sich *true* nur dann, wenn der Ausdruck wenigstens einen der Teilausdrücke in der gegebenen Liste bzw. Menge enthält. ◇ `has(a+b,a);` $\longrightarrow$ *true* ◇ Siehe auch: `member`, `op`.

hastype

```
hastype(ausdr, typ)
```

Testet auf einen bestimmtem Typ ◇ Diese Funktion ergibt *true* genau dann, wenn ausdr irgendwelche Teilausdrücke vom Typ typ besitzt. ◇ `hastype(a+2*b, '*');` $\longrightarrow$ *true* ◇ Siehe auch: has, type, `whattype`.

heap

Routinen zur Datenstruktur „Heap" ◇ Man muß zuerst `readlib(heap)` aufrufen, bevor man diese Befehle benutzen kann.

heap[empty]

```
heap[empty](h)
```

Prüft, ob der Heap h leer ist ◇ Diese Funktion ergibt entweder *true* oder *false*. ◇ Man muß erst `readlib(heap)` eingeben, bevor man diesen Befehl benutzen kann.

heap[extract]

```
heap[extract](h)
```

Nimmt das maximale Element aus dem Heap h heraus und gibt es zurück. ◇ Man muß erst `readlib(heap)` eingeben, bevor man diesen Befehl benutzen kann.

heap[insert]
```
heap[insert](elem, h)
```
Fügt elem in den Heap h ein. ◇ Man muß erst `readlib(heap)` eingeben, bevor man diesen Befehl benutzen kann.

heap[max]
```
heap[max](h)
```
Gibt das maximale Element des Heap h zurück ◇ Das Element wird nicht aus dem Heap entfernt. ◇ Man muß erst `readlib(heap)` eingeben, bevor man diesen Befehl benutzen kann.

heap[new]
```
heap[new](f)
heap[new](f, ausdr₁, ..., ausdrₙ)
```
Erzeugt einen neuen Heap ◇ Gibt einen neuen Heap zurück, wobei die Funktion mit Boolschen Werten f als Funktion zur totalen Anordnung benutzt wird. Die optionalen Argumente $ausdr_i$ sind Elemente, die direkt in den Heap eingefügt werden. ◇ Man muß erst `readlib(heap)` eingeben, bevor man diesen Befehl benutzen kann.

heap[size]
```
heap[size](h)
```
Ergibt die Anzahl der Elemente des Heap. ◇ Man muß erst `readlib(heap)` eingeben, bevor man diesen Befehl benutzen kann.

Heaviside
```
Heaviside(x)
```
Die Heaviside-Treppenfunktion ◇ Diese Funktion ist 0 für $x < 0$ und 1 für $x \geq 0$. ◇ Siehe auch: `Dirac, fourier, laplace, mellin`.

help
```
help(begriff)
help(begriff, unterbegriff)
help(begriff[unterbegriff])
```
Hilfe-Befehl ◇ Schlüsselworte in Maple müssen in Hochkommata eingeschlossen sein. Es wird empfohlen, diese Funktion mit dem Fragezeichen aufzurufen. ◇ Siehe auch: ?.

Hermite
```
Hermite(A, var)
Hermite(A, var, name)
```
Starre Hermite-Normalform ◇ Wird diese Funktion zusammen mit mod benutzt, so berechnet sie die Hermite-Normalform (reduzierte Zeilen-Stufenform) einer rechteckigen Matrix univariater Polynome in var. Wird als drittes Argument ein Name angegeben, so wird diesem die Transformationsmatrix U zugewiesen, so daß das Ergebnis UA ist. ◇ Siehe auch: `linalg[hermite]`, `Smith`.

history
```
history()
```
Baut eine Tabelle (Historie) aller berechneten Werte auf ◇ Dieser Befehl beginnt, vorhergehende Befehle abzuspeichern. Die Ausgabe aufeinanderfolgender Anweisungen wird in den Variablen O1, O2, etc, abgespeichert. Der Befehl off setzt dieses wieder außer Kraft. Ist dieser Mechanismus aktiv, so ist eine Möglichkeit vorhanden, die Ausführungszeit von Befehlen zu messen: man benutze `timing(ausdr)`, um zu messen wie lange es dauert, ausdr auszuführen. Ist der Historie-Mechanismus aktiv, so sind die Befehle " "+ und " " " nicht ausführbar. ◇ Man muß erst `readlib(history)` eingeben, bevor man diesen Befehl benutzen kann. ◇ Siehe auch: `showtime, time`.

hypergeom
```
hypergeom([n₁, ..., nⱼ], [d₁, ..., dₖ], var)
```
Berechnet die verallgemeinerte hypergeometrische Funktion in der gegebenen Variablen ◇ Diese Funktion ist definiert als

$$\sum_{m=0}^{\infty} \frac{var^m \prod_{i=1}^{j} \Gamma(n_i + m)/\Gamma(n_i)}{m! \prod_{i=1}^{k} \Gamma(d_i + m)/\Gamma(d_i)}$$

Diese Funktion ist auch als $_jF_k$ bekannt. ◇ Man muß erst `readlib(hypergeom)` eingeben, bevor man diesen Befehl benutzen kann. ◇ `hypergeom([1],[2],z);` $\longrightarrow \frac{e^z - 1}{z}$ ◇ Siehe auch: `convert/hypergeom, GAMMA`.

I

Quadratwurzel von -1 ◇ I steht für `(-1)^(1/2)`. ◇ Siehe auch: `alias`.

icontent

`icontent(poly)`

Der ganzzahlige Inhalt eines Polynoms mit rationalen Koeffizienten ◇ Der Inhalt ist der ggT der Zähler der Koeffizienten geteilt durch das kgV der Nenner. das Polynom sollte in der erweiterten Form geschrieben sein. ◇ `icontent(15/2*x+6*y);` $\longrightarrow \frac{3}{2}$ ◇ Siehe auch: `content`.

identity

Die Identitäts-Indexfunktion ◇ Diese Funktion ergibt 1, falls alle Komponenten eines Feld- oder Tabellenindex identisch sind, 0 sonst. ◇ `array(identity,1..3,1..3):` ◇ Siehe auch: `array, diagonal, table`.

if

```
if bed then anweisungen fi
if bed then anweisungen else anweisungen fi
if bed then anweisungen elif bed then ... fi
```

Die Auswahlanweisung (oder bedingte Anweisung) ◇ Ein bedingter Ausdruck ist ein Boolscher Ausdruck, der mit Hilfe der Vergleichsoperatoren (<, <=, >, >=, =, <>), der logischen Operatoren (`and, or, not`) und der logischen Namen (`true, false, FAIL`) gebildet wird. Die `elif` ...`then`... Konstruktion kann beliebig oft wiederholt werden. ◇ Siehe auch: `do`.

ifactor

```
ifactor(n)
ifactor(n, easy)
ifactor(n, lenstra)
ifactor(n, pollard)
ifactor(n, pollard, m)
ifactor(n, squfof)
```

Faktorierung ganzer Zahlen ◇ Diese Funktion berechnet die vollständige ganzzahlige Faktorierung von n, wobei ein multiplikativer Ausdruck zurückgeliefert wird. Zuerst werden einige „einfache" Tests durchgeführt, dann wird eine der übrigen Methoden aufgerufen, um übriggebliebene, große Faktoren herauszuziehen. Die voreingestellte Methode ist der Morrison-Brillhart-Algorithmus. Die Option `lenstra` wählt Lenstras Methode der elliptischen Kurven aus; `pollard`, Pollards Rho-Methode; und `squfof`, Shanks' Quadratformmethode. Die Option `easy` bewirkt, daß außer den einfachen Tests keine anderen Algorithmen ausgeführt werden. In diesem Fall wird eine partielle Faktorierung berechnet, darunter ein Symbol, welches anzeigt, wieviel Ziffern der übriggebliebene unfaktorierte Teil besitzt (z. B. _c47). Die `pollard`-Methode akzeptiert die zusätzliche Option m, die die Effizienz erhöht, wenn einer der Faktoren kongruent 1 modulo m ist. `ifactor` ruft `isprime` für die übrigen Faktoren, bevor andere Methoden angewandt werden. Diese Funktion operiert auch auf Brüchen (Zähler und Nenner werden faktoriert), sowie auf Listen bzw. Mengen von ganzen Zahlen und Brüchen. ◇ `ifactor(7007);` $\longrightarrow$ $(7)^2 (11)(13)$ ◇ Siehe auch: `ifactors, isprime, factor, type[facint]`.

ifactors

`ifactors(n)`

Faktorierung ganzer Zahlen ◇ Diese Funktion ergibt die vollständige ganzzahlige Faktorierung der ganzen Zahl n und liefert eine Liste von Primfaktoren und Exponenten zurück. Die Faktorierung wird unter Benutzung der in `ifactor` voreingestellten Strategie berechnet. ◇ Man muß erst `readlib(ifactors)` eingeben, bevor man diesen Befehl benutzen kann. ◇ `ifactors(-7007);` $\longrightarrow [-1,[[7,2],[11,1],[13,1]]]$ ◇ Siehe auch: `ifactor, factor, factors, isqrfree`.

iFFT

`iFFT(m, x-feld, y-feld)`

Berechnet die inverse schnelle Fouriertransformation einer komplexen Folge ◇ x-feld und y-feld sind eindimensionale Felder von Gleitkommazahlen, welche von 1 bis 2^m indiziert sind. x-feld speichert die reellen Anteile der Folge, y-feld die komplexen Anteile. Die inverse schnelle Fouriertransformation wird auf der Stelle berechnet, wobei die ursprünglichen Felder modifiziert werden. Diese Funktion liefert 2^m zurück. Diese Prozedur kann mittels `evalhf` aufgerufen werden. ◇ Man muß erst `readlib(FFT)` eingeben, bevor man diesen Befehl benutzen kann. ◇ Siehe auch: `FFT, evalhf, FFT, invfourier`.

igcd
`igcd(n₁, n₂, ...)`

Berechnet den größten gemeinsamen Teiler der gegebenen ganzen Zahlen ◇ `igcd(21,49);` ⟶ 7 ◇ Siehe auch: `gcd`, `ilcm`.

igcdex
`igcdex(n₁, n₂, name₁, name₂)`

Erweiterter euklidischer Algorithmus für ganze Zahlen ◇ Diese Funktion berechnet den ggT g von n_1 und n_2, sowie ganze Zahlen s und t, sodaß $g = s\,n_1 + t\,n_2$. s und t werden in *name₁* und *name₂* abgespeichert. ◇ Siehe auch: `gcdex`, `igcd`.

ilcm
`ilcm(n₁, n₂, ...)`

Berechnet das kleinste gemeinsame Vielfache der gegebenen ganzen Zahlen ◇ Diese Funktion berechnet das kleinste gemeinsame Vielfache beliebig vieler ganzer Zahlen. ◇ `ilcm(21,49);` ⟶ 147 ◇ Siehe auch: `igcd`, `lcm`.

ilog
`ilog(z)`
`ilog[b](z)`

Logarithmus zur ganzzahligen Basis b ◇ Für reelle z ergibt diese Funktion die größte ganze Zahl, die kleiner oder gleich dem Logarithmus von z zur Basis b ist. Für komplexe z ergibt sie das Maximum des Obigen angewandt auf Real- und Imaginärteil von z. Die voreingestellte Basis ist exp(1). ◇ Man muß erst `readlib(ilog)` eingeben, bevor man diesen Befehl benutzen kann. ◇ `ilog[3](82);` ⟶ 4 ◇ Siehe auch: `ilog10`, `log`.

ilog10
`ilog10(z)`

(Gewöhnlicher) Logarithmus zur ganzzahligen Basis 10 ◇ Für reelle z ergibt diese Funktion die größte ganze Zahl, die kleiner oder gleich dem Logarithmus von z zur Basis 10 ist. Für komplexe z ergibt sie das Maximum von `ilog10`, angewandt auf Real- und Imaginärteil von z. ◇ `ilog10(101);` ⟶ 2 ◇ Siehe auch: `ilog`, `log10`.

Im
`Im(ausdr)`

Isoliert den Imaginärteil des Ausdrucks ◇ Man benutze `assume` oder `evalc`, falls unbekannte Variablen reelle Werte repräsentieren. Falls ausdr eine Funktion f enthält, so versucht `Im` die Prozedur `'Im/f'` auszuführen. ◇ `Im(ln(-1));` ⟶ π ◇ Siehe auch: `assume`, `evalc`, `Re`.

Indep
`Indep(K)`
`Indep(K, name)`

Starrer Test auf Unabhängigkeit ◇ Wird diese Funktion zusammen mit `evala` benutzt, so wird überprüft, ob die gegebene `RootOf` oder Menge von `RootOf`s unabhängig ist, und es wird *true* oder *false* zurückgegeben. Falls sich *false* ergibt, so wird name, soweit vorhanden, die Menge der gefundenen Beziehungen zugewiesen. ◇ Siehe auch: `evala`, `RootOf`.

indets
`indets(ausdr)`
`indets(ausdr, typname)`

Findet die Unbestimmten im Ausdruck ◇ Mit nur einem Argument ergibt diese Funktion eine Menge, die alle Unbestimmten in ausdr enthält. ausdr wird als rationaler Ausdruck betrachtet, so daß Teilausdrücke wie `sqrt(x)` und `f(x,y)` als Unbestimmte angesehen werden. Im zweiten Fall ergibt diese Funktion eine Menge aller Unbestimmten vom Typ typname. ◇
`indets(sqrt(x)+2*y);` ⟶ $\left\{ x, y, \sqrt{x} \right\}$

indices
`indices(feld)`
`indices(tabelle)`

Indizes einer Tabelle oder eines Feldes ◇ Diese Funktion gibt eine Folge von Listen von Indizes (oder Schlüsseln) der Tabelle oder des Feldes zurück, die auf die Einträge weisen, die explizit abgespeichert wurden. Es gibt eine eineindeutige Beziehung zwischen den Ergebnissen von `indices` und `entries`. ◇ `indices(array([5,6,7]));` ⟶ [2],[3],[1] ◇
Siehe auch: `array`, `entries`, `op`, `table`.

infinity
∞ ◇ Reell oder komplex Unendlich, je nach Kontext.

info
```
info(name)
```
Zeigt die Kurzxbeschreibung einer Funktion ◇ Die Information stammt aus dem On-Line-Hilfstext. Maple-Schlüsselworte müssen in schräggestellte Hochkommata eingeschlossen werden. ◇ Diese Funktion ist neu in Version 3 ◇ `info(dsolve);` ⟶ `FUNCTION: dsolve - solve ordinary differential equations` ◇ Siehe auch: `example, help, related, usage`.

infolevel
```
infolevel[f] := n
infolevel[all] := n
```
Bewirkt, daß Information der Stufe n oder darunter vorgespielt wird, wenn die Funktion f aufgerufen wird ◇ Diese Information ist in der Form von `userinfo`-Anweisungen innerhalb der Prozedur kodiert. n ist typischerweise eine ganze Zahl zwischen 1 und 5. Ist der Name `all` angegeben, so wird Information der Stufe n oder darunter für jede Funktion ausgegeben. ◇ Siehe auch: `printlevel, userinfo`.

int
```
int(ausdr, var)
int(ausdr, var=a..b, options)
```
Bestimmte und unbestimmte Integration ◇ Die erste Form berechnet das unbestimmte Integral von ausdr bezüglich der Variablen var. Im Ergebnis kommt keine Integrationskonstante vor. Die zweite Form berechnet das bestimmte Integral über dem durch den durch den Bereich a..b definierten Intervall. Kann eine geschlossene Form für das Integral nicht gefunden werden, so wird der Funktionsaufruf selbst wieder zurückgegeben. Gemäß Voreinstellung testet `int` auf Unstetigkeitsstellen im gegebenen Intervall. Mit der Option `continuous` hindert man `int` am Suchen nach Unstetigkeitsstellen. Die Option `CauchyPrincipalValue` bewirkt, daß `int` die linken bzw. rechten Grenzwerte an jeder inneren Unstetigkeitstelle als einen einfachen Grenzwert auffaßt, sodaß die unabhängige Variable sich der Unstetigkeitsstelle von links und rechts mit derselben Rate annähert. ◇ `int(cos(x),x);` ⟶ $\sin(x)$ ◇ `int(sin(x),x=0..Pi);` ⟶ 2 ◇ Siehe auch: `diff, Int, iscont, limit, series, student[Int]`.

Int
```
Int(ausdr, var)
Int(ausdr, var=a..b)
```
Starre bestimmte und unbestimmte Integration ◇ Diese Funktion dient als Platzhalter zur Integration. Wird die zweite Form zusammen mit evalf benutzt, so wird eine numerische Approximation an das bestimmte Integral berechnet. ◇ `evalf(Int(exp(-x^2), x=0..1));` ⟶ .7468241328 ◇ Siehe auch: `evalf, 'evalf/int', int, student[Doubleint], student[Tripleint], value`.

integrate
Globale Variable ◇ Ihr Wert ist eine Prozedur zur Integration von Ausdrücken. Sie ist ursprünglich gleich int gesetzt. ◇ Siehe auch: `int`.

interface
```
interface(name=wert)
interface(name)
```
Setzt Schnittstellenvariablen oder fragt ihren Wert ab ◇ Die erste Form schreibt den Wert einer Variablen vor, die zweite Form ergibt den aktuellen Wert der benannten Variablen. Die Liste von Namen ist:

echo	labeling	plotoutput	prompt	verboseproc
endcolon	labelling	postplot	quiet	version
errorbreak	labelwidth	preplot	screenheight	warnlevel
indentamount	plotdevice	prettyprint	screenwidth	wordsize
iris	plotoptions	printfile	terminal	

Beschreibungen aller Schnittstellenvariablen findet man in Kapitel B, auf Seite 88 beginnend.

interp
```
interp(xwerte, ywerte, var)
```
Polynominterpolation ◇ xwerte und ywerte sind Listen oder Vektoren der Länge n. Diese Funktion berechnet das Polynom vom Grad $\leq n - 1$ in der Variablen var, welches die Punkte ($xwerte_i, ywerte_i$) für alle i interpoliert. Alle x-Werte müssen voneinander verschieden sein. ◇ `interp([-1,0,1],[1,0,1],t);` ⟶ t^2 ◇ Siehe auch: `Interp, sinterp`.

Interp

```
Interp(xwerte, ywerte, var)
Interp(xwerte, ywerte)
```
Starre Polynominterpolationsfunktion $\diamond$ xwerte und ywerte sind Listen oder Vektoren der Länge n. Wird diese Funktion zusammen mit mod benutzt, so berechnet sie das Polynom, welches die Punkte $(xwerte_i, ywerte_i)$ interpoliert. Mit modp1 wird dieses Interpolationspolynom in modp1-Darstellung berechnet und xwerte und ywerte müssen Listen sein. Alle x-Werte müssen bezüglich des Definitionsbereichs der Koeffizienten verschieden sein. $\diamond$ `Interp([0,1,2],[0,3,2],x) mod 5;` $\longrightarrow 3\,x^2$ $\diamond$ Siehe auch: interp, mod, modp1.

intersect

```
menge₁ intersect menge₂    'intersect'(menge₁, menge₂, ...)
```
Der Operator zum Schneiden von Mengen $\diamond$ Diese Funktion gibt die Menge der Elemente zurück, die in jeder der angegebenen Mengen enthalten sind. $\diamond$ `{a,b} intersect {b,c};` $\longrightarrow$ $\{b\}$ $\diamond$ Siehe auch: minus, symmdiff, union.

invfourier

```
invfourier(ausdr, t, w)
```
Inverse Fouriertransform $\diamond$ Diese Funktion wendet die inverse Fouriertransformation auf ausdr an und zwar bezüglich der Variablen t, wobei ein Ausdruck in w zurückgeliefert wird. Ausdrücke mit komplexen Exponentialfunktionen, Polynomen, trigonometrischen Funktionen mit linearen Argumenten und eine Vielzahl von Funktionen und anderer Integraltransformationen können transformiert werden. Die Diracsche Deltafunction Dirac und die Heaviside-Treppenfunktion Heaviside werden ebenso behandelt wie Ableitungen und Integrale. Diese Transformation ist definiert als:

$$F(w) = \frac{1}{2\pi} \int_{-\infty}^{\infty} (expr)\, e^{Itw}\, dt$$

$\diamond$ Man muß erst `readlib(fourier)` eingeben, bevor man diesen Befehl benutzen kann. $\diamond$ Siehe auch: fourier.

invfunc

```
invfunc[f]
```
Tabelle der inversen Funktionen $\diamond$ Diese Tabelle wird von solve, simplify und dem `'@@'`-Operator benutzt, um (explizite oder implizite) Vorkommen von Ausdrücken der Form f@@(-1) durch die entsprechende inverse Funktion zu ersetzen. Einträge können zu dieser Tabelle explizit hinzugefügt oder auch gelöscht werden. Man muß erst `readlib(invfunc)` eingeben, bevor man diese Tabelle benutzen kann. $\diamond$ Siehe auch: @@, solve, simplify.

invlaplace

```
invlaplace(ausdr, s, t)
```
Inverse Laplacetransformation $\diamond$ Diese Funktion wendet die inverse Laplacetransformation auf ausdr bezüglich der Variablen s an, wobei ein Ausdruck in t zurückgegeben wird. Transformiert werden können Summen von rationalen polynomialen Funktionen, sowie Summen von Termen mit Exponentialfunktion, Polynomen und Besselfunktion mit linearen Argumenten. Die Diracsche Deltafunktion Dirac, sowie die Heaviside-Funktion Heaviside werden ebenfalls transformiert. $\diamond$ Man muß erst `readlib(laplace)` eingeben, bevor man diesen Befehl benutzen kann. $\diamond$ `invlaplace(1/(s-1),s,t);` $\longrightarrow e^t$ $\diamond$ Siehe auch: Dirac, dsolve, laplace.

invztrans

```
invztrans(ausdr, z, n)
```
Inverse Z-Transformation $\diamond$ Diese Funktion berechnet die inverse Z-Transformation eines Ausdrucks ausdr in der Variablen z, wobei sich ein Ausdruck in n ergibt. Diese Funktion berechnet die inverse Z-Transformation rationaler Polynome und einiger anderer spezieller Funktionen. $\diamond$ Man muß erst `readlib(ztrans)` eingeben, bevor man diesen Befehl benutzen kann. $\diamond$ `invztrans(z/(z-a),z,n);` $\longrightarrow a^n$ $\diamond$ Siehe auch: rsolve, ztrans.

iperfpow

```
iperfpow(n)
iperfpow(n, name)
```
Stellt fest, ob eine positive ganze Zahl eine perfekte Potenz einer anderen ganzen Zahl ist $\diamond$ Gilt $n = m^k$, so liefert diese Funktion das Ergebnis m. *FAIL* wird zurückgegeben, wenn nicht mit Sicherheit gesagt werden kann, daß n eine perfekte Potenz ist. Ist ein Name als zweites Argument gegeben so wird diesem k zugewiesen. $\diamond$ Man muß erst `readlib(iperfpow)` eingeben, bevor man diesen Befehl benutzen kann. $\diamond$ `iperfpow(343);` $\longrightarrow 7$

iquo

```
iquo(m, n)
iquo(m, n, name)
```
Berechnet den ganzzahligen Quotienten von m über n ◇ Ist ein drittes Argument angegeben, so wird diesem der Rest zugewiesen. ◇ `iquo(19,4);` $\longrightarrow$ 4 ◇ Siehe auch: `irem`, `quo`.

iratrecon

```
iratrecon(n, m, N, D, nameN, nameD)
```
Rekonstruktion einer vorzeichenbehafteten rationalen Zahl aus ihrem Bild n mod m ◇ N und D sind ganze Zahlen, die obere Grenzen für die Größe der berechneten Zähler und Nenner angeben. Die Lösung ist eindeutig, falls $2ND < m$ gilt. Diese Funktion ergibt *true*, falls eine Lösung gefunden wurde und weist den Zähler der Variablen $name_N$ und den Nenner $name_D$ zu; sonst wird *false* zurückgegegeben. ◇ Man muß erst `readlib(iratrecon)` eingeben, bevor man diesen Befehl benutzen kann. ◇ `iratrecon(28,41,4,5,'n','d'),n/d;` $\longrightarrow$ *true*, $\frac{2}{3}$ ◇ Siehe auch: mod.

irem

```
irem(m, n)
irem(m, n, name)
```
Berechnet den ganzzahligen Rest von m über n ◇ Ist das dritte Argument angegeben, so wird diesem der Quotient zugewiesen. ◇ `irem(19,4);` $\longrightarrow$ 3 ◇ Siehe auch: `iquo`, `rem`.

iroot

```
iroot(m, n)
```
Ganzzahlige $n$te Wurzel ◇ Diese Funktion berechnet eine ganzzahlige Approximation an die $n$te Wurzel von m. Die Antwort ist exakt für eine perfekte $n$te Potenz; sonst ist der absolute Fehler höchstens 1/2. ◇ Man muß erst `readlib(iroot)` eingeben, bevor man diesen Befehl benutzen kann. ◇ `iroot(126,3);` $\longrightarrow$ 5 ◇ Siehe auch: `iperfpow`, `isqrt`, `proot`, `numtheory[mroot]`.

irreduc

```
irreduc(poly)
irreduc(poly, K)
```
Testet die Unzerlegbarkeit eines Polynoms ◇ Die erste Form testet, ob ein multivariates Polynom unzerlegbar über dem durch die Koeffizienten von poly induzierten Körper ist. Die zweite Form testet die Unzerlegbarkeit über dem algebraischen Zahlkörper, der durch K gegeben ist. Sie ergibt *true*, falls poly unzerlegbar ist; *false* sonst. K kann ein einfaches `RootOf`, eine Liste bzw. Menge von `RootOf`s, ein einfaches Radikal oder eine Liste bzw. Menge von Radikalen sein. ◇ `irreduc(x^2+1,I);` $\longrightarrow$ *false* ◇ Siehe auch: `factor`, `Irreduc`, `RootOf`.

Irreduc

```
Irreduc(poly)
Irreduc(poly, K)
```
Starrer Unzerlegbarkeitstest ◇ Wird diese Funktion zusammen mit mod oder modp1 benutzt, so testet sie die Unzerlegbarkeit des multivariaten Polynoms poly über dem gegebenen endlichen Körper. Die zweite Form testet die Unzerlegbarkeit über der durch k gegebenen algebraischen Erweiterung; K ist ein `RootOf`. ◇ `Irreduc(x^2+x+1) mod 2;` $\longrightarrow$ *true* ◇ Siehe auch: `irreduc`, `mod`, `modp1`, `RootOf`, `Factor`.

is

```
is(name, eigenschaft)
is(relation)
```
Stellt fest, ob der Name die gegebene Eigenschaft besitzt oder der Relation genügt ◇ Diese Funktion ergibt entweder *true*, *false* oder *FAIL*. ◇ `assume(x,real): is(x^2>=0);` $\longrightarrow$ *true* ◇ Siehe auch: `about`, `additionally`, `addproperty`, `assume`, `isgiven`.

iscont

```
iscont(ausdr, var=a..b)
iscont(ausdr, var=a..b, ·closed)
```
Testet die Stetigkeit über einem Intervall ◇ Diese Funktion ergibt *true*, falls der Ausdruck in der Variablen var stetig über dem offenen Intervall (a, b) ist; *false* sonst. Es wird angenommen, daß alle Symbole im Ausdruck reell sind. Kommt diese Funktion zu keinem Ergebnis nicht bestimmen, so ergibt sie *FAIL*. Mit der Option `closed` testet man die Stetigkeit über dem geschlossenen Intervall $[a, b]$. ◇ Man muß erst `readlib(iscont)` eingeben, bevor man diesen Befehl benutzen kann. ◇ `iscont(1/x,x=0..1);` $\longrightarrow$ *true* ◇ Siehe auch: `discont`.

isgiven
```
isgiven(name, eigenschaft)
isgiven(relation)
```
Testet, ob dem Namen eine Eigenschaft gegeben wurde ◇ Diese Funktion ergibt entweder *true* oder *false*. Dieser Test ist schwächer als `is`. ◇ `assume(x,real): isgiven(x^2>=0);` ⟶ *false* ◇ Siehe auch: `about, additionally, addproperty, assume, is.`

isolate
```
isolate(glchg, ausdr)
isolate(glchg, ausdr, n)
```
Isoliert einen Teilausdruck der linken Seite einer Gleichung ◇ Ist das erste Argument keine Gleichung, so wird angenommen, daß es sich um die Gleichung $glchg = 0$ handelt. Das optionale dritte Argument gibt die maximale Anzahl von Transformationen an, die die Funktion ausführen soll. Ist ein Ausdruck als erstes Argument gegeben, so wird angenommen, daß dieser gleich 0 ist. ◇ Man muß erst `readlib(isolate)` eingeben, bevor man diesen Befehl benutzen kann. ◇ `isolate(x*ln(x)=1,ln(x));` ⟶ $\ln(x) = \frac{1}{x}$ ◇ Siehe auch: `solve.`

isolve
```
isolve(glchgen)
isolve(glchgen, vars)
```
Berechnet die ganzzahligen Lösungen von Gleichungen ◇ Diese Funktion löst eine einzelne Gleichung oder eine Menge von Gleichungen glchgen über den ganzen Zahlen. Das zweite Argument gibt die Namen von Variablen an, die dazu benutzt werden sollen, eine Familie von Lösungen zu parametrisieren. Es kann sich dabei um eine Menge oder um einen einfachen Namen handeln. `NULL` wird dann zurückgegeben, wenn keine Lösungen gefunden wurden. ◇ `isolve(x^2-y^2=1);` ⟶ $\{y = 0, x = 1\}, \{y = 0, x = -1\}$ ◇ Siehe auch: `numtheory[thue], solve.`

isprime
```
isprime(n, m)
```
Angenäherter Test auf Primzahlen ◇ Diese Funktion ergibt *false*, falls n sich innerhalb von m Iterationen des Miller–Rabin-Test als zusammengesetzt erweist und *true* sonst. Es kommt vereinzelt vor, daß `isprime` eine zusammengesetzte Zahl als Primzahl klassifiziert, aber eine Primzahl wird niemals als zusammengesetzt klassifiziert. Die Wahrscheinlichkeit eines Fehlers verringert sich mit der Größe von m. Der voreingestellte Wert für m ist 5, der Maximalwert ist 25. ◇ `isprime(211);` ⟶ *true* ◇ Siehe auch: `ithprime, nextprime, prevprime, numtheory[safeprime], type/primeint.`

isqrfree
```
isqrfree(n)
```
Berechnet die quadratfreie ganzzahlige Faktorierung von n ◇ Diese Funktion gibt eine Liste quadratfreier Faktoren und Exponenten zurück. ◇ Man muß erst `readlib(isqrfree)` eingeben, bevor man diesen Befehl benutzen kann. ◇ `isqrfree(150);` ⟶ $[1, [[6, 1], [5, 2]]]$ ◇ Siehe auch: `ifactor, ifactors, sqrfree, Sqrfree.`

isqrt
```
isqrt(m)
```
Ganzzahlige Quadratwurzel ◇ Diese Funktion berechnet eine ganzzahlige Annäherung an die Quadratwurzel von m. Die Antwort ist genau für ein perfektes Quadrat; ansonsten ist der Fehler höchstens 1/2. ◇ `isqrt(126);` ⟶ 11 ◇ Siehe auch: `iroot, issqr, numtheory[msqrt], psqrt, sqrt.`

issqr
```
issqr(n)
```
Stellt fest, ob eine ganze Zahl ein perfektes Quadrat ist ◇ Diese Funktion ergibt entweder *true* oder *false*. ◇ Man muß erst `readlib(issqr)` eingeben, bevor man diesen Befehl benutzen kann. ◇ `issqr(15625);` ⟶ *true* ◇ Siehe auch: `isqrt.`

ithprime
```
ithprime(i)
```
Bestimmt die ite Primzahl ◇ Die erste Primzahl ist 2. Diese Funktion benutzt `isprime`, um auf große Primzahlen zu testen. ◇ `ithprime(100);` ⟶ 541 ◇ Siehe auch: `isprime, nextprime, prevprime.`

laplace

```
laplace(ausdr, t, s)
```

Laplacetransformation ◇ Diese Funktion wendet die Laplacetransformation auf ausdr bezüglich der Variablen t an, wobei ein Ausdruck in s zurückgegeben wird. Transformiert werden können solche Ausdrücke, die Exponentialfunktionen, Polynome, trigonometrische Funktionen mit linearen Argumenten sowie Besselfunktionen mit linearen Argumenten enthalten. Ebenso können die Diracsche Deltafunction `Dirac`, die Heaviside-Funktion `Heaviside` sowie Ableitungen und Integrale transformiert werden. ◇ `laplace(exp(t),t,s);` ⟶ $\frac{1}{s-1}$ ◇ Siehe auch: `BesselI, BesselJ, Dirac, dsolve, invlaplace`.

lasterror

Globale Variable, die den Text der letzten Fehlermeldung enthält ◇ Siehe auch: `ERROR, traperror`.

latex

```
latex(ausdr)
latex(ausdr, dateiname)
```

Erzeugt LaTeX-Code zur Ausgabe von Ausdrücken ◇ Diese Funktion kann Integrale, Grenzwerte, Summen, Produkte und Matrizen formatieren. Ist ein Name als zweiter Parameter angegeben, so wird die erzeugte Ausgabe in diese Datei geschrieben. ◇ Siehe auch: `C, eqn, fortran`.

lattice

```
lattice(liste)
lattice(liste, integer)
```

Findet eine reduzierte Basis für ein Gitter ◇ liste ist eine Liste von Listen oder eine Liste von Vektoren, die eine Basis für ein Gitter darstellen. Diese Funktion benutzt den LLL-Algorithmus, um eine reduzierte Basis zu berechnen. Die Option `integer` besagt, daß nur ganzzahlige Arithmetik benutzt werden soll (anstelle von rationaler Arithmetik). ◇ Man muß erst `readlib(lattice)` eingeben, bevor man diesen Befehl benutzen kann. ◇ `lattice([[3,6,4],[6,9,7]]);` ⟶ $[[0,-3,-1],[3,0,2]]$ ◇ Siehe auch: `minpoly`.

lcm

```
lcm(poly₁, poly₂, ...)
```

Berechnet das kleinste gemeinsame Vielfache von Polynomen über den rationalen Zahlen ◇ Es kann eine beliebige Anzahl multivariater Polynome angegeben werden. ◇ `lcm(x^2+1,x+1);` ⟶ $x^3 + x^2 + x + 1$ ◇ Siehe auch: `gcd, ilcm, Lcm`.

Lcm

```
Lcm(poly₁, poly₂, ...)
```

Starre Version für kleinste gemeinsame Vielfache von Polynomen ◇ Wird diese Funktion zusammen mit `mod` oder `modp1` benutzt, so berechnet sie das kleinste gemeinsame Vielfache der Polynome modulo einer positiven ganzen Zahl. ◇ `Lcm(x^2+1,x+1) mod 2;` ⟶ $x^2 + 1$ ◇ Siehe auch: `Gcd, lcm`.

lcoeff

```
lcoeff(poly)
lcoeff(poly, vars)
lcoeff(poly, vars, name)
```

Führender Koeffizient eines multivariaten Polynoms ◇ vars kann eine einzelne Unbekannte oder eine Liste bzw. Menge von Unbekannten sein. Ist vars nicht angegeben, so werden alle Unbekannten von poly benutzt. Auf das Polynom muß `collect` angewnadt werden bezüglich der entsprechenden Variablen. Ist ein Name als drittes Argument gegeben, so wird diesem der führende Term von poly zugewiesen. ◇ `lcoeff(2*x^3-4);` ⟶ 2 ◇ Siehe auch: `coeff, coeffs, collect, degree, indets, Lcoeff, tcoeff`.

Lcoeff

```
Lcoeff(poly)
```

Starrer führender Koeffizient ◇ Wird diese Funktion zusammen mit `modp1` benutzt, so berechnet sie den führenden Koeffizienten eines univariaten Polynoms über einem gegebenen Defintionsbereich. ◇ Siehe auch: `Coeff, lcoeff, Tcoeff`.

ldegree

```
ldegree(poly, vars)
```

Niedrigster Grad eines Polynoms ◇ Das erste ganze Argument kann negative ganzzahlige Exponenten besitzen. vars kann eine einzelne Unbekannte oder eine Liste bzw. Menge derselben sein. Für eine Menge wird der totale Grad benutzt, für eine Liste der Vektorgrad. ◇ `ldegree(x^3+x^2,x);` ⟶ 2 ◇ Siehe auch: `degree, tcoeff`.

LegendreE
LegendreE(x, k)
Legendres kanonisches unvollständiges elliptisches Integral der zweiten Art ◇ x ist die freie Integrationsgrenze und k ist der Modulus.

LegendreEc
LegendreEc(k)
Legendres vollständiges elliptisches Integral der zweiten Art ◇ k ist der Modulus.

LegendreEc1
LegendreEc1(k)
Zugehöriges vollständiges elliptisches Integral der zweiten Art, wobei der komplementäre Modulus benutzt wird ◇ k ist der Modulus.

LegendreF
LegendreF(x, k)
Legendres kanonisches unvollständiges elliptisches Integral der ersten Art ◇ x ist die freie Integrationsgrenze und k ist der Modulus.

LegendreKc
LegendreKc(k)
Legendres vollständiges elliptisches Integral der ersten Art ◇ k ist der Modulus.

LegendreKc1
LegendreKc1(k)
Assoziiertes vollständiges elliptisches Integral der ersten Art, wobei der komplementäre Modulus benutzt wird ◇ k ist der Modulus.

LegendrePi
LegendrePi(x, alphasq, k)
Legendres kanonisches unvollständiges elliptisches Integral der dritten Art ◇ x ist die freie Integrationsgrenze, alphasq ist die Charakteristik und k ist der Modulus.

LegendrePic
LegendrePic(alphasq, k)
Legendres vollständiges elliptisches Integral der dritten Art ◇ alphasq ist die Characteristik und k ist der Modulus.

LegendrePic1
LegendrePic1(alphasq, k)
Assoziiertes vollständiges elliptisches Integral der dritten Art, wobei der komplementäre Modulus benutzt wird ◇ alphasq ist die Characteristik und k ist der Modulus.

length
length(ausdr)
Länge eines Objekts ◇ Die Länge einer ganzen Zahl ist die Anzahl der Dezimalstellen. Für eine Zeichenkette ist die Länge gleich der Anzahl der einzelnen Zeichen. Für andere Objekte ist die Länge gleich der Summe der Länge der Operanden plus der Anzahl von Worten, die nötig sind, diesen Ausdruck darzustellen. ◇ Siehe auch: nops.

lexorder
lexorder(name$_1$, name$_2$)
Test auf lexikographische Ordnung ◇ Diese Funktion ergibt *true*, falls name$_1$ kleiner als name$_2$ bezüglich der lexikographischen Ordnung ist oder falls die beiden Namen gleich sind; sonst wird *false* zurückgegeben. ◇ lexorder(ab,ba); ⟶ *true* ◇ Siehe auch: sort.

lhs
lhs(ausdr)
Ergibt die linke Seite eines Ausdrucks ◇ Der Ausdruck kann eine Gleichung, Ungleichung oder Bereich sein. ◇ lhs(3..4); ⟶ 3 ◇ Siehe auch: op, rhs.

Li
Li(x)
Das logarithmische Integral ◇ Diese Funktion ist definiert als $Li(x) = \int_0^x \frac{1}{\ln t}\, dt$, wobei der Cauchy-Hauptwert des Integrals genommen wird. Li(x) liefert eine Annäherung an die Anzahl der Primzahlen, die kleiner als x sind. ◇ Man muß erst readlib(Li) eingeben, bevor man diesen Befehl benutzen kann. ◇ Li(1000.); ⟶ 177.6096580

libname

Globale Variable ◊ Eine Folge Maple-Bibliotheken enthaltender Dateiverzeichnisse, die jedesmal dann durchsucht werden, wenn die Befehle `readlib` oder `with` ausgeführt werden.

liesymm

Paket für Lie-Symmetrien ◊ Dies ist eine Implementation der Prozedur von Harrison-Estabrook (wie beschrieben im „Journal of Mathematical Physics", Nr. 12, American Institute of Physics, New York, 1971, S. 653-665). Sie berechnet die bestimmenden Gleichungen, die zu densÄhnlichkeitslösungen eines Systems partieller Differentialgleichungen führen, wobei eine Anzahl von Erweiterungen und Verfeinerungen, die von J. Carminati entwickelt wurden, durchgeführt werden. Die Funktionen dieses Pakets müssen erst mit `with` geladen werden, bevor man sie aufrufen kann. ◊ Siehe auch: `liesymm[function]`, `with`.

liesymm[&^]

`ausdr₁ &^ ausdr₂`
`&^(ausdr₁, ausdr₂, ...)`
Dachprodukt ◊ Diese Funktion berechnet das Dachprodukt von Differentialformen bezüglich der durch `setup` definierten Koordinaten. ◊ `setup(x,y): a*d(x) &^ (b*d(y));`
$\longrightarrow -a\,b\,(d(y)\ \&^\wedge\ d(x))$ ◊ Siehe auch: `liesymm[getcoeff]`, `liesymm[getform]`, `liesymm[setup]`, `liesymm[wcollect]`, `liesymm[wdegree]`, `liesymm[wedgeset]`, `liesymm[wsubs]`.

liesymm[&mod]

`form &mod formliste`
Reduziert eine Form modulo eines äußeren Ideals ◊ Diese Funktion reduziert die Form form modulo des äußeren Ideals, welches durch die Liste bzw. Menge von Differentialformen formliste gegeben ist. Man benutze eine geschlossene formliste, um ein Differentialideal zu spezifizieren. ◊ Siehe auch: `liesymm[&^]`, `liesymm[close]`, `liesymm[d]`, `liesymm[hasclosure]`.

liesymm[annul]

`annul(forms)`
`annul(forms, vliste)`
Annulliert eine Liste oder Menge von Differentialformen ◊ Gegeben sei eine Liste oder Menge von Differentialformen, sowie eine Liste von Koordinaten, die als unabhängig betrachtet werden sollen. Diese Funktion zerteilt die Differentialformen und setzt sie gleich 0. Das Ergebnis ist eine Menge von partiellen Differentialgleichungen, die den Differentialformen entsprechen. Ist vliste nicht vorhanden, so wird der Annullierungsprozeß bezüglich der durch `indepvars` induzierten Koordinaten durchgeführt. ◊ Siehe auch: `liesymm[determine]`, `liesymm[indepvars]`, `liesymm[makeforms]`.

liesymm[autosimp]

`autosimp(glchgmenge)`
Vereinfacht eine Menge von Differentialformen ◊ Das System von partiellen Differentialgleichungen, welches die Symmetrien eines Systems partieller Differentialgleichungen charakterisiert, enthält oft eine Reihe von Gleichungen, die leicht integrierbar sind. Diese Funktion führt eine Reihe dieser einfachen Integrationen aus. Das Ergebnis wird in Form übrig &where rels zurückgegeben, wobei übrig die Menge der übriggebliebenen Gleichungen ist und rels ist eine Menge algebraischer Gleichungen, die die Beziehungen zwischen den neuen Funktionen in der Menge der vereinfachten Gleichungen und den ursprünglichen Funktionen angibt. ◊ Siehe auch: `liesymm[determine]`, `liesymm[reduce]`.

liesymm[close]

`close(forms)`
Berechnet den Abschluß der Liste bzw. Menge von Differentialformen ◊ Der Abschluß bezüglich der äußeren Ableitung d wird berechnet, indem man zu der ursprünglichen Menge weitere Formen hinzufügt. ◊ Siehe auch: `liesymm[&mod]`, `liesymm[d]`, `liesymm[hasclosure]`, `liesymm[Lrank]`.

liesymm[d]

`d(form)`
Die äußere Ableitung ◊ Diese Funktion berechnet die äußere Ableitung der Differentialform form bezüglich der mittels `setup` definierten Koordinaten. ◊ `setup(x,y): d(a*x+b*y);`
$\longrightarrow a\,d(x) + b\,d(y)$ ◊ Siehe auch: `liesymm[&^]`, `liesymm[hook]`, `liesymm[Lie]`, `liesymm[setup]`, `liesymm[wedgeset]`.

liesymm[depvars]
```
depvars()
depvars(x_1, ..., x_n)
```
Abhängige Variablen der Differentialform ◇ Ist kein Argument angegeben, so wird berichtet, welche Variablen gegenwärtig die abhängigen Variablen sind. Sind ein oder meherere Argumente angegeben, so werden diese zu abhängigen Variablen gemacht. ◇ Siehe auch: `liesymm[extvars]`, `liesymm[indepvars]`, `liesymm[makeforms]`.

liesymm[determine]
```
determine(forms, name)
determine(dgls, name, fkts, wurzelname)
determine(dgls, name, fkts, erwliste)
```
Berechnet die definierenden Gleichungen des Isovektors einer partiellen Differentialgleichung ◇ Gegeben sei eine Liste bzw. Menge von Differentialformen und ein Name name. Diese Funktion konstruiert die bestimmenden Gleichungen für die Isovektoren, die die Erzeugenden der Invariantengruppe (Isogruppe) der Differentialgleichungen sind. Es muß sich dabei um geschlossene Formen handeln. Ist eine Menge von Differentialgleichungen gegeben, so werden die erforderlichen Differentialformen automatisch mit `makeforms` erzeugt. Zusätzliche Argumente dienen zur Identifikation der abhängigen und der unabhängigen Variablen (z. B. u(t,x) oder eine Liste solcher Funktionsnamen) und benennen die erweiterten Variablen ◇ Siehe auch: `liesymm[close]`, `liesymm[hasclosure]`, `liesymm[makeforms]`.

liesymm[dvalue]
```
dvalue(ausdr)
```
Erzwingt die Auswertung von Ableitungen in einem solchen Ausdruck, in dem `Diff` vorkommt ◇ Diese Funktion stellt sicher, daß der Ausdruck so ausgewertet wird, als ob `diff` benutzt würde und schreibt dann das endgültige Ergebnis unter Benutzung des starren `Diff`. ◇ Siehe auch: `Diff`, `diff`, `liesymm[vfix]`.

liesymm[Eta]
```
Eta(f, x)
Eta[1](f, x)
Eta[2](f, x, y)
Eta[3](f, x, y, z)
```
Berechnet die Koeffizienten des Erzeugers einer endlichen Punkttransformation ◇ f ist eine benannte partielle Ableitung im Sinne von `depvars`, x, y und z sind unabhängige Variablen im Sinne von indepvars. Dies ist ein besonderer Differentialoperator, der mittels `TD` definiert ist. Das Ergebnis ist ein starrer Ausdruck, der unter Verwendung der `Diff`-Prozedur angegeben ist. ◇ Siehe auch: `liesymm[depvars]`, `liesymm[indepvars]`, `liesymm[TD]`.

liesymm[extgen]
```
extgen(ausdr)
extgen(ausdr, name)
extgen[i](ausdr)
extgen[i](ausdr, name)
```
Der erweiterte Differentialoperator ◇ Der Ausdruck wird als eine Funktion der abhängigen Variablen, der freien Variablen und der benannten partiellen Ableitungen bis zur Ordnung i angesehen. Der voreingestellte Wert von i ist 1. name gibt den Namen der Wurzel des kovarianten Vektors an. Der voreingestellte Name ist V. Die erweiterte Ableitung wird mit Hilfe von `Diff` konstruiert. ◇ Siehe auch: `liesymm[depvars]`, `liesymm[indepvars]`, `liesymm[TD]`.

liesymm[extvars]
```
extvars()
extvars(f, x)
extvars(f, x, y)
```
Erweiterte Variablen der Differentialformen ◇ Während einer Untersuchung eines Systems partieller Differentialgleichungen, werden für die partiellen Ableitungen, die einige der abhängigen und der unabhängigen Variablen beinhalten, dynamisch Namen erzeugt. Diese Funktion zeigt an, welche Namen für diese partiellen Ableitungen benutzt wurden. Das Ergebnis ist der Name, der für die partielle Ableitung der gegebenen abhängigen Variablen f nach den gegebenen unabhängigen Variablen verwandt wurde. Ist kein Argument gegeben, so wird eine Tabelle geliefert, die alle diese Namen enthält. ◇ Siehe auch: `liesymm[depvars]`, `liesymm[indepvars]`, `liesymm[makeforms]`, `liesymm[translate]`.

liesymm[getcoeff]

`getcoeff(ausdr)`

Zieht den Koeffizient aus einem Basis-Dachprodukt heraus ◇ ausdr ist ein Ausdruck in einem einzelnen Dachprodukt. ◇ `setup(x,y): getcoeff(d(y)+a*d(y));` $\longrightarrow 1 + a$ ◇
Siehe auch: `liesymm[&^]`, `liesymm[d]`, `liesymm[getform]`, `liesymm[setup]`.

liesymm[getform]

`getform(ausdr)`

Isoliert das Basiselement eines einzelnen Dachprodukts ◇ ausdr ist ein Ausdruck in einem einzelnen Dachprodukt. ◇ `setup(x,y): getform(d(y)+a*d(y));` $\longrightarrow d(y)$ ◇
Siehe auch: `liesymm[&^]`, `liesymm[d]`, `liesymm[getcoeff]`, `liesymm[setup]`.

liesymm[hasclosure]

`hasclosure(forms)`

Prüft, ob die Liste bzw. Menge der Differentialformen abgeschlossen ist ◇ Diese Funktion überprüft, ob forms bezüglich der äußeren Ableitung d abgeschlossen ist. ◇ Siehe auch:
`liesymm[&mod]`, `liesymm[close]`, `liesymm[d]`.

liesymm[hook]

`hook(ausdr, v)`
`hook(ausdr, liste)`
`hook(ausdr, name)`

Inneres Produkt ◇ ausdr ist ein Ausdruck mit Differentialformen. Diese Funktion berechnet das innere Produkt des Ausdrucks bezüglich eines Vektors, einer Liste oder eines Namens eines Vektors. ◇ Siehe auch: `liesymm[&^]`, `liesymm[d]`, `liesymm[Lie]`, `liesymm[setup]`,
`liesymm[wedgeset]`.

liesymm[indepvars]

`indepvars()`
`indepvars(`x_1`, `x_2`, `x_3`)`

Unabhängige Variablen der Differentialformen ◇ Ohne angegebenes Argument zeigt die Funktion, welche Variablen gegenwärtig unabhängig sind. Werden ein oder mehrere Argumente angegeben, so werden diese zu unabhängigen Variablen gemacht. ◇ Siehe auch: `liesymm[depvars]`,
`liesymm[extvars]`, `liesymm[makeforms]`.

liesymm[Lie]

`Lie(form, isovektor)`
`Lie(form, name)`

Die Lie-Ableitung ◇ Es wird die Lie-Ableitung der Differentialform form entweder bezüglich der Koordinaten von isovektor oder bezüglich der auf dem gegebenen Namen name basierenden symbolischen Koordinaten konstruiert. ◇ Siehe auch: `liesymm[&^]`, `liesymm[d]`,
`liesymm[hook]`, `liesymm[setup]`.

liesymm[Lrank]

`Lrank(forms)`

Der Lie-Rang einer Liste bzw. Menge von Formen ◇ Diese Funktion entfernt solche Formen, die zur Erzeugung der definierenden Gleichungen nicht nötig sind. ◇ Siehe auch:
`liesymm[close]`, `liesymm[Lie]`, `liesymm[makeforms]`.

liesymm[makeforms]

`makeforms(glchgen, fkts, wurzelname)`
`makeforms(glchgen, fkts, erwdliste)`

Konstruiert eine Menge von Differentialformen aus einer partiellen Differentialgleichung ◇ Gegeben sei eine partielle Differentialgleichung oder auch mehrere partielle Differentialgleichungen in Form einer Liste oder Menge. Liste bzw. Menge. Diese Funktion erzeugt eine Menge von Differentialformen, die, nachdem man sie abgeschlossen hat, äquivalent zum ursprünglichen System von Gleichungen sind und zwar im Sinne von Cartan. Das zweite Argument ist eine einfache Funktion, die die Namen der abhängigen und der unabhängigen Variablen (z. B. `h(t,x)`) oder eine Liste solcher Funktionsnamen) angibt. Das dritte Argument dient zur Generierung der Namen der erweiterten Variablen. Dies kann entweder ein Basisname oder eine Liste von Namen sein. ◇ `makeforms(Diff(h(t,x),x,x) = Diff(h(t,x),t,t),h(t,x),w);`
$\longrightarrow [d(h) - w1\,d(t) - w2\,d(x), -\&^{}(d(t),d(w2))+\&^{}(d(w1),d(x))]$ ◇
Siehe auch: `liesymm[annul]`, `liesymm[close]`, `liesymm[depvars]`,
`liesymm[determine]`, `liesymm[indepvars]`, `liesymm[setup]`.

liesymm[mixpar]

```
mixpar(ausdr)
```

Erkenne gemischte partielle Ableitungen als äquivalent an ◇ Gegeben sei ein Ausdruck in `Diff` oder `diff`. Diese Funktion ordnet die partiellen Ableitungen in eine Standardordnung um, so daß gemischte partielle Ableitungen als äquivalent anerkannt werden können. ◇

`mixpar(Diff(Diff(f(x,y),y),x));` $\longrightarrow \frac{\partial^2}{\partial y\, \partial x} f(x,y)$ ◇ Siehe auch: `Diff`, `diff`, `liesymm[d]`, `liesymm[Lie]`.

liesymm[prolong]

```
prolong(isovektor)
prolong[1](isovektor)
prolong[2](isovektor)
prolong[3](isovektor)
```

Ersetzt Komponenten des erweiterten Isovektors durch Terme, die die partiellen Ableitungen des ursprünglichen Isovektors enthalten ◇ isovektor kann eine Liste oder ein Name sein. Diese Funktion erzeugt Gleichungen, die dazu benutzt werden können, die Komponenten des Isovektors, die den erweiterten Variablen entsprechen, so umzuschreiben, daß sie die partiellen Ableitungen der Isovektorkomponenten enthalten, die den abhängigen und den unabhängigen Variablen entsprechen. Diese Routine wird von `reduce` benutzt, um die bestimmenden Gleichungen der Kontaktsymmetrien vereinfachen zu helfen. ◇ Siehe auch: `liesymm[reduce]`.

liesymm[reduce]

```
reduce(glmenge)
```

Reduziert eine Menge von Differentialformen ◇ glmenge ist eine Menge von bestimmenden Gleichungen für die Symmetrien eines gegebenen Systems partieller Differentialgleichungen. Diese Funktion erzwingt die Unabhängigkeit der Isovektorkomponenten von allen solchen erweiterten Variablen, die während der Konstruktion der bestimmenden Gleichungen eingeführt wurden. Dies erlaubt die Vereinfachung des Systems der bestimmenden Gleichungen, die von `determine` erzeugt wurden. ◇ Siehe auch: `liesymm[autosimp]`, `liesymm[determine]`, `liesymm[prolong]`.

liesymm[setup]

```
setup()
setup(namen)
setup(namensliste)
setup(namenmenge)
```

Definition der Koordinaten ◇ Diese Funktion ergibt eine Liste der Koordinaten, die zur Konstruktion des Dachprodukts und zur Definition der Aktionen von Funktionen wie d benutzt werden sollen. Wird kein Argument angegeben, so werden alle existierenden Koordinaten entfernt. Die Buchführungstabellen vieler Funktionen, darunter auch d, `&^`, Lie, hook, `makeforms` und `wcollect` werden gelöscht. Diese Funktion sollte zwischen der Behandlung verschiedener Probleme aufgerufen werden, um die zugrundeliegende Koordinatenliste so klein wie möglich zu halten. ◇ Siehe auch: `liesymm[&^]`, `liesymm[d]`, `liesymm[hook]`, `liesymm[Lie]`, `liesymm[makeforms]`, `liesymm[wcollect]`.

liesymm[TD]

```
TD(ausdr, x)
TD[i](ausdr, x)
```

Ein erweiterter Differentialoperator ◇ x muß eine der unabhängigen Variablen sein. Diese Funktion konstruiert die Ableitung des Ausdrucks `ausdr` nach x. Sie ist erweitert, da der Ausdruck als Funktion der abhängigen und der unabhängigen Variablen, sowie der benannten partiellen Ableitungen der Ordnung kleiner als i angesehen werden kann. Ist der Index i nicht angegeben, so wird der Wert 1 benutzt. ◇ Siehe auch: `liesymm[depvars]`, `liesymm[Eta]`, `liesymm[indepvars]`.

liesymm[translate]

```
translate()
translate(name)
```

Übersetzt die Namen partieller Ableitungen ◇ Diese Funktion zeigt an, welche partielle Ableitung durch den Namen name angesprochen wird oder – wenn kein Argument angegeben wurde – gibt die ganze Zurodnungstabelle zurück. is given. ◇ Siehe auch: `liesymm[depvars]`, `liesymm[extvars]`, `liesymm[indepvars]`.

liesymm[vfix]

`vfix(ausdr, varliste, name)`

Verändert die Abhängigkeit von Variablen in unausgewerteten Ableitungen ◊ Diese Funktion verändert die Abhängigkeiten von Variablen für Funktionen, die in Ausdrücken mit dem `Diff`-Operator auftauchen. Der Funktionsname name wird erklärt als abhängig allein von den Variablen in varliste. ◊ Siehe auch: `Diff`, `liesymm[dvalue]`.

liesymm[wcollect]

`wcollect(ausdr)`

Ordnet die Terme so um, daß sie als Summe von Produkten erscheinen ◊ Diese Funktion gibt den Ausdruck geschrieben als Summe von Produkten zurück, wobei alle verschiedenen Dachprodukte genau einmal auftreten. ◊ Siehe auch: `liesymm[&^]`, `liesymm[d]`, `liesymm[setup]`.

liesymm[wdegree]

`wdegree(form)`

Berechnet den Grad des Dachprodukts der Differentialform ◊ Der Grad ist definiert bezüglich eines gegebenen Koordinatensystems; deshalb kann ein Aufruf von `setup` diesen Wert verändern. ◊ `setup(x,y): wdegree(d(x));` $\longrightarrow$ 1 ◊ Siehe auch: `liesymm[&^]`, `liesymm[d]`, `liesymm[setup]`.

liesymm[wedgeset]

`wedgeset(n)`

Formen vom Grad n ◊ Alle Formen vom Grad n über den zugrundeliegenden Koordinaten werden als eine Folge von Ausdrücken zurückgegeben. ◊ `setup(x,y,z): wedgeset(3);` $\longrightarrow$ $\&\hat{}(d(y),d(z),d(x))$ ◊ Siehe auch: `liesymm[&^]`, `liesymm[d]`, `liesymm[setup]`.

liesymm[wsubs]

`wsubs(glchg, ausdr)`
`wsubs(glchgen, ausdr)`

Ersetzt Teile eines Dachprodukts ◊ glchg hat die Form dachprod = wert. Damit wird eine Ersetzung von dachprod innerhalb des Ausdrucks ausdr vorgeschrieben. Zwei oder mehr Ersetzungen können als Liste oder als Menge glchgen spezifiziert werden. Sie werden in der Reihenfolge abgearbeitet, in der sie angegeben sind, auch wenn es sich um eine Menge handelt. ◊ Siehe auch: `liesymm[&^]`, `liesymm[d]`.

limit

`limit(ausdr, var=a);`
`limit(ausdr, var=var a, richtg)`
`limit(ausdr, menge)`
`limit(expr, menge, richtg)`

Berechnet den Grenzwert von ausdr, wenn var sich an a annähert ◊ Die ersten beiden Varianten berechnen den Grenzwert von ausdr, wenn sich var an a annähert. Es werden auch die Grenzwerte `infinity` und `-infinity` unterstützt. Das optionale Argument richtg kann `real` für den reellen Grenzwert in beiden Richtungen (die Voreinstellung, außer für unendliche Grenzwerte), `complex` für einer komplexen Grenzwert von mehreren Richtungen (in diesem Fall steht `infinity` für komplex Unendlich), `left` für linksseitige Grenzwerte (voreingestellt für a=infinity) oder `right` für rechtsseitige Grenzwerte (voreingestellt für a=-infinity) sein. Ist der Grenzwert nicht definiert, so wird ein numerischer Bereich zurückgegeben, falls bekannt ist, daß der Wert des Ausdrucks darin liegt, wenn man sich auf eine Umgebung des Grenzpunktes beschränkt. Sonst wird `undefined` zurückgegeben. Kann eine geschlossene Form nicht gefunden werden, so wird der Funktionsaufruf selbst wieder zurückgegeben.. Die letzten beiden Varianten berechnen einen Grenzwert in einem Raum höherer Dimension. menge ist eine Menge von Gleichungen der Form var=a. Die optionale richtg wird dann auf jede Variable angewandt. ◊ `limit(1/x,x=0);` $\longrightarrow$ *undefined* ◊ `limit(1/x,x=0,left);` $\longrightarrow$ $-\infty$ ◊ `limit(1/x,x=0,complex);` $\longrightarrow$ ∞ ◊ `limit(sin(1/x),x=0);` $\longrightarrow$ $-1..1$ ◊ `limit((x^2-y^2)/(x-y),{x=1,y=1});` $\longrightarrow$ 2 ◊ Siehe auch: `Limit`.

Limit

`Limit(ausdr, var=a)`
`Limit(ausdr, var=a, richtg)`
`Limit(ausdr, menge`
`Limit(ausdr, menge, richtg)`

Starre Grenzwertfunktion ◊ Siehe auch: `limit`, `value`.

linalg
Paket zur linearen Algebra ⋄ Für die Funktionen in diesem Paket sind A und B immer Matrizen, u und v Vektoren, reihe steht für einen Reihenindex einer Matrix und spalte für einen Spaltenindex. ⋄ Siehe auch: `&*`, `evalm`, `linalg[function]`, `with`.

linalg[add]
```
add(A, B)
add(A, B, ausdr₁, ausdr₂)
add(u, v)
add(u, v, ausdr₁, ausdr₂)
```
Matrix- oder Vektoraddition ⋄ Sind die skalaren Ausdrücke vorhanden, so berechnet diese Funktion die gewichtete Summe $ausdr_1 A + ausdr_2 B$ (oder $ausdr_1 u + ausdr_2 v$). ⋄ Siehe auch: `evalm`.

linalg[addcol]
```
addcol(A, spalte₁, spalte₂, ausdr)
```
Formt Linearkombinationen der Matrixspalten ⋄ Diese Funktion gibt eine Kopie der Matrix A zurück, wobei ausdr mal spalte$_1$ zu spalte$_2$ addiert wurde. ⋄ Siehe auch: `linalg[addrow]`.

linalg[addrow]
```
addrow(A, reihe₁, reihe₂, ausdr)
```
Formt Linearkombinationen der Matrixreihen ⋄ Diese Funktion gibt eine Kopie der Matrix A zurück, wobei ausdr mal reihe$_1$ zu reihe$_2$ addiert wurde. ⋄ Siehe auch: `linalg[addcol]`.

linalg[adjoint]
```
adjoint(A)
```
Berechnet die Adjungierte der Matrix A ⋄ Das Produkt von A mit ihrer Adjungierten ist gleich dem Produkt von `det(A)` mit der Einheitsmatrix. ⋄ Siehe auch: `linalg[det]`, `linalg[minor]`.

linalg[angle]
```
angle(u, v)
```
Berechnet den Winkel zwischen zwei Vektoren ⋄ Diese Funktion berechnet den Winkel θ als $\cos\theta = \left(\frac{u \cdot v}{|u||v|}\right)^{1/2}$ unter Benutzung des euklidischen inneren Produkts und der dadurch induzierten euklidischen Norm. ⋄ `angle(vector([1,0]), vector([1,1]));` $\longrightarrow$ $\frac{1}{4}\pi$ ⋄ Siehe auch: `linalg[norm]`, `linalg[dotprod]`, `linalg[innerprod]`.

linalg[augment]
```
augment(A, B, ...)
augment(u, v, ...)
```
Fügt zwei oder mehr Matrizen bzw. Vektoren horizontal zusammen ⋄ Matrizen müssen dieselbe Anzahl von Reihen, Vektoren dieselbe Länge haben. Ein Vektor wird hier als Spaltenvektor interpretiert. ⋄ Siehe auch: `linalg[concat]`, `linalg[stack]`.

linalg[backsub]
```
backsub(A)
```
Rückwärtssubstitution bei einer Matrix ⋄ Ist A das Ergebnis der Gaußschen Vorwärtselimination angewandt auf die erweiterte Matrix eines Systems linearer Gleichungen, so komplettiert diese Funktion die Lösung des Systems durch Rückwärtssubstitution. Existiert eine Lösung, so wird sie als Vektor zurückgeliefert. Ist die Lösung nicht eindeutig, so wird sie mit Hilfe globaler Symbole parametrisiert. ⋄ Siehe auch: `linalg[gausselim]`, `linalg[gaussjord]`, `linalg[linsolve]`.

linalg[band]
```
band(liste, n)
band(v, n)
```
Erzeugung einer Bandmatrix ⋄ Diese Funktion erzeugt eine $n \times n$ Bandmatrix wobei die Elemente der gegebenen Liste bzw. des gegebenen Vektors benutzt werden; begonnen wird mit den unteren Nebendiagonalelementen. Die Liste bzw.der Vektor muß eine ungerade Anzahl von Elementen enthalten, die n nicht übersteigen darf. ⋄ `band([1,2,3],5);` ⋄ Siehe auch: `linalg[diag]`.

linalg[basis]

```
basis(v)
basis(vliste)
basis(vmenge)
```
Findet eine Basis für einen Vektorraum ◇ Diese Funktion ergibt eine Liste bzw. Menge von Vektoren aus den gegebenen Vektoren, so daß sie eine Basis für den von den gegebenen Vektoren aufgespannten Vektorraum ergeben. Für den Fall eines einzigen Vektors wird genau dieser Vektor wieder zurückgegeben. ◇ Siehe auch: `linalg[intbasis]`, `linalg[sumbasis]`.

linalg[bezout]

```
bezout(poly₁, poly₂, var)
```
Erzeugt die Bezoutmatrix zweier Polynome ◇ $poly_1$ und $poly_2$ sind Polynome in der Variablen var. Die Determinante dieser Matrix ist gleich der Resultante der Polynome. ◇ Siehe auch: `linalg[det]`, `linalg[sylvester]`, `resultant`.

linalg[BlockDiagonal]

```
diag(B₁, B₂, ..., Bₙ)
```
Ein Synonym für `linalg[diag]` ◇ Siehe auch: `linalg[diag]`.

linalg[blockmatrix]

```
blockmatrix(m, n, B₁₁, B₁₂, ..., Bₘₙ)
```
Erzeugt eine Blockmatrix ◇ Die $m \times n$ Blockmatrix wird Zeile für Zeile aufgefüllt.

linalg[charmat]

```
charmat(A, λ)
```
Konstruktion der charakteristischen Matrix ◇ Diese Funktion gibt die charakteristische Matrix $\lambda I - A$ zurück, wobei I die Eiunheitsmatrix darstellt. λ kann entweder ein Name oder ein algebraischer Ausdruck sein. ◇ Siehe auch: `linalg[charpoly]`, `linalg[eigenvals]`, `linalg[nullspace]`.

linalg[charpoly]

```
charpoly(A, λ)
```
Berechnet das charakteristische Polynom einer Matrix ◇ Das charakteristische Polynom ist die Determinante der charakteristischen Matrix. λ kann entweder ein Name oder ein algebraischer Ausdruck sein. ◇ `charpoly(matrix([[2,3],[3,4]]),x);` $\longrightarrow -1 - 6x + x^2$ ◇ Siehe auch: `linalg[charmat]`, `linalg[eigenvals]`, `linalg[minpoly]`.

linalg[col]

```
col(A, spalte)
col(A, spalte₁..spalte₂)
```
Isoliert die Spalte einer Matrix ◇ Die erste Form isoliert die Spalte Nummer spalte der Matrix und gibt das Ergebnis als Vektor zurück. Die zweite Form isoliert einen Bereich von Spalten und gibt diese als Folge von Vektoren zurück. ◇ Siehe auch: `linalg[addcol]`, `linalg[coldim]`, `linalg[delcols]`, `linalg[mulcol]`, `linalg[row]`, `linalg[swapcol]`.

linalg[coldim]

```
coldim(A)
```
Ergibt die Anzahl der Spalten der Matrix A ◇ Siehe auch: `linalg[colspace]`, `linalg[rowdim]`, `linalg[vectdim]`.

linalg[colspace]

```
colspace(A)
colspace(A, name)
```
Berechnet eine Basis für den Spaltenraum ◇ Diese Funktion gibt eine Menge von Vektoren zurück, die eine Basis für den von den Spalten der Matrix A aufgespannten Vektorraum ergeben. Die Vektoren werden in kanonischer Form mit führenden Einträgen gleich 1 zurückgegeben. `linalg[range]` ist ein Synonym für `colspace`. Ist ein Name als zweiter Parameter gegeben, so wird diesem der Rang von A zugewiesen. ◇ Siehe auch: `linalg[coldim]`, `linalg[colspan]`, `linalg[nullspace]`, `linalg[range]`, `linalg[rank]`, `linalg[rowspace]`.

linalg[colspan]
```
colspan(A)
colspan(A, name)
```
Berechnet die aufspannenden Vektoren des Spaltenraumes ◇ Diese Funktion berechnet eine Menge von aufspannenden Vektoren für den Spaltenraum von A, einer Matrix multivariater Polynome über den rationalen Zahlen. Im Gegensatz zu `colspace` benutzt diese Funktion „bruchfreie" Gauß-Elimination, um die Einführung rationaler Ausdrücke während der Elimination zu verhindern. Ist ein Name als zweiter Parameter gegeben, so wird diesem der Rang von A zugewiesen. ◇ Siehe auch: `linalg[colspace]`, `linalg[ffgausselim]`, `linalg[rowspan]`.

linalg[companion]
```
companion(poly, var)
```
Ergibt die zu einem Polynom gehörige Begleitmatrix ◇ poly ist ein Polynom in var in entwickelter Form.

linalg[concat]
```
concat(A, B, ...)
concat(u, v, ...)
```
Ein Synonym für linalg[augment] ◇ Fügt zwei oder mehr Matrizen bzw. Vektoren horizontal zusammen. ◇ See `linalg[augment]`.

linalg[cond]
```
cond(A)
cond(A, 1)
cond(A, 2)
cond(A, frobenius)
cond(A, infinity)
```
Konditionszahl einer Matrix bezüglich einer Norm ◇ Diese Funktion berechnet die Norm von A multipliziert mit der Norm von A^{-1}. Der zweite Parameter bezeichnet die Norm: siehe `linalg[norm]` zur Beschreibung der Normen. Die voreingestellte Norm ist `infinity`. ◇ `cond(matrix([[2,3],[3,4]]),1);` ⟶ 49 ◇ Siehe auch: `linalg[norm]`.

linalg[copyinto]
```
copyinto(A, B, m, n)
```
Kopiert Einträge von einer Matrix in eine andere ◇ Diese Funktion kopiert die Einträge der Matrix A in die Matrix B, angefangen an der Indexposition $[m, n]$. Also wird $B[m, n]$ der Wert $A[1, 1]$ zugewiesen. ◇ Siehe auch: `linalg[extend]`, `linalg[submatrix]`.

linalg[crossprod]
```
crossprod(u, v)
crossprod(liste, liste)
```
Berechnet das Kreuzprodukt der zwei gegebenen Vektoren oder Listen ◇ Die Listen bzw. Vektoren müssen genau drei Elemente enthalten. ◇ `crossprod([1,0,0],[0,1,0]);` ⟶ [0 0 1] ◇ Siehe auch: `linalg[dotprod]`, `linalg[innerprod]`.

linalg[curl]
```
curl(u, v)
```
Berechnet die Rotation des vektor-wertigen Ausdrucks u bezüglich der in v gegebenen Variablen ◇ Das erste Argument ist eine Liste bzw. ein Vektor dreier Ausdrücke in drei Variablen, die im zweiten Argument benannt sind; das zweite Argument ist ebenfalls eine Liste bzw. ein Vektor. ◇ `curl([-z^2/2,x*z,0],[x,y,z]);` ⟶ $[-x \; -z \; z]$ ◇ Siehe auch: `linalg[grad]`, `linalg[diverge]`, `linalg[vecpotent]`.

linalg[definite]
```
definite(A, negative_def)
definite(A, negative_semidef)
definite(A, positive_def)
definite(A, positive_semidef)
```
Prüft, ob eine quadratische symmetrische Matrix positiv oder negativ (semi-) definit ist ◇ Für numerische Matrizen ergibt diese Funktion entweder *true* oder *false*. Für Matrizen mit Symbolen ergibt diese Funktion eine Bedingung in Boolschen Ausdrücken; diese Bedingung muß erfüllt sein, damit die Eigenschaft gilt.

linalg[delcols]
`delcols(A, spalte`$_1$`..spalte`$_2$`)`
Entfernt Spalten aus einer Matrix ◇ Diese Funktion gibt die Untermatrix von A zurück, die dadurch entsteht, daß die Spalten des angegebenen Bereichs entfernt werden. ◇ Siehe auch: `linalg[col]`, `linalg[delrows]`, `linalg[submatrix]`.

linalg[delrows]
`delrows(A, reihe`$_1$`..reihe`$_2$`)`
Entfernt Reihen aus einer Matrix ◇ Diese Funktion gibt die Untermatrix von A zurück, die dadurch entsteht, daß die Reihen des angegebenen Bereichs entfernt werden. ◇ Siehe auch: `linalg[delcols]`, `linalg[row]`, `linalg[submatrix]`.

linalg[det]
`det(A)`
`det(A, sparse)`
Berechnet die Determinante einer quadratischen Matrix ◇ Die Option `sparse` zeigt an, daß die Determinante unter Benutzung der Entwicklung nach Minoren berechnet werden soll. ◇ `det(matrix([[2,3],[3,4]]));` $\longrightarrow -1$ ◇ Siehe auch: `linalg[permanent]`.

linalg[diag]
`diag(B`$_1$`, B`$_2$`, ..., B`$_n$`)`
Erzeugt eine Blockdiagonalmatrix ◇ Diese Funktion gibt eine Matrix zurück, deren Diagonale aus den Matrixblöcken B_1, B_2, ..., B_n besteht. ◇ Siehe auch: `linalg[BlockDiagonal]`, `linalg[JordanBlock]`.

linalg[diverge]
`diverge(u, v)`
Berechnet die Divergenz des vektorwertigen Ausdrucks u bezüglich der in v gegebenen Variablen ◇ Das erste Argument ist eine Liste bzw. Vektor von Ausdrücken in den im zweiten Argument gegebenen Variablen; das zweite Argument kann ebenfalls eine Liste bzw. Vektor sein. u und v müssen dieselbe Länge besitzen. ◇ `diverge([x*y,y*z,x*z], [x,y,z]);` $\longrightarrow$ $y + z + x$ ◇ Siehe auch: `linalg[curl]`, `linalg[grad]`, `linalg[vecpotent]`.

linalg[dotprod]
`dotprod(u, v)`
`dotprod(u, v, orthogonal)`
Berechnet das Skalarprodukt zweier Vektoren oder Listen ◇ Die Option `orthogonal` berechnet das Skalarprodukt ohne das komplex konjugierte der Elemente in v zu verwenden. ◇ `dotprod([1,2,1],[2,-1,2]);` $\longrightarrow$ 2 ◇ Siehe auch: `linalg[crossprod]`, `linalg[innerprod]`.

linalg[eigenvals]
`eigenvals(A)`
`eigenvals(A, implicit)`
`eigenvals(A, radical)`
`eigenvals(A, B)`
Berechnet die Eigenwerte einer Matrix ◇ Diese Funktion gibt eine Folge der Eigenwerte von A zurück. Enthält A Gleitkommazahlen, so wird eine numerische Methode verwandt. Sonst werden mit der Option `implicit` die Eigenwerte in `RootOf`-Schreibweise gegeben. Mit der Option `radical` (voreingestellt) versucht Maple, die Eigenwerte in Form exakter Radikale auszudrücken. Das letzte Schema berechnet die Nullstellen des Polynoms $\det(\lambda B - A)$. ◇ `eigenvals(matrix([[2,3],[3,4]]));` $\longrightarrow 3 + \sqrt{10}, 3 - \sqrt{10}$ ◇ Siehe auch: `Eigenvals`, `linalg[charpoly]`, `linalg[eigenvects]`, `RootOf`.

linalg[eigenvects]
`eigenvects(A)`
`eigenvects(A, implicit)`
`eigenvects(A, radical)`
Berechnet die Eigenvektoren einer Matrix ◇ A kann eine Matrix von rationalen Ausdrücken, Polynomen, algebraischen Zahlen, oder algbraischen Funktionen sein. Das Ergebnis ist eine Folge von Listen. Jede Liste enthält einen Eigenwert, seine Vielfachheit und eine Menge, die eine Basis für den zum Eigenwert gehörigen Eigenraum enthält. Enthält A Gleitkommazahlen, so wird eine numerische Methode verwandt. Sonst werden mit der Option `implicit` die Eigenwert in `RootOf`-Schreibweise gegeben. Mit der Option `radical` (voreingestellt) versucht Maple, die Eigenwerte in Form exakter Radikale auszudrücken. ◇ Siehe auch: `Eigenvals`, `linalg[eigenvals]`, `linalg[charpoly]`, `RootOf`.

linalg[entermatrix]

```
entermatrix(A)
```

Interaktives Auffüllen einer Matrix ◇ Diese Funktion fragt den Benuzter nach Werten für die Matrix A. Die Werte werden Reihe für Reihe eingetragen. Jeder Wert muß mit einem Semikolon enden.

linalg[equal]

```
equal(A, B)
```

Überprüft die Gleichheit zweier Matrizen ◇ Diese Funktion ergibt entweder *true* oder *false*. ◇ Siehe auch: `linalg[iszero]`.

linalg[exponential]

```
exponential(A)
exponential(A, t)
```

Berechnet die Exponentialfunktion für Matrizen ◇ A muß eine quadratische Matrix sein; t ist ein optionaler Parametername. Die Exponentialfunktion ist definiert als $\exp(tA) = \sum_{k \geq 0} A^k t^k / k!$. Ist kein Variablenname angegeben, so wird die erste Unbekannte (falls vorhanden) der Matrix A entfernt und als Parameter benutzt.

linalg[extend]

```
extend(A, m, n, r)
extend(A, m, n)
```

Vergrößerung einer Matrix ◇ Diese Funktion ergibt eine neue Matrix, welche eine Kopie der Matrix A mit m zusätzlichen Reihen und n zusätzlichen Spalten ist. Jeder neue Eintrag wird gleich ausdr gesetzt, falls dieses Argument vorhanden ist. ◇ Siehe auch: `linalg[augment]`, `linalg[copyinto]`, `linalg[stack]`.

linalg[ffgausselim]

```
ffgausselim(A)
ffgausselim(A, name₁)
ffgausselim(A, name₁, name₂)
ffgausselim(A, spalte)
```

Bruchfreie Gauß-Elimination angewandt auf eine Matrix ◇ Diese Funktion führt die bruchfreie Gauß-Elimination mit Reihen-Pivotsuche auf A aus, einer rechteckigen Matrix multivariater Polynome über den rationalen Zahlen. Ist $name_1$ vorhanden, so wird diesem der Rang von A zugewiesen. Gleicht der Rang der Anzahl der Zeilen von A, so wird $name_2$ die Determinante der quadratischen, aus den ersten $\mathrm{rank}(A)$ Spalten von A gebildeten, Untermatrix zugewiesen. Sonst wird null zugewiesen. Die Elimination wird mit Erreichen der Spaltenposition spalte beendet, falls dieses Argument vorhanden ist. ◇ Siehe auch: `linalg[gausselim]`, `linalg[rank]`, `linalg[rref]`.

linalg[fibonacci]

```
fibonacci(n)
```

Berechnet die nte Fibonaccimatrix ◇ Siehe auch: `combinat[fibonacci]`.

linalg[frobenius]

```
frobenius(A)
frobenius(A, name)
```

Berechnet die Frobeniusform einer Matrix ◇ Diese ist auch unter dem Namen „Rationale kanonische Form einer Matrix" bekannt. A muß eine quadratische Matrix sein. Ist ein Name als zweites Argument angegeben, so wird diesem die Transformationsmatrix P zugewiesen; $P^{-1}AP$ ist die Frobeniusform. ◇ Siehe auch: `linalg[ratform]`.

linalg[gausselim]

```
gausselim(A)
gausselim(A, name₁)
gausselim(A, name₁, name₂)
gausselim(A, spalte)
```

Gauß-Elimination angewandt auf eine Matrix ◇ Diese Funktion führt die Gauß-Elimination mit Reihenpivotsuche auf A aus, A ist eine rechteckige Matrix mit rationalen, komplex-rationalen oder rationalen Funktionseinträgen mit diesen Koeffizienten. Ist $name_1$ vorhanden, so wird diesem der Rang von A zugewiesen. Ist der Rang gleich der Anzahl von Reihen von A, so wird $name_2$ die Determinante der quadratischen Untermatrix A zugewiesen, die durch die ersten $\mathrm{rank}(A)$ Spalten gebildet wird. Sonst wird Null zugewiesen. Die Elimination wird bei Erreichen der Spaltenposition spalte beendet, sofern dieses Argument vorhanden ist. ◇ Siehe auch: `Gausselim`, `linalg[ffgausselim]`, `linalg[rank]`, `linalg[rref]`.

linalg[gaussjord]

```
gaussjord(A)
gaussjord(A, name_1)
gaussjord(A, name_1, name_2)
gaussjord(A, spalte)
```
Ein Synonym für `linalg[rref]` ◇ Gauss-Jordan-Elimination ◇ Siehe auch:
`linalg[rref]`.

linalg[genmatrix]

```
genmatrix(glchgen, vars)
genmatrix(glchgen, vars, beliebig)
```
Erzeugt die Koeffizientenmatrix aus den Gleichungen ◇ Diese Funktion erzeugt die Koeffizientenmatrix aus der Menge bzw. Liste linearer Gleichungen glchgen in der Liste bzw. Menge der Unbekannten vars. Ist ein drittes Argument vorhanden, so wird das Negative des Vektors, der die rechte Seite darstellt, als letzte Spalte in die Matrix eingefügt. ◇ Siehe auch: `linalg[linsolve]`.

linalg[grad]

```
grad(ausdr, v)
```
Berechnet den Gradienten des Ausdrucks bezüglich der in v gegebenen Variablen. ◇ v kann eine Liste oder ein Vektor sein. ◇ `grad(x*y*z,[x,y,z]);` $\longrightarrow [yz\ xz\ yx]$ ◇ Siehe auch:
`linalg[curl]`, `linalg[diverge]`, `linalg[hessian]`, `linalg[laplacian]`.

linalg[GramSchmidt]

```
GramSchmidt([v_1, v_2, ..., v_n])
GramSchmidt(vektors)
```
Berechnet eine Liste orthogonaler Vektoren aus den gegebenen linear unabhängigen Vektoren unter Benutzung des Orthogonalisierungsprozesses von Gram-Schmidt ◇ vektors ist eine Liste bzw. Menge linear unabhängiger Vektoren. Das Ergebnis wird, abhängig von der Form der Eingabe, als Liste oder Menge zurückgegeben. Die zurückgegebenen Vektoren sind nicht normiert.
◇ Siehe auch: `linalg[basis]`, `linalg[norm]`.

linalg[hadamard]

```
hadamard(A)
```
Schranke für die Determinante einer Matrix ◇ Das Ergebnis ist eine obere Schranke für den Absolutwert der Determinante einer numerischen Matrix A oder, allgemeiner, der `maxnorm` der Determinate einer polynomialen Matrix. A muß eine quadratische Matrix sein. ◇ Siehe auch:
`linalg[det]`, `maxnorm`.

linalg[hermite]

```
hermite(A, var)
hermite(A, var, name)
```
Hermite-Normalform ◇ Diese Funktion berechnet die Hermite-Normalform (reduzierte Zeilenstufenform) einer rechteckigen Matrix univariater Polynome in var über dem Körper der rationalen Zahlen **Q**, oder über rationalen Ausdrücken über **Q**. Wird ein Name als drittes Argument angegeben, so wird diesem die Transformationsmatrix U zugewiesen, sodaß das Ergebnis als UA geschrieben werden kann. ◇ Siehe auch: `Hermite`, `linalg[ihermite]`,
`linalg[smith]`.

linalg[hessian]

```
hessian(ausdr, v)
```
Berechnet die Hesse-Matrix eines Ausdrucks bezüglich der gegebenen Liste von Variablen ◇ v ist eine Liste bzw. Menge von Variablen. Das Ergebnis ist eine $n \times n$ Matrix, wobei n die Länge von v ist. Der Eintrag (i, j) der resultierenden Matrix berechnet sich als $\frac{\partial^2}{\partial v_i \partial v_j} ausdr$. ◇
Siehe auch: `linalg[grad]`, `linalg[jacobian]`.

linalg[hilbert]

```
hilbert(n)
hilbert(n, ausdr)
```
Erzeugt eine verallgemeinerte Hilbertmatrix ◇ Der Eintrag (i, j) der Matrix ist $1/(i+j-ausdr)$. Der voreingestellte Wert für ausdr ist 1.

linalg[htranspose]

```
htranspose(A)
htranspose(v)
```
Berechnet die Hermitesche, transponierte Matrix einer gegebenen Matrix ◇ Die Hermitesche Transponierte ist die konjugiert Transponierte. Das Ergebnis erbt die Indexfunktion von A. Ein Vektor wird als einspaltige Matrix behandelt. ◇ Siehe auch: `linalg[transpose]`.

linalg[ihermite]

```
ihermite(A)
ihermite(A, name)
```
Hermite-Normalform eingeschränkt auf Matrizen mit ganzzahligen Einträgen ◇ Diese Funktion berechnet die Hermite Normalform (reduzierte Zeilenstufenform) einer rechteckigen Matrix ganzer Zahlen. Wird ein Name als drittes Argument angegeben, so wird diesem die Transformationsmatrix U zugewiesen, sodaß das Ergebnis als UA geschrieben werden kann. ◇ Siehe auch: `Hermite`, `linalg[hermite]`, `linalg[ismith]`.

linalg[indexfunc]

```
indexfunc(A)
```
Bestimmt die Indexfunktion eines Feldes ◇ Dies kann entweder eine der gewöhnlichen Indexfunktionen (`antisymmetric`, `diagonal`, `identity`, `sparse` oder `symmetric`) sein oder der Name einer vom Benutzer definierten Indexfunktion. `NULL` wird zurückgegeben, falls A keine Indexfunktion besitzt. ◇ Siehe auch: `indexfcn`.

linalg[innerprod]

```
innerprod(u, A₁, A₂, ..., Aₙ, v)
```
Berechnet das innere Produkt einer Folge von Vektoren und Matrizen ◇ Die Dimension einer jeden Matrix und eines jeden Vektors muß so sein, daß die Multiplikationen in der angegebenen Reihenfolge durchgeführt werden können. ◇ Siehe auch: `linalg[crossprod]`, `linalg[dotprod]`, `linalg[multiply]`.

linalg[intbasis]

```
intbasis(S₁, S₂, ..., Sₙ)
```
Berechnet eine Basis für den Schnitt von Vektorräumen ◇ Jedes der S_i kann ein einfacher Vektor, eine Liste von Vektoren oder eine Menge von Vektoren sein. Zurückgegeben wird eine Menge von Vektoren, die eine Basis für den Schnitt bilden. ◇ Siehe auch: `linalg[basis]`, `linalg[sumbasis]`.

linalg[inverse]

```
inverse(A)
```
Berechnet die Inverse einer Matrix ◇ Ist die Matrix singulär, tritt ein Fehler auf.

linalg[ismith]

```
ismith(A)
ismith(A, name₁, name₂)
```
Smith Normalform einer Matrix mit nur ganzzahligen Einträgen ◇ Diese Funktion berechnet die Smith-Normalform einer rechteckigen ganzahligen Matrix. Für den Fall, daß drei Argumente angegeben wurden, werden name₁ und name₂ die Transformationsmatrizen U und V zugewiesen, so daß das Ergebnis als UAV geschrieben werden kann. ◇ Siehe auch: `linalg[ihermite]`, `linalg[smith]`, `Smith`.

linalg[iszero]

```
iszero(A)
```
Bestimmt, ob eine gegebene Matrix die Nullmatrix ist ◇ Diese Funktion ergibt *true*, falls alle Einträge der Matrix gleich null sind, *false* sonst. ◇ Siehe auch: `linalg[equal]`.

linalg[jacobian]

```
jacobian(u, v)
```
Berechnet die Jacobimatrix einer Vektorfunktion ◇ Das erste Argument ist eine Liste bzw. ein Vektor von Variablen, die durch das zweite Argument benannt sind; das zweite Argument kann ebenfalls eine Liste oder ein Vektor sein. u und v brauchen nicht dieselbe Länge zu haben. Der (i, j)te Eintrag der resultierenden Matrix ist $\frac{\partial u_i}{\partial v_j}$. ◇ Siehe auch: `linalg[hessian]`.

linalg[jordan]

```
jordan(A)
jordan(A, name)
```

Berechnet die Jordanform einer Matrix ◇ Die Jordanform ist eine Blockdiagonalmatrix von Jordan-Blockmatrizen, wobei die Diagonaleinträge der einzelnen Jordanblöcke gerade die Eigenwerte von A sind. Wird ein name angegeben, so wird diesem die Transformationsmatrix P zugewiesen, mit der die Jordanform zu $P^{-1}JP$ wird. ◇ Siehe auch: `linalg[diag]`, `linalg[eigenvals]`, `linalg[JordanBlock]`.

linalg[JordanBlock]

```
JordanBlock(ausdr, n)
```

Konstruktion einer Jordan-Blockmatrix ◇ Diese Funktion ergibt eine $n \times n$ Matrix mit ausdr auf der Hauptdiagonalen, 1 als obere Nebendiagonalelemente und 0 überall sonst. ◇ Siehe auch: `linalg[diag]`, `linalg[jordan]`.

linalg[kernel]

```
kernel(A)
kernel(A, name)
```

Berechnet eine Basis für den Kern (Nullraum) der durch die Matrix A definierten linearen Transformation ◇ Das Ergebnis ist eine Menge von Vektoren. Wird ein Name angegeben, so wird diesem die Dimension des Kerns zugewiesen. ◇ Siehe auch: `linalg[colspace]`, `linalg[nullspace]`, `linalg[rowspace]`, `Nullspace`.

linalg[laplacian]

```
laplacian(ausdr, v)
```

Berechnet die Laplace-Matrix eines Ausdrucks bezüglich der in v gegebenen Variablen ◇ v kann eine Liste oder ein Vektor sein. ◇ `laplacian(x^2*y^2*z, [x,y,z]);` $\longrightarrow$ $2\,y^2z + 2\,x^2z$ ◇ Siehe auch: `linalg[grad]`.

linalg[leastsqrs]

```
leastsqrs(A, v)
leastsqrs(menge, varmenge)
```

Lösung des Problems der kleinsten Quadrate bezüglich der gegebenen Gleichungen ◇ Die erste Variante berechnet den Vektor x, der der Gleichung $Ax = v$ im Sinne der kleinsten Quadrate am besten genügt. Die zweite Variante findet die Werte der Variablen von varmenge, die die Menge der Ausdrücke bzw. Gleichungen in menge minimiert; die Minimierung geschieht bezüglich der Norm der kleinsten Quadrate. Zurückgegeben wird eine Menge von Gleichungen für die Variablen. ◇ Siehe auch: `linalg[linsolve]`.

linalg[linsolve]

```
linsolve(A, v)
linsolve(A, v, name₁, name₂)
linsolve(A, B)
linsolve(A, B, name)
```

Lösung linearer Gleichungen ◇ Die erste Variante findet den Vektor x, der der Matrizengleichung $Ax = v$ genügt. Die Länge von v muß gleich der Anzahl der Reihen von A sein. NULL wird zurückgegeben, falls keine Lösung existiert. Gibt es mehrere Lösungen, so werden globale Namen eingeführt, um diese zu beschreiben. Die untere Variante berechnet die Matrix X, sodaß $AX = B$ gilt. Gibt es keine eindeutige Lösung, so wird NULL zurückgegeben. Einem dritten Argument wird der Rang von A zugewiesen. Ein viertes Argument dient dazu, den Basisnamen der globalen Variablen zu spezifizieren, mit denen die Lösungen parametrisiert werden. ◇ Siehe auch: `linalg[genmatrix]`, `linalg[leastsqrs]`, `solve`.

linalg[matrix]

```
matrix(liste)
matrix(m, n)
matrix(m, n, liste)
matrix(m, n, v)
matrix(m, n, f)
```

Erzeugt eine Matrix ◇ Die erste Form erzeugt eine Matrix mit Elementen, die aus liste stammen, einer Liste von Listen bzw. Vektoren. Die Dimensionen der Matrix werden durch die Struktur von liste spezifiziert. Die zweite Form erzeugt eine $m \times n$ Matrix mit unbestimmten Elementen. Die dritte Form generiert eine $m \times n$ Matrix mit den in liste angegeben Elementen. Hierbei kann liste eine Liste von Listen bzw. Vektoren sein oder eine Liste von Elementen; im letzteren Fall wird die Matrix Reihe für Reihe erzeugt. Die vierte Form initialisiert die Matrix

Reihe für Reihe und zwar mit den Elementen des Vektors. Bei der letzten Form bestimmt die Funktion f die Matrizenelemente: $A_{ij} = f(i,j)$. ◇ `matrix([[2,3],[3,4]]):` ◇ `matrix(2,2,[2,3,3,4]):` ◇ `matrix(2,2,(i,j)->i+j):` ◇ Siehe auch: `array`, `linalg[vector]`.

linalg[minor]

`minor(A, row, col)`
Berechnet den Minor einer Matrix ◇ Diese Funktion gibt den Minor von A zurück; man erhält diesen, indem man die angegebene Reihe und Spalte entfernt. ◇ Siehe auch: `linalg[delrows]`, `linalg[delcols]`, `linalg[submatrix]`.

linalg[minpoly]

`minpoly(A, var)`
Berechnet das minimale Polynom der Matrix ◇ Das minimale Polynom ist das Polynom niedrigsten Grades, welches A annihiliert. Das Polynom ist in der Variablen var gegeben. ◇ `minpoly(matrix([[2,3],[3,4]]),x);` $\longrightarrow -1 - 6x + x^2$ ◇ Siehe auch: `linalg[charpoly]`.

linalg[mulcol]

`mulcol(A, spalte, ausdr)`
Multipliziert die Spalte einer Matrix mit einem Ausdruck ◇ Diese Funktion gibt eine Kopie der Matrix A zurück, wobei die gegebene Spalte mit ausdr multipliziert wird. ◇ Siehe auch: `linalg[addcol]`, `linalg[mulrow]`.

linalg[mulrow]

`mulrow(A, reihe, ausdr)`
Multipliziert eine Reihe einer Matrix mit einem Ausdruck ◇ Diese Funktion gibt eine Kopie der Matrix A zurück, wobei die gegebene Reihe mit ausdr multipliziert wird. ◇ Siehe auch: `linalg[addrow]`, `linalg[mulcol]`.

linalg[multiply]

`multiply(A, B, ...)`
`multiply(A, v)`
Matrix-Matrix- oder Matrix-Vektor-Multiplikation ◇ Ein Vektor wird als Spaltenvektor aufgefaßt. ◇ Siehe auch: `evalm`, `linalg[innerprod]`.

linalg[norm]

`norm(A)`
`norm(A, 1)`
`norm(A, 2)`
`norm(A, frobenius)`
`norm(A, infinity)`
`norm(v)`
`norm(v, n)`
`norm(v, frobenius)`
`norm(v, infinity)`
Berechnet die Norm einer Matrix oder eines Vektors ◇ Matrixnormen (Summen sind Summen von Absolutwerten):

1	Maximale Spaltensumme
2	Wurzel des größten Eigenwertes von AA^t
frobenius	Wurzel der Summe der Quadrate der Matrizenelemente
infinity	Maximale Reihensumme

Vektornormen (Summen sind wiederum Summen von Absolutwerten):

n	$n$te Wurzel der Summe der $n$ten Potenzen der Elemente
frobenius	Wie $n = 2$
infinity	Maximale Größe über allen Elementen

Die voreingestellte Norm ist `infinity` für das gesamte `linalg`-Paket. ◇ `norm(matrix([[2,3],[3,4]]), frobenius);` $\longrightarrow \sqrt{38}$ ◇ Siehe auch: `linalg[cond]`, `linalg[normalize]`, `norm`, `Norm`.

linalg[normalize]

`normalize(v)`
Normierung eines Vektors ◇ Diese Funktion normiert den angegebenen Vektor bezüglich der 2-Norm. ◇ `normalize(vector([6,8]));` $\longrightarrow \left[\frac{3}{5} \; \frac{4}{5} \right]$ ◇ Siehe auch: `linalg[norm]`, `linalg[GramSchmidt]`.

linalg[nullspace]
```
nullspace(A)
nullspace(A, name)
```
Ein Synonym für `linalg[kernel]` ◇ Siehe auch: `linalg[kernel]`.

linalg[orthog]
```
orthog(A)
```
Testet auf eine orthogonale Matrix ◇ Eine Matrix ist dann orthogonal, wenn das innere Produkt einer jeden Spalte mit sich selbst 1 ergibt und das innere Produkt einer jeden Spalte mit einer anderen Spalte 0 ist. Diese Funktion ergibt *true*, wenn gezeigt werden kann, daß die Matrix orthogonal ist und *false*, wenn sich herausstellt, daß die Matrix nicht orthogonal ist. In allen anderen Fällen ergibt sich *FAIL*. ◇ Siehe auch: `testeq`.

linalg[permanent]
```
permanent(A)
```
Berechnet die Permanente einer Matrix ◇ Die Permanente einer Matrix wird ähnlich wie die Determinante einer Matrix berechnet, wobei aber das Vorzeichen in der Entwicklung der Minoren nicht alterniert. ◇ `permanent(matrix([[2,3], [3,4]]));` $\longrightarrow$ 17 ◇ Siehe auch: `linalg[det]`.

linalg[pivot]
```
pivot(A, i, j)
pivot(A, i, j, reihe₁..reihe₂)
```
Führt Pivoting über den Matrixeintrag $A[i,j]$ aus ◇ $A[i,j]$ muß von null verschieden sein. Die erste Form addiert Vielfache der Reihe i zu jeder anderen Reihe hinzu, so daß die $j$te Spalte in jeder dieser Reihe zu Null wird. Bei der zweiten Variante wird die $j$te Spalte nur im angegebenen Reihenbereich zu Null gemacht. ◇ Siehe auch: `linalg[gausselim]`.

linalg[potential]
```
potential(liste, varliste, name)
potential(v, varliste, name)
```
Berechnet das Potential eines Vektorfelds ◇ Das erste Argument ist eine Liste bzw. ein Vektor von Ausdrücken, die ein Vektorfeld darstellen, das zweite Argument ist eine Liste von Variablen. Diese Funktion ergibt *true*, falls das Vektorfeld ein skalares Potential besitzt; in diesem Fall wird dem dritten Argument das skalare Potential zugewiesen. Sonst ergibt sich *false*. ◇ `potential([y*z,x*z,x*y], [x,y,z],'ans'), ans;` $\longrightarrow$ *true*, $x\,y\,z$ ◇ Siehe auch: `linalg[grad]`, `linalg[vecpotent]`.

linalg[randmatrix]
```
randmatrix(m, n, options)
```
Zufallsgenerator für Matrizen ◇ Diese Funktion erzeugt eine $m \times n$ Zufallsmatrix. Die Option `entries = f`, wobei f eine Zufallsfunktion ist (voreingestellt `rand(-99..99)`), bestimmt die Einträge der Matrix. Optionen bestimmen auch die Struktur der Matrix: `antisymmetric`, `dense` (die Voreinstellung), `sparse`, `symmetric` und `unimodular`. ◇ Siehe auch: `linalg[matrix]`, `linalg[randvector]`, `rand`, `_seed`.

linalg[randvector]
```
randvector(n)
randvector(n, entries=f)
```
Erzeugung eines Zufallsvektors ◇ Diese Funktion erzeugt einen Zufallsvektor der Dimension n. Die Option `entries = f`, wobei f eine Zufallsfunktgion ist (Voreinstellung `rand(-99..99)`), bestimmt die Einträge des Vektors. ◇ Siehe auch: `linalg[vector]`, `linalg[randmatrix]`.

linalg[range]
```
range(A)
range(A, name)
```
Ein Synonym für `linalg[colspace]` ◇ Siehe auch: `linalg[colspace]`.

linalg[rank]
```
rank(A)
```
Rang einer Matrix ◇ Diese Funktion berechnet den rang einer gegebenen Matrix, indem sie auf die Reihen die Gaußsche Eliminationsprozedur anwendet. ◇ Siehe auch: `linalg[colspace]`, `linalg[rowspace]`.

linalg[ratform]
```
ratform(A)
ratform(A, name)
```
Ein Synonym für `linalg[frobenius]` ◇ Diese Funktion berechnet die rationale kanonische Form der quadratischen Matrix A. ◇ Siehe auch: `linalg[frobenius]`.

linalg[row]
```
row(A, reihe)
row(A, reihe₁..reihe₂)
```
Isoliert Reihen aus einer Matrix ◇ Die erste Form isoliert die Reihe mit Index reihe und gibt diese als Vektor zurück. Die zweite Form isoliert einen ganzen Bereich von Reihen und gibt eine Folge von Vektoren zurück. ◇ Siehe auch: `linalg[addrow]`, `linalg[col]`, `linalg[delrows]`, `linalg[mulrow]`, `linalg[rowdim]`, `linalg[swaprow]`, .

linalg[rowdim]
```
rowdim(A)
```
Gibt die Anzahl der Reihen einer Matrix A zurück ◇ Siehe auch: `linalg[coldim]`, `linalg[rowspace]`, `linalg[vectdim]`.

linalg[rowspace]
```
rowspace(A)
rowspace(A, name)
```
Berechnet eine Basis für den von den Reihen aufgespannten Vektorraum ◇ Diese Funktion gibt eine Menge von Vektoren zurück, die eine Basis für den von Reihen der Matrix A aufgespannten Vektorraum bilden. Die Vektoren werden in kanonischer Form zurückgegeben, d. h. mit führenden Einträgen 1. Wird als zweiter Parameter ein Name angegeben, so wird diesem der Rang von A zugewiesen. ◇ Siehe auch: `linalg[colspace]`, `linalg[nullspace]`, `linalg[rank]`, `linalg[rowdim]`, `linalg[rowspan]`.

linalg[rowspan]
```
rowspan(A)
rowspan(A, name)
```
Berechnet die aufspannenden Vektoren für den von den Reihen gebildeten Vektorraum ◇ Diese Funktion berechnet eine Menge von aufspannenden Vektoren für den Reihenvektorraum von A, einer Matrix von multivariaten Polynomen über den rationalen Zahlen. Im Gegensatz zu `rowspace`, benutzt diese Funktion „bruchfreie" Gauß-Elimination; damit wird die Einführung rationaler Ausdrücke während der Elimination unterbunden. Wird als zweiter Parameter ein Name angegeben, so wird diesem der Rang von A zugewiesen. ◇ Siehe auch: `linalg[colspan]`, `linalg[ffgausselim]`, `linalg[rowspace]`.

linalg[rref]
```
rref(A)
rref(A, name₁)
rref(A, name₁, name₂)
rref(A, spalte)
```
Reduzierte Zeilenstufenform ◇ A ist eine rechteckige Matrix rationaler Zahlen oder rationaler Funktionen mit rationalen Koeffizienten. Auf A werden elementare Reihenoperationen angewandt, um sie auf Zeilenstufenform (Gauß-Jordanform) zu reduzieren. $name_1$, falls vorhanden, wird der Rang von A zugewiesen. Gleicht der Rang der Anzahl der Reihen von A, so wird $name_2$ die Determinante der Untermatrix zugewiesen, die durch die ersten $\mathrm{rank}(A)$ Spalten gebildet wird. Sonst wird Null zugewiesen. Die Elimination terminiert an der durch spalte angezeigen Spaltenposition, falls dieses Argument vorhanden ist. ◇ Siehe auch: `Gaussjord`, `linalg[backsub]`, `linalg[gausselim]`, `linalg[gaussjord]`, `linalg[hermite]`, `linalg[pivot]`, `linalg[rank]`.

linalg[scalarmul]
```
scalarmul(A, ausdr)
scalarmul(v, ausdr)
```
Multipliziert jedes Element einer Matrix oder eines Vektors mit einem skalaren Ausdruck ◇ Siehe auch: `evalm`, `linalg[mulcol]`, `linalg[mulrow]`, `linalg[multiply]`.

linalg[singularvals]

```
singularvals(A)
```

Berechnet die Singulärwerte einer Matrix ◇ Diese Funktion gibt eine Liste der Singulärwerte der quadratischen Matrix A zurück. Unter den Singulärwerten einer Matrix versteht man die Quadratwurzeln der Eigenwerte von $A^t A$. ◇ `singularvals(matrix([[2,3],[3,4]]));`

$$\longrightarrow \left[\sqrt{19 + 6\sqrt{10}}, \sqrt{19 - 6\sqrt{10}} \right]$$

◇ Siehe auch: `linalg[eigenvals]`, Svd.

linalg[smith]

```
smith(A, var)
smith(A, var, name_1, name_2)
```

Berechnet die Smith-Normalform einer Matrix ◇ Die Einträge von A sind univariate Polynome in der Variablen var über einem Körper. Sind vier Argumente vorhanden, so werden den beiden Namen die Transformationsmatrizen U und V zugewiesen, so daß das Ergebnis als UAV geschrieben werden kann. ◇ Siehe auch: `linalg[hermite]`, `linalg[ismith]`, Smith.

linalg[stack]

```
stack(A, B, ...)
stack(u, v, ...)
```

Fügt zwei Matrizen oder Vektoren vertikal zusammen ◇ Matrizen müssen dieselbe Anzahl von Spalten haben, Vektoren müssen von derselben Länge sein. Ein Vektor wird als Zeilenvektor interpretiert. ◇ Siehe auch: `linalg[augment]`, `linalg[extend]`.

linalg[submatrix]

```
submatrix(A, reihen, spalten)
```

Isoliert eine spezifizierte Untermatrix aus der Matrix ◇ Diese Funktion gibt die Untermatrix von A zurück, die durch die gegebenen Reihen- und Spaltenindizes gegeben ist. reihen und spalten können Bereiche oder Listen ganzer Zahlen sein. ◇ Siehe auch: `linalg[subvector]`, `linalg[row]`, `linalg[col]`.

linalg[subvector]

```
subvector(A, reihen, spalten)
```

Zieht einen spezifizierten Vektor aus einer Matrix heraus ◇ Diese Funktion gibt den Untervektor von A zurück, der durch die gegebenen Reihen- und Spaltenindizes gegeben ist. Eines der Argumente reihen oder spalten muß ein einfacher Index sein; das andere kann dann ein Bereich oder eine Liste ganzer Zahlen sein. ◇ Siehe auch: `linalg[submatrix]`.

linalg[sumbasis]

```
sumbasis(S_1, S_2, ..., S_n)
```

Berechnet die Basis für die Vektorraumsumme ◇ Jedes der S_i kann ein einfacher Vektor sein, eine Liste von Vektoren oder eine Menge von Vektoren. Zurückgeliefert wird eine Menge von Vektoren, die eine Basis für die Summe der Vektorräume bilden, wird. ◇ Siehe auch: `linalg[intbasis]`, `linalg[basis]`.

linalg[swapcol]

```
swapcol(A, spalte_1, spalte_2)
```

Vertauscht zwei Spalten einer Matrix ◇ Diese Funktion erzeugt eine neue Matrix, in der Spalte spalte$_1$ mit Spalte spalte$_2$ vertauscht wurde. ◇ Siehe auch: `linalg[swaprow]`.

linalg[swaprow]

```
swaprow(A, reihe_1, reihe_2)
```

Vertauscht zwei Reihen einer Matrix ◇ Diese Funktion erzeugt eine neue Matrix, in der Reihe reihe$_1$ mit Reihe reihe$_2$ vertauscht wurde. ◇ Siehe auch: `linalg[swapcol]`.

linalg[sylvester]

```
sylvester(poly_1, poly_2, var)
```

Erzeugt die Sylvestermatrix zweier Polynome ◇ poly$_1$ und poly$_2$ sind Polynome in der Variablen var. Die Determinante dieser Matrix ist gleich der Resultanten der Polynome. ◇ Siehe auch: `linalg[bezout]`, `linalg[det]`, `resultant`.

linalg[toeplitz]

```
toeplitz(liste)
```

Erzeugt eine Toeplitzmatrix aus den Ausdrücken in der Liste ◇ Das Ergebnis ist eine symmetrische Quadratmatrix, die so viele Reihen besitzt, wie es Elemente in der Liste gibt. Das erste Element von liste wird entlang der Diagonalen plaziert und nachfolgende Elemente werden entlang der nachfolgenden unteren und oberen Nebendiagonalen eingetragen.

linalg[trace]
```
trace(A)
```
Berechnet die Spur einer quadratischen Matrix ◇ Die Spur von A ist die Summe der Diagonalelemente von A. ◇ Siehe auch: `trace`, `Trace`.

linalg[transpose]
```
transpose(A)
transpose(v)
transpose(liste)
```
Berechnet die Transponierte einer Matrix ◇ Das Ergebnis erbt die Indexfunktion von A. Ein Vektor bzw. eine Liste wird als eine einspaltige Matrix behandelt. ◇ Siehe auch: `linalg[htranspose]`.

linalg[vandermonde]
```
vandermonde(liste)
```
Erzeugt eine Vandermonde-Matrix aus den Elementen der Liste ◇ Diese Funktion gibt eine quadratische Matrix zurück; die Anzahl der Reihen ist gleich der Anzahl der Elemente in der Liste. Der (i, j)te Eintrag ist gleich $liste_i^{j-1}$.

linalg[vecpotent]
```
vecpotent(liste, varliste, name)
vecpotent(v, varliste, name)
```
Berechnet das Vektorpotential eines Vektorfeldes ◇ Das erste Argument ist eine Liste bzw. ein Vektor der drei Ausdrücke, die ein Vektorfeld darstellen, das zweite Argument ist eine Liste dreier Variablen. Diese Funktion ergibt *true*, falls das Vektorfeld ein Vektorpotential besitzt und weist dann dem dritten Argument das Vektorpotentialfeld zu. Sonst ergibt sich *false*. Das Vektorpotential existiert genau dann, wenn die Divergenz des Vektorfelds gleich null ist. ◇
`vecpotent([-x,-z,z],[x,y,z],'ans')`, `eval(ans)`; $\longrightarrow$ *true*, $\left[-\frac{1}{2}z^2 \ xz \ 0 \right]$
◇ Siehe auch: `linalg[curl]`, `linalg[diverge]`, `linalg[potential]`.

linalg[vectdim]
```
vectdim(v)
vectdim(liste)
```
Bestimmt die Dimension eines Vektors ◇ Die Dimension eines Vektors bzw. einer Liste ist die Anzahl der Elemente des Vektors bzw. der Liste. ◇ `vectdim([2,3,3,7])`; $\longrightarrow 4$ ◇ Siehe auch: `linalg[coldim]`, `linalg[rowdim]`.

linalg[vector]
```
vector(liste)
vector(n)
vector(n, liste)
vector(n, f)
```
Erzeugt einen Vektor ◇ Die erste Form erzeugt einen Vektor mit Elementen aus liste, wobei die Dimension des Vektors durch die Länge der Liste gegeben ist. Die zweite Form erzeugt einen Vektor der Länge n mit unbestimmten Elementen. Die dritte Form erzeugt einen Vektor der Länge n mit Elementen aus liste. Bei der letzten Form bestimmt die Funktion f die Vektorelemente: $v_k = f(k)$. ◇ `vector([2,4,6])`: ◇ `vector(3,[2,4,6])`: ◇ `vector(3,k->2*k)`: ◇ Siehe auch: `array`, `linalg[matrix]`.

linalg[Wronskian]
```
Wronskian(v, var)
Wronskian(liste, var)
```
Berechnet die Wronski-Matrix eines Vektors bzw. einer Liste von Ausdrücken ◇ Das erste Argument ist ein Vektor bzw. eine Liste von Ausdrücken in var. Der (i, j)te Eintrag des Ergebnisses ist die $(i - 1)$te Ableitung des $j$ten Ausdrucks des Vektors bzw. der Liste.

ln
```
ln(z)
```
Der natürliche Logarithmus ◇ Dieser Logarithmus hat die Basis exp(1). ◇ `ln(exp(1))`; $\longrightarrow 1$ ◇ Siehe auch: `exp`, `ilog`, `log`, `log10`.

lnGAMMA
```
lnGAMMA(z)
```
Der natürliche Logarithmus der Gammafunktion ◇ Man muß erst `readlib(lnGAMMA)` eingeben, bevor man diesen Befehl benutzen kann. ◇ `lnGAMMA(6)`; $\longrightarrow \ln(120)$ ◇ Siehe auch: `GAMMA`.

local
```
local var₁, var₂, ...
```
Identifiziert lokale Variablen ◇ Die `local`-Deklaration erscheint am Beginn des Körpers einer Prozedur oder einer Pfeilfunktion ◇ Siehe auch: `options`, `proc`.

log
```
log(z)
log[b](z)
```
Der Logarithmus mit Basis b ◇ Ist der Index b nicht vorhanden, so wird der natürliche Logarithmus benutzt. ◇ Siehe auch: `ilog`, `ln`, `log10`.

log10
```
log10(z)
```
Der (gewöhnliche) Logarithmus zur Basis 10 ◇ Man muß erst `readlib(log10)` eingeben, bevor man diesen Befehl benutzen kann. ◇ Siehe auch: `ilog10`, `log`.

logic
Paket zur Boolschen Logik ◇ Die folgenden Operatoren werden in diesem Paket benutzt:
```
&and   &implies   &nor   &or
&iff   &nand      &not   &xor
```
Die Funktionen in diesem Paket müssen erst mit `with` eingeladen werden, bevor man sie benutzen kann. Bei den Beschreibungen der Funktionen dieses Pakets steht b immer für einen Boolschen Ausdruck. ◇ Siehe auch: `logic[function]`, `with`.

logic[bequal]
```
bequal(b₁, b₂)
bequal(b₁, b₂, name)
```
Prüft, ob die zwei gegebenen Boolschen Ausdrücke logisch äquivalent sind ◇ Ist name vorhanden und sind die beiden Boolschen Ausdrücke nicht logisch äquivalent, so wird dem Namen eine Wertkombination zugewiesen, bei der die beiden Ausdrücke unterschiedliche Resultate liefern. Diese Wertkombination ist eine Menge von Gleichungen in den Symbolen von b. Sind die beiden Ausdrücke äquivalent, so wird name gleich NULL gesetzt. Diese Funktion ergibt entweder *true* oder *false*. ◇ `bequal(¬ a &or b, a &implies b);` ⟶ *true* ◇ Siehe auch: `logic`.

logic[bsimp]
```
bsimp(b)
```
Vereinfachung Boolscher Ausdrücke ◇ Diese Funktion ergibt eine Minimalsumme von Produktentwicklungen des Boolschen Ausdrucks b. ◇ `bsimp(a &and (a &or b));` ⟶ a ◇ Siehe auch: `logic`, `logic[distrib]`, `logic[environ]`.

logic[canon]
```
canon(b, namensliste)
canon(b, namensliste, formname)
```
Kanonische Darstellung von Ausdrücken ◇ Diese Funktion wandelt den Boolschen Ausdruck b in eine kanonische Form um und zwar bezüglich der in namensliste gegebenen Symbole. formname wählt die kanonische Form aus. Diese kann entweder CNF (konjunktive Normalform), DNF (disjunktive Normalform, voreingestellt) oder MOD2 (modulo 2 kanonische Form) sein. ◇ `canon(a &iff b,{a,b},MOD2);` ⟶ $a + b + 1$ ◇ Siehe auch: `logic`, `logic[convert]`.

logic[convert]
```
convert(b, frominert)
convert(b, toinert)
convert(b, MOD2)
convert(b, MOD2, expanded)
```
Wandelt einen Boolschen Ausdruck in eine andere Form um ◇ Die `frominert`-Option ersetzt die starren Operatoren `&and`, `&or` und `¬` durch die Systemoperatoren `and`, `or` und `not`. Die `toinert`-Option führt genau die umgekehrte Umwandlung aus. Die MOD2-Option wandelt b in das äquivalente modulo 2-Format um. Ist zudem noch expanded angegeben, so wird die modulo 2-Darstellung voll entwickelt zurückgegeben. ◇ `convert(a &and b,MOD2);` ⟶ $a b$ ◇ `convert(a and b,toinert);` ⟶ a `&and` b ◇ Siehe auch: `logic`, `convert/mod2`.

logic[distrib]
```
distrib(b)
distrib(b, namensmenge)
```
Entwickelt den Boolschen Ausdruck b in eine Summe von Produkten (eine Disjunktion von Konjunktionen) ◇ Der entwickelte Ausdruck ist nicht unbedingt in minimaler Form bzw. kanonischer Form gegeben. Ist namensmenge angegeben, so sollte die Entwicklung in kanonischer disjunktiver Normalform bezüglich der Symbole in der Menge gegeben sein. ◇ `distrib(¬(a &or b));` $\longrightarrow$ `¬(`a`)&and¬(`b`)` ◇ Siehe auch: `logic`, `logic[canon]`, `logic[bsimp]`, `expand`.

logic[dual]
```
dual(b)
```
Konstruiert die duale Form eines Boolschen Ausdrucks ◇ Diese Funktion gibt die duale Form eines Boolschen Ausdrucks zurück: Alle Vorkommen von `true`, `false`, `&and` und `&or` werden durch `false`, `true`, `&or` bzw. `&and` ersetzt. Andere Boolsche Operatoren bleiben unverändert. ◇ `dual(a &or b);` $\longrightarrow$ a `&and` b ◇ Siehe auch: `logic`, `logic[environ]`.

logic[environ]
```
environ(n)
```
Stellt ein, bis zu welcher Stufe logische Ausdrücke automatisch vereinfacht werden sollen ◇ Diese Funktion bestimmt darüberhinaus auch den Typ der automatischen logischen Vereinfachung der Boolschen Ausdrücke. Es gibt vier mögliche Werte für n:

0   Keine Vereinfachungen (die Voreinstellung)

1   Wende Assoziativitätsgesetze an, um überflüssige Klammern zu entfernen und schreibe die Ausdücke mittels `&and`, `&or` und `¬` um

2   Obige Vereinfachungen, plus a `&and` a $\rightarrow$ a, a `&or` a $\rightarrow$ a und Vereinfachungen mit `true` und `false`

3   Umwandlung in unentwickelte modulo 2-Form

◇ Siehe auch: `logic`, `logic[bsimp]`, `logic[convert]`.

logic[randbool]
```
randbool(namen, formname)
```
Konstruiert einen zufälligen Boolschen Ausdruck in der gegebenen kanonischen Form ◇ namen ist eine Liste bzw. Menge von Symbolen in denen der Boolsche Ausdruck geschrieben werden soll. Der Name der kanonischen Form formname kann entweder CNF (konjunktive Normalform), DNF (disjunktive Normalform) oder MOD2 (modulo 2-Normalform) sein. ◇ `randbool([a,b],MOD2);` $\longrightarrow$ $a\,b + 1 + b$ ◇ Siehe auch: `logic`.

logic[satisfy]
```
satisfy(b)
satisfy(b, namensmenge)
```
Ergibt eine Auswertung, die einem Boolschen Ausdruck genügt ◇ Diese Funktion ergibt eine Menge von Gleichungen, die solche Werte für jede der Variablen von b ergeben, daß der Boolsche Ausdruck *true* ergibt. Ist namensmenge vorhanden, so wird zusätzlich eine Gleichung für jedes der Symbole dieser Menge angegeben. Ist b nicht erfüllbar, so wird NULL zurückgegeben. ◇ `satisfy(a &implies b);` $\longrightarrow$ $\{a = \textit{false}, b = \textit{false}\}$ ◇ Siehe auch: `logic`.

logic[tautology]
```
tautology(b)
tautology(b, name)
```
Testet auf Tautologie ◇ Diese Funktion prüft, ob der Boolsche Ausdruck b eine Tautologie ist. Sie ergibt entweder *true* oder *false*. Falls name vorhanden ist und b ist keine Tautologie, so wird eine Wertekombination, welche ein negatives Resultat ergibt, diesem Namen zugewiesen. Diese Wertekombination ist eine Menge von Gleichungen in den Symbolen von b. Ist b eine Tautologie, so wird name NULL zugewiesen. ◇ `tautology((a &xor b) &or (a &iff b));` $\longrightarrow$ *true* ◇ Siehe auch: `logic`.

lprint
```
lprint(ausdr₁, ausdr₂, ...)
```
Druckt den Ausdruck in einem linearen Format aus ◇ Im allgemeinen stellt eine mit dieser Funktion erzeugte Ausgabe eine gültige Eingabe für Maple dar. Mehrere Ausdücke werden auf der selben Zeile ausgegeben, jeder vom anderen durch drei Leerzeichen abgetrennt. ◇ Siehe auch: `interface`, `print`.

macro

```
macro(gl₁, gl₂, ..., gl_n)
```

Eine Funktion zum Abkürzen ◇ Ist die Makrodefinition $f = g$ gültig, so übersetzt Maple alle Vorkommen von f (Parameter und lokale Variablen ausgenommen) in g, wenn die Eingabe vom Bildschirm oder aus einer Datei stammt. ◇ Siehe auch: `alias, subs`.

makehelp

```
makehelp(begriff, textdatei)
makehelp(begriff, textdatei, bib)
```

Wandelt eine Textdatei in eine Hilfsdatei um ◇ Diese Funktion liest eine Textdatei, von der angenommen wird, daß sie Hilfsinformation zu einem bestimmten Begriff enthält und erzeugt ein internes Hilfsobjekt für diesen Begriff. Der Begriff kann von der Form name oder $name_1$/$name_2$ sein. Das entstandene Hilfsobjekt hat dann den Namen `help/text/name` bzw. `help/name₁/text/name₂`. ◇ Man muß erst `readlib(makehelp)` eingeben, bevor man diesen Befehl benutzen kann.

map

```
map(f, ausdr, arg₂, ..., arg_n)
```

Wendet eine Funktion auf jeden Operanden eines Ausdrucks an ◇ Diese Funktion wendet die Funktion f auf alle Operanden von ausdr an. Es könne zusätzliche Argumente an f weitergegeben werden. Die Funktion gibt einen Ausdruck zurück, bei dem jeder Operand durch sein Bild unter f ersetzt wurde. ◇ `map(f, [a,b,c]);` $\longrightarrow [f(a), f(b), f(c)]$ ◇ `map(f,a+b*c);` $\longrightarrow f(a) + f(bc)$ ◇ Siehe auch: `select, zip`.

march

```
march -a archivverz dateiname₁ indexname₁ ...
march -c archivverz n
march -d archivverz indexname
march -l archivverz
march -p archivverz
march -u archivverz dateiname₁ indexname₁ ...
march -x archivverz dateiname₁ dateiname₁ ...
```

Maple-Bibliotheksarchivmanager ◇ Dieses Programm stellt einen externen Befehl dar zum Erzeugen, Hinzufügen, Herausnehmen, Aktualisieren, Packen und Auflisten des Inhalts eines Archivs von Maple „.m"-Dateien. Alle Optionen sind nachfolgend beschrieben.

- `-a` Fügt die angegebenen „.m" Dateien hinzu, dabei die gegebenen Indexnamen benutzend
- `-c` Erzeugt ein neues Archiv für ungefähr n Dateien
- `-d` Zerstört die Datei mit angegebenem Index (neu in Version 3)
- `-l` Listet den Inhalt des Archivs auf
- `-p` Packt das Archiv; alte Dateiversionen werden zerstört
- `-u` Aktualisiert die spezifizierten „.m"-Dateien an gegebenen Indexnamen
- `-x` Greift indexname_i heraus und speichert es in dateiname_i

◇ Die –d-Option ist neu in Version 3.

match

```
match(ausdr = muster, var, name)
```

Das Auffinden von Mustern (pattern matching) ◇ ausdr ist ein Ausdruck in der Hauptvariablen var. Diese Funktion ergibt *true*, falls ausdr irgendwie mit muster zur übereinstimmung gebracht werden kann und *false* sonst. Kann eine Übereinstimmung hergestellt werden, so wird eine Menge von Ersetzungen der Variablen name zugewiesen; diese Ersetzungen machen das Muster zu einem Ausdruck. ◇ `match(2*x = a*x+b, x,s),s;` $\longrightarrow$ *true*, $\{b = 0, a = 2\}$ ◇ Siehe auch: `solve, subs`.

max

```
max(ausdr₁, ausdr₂, ...)
```

Berechnet das Maximum der Argumente ◇ Wird diese Funktion unausgewertet zurückgegeben, so kann es manchmal helfen, den Wert von `Digits` zu vergrößern. ◇ `max(exp(Pi), Pi^exp(1));` $\longrightarrow e^{\pi}$ ◇ Siehe auch: `maximize, min`.

maximize

```
maximize(ausdr)
maximize(ausdr, vars)
```

Berechnet das Maximum ◇ Diese Funktion berechnet den maximalen Wert von ausdr bzw. eine Folge von Ausdrücken, die alle die Werte enthält, die als Maximalwert in Frage kommen. Ist keine Menge von Variablen angegeben, so wird der Ausdruck bezüglich seiner Unbestimmten maximiert.

◇ Man muß erst `readlib(minimize)` eingeben, bevor man diesen Befehl benutzen kann. ◇ Siehe auch: `extrema`, `minimize`.

maxnorm

`maxnorm(poly)`

Die Unendlichnorm eines Polynoms ◇ Gegeben sei ein entwickeltes Polynom; die Funktion gibt das Maximum der Absolutwerte der Koeffizienten zurück. Die Koeffizienten der Polynome müssen reell sein. ◇ `maxnorm(x^2-3*y);` $\longrightarrow 3$ ◇ Siehe auch: `norm`.

maxorder

`maxorder(K)`

`maxorder(K, var)`

Berechnet eine ganzzahlige Basis für einen Zahl- oder Funktionenkörper ◇ K ist ein `RootOf`-Ausdruck bzw. eine Menge von `RootOf`-Ausdrücken, die die Körpererweiterung definieren. Der Name var kann angegeben werden, wenn es sich um die Erweiterung eines Funktionenkörpers handelt. ◇ Man muß erst `readlib(maxorder)` eingeben, bevor man diesen Befehl benutzen kann. ◇ `maxorder(RootOf(y^2-5,y));` $\longrightarrow \left[1, -\frac{1}{2} + \frac{1}{2}\mathrm{RootOf}(\_Z^2 - 5)\right]$
◇ `maxorder(RootOf(y^2-x^2+x,y),x);` $\longrightarrow [1, \mathrm{RootOf}(\_Z^2 - x^2 + x)]$ ◇ Siehe auch: `RootOf`.

MeijerG

`MeijerG(m, a, z)`

Spezialfall der allgemeinen Meijer-G-Funktion ◇ m ist eine ganze Zahl, die größer oder gleich 2 ist, a ist ein reeller Ausdruck und z ist ein komplexer Ausdruck. ◇ `MeijerG(2,a,z);` $\longrightarrow$ $\frac{\Gamma(a,z)}{z}$ ◇ Siehe auch: GAMMA.

mellin

`mellin(ausdr, x, s)`

Mellin-Transformation ◇ Diese Funktion wendet die Mellin-Transformation auf ausdr bezüglich der Variablen x an, wobei ein Ausdruck in s berechnet wird. Dieser ist definiert als $\int_0^\infty ausdr\, x^{s-1}\, dx$. Einige Ausdrücke mit Exponentialfunktionen, Polynomen, algebraischen Funktionen, trigonometrischen Funktionen und einigen anderen speziellen Funktionen können transformiert werden. ◇ `mellin(exp(-x),x,s);` $\longrightarrow \Gamma(s)$ ◇ Siehe auch: `mellintable`.

mellintable

`mellintable(ausdr, ftransform, x, s)`

Fügt einen Eintrag zu der Tabelle der einfachen Mellin-Transformationen hinzu ◇ Diese Funktion erzeugt einen Eintrag für ausdr in einer internen Tabelle der einfachen Mellin-Transformationen. ausdr ist ein Ausdruck in der Variablen x und ftransform ist seine Mellin-Transformierte in der Variablen s. Mit Hilfe dieses Eintrags kann die Funktion `mellin` die Mellin-Transformierte von Ausdrücken der Form $a \ln(x)^k t^b f(cx^d)$ herleiten; hierbei ist ausdr gleich $f(x)$, a, b, c und d sind reell, k ist eine positive ganze Zahl und c ist ebenfalls positiv. ◇ Man muß erst `readlib(mellin)` eingeben, bevor man diesen Befehl benutzen kann.

member

`member(ausdr, liste, name)`

`member(ausdr, menge, name)`

Stellt fest, ob ausdr zur gegebenen Liste bzw. Menge gehört ◇ Diese Funktion ergibt entweder *true* oder *false*. Das dritte Argument ist optional. Ist es vorhanden und ergibt sich *true*, so wird diesem Namen die Position des ersten Auftretens von ausdr in der Liste bzw. Menge zugewiesen. ◇ `member(b,[a,b,c]);` $\longrightarrow$ *true* ◇ Siehe auch: `has`.

min

`min(ausdr1, ausdr2, ...)`

Berechnet das Minimum der Argumente ◇ Sollte die Funktion unausgewertet zurückgegeben werden, kann man manchmal durch Erhöhen des Wertes für `Digits` Abhilfe schaffen. ◇ `min(exp(Pi),Pi^exp(1));` $\longrightarrow \pi^{(e)}$ ◇ Siehe auch: `max`, `minimize`.

minimize

`minimize(ausdr)`

`minimize(ausdr, varmenge)`

Berechnet das Minimum ◇ Diese Funktion gibt den Minimalwert von ausdr zurück oder eine Folge von Ausdrücken, die alle potentiellen Minimalwerte enthält. Ist keine Menge von Variablen angegeben, so wird der Ausdruck bezüglich aller Unbestimmten minimiert. ⋄ Man muß erst `readlib(minimize)` eingeben, bevor man diesen Befehl benutzen kann. ⋄ Siehe auch: `extrema, maximize`.

minpoly

`minpoly(r, n)`

`minpoly(r, n, acc)`

Findet das Minimalpolynom mit einer ungefähren Nullstelle ⋄ Diese Funktion benutzt einen Gitterreduktionsalgorithmus, um ein Polynom vom Grad n oder kleiner zu finden, welches kleine ganzzahlige Koeffizienten und die gegebene reelle Zahl r als eine ihrer angenäherten Nullstellen besitzt. Das dritte Argument steuert die Genauigkeit und hat einen voreingetellten Wert von 10^{d-2}, wobei d der aktuelle Wert von `Digits` ist. ⋄ Man muß erst `readlib(lattice)` eingeben, bevor man diesen Befehl benutzen kann. ⋄ `minpoly(1.414214,2);` ⟶ $-2 + \_X^2$ ⋄ Siehe auch: `lattice, linalg[minpoly]`.

mint

`mint dateiname`

`mint -i n dateiname`

Der `mint`-Befehl ⋄ Dieses Programm ist ein externer Befehl, welches nach Syntaxfehlern und semantischen Fehlern in einer Maple-Programmdatei sucht. Es ist so ähnlich wie `lint` aufgebaut, dem Syntaxtestprogramm für C. Die Option `-i n` bestimmt, wie detailliert die erzeugte Information ist. n kann entweder 1, 2 (voreingestellt), 3 oder 4 sein. $n \geq 1$ berichtet über gravierende Fehler, $n \geq 2$ über ernste Fehler, $n \geq 3$ gibt Warnungen aus und $n = 4$ erzeugt einen Report über die Nutzung der Variablen.

minus

$menge_1$ `minus` $menge_2$

`'minus'(`$menge_1$`, `$menge_2$`)`

Der Differenzenoperator für Mengen ⋄ Diese Funktion ergibt die Menge der Elemente, die in $menge_1$ und nicht in $menge_2$ enthalten sind. ⋄ `{a,b} minus {b,c}` ⟶ $\{a\}$ ⋄ Siehe auch: `intersect, symmdiff, union`.

mod

`ausdr mod m`

Berechnungen über den ganzen Zahlen modulo m ⋄ Dieser binäre Operator wertet ausdr über den ganzen Zahlen modulo m aus, wobei ein System von Vertretern benutzt wird, welches durch den Wert der Umgebungsvariablen 'mod' gegeben ist. mod kennt die folgenden über endliche Ringe und Körper definierten Funktionen für Polynome und zur Matrizenarithmetik:

Berlekamp	Expand	GetAlgExt	Nullspace	ProbSplit	Resultant
Content	Factor	Hermite	Power	Quo	RootOf
Det	Factors	Interp	Powmod	Randpoly	Roots
Discrim	Gausselim	Irreduc	Prem	Randprime	Smith
DistDeg	Gaussjord	Lcm	Primitive	Ratrecon	Sprem
Divide	Gcd	Normal	Primpart	Rem	Sqrfree
Eval	Gcdex				

⋄ `50 mod 11;` ⟶ 6 ⋄ `Factor(x^2+1) mod 2;` ⟶ $(x+1)^2$ ⋄ Siehe auch: `&^`, `'mod', modp, modp1, mods`.

'mod'

Umgebungsvariable ⋄ Ihr Wert ist eine Prozedur, die ein System von Vertretern zur ganzzahligen Arithmetik modolu einer ganzen Zahl auswählt. Die unterstützten Auswahlmöglichkeiten sind `modp` für nichtnegative Vertreter und `mods` für symmetrische Vertreter. Voreingestellt ist `modp`. ⋄ Siehe auch: `mod, modp, mods`.

modp

`modp(ausdr, m)`

Berechnung über den ganzen Zahlen modulo m: nichtnegative Vertreter ⋄ Diese Funktion wertet ausdr über den ganzen Zahlen modulo m aus, wobei ein System von Vertretern $\{0, 1, \ldots, |m| - 1\}$ benutzt wird. ⋄ `modp(50,11);` ⟶ 6 ⋄ Siehe auch: `mod, 'mod', mods`.

modp1

`modp1(ausdr, m)`

Univariate polynomiale Arithmetik modulo m ⋄ Diese Funktion stellt effiziente arithmetische und andere Operationen angewandt auf univariate Polynome über den ganzen Zahlen modulo m zur Verfügung. Die folgenden Funktionen sind `modp1` bekannt.

Add	Det	Gcdex	Multiply	Randpoly	Smith
Chrem	Diff	Interp	One	Randprime	Sqrfree
Coeff	Divide	Irreduc	Power	Rem	Subtract
Constant	Embed	Lcm	Powmod	Resultant	Tcoeff
ConvertIn	Eval	Lcoeff	Prem	Roots	UNormal
ConvertOut	Factors	Ldegree	Quo	Shift	Zero
Degree	Gcd	Monomial			

◊ Siehe auch: `ConvertIn`, `ConvertOut`, `evalgf`, `GF`, `mod`.

modpol

`modpol(ausdr, poly, var, p)`
Auswertung von Ausdrücken in einem Quotientenkörper ◊ ausdr ist ein rationaler Ausdruck in var und poly ist ein Polynom in var. p ist eine Primzahl. Diese Funktion berechnet einen kanonischen Vertreter für ausdr in $GF(p)[x]/(poly)$. ◊ Man muß erst `readlib(modpol)` eingeben, bevor man diesen Befehl benutzen kann. ◊ `modpol(x/(x+1),x^2+x+1,x,2);` $\longrightarrow x + 1$ ◊ Siehe auch: `GF`.

mods

`mods(ausdr, m)`
Berechnung über den ganzen Zahlen modulo m: symmetrische Vertreter ◊ Diese Funktion wertet ausdr über den ganzen Zahlen modulo m aus, wobei das System von Vertretern $\left\{ -\left\lfloor \frac{|m|-1}{2} \right\rfloor, \ldots, \left\lfloor \frac{|m|}{2} \right\rfloor \right\}$ benutzt wird. ◊ `mods(50,11);` $\longrightarrow -5$ ◊ Siehe auch: mod, `mod`, modp.

MOLS

`MOLS(p, m, n)`
Lateinische Quadrate, die zueinander orthogonal sind ◊ Diese Funktion ergibt eine Liste von n zueinander orthogonalen Lateinischen Quadraten der Größe p^m, falls gilt $n < p^m$. Die Lateinischen Quadrate A und B sind orthogonal, falls die Sammlung der geordneten Paare (A_{ij}, B_{ij}) keine sich wiederholenden Elemente besitzt. ◊ Man muß erst `readlib(MOLS)` eingeben, bevor man diesen Befehl benutzen kann.

msolve

`msolve(glchgen, vars, m)`
`msolve(glchgen, m)`
Löst Gleichungen über den ganzen Zahlen modulo m ◊ glchgen ist eine einfache Gleichung oder eine Menge von Gleichungen. Die Voreinstellung ist so, daß höchstens 5 Lösungen gefunden werden. Dies kann man durch geeignete Zuweisung der Umgebungsvariablen _MaxSols ändern. vars benennt Variablen, die zur Parametrisierung einer Familie von Lösungen benutzt werden sollen. Dies kann eine Menge oder ein einfacher Name sein. ◊ `msolve(x^3=11,41);` $\longrightarrow$ $\{x = 6\}$ ◊ Siehe auch: mod, `isolve`, `numtheory[mroot]`, `numtheory[msqrt]`, `Roots`, `solve`.

mtaylor

`mtaylor(ausdr, vars)`
`mtaylor(ausdr, vars, n)`
`mtaylor(ausdr, vars, n, liste)`
Berechnet eine multivariate Taylorreihenentwicklung des Eingabeausdrucks ausdr bezüglich der Variablenvars bis zur Ordnung n; dabei werden die variablen Gewichte w benutzt ◊ vars kann eine Liste bzw. Menge von Namen oder Gleichungen sein. Ein Name steht für die Gleichung $name = 0$. n gibt an, wo die Reihe abgeschnitten werden soll (totaler Grad). Das vierte Argument spezifiziert die Gewichte (positive ganze Zahlen) für die Variablen: ein Gewicht 2 halbiert die Ordnung, bis zu der die Reihe berechnet werden soll in der entspechenden Variablen. Das Ergebnis ist ein Polynom. ◊ Man muß erst `readlib(mtaylor)` eingeben, bevor man diesen Befehl benutzen kann. ◊ `mtaylor(sin(x)*sin(y),[x,y],5);` $\longrightarrow x y - \frac{1}{6} x y^3 - \frac{1}{6} x^3 y$ ◊ Siehe auch: `coeftayl`, `poisson`, `series`, `taylor`.

nargs

Die Anzahl der Argumente einer Prozedur ◊ Innerhalb der Prozedur hat der spezielle Name nargs als Wert die Anzahl der Elemente der Folge von Ausdrücken args. ◊ Siehe auch: args, proc, procname.

networks

Das Netzwerk-Paket ◇ Die Funktionen dieses Pakets müssen zuerst mit `with` eingeladen werden, bevor man sie benutzen kann. Bei den Funktionsbeschreibungen dieses Pakets stehen G und H für Graphen, e bezeichnet eine Ecke und k steht für eine Kante. Ein Graph wird durch eine spezielle Prozedur vom Typen `GRAPH` dargestellt. ◇ Siehe auch: `networks[function]`, `type/GRAPH`, `with`.

networks[acycpoly]

```
acycpoly(G, p)
```

Polynom zur Azyklizität eines ungerichteten Graphen ◇ Diese Funktion gibt die Wahrscheinlichkeit an, mit der G azyklisch ist, wenn jede Kante mit Wahrscheinlichkeit p operiert. ◇ Siehe auch: `networks[chrompoly]`, `networks[flowpoly]`, `networks[rankpoly]`, `networks[spanpoly]`, `networks[tuttepoly]`.

networks[addedge]

```
addedge({e_1, e_2}, G)
addedge([e_1, e_2], G)
addedge(e_1, e_2, names=knames, weights=kweights, G)
addedge(Cycle(k_1, ..., k_n), G)
addedge(Path(k_1, ..., k_n), G)
```

Fügt eine oder mehrere Kanten zum Graphen hinzu ◇ Eine ungerichtete Kante wird durch eine Menge von Ecken beschrieben. Eine gerichtete Kante wird durch eine Liste zweier Ecken dargestellt: die Startecke ist die erste, die Endecke die zweite. Es kann eine Liste solcher Sammlungen von Ecken angegeben werden, um mehr als eine Ecke auf einmal einzufügen. Die Option `names` gibt einen einfachen Namen oder eine Liste von Namen an, die man für die neu erzeugten Kanten benutzen kann. Die Option `weights` gibt ein einfaches Gewicht bzw. eine Liste von Gewichten für die erzeugten Kanten an (voreingestelltes Gewicht ist 1). Die `Cycle`-Form fügt einen Zyklus von Kanten ein, der die benannten Ecken verbindet, `Path` fügt Kanten hinzu, die die benannten Ecken mit einem Pfad verbinden. Zurückgegeben wird eine Folge von Ausdrücken, die die Namen der neuen Kanten angibt. ◇ Siehe auch: `networks[addvertex]`, `networks[edges]`, `networks[ends]`, `networks[eweight]`, `networks[head]`, `networks[tail]`.

networks[addvertex]

```
addvertex(ecken, G)
addvertex(ecken, weights=eweights, G)
```

Fügt eine oder mehrere Ecken zum Graphen hinzu ◇ ecken kann eine einfache Ecke, eine Folge, Liste oder Menge von Ecken sein. Die Option `weights` gibt den neuen Ecken ein einfaches Gewicht bzw. eine Liste von Gewichten (voreingestellt ist Gewicht 0). Zurückgegeben wird eine Folge von Namen der neu erzeugten Ecken. ◇ Siehe auch: `networks[addedge]`, `networks[edges]`, `networks[vertices]`, `networks[vweight]`.

networks[adjacency]

```
adjacency(G)
```

Konstruiert die Adjazenzmatrix eines Graphen ◇ Diese Funktion erzeugt eine Matrix, deren Reihen und Spalten durch die Ecken (in Reihenfolge) indiziert sind und deren (i, j)ter Eintrag die Anzahl der Kanten von Ecke i nach Ecke j ist. ◇ Siehe auch: `networks[charpoly]`, `networks[incidence]`.

networks[allpairs]

```
allpairs(G)
allpairs(G, name)
```

Kürzester Weg in einem Graph zwischen allen möglichen Paaren ◇ Diese Funktion stellt eine Implementation von Floyds Algorithmus zur Bestimmung des kürzesten Weges zwischen allen Paaren dar. Das Ergebnis ist eine Tabelle, die die kürzesten Entfernungen zwischen einem jeden Paar von Ecken enthält. Einem als zweiten Parameter gegebenen Namen wird eine Tabelle von Vorfahren zugewiesen. ◇ Siehe auch: `networks[ancestor]`, `networks[daughter]`, `networks[eweight]`, `networks[shortpathtree]`, `networks[spantree]`, `networks[vweight]`.

networks[ancestor]

```
ancestor(e, G)
ancestor(emenge, G)
ancestor(G)
```

Finde Vorfahren in einem gerichteten Baum ◇ Die erste Form gibt die Menge der Vorfahren von e im Graphen zurück. Die zweite Form gibt die Menge der Vorfahren des Teilgraphen zurück, der durch die angegebene Menge von Ecken in G beschrieben wird. Mit nur einem Argument gibt diese Funktion die Tabelle von Vorfahren von G zurück, durch die entsprechende Ecke indiziert. ◇ Siehe auch: `networks[daughter]`, `networks[path]`, `networks[shortpathtree]`, `networks[spantree]`.

networks[arrivals]

```
arrivals(e, G)
arrivals(emenge, G)
arrivals(G)
```

Benachbarte Ecken, die entlang eingehender Kanten gefunden werden ◇ Die erste Form gibt die Menge von Ecken zurück, die Anfangsecken der in Richtung e laufenden Kanten sind. Ungerichtete Kanten werden als doppelt gerichtet behandelt. Die zweite Form berechnet die Anfangsecken eines Teilgraphen; der Teilgraph wird durch die Menge der Ecken beschrieben. Die dritte Form gibt eine Tabelle von Anfangsecken zurück, wobei diese durch Ecken indiziert werden. ◇ Siehe auch: `networks[departures]`, `networks[head]`, `networks[neighbors]`, `networks[tail]`.

networks[bicomponents]

```
bicomponents(G)
```

Bestimmt die zweifach zusammenhängenden Komponenten eines Graphen ◇ Ein zusammenhängender Graph kann in zwei zusammenhängende Komponenten, die möglicherweise durch Brücken verbunden sind, zerlegt werden. Diese Funktion gibt zwei Mengen in einer Liste zurück: die erste gibt die Brücken an, die zweite die zusammenhängenden Komponenten. Brücken werden als Kanten spezifiziert. ◇ Siehe auch: `networks[addvertex]`, `networks[components]`, `networks[edges]`, `networks[ends]`, `networks[head]`, `networks[tail]`.

networks[charpoly]

```
charpoly(G, x)
```

Charakteristisches Polynom eines ungerichteten Graphen ◇ Diese Routine berechnet das charakteristische Polynom der Adjazenzmatrix von G, ausgedrückt als Polynom in var. ◇ Siehe auch: `networks[adjacency]`.

networks[chrompoly]

```
chrompoly(G, λ)
```

Berechnet das chromatische Polynom des Graphen G als ein Polynom in λ ◇ Der Wert dieses Polynoms ist die Anzahl der korrekten Eckenfärbungen von G unter Benutzung von λ Farben. ◇ Siehe auch: `networks[acycpoly]`, `networks[flowpoly]`, `networks[rankpoly]`, `networks[spanpoly]`, `networks[tuttepoly]`.

networks[complement]

```
complement(G)
complement(G, H)
```

Findet das Komplement des Graphen ◇ Bei der ersten Form ist das Komplement bezüglich des vollständigen Graphen mit derselben Anzahl von Ecken gemeint. Bei der zweiten Form handelt es sich um das Komplement bezüglich H. ◇ Siehe auch: `networks[complete]`, `networks[induce]`.

networks[complete]

```
complete(n)
complete(emenge)
complete(m, n)
complete(m₁, ..., mₖ)
```

Erzeugt einen vollständigen Graphen ◇ Die Anzahl der Argumente gibt die Anzahl der Teile an. Jedes Teil wird durch eine ganze Zahl spezifiziert, die die Anzahl der Ecken in diesem Teil angibt; so erzeugt zum Beispiel die zweite Form einen vollständigen zweiteiligen Graphen. Handelt es sich nur um ein Teil, so kann eine Menge von Namen von Ecken angegeben werden. ◇ Siehe auch: `networks[cycle]`, `networks[petersen]`, `networks[void]`.

networks[components]

```
components(G)
```

Findet die zusammenhängenden Komponenten eines Graphen ◇ Diese Funktion gibt die Komponenten des Graphen G als eine Menge von Mengen von Ecken zurück. ◇ Siehe auch: `networks[bicomponents]`, `networks[induce]`, `networks[vertices]`.

networks[connect]
```
connect(em₁, em₂, G)
connect(em₁, em₂, weights=liste₁, G)
connect(em₁, em₂, names=liste₂, G)
connect(em₁, em₂, directed, G)
```
Verbindet zwei Mengen von Ecken in einem Graphen ◇ Jedes der em ist eine Liste bzw. Menge von Ecken von G. Diese Funktion verbindet jede Ecke in em₁ mit jeder Ecke in em₂ durch eine Kante. Die Namen der neuen Kanten werden als eine Folge von Ausdrücken zurückgegeben. Die Option `directed` erzeugt gerichtete Kanten und zwar von em₁ nach em₂ (voreingestellt ist ungerichtet). Die Gewichte und Namen der Ecken können in Listen angegeben werden, die mit den Optionen `weights` und `names` assoziiert sind. ◇ Siehe auch: `networks[addedge]`, `networks[edges]`.

networks[connectivity]
```
connectivity(G)
connectivity(G, n)
connectivity(G, n, name₁, name₂)
```
Berechnet den Zusammenhang von Kanten in einem Graphen G ◇ n ist eine untere Schranke für den Zusammenhang. name₁, falls vorhanden, wird eine Menge von Ecken zugewiesen, von der man weiß, daß sie einen gewissen minimalen Kantenschnitt darstellt. name₂, falls vorhanden, wird eine Menge von Ecken zugewiesen, von denen man weiß, daß sie übersättigt sind. ◇ Siehe auch: `networks[components]`, `networks[countcuts]`, `networks[flow]`.

networks[contract]
```
contract(kanten, G)
contract(epaare, G)
```
Kontrahiert Kanten in einem Graphen ◇ kanten ist eine einfache Kante oder eine Liste bzw. Menge von Kanten. epaare ist ein verbundenes Eckenpaar, welches eine Kante eindeutig identifiziert oder eine Liste bzw. Menge von Paaren. Diese Funktion zieht die durch das erste Argument angegebene Kanten von G zusammen. Zurückgegeben wird der Name der Ecke, die diese Operation überlebt hat oder eine Menge solcher Namen, wenn es sich um mehr als eine zusammengezogene Kante handelt. ◇ Siehe auch: `networks[delete]`, `networks[edges]`, `networks[ends]`, `networks[shrink]`.

networks[countcuts]
```
countcuts(G)
```
Zählt die minimalen Netzwerkschnitte eines ungerichteten Graphen ◇ Diese Funktion berechnet die Anzahl der Schnitte mit minimaler Kardinalität in einem ungerichteten Multigraphen. ◇ Siehe auch: `networks[connectivity]`, `networks[counttrees]`.

networks[counttrees]
```
counttrees(G)
```
Zählt die aufspannenden Bäume in einem ungerichteten Graphen ◇ Diese Funktion benutzt den Kirchhoffschen Matrixbaum-Satz, um die aufspannenden Bäume von G zu zählen. ◇ Siehe auch: `networks[spantree]`.

networks[cube]
```
cube(n)
cube(ecken)
cube()
```
Erzeugt einen Hyperwürfel ◇ Die erste Form erzeugt den nten Hyperwürfel, einen Graphen mit 2^n Ecken. Die zweite Form benennt die im Graphen benutzten Ecken. ecken ist eine Liste bzw. Menge mit einer Länge, die eine Zweierpotenz ist. Die dritte Form ist äquivalent zu `cube(3)`. ◇ Siehe auch: `networks[dodecahedron]`, `networks[icosahedron]`, `networks[octahedron]`, `networks[petersen]`, `networks[tetrahedron]`.

networks[cycle]
```
cycle(n)
```
Erzeugt einen Zyklus ◇ Diese Funktion erzeugt einen Graphen, welcher einen ungerichteten Zyklus mit n Ecken und Kanten darstellt. ◇ Siehe auch: `networks[complete]`, `networks[void]`.

networks[cyclebase]
```
cyclebase(G)
```
Findet einen Zyklenbasis in einem ungerichteten Graphen ◇ Nachdem ein aufspannender Baum gefunden wurde, findet diese Funktion alle fundamentalen Zyklen bezüglich eines aufspannenden Baumes. Zurückgegeben wird eine Menge von Zyklen, wobei jeder Zyklus durch eine Menge von Ecken dargestellt wird. ◇ Siehe auch: `networks[components]`, `networks[fundcyc]`, `networks[spantree]`.

networks[daughter]
```
daughter(e, G)
daughter(G)
```
Findet Töchter in einem gerichteten Baum ◇ Bei der ersten Form wird eine Menge von Töchtern von e im Graphen zurückgegeben. Die zweite Form ergibt die Menge der Töchter des durch die angegeben Ecken in G induzierten Teilgraphen. Mit einem einfachen Argument berechnet diese Funktion die Tabelle der Töchter von G, durch Ecken indiziert. ◇ Siehe auch: `networks[ancestor]`, `networks[path]`, `networks[shortpathtree]`, `networks[spantree]`.

networks[degreeseq]
```
degreeseq(G)
```
Findet die Folge der verschiedenen Grade eines Graphen ◇ Diese Funktion gibt eine Liste von Eckengraden, in aufsteigender Ordnung sortiert. ◇ Siehe auch: `networks[indegree]`, `networks[maxdegree]`, `networks[mindegree]`, `networks[outdegree]`, `networks[vdegree]`.

networks[delete]
```
delete(kanten, G)
delete(ecken, G)
```
Entfernt Ecken oder Kanten aus einem Graphen ◇ Diese Funktion modifiziert den gegebenen Graphen G indem die angegebenen Ecken bzw. Kanten entfernt werden. Das erste Argument kann entweder eine einfache Ecke bzw. Kante oder eine Liste bzw. Menge von Ecken bzw. Kanten sein. Der modifizierte Graph wird ebenfalls von der Routine zurückgegeben. ◇ Siehe auch: `networks[complement]`, `networks[contract]`.

networks[departures]
```
departures(e, G)
departures(emenge, G)
departures(G)
```
Die benachbarten Ecken, die sich entlang ausgehender Kanten befinden ◇ Die erste Form gibt die Menge von Ecken zurück, die die Endecken von Kanten sind, die von e ausgehen. Ungerichtete Kanten werden als doppelt gerichtet behandelt. Die zweite Form berechnet die Endecken des Teilgraphen, der durch die gegebene Menge von Ecken induziert wird. Die dritte Form ergibt eine Tabelle von Endecken, indiziert durch die Ecke. ◇ Siehe auch: `networks[arrivals]`, `networks[head]`, `networks[neighbors]`, `networks[tail]`.

networks[diameter]
```
diameter(G)
```
Berechnet den Durchmesser eines Graphen ◇ Das Ergebnis ist gleich unendlich, wenn der Graph nicht zusammenhängend ist. Die Gewichte an den Ecken werden als Längen oder Distanzen betrachtet und müssen deshalb nichtnegativ sein. ◇ Siehe auch: `networks[allpairs]`, `networks[eweight]`, `networks[shortpathtree]`, `networks[spantree]`.

networks[dinic]
```
dinic(G, e_1, e_2)
dinic(G, e_1, e_2, name_1, name_2)
dinic(G, e_1, e_2, name_1, name_2, n)
```
Algorithmus zur Berechnung eines maximalen Flusses ◇ Diese Funktion berechnet den maximalen Fluß von der Quelle e_1 zur Senke e_2. Die Gewichte der Kanten von G werden als Kapazitäten interpretiert. Ist $name_1$ angegeben, so wird diesem die Menge der gesättigten Kanten zugewiesen, $name_2$ wird dann die Menge der korrespondierenden Ecken zugewiesen. Wird eine nichtnegative ganze obere Schranke n angegeben, so stoppt die Routine sobald ein Fluß der Kapazität n gefunden wurde, auch wenn Flüsse höherer Kapazität existieren. Diese Funktion wird normalerweise von `networks[flow]` aufgerufen. ◇ Siehe auch: `networks[connectivity]`, `networks[flow]`, `networks[spantree]`, `networks[shortpathtree]`.

networks[djspantree]

```
djspantree(G)
```

Aufspannender Baum eines Graphen mit disjunkten Kanten ◇ Diese Funktion benutzt den Unterteilungsalgorithmus von Edmond, um eine Unterteilung von G in eine minimale Anzahl von Wäldern zu finden. So viele Wälder der endgültigen Unterteilung wie irgend möglich, sind aufspannende Bäume. Zurückgegeben wird eine Tabelle von Kantenmengen. ◇ Siehe auch: `networks[components]`, `networks[countcuts]`, `networks[flow]`, `networks[spantree]`.

networks[dodecahedron]

```
dodecahedron()
```

Erzeugt einen Graphen, welcher die Topologie eines Dodekaeder beschreibt ◇ Siehe auch: `networks[cube]`, `networks[icosahedron]`, `networks[octahedron]`, `networks[petersen]`, `networks[tetrahedron]`.

networks[draw]

```
draw(G)
draw(Concentric(eliste_1, eliste_2, ...), G)
draw(Linear(eliste_1, eliste_2, ...), G)
```

Zeichnet einen Graphen ◇ Diese Funktion zeichnet die Kanten und Ecken eines Graphen. Die erste Variante ordnet die Ecken in gleichen Abständen kreisförmig an. Die Option `Linear` zeichnet die Gruppen von Ecken, die durch die Listen angegeben sind, in parallelen Linien. Die Option `Concentric` zeichnet die durch die Listen spezifizierten Gruppen von Ecken als konzentrische Kreise, wobei die erste Liste den innersten Kreis bildet. ◇ Siehe auch: `networks[show]`.

networks[duplicate]

```
duplicate(G)
```

Kopiert einen Graphen ◇ Siehe auch: `networks[complement]`, `networks[induce]`.

networks[edges]

```
edges(G)
edges([e_1, e_2], G)
edges({e_1, e_2}, G)
edges(epaar, G, all)
```

Findet Kanten in einem Graphen ◇ Die erste Form gibt eine Liste aller Kanten in G zurück. Die zweite Form gibt eine Liste aller gerichteten Kanten von e_1 nach e_2 zurück. Die dritte Form formt eine Liste aller ungerichteten Kanten, die e_1 und e_2 verbinden. Beim letzten Schema wird die Menge aller der Kanten zurückgegeben, die die beiden Ecken in in epaar verbinden; dabei ist die Richtung nicht von Interesse. epaar kann eine Liste oder eine Menge sein. ◇ Siehe auch: `networks[addedge]`, `networks[ends]`, `networks[head]`, `networks[tail]`, `networks[vertices]`.

networks[ends]

```
ends(k, G)
ends(kanten, G)
ends(G)
```

Findet die Enden einer Kante in einem Graphen ◇ Gegeben sei eine einfache Kante als erstes Argument; diese Funktion gibt das Paar von Ecken zurück, das die Enden der Kante darstellt. Ist die Ecke gerichtet, wird das Paar als Liste mit der Anfangsecke zuerst zurückgegeben; sonst stellt das Paar eine Menge dar. Ist eine Liste bzw. Menge von Kanten als erstes Argument gegeben, so wird eine Liste bzw. Menge von Eckenpaaren zurückgegeben. Die letzte Variante ist äquivalent zu `ends(edges(G), G)` ◇ Siehe auch: `networks[edges]`, `networks[head]`, `networks[tail]`.

networks[eweight]

```
eweight(k, G)
eweight(kliste, G)
eweight(G)
```

Bestimmt die Gewichte der Kanten eines Graphen ◇ Diese Funktion ergibt das mit der Kante k assoziierte Gewicht bzw. die Liste von Gewichten, die mit der Liste von Kanten kliste assoziiert sind. Die dritte Variante gibt die Tabelle der Kantengewichte von G zurück. ◇ Siehe auch: `networks[edges]`, `networks[vweight]`.

networks[flow]

```
flow(G, e1, e2)
flow(G, e1, e2, maxflow=n)
flow(G, e1, e2, name1, name2)
flow(G, e1, e2, name1, name2, maxflow=n)
```

Berechnet den maximalen Fluß in einem Netzwerk ◊ Diese Funktion berechnet den maximalen Fluß von der Quelle e_1 zur Senke e_2. Die Gewichte der Kanten von G werden als Kapazitäten interpretiert. Ist $name_1$ spezifiziert, so wird diesem die Menge der gesättigten Kanten zugewiesen; $name_2$ die Menge der Ecken dieser Kanten. Die Option `maxflow` sorgt dafür, daß n den Wert des maximalen gefundenen Flusses erhält. ◊ Siehe auch: `networks[connectivity]`, `networks[dinic]`, `networks[mincut]`, `networks[shortpathtree]`, `networks[spantree]`.

networks[flowpoly]

```
flowpoly(G, var)
```

Berechnet das Polynom des Flusses eines ungerichteten Graphen ◊ Ist var eine ganze Zahl m, so ist dies die Anzahl der Flüsse in G, die nirgendwo gleich null sind, wobei ihre Kantenbezeichnungen aus den ganzen Zahlen modulo m ausgewählt werden. ◊ Siehe auch: `networks[acycpoly]`, `networks[chrompoly]`, `networks[rankpoly]`, `networks[spanpoly]`, `networks[tuttepoly]`.

networks[fundcyc]

```
fundcyc(kmenge, G)
```

Findet den Zyklus in einem einzyklischen ungerichteten Graphen ◊ Gegeben sei eine Teilmenge von Kanten, die einen einzyklischen Teilgraphen von G formen, dann gibt diese Funktion die Kanten, die diesen eindeutigen Zyklus formen, als eine Menge zurück. ◊ Siehe auch: `networks[components]`, `networks[cyclebase]`, `networks[rank]`, `networks[span]`.

networks[getlabel]

```
getlabel(G)
```

Findet die eindeutige interne Bezeichnung des Graphen ◊ Jeder Graph besitzt eine interne Kennnung, so daß Kopien desselben Graphen voneinander unterschieden werden können. ◊ Siehe auch: `networks[duplicate]`, `networks[new]`.

networks[girth]

```
girth(G)
girth(G, name)
```

Findet die Länge des kürzesten Zyklus in einem ungerichteten Graphen G ◊ Besitzt der Graph keine Zyklen, so wird unendlich zurückgegeben. Wird zusätzlich ein Name angegeben, so wird diesem die Menge der Kanten zugewiesen, die einen kürzesten Zyklus bilden. ◊ Siehe auch: `networks[cycle]`.

networks[graph]

```
graph(emenge, kmenge)
```

Erzeugt einen Graphen aus einer angegeben Menge von Ecken und Kanten ◊ kmenge ist eine Menge von Eckenpaaren. Jedes Paar kann eine Liste oder Menge sein: eine Liste steht für eine gerichtete Kante, eine Menge für eine ungerichtete Kante. ◊ Siehe auch: `networks[induce]`, `networks[new]`.

networks[graphical]

```
graphical(intliste)
graphical(intliste, MULTI)
```

Prüft, ob eine Liste von ganzen Zahlen eine Graphen beschreibt ◊ Diese Funktion prüft, ob die Liste von ganzen Zahlen die Gradfolge eines einfachen Graphen oder eines Multigraphen ohne Schleifen (falls `MULTI` angegeben ist) ist. Ist dies der Fall, so wird eine Liste von Kanten zurückgegeben, die diesen Graphen realisieren; sonst ergibt sich *FAIL*. ◊ `graphical([1,2,1]);` $\longrightarrow [\{2,3\}, \{1,2\}]$ ◊ Siehe auch: `networks[degreeseq]`, `networks[maxdegree]`, `networks[mindegree]`, `networks[vdegree]`.

networks[gsimp]

```
gsimp(G)
```

Erzeugt einen einfachen Graphen aus einem Multigraphen ◊ Diese Funktion entfernt Schleifen, ersetzt gerichtete Kanten durch ungerichtete Kanten und ersetzt Mehrfachkanten durch eine einfache Kante mit der gleichen Kapazität wie die alten Kanten zusammen. Zurückgegeben wird der modifizierte Graph G. ◊ Siehe auch: `networks[delete]`.

networks[gunion]

```
gunion(G, H)
gunion(G, H, SIMPLE)
```

Vereinigung zweier Graphen ◇ Diese Funktion erzeugt einen Graphen, dessen Menge von Ecken die Vereinigung der Mengen von Ecken von G und H ist und der darüberhinaus für jede Kante von G und für jede Kante von H eine Kante besitzt. Vielfachkanten mit denselben Endpunkten werden beibehalten; nur wenn `SIMPLE` angegeben wird, werden sie zu einer einfachen Kante reduziert. ◇ Siehe auch: `networks[addedge]`, `networks[addvertex]`.

networks[head]

```
head(k, G)
head(kanten, G)
head(G)
```

Findet die Endpunkte von gerichteten Kanten ◇ Ist k ungerichtet, so wird `NULL` zurückgegeben. Ist eine Liste bzw. Menge von Kanten kanten angegeben, so wird eine Liste bzw. Menge von Endecken zurückgegeben. Ist nur der Graph G angegeben, so erzeugt diese Funktion eine Tabelle, in der die Endecken aller Kanten gespeichert sind. ◇ Siehe auch: `networks[ends]`, `networks[tail]`.

networks[icosahedron]

```
icosahedron()
```

Erzeugt einen Graphen, welcher die Topologie eines Ikosaeder beschreibt ◇ Siehe auch: `networks[cube]`, `networks[dodecahedron]`, `networks[octahedron]`, `networks[petersen]`, `networks[tetrahedron]`.

networks[incidence]

```
incidence(G)
```

Erzeugt eine Inzidenzmatrix eines Graphen ◇ Die Reihen der Inzidenzmatrix stellen Ecken und die Spalten stellen Kanten dar. Eine von einer Ecke ausgehenden Kante ergibt einen Wert von -1 in der Matrix; eine eingehende oder ungerichtete Kante ergibt 1. Alle anderen Einträge sind gleich 0. ◇ Siehe auch: `networks[adjacency]`, `networks[edges]`, `networks[ends]`, `networks[incident]`.

networks[incident]

```
incident(e, G, option)
incident(emenge, G, option)
```

Findet die Kanten, die zu einer gegebenen Menge von Ecken inzident sind ◇ Die erste Form gibt die Menge der Kanten zurück, die zur Ecke e inzident sind. Gegeben sei eine Menge von Ecken, dann ergibt diese Funktion die Menge der Schnittecken bezüglich des Teilgraphen, der durch diese Menge von Ecken induziert wird. option kann entweder `In` oder `Out` sein, um anzugeben welche Klasse von gerichteten Kanten betrachtet werden soll. Ungerichtete Kanten werden als doppelt gerichtet betrachtet. ◇ Siehe auch: `networks[arrivals]`, `networks[departures]`, `networks[neighbors]`.

networks[indegree]

```
indegree(e, G)
```

Findet den eingehenden Grad der Ecke e ◇ Diese Funktion betrachtet ausschließlich gerichtete Kanten. ◇ Siehe auch: `networks[maxdegree]`, `networks[mindegree]`, `networks[neighbors]`, `networks[outdegree]`, `networks[vdegree]`.

networks[induce]

```
induce(kmenge, G)
induce(emenge, G)
```

Induziert einen Teilgraphen in einem Graphen ◇ Diese Funktion erzeugt einen Teilgraphen von G entweder aus einer Menge von Ecken und ihren verbindenden Kanten oder einer Menge von Kanten und ihrer Endpunkte. ◇ Siehe auch: `networks[complement]`, `networks[edges]`, `networks[ends]`, `networks[incident]`, `networks[vertices]`.

networks[isplanar]

```
isplanar(G)
```

Prüft, ob der Graph eben ist ◇ Diese Funktion ergibt *true*, falls der Graph eine ebene Einbettung besitzt und *false* sonst. ◇ Siehe auch: `networks[bicomponents]`.

networks[maxdegree]

```
maxdegree(G)
maxdegree(G, name)
```

Findet den maximalen Eckengrad in einem ungerichteten Graphen ◇ Diese Funktion berechnet die Gesamtzahl ungerichteter Kanten (Schleifen eingeschlossen), die zu einer Ecke inzident sind und gibt das Maximum über alle Ecken zurück. Wird ein Name angegeben, so wird diesem eine Ecke mit maximalem Grad zugewiesen. ◇ Siehe auch: `networks[indegree]`, `networks[mindegree]`, `networks[outdegree]`, `networks[vdegree]`.

networks[mincut]

```
mincut(G, e1, e2)
mincut(G, e1, e2, name)
```

Findet den minimalen Schnitt in einem Netzwerkflußproblem ◇ Diese Funktion gibt die kleinste Menge von Ecken zurück, deren Entfernen alle gerichteten Wege von der Quelle e_1 zur Senke e_2 unterbrechen würde. Ist ein Name angegeben, so wird diesem der Wert des Schnittes zugewiesen. ◇ Siehe auch: `networks[connectivity]`, `networks[countcuts]`, `networks[edges]`, `networks[flow]`.

networks[mindegree]

```
mindegree(G)
mindegree(G, name)
```

Findet den minimalen Eckengrad in einem ungerichteten Graphen ◇ Diese Funktion berechnet die Gesamtzahl ungerichteter Kanten (Schleifen eingeschlossen), die zu einer Ecke inzident sind und gibt das Minimum über alle Ecken zurück. Wird ein Name angegeben, so wird diesem eine Ecke mit minimalem Grad zugewiesen. ◇ Siehe auch: `networks[indegree]`, `networks[maxdegree]`, `networks[outdegree]`, `networks[vdegree]`.

networks[neighbors]

```
neighbors(e, G)
neighbors(emenge, G)
neighbors(G)
```

Findet benachbarte Ecken, wobei alle Kanten als ungerichtet angesehen werden ◇ Die erste Form gibt die Menge der Ecken zurück, die die Endpunkte einer Kante sind, die inzident zu e ist, unabhängig von der Richtung. Die zweite Form berechnet die Nachbarn des durch die gegebene Menge von Ecken induzierten Teilgraphen. Die dritte Form gibt eine Tabelle von Nachbarn zurück, die durch die Ecken indiziert wird. ◇ Siehe auch: `networks[arrivals]`, `networks[departures]`.

networks[new]

```
new()
new(name)
```

Erzeugt einen neuen Graphen ohne Ecken oder Kanten ◇ Wird ein Name spezifiziert, so wird diesem der neue Graph zugewiesen. Diese Funktiuon liefert den neuen Graphen zurück. ◇ Siehe auch: `networks[addedge]`, `networks[addvertex]`, `networks[void]`.

networks[octahedron]

```
octahedron()
```

Erzeugt einen Graphen, der die Topologie eines Oktaeder beschreibt ◇ Siehe auch: `networks[cube]`, `networks[dodecahedron]`, `networks[icosahedron]`, `networks[petersen]`, `networks[tetrahedron]`.

networks[outdegree]

```
outdegree(e, G)
```

Findet den ausgehenden Grad der Ecke e ◇ Diese Funktion betrachtet ausschließlich gerichtete Kanten. ◇ Siehe auch: `networks[indegree]`, `networks[maxdegree]`, `networks[mindegree]`, `networks[neighbors]`, `networks[vdegree]`.

networks[path]

```
path([e1, e2], G)
```

Findet einen Weg in einem gerichteten Baum ◇ Gibt es einen gerichteten Weg von e_1 nach e_2, so ergibt diese Funktion eine Liste aller Ecken dieses Weges. Kann ein solcher Weg nicht gefunden werden, so wird *FAIL* zurückgegeben. ◇ Siehe auch: `networks[ancestor]`, `networks[daughter]`, `networks[shortpathtree]`.

networks[petersen]
```
petersen()
```
Erzeugt einen speziellen Graphen, den Petersen-Graph ⋄ Siehe auch: `networks[cube]`, `networks[dodecahedron]`, `networks[icosahedron]`, `networks[octahedron]`, `networks[tetrahedron]`.

networks[random]
```
random(n)
random(n, m)
random(n, prob=p)
```
Erzeugt einen Zufallsgraphen ⋄ Ist ein einfaches Argument n gegeben, so erzeugt diese Funktion einen Zufallsgraphen mit n Ecken, wobei jede Kante mit Wahrscheinlichkeit $\frac{1}{2}$ auftritt. Zusätzliche Argumente geben die Anzahl der Kanten m an, oder die Wahrscheinlichkeit p, mit der jede Kante auftritt. ⋄ Siehe auch: `networks[complete]`, `networks[cycle]`, `networks[new]`.

networks[rank]
```
rank(k, G)
rank(kmenge, G)
```
Berechnet den Rang einer Menge von Kanten ⋄ Das erste Argument kann entweder eine einfache Kante oder eine Menge von Kanten sein. Der Rang ist die Anzahl der Ecken von G minus der Anzahl der Komponenten des durch die Kantenmenge induzierten Teilgraphen. ⋄ Siehe auch: `networks[components]`, `networks[induce]`, `networks[span]`.

networks[rankpoly]
```
rankpoly(G, x, y)
```
(Whitney)-Rangpolynom eines ungerichteten Graphen ⋄ Der Koeffizient von $x^i y^j$ im Rangpolynom ist die Anzahl der aufspannenden Teilgraphen von G, die i Komponenten mehr als G und einen Zyklusraum der Dimension j besitzen. ⋄ Siehe auch: `networks[acycpoly]`, `networks[chrompoly]`, `networks[flowpoly]`, `networks[spanpoly]`, `networks[tuttepoly]`.

networks[shortpathtree]
```
shortpathtree(G, e)
```
Konstruiert einen aufspannenden Baum kürzesten Weges ⋄ Diese Funktion implementiert Dijkstras Algorithmus zur Berechnung eines aufspannenden Baums mit kürzestem Weg mit Wurzel e. Die Kantengewichte in G werden als Längen oder Entfernungen interpretiert und müssen deshalb nichtnegativ sein. Die endgültigen Entfernungen werden als Eckengewichte im zurückgegebenen Graphen aufgezeichnet. ⋄ Siehe auch: `networks[allpairs]`, `networks[diameter]`, `networks[eweight]`, `networks[spantree]`, `networks[vweight]`.

networks[show]
```
show(G)
```
Zeigt eine Tabelle von Informationen über einen Graphen ⋄ Siehe auch: `networks[draw]`, `networks[edges]`, `networks[eweight]`, `networks[neighbors]`, `networks[vertices]`, `networks[vweight]`.

networks[shrink]
```
shrink(emenge, G)
shrink(emenge, G, vname)
```
Identifiziert Gruppen von Ecken als eine einzelne Ecke ⋄ Diese Funktion ersetzt die gegebene Menge von Ecken durch eine einfache Ecke in G und gibt den Namen dieser neuen Ecke zurück. Der Name der eingelaufenen Ecke kann als drittes Argument spezifiziert werden. ⋄ Siehe auch: `networks[contract]`.

networks[span]
```
span(k, G)
span(kmenge, G)
```
Findet den Span einer Menge von Kanten ⋄ Diese Funktion gibt die Menge von Kanten zurück, die von der gegebenen Kante bzw. Menge von Kanten in G aufgespannt werden. Eine Kante wird von einer gegebenen Menge von Kanten aufgespannt, falls ihre beiden Endpunkte in der Menge der Endpunkte der Kantenmenge enthalten sind. ⋄ Siehe auch: `networks[fundcyc]`, `networks[induce]`, `networks[rank]`.

networks[spanpoly]

```
spanpoly(G, p)
```

Spanpolynom eines ungerichteten Graphen ⋄ Diese Funktion ergibt die Wahrscheinlichkeit, daß G ein aufspannender Graph ist, unter der Voraussetzung, daß jede Kante mit Wahrscheinlichkeit p operiert. ⋄ Siehe auch: `networks[acycpoly]`, `networks[chrompoly]`, `networks[flowpoly]`, `networks[rankpoly]`, `networks[tuttepoly]`.

networks[spantree]

```
spantree(G)
spantree(G, e)
spantree(G, e, name)
```

Findet einen aufspannenden Baum mit minimalem Gewicht ⋄ Der ausgewählte Baum mit Wurzel e besitzt Kanten, die das totale Kantengewicht des Baums minimieren. Wird name angegeben, so wird diesem das Gesamtgewicht zugewiesen. Das Ergebnis wird als ein neuer Graph zurückgegeben. ⋄ Siehe auch: `networks[shortpathtree]`.

networks[tail]

```
tail(k, G)
tail(kanten, G)
tail(G)
```

Findet die Startecke gerichteter Kanten ⋄ Falls k ungerichtet ist, so wird NULL zurückgegeben. Falls eine Liste bzw. Menge von Kanten kanten angegeben wurde, so wird eine Liste bzw. Menge von Startecken zurückgegeben. Ist nur der Graph G gegeben, so ergibt diese Funktion eine Tabelle, die die Startecken aller Kanten enthält. ⋄ Siehe auch: `networks[ends]`, `networks[head]`.

networks[tetrahedron]

```
tetrahedron()
```

Erzeugt einen Graphen, der die Topologie eines Tetraeder beschreibt. ⋄ Siehe auch: `networks[cube]`, `networks[dodecahedron]`, `networks[icosahedron]`, `networks[octahedron]`, `networks[petersen]`.

networks[tuttepoly]

```
tuttepoly(G, t, z)
```

Tutte-Polynom eines ungerichteten Graphen ⋄ Das Tutte-Polynom ist eine Summe über alle maximalen Wälder H von G der Terme $t^{ia(H)}z^{ea(H)}$, wobei $ia(H)$ die interne Aktivität von H und $ea(H)$ die externe Aktivität von H ist. ⋄ Siehe auch: `networks[acycpoly]`, `networks[chrompoly]`, `networks[flowpoly]`, `networks[rankpoly]`, `networks[spanpoly]`.

networks[type/GRAPH]

```
type(G, GRAPH)
```

Testet auf den Typen GRAPH ⋄ Ein Graph wird durch eine spezielle Prozedur vom Typ GRAPH dargestellt. Dieser Typencheck steht nur dann zur Verfügung, wenn vorher das Paket `networks` eingeladen wurde. ⋄ Siehe auch: `networks`.

networks[vdegree]

```
vdegree(e, G)
```

Berechnet den Eckengrad von e ⋄ Diese Funktion betrachtet nur ungerichtete Kanten. ⋄ Siehe auch: `networks[indegree]`, `networks[maxdegree]`, `networks[mindegree]`, `networks[neighbors]`, `networks[outdegree]`, .

networks[vertices]

```
vertices(G)
```

Gibt die Menge der Ecken von G zurück ⋄ Diese Funktion gibt die Menge der Ecken von G zurück. ⋄ Siehe auch: `networks[addvertex]`, `networks[edges]`.

networks[void]

```
void(n)
void(emenge)
```

Erzeugt einen leeren Graphen ⋄ Diese Funktion erzeugt einen Graphen mit n Ecken aber ohne Kanten. Die Namen der Ecken können in einer Liste angegeben werden. ⋄ Siehe auch: `networks[complete]`, `networks[cycle]`, `networks[petersen]`.

networks[vweight]
```
vweight(e, G)
vweight(eliste, G)
vweight(G)
```
Findet die Gewichte der Ecken in einem Graphen ◇ Diese Funktion gibt das zur Ecke e gehörende Gewicht zurück bzw. die Liste von Gewichten, die zur Eckenliste eliste gehören. Die dritte Variante erzeugt eine Tabelle der Eckengewichte von G. ◇ Siehe auch: `networks[eweight]`, `networks[vertices]`.

next
Fährt unverzüglich mit der nächsten Iteration der umgebenden do-Schleife fort ◇ Diese Anweisung kann nur innerhalb einer Wiederholungsanweisung auftreten. ◇ Siehe auch: `break`, `do`.

nextprime
```
nextprime(n)
```
Berechnet die kleinste wahrscheinliche Primzahl, die größer als n ist ◇ Diese Funktion benutzt `isprime`, um die nächste wahrscheinliche Primzahl zu berechnen. ◇ `nextprime(100);` $\longrightarrow$ 101 ◇ Siehe auch: `isprime`, `ithprime`, `numtheory[safeprime]`, `prevprime`.

nops
```
nops(ausdr)
```
Ergibt die Anzahl der Operanden im Ausdruck ◇ Handelt es sich um eine Liste oder Menge, so wird die Anzahl der Elemente zurückgegeben. ◇ `nops([4,5,6]);` $\longrightarrow$ 3 ◇ Siehe auch: `op`.

norm
```
norm(poly, r, vars)
norm(poly, infinity, vars)
```
Norm eines Polynoms ◇ Für ein gegebenes $r \geq 1$ berechnet diese Funktion $\left(\sum |c|^r \right)^{1/r}$, wobei c über die Koeffizienten von poly in den Variablen vars läuft. Ist das zweite Argument `infinity`, so wird das Maximum der $|c|$ zurückgegeben. vars kann ein einfacher Variablenname oder eine Liste bzw. Menge von Variablennamen sein. Ist dies Argument nicht vorhanden, so wird stattdessen `indets(poly)` benutzt. ◇ `norm(x^2+3,2);` $\longrightarrow \sqrt{10}$ ◇ Siehe auch: `coeffs`, `indets`, `linalg[norm]`, `maxnorm`, `Norm`.

Norm
```
Norm(ausdr)
Norm(ausdr, L, K)
```
Starre Normfunktion ◇ Wird diese Funktion zusammen mit `evala` benutzt, so berechnet sie die Norm einer algebraischen Zahl oder algebraischen Funktion. Bei der ersten Form wird die Norm über den rationalen Zahlen berechnet, falls ausdr eine algebraische Zahl ist. Ist ausdr eine algebraische Funktion so wird die Norm über der kleinstmöglichen transzendentalen Erweiterung der rationalen Zahlen berechnet. Bei der zweiten Form wird die Norm über dem algebraischen Zahl- oder Funktionskörper K berechnet, wobei *ausdr* als ein Element von $L(ausdr)$ angesehen wird. K und L sind Mengen von `RootOf` und L muß eine Teilmenge von K sein. ◇ Siehe auch: `evala`, `linalg[norm]`, `norm`, `RootOf`.

normal
```
normal(ausdr)
normal(ausdr, expanded)
```
Normiert einen rationalen Ausdruck ◇ Der Ausdruck wird in „faktorisierte Normalform" umgewandelt: eine Summe von Termen wird über einem gemeinsamen Nenner kombiniert und die entstehende rationale Funktion wird normiert, so daß Zähler und Nenner zueinander prime, faktorierte Polynome mit ganzzahligen Koeffizienten sind. Wird die Option `expanded` angegeben, so sind Zähler und Nenner entwickelte Polynome. ◇ `normal(x/y - x/(x+y));` $\longrightarrow \frac{x^2}{y(x+y)}$ ◇ Siehe auch: `denom`, `expand`, `factor`, `Normal`, `numer`, `simplify`.

Normal
```
Normal(ausdr)
```
Starre Normierungsfunktion ◇ Wird diese Funktion zusammen mit `mod` benutzt, so berechnet sie eine Normalform für den Ausdruck über einem endlichen Körper. Zusammen mit `evala` wird die Normalform über einem Körper berechnet, der durch die `RootOf`-Terme in den Koeffizienten des Ausdrucks bestimmt wird. ◇ `Normal((x^3+1)/(x^2+x)) mod 2;` $\longrightarrow \frac{x^2+x+1}{x}$ ◇ Siehe auch: `evala`, `Expand`, `mod`, `normal`, `RootOf`.

Normalizer

Umgebungsvariable ◇ Ihr Wert ist eine Prozedur zum Normieren von Ausdrücken. Sie wird zu Anfang auf `normal` gesetzt.

not

`not a`

Logischer Operator ◇ Dieser Ausdruck ist `true`, falls a `false` ist und `false`, falls a `true` ist. Es ergibt sich FAIL, wenn a FAIL ergibt. ◇ Siehe auch: `and`, `evalb`, `or`.

np

Newman-Penrose-Paket ◇ Die Funktionen in diesem Paket müssen erst mit `with` geladen werden, bevor man sie benutzen kann. Es stehen die folgenden Funktionen zur Verfügung:

```
conj    eqns    V     X     X_V   Y_D   Y_X
D       suball  V_D   X_D   Y     Y_V
```

Dieses Paket ist durch das Paket `NPspinor` ersetzt worden, welches alle diese Funktion enthält. ◇ Siehe auch: `NPspinor`, `NPspinor[function]`.

NPspinor

NPspinor-Paket ◇ Dieses Paket ist eine Erweiterung des nun überflüssigen np-Pakets. Die Funktionen in diesem Paket müssen erst mit `with` geladen werden, bevor man sie benutzen kann. Dieses Paket benutzt globale Namen für mehrere NP-Größen. Um eine Liste aller benutzten globalen Namen zu erhalten, lasse man sich den Wert von `` `NPspinor/globals` `` anzeigen, nachdem man das Paket geladen hat. ◇ Siehe auch: `NPspinor[function]`, `with`.

NPspinor[basis]

`basis(ausdr)`
`basis(ausdr, indexliste)`
Berechnet die Menge der fundamentalen Spinoren (d. h. der Basisspinoren oder Spinmetriken), die in dem gegebenen Ausdruck vorkommen ◇ Wird eine Liste von Indizes für Spinoren als zweites Argument gegeben, so werden nur die Basiselemente zu den angegebenen Indizes berechnet.

NPspinor[checkvars]

`checkvars()`
Prüft die Zuweisungen der Paketvariablen ◇ Diese Funktion überprüft die globalen Variablen, die für die NP-Spinkoeffizienten und Krümmungskomponenten benutzt werden, sowie die Spinoren i und o. Sollte eine dieser Variablen einen Wert besitzen, so wird eine Warnmeldung ausgegeben.

NPspinor[conj]

`conj(ausdr)`
Berechnet das komplex konjugierte eines Ausdrucks im Newman-Penrose/Spinor-Formalismus gemäß der gewöhnlichen Regeln ◇ Der Wert von `conj(name)` wird als namec ausgegeben.

NPspinor[contract]

`contract(ausdr)`
Wertet Kontraktionen zwischen Basisspinoren aus ◇ Die Prozedur NPspinor[dyad] muß benutzt werden, um andere Objekte in der Spinorenbasis darzustellen, bevor Kontraktionen ausgewertet werden können. ◇ Siehe auch: `NPspinor[dyad]`.

NPspinor[D]

`D(ausdr)`
Newman-Penrose-Pfaffscher Operator assoziiert mit dem Null-Tetrad-Vektor l ◇ Die globale Variable `const` erlaubt es, Namen als konstant zu kennzeichnen.

NPspinor[del]

`del(ausdr, index`$_1$`, index`$_2$`)`
Kovariante Differentiation mittels Spinoren ◇ Diese Funktion berechnet die kovariante Ableitung (unter Benutzung des Newman-Penrose/Spinor-Formalismus) von `object` explizit für Skalare, einige unausgewertete Prozeduraufrufe und Basis-1-Spinoren. Genau einer der freien Spinorindizes (d.h. Namen) muß „gepunktet" sein (d. h. muß mit „c" enden). Die globale Variable `const` enthält die Menge der Größen mit kovarianter Ableitung 0. ◇ Siehe auch: `NPspinor[basis]`, `NPspinor[D]`, `NPspinor[dyad]`.

NPspinor[dyad]

`dyad(ausdr)`
Entwickelt einen Ausdruck nach Spinor-Dyaden ◇ Diese Funktion entwickelt vollständig alle Formen der Krümmungsspinoren (und ihrer komplex-konjugierten) bezüglich der Dyad-Spinoren o und i. ◇ Siehe auch: `NPspinor[basis]`, `NPspinor[contract]`, `NPspinor[del]`.

NPspinor[eqns]

```
eqns()
eqns(n, m)
```

Initialisierung und Ausgabe von NP-Gleichungen ◇ Die erste Form initialisiert die „grundlegen-den" Gleichungen (die Newman-Penrose- Ricci- und Bianchi-Identitäten) eq1 bis eq29 und weist 29 der Variablen neqs zu oder es werden alle neqs Gleichungen ausgegeben, wenn sie vorher schon initialisiert wurden. Die zweite Form gibt eqn bis eqm aus, wenn die Gleichungen schon initialisiert wurden. Der Benutzer muß neqs neu setzen, wenn die Menge der Grundgleichungen erweitert werden soll. ◇ Siehe auch: NPspinor[suball].

NPspinor[findsymm]

```
findsymm(ausdr, indexliste, flag)
findsymm(ausdr, indexliste)
```

Schreibt symmetrische Teilausdrücke eines Objekts um ◇ Diese Funktion schreibt beliebige Sammlungen von Basisspinoren in den freien Indexnamen von indexliste um, unter Zuhilfenahme der unausgewerteten Funktion Symm. Taucht ein drittes Argument auf, so wird stattdessen eine besser aussehende (aber deshalb auch starre) Dummy-Schreibweise für Symmetrisierungen benutzt. ◇ Siehe auch: NPspinor[rewrite], NPspinor[symm].

NPspinor[makeeqn]

```
makeeqn(ausdr)
```

Wandelt einen Ausdruck in eqn/troff-Form um ◇ Das Verhalten dieser Funktion ist mit dem der Bibliotheksfunktion eqn fast identisch, außer für Newman-Penrose-Größen und solchen Tabellen, die Spinoren darstellen können. ◇ Siehe auch: eqn.

NPspinor[rewrite]

```
rewrite(ausdr, neuname, altname)
rewrite(ausdr, neuname, altname, indexliste)
```

Schreibe einen Spinorenausdruck als Ausdruck mit symbolischen Konstanten ◇ Diese Funktion schreibt eine gegebene Spinorbedingung um und zwar so, daß symbolische Koeffzienten (neuname[1], ...) benutzt werden; die alten Koeffizienten werden als ein Feld altname abgespeichert. Wird als viertes Argument eine Liste von Namen angegeben, so wird der Ausdruck als Ausdruck dieser Indizes ausschließlich behandelt. ◇ Siehe auch: NPspinor[symm].

NPspinor[suball]

```
suball(ausdr)
suball(ausdr, n, m)
```

Substitutionsfunktion ◇ Diese Funktion führt Substitutionen aus der Menge der grundlegenden Newman-Penrose-Gleichungen (den Ricci- und Bianchi-Identitäten) und ihrer Konjugierten aus. Die erste Form benutzt alle neqs Gleichungen; die zweite Form benutzt nur die Gleichungen eqn bis eqm. ◇ Siehe auch: NPspinor[eqns].

NPspinor[symm]

```
symm(ausdr, indexliste)
```

Macht ein Objekt bezüglich der in der gegebenen Liste enthaltenen freien Indizes symmetrisch ◇ Die Indizes müssen entweder alle gepunktet oder ungepunktet sein. ◇ Siehe auch: NPspinor[findsymm], NPspinor[rewrite].

NPspinor[V]

```
V(ausdr)
```

Newman-Penrose-Pfaffscher Operator assoziiert mit dem Null-Tetradvektor n ◇ Die globale Variable const erlaubt es, Namen als konstant zu kennzeichnen.

NPspinor[V_D]

```
V_D(ausdr)
```

Entspricht der Kommutivitätsbeziehung die zur Lie-Klammer $[V, D]$ gehört ◇ Diese Funktion gibt eine Gleichung zurück, deren linke Seite die Lie-Klammer und deren rechte Seite ihre bekannte lineare Entwicklung nach den NP -Ableitungen ist.

NPspinor[X]

```
X(ausdr)
```

Newman-Penrose-Pfaffscher Operator assoziiert mit dem Null-Tetradvektor m ◇ Die globale Variable const erlaubt es, Namen als konstant zu kennnzeichnen.

NPspinor[X_D]
```
X_D(ausdr)
```
Entspricht der Kommutivitätsbeziehung die zur Lie-Klammer $[X, D]$ gehört $\diamond$ Diese Funktion gibt eine Gleichung zurück, deren linke Seite die Lie-Klammer und deren rechte Seite ihre bekannte lineare Entwicklung nach den NP -Ableitungen ist.

NPspinor[X_V]
```
X_V(ausdr)
```
Entspricht der Kommutivitätsbeziehung die zur Lie-Klammer $[X, V]$ gehört $\diamond$ Diese Funktion gibt eine Gleichung zurück, deren linke Seite die Lie-Klammer ist und deren rechte Seite ihre bekannte lineare Entwicklung nach den NP -Ableitungen ist.

NPspinor[Y]
```
Y(expr)
```
Newman-Penrose-Pfaffscher Operator assoziiert mit dem Null-Tetradvektor $\overline{m}$ $\diamond$ Die globale Variable `const` erlaubt es, Namen als konstant zu kennzeichnen.

NPspinor[Y_D]
```
Y_D(ausdr)
```
Entspricht der Kommutivitätsbeziehung die zur Lie-Klammer $[Y, D]$ gehört $\diamond$ Diese Funktion gibt eine Gleichung zurück, deren linke Seite die Lie-Klammer und deren rechte Seite ihre bekannte lineare Entwicklung nach den NP -Ableitungen ist.

NPspinor[Y_V]
```
Y_V(ausdr)
```
Entspricht der Kommutivitätsbeziehung die zur Lie-Klammer $[Y, V]$ gehört $\diamond$ Diese Funktion gibt eine Gleichung zurück, deren linke Seite die Lie-Klammer und deren rechte Seite ihre bekannte lineare Entwicklung nach den NP -Ableitungen ist.

NPspinor[Y_X]
```
Y_X(ausdr)
```
Entspricht der Kommutivitätsbeziehung die zur Lie-Klammer $[Y, X]$ gehört $\diamond$ Diese Funktion gibt eine Gleichung zurück, deren linke Seite die Lie-Klammer und deren rechte Seite ihre bekannte lineare Entwicklung nach den NP -Ableitungen ist.

NULL
Die leere Folge von Ausdrücken

Nullspace
```
Nullspace(A)
```
Starre Nullraum-Funktion $\diamond$ Wird diese Funktion zusammen mit mod benutzt, so berechnet sie den Nullraum der linearen Transformation, die durch die Matrix A modulo einer positiven ganzen Zahl definiert wird. Das Ergebnis ist eine Menge von Vektoren. $\diamond$ Siehe auch: `linalg[kernel]`.

numapprox
Prozeduren zur numerischen Funktionenapproximation $\diamond$ Die Funktionen dieses Pakets müsen erst mit `with` geladen werden, bevor man sie aufrufen kann. $\diamond$ Siehe auch: `numapprox[function]`, `with`.

numapprox[chebpade]
```
chebpade(expr, var=a..b, [m, n])
chebpade(expr, var, [m, n])
chebpade(f, a..b, [m, n])
```
Berechnet eine Tschebyscheff-Padé-Approximation des Grades (m, n), wobei m der Grad des Zählers und n der Grad des Nenners sein soll $\diamond$ Das erste Argument kann ein Ausdruck in der gegebenen Variablen var oder eine Funktion sein. Dieser wird in eine Tschebyscheff-Reihe auf dem Intervall a..b entwickelt ($-1..1$ ist voreingestellt). Zähler und Nenner werden als Kombination der Tschebyscheff-Polynome $T(n, x)$ dargestellt. Das dritte Argument kann eine einfache ganze Zahl m sein; dann wird n als null gesetzt. $\diamond$ Siehe auch: `chebyshev`, `convert[ratpoly]`, `numapprox[minimax]`, `orthopoly[T]`.

numapprox[chebyshev]
```
chebyshev(ausdr, var=a..b, ε)
chebyshev(ausdr, var, ε)
```
Tschebyscheff-Reihenentwicklung $\diamond$ Siehe auch: `chebyshev`.

numapprox[confracform]

```
confracform(f)
confracform(ausdr)
confracform(ausdr, var)
```
Wandelt eine rationale Funktion oder Ausdruck in Kettenbruchform um ◇ Die Kettenbruchform minimiert die Anzahl der Operationen, die notwendig sind, die rationale Funktion oder den rationalen Ausdruck auszuwerten. Ist das erste Argument eine Funktion, so wird auch eine Funktion zurückgegeben. Sonst muß es sich um einen rationalen Ausdruck handeln und ein solcher wird auch zurückgegeben. Die Variable, bezüglich der ausdr ein rationaler Ausdruck ist, kann als zweites Argument angegeben werden. ◇ Siehe auch: `convert[confrac]`, `numapprox[hornerform]`, `numtheory[cfrac]`.

numapprox[hornerform]

```
hornerform(f)
hornerform(ausdr)
hornerform(ausdr, var)
```
Wandelt sowohl Zähler als auch Nenner eines rationalen Ausdrucks in Hornerform um ◇ Für ein Polynom ist dies die Darstellung, die ein Minimum an arithmetischen Operationen zur Auswertung benötigt. Ist das erste Argument eine Funktion, so wird eine Funktion zurückgegeben. Sonst muß es sich um einen rationalen Ausdruck handeln und ein solcher wird auch zurückgegeben. In diesem Fall kann eine Variable als zweites Argument angegeben werden. ◇ Siehe auch: `convert[horner]`, `numapprox[confracform]`.

numapprox[infnorm]

```
infnorm(ausdr, var=a..b, name)
infnorm(f, a..b, name)
```
Berechnet die Tschebyscheff-Norm auf $[a, b]$ ◇ Diese Funktion schätzt den Maximalwert der Funktion bzw. des Ausdrucks über dem gegebenen Intervall ab. Das erste Aegument kann eine Funktion oder ein Ausdruck sein. Im zweiten Fall ist ausdr ein Ausdruck in der Variablen var. Wird ein Name als drittes Argument angegeben, so wird diesem der Wert von it is assigned the value of var zugewiesen, an dem das Maximum angenommen wird. ◇ `infnorm(sin,0..2);` $\longrightarrow$ 1.0 ◇ Siehe auch: `maxnorm`, `norm`.

numapprox[laurent]

```
laurent(ausdr, var=a, n)
laurent(ausdr, var, n)
```
Berechnet die Laurent-Reihenentwicklung bis zur Ordnung n des Ausdrucks in der Variablen var ◇ Die Entwicklung wird um den Punkt a berechnet, wobei bei der zweiten Form a als Null vorausgesetzt ist. Das Ergebnis muß einen endlichen Hauptteil besitzen. ◇ `laurent(1/(x*exp(x)),x,3);` $\longrightarrow x^{-1} - 1 + \frac{1}{2}x - \frac{1}{6}x^2 + O\left(x^3\right)$ ◇ Siehe auch: `series`, `taylor`, `type/laurent`.

numapprox[minimax]

```
minimax(ausdr, var=a..b, [m, n], weight, name)
minimax(f, a..b, [m, n], gewicht, name)
```
Berechnet die beste rationale Minmax-Approximation des Grades (m, n) zur gegebenen reellen Funktion oder Ausdruck über dem Intervall $[a, b]$ ◇ Diese Funktion benutzt den Remes-Algorithmus. m ist der Grad des Zählers; n der des Nenners. Das dritte Argument kann einfach als m angegeben werden, wenn man nach einer polynomialen Approximation sucht. Das erste Argument kann entweder ein Ausdruck in der Variablen var oder eine Funktion sein. Das optionale vierte Argument gewicht ist eine Prozedur bzw. ein Ausdruck, der die positive Gewichtsfunktion benennt (voreingestellt ist 1). Wird ein Name als fünftes Argument gegeben, so wird diesem der maximale Fehler der Approximation über $[a, b]$ bezüglich der Gewichtsfunktion zugewiesen. ◇ `minimax(sinh(x),x=0..1,2);` $\longrightarrow$ $.00596984887 + (.8958620986 + .2673993974\,x)\,x$ ◇ Siehe auch: `numapprox[remez]`.

numapprox[pade]

```
pade(ausdr, var=a, [m, n])
pade(ausdr, var, [m, n])
```
Berechnet eine Padé-Approximation vom Grad (m,n) zum gegebenen Ausdruck bezüglich der Variablen var ◇ m ist der Grad des Zählers; n der des Nenners. Der Ausdruck wird in eine Laurentreihe um $var = a$ ($var = 0$ bei der zweiten Form) bis zur Ordnung $m + n + 1$ entwickelt, dann wird die rationale Padé-Approximation berechnet. Das dritte Argument kann einfach als m gegeben werden, wenn man eine polynomiale Approximation berechnen will. ◇

`pade(sinh(x), x=0, [3,3]);` $\longrightarrow \frac{\frac{7}{60}x^3+x}{1-\frac{1}{20}x^2}$ $\diamond$ Siehe auch: `convert[ratpoly]`, `numapprox[chebpade]`, `numapprox[laurent]`.

numapprox[remez]
`remez(gewicht, f, a, b, m, n, feld, name)`
Remes-Algorithm zur rationalen Minmax-Approximation $\diamond$ Diese Funktion wird gewöhnlich nicht vom Benutzer direkt aufgerufen. Sie berechnet die beste rationale Minmax-Approximation vom Grad (m, n) zu einer gegebenen reellen Funktion f über dem Intervall $[a, b]$ bezüglich der positiven Gewichtsfunktion gewicht. feld ist ein Feld, welches von $1..m + n + 2$ indiziert ist und eine Startwertabschätzung für die kritische Menge (die Extremwerte der Fehlerkurve) enthält. name wird der maximale Fehler der Approximation über $[a, b]$ bezüglich der Gewichtsfunktion zugewiesen. $\diamond$ Siehe auch: `numapprox[minimax]`.

numapprox[taylor]
`taylor(ausdr, var=a, n)`
`taylor(ausdr, var, n)`
Taylor-Reihenentwicklung $\diamond$ Siehe auch: `taylor`.

numboccur
`numboccur(ausdr, teilausdr)`
Zählt, wie oft der Teilausdruck im Ausdruck vorkommt $\diamond$ Diese Funktion ist neu in Version 3. $\diamond$ `numboccur((s+t)^2*sin(s+t) + ln(s+t+1), s+t);` $\longrightarrow 2$ $\diamond$ Siehe auch: `has`.

numer
`numer(ausdr)`
Nenner eines Ausdrucks $\diamond$ Ist ausdr nicht in Normalform, so wird er erst in diese Form umgeschrieben. $\diamond$ `numer(x+1/x);` $\longrightarrow x^2 + 1$ $\diamond$ Siehe auch: `denom`, `normal`.

numtheory
Paket zur Zahlentheorie $\diamond$ Siehe auch: `numtheory[function]`, `with`.

numtheory[B]
`B(n)`
`B(n, x)`
Synonym für `bernoulli` und `numtheory[bernoulli]` $\diamond$ Berechnet Bernoullizahlen und -polynome. $\diamond$ Siehe auch: `bernoulli`.

numtheory[bernoulli]
`bernoulli(n)`
`bernoulli(n, x)`
Synonym für `bernoulli` $\diamond$ Berechnet Bernoullizahlen und -polynome. $\diamond$ Siehe auch: `bernoulli`.

numtheory[bigomega]
`bigomega(n)`
Anzahl der Primteiler von n mit Vielfachheit gezählt $\diamond$ Diese Funktion ist neu in Version 3. $\diamond$ `bigomega(50);` $\longrightarrow 3$ $\diamond$ Siehe auch: `numtheory[divisors]`, `numtheory[sigma]`, `numtheory[tau]`.

numtheory[cfrac]
`cfrac(confrac)`
`cfrac(z, n, name_c, name_d, options)`
`cfrac(rat, n, var, form, option)`
`cfrac(ausdr, n, var, diag, form, option)`
Kettenbruchentwicklung von Zahlen, rationalen Funktionen, Reihen sowie die Entwicklung anderer algebraischer Objekte $\diamond$ Nur das erste Argument ist unbedingt notwendig. n kontrolliert die Anzahl der berechneten Teilquotienten. Der voreingestellte Wert ist 10. Die Option `quotients` bewirkt, daß die Funktion eine Liste von Teilquotienten zurückgibt anstatt sie in Bruchform auszugeben. Das erste Schema berechnet die letzte Konvergente des gegebenen Kettenbruchs confrac. Beim zweiten Schema kann z eine beliebige Zahl sein: rational, reell oder komplex. $name_c$ ist ein Name, dem eine Liste von Konvergenten zugewiesen wird, $name_d$ wird eine Liste von Nennern von Konvergenten zugewiesen. Die Option `centered` im numerischen Fall bewirkt, daß die zentrierte Form des Kettenbruchs berechnet wird (wobei die Nenner ± 1 sein können). Das dritte Schema bringt rationale Funktionen in Kettenbruchform. rat ist eine rationale Funktion in der Variablen var

und form kann entweder `simple` (Voreinstellung) oder `regular` sein. Das vierte Schema ist für eine Reihe oder andere algebraische Ausdrücke in der gegebenen Variablen var. diag kann entweder `superdiagonal` (Voreinstellung) oder `subdiagonal` sein. form kann entweder `simple`, `semisimple` (Voreinstellung) oder `simregular` sein. ◇ `cfrac(E-1,5,quotients);` $\longrightarrow$ $[1,1,2,1,1,4,\ldots]$ ◇ `cfrac((x^3+1)/(x^2+1),quotients);` $\longrightarrow$ $\left[x,-x-1,-\frac{1}{2}x+\frac{1}{2}\right]$ ◇ `cfrac(exp(x),4,x,semisimple,quotients);` $\longrightarrow$ $[1,[x,1],[-x,2],[x,3],[-x,2],\ldots]$ ◇ Siehe auch: `convergs`, `convert/confrac`, `numtheory[cfracpol]`, `numtheory[nthconver]`, `thiele`.

numtheory[cfracpol]
`cfracpol(poly)`
`cfracpol(poly, n)`
Berechnet einfache Kettenbruchentwicklungen für alle reellen Nullstellen eines gegebenen rationalen Polynoms ◇ Diese Funktion gibt eine Liste von Teilquotienten zurück. n gibt die Anzahl der für jede Nullstelle berechneten Teilquotienten an. Voreingestellt ist der Wert 10. ◇ `cfracpol(x^2-2,4);` $\longrightarrow$ $[-2,1,1,2,2,\ldots],[1,2,2,2,2,\ldots]$ ◇ Siehe auch: `convert[confrac]`, `numtheory[cfrac]`, `numtheory[nthconver]`.

numtheory[cyclotomic]
`cyclotomic(n, var)`
Berechnet das nte zyklotomische Polynom in der Variablen var. ◇ `cyclotomic(4,x);` $\longrightarrow$ x^2+1

numtheory[divisors]
`divisors(n)`
Berechnet die Menge positiver Teiler von n. ◇ `divisors(6);` $\longrightarrow$ $\{1,2,3,6\}$ ◇ Siehe auch: `numtheory[sigma]`, `numtheory[tau]`, `numtheory[factorset]`, `ifactor`.

numtheory[euler]
`euler(n)`
`euler(n, x)`
Synonym für `euler` ◇ Berechnet Eulerzahlen und -polynome. ◇ Siehe auch: `euler`.

numtheory[F]
`F()`
`F(n)`
`F(n, name)`
Synonym für `numtheory[fermat]`. ◇ Siehe auch: `numtheory[fermat]`.

numtheory[factorEQ]
`factorEQ(`α`, d)`
`factorEQ(liste, d)`
`factorEQ(menge, d)`
Faktorierung im Ring der ganzen Zahlen des quadratischen Zahlkörpers $\mathbf{Q}(\sqrt{d})$ ◇ Der Ring der ganzen Zahlen muß euklidisch sein, deshalb muß d eine der folgenden ganzen Zahlen sein: -1, $-2, -3, -7, -11, 2, 3, 5, 6, 7, 11, 13, 17, 19, 21, 29, 33, 37, 41, 57, 73$. Das erste Argument kann eine einfache ganze Zahl oder eine Liste bzw. Menge von ganzen Zahlen in $\mathbf{Q}(\sqrt{d})$ sein. ◇ Diese Funktion ist neu in Version 3. ◇ `factorEQ(5-sqrt(7),7);` $\longrightarrow$ $\left(3+\sqrt{7}\right)\left(2-\sqrt{7}\right)^2$ ◇ Siehe auch: `GaussInt[GIfactor]`, `ifactor`, `numtheory[sq2factor]`.

numtheory[factorset]
`factorset(n)`
Berechnet die Menge der Primfaktoren von n ◇ -1 gehört dazu, falls n negativ ist. ◇ `factorset(36);` $\longrightarrow$ $\{2,3\}$ ◇ Siehe auch: `numtheory[divisors]`, `ifactor`, `ifactors`.

numtheory[fermat]
`fermat()`
`fermat(n)`
`fermat(n, name)`
Information zu Fermatzahlen ◇ Diese Funktion berechnet die nte Fermatzahl für n kleiner als 20. Die nte Fermatzahl ist $2^{2^n}+1$. Wird ein Name als zweites Argument angegeben, so wird diesem bekannte Information über die Faktoren und Primalität dieser Zahl zugewiesen. Ohne Argumente wird eine Liste der n zurückgegeben, für die der Primalitätscharakter von `fermat(n)` bekannt ist. ◇ `fermat(4);` $\longrightarrow$ 65537 ◇ Siehe auch: `numtheory[F]`.

numtheory[GIgcd]
GIgcd(ξ_1, ξ_2, ..., ξ_n)
Berechnet den größten gemeinsamen Teiler der gegebenen Gaußschen Zahlen ◇
Das Ergebnis ist die mit dem ggT assoziierte Zahl aus dem ersten Quadranten. ◇
GIgcd(19+17*I,11+13*I); $\longrightarrow 1+3I$ ◇ Siehe auch: GaussInt[GIgcd],
igcd.

numtheory[ifactor]
ifactor(n)
ifactor(n, methodname)
Synonym für ifactor ◇ Ganzzahlige Faktorisierung. ◇ Siehe auch: ifactor.

numtheory[ifactors]
ifactors(n)
Synonym für ifactors ◇ Ganzzahlige Faktorisierung. ◇ Siehe auch: ifactors.

numtheory[imagunit]
imagunit(n)
Berechnet die Quadratwurzel von -1 mod n ◇ Gibt es eine solche Quadratwurzel nicht,
so wird *FAIL* zurückgegeben. ◇ imagunit(101); $\longrightarrow 91$ ◇ Siehe auch: msolve,
numtheory[msqrt], numtheory[mroot].

numtheory[index]
index(m, b, n)
index(m, b, n, name)
Berechnet den Index (oder diskreten Logarithmus) von m zur Basis b modulo n. ◇ Diese
Funktion gibt eine ganze Zahl i zurück, so daß $b^i \equiv m$ mod n ist; existiert dies nicht, wird
FAIL zurückgegeben. Ist name vorhanden, so wird diesem die Periode der Lösung zugewiesen. ◇
index(17,2,47); $\longrightarrow 6$ ◇ Siehe auch: numtheory[mlog].

numtheory[invphi]
invphi(n)
Inverse der Totientenfunktion ◇ Diese Funktion ergibt eine Liste aller derjenigen positiven
ganzen Zahlen, die unter der Totientenfunktion auf n abgebildet werden. ◇ invphi(6); $\longrightarrow$
$[9, 18, 7, 14]$ ◇ Siehe auch: numtheory[phi].

numtheory[isolve]
isolve(glchgen)
isolve(glchgen, vars)
Synonym für isolve ◇ Findet ganzzahlige Lösungen für Gleichungen. ◇ Siehe auch: isolve.

numtheory[isprime]
isprime(n, m)
Synonym für isprime ◇ Wahrscheinlichkeitstest für Primzahlen. ◇ Siehe auch: isprime.

numtheory[issqrfree]
issqrfree(n)
Testet, ob eine ganze Zahl quadratfrei ist ◇ Eine ganze Zahl ist quadratfrei, wenn sie nicht
durch ein perfektes Quadrat teilbar ist. Diese Funktion ergibt entweder *true* oder *false*. ◇
issqrfree(50); $\longrightarrow$ *false* ◇ Siehe auch: ifactor, numtheory[nthpow].

numtheory[ithprime]
ithprime(i)
Synonym für ithprime ◇ Bestimmt die ite Primzahl. Die erste Primzahl ist 2. Diese Funktion
benutzt isprime, um auf große Primzahlen zu testen. ◇ Siehe auch: ithprime, isprime,
nextprime, prevprime.

numtheory[J]
J(m, n)
Synonym für numtheory[jacobi] ◇ Siehe auch: numtheory[jacobi].

numtheory[jacobi]
jacobi(m, n)
Jacobi-Symbol ◇ Diese Funktion benutzt das Jacobi-Symbol $\left(\frac{m}{n}\right)$, um anzuzeigen, daß n eine
ungerade ganze Zahl ist, die relativ prim zu m ist. ◇ jacobi(15,1001); $\longrightarrow -1$ ◇
Siehe auch: numtheory[J], numtheory[legendre].

numtheory[kronecker]
```
kronecker(unglmenge, xvarmenge, yvarmenge)
kronecker(koeffliste, alphaliste, errliste)
```
Inhomogene diophantische Approximation ◇ Diese Funktion berechnet eine ganzzahlige Lösung zu den Ungleichungen:

$$
\begin{aligned}
|a_{11}\,x_1 + \ldots + a_{1n}\,x_n - \alpha_1 - y_1| &\leq \quad \text{err}_1 \\
|a_{21}\,x_1 + \ldots + a_{2n}\,x_n - \alpha_2 - y_2| &\leq \quad \text{err}_2 \\
&\vdots \\
|a_{n1}\,x_1 + \ldots + a_{nn}\,x_n - \alpha_n - y_n| &\leq \quad \text{err}_n
\end{aligned}
$$

wobei | | der gewöhnliche Absolutbetrag oder eine p-adische Bewertung ist. Die Ungleichungen können, wie im ersten Schema, explizit in einer Menge gegeben werden, wobei die x- und y-Variablen ebenfalls explizit in Mengen genannt werden können (gibt es nur eine Gleichung oder Variable können die Mengentrenner weggelassen werden). Alternativ können die a_{ij} als eine Liste von Listen gegeben sein, wobei die α_i und die err_i auch in Listen gegeben sind; dies ist das zweite Schema. Zurückgegeben werden eine Liste von x-Werten und eine Liste von y-Werten. ◇ `kronecker([[Pi,log(2)]],[E],[1/100]);` $\longrightarrow [-15, -6], [-54]$ ◇ Siehe auch: `isolve, numtheory[minkowski], padic`.

numtheory[L]
```
L(m, n)
```
Synonym für `numtheory[legendre]` ◇ Siehe auch: `numtheory[legendre]`.

numtheory[lambda]
```
lambda(n)
```
Carmichaels Lambdafunktion ◇ Diese Funktion berechnet die Anzahl der Elemente der größten zyklischen Untergruppe der Gruppe von Einheiten modulo n. Dies ist die kleinste ganze Zahl i, so daß $a^i \equiv 1 \bmod n$ für alle a relativ prim zu n gilt. ◇ `lambda(1001);` $\longrightarrow 60$ ◇ Siehe auch: `numtheory[phi]`.

numtheory[legendre]
```
legendre(m, n)
```
Legendresymbol ◇ Diese Funktion berechnet das Legendresymbol $\left(\frac{m}{n}\right)$, welches als 1 definiert ist, falls m ein quadratischer Rest (mod n) ist und -1, falls m ein quadratischer Nichtrest (mod n) ist. ◇ `legendre(100,17);` $\longrightarrow 1$ ◇ Siehe auch: `numtheory[L], numtheory[jacobi]`.

numtheory[M]
```
M(n)
M([i])
```
Synonym für `numtheory[mersenne]` ◇ Siehe auch: `numtheory[mersenne]`.

numtheory[mcombine]
```
mcombine(n1, r1, n2, r2)
```
Chinesischer Restsatz ◇ Diese Funktion berechnet die eindeutig bestimmte ganze Zahl n, die kleiner als $n_1 n_2$ ist, so daß $n \equiv r_1 \bmod n_1$ und $n \equiv r_2 \bmod n_2$ gilt. Gibt es keine solche ganze Zahl, so wird *FAIL* zurückgegeben. ◇ `mcombine(8,3,7,1);` $\longrightarrow 43$ ◇ Siehe auch: `chrem`.

numtheory[mersenne]
```
mersenne(n)
mersenne([i])
```
Mersenne Primzahlen ◇ Ist bekannt, daß $2^n - 1$ eine zusammengesetzte Zahl ist, so ergibt diese Funktion *false*. Ist die Zahl als Primzahl bekannt, so wird die Mersennesche Primzahl $2^n - 1$ zurückgegeben. Ist nicht klar, ob die Zahl zusammengesetzt oder prim ist, so ergibt sich *FAIL*. Bei dem zweiten Schema wird die ite Mersennesche Primzahl zurückgegeben. ◇ `mersenne(7);` $\longrightarrow 127$

numtheory[minkowski]
```
minkowski(unglmenge, xvarmenge, yvarmenge)
minkowski(coeffliste, errliste)
```
Homogene diophantische Approximation (Minkowskis Linearformen) ◇ Diese Funktion berechnet eine ganzzahlige Lösung zu den Ungleichungen:

$$|a_{11}\,x_1 + \ldots + a_{1n}\,x_n - y_1| \quad \leq \quad \text{err}_1$$
$$|a_{21}\,x_1 + \ldots + a_{2n}\,x_n - y_2| \quad \leq \quad \text{err}_2$$
$$\vdots$$
$$|a_{n1}\,x_1 + \ldots + a_{nn}\,x_n - y_n| \quad \leq \quad \text{err}_n$$

wobei | | der gewöhnliche Absolutbetrag oder eine p-adische Bewertung ist. Die Ungleichungen können, wie im ersten Schema, explizit in einer Menge gegeben werden, wobei die x- und y-Variablen ebenfalls explizit in Mengen genannt werden können (gibt es nur eine Gleichung oder Variable können die Mengentrenner weggelassen werden). Alternativ können die a_{ij} als eine Liste von Listen gegeben sein, wobei die die err$_i$ auch in einer Liste gegeben sind; dies ist das zweite Schema. Zurückgegeben werden eine Liste von x-Werten und eine Liste von y-Werten. ◇ `minkowski([[Pi,log(2)]],[1/100]);` $\longrightarrow [9,40],[56]$ ◇ Siehe auch: `isolve`, `numtheory[kronecker]`.

numtheory[mipolys]
`mipolys(n, p)`
`mipolys(n, p, m)`
Anzahl der monischen unzerlegbaren univariaten Polynome ◇ Diese Funktion berechnet die Anzahl der monischen unzerlegbaren, univariaten Polynome vom Grad n über dem Körper mit p Elementen oder über dem Körper mit p^m Elementen. ◇ `mipolys(3,2);` $\longrightarrow 2$

numtheory[mlog]
`mlog(m, b, n)`
`mlog(m, b, n, name)`
Berechnet den diskreten Logarithmus (oder Index) von m zur Basis b modulo n. ◇ Diese Funktion ergibt eine ganze Zahl i, so daß $b^i \equiv m \bmod n$ gilt, falls existent, sonst ergibt sich *FAIL*. Ist name vorhanden, so wird diesem die Periode der Lösung zugewiesen. ◇ `mlog(17,2,47);` $\longrightarrow 6$ ◇ Siehe auch: `numtheory[index]`.

numtheory[mobius]
`mobius(n)`
Berechnet die Möbiusfunktion von n ◇ Die Möbiusfunktion liefert 0, falls n nicht quadratfrei ist und $(-1)^{\omega(n)}$ sonst, wobei $\omega(n)$ die Anzahl der verschieden Primteiler von n ist. ◇ `mobius(1001);` $\longrightarrow -1$ ◇ Siehe auch: `numtheory[issqrfree]`.

numtheory[mroot]
`mroot(m, p, n)`
Berechnet die pte Wurzel von m modulo n ◇ Gibt es keine Wurzel, so wird *FAIL* zurück-gegeben. ◇ `mroot(2,3,11);` $\longrightarrow 7$ ◇ Siehe auch: `msolve`, `numtheory[msqrt]`, `numtheory[rootsunity]`, `numtheory[primroot]`.

numtheory[msqrt]
`msqrt(m, n)`
Berechnet die Quadratwurzel von m modulo n ◇ Gibt es keine Quadratwurzel, so wird *FAIL* zurückgegeben. ◇ `msqrt(2,17);` $\longrightarrow 6$ ◇ Siehe auch: `msolve`, `numtheory[imagunit]`, `numtheory[mroot]`.

numtheory[nearestp]
`nearestp(basisliste, pkt)`
Berechnet den Gitterpunkt, der dem gegebenen Punkt im gegebenen Gitter am nächsten liegt ◇ basisliste ist eine Liste $[b_1, \ldots, b_n]$, wobei jedes der b_i eine Liste von n reellen Zahlen ist. Sie stellt eine Basis für ein Gitter im $\mathbf{R}^n$ dar. pkt ist eine Liste von n reellen Zahlen, die einen Punkt im $\mathbf{R}^n$ darstellen. Die Funktion gibt eine Liste von ganzen Zahlen $[m_1, \ldots, m_n]$ zurück, so daß pkt dem Gitterpunkt $m_1 b_1 + \ldots + m_n b_n$ am nächsten liegt. ◇ `nearestp([[1,0],[1/2,sqrt(3)/2]],[E,Pi]);` $\longrightarrow [1,4]$ ◇ Siehe auch: `GaussInt[nearest]`, `numtheory[minkowski]`, `numtheory[kronecker]`.

numtheory[nextprime]
`nextprime(n)`
Synonym für `nextprime` ◇ Berechnet die kleinste Zahl größer als n, die wahrscheinlich eine Primzahl ist. Zur Berechnung der nächsten wahrscheinlichen Primzahl benutzt diese Funktion `isprime`. ◇ `nextprime(100);` $\longrightarrow 101$ ◇ Siehe auch: `nextprime`, `isprime`, `numtheory[prevprime]`, `numtheory[safeprime]`.

numtheory[nthconver]

`nthconver(confrac, n)`

Berechnet die nte Konvergente eines einfachen oder regulären Kettenbruchs ◇ confrac kann in Listen- oder Bruchform gegeben sein. ◇ `nthconver([1,2,2,2],3);` ⟶ $\frac{17}{12}$ ◇ Siehe auch: `convert[confrac]`, `numtheory[cfrac]`, `numtheory[cfracpol]`, `numtheory[nthdenom]`, `numtheory[nthnumer]`.

numtheory[nthdenom]

`nthdenom(confrac, n)`

Berechnet den Nenner der nten Konvergenten eines einfachen oder regulären Kettenbruchs ◇ `nthdenom([1,2,2,2],3);` ⟶ 12 ◇ Siehe auch: `numtheory[cfrac]`, `numtheory[nthconver]`, `numtheory[nthnumer]`.

numtheory[nthnumer]

`nthnumer(confrac, n)`

Berechnet den Zähler der nten Konvergenten eines einfachen oder regulären Kettenbruchs ◇ `nthnumer([1,2,2,2],3);` ⟶ 17 ◇ Siehe auch: `numtheory[cfrac]`, `numtheory[nthconver]`, `numtheory[nthdenom]`.

numtheory[nthpow]

`nthpow(m, n)`

Finde den größten Faktor mit der Potenz n in der Zerlegung einer ganzen Zahl m ◇ `nthpow(5760,2);` ⟶ $(24)^2$ ◇ Siehe auch: `ifactor`, `numtheory[issqrfree]`.

numtheory[order]

`order(n, m)`

Berechnet die Ordnung von n modulo m ◇ Dies ist die kleinste Zahl i, so daß $n^i \equiv 1 \bmod m$ gilt. Falls n und m einen gemeinsamen Faktor besitzen, ergibt sich *FAIL*. ◇ `order(2,7);` ⟶ 3 ◇ Siehe auch: `numtheory[primroot]`, `numtheory[pprimroot]`.

numtheory[phi]

`phi(n)`

Totientenfunktion ◇ Diese Funktion berechnet die Anzahl der positiven ganzen Zahlen kleiner als n, die darüberhinaus zu n relativ prim sind. Dies ist die Menge der Elemente der Einheitsgruppe modulo n. ◇ `phi(14);` ⟶ 6 ◇ Siehe auch: `numtheory[invphi]`, `numtheory[lambda]`.

numtheory[pprimroot]

`pprimroot(m, n)`
`pprimroot(n)`

Berechnet die kleinste pseudo-primitive Wurzel, die größer als m ist innerhalb der Einheitengruppe modulo n ◇ Eine pseudo-primitive Wurzel ist ein Element der Ordnung `lambda(n)` innerhalb der Einheitengruppe modulo n. Sind keine pseudo-primitiven Wurzeln, die größer als m sind, vorhanden, so wird *FAIL* zurückgegeben. Ist m nicht spezifiziert, so wird der Wert als null vorausgesetzt. ◇ `pprimroot(1001);` ⟶ 2 ◇ Siehe auch: `numtheory[lambda]`, `numtheory[order]`, `numtheory[phi]`, `numtheory[primroot]`.

numtheory[prevprime]

`prevprime(n)`

Synonym für `prevprime` ◇ Berechnet die größte wahrscheinliche Primzahl, die kleiner als n ist. Diese Funktion benutzt `isprime` zur Berechnung der vorhergehenden wahrscheinlichen Primzahl. ◇ `prevprime(100);` ⟶ 97 ◇ Siehe auch: `prevprime`, `isprime`, `numtheory[nextprime]`.

numtheory[primroot]

`primroot(m, n)`
`primroot(n)`

Berechnet die kleinste primitive Wurzel innerhalb der Einheitengruppe modulo n die größer als m ist ◇ Eine primitive Wurzel ist ein Element der Ordnung `phi(n)` innerhalb der Einheitengruppe modulo n. Sind keine primitiven Wurzeln, die größer als m sind, vorhanden, so wird *FAIL* zurückgegeben. Ist m nicht spezifiziert, so wird der Wert als null vorausgesetzt. ◇ `primroot(17);` ⟶ 3 ◇ Siehe auch: `numtheory[lambda]`, `numtheory[order]`, `numtheory[phi]`, `numtheory[pprimroot]`.

numtheory[rootsunity]

`rootsunity(p, n)`

Einheitswurzeln ⋄ Diese Funktion berechnet alle pten Einheitswurzeln mod n, wobei eine Folge von Ausdrücken zurückgegeben wird. ⋄ `rootsunity(3,7);` ⟶ 1, 2, 4 ⋄ Siehe auch: `numtheory[order]`.

numtheory[safeprime]

`safeprime(n)`

Berechnet die kleinste sichere wahrscheinliche Primzahl, die größer als n ist ⋄ Eine Primzahl p ist sicher, falls $(p-1)/2$ ebenfalls prim ist. Der benutzte Primzahltest ist schwächer als der von `isprime` benutzte. Diese Funktion führt einen Fermat-Euler-Test mit Basen 2, 3, 5, 7 und 11 durch, nachdem nach kleinen Primfaktoren (bis 127) gefahndet wurde. ⋄ `safeprime(100);` ⟶ 107 ⋄ Siehe auch: `isprime`, `numtheory[nextprime]`.

numtheory[sigma]

`sigma(n)`

`sigma[k](n)`

Berechnet die Summe der positiven Teiler von n ⋄ Die zweite Variante berechnet die Summe der kten Potenzen der positiven Teiler von n, wobei k eine beliebige nichtnegative ganze Zahl sein kann. ⋄ `sigma(70);` ⟶ 144 ⋄ Siehe auch: `ifactor`, `numtheory[divisors]`, `numtheory[tau]`.

numtheory[sq2factor]

`sq2factor(α)`

`sq2factor(liste)`

`sq2factor(menge)`

Faktorisierung in $\mathbf{Z}\left[\sqrt{2}\right]$ ⋄ Das Argument ist entweder eine einfache Zahl α der Form $n+m\sqrt{2}$, wobei n und m ganze Zahlen sind oder eine Liste bzw. Menge solcher Zahlen. Zurückgegeben wird ein multiplikativer Ausdruck. ⋄ `sq2factor(sqrt(2)-11);` ⟶ $\left(1-2\sqrt{2}\right)\left(1+3\sqrt{2}\right)$ ⋄ Siehe auch: `ifactor`, `GaussInt[GIfactor]`.

numtheory[sum2sqr]

`sum2sqr(n)`

Finde alle Möglichkeiten, n als eine Summe zweier Quadrate zu schreiben ⋄ Zurückgegeben wird eine Liste von Lösungen, wobei jede Lösung eine Liste zweier ganzer Zahlen ist. ⋄ Diese Funktion ist neu in Version 3. ⋄ `sum2sqr(65);` ⟶ $[[4,7],[1,8]]$ ⋄ Siehe auch: `isolve`.

numtheory[tau]

`tau(n)`

Berechnet die Anzahl der positiven Teiler von n ⋄ `tau(70);` ⟶ 8 ⋄ Siehe auch: `ifactor`, `numtheory[divisors]`, `numtheory[sigma]`.

numtheory[thue]

`thue(gl, [var₁, var₂], n, name)`

`thue(ungl, [var₁, var₂], n, name)`

Berechnet sämtliche Lösungen einer Thue-Gleichung oder -Ungleichung bis zu einer angegebenen Grenze ⋄ Eine Thue-Gleichung hat die Form $f(x,y) = m$, wobei $f(x,y)$ ein homogenes unzerlegbares Polynom in x und y mit ganzzahligen Koeffizienten und m eine ganze Zahl ist. Eine Thue-Ungleichung hat die Form $|f(x,y)| \leq m$. Diese Funktion berechnet alle ganzzahligen Lösungen der gegebenen Thue-Gleichung bzw. -Ungleichung in den Variablen var_1 und var_2, mit der Einschränkung $|var_2| \leq 10^n$. Nur die ersten beiden Argumente sind notwendig. Wird n nicht angegeben, so wird die Voreinstellung 10 benutzt. Ist name mit einer Thue-Gleichung gegeben, so wird im Fall, daß keine Lösungen gefunden werden konnten, name die Folge aller der ganzen Zahlen m' mit $m' \leq 2|m|$ zugewiesen, für die eine Lösung gefunden wurde. In Zusammenhang mit einer Ungleichung wird name eine Folge von ganzen Zahlen $m' \leq m$ zugewiesen, für die unter den Lösungen Gleichheit herrscht. ⋄ `thue(x^3-3*x*y^2-y^3=37,[x,y],3);` ⟶ $[x=-5, y=-3], [x=-3, y=8], [x=8, y=-5]$ ⋄ Siehe auch: `isolve`.

O

Die Funktion zum Ordnungsterm (Restterm) für Reihen ⋄ `series(exp(x), x=0, 2);` ⟶ $1+x+O\left(x^2\right)$ ⋄ Siehe auch: `order`, `Order`.

oframe

Orthonormale Tetraden im Ellis-MacCallum-Formalismus ⋄ Diese Sammlung von Prozeduren erlaubt die formale Manipulation der Variablen im Ellis-MacCallum-Formalismus:

```
com01   com03   com23   clear   e0   e2   deriv   transfo
com02   com12   com31   const   e1   e3   id
```

Die `comij` geben die kommutativen Beziehungen an. Die `ei` sind die Operatoren für die Richtungsableitung und `deriv` ist der Ableitungsoperator. `const` definiert Konstanten und `id` prüft, ob eine Gleichung die Identität ist. Die globalen Variablen `j1` bis `j16` enthalten die Jacobi-Identitäten und `ein00` bis `ein33` enthalten die Feldgleichungen von Einstein. Man muß `readlib(oframe)` eingeben, bevor man diese Funktionen benutzen kann. ⋄ Siehe auch: `NPspinor`.

op

```
op(i, ausdr)
op(i..j, ausdr)
op(ausdr)
```

Zieht Operanden aus Ausdrücken heraus ⋄ Die erste Variante zieht die $i$te Komponente eines Ausdrucks heraus. Die zweite Form gibt die Folge der $i$ten bis $j$ten Komponenten zurück, die letzte Form gibt die Folge aller Komponenten des Ausdrucks zurück. ⋄ `op(2,a+b);` $\longrightarrow$ b ⋄ Siehe auch: `nops`.

open

```
open(dateiname)
```

Öffnet die Datei zur Ausgabe ⋄ Es kann nur eine Datei zu einem gegebenen Zeitpunkt offen sein. ⋄ Man muß erst `readlib(write)` eingeben, bevor man diesen Befehl benutzen kann. ⋄ Siehe auch: `close, write, writeln`.

optimize

```
optimize(ausdr)
optimize(A)
```

Allgemeine Optimierung eines Teilausdrucks ⋄ Diese Funktion ergibt eine Folge von Gleichungen, die eine optimierte Folge von Berechnungen für den Eingabeausdruck darstellen. Diese Funktion optimiert nur syntaktisch identische Teilausdrücke. ⋄ Man muß erst `readlib(optimize)` eingeben, bevor man diesen Befehl benutzen kann. ⋄ `optimize(x^3);` $\longrightarrow$ $t1 = x^2, t2 = t1\,x$ ⋄ Siehe auch: `C, cost, fortran,` `'optimize/makeproc'`.

'optimize/makeproc'

```
'optimize/makeproc'(glliste, options)
```

Erzeugt eine Prozedur aus einer Folge von Berechnungen ⋄ Die zurückgegebene Prozedur führt die durch die Gleichungen angegebenen Anweisungen aus. Welche der Namen als Parameter, lokale Variablen und globale Variablen betrachtet werden sollen, kann durch Angabe von Optionen der Form `parameters=liste, locals=liste, globals=liste` spezifiziert werden. ⋄ Man muß erst `readlib('optimize/makeproc')` eingeben, bevor man diesen Befehl benutzen kann. ⋄ Siehe auch: `C, cost, fortran, optimize`.

options

```
option option₁, option₂, ...
options option₁, option₂, ...
```

Prozeduroptionen ⋄ Die `option`-Deklaration tritt unverzüglich nach der `local`-Deklaration am Anfang einer Prozedur auf. Mögliche Optionen sind `angle, arrow, builtin, Copyright, operator, remember, system` und `trace`. ⋄ Siehe auch: `local, proc, remember, trace`.

or

```
a or b
```

Logischer Operator ⋄ Dieser Ausdruck ist `true`, falls zumindest einer der Ausdrücke a oder b `true` ist und `false`, falls beide Ausdrücke a und b `false` sind. Ergibt ein Ausdruck FAIL und der andere `false` oder FAIL, so ergibt sich FAIL. Ist a bereits `true`, so wird b nicht mehr ausgewertet. ⋄ Siehe auch: `and, evalb, not`.

order

```
order(reihe)
```

Bestimmt die Ordnung einer Reihe ⋄ Diese Funktion ergibt den Grad der Unbestimmtem im `O()`-Term einer Reihe. ⋄ Siehe auch: `numtheory[order], Order`.

Order

Umgebungsvariable ◇ Die voreingestellte Ordnung für Reihen. Der anfängliche Wert ist 6. ◇ Siehe auch: O.

orthopoly

Paket zu orthogonalen Polynomen ◇ Siehe auch: `orthopoly[function]`, `with`.

orthopoly[G]

`G(n, a, x)`

Berechnet das nte Gegenbauer-Polynom (ultrasphärische Polynom) mit Parameter a, ausgewertet an der Stelle x. ◇ `G(2,1,x);` $\longrightarrow 4\,x^2 - 1$

orthopoly[H]

`H(n, x)`

Berechnet das nte Hermitepolynom, ausgewertet an der Stelle x. ◇ `H(3,y);` $\longrightarrow 8\,y^3 - 12\,y$ ◇ Siehe auch: `linalg[hermite]`.

orthopoly[L]

`L(n, a, x)`
`L(n, x)`

Berechnet das nte verallgemeinerte Laguerrepolynom mit Parameter a, ausgewertet an der Stelle x ◇ Im Fall zweier Argumente wird $a = 0$ vorausgesetzt. ◇ `L(2,2,x);` $\longrightarrow 6 - 4\,x + \frac{1}{2}x^2$

orthopoly[P]

`P(n, a, b, x)`
`P(n, x)`

Jacobi- und Legendrepolynome ◇ Die erste Form berechnet das nte Jacobipolynom mit Parametern a und b, ausgewertet für x. Mit zwei Argumenten berechnet diese Funktion das nte Legendrepolynom (sphärische Polynom), ausgewertet an der Stelle x. Dies ist zur ersten Form mit $a = 0$ und $b = 0$ äquivalent. ◇ `P(2,2,2,s);` $\longrightarrow 7\,s^2 - 1$ ◇ Siehe auch: `numtheory[jacobi]`, `numtheory[legendre]`.

orthopoly[T]

`T(n, x)`

Berechnet das nte Tschebyscheffpolynom der ersten Art, ausgewertet an der Stelle x. ◇ `T(5,x);` $\longrightarrow 16\,x^5 - 20\,x^3 + 5\,x$ ◇ Siehe auch: `chebyshev`, `numapprox[chebpade]`.

orthopoly[U]

`U(n, x)`

Berechnet das nte Tschebyscheffpolynom der zweiten Art, ausgewertet an der Stelle x. ◇ `U(5,x);` $\longrightarrow 32\,x^5 - 32\,x^3 + 6\,x$

padic

Paket für die p-adischen Zahlen ◇ Die Funktionen in diesem Paket müssen erst mit `with` eingeladen werden, bevor man sie benutzen kann. Einige Literaturhinweise zu den p-adischen Zahlen: *p-adic Numbers, p-adic Analysis, and Zeta-Functions*, N. Koblitz (Springer 1977), *Introduction to p-adic Numbers and Their Functions*, K. Mahler (Cambridge, 1973), *Ultrametric Calculus: An Introduction to p-adic Analysis*, W. H. Schikhof (Cambridge 1984). ◇ Siehe auch: `padic[function]`, `with`.

padic[arccoshp]

`arccoshp(ausdr, p, s)`
`arccoshp(ausdr, p)`
`arccoshp(ausdr)`

p-adischer arccosh ◇ Diese Funktion berechnet den p-adischen hyperbolischen inversen Kosinus des Ausdrucks ausdr und gibt s Terme des Ergebnisses aus. Ist s nicht vorhanden, so wird der aktuelle Wert `Digitsp` vorausgesetzt. Ist das Ergebnis nicht im p-adischen Sinne konvergent, so wird *FAIL* zurückgegeben. arccoshp ist eine Abkürzung für `evalp@arccosh`. ◇ `arccoshp(10,5,4);` $\longrightarrow 5 + 2\,5^2 + 4\,5^3 + \mathrm{O}\left(5^5\right)$ ◇ Siehe auch: `padic[coshp]`.

padic[arccosp]
```
arccosp(ausdr, p, s)
arccosp(ausdr, p)
arccosp(ausdr)
```
p-adischer arccos ⋄ Diese Funktion berechnet den p-adischen inversen Kosinus des Ausdrucks ausdr und druckt s Terme des Ergebnisses aus. Ist s nicht vorhanden, so wird der aktuelle Wert `Digitsp` vorausgesetzt. Ist das Ergebnis nicht im p-adischen Sinne konvergent, so wird *FAIL* zurückgegeben. `arccosp` ist eine Abkürzung für `evalp@arccos`. ⋄ `arccosp(97,7,4);` $\longrightarrow 2\,7 + 5\,7^3 + O\left(7^4\right)$ ⋄ Siehe auch: `padic[cosp]`.

padic[arccothp]
```
arccothp(ausdr, p, s)
arccothp(ausdr, p)
arccothp(ausdr)
```
p-adischer arccoth ⋄ Diese Funktion berechnet den p-adischen hyperbolischen inversen Kotangens des Ausdrucks ausdr und druckt s Terme des Ergebnisses aus. Ist s nicht vorhanden, so wird der aktuelle Wert `Digitsp` vorausgesetzt. Ist das Ergebnis nicht im p-adischen Sinne konvergent, so wird *FAIL* zurückgegeben. `arccothp` ist eine Abkürzung für `evalp@arccoth`. ⋄ `arccothp(3/4,2,6);` $\longrightarrow 2^2 + 2^3 + O\left(2^8\right)$ ⋄ Siehe auch: `padic[cothp]`.

padic[arccotp]
```
arccotp(ausdr, p, s)
arccotp(ausdr, p)
arccotp(ausdr)
```
p-adischer arccot ⋄ Diese Funktion berechnet den p-adischen inversen Kotangens des Ausdrucks ausdr und druckt s Terme des Ergebnisses aus. Ist s nicht vorhanden, so wird der aktuelle Wert `Digitsp` vorausgesetzt. Ist das Ergebnis nicht im p-adischen Sinne konvergent, so wird *FAIL* zurückgegeben. `arccotp` ist eine Abkürzung für `evalp@arccot`. ⋄ `arccotp(64/3,3,6);` $\longrightarrow 3 + 2\,3^2 + 3^3 + O\left(3^6\right)$ ⋄ Siehe auch: `padic[cotp]`.

padic[arccschp]
```
arccschp(ausdr, p, s)
arccschp(ausdr, p)
arccschp(ausdr)
```
p-adischer arccsch ⋄ Diese Funktion berechnet den p-adischen hyperbolischen inversen Kosekans des Ausdrucks ausdr und druckt s Terme des Ergebnisses aus. Ist s nicht vorhanden, so wird der aktuelle Wert `Digitsp` vorausgesetzt. Ist das Ergebnis nicht im p-adischen Sinne konvergent, so wird *FAIL* zurückgegeben. `arccschp` ist eine Abkürzung für `evalp@arccsch`. ⋄ `arccschp(4/121,11,4);` $\longrightarrow 3\,11^2 + 11^4 + O\left(11^5\right)$ ⋄ Siehe auch: `padic[cschp]`.

padic[arccscp]
```
arccscp(ausdr, p, s)
arccscp(ausdr, p)
arccscp(ausdr)
```
p-adischer arccsc ⋄ Diese Funktion berechnet den p-adischen inversen Kosekans des Ausdrucks ausdr und druckt s Terme des Ergebnisses aus. Ist s nicht vorhanden, so wird der aktuelle Wert `Digitsp` vorausgesetzt. Ist das Ergebnis nicht im p-adischen Sinne konvergent, so wird *FAIL* zurückgegeben. `arccscp` ist eine Abkürzung für `evalp@arccsc`. ⋄ `arccscp(7/4,2,4);` $\longrightarrow 2^2 + 2^3 + 2^4 + O\left(2^5\right)$ ⋄ Siehe auch: `padic[cscp]`.

padic[arcsechp]
```
arcsechp(ausdr, p, s)
arcsechp(ausdr, p)
arcsechp(ausdr)
```
p-adischer arcsech ⋄ Diese Funktion berechnet den p-adischen hyperbolischen inversen Sekans des Ausdrucks ausdr und druckt s Terme des Ergebnisses aus. Ist s nicht vorhanden, so wird der aktuelle Wert `Digitsp` vorausgesetzt. Ist das Ergebnis nicht im p-adischen Sinne konvergent, so wird *FAIL* zurückgegeben. `arcsechp` ist eine Abkürzung für `evalp@arcsech`. ⋄ `arcsechp(6,17,3);` $\longrightarrow 2\,17 + 4\,17^2 + O\left(17^3\right)$ ⋄ Siehe auch: `padic[sechp]`.

padic[arcsecp]
```
arcsecp(ausdr, p, s)
arcsecp(ausdr, p)
arcsecp(ausdr)
```
p-adischer arcsec ⋄ Diese Funktion berechnet den p-adischen inversen Sekans des Ausdrucks ausdr und druckt s Terme des Ergebnisses aus. Ist s nicht vorhanden, so wird der aktuelle Wert `Digitsp` vorausgesetzt. Ist das Ergebnis nicht im p-adischen Sinne konvergent, so wird *FAIL* zurückgegeben. `arcsecp` ist eine Abkürzung für `evalp@arcsec`. ⋄ `arcsecp(49,5,4);` $\longrightarrow 5 + 2\,5^2 + \mathrm{O}\left(5^4\right)$ ⋄ Siehe auch: `padic[secp]`.

padic[arcsinhp]
```
arcsinhp(ausdr, p, s)
arcsinhp(ausdr, p)
arcsinhp(ausdr)
```
p-adischer arcsinh ⋄ Diese Funktion berechnet den p-adischen hyperbolischen inversen Sinus des Ausdrucks ausdr und druckt s Terme des Ergebnisses aus. Ist s nicht vorhanden, so wird der aktuelle Wert `Digitsp` vorausgesetzt. Ist das Ergebnis nicht im p-adischen Sinne konvergent, so wird *FAIL* zurückgegeben. `arcsinhp` ist eine Abkürzung für `evalp@arcsinh`. ⋄ `arcsinhp(1,7,3);` $\longrightarrow 5\,7 + 4\,7^2 + \mathrm{O}\left(7^3\right)$ ⋄ Siehe auch: `padic[sinhp]`.

padic[arcsinp]
```
arcsinp(ausdr, p, s)
arcsinp(ausdr, p)
arcsinp(ausdr)
```
p-adischer arcsin ⋄ Diese Funktion berechnet den p-adischen inversen Sinus des Ausdrucks ausdr und druckt s Terme des Ergebnisses aus. Ist s nicht vorhanden, so wird der aktuelle Wert `Digitsp` vorausgesetzt. Ist das Ergebnis nicht im p-adischen Sinne konvergent, so wird *FAIL* zurückgegeben. `arcsinp` ist eine Abkürzung für `evalp@arcsin`. ⋄ `arcsinp(39/4,13,3);` $\longrightarrow 4\,13 + 3\,13^2 + \mathrm{O}\left(13^3\right)$ ⋄ Siehe auch: `padic[sinp]`.

padic[arctanhp]
```
arctanhp(ausdr, p, s)
arctanhp(ausdr, p)
arctanhp(ausdr)
```
p-adischer arctanh ⋄ Diese Funktion berechnet den p-adischen hyperbolischen inversen Tangens des Ausdrucks ausdr und druckt s Terme des Ergebnisses aus. Ist s nicht vorhanden, so wird der aktuelle Wert `Digitsp` vorausgesetzt. Ist das Ergebnis nicht im p-adischen Sinne konvergent, so wird *FAIL* zurückgegeben. `arctanhp` ist eine Abkürzung für `evalp@arctanh`. ⋄ `arctanhp(2/3,11,5);` $\longrightarrow 2\,11 + 6\,11^4 + \mathrm{O}\left(11^5\right)$ ⋄ Siehe auch: `padic[tanhp]`.

padic[arctanp]
```
arctanp(ausdr, p, s)
arctanp(ausdr, p)
arctanp(ausdr)
```
p-adischer arctan ⋄ Diese Funktion berechnet den p-adischen inversen Tangens des Ausdrucks ausdr und druckt s Terme des Ergebnisses aus. Ist s nicht vorhanden, so wird der aktuelle Wert `Digitsp` vorausgesetzt. Ist das Ergebnis nicht im p-adischen Sinne konvergent, so wird *FAIL* zurückgegeben. `arctanp` ist eine Abkürzung für `evalp@arctan`. ⋄ `arctanp(27/8,3,3);` $\longrightarrow 2\,3^3 + 2\,3^4 + \mathrm{O}\left(3^6\right)$ ⋄ Siehe auch: `padic[tanp]`.

padic[coshp]
```
coshp(ausdr, p, s)
coshp(ausdr, p)
coshp(ausdr)
```
p-adischer cosh ⋄ Diese Funktion berechnet den p-adischen hyperbolischen Kosinus des Ausdrucks ausdr und druckt s Terme des Ergebnisses aus. Ist s nicht vorhanden, so wird der aktuelle Wert `Digitsp` vorausgesetzt. Ist das Ergebnis nicht im p-adischen Sinne konvergent, so wird *FAIL* zurückgegeben. `coshp` ist eine Abkürzung für `evalp@cosh`. ⋄ `coshp(95,19,2);` $\longrightarrow 1 + \mathrm{O}\left(19^2\right)$ ⋄ Siehe auch: `padic[arccoshp]`.

padic[cosp]
```
cosp(ausdr, p, s)
cosp(ausdr, p)
cosp(ausdr)
```
p-adischer Kosinus ◇ Diese Funktion berechnet den p-adischen Kosinus des Ausdrucks ausdr und druckt s Terme des Ergebnisses aus. Ist s nicht vorhanden, so wird der aktuelle Wert `Digitsp` vorausgesetzt. Ist das Ergebnis nicht im p-adischen Sinne konvergent, so wird *FAIL* zurückgegeben. cosp ist eine Abkürzung für evalp@cos. ◇ `cosp(343,7,12,8);` $\longrightarrow$ $1 + 3\,7^6 + O\left(7^7\right)$ ◇ Siehe auch: `padic[arccosp]`.

padic[cothp]
```
cothp(ausdr, p, s)
cothp(ausdr, p)
cothp(ausdr)
```
p-adischer coth ◇ Diese Funktion berechnet den p-adischen hyperbolischen Kotangens des Ausdrucks ausdr und druckt s Terme des Ergebnisses aus. Ist s nicht vorhanden, so wird der aktuelle Wert `Digitsp` vorausgesetzt. Ist das Ergebnis nicht im p-adischen Sinne konvergent, so wird *FAIL* zurückgegeben. cothp ist eine Abkürzung für evalp@coth. ◇ `cothp(rootp(x^3+3*x-2,2));` $\longrightarrow$ $2^{-1} + 1 + 2^2 + 2^6 + O\left(2^7\right)$ ◇ Siehe auch: `padic[arccothp]`.

padic[cotp]
```
cotp(ausdr, p, s)
cotp(ausdr, p)
cotp(ausdr)
```
p-adischer cot ◇ Diese Funktion berechnet den p-adischen Kotangens des Ausdrucks ausdr und druckt s Terme des Ergebnisses aus. Ist s nicht vorhanden, so wird der aktuelle Wert `Digitsp` vorausgesetzt. Ist das Ergebnis nicht im p-adischen Sinne konvergent, so wird *FAIL* zurückgegeben. cotp ist eine Abkürzung für evalp@cot. ◇ `cotp(116,29,4);` $\longrightarrow$ $22\,29^{-1} + 21 + O(29)$ ◇ Siehe auch: `padic[arccotp]`.

padic[cschp]
```
cschp(ausdr, p, s)
cschp(ausdr, p)
cschp(ausdr)
```
p-adischer csch ◇ Diese Funktion berechnet den p-adischen hyperbolischen Kosekans des Ausdrucks ausdr und druckt s Terme des Ergebnisses aus. Ist s nicht vorhanden, so wird der aktuelle Wert `Digitsp` vorausgesetzt. Ist das Ergebnis nicht im p-adischen Sinne konvergent, so wird *FAIL* zurückgegeben. cschp ist eine Abkürzung für evalp@csch. ◇ `cschp(18/5,3,5);` $\longrightarrow$ $3^{-2} + 2\,3^{-1} + 1 + O(3)$ ◇ Siehe auch: `padic[arccschp]`.

padic[cscp]
```
cscp(ausdr, p, s)
cscp(ausdr, p)
cscp(ausdr)
```
p-adischer csc ◇ Diese Funktion berechnet den p-adischen Kosekans des Ausdrucks ausdr und druckt s Terme des Ergebnisses aus. Ist s nicht vorhanden, so wird der aktuelle Wert `Digitsp` vorausgesetzt. Ist das Ergebnis nicht im p-adischen Sinne konvergent, so wird *FAIL* zurückgegeben. cscp ist eine Abkürzung für evalp@csc. ◇ `cscp(4,2,4);` $\longrightarrow$ $2^{-2} + O(2)$ ◇ Siehe auch: `padic[arccscp]`.

padic[evalp]
```
evalp(ausdr, p, s)
evalp(ausdr, p)
evalp(ausdr)
```
p-adische Auswertung ◇ Diese Funktion berechnet den p-adischen Wert des Ausdrucks ausdr. Der Parameter s bestimmt, wieviel Terme ausgedruckt werden; fehlt dieser, so wird der Wert von `Digitsp` benutzt. Ursprünglich hat `Digitsp` den Wert 10. Falls das Ergebnis der Berechnung nicht im p-adischen Sinne konvergent ist, wird *FAIL* zurückgegeben. ◇ `evalp(942/10,5);` $\longrightarrow$ $5^{-1} + 4 + 3\,5 + 3\,5^2 + O\left(5^9\right)$ ◇ `evalp(RootOf(x^2-2),7);` $\longrightarrow$ $3 + 7 + O\left(7^2\right), 4 + 5\,7 + O\left(7^2\right)$ ◇ Siehe auch: `padic[ordp]`, `padic[ratvaluep]`, `padic[rootp]`.

padic[expp]

```
expp(ausdr, p, s)
expp(ausdr, p)
expp(ausdr)
```

p-adische Exponentialfunktion ⋄ Diese Funktion berechnet die p-adische Exponentialfunktion des Ausdrucks ausdr und druckt s Terme des Ergebnisses aus. Ist s nicht vorhanden, so wird der aktuelle Wert `Digitsp` vorausgesetzt. Ist das Ergebnis nicht im p-adischen Sinne konvergent, so wird *FAIL* zurückgegeben. expp ist eine Abkürzung für `evalp@exp`. ⋄ `expp(85,17,3);` $\longrightarrow 1 + 5\,17 + O\left(17^2\right)$ ⋄ Siehe auch: `padic[logp]`.

padic[logp]

```
logp(ausdr, p, s)
logp(ausdr, p)
logp(ausdr)
```

p-adischer Logarithmus ⋄ Diese Funktion berechnet den p-adischen Logarithmus des Ausdrucks ausdr und druckt s Terme des Ergebnisses aus. Ist s nicht vorhanden, so wird der aktuelle Wert `Digitsp` vorausgesetzt. Ist das Ergebnis nicht im p-adischen Sinne konvergent, so wird *FAIL* zurückgegeben. logp ist eine Abkürzung für `evalp@log`. ⋄ `logp(expp(15,3));` $\longrightarrow 2\,3 + 3^2 + O\left(3^{10}\right)$ ⋄ Siehe auch: `padic[expp]`.

padic[ordp]

```
ordp(ausdr, p)
ordp(ausdr)
```

Berechnet die Ordnung einer p-adischen Zahl ⋄ Diese Funktion berechnet die p-adische Ordnung des Ausdrucks ausdr, d. h. den Grad des führenden Terms von ausdr (oder von `evalp(ausdr,p)` bei zwei Argumenten). ⋄ `ordp(744653,7);` $\longrightarrow 3$ ⋄ Siehe auch: `padic[evalp]`, `padic[valuep]`.

padic[ratvaluep]

```
ratvaluep(ausdr, n)
```

Approximiert den rationalen Wert einer p-adischen Zahl ⋄ Diese Funktion liefert eine rationale Zahl, die die Summe der ersten n Terme der p-adischen Zahl ausdr darstellt. ⋄ `map(ratvaluep,[rootp(x^2-2,7)],6);` $\longrightarrow [38181, 79468]$ ⋄ Siehe auch: `padic[evalp]`, `padic[ordp]`.

padic[rootp]

```
rootp(poly, p, s)
rootp(poly, p)
```

Findet alle Wurzeln eines Polynoms mit rationalen Koeffizienten in einem p-adischen Körper ⋄ Diese Funktion berechnet alle Wurzeln des Polynoms poly im Körper der p-adischen Zahlen. Der Parameter s bestimmt, wieviel Terme ausgedruckt werden; ist dieser nicht vorhanden, so wird der Wert von `Digitsp` benutzt. ⋄ `rootp(x^2-2,7,3);` $\longrightarrow 3+7+O\left(7^2\right), 4+5\,7+O\left(7^2\right)$ ⋄ Siehe auch: `padic[evalp]`, `padic[sqrtp]`.

padic[sechp]

```
sechp(ausdr, p, s)
sechp(ausdr, p)
sechp(ausdr)
```

p-adischer sech ⋄ Diese Funktion berechnet den p-adischen hyperbolischen Sekans des Ausdrucks ausdr und druckt s Terme des Ergebnisses aus. Ist s nicht vorhanden, so wird der aktuelle Wert `Digitsp` vorausgesetzt. Ist das Ergebnis nicht im p-adischen Sinne konvergent, so wird *FAIL* zurückgegeben. sechp ist eine Abkürzung für `evalp@sech`. ⋄ `sechp(33,11,5);` $\longrightarrow 1 + 11 + O\left(11^3\right)$ ⋄ Siehe auch: `padic[arcsechp]`.

padic[secp]

```
secp(ausdr, p, s)
secp(ausdr, p)
secp(ausdr)
```

p-adischer Sekans ⋄ Diese Funktion berechnet den p-adischen Sekans des Ausdrucks ausdr und druckt s Terme des Ergebnisses aus. Ist s nicht vorhanden, so wird der aktuelle Wert `Digitsp` vorausgesetzt. Ist das Ergebnis nicht im p-adischen Sinne konvergent, so wird *FAIL* zurückgegeben. secp ist eine Abkürzung für `evalp@sec`. ⋄ `secp(logp(23,5,9));` $\longrightarrow 1 + 2\,5^2 + 3\,5^6 + O\left(5^7\right)$ ⋄ Siehe auch: `padic[arcsecp]`.

padic[sinhp]
```
sinhp(ausdr, p, s)
sinhp(ausdr, p)
sinhp(ausdr)
```
p-adischer sinh ⋄ Diese Funktion berechnet den p-adischen hyperbolischen Sinus des Ausdrucks ausdr und druckt s Terme des Ergebnisses aus. Ist s nicht vorhanden, so wird der aktuelle Wert `Digitsp` vorausgesetzt. Ist das Ergebnis nicht im p-adischen Sinne konvergent, so wird *FAIL* zurückgegeben. `sinhp` ist eine Abkürzung für `evalp@sinh`. ⋄ `sinhp(4,2,5);` $\longrightarrow$ $2^2 + 2^5 + \mathrm{O}\left(2^6\right)$ ⋄ Siehe auch: `padic[arcsinhp]`.

padic[sinp]
```
sinp(ausdr, p, s)
sinp(ausdr, p)
sinp(ausdr)
```
p-adischer Sinus ⋄ Diese Funktion berechnet den p-adischen Sinus des Ausdrucks ausdr und druckt s Terme des Ergebnisses aus. Ist s nicht vorhanden, so wird der aktuelle Wert `Digitsp` vorausgesetzt. Ist das Ergebnis nicht im p-adischen Sinne konvergent, so wird *FAIL* zurückgegeben. `sinp` ist eine Abkürzung für `evalp@sin`. ⋄ `sinp(sqrtp(2,7)+4,7,5);` $\longrightarrow 2\,7 + 2\,7^2 + \mathrm{O}\left(7^5\right)$ ⋄ Siehe auch: `padic[arcsinp]`.

padic[sqrtp]
```
sqrtp(ausdr, p, s)
sqrtp(ausdr, p)
sqrtp(ausdr)
```
p-adische Quadratwurzel ⋄ Diese Funktion berechnet die p-adische Quadratwurzel des Ausdrucks ausdr und druckt s Terme des Ergebnisses aus. Ist s nicht vorhanden, so wird der aktuelle Wert `Digitsp` vorausgesetzt. Ist das Ergebnis nicht im p-adischen Sinne konvergent, so wird *FAIL* zurückgegeben. `sqrtp` ist eine Abkürzung für `evalp@sqrt`. ⋄ `sqrtp(-1,41,4);` $\longrightarrow$ $9 + 9\,41 + 34\,41^2 + \mathrm{O}\left(41^3\right)$ ⋄ Siehe auch: `padic[rootp]`.

padic[tanhp]
```
tanhp(ausdr, p, s)
tanhp(ausdr, p)
tanhp(ausdr)
```
p-adischer tanh ⋄ Diese Funktion berechnet den p-adischen hyperbolischen Tangens des Ausdrucks ausdr und druckt s Terme des Ergebnisses aus. Ist s nicht vorhanden, so wird der aktuelle Wert `Digitsp` vorausgesetzt. Ist das Ergebnis nicht im p-adischen Sinne konvergent, so wird *FAIL* zurückgegeben. `tanhp` ist eine Abkürzung für `evalp@tanh`. ⋄ `tanhp(5,2);` $\longrightarrow$ *FAIL* ⋄ Siehe auch: `padic[arctanhp]`.

padic[tanp]
```
tanp(ausdr, p, s)
tanp(ausdr, p)
tanp(ausdr)
```
p-adischer Tangens ⋄ Diese Funktion berechnet den p-adischen Tangens des Ausdrucks ausdr und druckt s Terme des Ergebnisses aus. Ist s nicht vorhanden, so wird der aktuelle Wert `Digitsp` vorausgesetzt. Ist das Ergebnis nicht im p-adischen Sinne konvergent, so wird *FAIL* zurückgegeben. `tanp` ist eine Abkürzung für `evalp@tan`. ⋄ `tanp(arctanp(25,5));` $\longrightarrow 5^2 + \mathrm{O}\left(5^{12}\right)$ ⋄ Siehe auch: `padic[arctanp]`.

padic[valuep]
```
valuep(ausdr, p)
valuep(ausdr)
```
p-adische Bewertung ⋄ Diese Funktion berechnet die p-adische Bewertung der Zahl ausdr. Diese ist 1/p^(p-adische Ordnung von ausdr). ⋄ `valuep(744653,7);` $\longrightarrow 7^{-3}$ ⋄ Siehe auch: `padic[ordp]`.

parse
```
parse(kette)
parse(kette, statement)
```
Verarbeitet die Zeichenkette als ein Ausdruck oder eine Anweisung ⋄ Die erste Form verarbeitet (parst) die gegebene Zeichenkette als einen Ausdruck und wertet ihn aus, wobei das Ergebnis zurückgeliefert wird. Mit der `statement`-Option wird die Zeichenkette als Maple-Anweisung verarbeitet. Man beachte, daß Anweisungen eine Obermenge der Ausdrücke darstellen. Endet die

Zeichenkette mit einem Doppelpunkt, so wird das Ergebnis nicht angezeigt. ◇ `parse('1+1');` —→ 2 ◇ Siehe auch: `readline, readstat, sscanf`.

petrov
```
petrov(Psi)
petrov(Psi, flag)
nonzero()
```
Bestimmt die Petrov-Klassifizierung des gegebenen Weyl-Tensors in Newman-Penrose-Form ◇ Psi ist ein von 0 bis 4 indiziertes Feld. Ist ein zweites Argument vorhanden, so werden die Komponenten von Psi mittels einer internen Routine vereinfacht. `petrov` gibt eine Zeichenkette zurück, die den Petrov-Typen angibt. `nonzero` spielt Ausdrücke vor, die als von null verschieden erkannt wurden. ◇ Man muß erst `readlib(petrov)` eingeben, bevor man diesen Befehl benutzen kann. ◇ `petrov(array(0..4, [x,y,0,0,0]));` —→ *type_III* ◇ Siehe auch: `array, debever`.

Pi
π ◇ Das Verhältnis von Kreisumfang zu Kreisdurchmesser, ungefähr 3.141592653589793.

piecewise
```
piecewise(rel₁, ausdr₁, ..., relₙ, ausdrₙ)
piecewise(m, rel₁, ausdr₁, ..., relₙ, ausdrₙ)
piecewise(rel₁, ausdr₁, ..., relₙ, ausdrₙ, ausdrₙ₊₁)
piecewise(m, rel₁, ausdr₁, ..., relₙ, ausdrₙ, ausdrₙ₊₁)
```
Definiert eine Funktion stückweise ◇ Die Funktion ist durch *ausdr$_i$* definiert, solange die Relation *rel$_i$* gilt. Die Relationen werden in der gegebenen Reihenfolge geprüft, d. h. daß die erste wahre Relation den Funktionswert bestimmt. Ist keine der Relationen wahr, so ist der Funktionswert durch *ausdr$_{n+1}$* gegeben. *ausdr$_{n+1}$* ist `undefined` in der Voreinstellung. Die optionalen Parameter m geben die Glattheit der Funktion an den Knoten vor. Der voreingestellte Wert ist 0. Der Wert -1 zeigt an, daß die Funktion an den Knoten unstetig ist. ◇ Diese Funktion ist neu in Version 3. ◇ Man muß erst `readlib(piecewise)` eingeben, bevor man diesen Befehl benutzen kann. ◇ `piecewise(x<0,-1,1): eval(subs(x=2,"));` —→ 1

plot
```
plot(ausdr, var=a..b, options)
plot(f, a..b, options)
plot([ausdrₓ, ausdr_y, var=a..b], options)
plot([ausdr_r, ausdr_θ, var=a..b], coords=polar, options)
plot([x₁, y₁, x₂, y₂, ...], style=POINT, options)
plot([[x₁, y₁], [x₂, y₂], ...], style=POINT, options)
plot({ausdr₁, ausdr₂, ...}, var=a..b, options)
```
Erzeugt ein zweidimensionales Diagramm ◇ Die erste Form zeichnet den Ausdruck in der gegebenen Variablen var über dem reellen Intervall $[a, b]$. Die zweite Form zeichnet die Funktion f über dem Intervall $[a, b]$. Alle anderen, ausdr enthaltenden Muster, haben eine entsprechende funktionale Form. Das dritte Schema erzeugt einen parametrischen Plot; das vierte erzeugt einen parametrischen Plot in Polarkoordinaten. Die nächsten beiden Schemata zeichnen Punkte in der Ebene. Der Bereich ist in diesem Fall optional. Das letzte Schema zeichnet alle Ausdrücke in den selben Graphen. In allen Fällen kann a `-infinity` und b `infinity` sein. Ist kein Intervall gegeben, so wird als Voreinstellung $[-10, 10]$ benutzt, mit der Ausnahme der explizit gezeichneten Punkte, wo der Bereich durch die gegebenen Punkte schon bestimmt ist. Ein adaptiver Diskretisierungsalgorithmus wird benutzt, wenn ein Ausdruck oder eine Funktion gezeichnet werden soll, dies gilt allerdings nicht für parametrische Plots. Optionen für `plot` sind in Kürze auf Seite 95 aufgelistet und detailliert auf Seite 23 beginnend beschrieben. ◇ `plot(sin(x),x=0..Pi);` ◇ `plot(sin,0..Pi);` ◇ `plot([cos(t),sin(t)],t=0..Pi);` ◇ `plot({cos(x),sin(x)},x=0..Pi);` ◇ `plot(tan(x),x=0..10, -5..5);` ◇ Siehe auch: `DEtools, plot3d, plots[animate], plots[conformal], plots[display], plots[implicitplot], plots[loglogplot], plots[logplot], plots[polarplot], plots[setoptions], type/PLOT`.

plot3d

```
plot3d(ausdr, x=a..b, y=c..d, options)
plot3d(f, a..b, c..d, options)
plot3d([ausdrₓ, ausdr_y, ausdr_z], s=a..b, t=c..d, options)
plot3d(ausdr, θ=a..b, z=c..d, coords=cylindrical);
plot3d(ausdr, θ=a..b, φ=c..d, coords=spherical);
plot3d({ausdr₁, ausdr₂, ...}, x=a..b, y=c..d, options)
```
Erzeugt ein dreidimensionales Diagramm ◇ Die erste Form zeichnet die Fläche, die durch den Ausdruck auf dem durch die beiden Bereiche definierten rechteckigen Gebiet gegeben ist. a und b müssen reelle Konstanten sein; c und d können reelle Konstanten oder Ausdrücke in der ersten Variablen sein. In der zweiten Form muß f eine Funktion zweier Argumente sein. a und b müssen reelle Konstanten sein; c und d können reelle Konstanten oder Funktion einer Variablen sein. Die anderen Schemata haben entsprechende funktionale Form. Das dritte Schema definiert eine parametrische Fläche. Das vierte definiert eine Fläche in Zylinderkoordinaten, wobei ausdr r abhängig von θ und z bestimmt. Das fünfte bestimmt eine Fläche in Kugelkoordinaten, wobei ausdr r abhängig von θ und ϕ bestimmt. Die letzte Form zeichnet mehrere Flächen in einem Graphen. Optionen für `plot3d` sind in Kürze auf Seite 96 aufgelistet und detailliert auf Seite 29 beginnend beschrieben. ◇ `plot3d(x+y,x=0..1,y=0..1);` ◇ `plot3d([s*cos(t), s*sin(t), t], s=1..2,t=0..4*Pi);` ◇ Siehe auch: `plot, plots[animate3d],` `plots[contourplot], plots[cylinderplot], plots[densityplot],` `plots[implicitplot3d], plots[pointplot], plots[setoptions3d],` `plots[spacecurve], plots[sphereplot], plots[tubeplot], type/PLOT3D.`

plots

Paket für zwei- und dreidimensionale Graphiken ◇ Siehe auch: `DEtools, plot, plot3d,` `plots[function], with.`

plots[animate]

```
animate(ausdr, x=a..b, t=c..d, options)
animate(f, a..b, c..d, options)
animate([ausdrₓ, ausdr_y, s=a..b], t=c..d, options)
animate({ausdr₁, ausdr₂, ...}, x=a..b, t=c..d, options)
```
Erzeugt eine Animation eines zweidimensionalen Diagramms ◇ Die erste Form zeichnet ausdr gegen x für Werte von t im Bereich von c bis d auf, wobei eine Animation erzeugt wird. Das zweite Schema ist ähnlich, wobei f eine Funktion zweier Variablen ist. Die dritte Form erzeugt eine Animation eines parametrischen Plots, das letzte Schema erzeugt gleichzeitig eine Animation einer Menge von Kurven. Zusätzlich zu den gewöhnlichen Optionen für 2D-Diagramme akzeptiert diese Funktion die Option `frames=n`, wobei n die Anzahl der einzelnen bei der Animation produzierten Aufnahmen ist. Voreingestellt ist der Wert 16. ◇ `animate(x^t, x=0..1, t=1..4);` ◇ `animate([sin(s), t*cos(s), s=0..2*Pi], t=1..3);` ◇ Siehe auch: `plot,` `plots[animate3d], plots[display].`

plots[animate3d]

```
animate3d(ausdr, x=a..b, y=c..d, t=q..r)
animate3d(f, a..b, c..d, q..r)
animate([ausdrₓ, ausdr_y, ausdr_z], s=a..b, u=c..d, t=q..r)
animate({ausdr₁, ausdr₂, ...}, x=a..b, y=c..d, t=q..r)
```
Erzeugt eine Animation eines dreidimensionalen Diagramms ◇ Die erste Form zeichnet ausdr gegen x und y auf, wobei die Werte für t zwischen q und r variieren, hierbei eine Animation erzeugend. Das zweite Schema ist ähnlich, wobei f eine Funktion dreier Variablen ist. Die dritte Form erzeugt eine Animation eines parametrischen Plots; das letzte Schema erzeugt eine Animation einer Folge von Flächen simultan. Zusätzlich zu den gewöhnlichen Optionen für 3D-Diagramme akzeptiert diese Funktion die Option `frames=n`, wobei n die Anzahl der einzelnen bei der Animation produzierten Aufnahmen ist. Voreingestellt ist der Wert 8. ◇ `animate3d(x^2+t*y^2,` `x=-1..1, y=-1..1, t=1..3);` ◇ `animate3d([s*cos(t*u), s*sin(t*u),` `u], s=1..2, u=0..2*Pi, t=1..2);` ◇ Siehe auch: `plot3d, plots[animate],` `plots[display].`

plots[conformal]

```
conformal(ausdr, z=a..b, c..d, options)
conformal(f, a..b, c..d, options)
```
Konformer Plot einer komplexen Funktion ◇ Diese Funktion zeichnet das Bild eines Gitters in der komplexen Ebenen unter dem gegebenen Ausdruck bzw. der gegebenen Funktion auf. a und b sind komplexe Zahlen, die die untere linke bzw. die obere rechte Ecke des ursprünglichen Gitters angeben. Der zweite Bereich ist optional; er beschreibt die komplexen Koordinaten

des Bildfensters. Die Option `grid=[m,n]` setzt die Anzahl der Linien des Gitters in beiden Richtungen fest: voreingestellt sind $m = 11$ und $n = 11$. Die Option `numxy=[m,n]` legt die Anzahl der Punkte fest, die auf jeder Gitterlinie gezeichnet werden: hier ist die Voreinstellung $m = 15$ und $n = 15$. ◇ `conformal(z^4,z=0..1+I);`

plots[contourplot]

```
contourplot(ausdr, x=a..b, y=c..d)
contourplot(f, a..b, c..d)
contourplot([ausdr_x, ausdr_y, ausdr_z], s=a..b, t=c..d)
contourplot({ausdr_1, ausdr_2, ...}, x=a..b, y=c..d)
```
Zeichnet einen Konturenplot einer Fläche bzw. mehrerer Flächen ◇ Die ersten beiden Aufruffolgen beschreiben Konturenplots in kartesischen Koordinaten. Die dritte beschreibt einen Konturenplot einer parametrisch gegebenen Fläche, die vierte zeichnet mehrere Konturenplots auf einmal. Die letzten beiden Schemata haben auch entsprechende Varianten, wo die Ausdrücke durch Funktionsnamen ersetzt wurden und wo kein Variablenname in den Bereichen angegeben wird, wie im zweiten Schema. Diese Funktion akzeptiert die gewöhnlichen Optionen für 3D-Plots. ◇ `contourplot(x*cos(y),x=1..3,y=-1..1);` ◇ Siehe auch: `plot3d`, `plots[densityplot]`.

plots[cylinderplot]

```
cylinderplot(ausdr, θ=a..b, z=c..d)
cylinderplot(f, a..b, c..d)
cylinderplot([ausdr_r, ausdr_θ, ausdr_z], s=a..b, t=c..d)
cylinderplot({ausdr_1, ausdr_2, ...}, θ=a..b, z=c..d)
```
Zeichnet eine Fläche in Zylinderkoordinaten ◇ Bei der ersten Aufrufsfolge ist ausdr ein Ausdruck, der r abhängig von θ und z bestimmt. Beim zweiten Schema ist f eine Funktion zweier Variablen, die r abhängig von θ und z ergibt. Der erste Bereich ist der Bereich für θ; der zweite für z. Zu den letzten beiden Schemata gibt es auch entsprechende funktionale Varianten. Das dritte Schema zeichnet eine Fläche, deren Zylinderkoordinaten in parametrischer Form gegeben sind. Die letzte Form zeichnet mehrere zylindrische Flächen in den selben Graphen. Diese Funktion akzeptiert die gewöhnlichen Optionen für 3D-Plots. ◇ `cylinderplot({1,2}, theta=0..2*Pi, z=0..2);` ◇ Siehe auch: `plot3d`, `plots[sphereplot]`.

plots[densityplot]

```
densityplot(ausdr, x=a..b, y=c..d)
densityplot(f, a..b, c..d)
densityplot([ausdr_x, ausdr_y, ausdr_z], s=a..b, t=c..d)
densityplot({ausdr_1, ausdr_2, ...}, x=a..b, y=c..d)
```
Zeichnet einen Dichteplot einer Fläche bzw. mehrerer Flächen ◇ Die ersten beiden Aufrufefolgen beschreiben Dichteplots in kartesischen Koordinaten. Die dritte Form beschreibt einen Dichteplot einer parametrischen Fläche und die vierte zeichnet mehrere Dichteplots auf einmal. Zu den letzten beiden Formen gibt es entsprechende Varianten, wo die Ausdrücke durch Funktionsnamen ersetzt wurden und kein Variablenname in den Bereichen angegeben ist wie im zweiten Schema. Diese Funktion akzeptiert die gewöhnlichen 2D-Plotoptionen sowie die Option `grid=[m,n]` zur Einstellung der Maschenweite für das Gitter, welches zur Erzeugung des Dichteplots verwendet wird. Voreingestellt ist $m = 25$, $n = 25$. ◇ `densityplot(x*cos(y),x=1..3,y=-1..1);` ◇ Siehe auch: `plot3d`, `plots[contourplot]`.

plots[display]

```
display(plot, options)
display([plot_1, plot_2, ...], options)
display({plot_1, plot_2, ...}, options)
display([plot_1, plot_2, ...], insequence=true)
```
Spielt eine Liste bzw. Menge von Plots vor ◇ Die Voreinstellung ist so, daß diese Funktion alle im selben Graphen gegebenen Plots darstellt. Die Plots können zwei- oder dreidimensional sein, allerdings kann man die beiden nicht zusammenmischen. Wird die Option `insequence=true` angegeben, werden die Graphen als Folge, also als Animation präsentiert. Die gewöhnlichen Plotoptionen, die das Aussehen des Graphen bestimmen, wie `axes` oder `title`, können angegeben werden, Optionen, die bestimmen wie der Graph erzeugt werden soll, wie z. B. `numpoints`, werden allerdings ignoriert. ◇ Siehe auch: `plots[animate]`, `plots[animate3d]`.

plots[display3d]

Ein Synonym für `plots[display]`. ◇ Siehe auch: `plots[display]`.

plots[fieldplot]

```
fieldplot([ausdr₁, ausdr₂], x=a..b, y=c..d, options)
fieldplot([f₁, f₂], a..b, c..d, options)
```

Zeichnet ein zweidimensionales Vektorfeld ◇ Diese Funktion zeichnet das durch die beiden Ausdrücke bzw. Funktionen gegebene Vektorfeld. Zusätzlich zu den gewöhnlichen 2D-Plotoptionen akzeptiert diese Funktion Optionen `grid=[n,m]` und `arrows=style`. Die `grid`-Option bestimmt die Maschenweite des Gitters, welches zur Erzeugung des Vektorfeldes benutzt wird (Voreinstellung $n = 20$, $m = 20$) und die Wahl für den Pfeil kann `LINE`, `SLIM`, `THICK` oder `THIN` (die Voreinstellung) sein. ◇ `fieldplot([y,-x+y/3], x=-1..1, y=-1..1);` ◇ Siehe auch: `plots[fieldplot3d]`, `plots[gradplot]`.

plots[fieldplot3d]

```
fieldplot3d([ausdr₁, ausdr₂, ausdr₃], x=a..b, y=c..d, z=q..r,
  options)
fieldplot3d([f₁, f₂, f₃], a..b, c..d, q..r, options)
```

Zeichnet ein dreidimensionales Vektorfeld ◇ Diese Funktion zeichnet das Vektorfeld, welches durch die drei Ausdrücke bzw. Funktionen gegeben ist. Zusätzlich zu den gewöhnlichen 3D-Plotoptionen akzeptiert diese Funktion die Optionen `grid=[l,n,m]` und `arrows=style`. Die `grid`-Option bestimmt die Maschenweite des Gitters, welches zur Erzeugung des Vektorfeldes benutzt wird (Voreinstellung $l = 8$, $n = 8$, $m = 8$) und die Wahl für den Pfeil kann `LINE`, `SLIM`, `THICK` oder `THIN` (die Voreinstellung) sein. ◇ `fieldplot3d([y+z,x+z,z+y], x=0..1, y=0..1, z=0..1);` ◇ Siehe auch: `plots[fieldplot]`, `plots[gradplot3d]`.

plots[gradplot]

```
gradplot(ausdr, x=a..b, y=c..d, options)
gradplot(f, a..b, c..d, options)
```

Zeichnet ein zweidimensionales Gradientenvektorfeld ◇ Diese Funktion zeichnet das durch den Ausdruck bzw. die Funktion bestimmte Gradientenfeld. Zusätzlich zu den gewöhnlichen 2D-Plotoptionen akzeptiert diese Funktion Optionen `grid=[n,m]` und `arrows=style`. Die `grid`-Option bestimmt die Maschenweite des Gitters, welches zur Erzeugung des Vektorfeldes benutzt wird (Voreinstellung $n = 20$, $m = 20$) und die Wahl für den Pfeil kann `LINE`, `SLIM`, `THICK` oder `THIN` (die Voreinstellung) sein. ◇ `gradplot(x*y, x=-2..2, y=-2..2);` ◇ Siehe auch: `plots[fieldplot]`, `plots[gradplot3d]`.

plots[gradplot3d]

```
gradplot3d(ausdr, x=a..b, y=c..d, z=q..r, options)
gradplot3d([f, a..b, c..d, q..r, options)
```

Zeichnet ein dreidimensionales Gradientenvektorfeld ◇ Diese Funktion zeichnet das durch den Ausdruck bzw. die Funktion bestimmte Gradientenfeld. Zusätzlich zu den gewöhnlichen 3D-Plotoptionen akzeptiert diese Funktion Optionen `grid=[l,n,m]` und `arrows=style`. Die `grid`-Option bestimmt die Maschenweite des Gitters, welches zur Erzeugung des Vektorfeldes benutzt wird (Voreinstellung $l = 8$, $n = 8$, $m = 8$) und die Wahl für den Pfeil kann `LINE`, `SLIM`, `THICK` oder `THIN` (die Voreinstellung) sein. ◇ `gradplot3d(x*y*z, x=-2..2, y=-2..2, z=-2..2);` ◇ Siehe auch: `plots[fieldplot3d]`, `plots[gradplot]`.

plots[implicitplot]

```
implicitplot(gl, x=a..b, y=c..d, options)
implicitplot(ausdr, x=a..b, y=c..d, options)
implicitplot(f, a..b, c..d, options)
```

Zweidimensionaler impliziter Plot ◇ Die erste Form plottet die Kurve, welche der Gleichung in den Variablen x und y genügt, über dem gegebenen rechteckigen Gebiet. Die zweite Form zeichnet die Lösungen zu $ausdr = 0$, wobei ausdr ein Ausdruck in x und y ist. Die zweite Form plottet die Menge der Punkte, die $f = 0$ genügen, wobei f eine Funktion zweier Variablen ist. Zusätzlich zu den gewöhnlichen 2D-Plotoptionen akzeptiert diese Funktion die Option `grid=[m,n]`, die besagt, daß der Plot über einem Gitter der Dimension m mal n erzeugt wird (voreingestellt ist [25, 25]). ◇ `implicitplot(x^3+y^3=1, x=-1..2, y=-1..1.3);` ◇ Siehe auch: `plots[implicitplot3d]`.

plots[implicitplot3d]

```
implicitplot3d(gl, x=a..b, y=c..d, z=q..r, options)
implicitplot3d(ausdr, x=a..b, y=c..d, z=q..r, options)
implicitplot3d(f, a..b, c..d, options, q..r)
```

Dreidimensionaler impliziter Plot ◇ Die erste Form zeichnet die Fläche, welche der Gleichung in den Variablen x, y und z genügt, im gegeben Gebiet. Die zweite Form zeichnet die Lösungen zu $ausdr = 0$, wobei ausdr ein Ausdruck in x, y und z ist. Die zweite Form plottet die Menge der Punkte, die $f = 0$ genügen, wobei f eine Funktion dreier Variablen ist. Zusätzlich zu den gewöhnlichen 3D-Plotoptionen akzeptiert diese Funktion die Option `grid=[l,m,n]`, die besagt, daß der Plot über einem Gitter der Dimension l mal m mal n erzeugt wird (voreingestellt ist $[10, 10, 10]$). ◇ `implicitplot3d(x^2+y^2+z^2-1, x=-1..1, y=-1..1, z=-1..1);` ◇ Siehe auch: `plots[implicitplot]`.

plots[loglogplot]
```
loglogplot(ausdr, x=a..b, options)
loglogplot(f, a..b, options)
loglogplot([ausdrx, expry, var=a..b], options)
loglogplot([x1, y1, x2, y2, ...], style=POINT, options)
loglogplot([[x1, y1], [x2, y2], ...], style=POINT, options)
loglogplot({ausdr1, ausdr2, ...}, var=a..b, options)
```
Erzeugt einen zweidimensionalen log-log-Plot von Funktionen ◇ Diese Funktion erzeugt einen zweidimensionalen Plot, wobei sowohl die horizontale als auch die vertikale Achse logarithmisch skaliert sind. Gezeichnet werden kann eine durch einen Ausdruck bzw. eine Funktion gegebene Kurve, eine parametrische Kurve, eine Sammlung von Kurven oder eine Liste von Punkten. Diese Funktion akzeptiert die gewöhnlichen 2D-Plotoptionen. ◇ `loglogplot(exp(x),x=1..10);` ◇ Siehe auch: `plot`, `plots[logplot]`.

plots[logplot]
```
logplot(ausdr, x=a..b, options)
logplot(f, a..b, options)
logplot([ausdrx, ausdry, var=a..b], options)
logplot([x1, y1, x2, y2, ...], style=POINT, options)
logplot([[x1, y1], [x2, y2], ...], style=POINT, options)
logplot({ausdr1, ausdr2, ...}, var=a..b, options)
```
Erzeugt einen zweidimensionalen logarithmischen Plot von Funktionen ◇ Diese Funktion erzeugt einen zweidimensionalen Plot, wobei die vertikale Achse logarithmisch skaliert ist. Gezeichnet werden kann eine durch einen Ausdruck bzw. eine Funktion gegebene Kurve, eine parametrische Kurve, eine Sammlung von Kurven oder eine Liste von Punkten. Diese Funktion akzeptiert die gewöhnlichen 2D-Plotoptionen. ◇ `logplot(exp(x), x=1..10);` ◇ Siehe auch: `plot`, `plots[loglogplot]`.

plots[matrixplot]
```
matrixplot(A, options)
```
Dreidimensionaler Plot, wobei die z-Werte durch Matrixeinträge gegeben sind ◇ Diese Funktion bestimmt einen dreidimensionalen Graphen, bei dem die x- und y-Koordinaten Reihen- bzw. Spaltenindizes darstellen. Normalerweise wird das Diagramm als glatte Fläche erzeugt. Die Option `heights=histogram` zeichnet den Graphen als Histogramm. Wird der Graph als Histogramm dargestellt, so gibt die Option `gap=r` an, daß ein Zwischenraum der Größe r zwischen den Balken gelassen werden soll. r muß zwischen 0 und 0.5 sein; voreingestellt ist 0. Diese Funktion akzeptiert die gewöhnlichen 3D-Plotoptionen. ◇ `matrixplot(linalg[toeplitz]([3,2,1]), heights=histogram);` ◇ Siehe auch: `plot3d`, `plots[sparsematrixplot]`.

plots[odeplot]
```
odeplot(f, varliste, a..b, options)
```
Zeichnet die von `dsolve/numeric` erzeugte Ausgabe ◇ Diese Funktion zeichnet die Lösungskurve (entweder zwei- oder dreidimensional) zu einer von `dsolve` mit der `numeric`-Option zurückgegebenen Prozedur. Die Ordnung der Koordinaten ist durch varliste gegeben. Die Funktion wird über dem Bereich $[a, b]$ gezeichnet. ◇ `f:=dsolve({D(y)(x)=y(x),y(0)=1}, y(x), numeric): odeplot(f, [x,y(x)], 0..2);` ◇ Siehe auch: `dsolve`.

plots[pointplot]
```
pointplot(liste, options)
pointplot(menge, options)
```
Funktion zum Zeichnen dreidimensionaler Punkte ◇ Die Punkte können entweder als Liste oder als Menge gegeben sein. Diese Funktion akzeptiert die gewöhnlichen 3D-Plotoptionen. ◇ `pointplot({[1,1,1],[1,2,1]}, axes=FRAME);` ◇ Siehe auch: `plot3d`, `plots[polyhedraplot]`.

plots[polarplot]

```
polarplot(ausdr, θ=a..b, options)
polarplot( f, a..b, options)
polarplot([ausdr_r, ausdr_θ, t=a..b], options)
polarplot({ausdr_1, ausdr_2, ...}, θ=a..b, options)
```

Zeichnet eine in Polarkoordinaten gegebene Kurve ◇ Bei der ersten Aufruffolge ist ausr ein Ausdruck, der r abhängig vom Winkel θ bestimmt. Falls kein Intervall angegeben ist, wird $[-2\pi, 2\pi]$ benutzt. Beim zweiten Schema ist f eine Funktion einer Variablen, die r abhängig vom Winkel θ berechnet. Zu den letzten beiden Schematas gibt es auch entsprechende funktionale Formen. Das dritte Schema zeichnet eine Kurve, deren Polarkoordinaten parametrisch gegeben sind. Die letzte Form zeichnet mehrere Polarkurven in den selben Graphen. Diese Funktion akzeptiert die gewöhnlichen 2D-Plotoptionen. ◇ Siehe auch: `plot`.

plots[polygonplot]

```
polygonplot(polygon, options)
polygonplot([polygon_1, polygon_2, ...], options)
polygonplot({polygon_1, polygon_2, ...}, options)
```

Zeichnet ein oder mehrere Polygone in der Ebene ◇ polygon ist eine Liste zweidimensionaler Punkte. Diese Punkte bilden die Ecken eines Polygons. Die erste Variante zeichnet ein einfaches Polygon, die anderen zeichnen mehrere Polygone auf einmal. Der voreingestellte Graphentyp ist PATCH, d. h. die Polygone werden schattiert. Diese Funktion akzeptiert die gewöhnlichen 2D-Plotoptionen. ◇ `polygonplot([[0,0], [0,1], [1,0]]);` ◇ Siehe auch: `plots[polygonplot3d]`, `plots[polyhedraplot]`.

plots[polygonplot3d]

```
polygonplot3d(polygon, options)
polygonplot3d([polygon_1, polygon_2, ...], options)
polygonplot3d({polygon_1, polygon_2, ...}, options)
```

Zeichnet ein oder mehrere dreidimensionale Polygone ◇ polygon ist eine Liste dreidimensionaler Punkte. Diese Punkte formen die Ecken eines Polygons. Die erste Variante zeichnet ein einfaches Polygon, die anderen zeichnen mehrere Polygone auf einmal. Diese Funktion akzeptiert die gewöhnlichen 2D-Plotoptionen. ◇ `polygonplot3d([[1,0,0],[0,1,0],[0,0,1]], axes=NORMAL);` ◇ Siehe auch: `plots[polygonplot]`, `plots[polyhedraplot]`.

plots[polyhedraplot]

```
polyhedraplot(pt, polytype=form, polyscale=r, options)
polyhedraplot(ptliste, polytype=form, polyscale=r,
  options)
polyhedraplot(ptmenge, polytype=form, polyscale=r,
  options)
```

Zeichnet ein oder mehrere driedimensionale Polyeder ◇ Diese Funktion zeichnet ein oder mehrere Polyeder vom Typ form und Größe r. Diese Polyeder sind an den gegebenen Punkten zentriert. Jeder Punkt stellt eine Liste dreier Zahlen dar. form kann `tetrahedron` (Voreinstellung), `hexahedron`, `octahedron`, `dodecahedron` oder `icosahedron` sein. Die voreingestellte Skalierung r ist 1. Diese Funktion akzeptiert die gewöhnlichen 3D-Plotoptionen. ◇ `polyhedraplot([seq([t*sin(t/4),t*cos(t/4),t],t=0..40)], style=PATCH);` ◇ Siehe auch: `plots[pointplot]`, `plots[polygonplot]`, `plots[polygonplot3d]`.

plots[replot]

```
replot(plot, options)
```

Zeichnet einen Plot neu ◇ Diese Funktion ist von `plots[display]` ersetzt worden. ◇ Siehe auch: `plots[display]`.

plots[setoptions]

```
setoptions(options)
```

Bestimmt die voreingestellten Optionen für zweidimensionale Graphiken ◇ Diese werden zu den voreingestellten Optionen für alle nachfolgenden 2D-Graphiken der Sitzung gemacht. ◇ Siehe auch: `plot`, `plots[setoptions3d]`.

plots[setoptions3d]

```
setoptions3d(options)
```

Bestimmt die voreingestellten Optionen für dreidimensionale Graphiken ◇ Diese werden zu den voreingestellten Optionen für alle nachfolgenden 3D-Graphiken der Sitzung gemacht. ◇ Siehe auch: `plot3d`, `plots[setoptions]`.

plots[spacecurve]

```
spacecurve([ausdr_x, ausdr_y, ausdr_z], t=a..b, options)
spacecurve({kurve_1, kurve_2, ...}, t=a..b, options)
```
Zeichnet dreidimensionale parametrische Kurven ◇ Die erste Form zeichnet die Raumkurve, deren Koordinaten parametrisch durch die drei Ausdrücke gegeben sind. Die zweite Form zeichnet mehrere Raumkurven in denselben Graphen. Sollten die Kurven unterschiedliche Variablen benutzen, so werden sie über verschiedenen Bereichen gezeichnet, das Argument t=a..b sollte ans Ende der Liste plaziert werden, die die Kurve definiert. Diese Funktion akzeptiert die gewöhnlichen 3D-Plotoptionen. ◇ `spacecurve([cos(t),sin(t),t],t=0..2*Pi);` ◇ Siehe auch: `plots[tubeplot]`.

plots[sparsematrixplot]

```
sparsematrixplot(A, options)
```
Zweidimensionale Graphik der von null verschiedenen Werte einer Matrix ◇ Diese Funktion definiert einen zweidimenisonalen Graphen, wobei die $x-$ und y-Koordinaten Reihen- bzw. Spaltenindizes darstellen. Für jeden von Null verschiedenen Eintrag der Matrix wird ein Punkt gezeichnet. Diese Funktion akzeptiert die gewöhnlichen 2D-Plotoptionen. ◇ `sparsematrixplot(array(identity, 1..5, 1..5));` ◇ Siehe auch: `plot`, `plots[matrixplot]`.

plots[sphereplot]

```
sphereplot(ausdr, θ=a..b, φ=c..d)
sphereplot(f, a..b, c..d)
sphereplot([ausdr_r, ausdr_θ, ausdr_φ], s=a..b, t=c..d)
sphereplot({ausdr_1, ausdr_2, ...}, θ=a..b, φ=c..d)
```
Zeichnet eine Fläche in Kugelkoordinaten ◇ Beim ersten Aufruf ist ausdr ein Ausdruck, der r abhängig von θ und ϕ bestimmt. Beim zweiten Schema ist f eine Funktion zweier Variablen, welche r abhängig von θ und ϕ bestimmt. Der erste Bereich ist der für θ; der zweite für ϕ. Zu den letzten beiden Schemata gibt es auch entsprechende funktionale Formen. Das dritte Schema zeichnet eine Fläche, deren Kugelkoordinaten in parametrischer Form gegeben sind. Die letzte Variante zeichnet mehrere Flächen in den selben Graphen. Diese Funktion akzeptiert die gewöhnlichen 3D-Plotoptionen. ◇ `sphereplot([sin(s)*sin(t),s,t], s=0..Pi, t=0..Pi);` ◇ Siehe auch: `plot3d`, `plots[cylinderplot]`.

plots[surfdata]

```
surfdata([ptliste_1, ptliste_2, ...], options)
surfdata({listlist_1, listlist_2, ...}, options)
```
Erzeugt eine Fläche aus einer Liste von Datenpunkten ◇ Das erste Argument ist eine Liste, deren Elemente Listen von Punkten sind. Jeder Punkt ist selbst wieder eine Liste dreier Konstanten. Jede ptliste bestimmt eine Reihe von Punkten auf der Fläche. Werden die Punkte zunächst in einer Matrix abgespeichert, so wandelt die Funktion convert/listlist die Daten in die für diese Funktion nötige Form um. Ist das erste Argument eine Menge von Listen von Punktlisten, so werden mehrere Flächen gezeichnet. Diese Funktion akzeptiert die gewöhnlichen 3D-Plotoptionen. ◇ `surfdata([[[0,0,1], [0,1,1]], [[1,0,2],[1,1,2]] ]);` ◇ Siehe auch: `convert/listlist, plot3d[options], plot3d[structure]`.

plots[textplot]

```
textplot(textpt, options)
textplot(liste, options)
textplot(menge, options)
```
Positioniert Text im Zweidimensionalen ◇ Ein Textpunkt textpt ist eine Liste der Form [x,y,kette]. Diese Funktion plaziert kette an die Position $[x,y]$. Die Voreinstellung ist so, daß der Text um diesen Punkt herum zentriert wird. Dies kann man mittels der Option align=pos ändern, wobei pos ABOVE, BELOW, LEFT, RIGHT oder eine Menge dieser sein kann. Diese Funktion akzeptiert auch die gewöhnlichen 2D-Plotoptionen. Es können mehrere Zeichenketten gedruckt werden, indem man mehrere Textpunkte in einer Liste bzw. Menge angibt. ◇ `textplot([1,1,'Oak']);` ◇ Siehe auch: `plot, plots[textplot3d]`.

plots[textplot3d]

```
textplot3d(textpt, options)
textplot3d(liste, options)
textplot3d(menge, options)
```
Positioniert Text im Dreidimensionalen ◇ Ein Textpunkt textpt ist eine Liste der Form [x,y,z,kette]. Diese Funktion plaziert kette an die Stelle $[x,y,z]$. Die Voreinstellung ist so, daß der Text um diesen Punkt herum zentriert wird. Dies kann man mittels der Option

align=pos ändern, wobei pos ABOVE, BELOW, LEFT, RIGHT oder eine Menge dieser sein kann. ◇ `textplot3d([1,0,1,'Elm'], axes=NORMAL);` ◇ Siehe auch: `plot3d`, `plots[textplot]`.

plots[tubeplot]
`tubeplot([ausdr`$_x$`, ausdr`$_y$`, ausdr`$_z$`], t=a..b, options)`
`tubeplot({kurve`$_1$`, kurve`$_2$`, ...}, t=a..b, options)`
Zeichnet Schläuche um Raumkurven herum ◇ Eine Raumkurve ist parametrisch durch drei Ausdrücke in einer Liste definiert. Diese Funktion zeichnet einen Schlauch mit Radius r um eine Raumkurve, wobei r durch die Option `radius=r` gegeben ist. r kann ein beliebiger Ausdruck in der Variablen t sein. Der voreingestellte Wert ist 1. Die Option `tubepoints=n` bestimmt die Anzahl der Punkte, die um den Schlauch herum gezeichnet werden an jedem von der Kurve abgelesenen Punkt. Diese Funktion akzeptiert auch die gewöhnlichen 3D-Plotoptionen. Die zweite Form zeichnet mehrere Schläuche in einen Graphen. Sollen für die Kurven jeweils verschiedene Optionen gelten, muß man die Variable, Radius und Schlauchpunkte an das Ende der Liste setzen, die die entsprechende Kurve definiert. ◇ `tubeplot([cos(t),sin(t),t], radius=t/10, t=0..2*Pi);` ◇ Siehe auch: `plots[spacecurve]`.

plotsetup
`plotsetup(geraetetyp)`
`plotsetup(geraetetyp, terminaltyp)`
Stellt die geeigneten Parameter zum Zeichnen von Graphen ein ◇ Die betroffenen Schnittstellenvariablen sind `preplot, postplot, plotoutput` und `plotdevice`. Ein Beispiel ist auf Seite 92 gegeben, um herauszufinden welche Geräte- und Bildschirmtypen unterstützt werden, sollte man in der On-Line-Dokumentation nachschauen. ◇ Siehe auch: `interface, plot, plot3d`.

pointto
`pointto(zgr)`
Ergibt den Ausdruck, auf den die Adresse zeigt ◇ Diese Funktion erlaubt es den Benutzer, auf die interne Darstellung eines Maple-Ausdrucks zuzugreifen. ◇ `map(pointto, [disassemble(addressof(a+2*b))[2..5]]);` $\longrightarrow$ $[a, 1, b, 2]$ ◇ Siehe auch: `addressof, assemble, disassemble`.

poisson
`poisson(ausdr, vars)`
`poisson(ausdr, vars, n)`
`poisson(ausdr, vars, n, liste)`
Multivariate Poissonreihenentwicklung ◇ vars kann eine Liste bzw. Menge von Namen bzw. Gleichungen sein. Ein Name stellt eine Abkürzung für die Gleichung $name = 0$ dar. n gibt die Ordnung der Reihe (den totalen Grad) an. Das vierte Argument spezifiziert die Gewichte (positive ganze Zahlen) für die Variablen. Das Ergebnis ist dasselbe wie das für die Funktion `mtaylor`, mit der Ausnahme, daß Sinus- und Kosinusterme der Koeffizienten zur Fourierschen kanonischen Form kombiniert werden. ◇ Man muß erst `readlib(poisson)` eingeben, bevor man diesen Befehl benutzen kann. ◇ Siehe auch: `mtaylor`.

polar
`polar(z)`
`polar(r, `θ`)`
Umwandlung in Polarform ◇ Diese Funktion wandelt den komplex-wertigen Ausdruck z in seine Darstellung mit Hilfe von Polarkoordinaten um. Das Ergebnis wird als `polar(r, `θ`)` gegeben, wobei r der Modulus und θ das Argument von z ist. ◇ Man muß erst `readlib(polar)` eingeben, bevor man diesen Befehl benutzen kann. ◇ `polar(I);` $\longrightarrow$ $\mathrm{polar}\left(1, \frac{1}{2}\pi\right)$ ◇ Siehe auch: `argument, convert/polar, evalc`.

Power
`Power(poly, n)`
Starre Potenzfunktion ◇ Diese Funktion wird zusammen mit `mod` oder `modp1` benutzt, um $poly^n$ für einen speziellen Definitionsbereich der Koeffizienten zu berechnen. ◇ `Power(x+3,5) mod 5;` $\longrightarrow$ $x^5 + 3$ ◇ Siehe auch: `&^, mod, modp1, Powmod`.

powmod
`powmod(poly`$_1$`, n, poly`$_2$`, var)`
Berechnet $poly_1^n$ mod $poly_2$ auf effiziente Weise ◇ $poly_1$ und $poly_2$ sind Polynome in der Variablen var. ◇ Man muß erst `readlib(powmod)` eingeben, bevor man diesen Befehl benutzen kann. ◇ Siehe auch: `rem`.

Powmod
```
Powmod(poly₁, n, poly₂)
Powmod(poly₁, n, poly₂, var)
```
Starre Potenzfunktion mit Rest ◇ Diese Funktion wird in Zusammenhang mit mod oder modp1 benutzt, um $poly_1^n$ mod $poly_2$ für einen speziellen Definitionsbereich der Koeffizienten zu berechnen. ◇ Siehe auch: &^, mod, modp1, Power, Rem.

powseries
Paket für formale Potenzreihen ◇ Bei den Beschreibungen der Funktionen dieses Pakets steht ps immer für eine formale Potenzreihe. Eine formale Potenzreihe ist eine Prozedur, die die Koeffizienten der Potenzreihe ergibt, die sie darstellt: ps(n) ist der Koeffizient von x^n. Alle berchneten Koeffizienten können mit op(4, op(ps)) angezeigt werden. Der allgemeine Term einer Potenzreihe kann durch Angabe von ps(_k) vorgespielt werden. Jede als Zwischenresultat berechnete Potenzreihe sollte benannt werden. ◇ Siehe auch: asympt, powseries[function], series, with.

powseries[add]
```
add(ps₁, ps₂, ...)
```
Addition einer formalen Potenzreihe ◇ Diese Funktion ergibt eine neue Potenzreihe, welche die Summe der gegebenen Potenzreihen ist. ◇ Siehe auch: powseries[multiply], powseries[subtract].

powseries[compose]
```
compose(ps₁, ps₂)
```
Komposition von formalen Potenzreihen ◇ Diese Funktion ergibt die formale Potenzreihe $ps_1(ps_2)$. $ps_2(0)$ muß 0 ergeben. Sonst wird von compose eine Fehlermeldung ausgegeben. ◇ Siehe auch: powseries[reversion].

powseries[evalpow]
```
evalpow(ausdr)
```
Allgemeine Auswertung von Ausdrücken mit Potenzreihen ◇ Diese Funktion wertet einen beliebigen arithmetischen Ausdruck aus, welcher Potenzreihen und Konstanten enthält. Zurückgegeben wird eine Potenzreihe.

powseries[inverse]
```
inverse(ps)
```
Das multiplikative Inverse einer formalen Potenzreihe ◇ Diese Funktion ergibt eine formale Potenzreihe. ◇ Siehe auch: powseries[multiply], powseries[quotient].

powseries[multconst]
```
multconst(ps, c)
```
Multiplikation einer Potenzreihe mit einer Konstanten ◇ Diese Funktion ergibt eine formale Potenzreihe, wobei jeder Koeffizient gleich c mal dem entsprechenden Koeffizienten in ps ist. ◇ Siehe auch: powseries[multiply].

powseries[multiply]
```
multiply(ps₁, ps₂)
```
Multiplikation einer formalen Potenzreihe ◇ Diese Funktion ergibt eine neue Potenzreihe, das Produkt der gegebenen Potenzreihen. ◇ Siehe auch: powseries[add], powseries[multconst], powseries[quotient].

powseries[negative]
```
negative(ps)
```
Negation einer formalen Potenzreihe ◇ Diese Funktion ergibt eine formale Potenzreihe, wobei jeder Koeffizient der negative Wert des entsprechenden Koeffizienten in ps darstellt.

powseries[powcreate]
```
powcreate(gl₁, gl₂, ...)
```
Erzeugt eine formale Potenzreihe aus Gleichungen, die die Koeffizienten bestimmen ◇ Eine Gleichung spezifiziert den $n$ten Koeffizienten, die anderern geben Anfangsbedingungen an. Der Name der erzeugten Potenzreihe ist der Name, der auf der linken Seite der Gleichungen gegeben ist. ◇ powcreate(F(n)=F(n-1)+F(n-2), F(0)=0,F(1)=1); ◇ Siehe auch: powseries[powpoly].

powseries[powdiff]

```
powdiff(ps)
```

Differentiation einer formalen Potenzreihe ◇ Diese Funktion ergibt die formale Potenzreihe, die die formale Ableitung von ps nach ihrer Variablen darstellt. ◇ Siehe auch: `powseries[powint]`.

powseries[powexp]

```
powexp(ps)
```

Exponentiation einer formalen Potenzreihe ◇ Diese Funktion ergibt die formale Potenzreihe $\exp(ps)$. ◇ Siehe auch: `powseries[powlog]`.

powseries[powint]

```
powint(ps)
```

Integration einer formalen Potenzreihe ◇ Diese Funktion ergibt die formale Potenzreihe, die die formale Stammfunktion von ps nach ihrer Variablen darstellt. ◇ Siehe auch: `powseries[powdiff]`.

powseries[powlog]

```
powlog(p)
```

Logarithmus einer formalen Potenzreihe ◇ Diese Funktion ergibt die formale Potenzreihe $\ln(ps)$. ps muß einen von Null verschiedenen konstanten Term besitzen, andernfalls wird eine Fehlermeldung ausgegeben. ◇ Siehe auch: `powseries[powexp]`.

powseries[powpoly]

```
powpoly(poly, var)
```

Erzeugt eine formale Potenzreihe aus einem Polynom ◇ Diese Funktion ergibt eine formale Potenzreihe, die äquivalent zu poly ist. ◇ `t := powpoly(3*y^7 + 2*y-4, y):` ◇ Siehe auch: `powseries[powcreate]`.

powseries[powsolve]

```
powsolve(system)
```

Löst lineare Differentialgleichungen mit Potenzreihenansatz ◇ system kann eine Menge oder eine Folge von Ausdrücken sein, die eine lineare Differentialgleichung und möglicherweise einige Anfangswertbedingungen enthalten. Alle Anfangswertbedingungen müssen sich auf die Stelle 0 beziehen. Ableitungen innerhalb der Anfangswertbedingungen werden durch den D-Operator gekennzeichnet. ◇ `a:=powsolve(diff(y(x),x,x)=y(x), y(0)=0, D(y)(0)=1);` ◇ Siehe auch: D, dsolve.

powseries[quotient]

```
quotient(ps1, ps2)
```

Quotient zweier formaler Potenzreihen ◇ Diese Funktion ergibt die formale Potenzreihe, die gleich ps_1/ps_2 ist. ◇ Siehe auch: `powseries[inverse]`, `powseries[multiply]`.

powseries[reversion]

```
reversion(ps1, ps2)
reversion(ps1)
```

Umkehrung einer formalen Potenzreihe ◇ Diese Funktion ergibt die formale Potenzreihe, die die Umkehrung von ps_1 bezüglich ps_2 darstellt. Wird ps_2 nicht angegeben, so wird vorausgesetzt, daß es sich dann um die formale Potenzreihe mit einem von Null verschiedenen Koeffizienten handelt: $ps_2(1) = 1$. Komposition des Ergebnisses zu ps_1 ergibt ps_2. Die gegebene Potenzreihe muß den Beziehungen $ps_1(0) = 0$, $ps_1(1) = 1$ und $ps_2(0) = 0$ genügen; andernfalls wird eine Fehlermeldung ausgegeben. ◇ Siehe auch: `powseries[compose]`.

powseries[subtract]

```
subtractps1, ps2
```

Subtraktion zweier formaler Potenzreihen ◇ Diese Funktion ergibt die formale Potenzreihe, in der jeder Koeffizient der entsprechende Koeffizient von ps_1 minus dem entsprechenden Koeffizienten von ps_2 ist. ◇ Siehe auch: `powseries[add]`, `powseries[negative]`.

powseries[tpsform]

```
tpsform(ps, var, n)
tpsform(ps, var)
```

Abgeschnittene Potenzreihenform einer formalen Potenzreihe ◇ Diese Funktion erzeugt eine abgeschnittene Potenzreihe (eine Reihendatenstruktur) in der Variablen var bis zur Ordnung n, welche der gegebenen Potenzreihe bis hinauf zum Term dieser Ordnung gleicht. Ist

das dritte Argument nicht vorhanden, so wird der Wert der Variablen `Order` benutzt. $\diamond$
`powcreate(t(n)=1/n!): tpsform(t,x,4);` $\longrightarrow 1 + x + \frac{1}{2}x^2 + \frac{1}{6}x^3 + O\left(x^4\right)$ $\diamond$
Siehe auch: `type/series`.

prem

`prem(poly₁, poly₂, var)`
`prem(poly₁, poly₂, var, name₁, name₂)`
Pseudorest von Polynomen $\diamond$ Diese Funktion erggibt den Pseudorest r des gegebenen
multivariaten Polynoms, so daß $m\,poly_1 = poly_2 q + r$ gilt, wobei der Grad von r in var kleiner
als der Grad von $poly_2$ in var ist. Der Multiplikator m ist der führende Koeffizient von $poly_2$,
angehoben zur Potenz $(\deg(poly_1) - \deg(poly_2) + 1)$, wobei $\deg(poly)$ der Grad von poly
in var ist. Ist $name_1$ vorhanden, so wird diesem m zugewiesen. Ist $name_2$ vorhanden, so wird
diesem der Pseudoquotient q zugewiesen. $\diamond$ `prem(x^3+y^3,x*y-2,x);` $\longrightarrow y^6 + 8$ $\diamond$
Siehe auch: `Prem`, `rem`, `sprem`.

Prem

`Prem(poly₁, poly₂, var)`
`Prem(poly₁, poly₂, var, name₁, name₂)`
Starrer Pseudorest von Polynomen $\diamond$ Wird diese Funktion zusammen mit `evala`, `evalgf`, `mod`
oder `modp1` benutzt, so berechnet sie den Pseudorest von $poly_1$ geteilt durch $poly_2$ über dem
gegebenen Definitionsbereich der Koeffizienten. $\diamond$ `Prem(x^3+y^3, x*y-2, x) mod 3;`
$\longrightarrow y^6 + 2$ $\diamond$ Siehe auch: `evala`, `evalgf`, `mod`, `prem`, `RootOf`, `Rem`, `Sprem`.

prevprime

`prevprime(n)`
Berechnet die größte wahrscheinliche Primzahl, die kleiner als n ist $\diamond$ Diese Funkti-
on benutzt `isprime`, um die vorhergehende wahrscheinliche Primzahl zu berechnen. $\diamond$
`prevprime(100);` $\longrightarrow 97$ $\diamond$ Siehe auch: `isprime`, `nextprime`.

Primfield

`Primfield(L, K)`
`Primfield(L)`
Primitives Element einer algebraischen Erweiterung $\diamond$ Wird diese Funktion zusammen mit
`evala` benutzt, so berechnet sie ein Element a von L mit $L = K(a)$. Ist K nicht gegeben,
so wird die kleinstmögliche transzendente Erweiterung der rationalen Zahlen ausgewählt.
Zurückgegeben wird eine Liste von Gleichungen, die a mit Hilfe der Erzeugenden von L, sowie
umgekehrt die Erzeugenden von L mit Hilfe von a ausdrücken. K und L sollten Mengen von
`RootOf` sein. $\diamond$ Siehe auch: `evala`, `RootOf`.

Primitive

`Primitive(poly)`
Primitiver Polynomtest $\diamond$ Wird diese Funktion zusammen mit `mod` benutzt, so stellt sie fest,
ob das Polynom primitiv modulo einer Primzahl ist. Sie ergibt entweder *true* oder *false*. $\diamond$
`Primitive(x^2+x+1) mod 2;` $\longrightarrow$ *true* $\diamond$ Siehe auch: `Irreduc`, `Powmod`.

primpart

`primpart(poly, vars)`
`primpart(poly, vars, name)`
Primitiver Teil eines multivariaten Polynoms $\diamond$ Der primitive Teil ist $poly/\text{content}(poly, vars)$.
vars kann ein einfacher Variablenname oder eine Liste bzw. Menge von Variablennamen sein. Ist
name vorhanden, so wird diesem der Inhalt zugewiesen. $\diamond$ `primpart(2*x+4*x*y, y);`
$\longrightarrow 1 + 2y$ $\diamond$ Siehe auch: `content`, `icontent`.

Primpart

`Primpart(poly, vars)`
`Primpart(poly, vars, name)`
Starre Funktion zum primitiven Teil $\diamond$ Wird diese Funktion zusammen mit `evala`, `evalgf`
oder `mod` benutzt, so berechnet sie den primitiven Teil des Polynoms in der Variablen oder in der
Liste von Variablen vars über dem Definitionsbereich der Koeffizienten. Ist name vorhanden, so
wird diesem der Inhalt zugewiesen. $\diamond$ Siehe auch: `Content`, `evala`, `evalgf`, `mod`.

print

```
print(ausdr₁, ausdr₂, ...)
```
Druckt Ausdrücke aus ◇ Die ausgedruckten Ausdrücke werden durch ein Leerzeichen und ein Komma abgetrennt. Die Schnittstellenvariable `prettyprint` bestimmt, in welchem Format die Ausdrücke gedruckt werden. Diese Funktion ergibt NULL. ◇ Siehe auch: `interface`, `lprint`, `printf`.

printf

```
printf(formatstring, ausdr₁, ausdr₂, ...)
```
Formatierte Ausgabe von Ausdrücken ◇ Diese Funktion verhält sich wie die gewöhnliche C-Bibliotheksfunktion gleichen Namens. Sie benutzt im Prinzip dieselben Formatspezifikationen im „formatstring" wie die Programmiersprache C plus der Spezifikation %a für algebraische Ausdrücke. ◇ `printf('The %s %a %c %i', 'answer is', x+y, '&', 37);` $\longrightarrow$ `The answer is x+y & 37` ◇ Siehe auch: `lprint`, `print`, `sscanf`.

printlevel

Umgebungsvariable, die kontolliert, bis zu welcher Schachtelungstiefe Ergbnisse angezeigt werden sollen ◇ Ergebnisse von Anweisungen, die sich auf einer Ebene befinden, die höher oder gleich dem Wert der Variablen ist, werden auf dem Schirm ausgegeben. Die höchste interaktive Ebene ist 0. Der Eintritt in eine `if`-Anweisung oder in eine do-Schleife erhöht die Tiefe um 1, der Eintritt in eine Prozedur um 5. `printlevel` hat zu Anfang den Wert 1. Zur Fehlersuche sollte man den Wert erhöhen. ◇ Siehe auch: `infolevel`, `trace`, `mint`.

priqueue

```
initialize(name)
insert(datensatz, pq)
extract(pq)
```
Funktion zur Prioritätsqueue ◇ `initialize` erzeugt eine neue Queue (Warteschlange) und weist sie dem gegebenen Namen zu. `insert` fügt den Datensatz addiert zur Prioritätsqueue pq hinzu. Das Anordnungskriterium ist satz[1]. `extract` entfernt den maximalen Datensatz aus der Queue pq und gibt diesen zurück. Außerdem ist pq[0] die Anzahl der Datensätze in der Queue pq. Man muß erst `readlib(priqueue)` eingeben, bevor man diese Befehle benutzen kann.

ProbSplit

```
ProbSplit(poly, n, var) mod p
ProbSplit(poly, n, var, K) mod p
```
Wahrscheinlichkeitstheoretisches Aufsplitten von Faktoren verschiedenen Grades ◇ Wird diese Funktion zusammen mit mod benutzt, so wird ein monisches, quadratfreies univariates Polynom, welches nur Faktoren vom Grade n über einem endlichen Körper enthält, in Faktoren zerlegt. Das optionale Argument K gibt eine Körpererweiterung an, über der die Faktorzerlegung ausgeführt wird. Der Algorithmus verwendet eine wahrscheinlichkeitstheoretische Methode von Cantor und Zassenhaus. Es wird eine Menge unzerlegbarer Faktoren zurückgegeben. ◇ Diese Funktion ist neu in Version 3. ◇ `ProbSplit(x^4+1, 2, x) mod 3;` $\longrightarrow \{x^2+2x+2, x^2+x+2\}$ ◇ Siehe auch: `Berlekamp`, `DistDeg`, `Factors`, `Sqrfree`.

proc

```
proc(args) local names; options options; anweisungen end
```
Definition einer Prozedur ◇ args ist die Folge von null oder mehr Parametern. Die Deklarationen `local` und `options` sind optional. ◇ Siehe auch: `args`, `ERROR`, `local`, `nargs`, `options`, `procname`, `RETURN`.

procbody

```
procbody(prozedur)
```
Erzeugt eine „neutrale Form" einer Prozedur ◇ Diese Routine wird benutzt, wenn man Routinen schreibt, die Prozeduren manipulieren. Man sollte die neutrale Form niemals auswerten, da diese dadurch mit ziemlicher Sicherheit zersört wird. ◇ Man muß erst `readlib(procbody)` eingeben, bevor man diesen Befehl benutzen kann. ◇ `procbody(x->x^2);` $\longrightarrow$ $\&proc\left([x], [], [operator, arrow], \&args_{[1]}{}^2\right)$ ◇ Siehe auch: `procmake`.

procmake

```
procmake(neutralform)
```
Erzeugt eine ausführbare Prozedur aus ihrer neutralen Form ◇ Man muß erst `readlib(procmake)` eingeben, bevor man diesen Befehl benutzen kann. ◇ `procmake(procbody(x->x^2));` $\longrightarrow x \rightarrow x^2$ ◇ Siehe auch: `procbody`.

procname
Der Name, mit dem die Prozedur aufgerufen wurde ◇ Innerhalb einer Prozedur ist `procname` der Name, mit dem die Prozedur aufgerufen wurde. ◇ Siehe auch: `args`, `nargs`, `proc`.

product
```
product(ausdr, var)
product(ausdr, var=m..n);
product(ausdr, var=α)
```
Bestimmte und unbestimmte Produkte ◇ Die erste Form berechnet das unbestimmte Produkt des Ausdrucks bezüglich der Variablen var. Die zweite Form berechnet das bestimmte Produkt des Ausdrucks über dem gegebenen Bereich. Die dritte Form berechnet das bestimmte Produkt über den Wurzeln des Polynoms, das durch den `RootOf`-Ausdruck α gegeben ist. ◇ `product(k,k);` $\longrightarrow \Gamma(k)$ ◇ `product(k,k=1..7);` $\longrightarrow$ 5040 ◇ `product(k+1, k=RootOf(x^2-x+1));` $\longrightarrow$ 3 ◇ Siehe auch: `convert/'*'`, `Product`, `RootOf`, `sum`.

Product
```
Product(ausdr, var)
Product(ausdr, var=m..n)
Product(ausdr, var=α)
```
Starre Form des Produkts ◇ Siehe auch: `product`, `RootOf`, `Sum`.

profile
```
profile(f₁, f₂, ...)
```
Bereitet das Profilieren von Prozeduren vor ◇ Diese Funktion benennt die Prozeduren, die profiliert werden sollen. Nachdem `profile` ausgeführt wurde, führt man die gewünschten Berechnungen aus und benutzt dann `showprofile`. ◇ Man muß erst `readlib(profile)` eingeben, bevor man diesen Befehl benutzen kann. ◇ Siehe auch: `showprofile`, `showtime`, `time`, `unprofile`.

projgeom
Projektive Geometrie ◇ Die Funktionen dieses Pakets müssen erst mit `with` geladen werden, bevor man sie benutzen kann. ◇ Siehe auch: `projgeom[function]`, `geometry`, `geom3d`, `with`.

projgeom[collinear]
```
collinear(pkt₁, pkt₂, pkt₃)
```
Stellt fest, ob die drei gegebenen Punkte kollinear sind ◇ Diese Funktion ergibt *true*, *false* oder eine Bedingung. ◇ Siehe auch: `projgeom[concur]`.

projgeom[concur]
```
concur(gerade₁, gerade₂, gerade₃)
```
Stellt fest, ob die drei gegebenen Geraden sich in einem Punkt schneiden ◇ Diese Funktion ergibt *true*, *false* oder eine Bedingung. ◇ Siehe auch: `projgeom[collinear]`.

projgeom[conic]
```
conic(name, [a, b, c, d, e, f])
```
Definition eines Kegelschnittes ◇ name ist der Name des Kegelschnitts. Die Elemente der Liste sind die Koeffizienten der homogenen Gleichung, die den Kegelschnitt definiert: $a\,x^2 + b\,y^2 + c\,z^2 + d\,y\,z + e\,x\,z + f\,x\,y$ ◇ Siehe auch: `projgeom[line]`, `projgeom[point]`.

projgeom[conjugate]
```
conjugate(pkt₁, pkt₂, kegelschnitt)
```
Stellt fest, ob die beiden gegebenen Punkte bezüglich des gegebenen Kegelschnitts konjugiert sind ◇ Diese Funktion ergibt *true*, *false* oder eine Bedingung.

projgeom[ctangent]
```
ctangent(pkt, kegelschnitt, name₁, name₂)
```
Berechnet ausgehend von einem beliebigen Punkt in der komplexen Ebene die zum Kegelschnitt tangentialen Geraden ◇ Es werden eine bzw. zwei tangentiale Geraden berechnet und $name_1$ und $name_2$ genannt. ◇ Siehe auch: `projgeom[ptangent]`, `projgeom[rtangent]`, `projgeom[tangentte]`.

projgeom[fpconic]
```
fpconic(name, pkt₁, pkt₂, pkt₃, pkt₄, pkt₅)
```
Berechnet den durch die fünf Punkte laufenden Kegelschnitt ◇ name ist der Name des Kegelschnitts. Man benutze name[coords] für die Koeffizienten der den Kegelschnitt definierenden Gleichung.

projgeom[harmonic]
```
harmonic(pkt₁, pkt₂, pkt₃, name)
```
Findet einen Punkt der zu einem Punkt bezüglich zweier anderer Punkte harmonisch konjugiert ist ◇ name ist der Name, der dem harmonisch konjugierten von pkt_1 bezüglich pkt_2 und pkt_3 zugewiesen wird. Existiert kein solcher Punkt, so wird NULL zurückgegeben. ◇ Siehe auch: `projgeom[tharmonic]`, `geometry[harmonic]`.

projgeom[inter]
```
inter(gerade₁, gerade₂, name)
```
Berechnet den Schnitt zweier gegebener Geraden ◇ name ist der Name des berechneten Schnittpunkts. ◇ Siehe auch: `projgeom[lccutc]`, `projgeom[lccutr]`, `projgeom[lccutr2p]`, `geom3d[inter]`, `geometry[inter]`, `student[intersection]`.

projgeom[join]
```
join(pkt₁, pkt₂, name)
```
Berechnet die Gerade, die die beiden gegebenen Punkte verbindet ◇ name ist der Name der verbindenden Geraden. ◇ Siehe auch: `projgeom[lccutr2p]`.

projgeom[lccutc]
```
lccutc(kegelschnitt, gerade, name₁, name₂)
```
Berechnet den Schnitt eines Kegelschnitts mit einer Geraden in der komplexen Ebene ◇ $name_1$ und $name_2$ sind die Namen der Schnittpunkte. ◇ Siehe auch: `projgeom[lccutc2p]`, `projgeom[lccutr]`.

projgeom[lccutr]
```
lccutr(kegelschnitt, gerade, name₁, name₂)
```
Berechnet den Schnitt eines Kegelschnitts mit einer Geraden in der reellen erweiterten Ebene ◇ $name_1$ und $name_2$ sind die Namen der Schnittpunkte. ◇ Siehe auch: `projgeom[lccutr2p]`, `projgeom[lccutc]`.

projgeom[lccutr2p]
```
lccutr2p(conic, pt₁, pt₂, name₁, name₂)
```
Berechnet den Schnitt des gegebenen Kegelschnitts mit der Geraden, die die beiden gegebenen Punkte verbindet; die Berechnung findet in der reellen erweiterten Ebene statt ◇ $name_1$ und $name_2$ sind die Namen der Schnittpunkte. ◇ Siehe auch: `projgeom[join]`, `projgeom[lccutr]`, `projgeom[lccutc]`.

projgeom[line]
```
line(name, [a, b, c])
```
Definition einer Geraden ◇ name ist der Name der neu definierten Geraden. Die Elemente der Liste sind die Koeffizienten der Gleichung, die die Gerade definiert: $a\,x + b\,y + c\,z$ ◇ Siehe auch: `projgeom[point]`, `projgeom[conic]`.

projgeom[linemeet]
```
linemeet(gerade₁, gerade₂, r, name)
```
Berechnet eine Gerade, die die beiden gegebenen Geraden in einem Punkt schneidet ◇ name ist der Name der neuen Geraden, deren Koordinaten $gerade_1$[coords] $+r\,gerade_2$[coords] sind. ◇ Siehe auch: `projgeom[onsegment]`.

projgeom[midpoint]
```
midpoint(pkt₁, pkt₂, name)
```
Berechnet den Mitelpunkt der die beiden gegebenen Punkte verbindenden Geraden ◇ Der Mittelpunkt ist der Punkt, der zum Schnitt der unendlichen Geraden mit der Geraden, die pkt_1 und pkt_2 verbindet, harmonisch ist. name ist der Name des Mittelpunktes. ◇ Siehe auch: `geom3d[midpoint]`, `geometry[midpoint]`, `student[midpoint]`.

projgeom[onsegment]
`onsegment(pkt₁, pkt₂, r, name)`

Berechnet einen Punkt, der zu den gegebenen zwei Punkten kollinear ist und diese beiden Punkte im Verhältnis r teilt ◇ name ist der Name des berechneten Punktes, welcher pkt_1 und pkt_2 im Verhältnis r teilt. ◇ Siehe auch: `projgeom[linemeet]`, `geom3d[onsegment]`, `geometry[onsegment]`.

projgeom[point]
`point(name, [a, b, c])`

Definition eines Punktes in der projektiven Ebene ◇ name ist der Name des Punktes mit homogenen Koordinaten a, b und c. ◇ Siehe auch: `projgeom[line]`, `projgeom[conic]`.

projgeom[polarp]
`polarp(pkt, kegelschnitt, name)`

Bestimmt die Polargerade des gegebenen Punktes bezüglich des gegebenen Kegelschnitts ◇ name ist der Name der Polargeraden. ◇ Siehe auch: `projgeom[poleline]`.

projgeom[poleline]
`poleline(lgerade, kegelschnitt, name)`

Bestimmt den Pol der gegebenen Geraden bezüglich des gegebenen Kegelschnitts ◇ name ist der Name des Polpunktes. ◇ Siehe auch: `projgeom[polarp]`.

projgeom[ptangent]
`ptangent(pkt, kegelschnitt, name)`

Berechnet die Tangentialgerade des gegebenen Kegelschnitts an einem gegebenen Punkt des Kegelschnitts ◇ name ist der Name der Tangentialgeraden. Der Punkt muß auf dem Kegelschnitt liegen. ◇ Siehe auch: `projgeom[ctangent]`, `projgeom[rtangent]`, `projgeom[tangentte]`.

projgeom[rtangent]
`rtangent(pkt, kegelschnitt, name₁, name₂)`

Berechnet die Tangentialgeraden des gegebenen Kegelschnitts am gegebenen Punkt in der reellen erweiterten Ebene ◇ $name_1$ und $name_2$ sind die Namen der Tangentialgeraden. Es können keine, eine oder zwei Tangentialgeraden vorhanden sein. ◇ Siehe auch: `projgeom[ctangent]`, `projgeom[ptangent]`, `projgeom[tangentte]`.

projgeom[tangentte]
`tangentte(gerade, kegelschnitt)`

Stellt fest, ob die gegebene Gerade zum gegebenen Kegelschnitt tangential ist ◇ Diese Funktion ergibt *true, false* oder eine Bedingung. ◇ Siehe auch: `projgeom[ctangent]`, `projgeom[ptangent]`, `projgeom[rtangent]`.

projgeom[tharmonic]
`tharmonic(pkt₁, pkt₂, pkt₃, pkt₄)`

Stellt fest, ob das erste Punktepaar zum zweiten Punktepaar harmonisch konjugiert ist ◇ Diese Funktion ergibt entweder *true, false* oder eine Bedingung. Die gegebenen Punkte müssen kollinear sein. ◇ Siehe auch: `projgeom[harmonic]`.

proot
`proot(poly, n)`

Berechnet die $n$te Wurzel eines Polynoms ◇ Ist das Polynom keine perfekte $n$te Potenz, so wird der Name _NOROOT zurückgegeben. ◇ Man muß erst `readlib(proot)` eingeben, bevor man diesen Befehl benutzen kann. ◇ `proot(x^2+2*x*y+y^2,2);` $\longrightarrow x + y$ ◇ Siehe auch: `psqrt`.

protect
`protect(name₁, name₂, ...)`

Verhindert die Modifikation von Namen ◇ Die meisten Systemnamen sind von sich aus schon geschützt. ◇ Diese Funktion ist neu in Version 3. ◇ Siehe auch: `type/protected`, `unprotect`.

Psi

```
Psi(z)
Psi(n, z)
```

Die Digamma- und Polygamma-Funktionen ◇ Die erste Form berechnet die Digamma-Funktion an der Stelle z. Diese Funktion ist die logarithmische Ableitung der Gammafunktion. Die zweite Form berechnet die $n$te Polygammafunktion, welche die $n$te Ableitung der Digammafunktion ist. ◇ `Psi(1);` $\longrightarrow -\gamma$ ◇ Siehe auch: GAMMA, lnGAMMA.

psqrt

```
psqrt(poly)
```

Quadratwurzel eines Polynoms ◇ Ist das Polynom kein perfektes Quadrat, so wird der Name _NOSQRT zurückgegeben. ◇ Man muß erst `readlib(psqrt)` eingeben, bevor man diesen Befehl benutzen kann. ◇ `psqrt(x^2+2*x*y+y^2);` $\longrightarrow x+y$ ◇ Siehe auch: `proot`.

quit

Verlassen einer Maple-Sitzung ◇ Siehe auch: `done`, `stop`.

quo

```
quo(poly1, poly2, var)
quo(poly1, poly2, var, name)
```

Berechnet den Quotienten von $poly_1/poly_2$ ◇ Die ersten beiden Argumente sind Polynome in der Variablen var. Diese Funktion ergibt den Quotienten von $poly_1/poly_2$. Ist name vorhanden, so wird diesem der Rest zugewiesen. ◇ `quo(x^4+x+1, x^2+1, x);` $\longrightarrow x^2-1$ ◇ Siehe auch: `divide`, `iquo`, `Quo`, `rem`.

Quo

```
Quo(poly1, poly2, var)
Quo(poly1, poly2, var, name)
```

Starrer Polynomquotient ◇ Wird diese Funktion zusammen mit evala, evalgf, mod oder modp1 benutzt, so ergibt sie den Quotienten von $poly_1/poly_2$ über dem gegebenen Definitionsbereich der Koeffizienten. Ist name vorhanden, so wird diesem der Rest zugewiesen. ◇ `Quo(x^4+x+1, x^2+1, x) mod 2;` $\longrightarrow x^2+1$ ◇ Siehe auch: `Divide`, `quo`, `Rem`.

radnormal

```
radnormal(ausdr)
```

Vereinfacht verschachtelte Radikale ◇ Zur Zeit sind nur algebraische Zahlen (nicht aber algebraische Funktionen) unterstützt. ◇ Man muß erst `readlib(radnormal)` eingeben, bevor man diesen Befehl benutzen kann. ◇ `radnormal(sqrt(4*I*sqrt(5)-1));` $\longrightarrow$ $2+\sqrt{-5}$

radsimp

```
radsimp(ausdr)
radsimp(ausdr, name)
```

Vereinfacht Radikale in Ausdrücken ◇ Diese Funktion ergibt eine Normalform für Ausdrücke, in denen unverschachtelte Radikale rationaler Funktionen vorkommen. Sind die Radikale verschachteltet, so wird dieser Algorithmus rekursiv angewandt. Ist ein Name angegeben, so wird diesem der vereinfachte Ausdruck zugewiesen, wobei der Nenner rational gemacht wurde. ◇ `radsimp((a^3+3*a^2+3*a+1)^(1/3));` $\longrightarrow a+1$ ◇ Siehe auch: `simplify`.

rand

```
rand()
rand(m..n)
```

Zufallszahlengenerator ◇ Ohne Argument ergibt diese Funktion eine 12-stellige nichtnegative ganze Zufallszahl. Ist ein Bereich von ganzen Zahlen gegeben, so wird eine Prozedur zurückgegeben, die ganze Zufallszahlen im Bereich von m und n erzeugt. Während einer jeden Sitzung wird dieselbe Folge „zufälliger" ganzer Zahlen erzeugt, solange man den Wert der globalen Variablen _seed nicht neu setzt. ◇ `flip := rand(0..1): flip();` $\longrightarrow 1$ ◇ Siehe auch: `linalg[randmatrix]`, `randpoly`, `_seed`.

randpoly

```
randpoly(vars, options)
```

Erzeugt ein Zufallspolynom ◇ Diese Funktion erzeugt ein Zufallspolynom in der Variablen vars; einer einfachen Variablen oder einer Liste bzw. Menge von Variablen. Die folgenden Optionen werden erkannt. Voreingestellte Werte sind in Klammern gegeben.

    coeffs   Prozedur zum Erzeugen der Koeffizienten (rand(−99..99))
    degree   totaler Grad eines dichten Polynoms (5)
    dense   Erzeugung eines dichten Polynoms
    expons   Prozedur zur Erzeugung der Exponenten (rand(6))
    terms   Anzahl der Terme für ein dünn besetztes Polynom (6)

⋄ `randpoly(x,degree=23,terms=3);` $\longrightarrow 97\,x^{14} + 50\,x^{12} + 79\,x^9$ ⋄ Siehe auch:
`rand`, `Randpoly`.

Randpoly

`Randpoly(n, var)`
`Randpoly(n, var, K)`
`Randpoly(n)`
Starres Zufallspolynom ⋄ Wird diese Funktion zusammen mit mod benutzt, so ergibt sie ein
Polynom mit totalem Grad n in der Variablen var, dessen Koeffizienten zufällig aus den ganzen
Zahlen modulo einer Primzahl p ausgewählt werden. Wird ein einfaches `RootOf` K angegeben,
so werden die Koeffizienten aus der entsprechenden Erweiterung des Primkörpers ausgewählt.
Die dritte Form wird zusammen mit modp1 benutzt. ⋄ `Randpoly(4,x) mod 2;` $\longrightarrow$
$x^4 + x^3 + x^2$ ⋄ `modp1(Randpoly(3),7);` $\longrightarrow$ 1000500030002 ⋄ Siehe auch:
`Irreduc`, `randpoly`, `Randprime`, `RootOf`.

Randprime

`Randprime(n, var)`
`Randprime(n, var, K)`
`Randprime(n)`
Starres Zufallsmonom ⋄ Wird diese Funktion zusammen mit mod oder modp1 benutzt, so ergibt
sie ein unzerlegbares Monom vom Grad n in der Variablen var über den ganzen Zahlen modulo
einer Primzahl p. Wird ein einfaches `RootOf` K angegeben, so werden die Koeffizienten aus
der entsprechenden algebraischen Erweiterung des Primkörpers ausgewählt. Die dritte Form
wird zusammen mit modp1 benutzt. ⋄ `Randprime(4,x) mod 2;` $\longrightarrow x^4 + x + 1$ ⋄
`modp1(Randprime(3),7);` $\longrightarrow$ 1000200020003 ⋄ Siehe auch: `Randpoly`, `RootOf`.

rationalize

`rationalize(ausdr)`
`rationalize(liste)`
`rationalize(menge)`
Macht Ausdrücke rational ⋄ Ein rational gemachter Ausdruck hat keine Radikale mehr im Nenner.
Das erste Argument kann ein einfacher Ausdruck oder eine Liste bzw. Menge von Ausdrücken
sein. ⋄ Diese Funktion ist neu in Version 3. ⋄ Man muß erst `readlib(rationalize)`
eingeben, bevor man diesen Befehl benutzen kann. ⋄ `rationalize(1/(x+2^(1/3)));`
$\longrightarrow \frac{x^2 - x\,2^{1/3} + 2^{2/3}}{x^3 + 2}$ ⋄ Siehe auch: `normal`.

ratrecon

`ratrecon(poly1, poly2, var, N, D, nameN, nameD)`
Rekonstruiert eine rationale Funktion aus ihrem Abbild $poly_1$ mod $poly_2$ ⋄ Diese Funktion
berechnet Polynome p und q in var mit $\deg p \leq N$ und $\deg q \leq D$, so daß gilt $p/q \equiv$
$poly_1$ mod $poly_2$. Die Lösung ist eindeutig bis auf Multiplikation mit einer Konstanten, solange
$N + D \geq \deg poly_2$ gilt. Diese Funktion ergibt *true*, falls eine Lösung gefunden wird und
weist den Zähler der Variablen $name_N$ bzw. den Nenner der Variablen $name_D$ zu; andernfalls
ergibt sich *false*. ⋄ Man muß erst `readlib(ratrecon)` eingeben, bevor man diesen Befehl
benutzen kann. ⋄ `ratrecon(x^2-2,x^3+5,x,1,1,'num','den'),num/den;` $\longrightarrow$
true, $-\frac{5+2\,x}{x}$ ⋄ Siehe auch: `convert/ratpoly`, `iratrecon`, `Ratrecon`.

Ratrecon

`Ratrecon(poly1, poly2, var, N, D, nameN, nameD)`
Starre Rekonstruktion rationaler Funktionen ⋄ Wird diese Funktion zusammen mit mod benutzt,
so rekonstruiert sie eine rationale Funktion aus ihrem Bild $poly_1$ mod $poly_2$ über einem
gegebenen Definitionsbereich der Koeffizienten. Sie ergibt *true*, falls eine Lösung gefunden
wird und weist den Zähler der Variablen $name_N$ bzw. den Nenner der Variablen $name_D$ zu;
andernfalls ergibt sich *false*. ⋄ `Ratrecon(x^2-2,x^3+5,x,1,1,'num','den') mod`
`2,num/den;` $\longrightarrow$ *true*, $\frac{1}{x}$ ⋄ Siehe auch: `ratrecon`.

Re

`Re(z)`
Isoliert den Realteil des Ausdrucks ⋄ Man benutze assume oder evalc, falls unbekannte
Variablen für reelle Werte stehen sollen. Beinhaltet ausdr eine Funktion f, so versucht Re die

Prozedur `Re/f` auszuführen. ◊ `Re(exp(2*I));` ⟶ $\cos(2)$ ◊ Siehe auch: `assume`, `evalc`, `Im`.

read
`read dateiname`
Liest den Inhalt der gegebenen Datei in die Sitzung ein ◊ Von einem Dateinamen, der mit `.m` endet, wird angenommen, daß es sich um eine Datei im internen Maple-Format handelt. Sonst sollte es sich um eine gewöhnliche Textdatei handeln. Der Dateiname sollte in schräge Hochkommata eingeschlossen sein. ◊ Siehe auch: `convert/hostfile`, `readdata`, `readlib`, `readstat`, `save`.

readdata
`readdata(dateiname)`
`readdata(dateiname, typ)`
`readdata(dateiname, typ, n)`
Liest Datenspalten aus der Datei ◊ Diese Funktion liest n Spalten numerischer Daten aus der Datei oder eine Spalte, falls n nicht vorhanden ist. Der Dateiname sollte in schräge Hochkommata eingeschlossen sein. typ identifiziert den Typ der einzulesenden Daten: es kann sich um `integer` oder `float` (voreingestellt) handeln. Zurückgegeben wird eine Liste von Listen, welche die Daten enthält. ◊ Man muß erst `readlib(readdata)` eingeben, bevor man diesen Befehl benutzen kann. ◊ Siehe auch: `sscanf`, `readline`.

readlib
`readlib(f)`
`readlib(f, datei`$_1$`, datei`$_2$`, ...)`
Liest eine Bibliotheksdatei, um einen spezifizierten Namen zu definieren ◊ Die durch die globale Variable `libname` spezifizierten Bibliotheken werden in Folge nach einer Datei mit Namen `f.m` durchsucht, welche die Definition der Prozedur f enthält. ◊ Siehe auch: `libname`, `read`, `with`.

readline
`readline(dateiname)`
`readline(terminal)`
`readline()`
Liest eine Zeichenkette entweder aus einer Datei oder vom Bildschirm ◊ Diese Funktion liest die nächste Zeile aus einer angegebenen Datei oder vom Bildschirm. Eine Datei wird automatisch geöffnet, wenn die erste Zeile herausgelesen werden soll. Ohne Argumente liest diese Funktion die nächste Zeile vom Eingabestrom. Eine Zeichenkette wird zurückgegeben. ◊ Siehe auch: `parse`, `readdata`, `readstat`, `sscanf`.

readstat
`readstat(zeichenkette)`
Liest eine Anweisung aus dem Eingabestrom und gibt das Ergebnis dieser Anweisung zurück ◊ zeichenkette wird als Prompt ausgedruckt, bevor sie als Anweisung gelesen wird. Die Anweisung muß mit einem Semikolon oder Doppelpunkt enden. ◊ Siehe auch: `read`, `readline`.

realroot
`realroot(poly)`
`realroot(poly, ziellaenge)`
Findet Intervalle, die die reellen Nullstellen eines Polynoms enthalten ◊ Diese Funktion ergibt eine Liste solcher isolierender Intervalle, mit rationalen Grenzen für alle reellen Nullstellen des univariaten Polynoms poly. Wird ein zweites Argument angegeben, so ist die Länge des Intervalls höchstens ziellaenge. ◊ Man muß erst `readlib(realroot)` eingeben, bevor man diesen Befehl benutzen kann. ◊ `realroot(x^3-2*x,.1);` ⟶ $\left[[0,0], \left[\frac{11}{8}, \frac{23}{16}\right], \left[\frac{-23}{16}, \frac{-11}{8}\right]\right]$
◊ Siehe auch: `fsolve`, `roots`, `Roots`, `solve`, `sturm`, `sturmseq`.

recipoly
`recipoly(poly, var)`
`recipoly(poly, var, name)`
Stellt fest, ob ein Polynom selbst-reziprok ist ◊ poly ist ein Polynom in der Variablen var. Diese Funktion ergibt entweder *true* oder *false*. Ist der Grad d des Polynoms poly gerade und ergibt sich *true*, so wird der Variablen name falls vorhanden, das Polynom p zugewiesen, für das $var^{d/2}p(var+1/var) = poly$ gilt. Ist d ungerade und ergibt sich *true*, so wird name $poly/(var+1)$ zugewiesen. ◊ Man muß erst `readlib(recipoly)` eingeben, bevor man diesen Befehl benutzen kann. ◊ `recipoly(x^4+1,x,'p'),p;` ⟶ *true*, $x^2 - 2$

related
```
related(stichwort)
```
Zeigt Stichworte, die zu einem gegebenen Stichwort in Verbindung stehen ◇ Die Information wird aus dem On-Line-Hilfstext gewonnen. ◇ Diese Funktion ist neu in Version 3. ◇ `related(isprime);` ⟶ SEE ALSO: `nextprime, prevprime, ithprime` ◇ Siehe auch: `example, help, info, usage`.

rem
```
rem(poly₁, poly₂, var)
rem(poly₁, poly₂, var, name)
```
Beerchnet den Rest von $poly_1/poly_2$ ◇ Die ersten beiden Argumente sind Polynome in der Variablen var. Ist name vorhanden, so wird diesem der Quotient zugewiesen. ◇ `rem(x^4+x+1, x^2+1, x);` ⟶ $x + 2$ ◇ Siehe auch: `divide, irem, prem, quo, Rem, sprem`.

Rem
```
Rem(poly₁, poly₂, var)
Rem(poly₁, poly₂, var, name)
```
Starre Restfunktion für Polynome ◇ Wird diese Funktion zusammen mit `evala, evalgf,` `mod` oder `modp1` benutzt, so ergibt sie den Rest von $poly_1/poly_2$ über dem gegebenen Definitionsbereich der Koeffizienten. Ist name vorhanden, so wird diesem der Quotient zugewiesen. ◇ `Rem(x^4+x+1, x^2+1, x) mod 2;` ⟶ x ◇ Siehe auch: `Divide,` `Powmod, Prem, Quo, rem, Sprem`.

remember
```
option remember
options remember
```
Remember-Option in Prozeduren ◇ Wird diese Option für eine Prozedur gegeben, so wird eine Buchführungstabelle oder „Remember-Tabelle" für die Prozedur erstellt. Diese führt Buch über die Ergebnisse eines jeden Aufrufs der Prozedur; wird die Prozedur also wiederholt mit denselben Argumenten aufgerufen, so wird das Ergebnis einfach aus der Tabelle herausgelesen. Diese Tabelle kann als Operand 4 der Prozedurstruktur angesprochen werden. ◇ Siehe auch: `forget, op,` `options, proc, table`.

residue
```
residue(ausdr, var=a)
```
Berechnet das algebraische Residuum des Ausdrucks in der Variablen var um den Punkt a. ◇ Das Residuum ist der Koeffizient $(var - a)^{-1}$ in der Laurentreihenentwicklung von ausdr. ◇ Man muß erst `readlib(residue)` eingeben, bevor man diesen Befehl benutzen kann. ◇ `residue(csc(x),x=0);` ⟶ 1 ◇ Siehe auch: `numapprox[laurent], series,` `singular`.

restart
Stellt den internen Zustand einer Sitzung wieder so her, als ob Maple gerade gestartet wurde ◇ Die Werte aller Variablen werden vergessen, `libname` wird neu gesetzt, alle geladenen Pakete sind wieder ungeladen und die Maple-Initialisierungsdateien werden neu gelesen. ◇ Siehe auch: `unassign`.

resultant
```
resultant(poly₁, poly₂, var)
```
Berechnet die Resultante zweier Polynome in der Variablen var ◇ $poly_1$ und $poly_2$ sind Polynome in der Variablen var. ◇ `resultant(x^2+1, x^3+1, x);` ⟶ 2 ◇ Siehe auch: `discrim, gcd, Resultant, linalg[bezout], linalg[sylvester]`.

Resultant
```
Resultant(poly₁, poly₂, var)
```
Starre Resultante von Polynomen ◇ Diese Funktion wird zusammen mit `evala, evalgf,` `mod` oder `modp1` benutzt, um die Resultante zweier Polynome in der Variablen var über einem gegebenen Definitionsbereich der Koeffizienten zu berechnen. ◇ `Resultant(x^2+1,` `x^3+1, x) mod 2;` ⟶ 0 ◇ Siehe auch: `Discrim, evala, evalgf, mod, modp1,` `resultant`.

RETURN

```
RETURN(ausdr₁, ausdr₂, ...)
```
Explizite Rückkehr aus einer Prozedur ◇ Diese Funktion bewirkt eine unverzügliche Rückkehr aus einer Prozedur, wobei der gegebene Ausdruck bzw. die gegebene Ausdrucksfolge (möglicherweise null) zurückgegeben werden. Ist keine RETURN-Anweisung am Ende der Prozedur vorhanden, wird der Wert der zuletzt ausgeführten Anweisung zurückgegeben. ◇ Siehe auch: ERROR, proc.

rhs

```
rhs(ausdr)
```
Gibt die rechte Seite eines Ausdrucks zurück ◇ Der Ausdruck kann eine Gleichung, Ungleichung oder ein Bereich sein. ◇ rhs(3..4); $\longrightarrow$ 4 ◇ Siehe auch: lhs, op.

rootbound

```
rootbound(poly, var)
```
Berechnet eine grobe Schranke für die maximale Größe einer beliebigen Nullstelle (reell oder komplex) des Polynoms ◇ Für diese Funktion gibt es keine Hilfsinformation On-Line. ◇ Man muß erst readlib(rootbound) eingeben, bevor man diesen Befehl benutzen kann. ◇ rootbound(x^20-2,x); $\longrightarrow$ 2

RootOf

```
RootOf(ausdr)
RootOf(ausdr, var)
```
Eine Darstellung für Nullstellen einer Gleichung ◇ Diese Funktion ist ein Platzhalter zur Darstellung aller Nullstellen einer Gleichung in einer Variablen. Sie ist die gewöhnliche Darstellung für algebraische Zahlen, algebraische Funktionen und endliche Körper. Ist keine Variable var angegeben, so muß ausdr entweder ein univariates Polynom oder ein Ausdruck in _Z sein. ◇ Siehe auch: alias, allvalues, convert/RootOf, evala, mod, Roots, solve, type/RootOf.

roots

```
roots(poly)
roots(poly, K)
```
Nullstellen eines univariaten Polynoms ◇ Diese Funktion berechnet die exakten Nullstellen eines univariaten Polynoms über dem durch die Koeffizienten von poly definierten Körper oder, im zweiten Fall, über dem gegebenen algebraischen Zahlkörper. K kann ein einfaches RootOf oder ein Radikal sein, eine Liste oder eine Menge von RootOf bzw. Radikalen. Zurückgegeben wird eine Liste von Paaren der Form Nullstelle, Vielfachheit. ◇ roots(x^2+9,I); $\longrightarrow$ $[[3I,1],[-3I,1]]$ ◇ Siehe auch: factor, realroot, Roots, RootOf, solve, sturm, sturmseq.

Roots

```
Roots(poly)
Roots(poly, K)
```
Starre Wurzeln eines univariaten Polynoms ◇ Wird diese Funktion zusammen mit mod oder modp1 benutzt, so berechnet die erste Form die Nullstellen des Polynoms über dem gegebenen Definitionsbereich der Koefifizienten. Die zweite Form, benutzt mit mod, berechnet die Nullstellen des Polynoms über der durch RootOf K gegebenen Erweiterung. ◇ Roots(x^4+2, RootOf(t^2+1,t)) mod 3; $\longrightarrow$ $[[RootOf(\_Z^2 + 1),1],$ $[2\,RootOf(\_Z^2 + 1),1],[1,1],[2,1]]$ ◇ Siehe auch: Factors, mod, modp1, msolve, RootOf, roots.

round

```
round(z)
round(1, z)
```
Ergibt die z am nächsten liegende ganze Zahl, falls z reell ist ◇ Für komplexe z wird die Funktion sowohl auf den Real- als auch auf den Imaginärteil angewandt. Die zweite Form ergibt die erste Ableitung der Rundungsfunktion überall dort, wo sie definiert ist. ◇ round(1.5); $\longrightarrow$ 2 ◇ Siehe auch: ceil, floor, frac, trunc.

rsolve

```
rsolve(glchgen, fktnen)
rsolve(glchgen, fktnen, genfunc(var))
rsolve(glchgen, fktnen, makeproc)
```
Löst die Rekursionsgleichung bzw. die Rekursionsgleichungen auf ◇ glchgen ist eine einfache Gleichung bzw. eine Menge von Gleichungen, die Rekursionsbeziehungen und Randbedingungen

angeben. fktnen ist ein einfacher Funktionsname bzw. eine Menge von Funktionsnamen. Diese Funktion löst die Rekursionsbeziehung(en) für diese Funktionen auf. Zurückgeliefert wird ein allgemeiner Term für die Funktion bzw. eine Menge solcher Ausdrücke. Ist die Option `genfunc(var)` angegeben, so liefert die Funktion die erzeugenden Funktionen in der Variablen var der durch glchgen definierten Folgen. Die Option `makeproc` bewirkt, daß die Funktion eine Prozedur zur Auswertung der durch glchgen definierten Funktionen zurückgibt.

◇ `rsolve({f(n)=f(n-1)+2*f(n-2), f(1..2)=1}, f);` $\longrightarrow -\frac{1}{3}(-1)^n + \frac{1}{3}2^n$

◇ `rsolve({g(n)=-2*g(n-1), g(0)=1}, g(n), genfunc(z));` $\longrightarrow \frac{1}{1+2z}$ ◇

Siehe auch: `asympt, genfunc, solve, ztrans`.

save
```
save dateiname
save name₁, name₂, ..., nameₖ, dateiname
```
Die save-Anweisung ◇ Die erste Form speichert alle während der aktuellen Sitzung zugewiesenen Namen in eine Datei ab, deren Namen angegeben werden muß. Die zweite Form speichert nur die spezifizierten Variablennamen in diese Datei als Folge von Zuweisungen ab. Der Dateiname sollte in Hochkommata eingeschlossen sein. Endet dateiname mit `.m`, so werden die Zuweisungen im internen Maple-Format dargestellt. Andernfalls wird linear ausgedruckt. ◇ Siehe auch: `anames, convert/hostfile, lprint, read, writeto`.

savelib
```
savelib(name₁, name₂, ..., nameₖ, dateiname)
```
Speichert Variablenzuweisungen in einer Bibliothek ab ◇ Diese Funktion durchforstet die in der globalen Variable `libname` angegebene Folge von Dateiverzeichnissen nach einem Verzeichnis, welches es dem Benutzer erlaubt, Dateien abzuspeichern. Eine Zuweisung für jede Variable wird in der gegebenen Datei abgespeichert und zwar im ersten gefundenen geeigneten Verzeichnis. Die Variablennamen sollten in rechte einzelne Hochkommata, der Dateiname sollte in schräggestellte Hochkommata eingeschlossen sein. Endet dateiname auf `.m`, so werden die Zuweisungen in Maples internem Format abgespeichert. Sonst wird linearer Ausdruck verwendet. ◇ Siehe auch: `libname, readlib, save`.

search
```
search(kette, zielkette)
search(kette, zielkette, name)
```
Suche nach Teilketten ◇ Diese Funktion liefert *true*, falls die Zeichenkette zielkette innerhalb der Zeichenkette *kette* auftritt und *false* sonst. Ist die Suche erfolgreich und ist ein Name angegeben worden, so wird diesem der Index des ersten Auftretens der Zielkette zugewiesen. ◇ Man muß erst `readlib(search)` eingeben, bevor man diesen Befehl benutzen kann. ◇ `search('mathematics', 'at', r), r;` $\longrightarrow$ *true*, 2 ◇ Siehe auch: `searchtext, SearchText`.

searchtext
```
searchtext(zielkette, kette)
searchtext(zielkette, kette, m..n)
```
Suche nach einer Teilkette (Groß-Kleinschreibung wird nicht berücksichtigt) ◇ Wird die Kette zielkette innerhalb der Kette kette gefunden, so gibt diese Funktion den Ort des ersten Auftretens der Zielkette zurück. Sonst wird 0 zurückgegeben. Ein optionaler Bereich schränkt die Suche auf die Teilkette ein, die mit Position m beginnt und mit Position n endet. Eine positive ganze Zahl zeigt eine Position an, die von links gezählt wird, eine negative ganze Zahl zeigt Zählung von rechts an. Der voreingestellte Bereich ist die ganze Kette (`1..-1`). Diese Funktion ignoriert unterschiedliche Groß- und Kleinschreibung. ◇ Diese Funktion ist neu in Version 3. ◇ `searchtext('bC', 'abcdABCD');` $\longrightarrow$ 2 ◇ Siehe auch: `SearchText, substring`.

Searchtext
```
Searchtext(zielkette, kette)
Searchtext(zielkette, kette, m..n)
```
Suche nach einer Teilkette (Groß-Kleinschreibung wird berücksichtigt) ◇ Wird die Kette zielkette innerhalb der Kette kette gefunden, so gibt diese Funktion den Ort des ersten Auftretens der Zielkette zurück. Sonst wird 0 zurückgegeben. Ein optionaler Bereich schränkt die Suche auf die Teilkette ein, die mit Position m beginnt und mit Position n endet. Eine positive ganze Zahl zeigt eine Position an, die von links gezählt wird, eine negative ganze Zahl zeigt Zählung von rechts an. Der voreingestellte Bereich ist die ganze Kette (`1..-1`). Diese Funktion berücksichtigt unterschiedliche Groß- und Kleinschreibung. ◇ Diese Funktion ist neu in Version 3. ◇ `SearchText('BC', 'abcdABCD');` $\longrightarrow$ 6 ◇ Siehe auch: `searchtext, substring`.

sec
```
sec(z)
```
Die Sekansfunktion ⋄ Siehe auch: `arcsec`.

sech
```
sech(z)
```
Die hyperbolische Sekansfunktion ⋄ Siehe auch: `arcsech`.

_seed
Saat für Zufallszahlen ⋄ Indem man diese globale Variable setzt, verändert man die Folge von Zufallszahlen, die von solchen Prozeduren wie `rand` erzeugt wird. Während einer jeden Sitzung wird die selbe Folge von „zufälligen" Zahlen erzeugt, solange man der Saat keinen neuen Wert zuweist. ⋄ Siehe auch: `linalg[randmatrix]`, `rand`, `randpoly`.

select
```
select(f, ausdr)
select(f, ausdr, args)
```
Wählt die Operanden einer Liste, Menge Summe oder Produkt aus, die f genügen ⋄ f ist eine Funktion mit Boolschen Werten. Zurückgegeben wird ein Ausdruck vom selben Typ wie ausdr. Zusätzliche Argumente args können an f weitergegeben werden. ⋄ `select(type,` `[-1,4,3.,7,Pi], posint);` $\longrightarrow [4,7]$

seq
```
seq(ausdr, var = a..b)
seq(ausdr, var = x)
```
Erzeugt eine Folge ⋄ Die erste Form gibt die Folge zurück, die man dadurch erhält, daß man die Zahlen a, $a+1, \ldots, b$ (oder bis zur letzten nicht b überschreitenden Zahl) für die Variable var in den gegebenen Ausdruck einsetzt. Die zweite Form läßt var sukzessive Operanden des Ausdrucks x annehmen. ⋄ `seq(k^2, k=1..4);` $\longrightarrow 1, 4, 9, 16$ ⋄ `seq(e+1, e=[1,3,5]);` $\longrightarrow 2, 4, 6$ ⋄ Siehe auch: `$`, `do`, `op`.

series
```
series(ausdr, var)
series(ausdr, var=a)
series(ausdr, var=a, n)
series(leadterm(ausdr), var=a, n)
```
Verallgemeinerte Reihenentwicklung ⋄ Diese Funktion berechnet eine abgeschnittene Reihenentwicklung von ausdr bezüglich der Variablen var um den Punkt a bis hinauf zur Ordnung n. Ist a nicht spezifiziert, so wird um 0 herum entwickelt. Ist a gleich `infinity`, so wird eine asymptotische Entwicklung berechnet. Fehlt n, so wird der Wert der globalen Variablen `Order` benutzt. Ist das erste Argument ein Funktionsaufruf von `leadterm`, so wird nur der Term mit niedrigstem Grad der Reihe von ausdr berechnet. ⋄ `series(tan(x),x,4);` $\longrightarrow x + \frac{1}{3}x^3 + O\left(x^4\right)$ ⋄ `series(leadterm(tan(x)),x);` $\longrightarrow x$ ⋄ Siehe auch: `coeftayl`, `convert/polynom`, `convert/series`, `numapprox`, `Order`, `powseries`, `taylor`, `type/laurent`, `type/series`, `type/taylor`.

shake
```
shake(ausdr)
shake(ausdr, n)
```
Berechnet ein begrenzendes Intervall ⋄ Diese Funktion ersetzt die Konstanten im Ausdruck durch ein Intervall mit einer Weite der Ordnung 10^{-n+1}, und benutzt dann `evalr`, um diese Intervalle weiterzuverfolgen. Ist n nicht gegeben, so wird der Wert von `Digits` benutzt. ⋄ Man muß erst `readlib(shake)` eingeben, bevor man diesen Befehl benutzen kann. ⋄ `shake(1,2);` $\longrightarrow [.90..1.10]$ ⋄ Siehe auch: `Digits`, `evalr`.

Shi
```
Shi(z)
```
Das hyperbolische Sinusintegral ⋄ $\mathrm{Shi}(z) = \int_0^z \sinh t/t \, dt$ ⋄ Siehe auch: `Chi`, `Si`.

showprofile
```
showprofile()
```
Spiele die Ergebnisse des Profilierens vor ⋄ Diese Funktion gibt aus, wieviel Rechenzeit und Speicherplatz die profilierten Prozeduren benutzt haben. ⋄ Man muß erst `readlib(profile)` eingeben, bevor man diesen Befehl benutzen kann. ⋄ Siehe auch: `profile`, `showtime`, `time`, `unprofile`.

showtime

```
showtime()
```

Führt über alle berechneten Werte Buch und zeigt an, wieviel Zeit und Speicherplatz ein jeder Befehl verbraucht hat ◇ Man muß `showtime()` oder `on` eingeben, um diese Funktion zu aktivieren. Die Ausgabe aufeinanderfolgender Anweisungen wird in den Variablen O1, O2, etc abgespeichert. Der Befehl `off` deaktiviert diese Funktion. Ist diese Funktion aktiviert, so sind `""` und `"""` nicht ausführbar. ◇ Man muß erst `readlib(showtime)` eingeben, bevor man diesen Befehl benutzen kann. ◇ Siehe auch: `history`, `time`.

Si

```
Si(z)
```

Das Sinusintegral ◇ $\mathrm{Si}(z) = \int_0^z \sin t/t \, dt$ ◇ Siehe auch: `Ci`, `Shi`, `Ssi`.

sign

```
sign(poly)
sign(poly, varliste)
sign(poly, varliste, name)
```

Berechnet das Vorzeichen des führenden Koeffizienten eines multivariaten Polynoms bezüglich der angegebenen Liste von Variablen ◇ Wird die Liste der Variablen weggelassen, so werden alle Unbestimmten benutzt. Wird ein Name als drittes Argument angegeben, so wird diesem der führende Koeffizient zugewiesen. ◇ `sign(3*x-2*y, [y,x]);` $\longrightarrow -1$ ◇ Siehe auch: `indets`, `lcoeff`, `signum`.

signum

```
signum(z)
signum(1, z)
```

Vorzeichenfunktion für reell- und komplexwertige Ausdrücke ◇ Diese Funktion ist 1 für jede positive reelle Zahl, -1 für jede negative reelle Zahl und 0 für 0. Für eine von null verschiedene komplexe Zahl z wird $z/|z|$ berechnet. Die zweite Form gibt die Ableitung der Vorzeichenfunktion an der Stelle z zurück. ◇ `signum(4*I);` $\longrightarrow I$ ◇ Siehe auch: `csgn`, `evalc`, `sign`.

Signum

```
Signum(ausdr)
```

Starre Vorzeichenfunktion ◇ Wird diese Funktion zusammen mit `evalr` benutzt, so bestimmt sie das Vorzeichen des Ausdrucks mit Hilfe von Bereichsarithmetik. ◇ `evalr(Signum(Pi^exp(1) - exp(1)^Pi));` $\longrightarrow -1$ ◇ Siehe auch: `evalr`.

simplex

Paket fürs Simplexverfahren zur linearen Optimierung ◇ Bei den Beschreibungen der Funktionen dieses Pakets steht C immer für eine Liste bzw. Menge linearer Restriktionen (Gleichungen oder Ungleichungen). Diese Implementation des Simplexalgorithmus basiert auf dem Text *Linear Programming* von Chvatal, 1983, W. H. Freeman and Company, New York. ◇ Siehe auch: `simplex[function]`, `with`.

simplex[basis]

```
basis(C)
```

Berechnet eine Liste von Variablen, eine pro Gleichung, welche der Basis entspricht, die vom Simplexalgorithmus benutzt wird ◇ C ist eine Menge linearer Gleichungen so wie sie von `simplex[setup]` erzeugt werden. ◇ Siehe auch: `simplex[setup]`.

simplex[convert/equality]

```
convert(liste, equality)
convert(menge, equality)
```

Wandelt Ungleichungen in Gleichungen um ◇ Das erste Argument kann eine Liste bzw. Menge von Gleichungen oder Ungleichungen sein. Diese Funktion kann nur nach dem Laden des `simplex`-Pakets aufgerufen werden. ◇ Siehe auch: `convert/equality`.

simplex[convert/std]

```
convert(C, std)
```

Wandelt zur Simplexmanipulation in Standardform um ◇ Diese Funktion liefert eine Liste bzw. Menge von Restriktionen, die man erhält, wenn man alle Konstanten auf die rechte Seite einer jeden Gleichung bzw. Ungleichung in C bringt. Diese Funktion kann nur nach dem Laden des `simplex`-Pakets aufgerufen werden. ◇ `convert({y<=3*x+2}, std);` $\longrightarrow$ $\{y - 3x \leq 2\}$

simplex[convert/stdle]

```
convert(C, stdle)
```

Wandelt Restriktionen in die Form <= um ◇ Diese Funktion liefert eine Menge bzw. Liste von Ungleichungen der Form <=, die zu der ursprünglichen Menge von Restriktionen, wo alle Konstanten auf der rechten Seite stehen, äquivalent sind. Diese Funktion kann nur nach dem Laden des simplex-Pakets aufgerufen werden. ◇ convert([y=3*x+2], stdle); $\longrightarrow$ $[y - 3x \leq 2, -y + 3x \leq -2]$ ◇ Siehe auch: simplex[standardize].

simplex[convexhull]

```
convexhull(pktmenge)
```

Finde die konvexen Hülle zu den gegebenen Punkten ◇ pktmenge ist eine Menge von Paaren $[x, y]$. Diese Funktion liefert eine Liste von Punkten zurück, die im Gegenuhrzeigersinn orientiert sind. ◇ convexhull({[0,0], [2,0], [1,2], [1,1]}); $\longrightarrow [[0,0],[2,0],[1,2]]$

simplex[cterm]

```
cterm(C)
```

Berechnet die Liste bzw. Menge von Konstanten aus dem System der Restriktionen ◇ cterm([x+y=1, x-2<=0]); $\longrightarrow [1, 2]$

simplex[define_zero]

```
define_zero()
define_zero(ε)
```

Definiert die Toleranz für Null bei Gleitkommazahlen ◇ Die erste Form ergibt die aktuelle, absolut minimale von Null verschiedene Größe. Die zweite Form setzt die aktuelle, absolut minimale von Null verschiedene Größe auf ϵ. ◇ Diese Funktion ist neu in Version 3. ◇ Siehe auch: testfloat.

simplex[display]

```
display(C)
display(C, varliste)
```

Zeigt ein lineares Programm in Matrixform an ◇ C sollte in der Form sein, wie sie von simplex[setup] erzeugt wird. ◇ Diese Funktion ist neu in Version 3.

simplex[dual]

```
dual(ausdr, C, name)
```

Berechnet das duale lineare Programm ◇ Das lineare Programm muß sich in Standardform mit Ungleichungen befinden. ausdr ist die lineare Zielfunktion, welche maximiert werden soll unter den linearen Ungleichungen C. name wird als Basis zur Konstruktion von Namen für die dualen Variablen benutzt. Das Ergebnis ist eine Folge, die aus der Zielfunktion, gefolgt von den Restriktionen besteht. ◇ dual(x+y, {x<=1,y<=1}, t); $\longrightarrow$ $t1 + t2, \{ 1 \leq t1, 1 \leq t2 \}$ ◇ Siehe auch: simplex[convert/stdle].

simplex[feasible]

```
feasible(C)
feasible(C, vartyp)
feasible(C, vartyp, name_s, name_t)
```

Stellt fest, ob das System verträglich ist ◇ Diese Funktion ergibt *true*, falls eine verträgliche Lösung zu diesem linearen System C existiert und *false* sonst. Ist vartyp NONNEGATIVE, so werden die Variablen so eingeschränkt, daß sie nichtnegativ sind. Werden keine Vorzeichenrestriktionen gewünscht, so gibt man UNRESTRICTED, die Voreinstellung, an. Wird ein Name als drittes Argument angegeben, so wird diesem das von feasible berechnete endgültige System zugewiesen. Einem vierten Argument wird die Menge der vorgenommenen Variablentransformationen zugewiesen.

simplex[maximize]

```
maximize(ausdr, C)
maximize(ausdr, C, vartyp)
maximize(ausdr, C, vartyp, name_s, name_t)
```

Maximiert ein lineares Programm ◇ ausdr ist die lineare Zielfunktion welche unter den linearen Restriktionen C maximiert werden soll. Diese Funktion gibt eine Menge von Gleichungen zurück, die die optimale Lösung des angegebenen linearen Programms beschreiben, sofern sie existiert; existiert keine verträgliche Lösung ergibt sich die leere Menge; ist die Zielfunktion unbeschränkt, ergibt sich NULL. vartyp kann entweder NONNEGATIVE sein, um alle Variablen so einzuschränken, daß sie nichtnegativ sind oder UNRESTRICTED, die Voreinstellung. Ist ein Name als viertes Argument gegeben, so wird diesem die optimale Beschreibung zugewiesen. Einem

fünften Argument wird die Menge der vorgenommenen Variablentransformationen zugewiesen.
◇ `maximize(x+y, {2*x+y<=2, y<=1});` $\longrightarrow \left\{ y = 1, x = \frac{1}{2} \right\}$ ◇ Siehe auch:
`simplex[minimize]`.

simplex[minimize]
`minimize(ausdr, C)`
`minimize(ausdr, C, vartyp)`
`minimize(ausdr, C, vartyp, name`$_s$`, name`$_t$`)`
Minimiert ein lineares Programm ◇ ausdr ist die lineare Zielfunktion, welche unter den linearen
Restriktionen C minimiert werden soll. Diese Funktion gibt eine Menge von Gleichungen zurück,
die die optimale Lösung des angegebenen linearen Programms beschreiben, sofern sie existiert;
existiert keine verträgliche Lösung ergibt sich die leere Menge; ist die Zielfunktion unbeschränkt
ergibt sich NULL. Die anderen Argumente stimmen mit denen von `simplex[maximize]`
überein. ◇ Siehe auch: `simplex[maximize]`.

simplex[pivot]
`pivot(C, var, glchg)`
Konstruiert eine neue Menge von Gleichungen zum gegebenen Pivotelement ◇ Diese Funktion
konstruiert eine neue Menge von Gleichungen in einer Form, die mit der von `simplex[setup]`
erzeugten Form kompatibel ist, indem die angegebene Gleichung glchg nach der Variablen var
aufgelöst und das Ergebnis dann in C eingesetzt wird. Ist glchg eine Liste, so wird das erste
Element benutzt. ◇ Siehe auch: `simplex[pivoteqn]`, `simplex[pivotvar]`.

simplex[pivoteqn]
`pivoteqn(C, var)`
Gibt eine Teilliste von Gleichungen von C zu einem gegebenen Pivot zurück ◇ var ist die
Variable, die für die Pivotoperation ausgewählt wird. ◇ Siehe auch: `simplex[pivot]`,
`simplex[pivotvar]`.

simplex[pivotvar]
`pivotvar(ausdr, varliste)`
`pivotvar(ausdr)`
Gibt eine Variable mit positivem Koeffizienten zurück ◇ Diese Funktion ergibt entweder
eine Variable, die einen positiven Koeffizienten besitzt oder es ergibt sich *FAIL*. ausdr ist
eine Zielfunktion, und das optionale Argument varliste listet die Reihenfolge auf, in der
die Variablen untersucht werden sollen. ◇ `pivotvar(x-3*y);` $\longrightarrow x$ ◇ Siehe auch:
`simplex[pivot]`, `simplex[pivoteqn]`.

simplex[ratio]
`ratio(C, var)`
Gibt eine Liste von Verhältnissen zurück ◇ Diese Verhältnisse können dazu benutzt werden zu
entscheiden, welche Gleichung in C bezüglich des nächsten Simplexpivot am meisten restriktiv
ist.

simplex[setup]
`setup(C)`
`setup(C, NONNEGATIVE)`
`setup(C, NONNEGATIVE, name)`
Konstruiert eine Liste bzw. Menge von Gleichungen aus C, wobei die Variablen auf der linken
Seite isoliert stehen ◇ Die isolierten Variablen bilden eine Basis für das entsprechende lineare
System. Für Ungleichungen werden Schlupfvariablen der Form _SLi eingeführt. Ist die Option
NONNEGATIVE angegeben, so nimmt man an, daß alle Variablen nichtnegativ sind. Wird
ein Name als drittes Argument angegeben, so werden diesem die für die uneingeschränkten
Variablen benutzten Transformationen zugewiesen. ◇ `setup({x+y<=2,2*x+y=2});` $\longrightarrow$
$\{ y = -2x + 2, \_SL1 = x \}$

simplex[standardize]
`standardize(C)`
Wandelt Restriktionen in den Typ `<=` um und plaziert Konstanten auf die rechte Seite ◇
Die resultierenden Restriktionen sind zu den ursprünglichen Restriktionen äquivalent. ◇
`standardize({y=3*x+2});` $\longrightarrow \{ y - 3x \leq 2, -y + 3x \leq -2 \}$ ◇ Siehe auch:
`simplex[convert/std]`, `simplex[convert/stdle]`.

simplex[type/NONNEGATIVE]
```
type(ausdr, NONNEGATIVE)
```
Stellt fest, ob der Ausdruck eine Restriktion der Form a>=0 ist ◇ Diese Funktion ergibt entweder *true* oder *false*. Sie kann nur nach Laden des Pakets simplex aufgerufen werden. ◇
```
type(-t<=0, NONNEGATIVE);
```
$\longrightarrow$ *true*

simplify
```
simplify(ausdr)
simplify(ausdr, name₁, name₂, ...)
simplify(ausdr, glchgen)
simplify(ausdr, glchgen, vars)
```
Vereinfacht einen Ausdruck ◇ Ist nur ein Argument vorhanden, so wendet diese Funktion die passenden Vereinfachungsregeln auf den Ausdruck an. Bei der zweiten Form geben die zusätzlichen Argumentnamen an, welche Vereinfachungen vorgenommen werden sollen. Nach Vereinfachungen gewisser mathematischer Funktionen kann durch Angabe einer oder mehrerer der folgenden Namen verlangt werden:

arctrig	BesselK	Ei	Heaviside	min	signum
atatsign	BesselY	erf	hypergeom	polar	sqrt
atsign	csgn	erfc	infinity	power	trig
BesselI	dilog	exp	ln	radical	W
BesselJ	Dirac	GAMMA	max	RootOf	

Die letzten beiden Varianten vereinfachen ausdr bezüglich der Nebenbedingungen, die durch die Liste bzw. Menge von Gleichungen glchgen in den Variablen vars gegeben sind (ein Ausdruck in glchgen wird als gleich null gesetzt betrachtet). Hierbei werden Gröbnerbasistechniken zur Berechnung eines äquivalenten Ausdrucks benutzt, der sich bezüglich der Nebenbedingungen in Normalform befindet. Ist vars als Menge gegeben, so wird nach dem totalen Grad geordnet; ist vars eine Liste, so wird rein lexikographisch bezüglich der Variablen in der Liste geordnet. ◇ `simplify(ln((a*b)^r));` $\longrightarrow r\ln(a) + r\ln(b)$ ◇ `simplify(cosh(x)^2 - sinh(x)^2);` $\longrightarrow 1$ ◇ `simplify(1-sin(x)^2 + ln(x^2), trig);` $\longrightarrow \cos(x)^2 + \ln\left(x^2\right)$ ◇ `simplify(x^6*y-3*x^4*y+3*x^2*y+3, {x^2-y^2=1}, [x,y]);` $\longrightarrow 3 + y^7 + y$ ◇ Siehe auch: `collect`, `combine`, `expand`, `factor`, `grobner`, `normal`, `radsimp`.

sin
```
sin(z)
```
Die Sinusfunktion. ◇ Siehe auch: `arcsin`.

singular
```
singular(ausdr)
singular(ausdr, vars)
```
Finde Singularitäten eines Ausdrucks ◇ vars kann ein Variablenname bzw. eine Liste von Variablennamen sein. Diese Funktion gibt eine Folge von Ausdrücken für die Singularitäten zurück, wobei jede Singularität als eine Menge von Gleichungen dargestellt ist. Die globalen Variablen _N oder _NN können dazu benutzt werden, beliebige ganze bzw. natürliche Zahlen im Ergebnis anzuzeigen. ◇ Man muß erst `readlib(singular)` eingeben, bevor man diesen Befehl benutzen kann. ◇ `singular(csc(t));` $\longrightarrow \{t = \_N\pi\}, \{t = \infty\}$ ◇ Siehe auch: `discont`, `residue`, `roots`, `solve`.

sinh
```
sinh(z)
```
Die hyperbolische Sinusfunktion. ◇ Siehe auch: `arcsinh`.

sinterp
```
sinterp(f, varliste, m, p)
```
Dünn besetzte multivariate modulare Polynominterpolation ◇ f ist eine Prozedur, die n ganze Zahlen sowie eine Primzahl p als Eingabe akzeptiert und einen Wert in den ganzen Zahlen modulo p berechnet. varliste ist eine Liste von n Variablennamen. Diese Funktion ergibt ein Polynom in den aufgelisteten Variablen, dessen Werte modulo der Primzahl p gleich den entsprechenden Werten von f sind. m ist eine Schranke für den totalen Grad des zurückgelieferten Polynoms. Ist die Interpolation nicht erfolgreich, so wird *FAIL* zurückgegeben. ◇ Man muß erst `readlib(sinterp)` eingeben, bevor man diesen Befehl benutzen kann. ◇ Siehe auch: `interp`.

Smith

```
Smith(A, var, name₁, name₂)
```
Starre Smith-Normalform ◇ Wird diese Funktion zusammen mit mod benutzt, so berechnet sie die Smith-Normalform einer rechteckigen Matrix univariater Polynome in var. Im Fall von vier Argumenten, werden den beiden Namen die Transformationsmatrizen U und V zugewiesen, mit denen das Ergebnis als UAV geschrieben werden kann. ◇ Siehe auch: Hermite, linalg[smith].

solve

```
solve(glchgen)
solve(glchgen, vars)
solve(unglchgen, var)
solve(glchg, fktname)
solve(identity(glchg, x), vars)
```
Löst Gleichungen auf analytischem Wege auf ◇ Die ersten beiden Formen lösen eine Gleichung bzw. ein Gleichungssystem nach der gegebenen Variablen bzw mehreren Variablen auf. Ein Ausdruck wird als gleich Null gesetzt angenommen. Mehrere Gleichungen mit mehreren Unbekannten sind als Mengen gegeben. Ist vars nicht spezifiziert, so werden alle Unbestimmten benutzt. Zurückgegeben wird eine Menge von Lösungen. Ist mehr als eine Variable vorhanden, so wird jede der Lösungen als Menge gegeben. Die maximale Anzahl der zurückgegebenen Lösungen kann durch Wertzuweisung der Umgebungsvariablen _MaxSols (Voreinstellung 100) kontrolliert werden. Diese Funktion kann auch Ungleichungen auflösen und Reihen umkehren. Bei der vierten Form sollte fktname nur als eine Funktion in der Gleichung benutzt werden. In diesem Fall ergibt solve eine Folge einer oder mehrerer Prozeduren, die diese Gleichung lösen. Die identity-Form versucht, eine Lösung in vars zu finden, die glchg für einen beliebigen Wert der speziellen Variablen x genügt. x sollte nicht zu vars gehören. ◇ solve(x^2=3, x); $\longrightarrow$ $\sqrt{3}, -\sqrt{3}$ ◇ solve({x+y=2,x=y}); $\longrightarrow \{y=1, x=1\}$ ◇ solve(arctan(x)<0, x); $\longrightarrow \{x<0\}$ ◇ solve(y=series(x*cos(x),x=0,5), x); $\longrightarrow y + \frac{1}{2}y^3 + O\left(y^5\right)$ ◇ solve(identity(sin(x+t) = a*sin(x) + b*cos(x), x), {a,b}); $\longrightarrow \{b=\sin(t), a=\cos(t)\}$ ◇ Siehe auch: assign, dsolve, fsolve, grobner[gsolve], isolate, isolve, linalg[linsolve], match, msolve, root, rsolve.

sort

```
sort(liste)
sort(liste, f)
sort(ausdr)
sort(ausdr, vars)
sort(ausdr, vars, f)
```
Sortiert die Elemente einer Liste in aufsteigender Ordnung bzw. die Terme eines Polynoms in einem algebraischen Ausdruck in absteigender Ordnung ◇ f definiert eine Sortierordnung. Diese kann `<` oder numeric für numerische Ordnung, lexorder oder string für lexikographische Ordnung von Zeichenketten, address für Sortierung nach internen Adressen oder eine Boolsche Prozedur zweier Argumente sein. Wird ein Polynom sortiert, so bestimmt vars die Ordnung der Variablen. Es kann sich dabei um einen Variablennamen oder eine Menge bzw. Liste von Variablennamen handeln. ◇ Siehe auch: lexorder, sortcx.

sortcx

```
sortcx(liste)
sortcx(liste, method)
```
Sortiert eine Liste komplexer Zahlen ◇ Die zur Verfügung stehenden Methoden befinden sich in der ersten Spalte der Tabelle. Die zweite Spalte listet das primäre Sortierkriterium für jede Methode auf, die dritte Spalte das sekundäre Kriterium.

abs	Größe	lexImRe
lexImRe	Imaginärteil	Realteil
lexReIm	Realteil	Imaginärteil
polar	Argument	Größe

Die voreingestellte Methode ist lexReIm. Für diese Funktion gibt es keine Hilfsinformation On-Line. ◇ Man muß erst readlib(sortcx) eingeben, bevor man diesen Befehl benutzen kann. ◇ Siehe auch: sort.

sparse

Die Indexfunktion für dünn besetzte Matrizen ◇ Diese Indexfunktion gibt an, daß nicht zugewiesene Einträge eines Feldes oder einer Tabelle automatisch gleich 0 sind. ◇ array(sparse,1..2); $\longrightarrow [0\ 0]$ ◇ Siehe auch: array, table.

spline
```
spline(xliste, yliste, var)
spline(xliste, yliste, var, n)
spline(xliste, yliste, var, name)
```
Berechnet einen natürlichen Spline ◇ Diese Funktion berechnet eine stückweise polynomiale Approximation vom Grad n (voreingestellt 3) in der Variablen var an die gegebenen x- und y-Werte. Der Grad kann auch als einer der Namen linear, quadratic, cubic oder quartic gegeben sein. Die x-Werte müssen voneinander verschieden und monoton wachsend sein. Das Ergebnis wrid als If()-Ausdruck zurückgeliefert, dessen Argumente Bedingungen und Ausdrücke sind. ◇ Man muß erst readlib(spline) eingeben, bevor man diesen Befehl benutzen kann. ◇ spline([0,1,2],[1,0,1], t, 2); $\longrightarrow$ If$\left(t < 1, 1 - t^2, 5 - 8t + 3t^2\right)$ ◇ Siehe auch: bspline, interp, `spline/makeproc`.

'spline/makeproc'
```
'spline/makeproc'(spline, var)
```
Verwandelt einen von spline gegebenen If-Ausdruck in eine Prozedur ◇ spline ist die Ausgabe der Routine spline und var ist die Hauptvariable des Splines. ◇ Man muß erst readlib(spline) eingeben, bevor man diesen Befehl benutzen kann. ◇ 'spline/makeproc'(",t); $\longrightarrow$ proc(t) if t < 1 then 1-t^2 else 5-8*t+3*t^2 fi end ◇ Siehe auch: spline.

split
```
split(poly, var)
split(poly, var, name)
```
Vollständige Faktorzerlegung eines univariaten Polynoms mit rationalen, algebraischen oder polynomialen Koeffizienten ◇ Das Ergebnis wird mit Hilfe von RootOfs ausgedrückt. Wird ein Name als drittes Argument angegeben, so wird diesem eine Menge von Erweiterungen des Grundkörpers zugewiesen, die zur vollständigen Zerlegung des Polynoms benötigt wurden. ◇ Man muß erst readlib(split) eingeben, bevor man diesen Befehl benutzen kann. ◇ split(x^2+3,x); $\longrightarrow$ $\left(x - \text{RootOf}\left(\_Z^2 + 3\right)\right)\left(x + \text{RootOf}\left(\_Z^2 + 3\right)\right)$ ◇ Siehe auch: factor, RootOf.

sprem
```
sprem(poly1, poly2, var)
sprem(poly1, poly2, var, name1, name2)
```
Dünn besetzter Pseudorest von Polynomen ◇ Diese Funktion ist mit prem identisch bis auf die Tatsache, daß das Vielfache m die kleinste Potenz des führenden Koeffizienten von $poly_2$ in var ist, so daß der Divisionsprozeß keine Brüche in den Pseudoquotienten bzw -rest einführt. Ist $name_1$ vorhanden, so wird diesem das Vielfache zugewiesen. Ist $name_2$ vorhanden, so wird diesem der Pseudoquotient zugewiesen. ◇ Siehe auch: prem, rem, Sprem.

Sprem
```
Sprem(poly1, poly2, var)
Sprem(poly1, poly2, var, name1, name2)
```
Starrer dünn besetzter Pseudorest von Polynomen ◇ Wird diese Funktion zusammen mit evala, evalgf, mod oder modp1 benutzt, so berechnet diese Funktion den Pseudorest von $poly_1$ dividiert durch $poly_2$ über dem gegebenen Definitionsbereich der Koeffizienten, wobei der kleinstmögliche Multiplikator wie bei sprem gewählt wird. ◇ Siehe auch: Prem, Rem, sprem.

sqrfree
```
sqrfree(poly)
sqrfree(poly, vars)
```
Quadratfreie Faktorierung eines multivariaten Polynoms ◇ vars ist der Name der Hauptvariablen oder eine Liste bzw. Menge von Hauptvariablen. Tritt dieses Argument nicht auf, so werden alle Namen im Polynom verwendet. Das Ergebnis ist eine Liste, deren erstes Element der Inhalt und deren zweites Element eine Liste von Faktor-Exponenten-Paaren ist, die eine quadratfreie Faktorierung darstellen. ◇ sqrfree(x^4+4*x^3+3*x^2-4*x-4); $\longrightarrow \left[1, \left[\left[x^2 - 1, 1\right], [x + 2, 2]\right]\right]$ ◇ Siehe auch: convert/sqrfree, factors, isqrfree, Sqrfree.

Sqrfree
```
Sqrfree(poly)
```
Starre quadratfreie Faktorierung ◇ Diese Funktion wird zusammen mit evala, mod oder modp1 benutzt und gibt eine Liste zurück, deren erstes Element der Inhalt und deren zweites Element

eine Liste von Faktor-Exponenten-Paaren ist, die eine quadratfreie Faktorierung darstellen. ◇
`Sqrfree(x^4+x^3-x-1) mod 3;` ⟶ $[1, [[x+1,1],[x+2,3]]]$ ◇ Siehe auch:
`DistDeg, Factors, sqrfree`.

sqrt
`sqrt(ausdr)`
Berechnet die Quadratwurzel des Ausdrucks ◇ Es werden Quadratwurzeln aus perfekten
ganzzahligen Quadraten oder Quadraten von Polynomen herausgezogen. ◇ `sqrt(8*x^2);`
⟶ $2\sqrt{2}\,x$ ◇ Siehe auch: `type/sqrt`.

sscanf
`sscanf(kette, formatkette)`
Erkennt und verarbeitet Zahlen und Zeichenketten innerhalb einer Zeichenkette ◇ Diese
Funktion arbeitet sich durch kette, wobei Zahlen und Teilketten gemäß der in fmt gegebenen
Spzeifikationen zur Übereinstimmung gebracht werden. Diese Funktion verhält sich genauso wie
die C-Standardbibliotheksfunktion gleichen Namens. Sie benutzt die im wesentlichen gleichen
Formatbeschreiber wie die C-Programmiersprache und zusätzlich noch %a für algebraische
Ausdrücke. Diese Funktion liefert eine Liste der erkannten Objekte. ◇ `sscanf('3 2. km`
`x+y', '%d %f %s %a');` ⟶ $[3, 2., km, x+y]$ ◇ Siehe auch: `printf, parse,`
`readline`.

Ssi
`Ssi(z)`
Das verschobene Sinusintegral ◇ $\mathrm{Ssi}(z) = \mathrm{Si}(z) - \pi/2$ ◇ Man muß erst `readlib(Ssi)`
eingeben, bevor man diesen Befehl benutzen kann. ◇ Siehe auch: `Si`.

ssystem
`ssystem(befehl)`
`ssystem(befehl, n)`
Ruft einen Befehl im unterliegenden Betriebssystem auf und gibt das Ergebnis zurück ◇ befehl
ist eine Maple-Zeichenkette. Ist ein zweites Argument angegeben, so werden höchstens n
Sekunden CPU-Zeit zur Ausführung von befehl erlaubt. Zurückgegeben wird eine Liste von zwei
Elementen. Das erste Element ist der zurückgegebene Code der Befehlsausführung; das zweite ist
eine Zeichenkette, die das Ergebnis des Befehls repräsentiert. Diese Funktion wird von einigen
Plattformen nicht unterstützt. ◇ Diese Funktion ist neu in Version 3. ◇ Siehe auch: `!, system`.

stats
Maple V Version 3 Statistikpaket ◇ Dieses Paket ist in Version 3 komplett neu gestaltet worden. Die meisten Funktionen befinden sich in einem der sechs Teilpakete: `describe, fit, random, statevalf, statplots` und `transform`.
Der `with`-Befehl lädt Teilpakete genauso wie Pakete. Wir geben hier zum Beispiel drei Arten an, die Funktion `mean` aus dem Teilpaket `describe` aufzurufen:
```
stats[describe, mean](data)
with(stats): describe[mean](data);
with(stats): with(describe): mean(data);
```
Bei den Beschreibungen der Funktionen dieses Pakets stellt data immer eine Liste statistischer Daten
dar. Jeder Dateneintrag kann ein einfacher Eintrag, eine Klasse, eine fehlende Beobachtung oder ein
gewichteter Dateneintrag sein. Ein einfacher Eintrag ist eine Zahl oder ein symbolischer Ausdruck.
Eine Klasse wird durch einen Bereich a..b gegeben. Sie stellt ein einfaches Datenobjekt dar mit
einem Wert, der größer oder gleich a aber strikt kleiner als b ist. Das Klassenmerkmal einer Klasse
ist der Mittelpunkt des Bereichs. Der Name `missing` steht für eine fehlende Beobachtung. Ein
Eintrag der Form `Weight(eintrag, n)` steht für einen Eintrag mit Gewicht n. ◇ Siehe auch:
`stats[describe], stats[fit], stats[importdata], stats[random],`
`stats[statevalf], stats[statplots], stats[transform], with`.

stats
Statistikpaket ◇ Viele Funktionen dieses Pakets verlangen nach einer „statistischen Matrix". Dies
ist eine Matrix von Daten, deren erste Reihe die Namen aller Spalten beinhaltet. Dies ist der
„Schlüssel" der Matrix. Bei den Beschreibungen der Funktionen dieses Pakets ist dat immer eine
statistische Matrix. ◇ Siehe auch: `stats[ function], with`.

stats[addrecord]
`addrecord(dat, liste)`
`addrecord(dat, A)`
Fügt Datensätze zu einer statistischen Matrix hinzu ◇ Diese Funktion erzeugt eine neue
statistische Matrix, die aus der gegebenen Matrix dat besteht, zusammen mit einer Liste bzw.

Matrix von neuen Beobachtungen, die angehangen wird. Zurückgegeben wird die neue statistische Matrix. ◇ Siehe auch: `stats[getkey]`, `stats[putkey]`, `stats[removekey]`.

stats[average]

```
average(dat, key1, key2, ...)
average(A)
average(listliste)
average(liste)
average(feld)
average(x1, x2, ...)
```

Berechnet Durchschnittswerte ◇ Der Durchschnitt hier ist das arithemetische Mittel: die Summe geteilt durch die Anzahl der Elemente. Gegeben sei eine statistische Matrix, dann berechnet diese Funktion die Durchschnittswerte der Datenspalten, die mit key_1, key_2, ... angesprochen werden. Ist eine Matrix gegeben, so wird der Durchschnittswert einer jeden Spalte gesondert berechnet und das Ergebnis wird als eine Liste zurückgegeben. Eine Liste von Listen derselben Längen wird wie eine Matrix behandelt. Es kann auch eine einfache Liste, ein Feld der Dimension eins oder eine Folge angegeben werden. ◇ `average([[2,3],[4,5]]);` $\longrightarrow$ [3,4] ◇ `average(1,2,3);` $\longrightarrow$ 2 ◇ Siehe auch: `stats[mean]`, `stats[median]`, `stats[mode]`, `stats[variance]`.

stats[ChiSquare]

```
ChiSquare(F, n)
```

Die Chi-Quadrat-Verteilung ◇ n stellt die Anzahl der Freiheitsgrade dar; es muß sich um eine ganze Zahl handeln. Diese Funktion berechnet den Wert von x so daß:

$$F = \frac{1}{\Gamma(n/2)2^{n/2}} \int_0^x u^{n/2-1} e^{-u/2}\, du$$

◇ `ChiSquare(0.5, 3);` $\longrightarrow$ 2.365973884 ◇ Siehe auch: `stats[RandChiSquare]`.

stats[correlation]

```
correlation(dat, key1, key2)
correlation(liste1, liste2)
```

Berechnet den Korrelationskoeffizienten ◇ Diese Funktion berechnet die Korrelation zwischen zwei Listen von Daten. Die Daten können auch durch Angabe zweier Schlüssel für eine statistische Matrix beschrieben sein. ◇ `correlation([2.1,3,5], [5,7,8]);` $\longrightarrow$ .9188196337 ◇ Siehe auch: `stats[covariance]`, `stats[Rsquared]`.

stats[covariance]

```
covariance(dat, key1, key2)
covariance(liste1, liste2)
```

Berechnet die Kovarianz ◇ Diese Funktion berechnet die Kovarianz zwischen zwei Listen von Daten. Die Daten können auch durch Angabe zweier Schlüssel in einer statistischen Matrix gegeben sein. ◇ `covariance([1,2,3],[2,3,4]);` $\longrightarrow$ 1 ◇ Siehe auch: `stats[correlation]`, `stats[variance]`.

stats[describe]

Teilpaket zur Datenanalyse ◇ Die Kurzformen dieser Funktionen können benutzt werden, indem man `with(describe)` nach der Eingabe von `with(stats)` eingibt. ◇ Dieses Teilpaket ist neu in Version 3. ◇ Siehe auch: `stats[describe, function]`, `with`.

stats[describe, coefficientofvariation]

```
coefficientofvariation(data)
coefficientofvariation[n](data)
```

Berechnet den Variationskoeffizienten ◇ Der Variationskoeffizient ist die Standardabweichung dividiert durch das Mittel. Klassen werden durch ihr Klassenmerkmal dargestellt; `missing` Daten werden ignoriert. Ist n gleich 0 (die Voreinstellung), so wird die Standardabweichung für die ganze Bevölkerung berechnet; ist n gleich 1, so wird sie für eine Probe berechnet. ◇ `coefficientofvariation([3, Weight(5,2), 7]);` $\longrightarrow \frac{1}{5}\sqrt{2}$

stats[describe, count]

```
count(data)
```

Zählt die Dateneinträge ◇ Gewichte werden entsprechend gezählt; `missing` Daten werden nicht gezählt. ◇ `count([7, Weight(5,9), missing]);` $\longrightarrow$ 10 ◇ Siehe auch: `stats[describe, countmissing]`.

stats[describe, countmissing]
```
countmissing(data)
```
Zählt missing Dateneinträge ◊ count([7, Weight(5,9), missing]); ⟶ 1 ◊
Siehe auch: stats[describe, count].

stats[describe, covariance]
```
covariance(data₁, data₂)
```
Berechnet die Kovarianz zwischen zwei statistischen Listen ◊ Die zwei Listen müssen dieselbe
Anzahl von Einträgen besitzen, mit identischen Gewichten für entsprechende Einträge. Klassen
werden durch Klassenmerkmale dargestellt. ◊ covariance([1,2,3], [3,6,9]); ⟶
2 ◊ Siehe auch: stats[describe, linearcorrelation].

stats[describe, decile]
```
decile[n](data)
decile[n](data, luecke)
```
Berechnet Dezile einer statistischen Liste ◊ n sollte zwischen 1 und 9 sein. missing Daten
werden ignoriert. luecke ist entweder false oder eine Zahl die die Größe der Lücken zwischen
Klassen angibt. Ist sie false (voreingestellt), so wird angenommen, daß die Klassen sich soweit
ausbreiten, daß sie sich berühren. Man setze luecke auf 0, falls die Grenzen der Klassen nicht
verändert werden sollen. ◊ decile[4]([$11..20]); ⟶ 14

stats[describe, geometricmean]
```
geometricmean(data)
```
Berechne das geometrische Mittel der Daten ◊ Das geometrische Mittel ist die $n$te Wurzel des Produkts der Elemente der statistischen Liste, wobei die Liste n Elemente
enthält. Klassen werden durch ihr Klassenmerkmal dargestellt; missing Daten werden ignoriert. ◊ geometricmean([3, Weight(5,2), 7]); ⟶ $525^{1/4}$ ◊
Siehe auch: stats[describe, harmonicmean], stats[describe, mean],
stats[describe, quadraticmean].

stats[describe, harmonicmean]
```
harmonicmean(data)
```
Berechnet das harmonische Mittel der Daten ◊ Das harmonische Mittel ist das Reziproke
des arithmetischen Mittels der Reziproken der Listenelemente. Klassen werden durch ihr
Klassenmerkmal dargestellt; missing Daten werden ignoriert. ◊ harmonicmean([3,
Weight(5,2), 7]); ⟶ $\frac{105}{23}$ ◊ Siehe auch: stats[describe, geometricmean],
stats[describe, mean], stats[describe, quadraticmean].

stats[describe, kurtosis]
```
kurtosis(data)
kurtosis[n](data)
```
Berechnet den Momentenkoffizienten der Kurtosis der Daten ◊ Dieser ist definiert als das vierte
Moment über dem Mittel dividiert durch die vierte Potenz der Standardabweichung. Ist n gleich
0 (voreingestellt), so wird die Standardabweichung für die gesamte Population berechnet; ist n
gleich 1, wird sie nur für eine Stichprobe berechnet. Klassen werden durch ihr Klassenmerkmal
dargestellt; missing Daten werden ignoriert. ◊ kurtosis([Weight(1,3),3,5]); ⟶
$\frac{133}{64}$ ◊ Siehe auch: stats[describe, moment], stats[describe, skewness].

stats[describe, linearcorrelation]
```
linearcorrelation(data₁, data₂)
```
Berechnet den Koeffizienten der linearen Korrelation zweier Datenlisten ◊ Die zwei Listen müssen
dieselbe Anzahl von Einträgen besitzen, mit identischen Gewichten für entsprechende Einträge.
Klassen werden durch Klassenmerkmale dargestellt. ◊ linearcorrelation([1,2,3],
[3,6,9]); ⟶ 1 ◊ Siehe auch: stats[describe, covariance].

stats[describe, mean]
```
mean(data)
```
Berechnet das arithmetische Mittel der Daten ◊ Das arithmetische Mittel ist definiert als die
Summe der Terme dividiert durch die Anzahl der Terme. Klassen werden durch ihr Klassenmerkmal dargestellt; missing Daten werden ignoriert. ◊ mean([3, Weight(5,2), 7]);
⟶ 5 ◊ Siehe auch: stats[describe, geometricmean], stats[describe,
harmonicmean], stats[describe, median], stats[describe, mode],
stats[describe, quadraticmean], stats[describe, standarddeviation].

stats[describe, meandeviation]
```
meandeviation(data)
```
Berechnet die mittlere Abweichung der Daten ◇ Dies ist die durchschnittliche absolute Abweichung vom Mittel. Klassen werden durch ihr Klassenmerkmal dargestellt; `missing` Daten werden ignoriert. ◇ `meandeviation([3, Weight(5,2), 7]);` $\longrightarrow 1$

stats[describe, median]
```
median(data)
median(data, luecke)
```
Berechnet den Median der Daten ◇ Entweder wird der Mittelwert oder das arithmetische Mittel der beiden Mittelwerte zurückgegeben. `missing` Daten werden ignoriert. luecke ist entweder `false` oder eine Zahl, die die Größe der Lücken zwischen Klassen angibt. Ist sie `false` (voreingestellt), so wird angenommen, daß die Klassen sich soweit ausbreiten, daß sie sich berühren. Man setze luecke auf 0, falls die Grenzen der Klassen nicht verändert werden sollen. ◇ `median([1,3]);` $\longrightarrow 2$ ◇ Siehe auch: `stats[describe, decile]`, `stats[describe, mean]`, `stats[describe, mode]`, `stats[describe, quantile]`, `stats[describe, quartile]`.

stats[describe, mode]
```
mode(data)
```
Berechnet den Modus der Daten ◇ Der Modus ist das am häufigsten auftretende Element. Gibt es mehrere Elemente mit modaler Häufigkeit, so werden alle diese Elemente als Folge von Ausdrücken zurückgegeben. `missing` Daten werden ignoriert. ◇ `mode([2,2,6,8,6]);` $\longrightarrow 2,6$ ◇ Siehe auch: `stats[describe, mean]`, `stats[describe, median]`.

stats[describe, moment]
```
moment[m](data)
moment[m, a](data)
moment[m, a, n](data)
```
Berechnet das mte Moment über a ◇ a kann eine Zahl oder eine beschreibende Statisitik wie z. B. mean sein. Der voreingestellte Wert ist 0. Falls n gleich 0 ist (die Voreinstellung), so wird das Moment für die ganze Bevölkerung berechnet; ist n gleich 1, so wird es für eine Stichprobe berechnet. Klassen werden durch ihr Klassenmerkmal dargestellt; `missing` Daten werden ignoriert. ◇ `moment[3,mean]([Weight(1,3),3,5]);` $\longrightarrow \frac{432}{125}$ ◇ Siehe auch: `stats[describe, kurtosis]`, `stats[describe, skewness]`.

stats[describe, percentile]
```
percentile[n](data)
percentile[n](data, luecke)
```
Findet den Dateneintrag, der dem gegebenen Prozentil entspricht ◇ Fällt das Prozentil zwischen zwei Dateneinträge, so wird das Ergebnis mittels Interpolation berechnet. `missing` Daten werden ignoriert. n sollte eine ganze Zahl zwischen 1 und 99 sein. luecke ist entweder `false` oder eine Zahl, die die Größe der Lücken zwischen Klassen angibt. Ist sie `false` (voreingestellt), so wird angenommen, daß die Klassen sich soweit ausbreiten, daß sie sich berühren. Man setze luecke auf 0, falls die Grenzen der Klassen nicht verändert werden sollen. ◇ `percentile[75]([$11..20]);` $\longrightarrow \frac{35}{2}$ ◇ Siehe auch: `stats[describe, decile]`, `stats[describe, quantile]`, `stats[describe, quartile]`.

stats[describe, quadraticmean]
```
quadraticmean(data)
```
Berechnet das quadratische Mittel der Daten ◇ Das quadratische Mittel ist die Quadratwurzel des arithmetischen Mittels der Quadrate der Datenelemente. Klassen werden durch ihr Klassenmerkmal dargestellt; `missing` Daten werden ignoriert. ◇ `quadraticmean([3, Weight(5,2), 7]);` $\longrightarrow 3\sqrt{3}$ ◇ Siehe auch: `stats[describe, geometricmean]`, `stats[describe, harmonicmean]`, `stats[describe, mean]`.

stats[describe, quantile]
```
quantile[q](data)
quantile[q](data, )
```
Findet das angegebene Quantil der Daten ◇ Fällt das Quantil zwischen Dateneinträge, so wird das Ergebnis mittels Interpolation berechnet. `missing` Daten werden ignoriert. q sollte ein Bruch zwischen 0 und 1 sein. luecke ist entweder `false` oder eine Zahl, die die Größe der Lücken zwischen Klassen angibt. Ist sie `false` (voreingestellt), so wird angenommen, daß die Klassen sich soweit ausbreiten, daß sie sich berühren. Man setze luecke auf 0, falls die Grenzen der Klassen nicht verändert werden sollen. ◇ `quantile[3/4]([$11..20]);` $\longrightarrow$

$\frac{35}{2}$ ◇ Siehe auch: `stats[describe, decile]`, `stats[describe, percentile]`, `stats[statplots, quantile]`, `stats[describe, quartile]`.

stats[describe, quartile]

`quartile[n](data)`
`quartile[n](data, luecke)`
Berechnet das nte Quartil der Daten ◇ n sollte 1, 2, oder 3 sein. luecke ist entweder `false` oder eine Zahl, die die Größe der Lücken zwischen Klassen angibt. Ist sie `false` (voreingestellt), so wird angenommen, daß die Klassen sich soweit ausbreiten, daß sie sich berühren. Man setze luecke auf 0, falls die Grenzen der Klassen nicht verändert werden sollen. ◇ `quartile[3]([$11..20]);` $\longrightarrow \frac{35}{2}$ ◇ Siehe auch: `stats[describe, decile]`, `stats[describe, median]`, `stats[describe, percentile]`, `stats[describe, quantile]`.

stats[describe, range]

`range(data)`
Gibt den kleinsten Bereich zurück, der die Gesamtheit der Daten enthält ◇ `missing` Daten werden ignoriert. ◇ `range([1..3, 4, 6]);` $\longrightarrow 1..6$

stats[describe, skewness]

`skewness(data)`
`skewness[n](data)`
Berechnet den Momentenkoeffizienten der Schiefheit ◇ Dieser ist definiert als das dritte Moment über dem Mittel dividiert durch die dritte Potenz der Standardabweichung. Ist n gleich 0 (die Voreinstellung), so wird die Standardabweichung für die gesamte Population berechnet; ist n gleich 1, so wird sie für eine Stichprobe berechnet. Klassen werden durch ihr Klassenmerkmal dargestellt; `missing` Daten werden ignoriert. ◇ `skewness([Weight(1,3),3,5]);` $\longrightarrow \frac{27}{32}$ ◇ Siehe auch: `stats[describe, kurtosis]`, `stats[describe, moment]`.

stats[describe, standarddeviation]

`standarddeviation(data)`
`standarddeviation[n](data)`
Berechnet die Standardabweichung der Daten ◇ Ist n gleich 0 (die Voreinstellung), so wird die Standardabweichung für die gesamte Population berechnet (Division durch n); ist n gleich 1, so wird sie für eine Stichprobe berechnet (Division durch $n - 1$). Klassen werden durch ihr Klassenmerkmal dargestellt; `missing` Daten werden ignoriert. ◇ `standarddeviation([3, Weight(5,2), 7]);` $\longrightarrow \sqrt{2}$ ◇ Siehe auch: `stats[describe, mean]`.

stats[describe, variance]

`variance(data)`
`variance[n](data)`
Berechnet die Varianz der Daten ◇ Die Varianz ist das Quadrat der Standardabweichung. Ist n gleich 0 (die Voreinstellung), so wird die Standardabweichung für die gesamte Population berechnet; ist n gleich 1, so wird sie für eine Stichprobe berechnet. Klassen werden durch ihr Klassenmerkmal dargestellt; `missing` Daten werden ignoriert. ◇ `variance([3, Weight(5,2), 7]);` $\longrightarrow 2$ ◇ Siehe auch: `stats[describe, standarddeviation]`.

stats[evalstat]

`evalstat(dat, glchg`$_1$`, glchg`$_2$`, ...)`
Fügt Daten zu einer statistischen Matrix hinzu ◇ Jede Gleichung ergibt eine neue Spalte ausgedrückt mit Hilfe der anderen Spalten. Diese Funktion gibt eine neue statistische Matrix zurück, die dadurch gegeben ist, daß für jede gegebene Gleichung eine Spalte zu dat hinugefügt wird.

stats[Exponential]

`Exponential(`λ`)`
`Exponential(`λ`, schranke)`
Die Exponentialverteilung ◇ Gegeben sei ein einfaches Argument λ; diese Funktion gibt eine Prozedur zurück, die die entsprechende Exponentialverteilung berechnet. Die zweite Form berechnet den Wert der Exponentialverteilung mit Parameter λ an der gegebenen oberen Grenze. ◇ Siehe auch: `stats[RandExponential]`.

stats[Fdist]

`Fdist(F, r, s)`
Die Verteilung des Varianzverhältnisses ◇ r und s sind Zähler- bzw. Nennerfreiheitsgrade. Diese Funktion berechnet x so daß:

$$F = \frac{\Gamma((r+s)/2)}{\Gamma(r/2)\Gamma(s/2)} \int_0^x \frac{r^{r/2}s^{s/2}u^{r/2-1}}{(s+ru)^{(s+r)/2}} \, du$$

◇ `Fdist(.8,2,6);` ⟶ 2.129927840 ◇ Siehe auch: `stats[RandFdist]`, `stats[Ftest]`.

stats[fit]

Teilpaket zur Regression ◇ Dieses Teilpaket ist neu in Version 3. Die Funktion `leastsquare` in diesem Teilpaket ersetzt drei Funktionen in Version 2: `stats[linregress]`, `stats[multregress]` und `stats[regression]`. ◇ Man gebe `with(fit)` nach Eingabe von `with(stats)` ein, um die Funktion `leastsquare` ohne vorhergehenden Pfad aufrufen zu können. ◇ Siehe auch: `stats[fit, function]`, `with`.

stats[fit, leastsquare]

`leastsquare[varliste](listdata)`

`leastsquare[varliste, gl, koeffmenge](listdata)`

Legt eine Kurve durch Daten hindurch mit Hilfe der Methode der kleinsten Quadrate ◇ Die erste Form berechnet eine lineare Gleichung in den gegebenen Variablen, die die Daten im Sinne der kleinsten Quadrate am besten approximiert. Die zweite Form erlaubt es, eine Gleichung und eine Menge von Koeffizienten anzugeben. ◇ `leastsquare[[x,y]]([[1,2,3], [3,5,7]]);` ⟶ $y = 1 + 2x$ ◇ `leastsquare[[x,y], y=m*x+b, {m,b}]([[1,2,3], [3,5,7]]);` ⟶ $y = 1 + 2x$

stats[Ftest]

`Ftest(x, r, s)`

Berechnet die Wahrscheinlichkeit, mit der die F-Verteilung x überschreitet ◇ r und s sind die Zähler- bzw. Nennerfreiheitsgrade der F-Vereteilung. ◇ `Ftest(2.13,2,6);` ⟶ .1999915605 ◇ Siehe auch: `stats[Fdist]`.

stats[getkey]

`getkey(dat)`

Gibt den Schlüssel einer statistischen Matrix zurück ◇ Der Schlüssel wird als eine Liste zurückgegeben. ◇ Siehe auch: `stats[putkey]`, `stats[removekey]`.

stats[importdata]

`importdata(dateiname)`

`importdata(dateiname, n)`

Liest statistische Daten aus einer Datei ◇ In der Datei sollten Zahlen durch Leerzeichen oder Zeilenumbrüche getrennt sein. Die Zahlen werden als Gleitkommazahlen eingelesen. Fehlende Daten können durch einen * in der Datei angezeigt werden. Diese werden dann im Ergebnis durch das Wort `missing` dargestellt. Ist n gleich 1 (Voreinstellung), so werden die Daten in einer Folge von Ausdrücken zurückgegeben. Ist n größer als 1, so werden die Daten als n Listen zurückgegeben. ◇ Diese Funktion ist neu Version 3. ◇ Siehe auch: `readdata`.

stats[linregress]

`linregress(dat, key₁=key₂)`

`linregress(yliste, xliste)`

Lineare Regression ◇ Diese Funktion legt eine Gerade durch die in zwei Spalten einer statistischen Matrix gegebenen Daten. Zurückgegeben wird eine Liste mit Startpunkt und Steigung. ◇ `linregress([3,5,7,9], [1,2,3,4]);` ⟶ [1.,2.] ◇ Siehe auch: `stats[multregress]`, `stats[regression]`.

stats[mean]

`mean(data)`

`mean(data, geometric)`

`mean(data, harmonic)`

`mean(data, quadratic)`

`mean(liste₁, liste₂, discrete)`

`mean([[ausdr, a..b], ...], var, continuous)`

Berechnet verschiedene Mittel ◇ data kann als Liste bzw. Vektor gegeben sein. Die erste Form berechnet ein arithmetisches Mittel, wie `stats[average]`. Das geometrische (`geometric`) Mittel ist die $n$te Wurzel des Produkts der Daten, wobei n Datenelemente vorhanden sind. Das harmonische (`harmonic`) Mittel ist das Reziproke des arithmetischen Mittels der Reziproken der Daten, das quadratische (`quadratic`) Mittel ist die Quadratwurzel des arithmetischen Mittels der

Datenquadrate. Die fünfte Form mit der `discrete`-Option berechnet die Summe der Produkte der entsprechenden Elemente von $liste_1$ und $liste_2$. Die letzte Form verlangt nach einer Liste von Listen als erstes Argument. Jede Teilliste hat zwei Elemente: einen Ausdruck in der Variablen var, und einen Bereich. Das gewichtete Integral $\int_a^b x f(x)\,dx$ wird für jedes Paar $[f(x), a..b]$ berechnet und diese Werte werden dann aufsummiert. Es gibt keine On-Line-Hilfsinformation für diese Funktion. ◇ `mean([2,3,4], geometric);` $\longrightarrow 24^{1/3}$ ◇ `mean([2,3,4], harmonic);` $\longrightarrow \frac{36}{13}$ ◇ `mean([1,2,3], [4,5,6], discrete);` $\longrightarrow 32$ ◇ `mean([[cos(x),0..Pi/2]],x,continuous);` $\longrightarrow$ .5707963268 ◇ Siehe auch: `stats[average]`, `stats[mean]`, `stats[median]`, `stats[variance]`.

stats[median]
```
median(dat, key1, key2, ...)
median(A)
median(listliste)
median(liste)
median(feld)
median(x1, x2, ...)
```
Berechnet den Median ◇ Der Median ist der Eintrag mit Index $round(n/2)$ einer sortierten Liste von n Objekten. Ist eine statistische Matrix gegeben, so ergibt diese Funktion den Median der Datenspalten, die den Schlüsseln key_1, key_2, ... entsprechen. Ist eine Matrix gegeben, so wird der Median einer jeden Spalte berechnet und das Ergebnis wird als Liste zurückgegeben. Eine Liste von Listen derselben Länge wird als Matrix behandelt. Es kann auch eine einfache Liste, ein Feld der Dimension eins oder eine Folge gegeben sein. ◇ `median([7,2,1,9]);` $\longrightarrow 2$ ◇ `dat := array([[x,y], [1,2], [7,8], [3,4]]): median(dat, x,y);` $\longrightarrow$ [3,4] ◇ Siehe auch: `stats[average]`, `stats[mean]`, `stats[mode]`.

stats[mode]
```
mode(A, ugrenze, inkr)
mode(listliste, ugrenze, inkr)
mode(liste, ugrenze, inkr)
mode(feld, ugrenze, inkr)
mode(x1, x2, ...)
```
Berechnet den Modus ◇ Der Modus ist das am häufigsten vorkommende Element. Ist eine Matrix gegeben, so wird der Modus einer jeden Spalte berechnet und das Ergebnis wird als Liste zurückgegeben. Eine Liste von Listen derselben Länge wird als Matrix betrachtet. Es kann auch ein Feld der Dimension eins, eine einfache Liste oder eine Folge gegeben sein. Treten mehrere Modi auf, so werden sie alle in einer Liste zurückgeliefert. Sind eine untere Grenze und ein Bereichsinkrement angegeben, so ist der Modus gleich dem Zahlbereich mit der maximalen Häufigkeit von Beobachtungen. ◇ `mode([1,2,2,4,4]);` $\longrightarrow$ [2,4] ◇ `mode([1,2,2,4,4],1,2);` $\longrightarrow$ [1..3] ◇ Siehe auch: `stats[average]`, `stats[mean]`, `stats[median]`.

stats[multregress]
```
multregress(dat, glchg)
multregress(dat, glchg, const)
```
Vielfache Regression ◇ glchg ist eine Gleichung der Form $y = [x_1, x_2, \ldots]$, wobei y und die x_i die Schlüsselnamen in dat sind. Die erste Form paßt die Daten an eine Gleichung der Form $y = \sum a_i x_i$ an. Bei der zweiten Form ist auch ein konstanter Term zulässig. Zurückgegeben wird eine Liste der a_i, wobei der konstante Term, falls er verlangt wurde, zuerst auftritt. ◇ Siehe auch: `stats[linregress]`, `stats[projection]`, `stats[regression]`.

stats[N]
```
N(x)
N(x, μ, v)
```
Die Normalverteilung ◇ μ und v sind Mittel und Varianz der Verteilung. Ihre voreingestellten Werte sind 0 bzw. 1. Diese Funktion berechnet das Integral:

$$\frac{1}{\sqrt{2\pi v}} \int_{-\infty}^{x} \exp\left(-\frac{(u-\mu)^2}{2v}\right) du$$

◇ `N(2.5,4.1,7.3);` $\longrightarrow$ .2768628314 ◇ Siehe auch: `stats[Q]`, `stats[RandNormal]`.

stats[projection]

```
projection(dat, glchg)
projection(dat, glchg, const)
```

Erzeugt eine Projektionsmatrix ◇ glchg ist eine Gleichung der Form $y = [x_1, x_2, \ldots]$, wobei die x_i die Schlüsselnamen in dat sind. Diese Funktion erzeugt eine Projektionsmatrix gemäß der Vorschrift $X(X^t X)^{-1} X^t$ Die Projektionsmatrix projiziert die aktuellen y-Werte auf die vorhergesagten y-Werte. Ist const als drittes Argument gegeben, wird die Projektionsmatrix so konstruiert, als ob sich eine Konstante in der Gleichung befinden würde. ◇ Siehe auch: `stats[multregress]`.

stats[putkey]

```
putkey(A, key)
```

Fügt einen Schlüssel zu einer Matrix hinzu ◇ key ist eine Liste von Namen, die den Schlüssel für die Daten bilden. Diese Funktion fügt den Schlüssel als erste Reihe zu A hinzu, wobei die neue statistische Matrix zurückgegeben wird. ◇ Siehe auch: `stats[getkey]`, `stats[removekey]`.

stats[Q]

```
Q(x)
```

Wahrscheinlichkeiten einer Standardnormalverteilung ◇ Diese Funktion findet die Wahrscheinlichkeit, daß $X > x$ ist für eine Standardnormalverteilung. ◇ `Q(3);` $\longrightarrow$ `.001349898032` ◇ Siehe auch: `stats[N]`.

stats[RandBeta]

```
RandBeta(a, b)
RandBeta(a, b, n)
```

Berechnet einen Zufallszahlengenerator für die Betaverteilung der Ordnung a und b ◇ n gibt an, bis auf wieviele Stellen genau das Ergebnis sein soll. Zurückgegeben wird eine Prozedur. ◇ Siehe auch: `stats[RandFdist]`, `stats[RandGamma]`.

stats[RandChiSquare]

```
RandChiSquare(v)
RandChiSquare(v, n)
```

Erzeugt einen Zufallszahlengenerator für die Chi-Quadrat-Verteilung mit v Freiheitsgraden ◇ n gibt an, bis auf wieviele Stellen genau gerechnet werden soll. Zurückgegeben wird eine Prozedur. ◇ Siehe auch: `stats[ChiSquare]`.

stats[RandExponential]

```
RandExponential(u)
RandExponential(u, n)
```

Erzeugt einen Zufallszahlengenerator für die Exponentialverteilung, wobei das mittlere Zeitintervall zwischen den Ankünften u beträgt ◇ n gibt an, bis auf wieviele Stellen genau gerechnet werden soll. Zurückgegeben wird eine Prozedur. ◇ Siehe auch: `stats[RandPoisson]`.

stats[RandFdist]

```
RandFdist(v₁, v₂)
RandFdist(v₁, v₂, n)
```

Erzeugt einen Zufallszahlengenerator für die F-Verteilung mit v_1 und v_2 Freiheitsgraden ◇ n gibt an, bis auf wieviele Stellen genau gerechnet werden soll. Zurückgegeben wird eine Prozedur. ◇ Siehe auch: `stats[Fdist]`, `stats[RandBeta]`, `stats[RandGamma]`.

stats[RandGamma]

```
RandGamma(a)
RandGamma(a, n)
```

Erzeugt einen Zufallszahlengenerator für die Gammaverteilung der Ordnung a ◇ n gibt an, bis auf wieviele Stellen genau gerechnet werden soll. Zurückgegeben wird eine Prozedur. ◇ Siehe auch: `stats[RandBeta]`, `stats[RandFdist]`.

stats[RandNormal]

```
RandNormal(μ, σ)
RandNormal(μ, σ, n)
```

Erzeugt einen Zufallszahlengenerator für die Normalvereteilung mit Mittel μ und Standardabweichung σ ◇ n gibt an, bis auf wieviele Stellen genau gerechnet werden soll. Zurückgegeben wird eine Prozedur. ◇ Siehe auch: `stats[N]`.

stats[random]

```
random[verteilung]()
random[verteilung](n)
random[verteilung](n, f)
random[verteilung](n, f, methodname)
random[verteilung](generator)
random[verteilung](generator[d])
```

Teilpaket zur Erzeugung von Zufallszahlen ◇ Diese Teilpaket erzeugt Zufallszahlen gemäß vorgegebener Verteilungen. verteilung kann eine beliebige Verteilung aus den unter `stats[statevalf]` aufgelisteten Verteilungen sein. n ist die Anzahl der gewünschten Zufallszahlen (die Voreinstellung ist 1). f ist eine Prozedur, welche Zufallszahlen zwischen 0 und 1 uniform erzeugt; `default` kann für die voreingestellte Methode spezifiziert werden. methodname benennt die Methode zur Transformation des uniformen Stroms. Die Voreinstellung ist `inverse` (benutze die inverse kumulative Verteilungsfunktion). Andere Methoden sind `builtin` (benutze eine spracheigene Methode; nur für bestimmte Verteilungen möglich) oder `auto` (benutze eine spracheigene Methode, falls vorhanden). Die letzten beiden Schemata geben eine Prozedur zurück, welche Zufallszahlen gemäß einer vorgegebenen Verteilung erzeugt. d gibt die Anzahl der gewünschten Stellen an (der voreingestellte Wert ist der Wert von `Digits`). Die Kurzformen dieser Funktionen können benutzt werden nachdem man `with(stats)` gefolgt von `with(random)` eingegeben hat. ◇ Diese Teilpaket ist neu in Version 3. ◇ `random[normald[0,1]](2);` $\longrightarrow$ $1.175839568, -.5633641309$ ◇ Siehe auch: `stats[statevalf]`, `with`.

stats[RandPoisson]

```
RandPoisson(λ)
RandPoisson(λ, n)
```

Erzeugt einen Zufallszahlengenerator für die Poissonverteilung, wobei λ die mittlere Anzahl der Vorkommnisse eines Ereignisses pro Zeitintervall ist ◇ n gibt an, bis auf wieviele Stellen genau gerechnet werden soll. Zurückgegeben wird eine Prozedur. ◇ Siehe auch: `stats[RandExponential]`.

stats[RandStudentsT]

```
RandStudentsT(v)
RandStudentsT(v, n)
```

Erzeugt einen Zufallszahlengenerator für die Students T-Verteilung mit v Freiheitsgraden ◇ n gibt an, bis auf wieviele Stellen genau gerechnet werden soll. Zurückgegeben wird eine Prozedur. ◇ Siehe auch: `stats[StudentsT]`.

stats[RandUniform]

```
RandUniform(a..b)
RandUniform(a..b, n)
```

Erzeugt einen uniformen Zufallszahlengenerator für den Bereich $[a, b)$ ◇ n gibt an, bis auf wieviele Stellen genau gerechnet werden soll. Zurückgegeben wird eine Prozedur. ◇ Siehe auch: `stats[Uniform]`.

stats[regression]

```
regression(dat, glchg)
```

Verallgemeinerte Regressionsroutine ◇ glchg ist eine Gleichung in den Schlüsselnamen der statistischen Matrix und einigen unbekannten Koeffizienten. Die Gleichung sollte in den unbekannten Koeffizienten linear sein. Diese Funktion bestimmt Werte für die Koeffizienten und gibt eine Menge von Gleichungen zurück, die diese Werte beschreiben. ◇ `dat := array([[y,x],[10,1],[50,2],[250,4]]): regression(dat, y=a*exp(x)+b);` $\longrightarrow$ $\{a = 4.467757980, b = 6.970513279\}$ ◇ Siehe auch: `stats[linregress]`, `stats[multregress]`, `stats[statplot]`.

stats[removekey]

```
removekey(dat)
```

Entfernt den Schlüssel aus der statistischen Matrix ◇ Diese Funktion entfernt die erste Reihe aus einer statistischen Matrix und gibt eine neue Matrix zurück, die eine reine Datenmatrix ist. ◇ Siehe auch: `stats[getkey]`, `stats[putkey]`.

stats[Rsquared]

```
Rsquared(liste₁, liste₂)
Rsquared(dat, key₁, key₂)
```

Quadrat des Korrelationskoeffizienten ◇ Die Daten können als zwei Listen gegeben sein oder durch Angabe zweier Schlüssel einer statistischen Matrix. Die `Rsquared`-Statistik ist der

Anteil der Varianz in einer der Variablen, der durch die Variation in den anderen Variablen erklärt werden kann. ◇ `Rsquared([1,2,4],[5,6,7]);` $\longrightarrow \frac{27}{28}$ ◇ Siehe auch: `stats[correlation]`, `stats[variance]`.

stats[sdev]

```
sdev(dat, key1, key2, ...)
sdev(A)
sdev(listliste)
sdev(feld)
sdev(x1, x2, ...)
```
Standardabweichung ◇ Gegeben sei eine statistische Matrix, dann berechnet diese Funktion die Standardabweichung der Datenspalten mit Schlüsseln key_1, key_2, ... Ist eine Matrix gegeben, so wird die Standardabweichung einer jeden Spalte berechnet und das Ergebnis als Liste zurückgegeben. Eine Liste von Listen derselben Länge wird als Matrix behandelt. Es kann auch eine einfache Liste, ein Feld der Dimension eins oder eine Folge gegeben sein. ◇ `sdev(1,3,5);` $\longrightarrow 2$ ◇ Siehe auch: `stats[variance]`, `stats[serr]`.

stats[serr]

```
serr(dat, key1, key2, ...)
serr(A)
serr(listliste)
serr(v)
serr(x1, x2, ...)
```
Standardfehler ◇ Gegeben sei eine statistische Matrix, dann berechnet diese Funktion den Standardfehler der Datenspalten mit Schlüssel key_1, key_2, ... Ist eine Matrix gegeben, so wird der Standardfehler einer jeden Spalte berechnet und das Ergebnis wird als Liste zurückgegeben. Eine Liste von Listen derselben Länge wird als Matrix behandelt. Es kann auch eine einfache Liste, ein Vektor oder eine Folge gegeben sein. ◇ `serr([1,7,4]);` $\longrightarrow \sqrt{3}$ ◇ Siehe auch: `stats[sdev]`, `stats[variance]`.

stats[statevalf]

Teilpaket zur numerischen Auswertung von Verteilungen ◇ Viele Verteilungen werden sowohl von diesem Teilpaket als auch vom Teilpaket `random` unterstützt. Stetige Verteilungen:

beta[n_1, n_2]	fratio[n_1, n_2]	logistic[a, b]	studentst[n]
cauchy[a, b]	gamma[a, b]	lognormal[μ, σ]	uniform[a, b]
chisquare[n]	laplaced[a, b]	normald[μ, σ]	weibull[a, b]
exponential[α, a]			

	binomiald[n, p]	hypergeometric[n_1, n_2, n]
Diskrete Verteilungen:	discreteuniform[a, b]	negativebinomial[n, p]
	empirical[*problist*]	poisson[μ]

Die Kurzformen der Funktionen in diesem Paket können nach Eingabe von `with(statevalf)` benutzt werden, wenn man vorher `with(stats)` eingegeben hat. ◇ Dieses Teilpaket ist neu in Version 3. ◇ Siehe auch: `stats[random]`, `stats[statevalf, function]`, `with`.

stats[statevalf, cdf]

```
cdf[distribution](ausdr)
```
Berechnet den Wert der kumulativen Dichtefunktion der gegebenen stetigen Verteilung an der Stelle ausdr ◇ `cdf[uniform[0,4]](3);` $\longrightarrow$ .7500000000

stats[statevalf, dcdf]

```
dcdf[distribution](ausdr)
```
Berechnet den Wert der kumulativen Wahrscheinlichkeitsfunktion der gegebenen diskreten Verteilung an der Stelle ausdr ◇ `dcdf[poisson[2]](3);` $\longrightarrow$ .8571234607

stats[statevalf, icdf]

```
icdf[distribution](ausdr)
```
Berechnet die Inverse der kumulativen Dichtefunktion der gegebenen stetigen Verteilung an der Stelle ausdr ◇ `icdf[uniform[0,4]](3/4);` $\longrightarrow$ 3.000000000

stats[statevalf, idcdf]

```
idcdf[distribution](ausdr)
```
Berechnet die Inverse der kumulativen Wahrscheinlichkeitsfunktion der gegebenen diskreten Verteilung an der Stelle ausdr ◇ `idcdf[poisson[2]](0.857);` $\longrightarrow$ 2.

stats[statevalf, pdf]

```
pdf[distribution](ausdr)
```
Berechnet den Wert der Wahrscheinlichkeitsdichtefunktion der gegebenen stetigen Verteilung an der Stelle ausdr ◇ `pdf[uniform[0,4]](3);` ⟶ .2500000000

stats[statevalf, pf]

```
pf[distribution](ausdr)
```
Berechnet den Wert der Wahrscheinlichkeitsfunktion der gegebenen diskreten Verteilung an der Stelle ausdr ◇ `pf[poisson[2]](3);` ⟶ .1804470442

stats[statplot]

```
statplot(dat, produkt)
statplot(dat, glchg)
```
Graphische Darstellung statistischer Resultate ◇ Das zweite Argument kann ein Produkt oder eine Gleichung sein. Ein Produkt wie z. B. x*y ergibt die Orientierung x gegen y für den Graphen der Datenpunkte in dat. Eine Gleichung der Form $y = f(x)$ bewirkt, daß $f(x)$ und die Datenpunkte im selben Graphen gezeichnet werden. Dies ist zum graphischen Darstellen von Regressionsresultaten nützlich. ◇ Siehe auch: `stats[regression]`.

stats[statplots]

Teilpaket zur Erzeugung statistischer Diagramme ◇ Die Kurzformen dieser Funktionen können benutzt werden, sobald man `with(statplots)` nach vorhergehender Eingabe von `with(stats)` eingegeben hat. ◇ Dieses Teilpaket ist neu in Version 3. ◇ Siehe auch: `stats[statplots, function]`, `with`.

stats[statplots, boxplot]

```
boxplot(data)
boxplot[xwert, breite](data)
```
Zeichnet ein Schachteldiagramm, welches die Daten zusammenfaßt ◇ `missing` Daten werden ignoriert. Das Diagramm zeigt den Median, die ersten und dritten Quartile und Ausreißer. xwert ist die x-Koordinate des Mittelpunkts der Schachtel (voreingestellt ist 0) und breite ist die Breite der Schachtel (Voreinstellung 1). ◇ Siehe auch: `stats[statplots, notchedbox]`.

stats[statplots, changecolour]

```
changecolour[farbe](plot)
```
Verändert die Farbe eines Diagramms ◇ Diese Funktion kann auf ein beliebiges Diagramm angewandt werden. farbe kann ein beliebiger vordefinierter Name einer Farbe oder eine vom Benutzer definierte Farbe sein. Eine Liste von Farben befindet sich auf Seite 24.

stats[statplots, histogram]

```
histogram(data)
```
Zeichnet ein Histogramm, welches die Daten zusammenfaßt ◇ Die Datenpunkte werden als senkrechte Linien gezeichnet; Datenklassen werden als Schachteln gezeichnet. Die Höhen entsprechen den Gewichten. `missing` Daten werden ignoriert. ◇ Siehe auch: `stats[transform, tally]`, `stats[transform, tallyinto]`.

stats[statplots, notchedbox]

```
notchedbox(data)
notchedbox[xwert, breite](data)
```
Zeichnet ein Kerbendiagramm, welches die Daten zusammenfaßt ◇ `missing` Daten werden ignoriert. Das Kerbendiagramm zeigt den Median, die ersten und dritten Quartile und Ausreißer. xwert ist die x-Koordinate des Mittelpunkts der Schachtel (voreingestellt ist 0) und breite ist die Breite der Schachtel (Voreinstellung 1). ◇ Siehe auch: `stats[statplots, boxplot]`.

stats[statplots, quantile]

```
quantile(data)
```
Trägt jeden Dateneintrag der Liste zusammen mit seinem Quantilwert auf ◇ Klassen werden als Rechtecke gezeichnet; `missing` Daten werden ignoriert. ◇ Siehe auch: `stats[describe, quantile]`.

stats[statplots, quantile2]

```
quantile2(data₁, data₂)
```
Quantil-Quantil-Diagramm ◇ Nachdem die Listen so transformiert wurden, daß sie dasselbe Gesamtgewicht haben, wird das Datenobjekt, welches dem Quantil t in *liste$_2$* entspricht, gegen das Datenobjekt entsprechend Quantil t in *liste$_1$* gezeichnet. Klassen gegen Klassen werden als Rechtecke dargestellt; `missing` Daten werden ignoriert. ◇ Siehe auch: `stats[describe, quantile]`.

stats[statplots, scatter1d]
```
scatter1d(data)
scatter1d[stilname](data)
```
Zeichnet ein eindimensionales Streudiagramm der Daten ◇ Klassen werden als Linien gezeichnet; `missing` Daten werden ignoriert. `stilname` beeinflußt die Darstellung der Daten: `projected` (voreingestellt) zeichnet alle Daten am selben y-Wert; `stacked` schichtet wiederholte Daten als Histogramm auf; `jittered` zeichnet die Daten an gestreuten y-Werten. ◇ Siehe auch: `stats[statplots, scatter2d]`.

stats[statplots, scatter2d]
```
scatter1d(data_x, data_y)
```
Zeichnet ein zweidimensionales Streudiagramm der Daten ◇ Entsprechende Elemente der Listen werden als Punkte, Linien oder Rechtecke gezeichnet. Punkte gegen Punkte werden als Punkte gezeichnet; Punkte gegen Klassen werden als Linien gezeichnet; Klassen gegen Klassen werden als Rechtecke gezeichnet. ◇ Siehe auch: `stats[statplots, scatter1d]`.

stats[statplots, symmetry]
```
symmetry(data)
```
Zeichnet ein Symmetriediagramm der Daten ◇ Für eine einfache Datenliste wird die Gerade $y = x$ zusammen mit Punkten der Form $(m - a_i, a_{n-i+1} - m)$ gezeichnet, wobei a_i das *i*te Element der sortierten Daten ist und m der Median. `missing` Daten werden ignoriert; Klassen werden nicht behandelt.

stats[statplots, xscale]
```
xscale[r](plot)
```
Skaliert die x-Werte eines zweidimensionalen Diagramms mit dem Faktor r ◇ r muß positiv sein. Diese Funktion kann auf ein beliebiges zweidimensionales Diagramm angewandt werden. ◇ Siehe auch: `stats[statplots, xshift]`, `stats[statplots, xyexchange]`.

stats[statplots, xshift]
```
xshift[r](plot)
```
Verschiebt die x-Werte eines zweidimensionalen Diagramms um r ◇ Diese Funktion kann auf ein beliebiges zweidimensionales Diagramm angewandt werden. ◇ Siehe auch: `stats[statplots, xscale]`, `stats[statplots, xyexchange]`.

stats[statplots, xyexchange]
```
xyexchange(plot)
```
Vertauscht die x- und y-Koordinaten in einem zweidimensionalen Diagramm ◇ Diese Funktion kann auf ein beliebiges zweidimensionales Diagramm angewandt werden. ◇ Siehe auch: `stats[statplots, xscale]`, `stats[statplots, xshift]`.

stats[StudentsT]
```
StudentsT(F, n)
StudentsT(x, n, area)
```
Die Students T-Verteilung ◇ n ist die Anzahl der Freiheitsgrade; es muß sich hierbei um eine positive ganze Zahl handeln. Die erste Variante berechnet einen Wert x, so daß:

$$F = \frac{\Gamma((n+1)/2)}{\sqrt{\pi n}\,\Gamma(n/2)} \int_{-\infty}^{x} \left(1 + \frac{u^2}{n}\right)^{-(n+1)/2} du$$

Die zweite Form berechnet F zu gegebenem x. ◇ `StudentsT(.7,2);` $\longrightarrow$ `.6172133998` ◇ `StudentsT(.6172133998,2,area);` $\longrightarrow$ `.6999999998` ◇ Siehe auch: `stats[RandStudentsT]`.

stats[transform]
Teilpaket zur Datenmanipulation ◇ Die Kurzformen dieser Funktionen können benutzt werden, sobald man `with(transform)` nach vorhergehender Eingabe von `with(stats)` eingegeben hat. ◇ Dieses Teilpaket ist neu in Version 3. ◇ Siehe auch: `stats[transform, function]`, `with`.

stats[transform, apply]
```
apply[f](data)
```
Wendet die Funktion f auf alle Elemente von data an ◇ f sollte eine Funktion mit einem Argument sein. ◇ `apply[t->t/2]([3,2,6..8]);` $\longrightarrow$ $\left[\frac{3}{2}, 1, 3..4\right]$ ◇ Siehe auch: `stats[transform, multiapply]`.

stats[transform, classmark]

```
classmark(data)
```

Ersetzt Klassen durch ihr Klassenmerkmal ◇ Das Klassenmerkmal einer Klasse ist ihr Mittelpunkt. Andere Daten bleiben unverändert. ◇ `classmark([1..5, 7, missing]);` $\longrightarrow [3, 7, \textit{missing}]$

stats[transform, cumulativefrequency]

```
cumulativefrequency(data)
```

Berechnet die Partialsummen der Häufigkeiten der gegebenen Daten ◇ Zurückgegeben wird eine Liste. ◇ `cumulativefrequency([3, Weight(4,2), missing]);` $\longrightarrow [1, 3, 4]$ ◇ Siehe auch: `stats[transform, frequency]`.

stats[transform, deletemissing]

```
deletemissing(data)
```

Entferne fehlende Daten ◇ Fehlende Daten werden durch die Zeichenkette `missing` identifiziert. ◇ `deletemissing([3, Weight(4,2), missing, 1..2]);` $\longrightarrow$ $[3, \text{Weight}(4, 2), 1..2]$

stats[transform, divideby]

```
divideby[num](data)
divideby[f](data)
```

Dividiert jedes Element durch die gegebene Zahl oder beschreibende Statistik ◇ Ist das indizierte Element nicht numerisch, so wird angenommen, daß es eine Prozedur des Teilpakets `stats[describe]` ist. In diesem Fall ist der Divisor das Ergebnis von `stats[describe, f](data)`. `missing` Daten ändern sich nicht. ◇ `divideby[2]([3,2,6..8]);` $\longrightarrow \left[\frac{3}{2}, 1, 3..4\right]$ ◇ Siehe auch: `stats[describe]`, `stats[transform, apply]`, `stats[transform, remove]`.

stats[transform, frequency]

```
frequency(data)
```

Ersetze jeden Datenpunkt durch seine Häufigkeit ◇ Es wird eine Liste zurückgegeben. ◇ `frequency([3, Weight(4,2), missing]);` $\longrightarrow [1, 2, 1]$ ◇ Siehe auch: `stats[transform, cumulativefrequency]`.

stats[transform, moving]

```
moving[n](data)
moving[n, f](data)
moving[n, f, gewichtliste](data)
```

Ersetze jedes Datenelement durch eine Funktion seiner Nachbarelemente ◇ Die beschreibende Statistik f wird auf jedes Datenelement und seine n Nachbarn angewandt. Nur komplette Nachbarschaften werden berücksichtigt, die zurückgegebene Liste hat also $n - 1$ Elemente weniger. `missing` Daten werden berücksichtigt. Falls f weggelassen wird, wird `mean` angenommen. Es kann eine Liste von Zahlen angegeben werden, die Gewichte für die Elemente der Nachbarschaft vorschreiben. ◇ `moving[2]([1,3,7]);` $\longrightarrow [2, 5]$ ◇ Siehe auch: `stats[describe]`.

stats[transform, multiapply]

```
multiapply[f](listdata)
```

Wendet die Funktion f über mehrere Listen statistischer Daten hinweg an ◇ Jede Teilliste muß dieselbe Anzahl von Elementen besitzen. Sind n Teillisten vorhanden, so sollte f eine Funktion von n Argumenten sein. Daten der ersten Liste werden als erstes Argument für f benutzt, Daten der zweiten Liste als zweites Argument und so weiter. ◇ `multiapply[(s,t)->2*s*t]([[2,5], [3,4]]);` $\longrightarrow [12, 40]$ ◇ Siehe auch: `stats[transform, apply]`.

stats[transform, remove]

```
remove[num](data)
remove[f](data)
```

Zieht die gegebene Zahl oder beschreibende Statistik von einem jeden Element ab ◇ Ist das indizierte Argument nicht numerisch, so wird angenommen, daß es sich um eine Prozedur des Teilpakets `stats[describe]` handelt. In diesem Fall ist die abgezogene Zahl das Ergebnis von `stats[describe, f](data)`. `missing` Daten bleiben unverändert. ◇ `remove[2]([6, 1..2, Weight(3,6)]);` $\longrightarrow [4, -1..0, \text{Weight}(1, 6)]$ ◇ Siehe auch: `stats[describe]`, `stats[transform, apply]`, `stats[transform, divideby]`.

stats[transform, scaleweight]
```
scaleweight[ausdr](data)
```
Multipliziere die Datengewichte mit dem gegebenen Ausdruck ⋄ `scaleweight[2]([6,` `1..2, Weight(3,6)])`; $\longrightarrow$ [Weight$(6, 2)$, Weight$(1 .. 2, 2)$, Weight$(3, 12)$]

stats[transform, split]
```
split[n](data)
```
Teile die Datenliste in n Listen desselben Gewichts auf ⋄ Zurückgegeben wird eine Liste von Listen. ⋄ `split[2]([1,2,3])`; $\longrightarrow \left[\left[1, \text{Weight}\left(2, \frac{1}{2}\right) \right], \left[\text{Weight}\left(2, \frac{1}{2}\right), 3 \right] \right]$

stats[transform, standardscore]
```
standardscore(data)
standardscore[n](data)
```
Ersetze jedes Datenobjekt durch das Standardergebnis ⋄ Das Standardergebnis von Objekt x ist $(x - \mu)/\sigma$, wobei μ das Mittel und σ die Standardabweichung der Daten ist. Ist n gleich 0 (die Voreinstellung), so wird die Standardabweichung der gesamten Population berechnet; ist n gleich 1, so wird sie für eine Stichprobe berechnet. `missing` Daten bleiben unverändert. ⋄ `standardscore([3, Weight(5,2), 7])`; $\longrightarrow [-\sqrt{2}, \text{Weight}(0, 2), \sqrt{2}]$

stats[transform, statsort]
```
statsort(data)
```
Sortiert die Daten in aufsteigender Ordnung ⋄ `missing` Daten werden ans Ende gesetzt; Klassen dürfen sich nicht überlappen. ⋄ `statsort([1, missing, 2..4, 9, 1])`; $\longrightarrow [1, 1, 2 .. 4, 9, \textit{missing}]$ ⋄ Siehe auch: `sort`.

stats[transform, statvalue]
```
statvalue(data)
```
Setze das Gewicht eines jeden Datenobjekts auf 1 ⋄ `missing` Daten bleiben unverändert. ⋄ `statvalue([4, Weight(5..6, 3), Weight(7,2)])`; $\longrightarrow [4, 5 .. 6, 7]$

stats[transform, tally]
```
tally(data)
```
Gruppiere Daten mit demselben Wert zusammen ⋄ `tally([3, 4..5, 3, 3, 7, 4..5, 3])`; $\longrightarrow$ [Weight$(3, 4)$, 7, Weight$(4 .. 5, 2)$]

stats[transform, tallyinto]
```
tallyinto(data, partition)
tallyinto[name](data, partition)
```
Ordne Daten in einem vorgegebenen Schema an ⋄ partition ist eine Liste disjunkter Klassen und Zahlen. `missing` Daten bleiben unverändert. Ist ein Name gegeben, so werden die Datenobjekte, die nicht zu einem Objekt des Schemas passen, in einer Liste gesammelt und dieser Variablen zugewiesen. ⋄ `tallyinto([1,2,3,4], [1..3,3..5])`; $\longrightarrow$ [Weight$(1 .. 3, 2)$, Weight$(3 .. 5, 2)$]

stats[Uniform]
```
Uniform(a, b)
```
Die gleichmäßige Verteilung ⋄ Diese Funktion liefert eine Prozedur zur Berechnung der gleichmäßigen Verteilung über $[a, b]$. ⋄ `Uniform(1,5)(4.2)`; $\longrightarrow \frac{1}{4}$ ⋄ Siehe auch: `stats[RandUniform]`.

stats[variance]
```
variance(dat, key₁, key₂, ...)
variance(A)
variance(listliste)
variance(feld)
variance(x₁, x₂, ...)
```
Berechnet die Varianz ⋄ Gegeben sei eine statistische Matrix, dann berechnet diese Funktion die Varianz der Datenspalten mit den Schlüsseln key_1, key_2, ... Ist eine Matrix gegeben, so wird die Varianz einer jeden Spalte berechnet und das Ergebnis wird als Liste zurückgegeben. Eine Liste von Listen derselben Länge wird als Matrix betrachtet. Es kann auch eine einfache Liste, ein Feld der Dimension eins oder eine Folge gegeben sein. ⋄ `variance([1,3,5])`; $\longrightarrow 4$ ⋄ Siehe auch: `stats[covariance]`, `stats[sdev]`.

status

Globale Variable, welche Statusinformation zur Sitzung enthält ◇ Ihr Wert ist eine Folge von acht Zahlen, welche als Feld abgespeichert sind und entsprechend indiziert werden:

```
status[1]    Gesamtzahl der angeforderten Speicherplatzworte
status[2]    Gesamtzahl der tatsächlich in Anspruch genommenen Worte
status[3]    Anzahl der verbrauchten CPU-Sekunden
status[4]    Anzahl von Worten zwischen „bytes used"-Meldungen
status[5]    Anzahl von Worten zwischen Einsammlung unbenutzen Speicherplatzes
status[6]    Anzahl der Worte, die beim letzten Einsammeln zurückgegeben wurden
status[7]    Anzahl der Worte, die nach dem letzten Einsammeln erhältlich sind
status[8]    Wie oft ist unbenutzter Speicherplatz eingesammelt worden
```

Die Statusvariable wird auf den neuesten Stand gebracht, sobald eine Meldung der Form „bytes used" produziert wird und bei jeder Einsammlung von unbenutztem Speicherplatz. ◇ Siehe auch: `gc, time, words`.

stop

Beendet eine Maple-Sitzung ◇ Siehe auch: `done, quit`.

student

Das Student-Paket ◇ Diese Paket ist eine Sammlung von Routinen, die so gestaltet sind, daß sie Probleme schrittweise lösen. ◇ Siehe auch: `student[function], with`.

student[changevar]

```
changevar(glchg, ausdr)
changevar(glchg, ausdr, var)
changevar(glmenge, ausdr, varliste)
```

Nimmt eine Variablentransformation vor ◇ Diese Funktion führt eine Variablentransformation für Integrale, Summen oder Grenzwerte durch. Das erste Argument ist eine Gleichung, die die neue Variable als Funktion der alten Variablen darstellt bzw. eine Menge solcher Gleichungen, wenn es sich um mehrfache Integrale handelt. Taucht in dem Ausdruck weder eine Summe noch ein Intergral oder Grenzwert auf, so verhält sich diese Funktion wie `student[powsubs]`. ◇ Siehe auch: `Int, Limit, student[powsubs], student[Doubleint], student[TripleInt], subs, Sum`.

student[combine]

```
combine(ausdr)
combine(ausdr, name)
```

Kombiniert mehrere Terme zu einem einzigen Term ◇ Siehe auch: `combine`.

student[completesquare]

```
completesquare(poly)
completesquare(poly, vars)
```

Führt eine quadratische Ergänzung durch ◇ Für ein univariates Polynom braucht der Variablenname nicht angegeben zu werden. Für ein Polynom in mehreren Variablen sollte entweder ein Variablenname angegeben werden, oder es sollte eine Liste bzw. Menge von Variablennamen gegeben werden. In diesem Fall wird die Funktion nacheinander auf jede der Variablen angewandt. ◇ `completesquare(z^2+2*z);` $\longrightarrow (z+1)^2 - 1$

student[convert]

```
convert(ausdr, '@');
convert(ausdr, nested);
```

Konvertiert die Kompositionsnotation für Funktionen ◇ Die erste Variante wandelt eine geschachtelte Funktionskomposition in einen äquivalenten Ausdruck unter Benutzung des Kompositionsoperators @ um. Die zweite Variante bringt einen @-Ausdruck in geschachtelte Form. Diese Formen können nur nach Laden des `student`-Pakets benutzt werden. ◇ `convert(f@g, nested);` $\longrightarrow$ f(g) ◇ Siehe auch: `@, convert`.

student[D]

```
D(f)
D[i](f)
D[i, j, ...](f)
```

Differentialoperator ◇ Siehe auch: `D`.

student[distance]
```
distance(pkt_1, pkt_2)
distance(ausdr_1, ausdr_2)
```
Berechnet die Entfernung zweier Punkte in einer Dimension oder in höheren Dimension $\diamond$ Ein Punkt ist eine Liste von Werten. Im Eindimensionalen können die rechteckigen Klammern weggelassen werden. $\diamond$ `distance([0,0], [3,4]);` $\longrightarrow$ 5 $\diamond$ Siehe auch: `geom3d[distance]`, `geometry[distance]`, `student[midpoint]`, `student[type/Point]`.

student[Doubleint]
```
Doubleint(ausdr, x, y)
Doubleint(ausdr, x, y, name)
Doubleint(ausdr, x=a..b, y=c..d)
```
Starre Form der doppelten Integration $\diamond$ name identifziert ein Integrationsgebiet. Man benutze value, um diese Funktion zur Auswertung zu zwingen, wenn beide Bereiche angegeben sind. $\diamond$ `Doubleint(f(x,y),y,x,S);` $\longrightarrow \iint_D f(x,y)\,dy\,dx$ $\diamond$ Siehe auch: `Int`, `student[Tripleint]`, `value`.

student[equate]
```
equate(links, rechts)
```
Erzeugt eine Menge von Gleichungen aus Listen, Feldern und Tabellen $\diamond$ Diese Funktion konstruiert eine Menge von Gleichungen, indem entsprechende Komponenten von links und rechts gleichgesetzt werden. Diese Argumente können einfache Ausdrücke, Listen, Vektoren, Matrizen oder Tabellen von Ausdrücken sein. Ist rechts ein einfacher Ausdsruck, so wird dieser als die rechte Seite aller Gleichungen benutzt. Ist rechts nicht vorhanden, so wird 0 benutzt. $\diamond$ `equate([a,b],1);` $\longrightarrow \{a=1, b=1\}$ $\diamond$ `equate([a,b], [1,2]);` $\longrightarrow \{a=1, b=2\}$ $\diamond$ Siehe auch: `subs`.

student[extrema]
```
extrema(ausdr, einschr)
extrema(ausdr, einschr, vars)
extrema(ausdr, einschr, vars, name)
```
Findet die relativen Extrema eines multivariaten Ausdrucks unter den gegebenen Einschränkungen mit Hilfe der Lagrangeschen Multiplikatoren $\diamond$ Diese Funktion ist mit `extrema` identisch. $\diamond$ Siehe auch: `extrema`.

student[Int]
```
Int(ausdr, x)
Int(ausdr, x = a..b)
```
Starre Integrationsfunktion $\diamond$ Siehe auch: `Int`.

student[integrand]
```
integrand(ausdr)
```
Ergibt den Intergranden eines unausgewerteten Integrals $\diamond$ Werden mehrere Intergranden oder gar keine Integranden in diesem Ausdruck gefunden, so ist das Ergebnis eine Menge. $\diamond$ `integrand(Int(f(x),x));` $\longrightarrow f(x)$ $\diamond$ Siehe auch: `Int`, `student[Doubleint]`, `student[Tripleint]`.

student[intercept]
```
intercept(gl_1, gl_2, {var_1, var_2})
intercept(gl_1)
```
Berechnet die Schnittpunkte der beiden gegebenen Kurven $\diamond$ Ist nur eine Gleichung gegeben, so wird der Schnitt mit der y-Achse zurückgegeben. In diesem Fall muß die abhängige Variable isoliert auf der linken Seite der Gleichung erscheinen. Ein drittes Argument gibt die Menge der Koordinatenvariablen an. $\diamond$ `intercept(x+y=1,3*x-y=1);` $\longrightarrow \left\{x=\frac{1}{2}, y=\frac{1}{2}\right\}$ $\diamond$ Siehe auch: `geom3d[inter]`, `geometry[inter]`, `projgeom[inter]`, `student[slope]`.

student[intparts]
```
intparts(integral, u)
```
Wendet die Methode der partiellen Integration auf ein unausgewertetes Integral an $\diamond$ integral hat die Form `Int(u*dv, var)`. Zurückgegeben wird `u*v - Int(du*v, var)`. $\diamond$ `intparts(Int(x*exp(x), x), x);` $\longrightarrow x\,e^x - \int e^x\,dx$ $\diamond$ Siehe auch: `student[changevar]`, `student[powsubs]`.

student[isolate]
```
isolate(gl, ausdr)
isolate(gl, ausdr, n)
```
Bringt einen Teilausdruck auf die linke Seite einer Gleichung ◇ Diese Funktion löst gl nach ausdr auf, wobei höchstens n Transformationsschritte durchgeführt werden. Diese Funktion ist mit `isolate` identisch. ◇ Siehe auch: `isolate`.

student[leftbox]
```
leftbox(ausdr, x=a..b, n, options)
```
Zeichnet eine Approximation an das Integral, wobei die linken Endpunkte die Höhe des Rechtecks angeben ◇ Diese Funktion zeichnet die Kurve und eine Folge von Rechtecken, welche das bestimmte Integral des Ausdrucks über dem Intervall approximieren sollen. Die Höhe eines jeden Rechtecks ist durch den Funktionswert am linken Endpunkt eines jeden Intervalls gegeben. n gibt die Anzahl der Rechtecke an (voreingestellt ist 4). Die gewöhnlichen 2D-Plotoptionen können benutzt werden. ◇ `leftbox(sqrt(2*x), x=0..5, 10);` ◇ Siehe auch: `plot`, `student[leftsum]`, `student[middlebox]`, `student[rightbox]`.

student[leftsum]
```
leftsum(ausdr, x=a..b)
leftsum(ausdr, x=a..b, n)
```
Berechnet eine numerische Approximation an ein Integral unter Benutzung der linken Intervallendpunkte ◇ Das Ergebnis wird als starre Sum zurückgegeben. n gibt die Anzahl der Intervalle an (voreingestellt ist 4). ◇ `leftsum(sqrt(2*x), x=0..5, 10);`
$\longrightarrow \left(\frac{1}{2} \sum_{i=0}^{9} \sqrt{i} \right)$ ◇ Siehe auch: `student[leftbox]`, `student[middlesum]`, `student[rightsum]`, `student[simpson]`, `student[trapezoid]`, Sum.

student[Limit]
```
Limit(ausdr, var=a)
Limit(ausdr, var=a, richtung)
Limit(ausdr, menge)
Limit(ausdr, menge, richtung)
```
Starre Grenzwertfunktion ◇ Siehe auch: `limit`, `Limit`, `value`.

student[Lineint]
```
Lineint(ausdr, y, x)
Lineint(ausdr, y, x=a..b)
Lineint(ausdr, y=y(x), x)
Lineint(ausdr, x, y, t)
Lineint(ausdr, x=x(t), y=y(t))
```
Starre Form des Geradenintegrals ◇ Die unabhängige Variable wird zuletzt angegeben. Ein Bereich für die letzte Variable kann angegeben werden; siehe zweites Schema. Man kann `value` benutzen, um eine Auswertung dieser Funktion zu erzwingen. ◇ Diese Funktion ist neu in Version 3. ◇ `Lineint(f(x,y),x,y,t);` $\longrightarrow \int f(x(t), y(t)) \sqrt{ \left(\frac{\partial}{\partial t} x(t) \right)^2 + \left(\frac{\partial}{\partial t} y(t) \right)^2 } \, dt$
◇ Siehe auch: `Int`, `value`.

student[makeproc]
```
makeproc(ausdr, x)
makeproc([x₁, y₁], [x₂, y₂])
makeproc([x, y], slope=m)
```
Wandelt einen Ausdruck in eine Maple-Prozedur um ◇ Die erste Form ergibt eine Funktion, die ausdr ergibt, wenn sie an der Stelle x ausgewertet wird. Die zweite Form gibt eine Funktion zurück, die Punkte auf der Verbindungsgeraden der beiden Punkte berechnet. Die dritte Form ergibt eine Funktion, die Punkte auf der Geraden mit Steigung m berechnet, die durch den gegebenen Punkt verläuft. ◇ `makeproc([0,3], slope=2);` $\longrightarrow x \rightarrow 2x + 3$ ◇ Siehe auch: `unapply`.

student[maximize]
```
maximize(ausdr)
maximize(ausdr, vars)
```
Berechnet das Maximum ◇ Diese Funktion stimmt mit `maximize` überein. ◇ Siehe auch: `maximize`.

student[middlebox]

```
middlebox(ausdr, x=a..b, n, options)
```
Zeichnet eine Approximation an ein Intergral, wobei die mitteleren Punkte als Höhen benutzt werden ◇ Diese Funktion zeichnet die Kurve und eine Folge von Rechtecken, welche das bestimmte Integral des Ausdrucks über dem Intervall approximieren. Die Höhe eines jeden Rechtecks wird durch den Funktionswert am Mittelpunkt eines jeden Intervalls bestimmt. n gibt die Anzahl der Rechtecke an (voreingestellt ist 4). Die gewöhnlichen 2D-Plotoptionen können benutzt werden. ◇ `middlebox(sqrt(2*x), x=0..5, 10);` ◇ Siehe auch: `plot`, `student[leftbox]`, `student[middlesum]`, `student[rightbox]`.

student[middlesum]

```
middlesum(ausdr, x=a..b)
middlesum(ausdr, x=a..b, n)
```
Berechnet eine numerische Approximation an ein Integral, wobei die Mittelpunkte der Intervalle benutzt werden ◇ Das Ergebnis wird als starre Sum zurückgeliefert. n gibt die Anzahl der Intervalle an (voreingestellt ist 4). ◇ `evalf(middlesum(sqrt(2*x), x=0..5, 10));` $\longrightarrow$ 10.56807645 ◇ Siehe auch: `student[leftsum]`, `student[middlebox]`, `student[rightsum]`, `student[simpson]`, `student[trapezoid]`, Sum.

student[midpoint]

```
midpoint(pkt₁, pkt₂)
midpoint(ausdr₁, ausdr₂)
```
Berechnet den Mittelpunkt des durch die beiden Punkte gegebenen Geradensegments ◇ Die Argumente sollten entweder Listen der Länge 2 oder Ausdrücke sein. ◇ `midpoint([1,3],[5,7]);` $\longrightarrow$ $[3,5]$ ◇ Siehe auch: `geom3d[midpoint]`, `geometry[midpoint]`, `projgeom[midpoint]`, `student[distance]`, `student[type/Point]`.

student[minimize]

```
minimize(ausdr)
minimize(ausdr, vars)
```
Berechnet das Minimum ◇ Diese Funktion stimmt mit `minimize` überein. ◇ Siehe auch: `minimize`.

student[powsubs]

```
powsubs(gl, ausdr)
powsubs(gl₁, gl₂, ..., ausdr)
```
Ersetzt die Faktoren eines Ausdrucks ◇ Diese Funktion ersetzt ein jedes Vorkommen der linken Seite der Gleichung als Teilausdruck von ausdr durch die rechte Seite der Gleichung. Werden mehrere Ersetzungsvorschriften angegeben, so werden diese nicht gleichzeitig sondern nacheinander abgearbeitet. Diese Funktion unterscheidet sich von subs darin, daß sie in bezug auf algebraische Faktoren und nicht in bezug auf zugrundeliegende Datenstrukturen definiert ist. ◇ `powsubs(x+1=z, ln=log10, ln((x+1)^2+3));` $\longrightarrow$ $\log 10 \left(z^2 + 3\right)$ ◇ Siehe auch: `asubs`, `subs`.

student[rightbox]

```
rightbox(ausdr, x=a..b, n, options)
```
Zeichnet eine Approximation an ein Intergral, wobei die rechten Endpunkte als Höhen benutzt werden ◇ Diese Funktion zeichnet die Kurve und eine Folge von Rechtecken, welche das bestimmte Integral des Ausdrucks über dem Intervall approximieren. Die Höhe eines jeden Rechtecks wird durch den Funktionswert am rechten Endpunkt eines jeden Intervalls gegeben. n gibt die Anzahl der Rechtecke an (voreingestellt ist 4). Die gewöhnlichen 2D-Plotoptionen können benutzt werden. ◇ `rightbox(sqrt(2*x), x=0..5, 10);` ◇ Siehe auch: `plot`, `student[leftbox]`, `student[middlebox]`, `student[rightsum]`.

student[rightsum]

```
rightsum(ausdr, x=a..b)
rightsum(ausdr, x=a..b, n)
```
Berechnet eine numerische Approximation an ein Integral, wobei die rechten Intervallendpunkte benutzt werden ◇ Das Ergebnis ist eine starre Sum. n gibt die Anzahl der Intervalle an (voreingestellt ist 4). ◇ `leftsum(sqrt(2*x), x=0..5, 10);` $\longrightarrow$ $\left(\frac{1}{2}\sum_{i=1}^{10}\sqrt{i}\right)$ ◇ Siehe auch: `student[leftsum]`, `student[middlesum]`, `student[rightbox]`, `student[simpson]`, `student[trapezoid]`, Sum.

student[showtangent]

```
showtangent(ausdr, var = a)
```
Zeichnet eine Funktion und ihre Tangente ◇ Diese Funktion erzeugt einen Graphen der Funktion, welche durch den Ausdruck ausdr in der Variablen var definiert ist zusammen mit ihrer Tangente im Punkt $var = a$. ◇ `showtangent(x^2+8, x=2);` ◇ Siehe auch: `plot`.

student[simpson]

```
simpson(ausdr, x=a..b)
simpson(ausdr, x=a..b, n)
```
Berechnet eine numerische Approximation an ein Integral mit der Simpson-Regel ◇ Das Ergebnis ist eine starre `Sum`. n gibt die Anzahl der Intervalle an (voreingestellt ist 4). ◇ `evalf(simpson(sqrt(2*x), x=0..5, 10));` $\longrightarrow$ 10.50033649 ◇ Siehe auch: `student[leftsum]`, `student[middlesum]`, `student[rightsum]`, `student[trapezoid]`, `Sum`.

student[slope]

```
slope(gl)
slope(gl, y, x)
slope(gl, y(x))
slope(pkt₁, pkt₂)
```
Berechnet die Steigung der Geraden, die entweder durch eine Gleichung oder durch ein Paar von zweidimensionalen Punkten gegeben ist ◇ y ist die abhängige Variable und x ist die unabhängige Variable. Bei der ersten Form muß die Gleichung von der Form $y = f(x)$ sein und y wird als abhängige Variable angesehen. ◇ `slope(9*x-3*y=1,y(x));` $\longrightarrow$ 3 ◇ Siehe auch: `student[intersect]`, `student[type/Point]`.

student[Sum]

```
Sum(ausdr, var)
Sum(ausdr, var=m..n)
Sum(ausdr, var=α)
```
Starre Summationsfunktion ◇ Siehe auch: `sum`, `Sum`, `value`.

student[trapezoid]

```
trapezoid(ausdr, x=a..b)
trapezoid(ausdr, x=a..b, n)
```
Berechnet eine numerische Approximation an ein Integral mit Hilfe der Trapezregel ◇ Das Ergebnis ist eine starre `Sum`. n gibt die Anzahl der Intervalle an (voreingestellt ist 4). ◇ `trapezoid(sqrt(2*x), x=0..5, 10);` $\longrightarrow \left(\frac{1}{2}\sum_{i=1}^{9}\sqrt{i}\right) + \frac{1}{4}\sqrt{5}\sqrt{2}$ ◇ Siehe auch: `student[leftsum]`, `student[middlesum]`, `student[rightsum]`, `student[simpson]`, `Sum`.

student[Tripleint]

```
Tripleint(ausdr, x, y, z)
Tripleint(ausdr, x, y, z, name)
Tripleint(ausdr, x = a..b, y = c..d, z = q..r)
```
Starre Form der dreifachen Integration ◇ name identifiziert ein Integrationsgebiet. Man benutze `value`, um eine Auswertung zu erzwingen, wenn alle Bereiche gegeben sind. ◇ `Tripleint(x*y*z, x=0..1, y=0..1, z=0..1);` $\longrightarrow \int_0^1 \int_0^1 \int_0^1 x\,y\,z\,dx\,dy\,dz$ ◇ Siehe auch: `Int`, `student[Doubleint]`, `value`.

student[type/Point]

```
type(pkt, Point)
type(pkt, 'student/Point')
```
Prüft, ob es sich um den Typ Punkt handelt ◇ Ein Punkt ist als eine Liste von Koordinatenwerten definiert (wie `[a,b,c]`). Die Länge der Liste bestimmt die Dimension des Raumes. Die Kurzform des Typenchecks ist nur zum interaktiven Gebrauch erhältlich, nachdem das `student`-Paket geladen wurde. In Prozeduren muß der vollständige Typenname `'student/Point'` benutzt werden. ◇ `type([1,2], Point);` $\longrightarrow$ *true* ◇ Siehe auch: `student[distance]`, `student[midpoint]`, `student[slope]`, `type/point`.

student[value]

```
value(ausdr)
```
Wertet starre Funktionen aus ◇ Diese Funktion stimmt mit `value` überein. ◇ Siehe auch: `value`.

sturmseq

`sturmseq(poly, var)`

Berechnet eine Sturmsche Kette für das Polynom poly in der Variablen var ◇ Diese Funktion gibt eine Liste von Polynomen zurück. ◇ Man muß erst `readlib(sturm)` eingeben, bevor man diesen Befehl benutzen kann. ◇ Siehe auch: `sturm`.

Subres

`Subres(poly₁, poly₂, var)`

Folge der Teilresultanten polynomialer Reste ◇ Wird diese Funktion zusammen mit `evala` benutzt, so berechnet sie die Folge der Teilresultanten der Reste von $poly_1$ und $poly_2$. Es wird eine Tabelle von Polynomen zurückgegeben, die durch den Grad indiziert wird. ◇ Siehe auch: `Resultant`.

subs

`subs(glchg₁, glchg₂, ..., ausdr)`
`subs(glchgen, ausdr)`

Ersetzt Teilausdrücke in Ausdrücken ◇ Jede Gleichung stellt eine Substitutionsvorschrift dar. Jedes Auftreten der linken Seite einer Gleichung in ausdr wird durch die rechte Seite der Gleichung ersetzt. Eine Folge von Substitutionen wird nacheinander, eine Liste bzw. Menge von Substitutionen wird gleichzeitig ausgeführt. ◇ `subs(x+y=z, (x+y)^4);` $\longrightarrow z^4$ ◇ Siehe auch: `asubs`, `op`, `student[powsubs]`, `subsop`, `trigsubs`.

subsop

`subsop(glchg₁, glchg₂, ..., ausdr)`

Ersetzt die angegebenen Operanden in Ausdrücken ◇ Jede Gleichung ist von der Form n=ex, wobei eine Ersetzungsregel für den nten Operanden gegeben ist. ◇ `subsop(1=s+1, 2=t^2, x+y);` $\longrightarrow s + 1 + t^2$ ◇ Siehe auch: `subs`, `op`.

substring

`substring(kette, m..n)`

Zieht eine Teilkette aus einer Zeichenkette heraus ◇ Die Teilkette beginnt mit dem $m$ten und endet mit dem $n$ten Zeichen. ◇ `substring(abcde, 3..6);` $\longrightarrow cde$ ◇ Siehe auch: `cat`, `length`, `search`.

sum

`sum(ausdr, var)`
`sum(ausdr, var=m..n)`
`sum(ausdr, var=α)`

Bestimmte und unbestimmte Summen ◇ Die erste Variante berechnet die unbestimmte Summe von ausdr bezüglich der Variablen var. Die zweite Form berechnet die bestimmte Summe über dem Bereich der ganzen Zahlen von m bis n. Die dritte Form berechnet die Summe über alle Wurzeln eines Polynoms, wobei α ein `RootOf`-Ausdruck ist. ◇ `sum(6*k^2, k);` $\longrightarrow 2k^3 - 3k^2 + k$ ◇ `sum(2^n, n=0..4);` $\longrightarrow 31$ ◇ Siehe auch: `Sum`.

Sum

`Sum(ausdr, var)`
`Sum(ausdr, var=m..n)`
`Sum(ausdr, var=α)`

Starre Summationsfunktion ◇ Diese Funktion ergibt den unausgewerteten Summationsausdruck. ◇ Siehe auch: `sum`, `value`.

surd

`surd(ausdr, n)`

Berechnet die nte reelle Wurzel des reellen Ausdrucks ausdr ◇ Diese Funktion ist neu in Version 3. ◇ Man muß erst `readlib(surd)` eingeben, bevor man diesen Befehl benutzen kann. ◇ `surd(5,2);` $\longrightarrow \sqrt{5}$

Svd

`Svd(A)`
`Svd(A, name_L, left)`
`Svd(A, name_R, right)`
`Svd(A, name_L, name_R)`

Berechnet die Singulärwerte und -vektoren einer numerischen Matrix ◇ Die erste Form ergibt ein $1 \times \min(n, m)$ Feld mit den Singulärwerten von A, einer $n \times m$ numerischen Matrix. Ist $name_L$ vorhanden, so werden diesem die linken Singulärvektoren zugewiesen, $name_R$ werden die rechten Singulärvektoren zugewiesen. Dies ist eine starre Funktion. Man benutze `evalf`, um die Singulärwerte zu berechnen. ◇ Siehe auch: `linalg[singularvals]`.

symmdiff

```
symmdiff(menge₁, menge₂)
symmdiff(menge₁, menge₂, menge₃, ...)
```

Die Funktion für symmetrische Differenzen von Mengen ◇ Die erste Form ergibt die Menge von Elementen, die in genau einer der beiden Mengen vorkommen: $(menge_1 \cup menge_2) - (menge_1 \cap menge_2)$ Allgemeiner gilt die folgende Regel: ein Element ist in der zurückgelieferten Menge enthalten genau dann, wenn es in einer ungeraden Anzahl der gegebenen Mengen vorkommt. ◇ Man muß erst `readlib(symmdiff)` eingeben, bevor man diesen Befehl benutzen kann. ◇ `symmdiff({a,b},{b,c});` $\longrightarrow \{a,c\}$ ◇ Siehe auch: `intersect, minus, union`.

symmetric

Die symmetrische Indexfunktion für Felder und Tabellen ◇ Diese Indexfunktion ordnet die Komponenten eines Index in eine systembestimmten kanonischen Ordnung an. Eine häufige Anwendung sind symmetrische Matrizen, wo das (i,j)te Element dem (j,i)ten Element gleicht. ◇ Siehe auch: `antisymmetric, array, geometry[symmetric], table`.

system

```
system(befehl)
```

Ruft einen Befehl des zugrundeliegenden Betriebssystems auf ◇ Das Ergebnis ist der Rückgabewert oder der zurückgegebene Status des ausgeführten Befehls. Diese Operation wird von einigen Plattformen nicht unterstützt. ◇ Siehe auch: `!`.

table

```
table(indexfkt, liste)
```

Erzeugt eine Tabelle ◇ Diese Funktion erzeugt explizit eine Tabelle. indexfkt benennt eine Indexfunktion für die Tabelle. Die spracheigenen Indexfunktionen sind `antisymmetric`, `diagonal`, `identity`, `sparse` und `symmetric`. Die Elemente von liste spezifizieren die Anfansgwerte. Diese können Gleichungen der Form `index=eintrag` oder einfache Ausdrücke sein; in diesem Fall werden die entsprechenden Indizes als 1, 2, 3 usw. angenommen. Beide Argumente sind optional. Eine Tabelle kann auch implizit durch Zuweisung an einen Indexnamen erzeugt werden. ◇ Siehe auch: `antisymmetric, array, copy, diagonal, entries, identity, indices, sparse, symmetric`.

tan

```
tan(z)
```

Die Tangensfunktion ◇ Siehe auch: `arctan`.

tanh

```
tanh(z)
```

Die hyperbolische Tangensfunktion ◇ Siehe auch: `arctanh`.

taylor

```
taylor(ausdr, var=a, n)
taylor(ausdr, var, n)
```

Taylorreihenentwicklung ◇ Diese Funktion berechnet die Taylorreihenentwicklung von ausdr bezüglich der Variablen var bis zur Ordnung n und zwar um den Punkt a. Ist a nicht vorhanden, so wird $var = 0$ angenommen. ◇ `taylor(exp(x), x=0,4);` $\longrightarrow 1 + x + \frac{1}{2}x^2 + \frac{1}{6}x^3 + O\left(x^4\right)$ ◇ Siehe auch: `coeftayl, mtaylor, numapprox[laurent], series, type/taylor`.

tcoeff

```
tcoeff(poly)
tcoeff(poly, vars)
tcoeff(poly, vars, name)
```

Nachfolgender Koeffizient eines multivariaten Polynoms ◇ vars kann eine einzelne Unbestimmte oder eine Liste bzw. Menge von Unbestimmten sein. Ist vars nicht spezifiziert, so werden alle Unbestimmten von poly benutzt. Auf das Polynom muß vorher `collect` bezüglich der geeigneten Variablen angewandt worden sein. Wird ein Name als drittes Argument angegeben, so wird diesem der nachfolgende Term von poly zugewiesen. ◇ `tcoeff(2*x^3-4);` $\longrightarrow -4$ ◇ Siehe auch: `coeff, coeffs, collect, indets, lcoeff, ldegree`.

Tcoeff

```
Tcoeff(poly)
```

Starrer folgender Koeffizient ◇ Wird diese Funktion zusammen mit `modp1` benutzt, so berechnet sie den folgenden Koeffizienten eines univariaten Polynoms über einem gegebenen Definitionsbereich. ◇ Siehe auch: `Coeff, Lcoeff, tcoeff`.

tensor

Eine Sammlung von Prozeduren zur Berechnung von Krümmungstensoren in einer Koordinatenbasis ◊ Die globale Variable Ndim kontrolliert die Anzahl der Dimensionen. Der Anfangswert ist 4. Die folgenden Prozeduren stehen zur Verfügung. Sie geben alle NULL zurück.

invmetric()	kontravarianter metrischer Tensor	h_{ij}
d1metric()	erste partielle Ableitungen des kovarianten metrischen Tensors	g_{ijk}
d2metric()	zweite partiellen Ableitungen des kovarianten metrischen Tensors	g_{ijkl}
Christoffel1()	Christoffel-Symbole der ersten Art	c_{ijk}
Christoffel2()	Christoffel-Symbole der zweiten Art	C_{ijk}
Riemann()	kovariante Komponenten des Riemann-Tensors	R_{ijkl}
Ricci()	kovariante Komponenten des Ricci-Tensors	R_{ij}
Ricciscalar()	Ricci-Skalar	R
Einstein()	kovariante Komponenten des Einstein-Tensors	G_{ij}
Weyl()	kovariante Komponenten des Weyl-Tensors	C_{ijkl}
tensor()	ruft alle obigen Prozeduren auf	
display(name)	druckt die von null verschiedenen Komponenten des benannten Tensors	
display()	druckt die von null verschiedenen Komponenten aller Tensoren	

Die dritte Spalte benennt die globalen Variablen, denen die Ergebnisse einer jeden Berechnung zugewiesen werden. Man muß erst readlib(tensor) aufrufen, bevor man diese Funktionen benutzen kann. ◊ Siehe auch: cartan, debever.

testeq

```
testeq(ausdr₁ = ausdr₂)
testeq(ausdr₁, ausdr₂)
testeq(ausdr₁)
```

Testet die Äquivalenz von Ausdrücken wahrscheinlichkeitstheoretisch ◊ Das Ergebnis *false* ist immer richtig; das Ergebnis *true* kann mit einer geringen Wahrscheinlichkeit inkorrekt sein. Ist der zweite Ausdruck nicht vorhanden, so wird angenommen, daß es sich um 0 handeln soll. *FAIL* wird zurückgegeben, wenn der Ausdruck nicht in der Klasse der behandelbaren Ausdrücke liegt oder wenn ein geeigneter Modulus nicht gefunden werde konnte. ◊ testeq(sin(2*t), 2*sin(t)*cos(t)); —→ *true*

testfloat

```
testfloat(ausdr₁, ausdr₂, grenze, options)
```

Vergleicht Ausdrücke mit Gleitkommazahlen ◊ Diese Funktion verifiziert, daß die im berechneten Ausdruck $ausdr_1$ vorkommenden Gleitkommazahlen sich innerhalb eines gegebenen Bereichs der entsprechenden Werte des Referenzausdrucks $ausdr_2$ befinden. grenze ist eine in „ulps" angegebenene nichtnegative reelle Zahl. Ein „ulp" relativ zu einer Zahl s ist eine Einheit in der $n$ten signifikanten Stelle von s, wobei n der Wert von Digits ist. Zurückgegeben wird eine Liste von Testergebnissen. Die zur Verfügung stehenden Optionen sind:

digits=n	benutze diesen Wert für die Stellen
model=1	behandle komplexe Zahlen als einfache Zahlen (voreingestellt)
model=2	behandle komplexe Zahlen als Paare reeller Zahlen
test=1	benutze einen relativen Fehlertest (voreingestellt)
test=2	benutze einen absoluten Fehlertest

◊ Man muß erst readlib(testfloat) eingeben, bevor man diesen Befehl benutzen kann. ◊ testfloat([2.1,3.2], [2,3], 1, digits=2); —→ [*true*, [*false*, 2., *ulps*]] ◊ Siehe auch: comparray, fnormal.

Testzero

Umgebungsvariable ◊ Ihr Wert ist eine Prozedur zum Testen eines Ausdrucks auf Null. Der Anfangswert ist proc() evalb(normal(args[1]) = 0) end

TEXT

```
TEXT(kette₁, kette₂, ...)
```

Druckt eine Folge von Zeichenketten aus ◊ Jede Zeichenkette wird im Prettyprint-Modus auf einer eigenen Zeile ausgegeben. Wird diese Funktion unter der Arbeitsblatt-Schnittstelle aufgerufen, so spielt ein eigenes Fenster das TEXT-Objekt vor. ◊ Siehe auch: type/TEXT.

thaw

```
thaw(var)
```

Taut einen als Variable eingefrorenen Ausdruck wieder auf ◊ Zurückgegeben wird der ursprüngliche Ausdruck. ◊ Man muß erst readlib(freeze) eingeben, bevor man diesen Befehl benutzen kann. ◊ Siehe auch: freeze.

thiele
```
thiele(xliste, yliste, ausdr)
```
Thieles Formel zur Interpolation mit Kettenbrüchen ◇ xliste ist eine Liste unterschiedlicher x-Werte und yliste eine Liste unterschiedlicher y-Werte. Diese Funktion berechnet eine rationale Funktion in Kettenbruchdarstellung, welche die Punkte (x[1],y[1]), ..., (x[n],y[n]) interpoliert. Sie gibt den Wert dieser Funktion an ausdr zurück, welcher oft ein Variablenname ist. ◇ Man muß erst `readlib(thiele)` eingeben, bevor man diesen Befehl benutzen kann. ◇ `thiele([1,2,3],[3,4,1],x);` $\longrightarrow 3 + \frac{x-1}{5-2\,x}$ ◇ Siehe auch: `interp`, `sinterp`.

time
```
time()
```
Gesamte CPU-Zeit, die seit dem Start der Sitzung verbraucht wurde ◇ Diese Funktion ergibt eine Gleitkommazahl, welche den CPU-Verbrauch in Sekunden angibt. Diese Zahl wird als `status[3]` abgespeichert. ◇ Siehe auch: `profile`, `showtime`, `status`, `words`.

totorder
Das Paket zur totalen Anordnung von Namen ◇ Die Funktionen in diesem Paket müssen in Version 2 erst mit `with` geladen werden, bevor man sie benutzen kann. ◇ Siehe auch: `totorder[function]`, `with`.

totorder[forget]
```
forget(rel₁, rel₂, ...)
```
Entfernt Beziehungen innerhalb einer Ordnung ◇ Siehe auch: `forget`, `totorder[tassume]`.

totorder[init]
```
init()
```
Initialisiert die totale Ordnung, wobei alle vorher definierten Ordnungen vergessen werden ◇ Siehe auch: `totorder[forget]`.

totorder[ordering]
```
ordering()
```
Druckt die gegenwärtige totale Ordnung aus ◇ Siehe auch: `totorder[tassume]`.

totorder[tassume]
```
tassume(rel₁, rel₂, ...)
```
Definiert eine Ordnung auf einer Folge von Namen ◇ `tassume(a<b, b<c);` $\longrightarrow$ *assumed*, $a < b, b < c$ ◇ Siehe auch: `assume`, `totorder[forget]`.

totorder[tis]
```
tis(rel)
```
Testet Beziehungen innerhalb der Ordnung ◇ `tassume(a<b, b<c): tis(a<c);` $\longrightarrow$ *true* ◇ Siehe auch: `is`, `totorder[tassume]`.

trace
```
trace(f₁, f₂, ...)
```
Startet das genaue Verfolgen der Ausführung benannter Prozeduren ◇ Werden diese Prozeduren nachfolgend aufgerufen, so werden ihre Einstiegsstellen, berechneten Zwischenergebnisse sowie Rückkehrstellen ausgedruckt. ◇ Siehe auch: `debug`, `infolevel`, `linalg[trace]`, `printlevel`, `profile`, `untrace`, `userinfo`.

Trace
```
Trace(a, L, K)
```
Spur einer algebraischen Zahl (oder Funktion) ◇ Diese Funktion ist ein Platzhalter zur Darstellung der Spur einer algebraischen Zahl (oder Funktion), welche die Summe ihrer Konjugierten ist. ◇ Siehe auch: `evala`, `RootOf`, `mod`, `trace`, `linalg[trace]`, `sum`.

translate
```
translate(poly, var, a)
```
Lineare Verschiebung eines Polynoms ◇ Diese Funktion verschiebt das Polynom, indem *var* durch *var* + *a* ersetzt wird. ◇ Man muß erst `readlib(translate)` eingeben, bevor man diesen Befehl benutzen kann. ◇ `translate(x^2-2*x+1, x,1);` $\longrightarrow x^2$ ◇ Siehe auch: `expand`, `subs`.

traperror

```
traperror(ausdr)
traperror(ausdr₁, ausdr₂, ...)
```
Deckt eine Fehlersituation auf ⋄ Tritt ein Fehler während der Auswertung oder Vereinfachung des Ausdrucks bzw. der Ausdrücke auf, so gibt diese Funktion eine Zeichenkette zurück, welche den ersten aufgetretenen Fehler spezifiziert. Tritt kein Fehler auf, wird das Ergebnis des Ausdruck zurückgegeben. Eine Möglichkeit, einen Fehler in einer Prozedur aufzudecken, besteht darin, das Ergebnis von `testerror` mit der globalen Variablen `lasterror` zu vergleichen. ⋄ Siehe auch: ERROR, `lasterror`.

trigsubs

```
trigsubs(ausdr)
trigsubs(glchg)
trigsubs(glchg, ausdr)
trigsubs(0)
```
Verwaltet eine Tabelle gültiger trigonometrischer Identitäten ⋄ Die erste Form ergibt eine Liste trigonometrischer Ausdrücke, welche gleich ausdr sind. Die zweite Form testet, ob sich die Identität glchg in der Tabelle befindet. Sie gibt entweder die Zeichenkette *'found'* oder *'not found'* zurück. Die dritte Version wendet glchg auf ausdr an, falls glchg sich in der Tabelle befindet. Die letzte Form ergibt die Menge der `trigsubs` bekannten Funktionen. ⋄ Man muß erst `readlib(trigsubs)` eingeben, bevor man diesen Befehl benutzen kann. ⋄ `trigsubs(sin(t+Pi/2) = cos(t));` ⟶ *'found'* ⋄ Siehe auch: `subs`.

true

Boolsche Konstante

trunc

```
trunc(z)
trunc(1, z)
```
Rundet z auf die 0 am nächsten liegende ganze Zahl auf (bzw. ab), wenn z reell ist ⋄ Für reelle z ist dies der ganzahlige Teil von z. Für komplexe z wird die Funktion sowohl auf die Real- als auch auf die Imaginärteile angewandt. Die zweite Form ergibt die erste Ableitung der Rundungsfunktion überall dort, wo sie definiert ist. ⋄ `trunc(5.1+5.9*I);` ⟶ $5+5I$ ⋄ Siehe auch: `ceil`, `floor`, `frac`, `round`.

tutorial

```
tutorial()
tutorial(n)
```
On-Line-Lernprogramm zur Einführung in Maple ⋄ Das optionale Argument n gibt das Kapitel an, mit dem man beginnen will.

type

```
type(ausdr, typ)
type(ausdr, typmenge)
```
Funktion zum Typencheck ⋄ Diese Funktion ergibt *true* falls ausdr vom Typ typ ist und *false* sonst. Ist das zweite Argument eine Menge von Typnamen, so wird *true* zurückgegeben, falls ausdr von einem Typ ist, der in der Menge vorkommt. ⋄ Siehe auch: `convert`, `hastype`, `type/name`, `whattype`.

type/'!'

```
type(ausdr, '!')
```
Stellt fest, ob es sich um einen Fakultätsausdruck handelt ⋄ Der Typ eines arithmetischen Ausdrucks ist definiert als die letzte Operation, die von Maple ausgeführt werden würde, falls der vollständig entwickelte Ausdruck ausgewertet werden sollte.

type/'*'

```
type(ausdr, '*')
```
Stellt fest, ob es sich um einen Multiplikations- oder Divisionsausdruck handelt ⋄ Der Typ eines arithmetischen Ausdrucks ist definiert als die letzte Operation, die von Maple ausgeführt werden würde, falls der vollständig entwickelte Ausdruck ausgewertet werden sollte. ⋄ `type(a*b+1, '*');` ⟶ *false*

type/''**

```
type(ausdr, '**')
```
Stellt fest, ob es sich um einen Exponentialausdruck handelt ⋄ Dies ist äquivalent zu `type/'^'`. ⋄ `type(a^b, '**');` ⟶ *true*

type/'+'
```
type(ausdr, '+')
```
Stellt fest, ob es sich um einen Additions- oder Subtraktionsausdruck handelt ◊ Der Typ eines arithmetischen Ausdrucks ist definiert als die letzte Operation, die von Maple ausgeführt werden würde, falls der vollständig entwickelte Ausdruck ausgewertet werden sollte. ◊ `type(a*b-1, '+');` —→ *true*

type/'^'
```
type(ausdr, '^')
```
Stellt fest, ob es sich um einen Ausdruck vom Typ '^' handelt ◊ Der Typ eines arithmetischen Ausdrucks ist definiert als die letzte Operation, die von Maple ausgeführt werden würde, falls der vollständig entwickelte Ausdruck ausgewertet werden sollte. Dies ist äquivalent zu `type/'**'`. ◊ `type(a**(b+1), '^');` —→ *true*

type/'.'
```
type(ausdr, '.')
```
Stellt fest, ob es sich um einen Verkettungsausdruck handelt ◊ Siehe auch: `cat`.

type/'..'
```
type(ausdr, '..')
```
Stellt fest, ob es sich um einen Bereichsausdruck handelt ◊ Dies ist äquivalent zu `type/range`. ◊ `type(a..b, '..');` —→ *true*

type/'='
```
type(ausdr, '=')
```
Stellt fest, ob es sich um eine Gleichung handelt ◊ Siehe auch: `type/relation`.

type/'<>'
```
type(ausdr, '<>')
```
Stellt fest, ob es sich um einen Ungleichausdruck handelt ◊ Siehe auch: `type/relation`.

type/'<'
```
type(ausdr, '<')
```
Testet auf eine strikte Ungleichung ◊ `type(a>b, '<');` —→ *true* ◊ Siehe auch: `type/relation`.

type/'<='
```
type(ausdr, '<=')
```
Testet auf eine schwache Ungleichung ◊ `type(a>=b, '<=');` —→ *true* ◊ Siehe auch: `type/relation`.

type/algebraic
```
type(ausdr, algebraic)
```
Testet auf einen algebraischen Ausdruck ◊ Ein algebraischer Ausdruck ist eine Zahl, Name, Funktionsaufruf, Reihe oder ein arithmetischer, Punkt-, indizierter oder unausgewerteter Ausdruck. ◊ `type(sin(t), algebraic);` —→ *true*

type/algext
```
type(ausdr, algext))
type(ausdr, algext(typ))
```
Stellt fest, ob es sich um einen `RootOf`-Ausdruck handelt ◊ Die erste Form ist äquivalent zu `type/RootOf`. Die zweite Form testet auf einen `RootOf`-Ausdruck über einem gegebenen Koeffizientenbereich wie `integer` oder `rational`. ◊ Siehe auch: `RootOf`, `type/algnum`, `type/algnumext`, `type/radext`.

type/algfun
```
type(ausdr, algfun)
type(ausdr, algfun(typ))
type(ausdr, algfun(typ, vars))
```
Testet auf eine algebraische Funktion ◊ Eine algebraische Funktion ist ein Ausdruck in den Variablen vars über dem Definitionsbereich typ erweitert durch `RootOf`s. vars kann ein einfacher Name oder eine Liste bzw. Menge von Namen sein. ◊ Siehe auch: `RootOf`, `type/algext`, `type/radfun`.

type/algnum

`type(ausdr, algnum)`

Testet auf eine algebraische Zahl in `RootOf`-Darstellung ◇ Dieses Funktion stellt fest, ob es sich um eine rationale Zahl, ein `RootOf`, ein univariates Polynom mit algebraischen Zahlen als Koeffizienten oder um eine Summe, Produkt oder Quotient derselben handelt. ◇ Siehe auch: `RootOf, type/algfun, type/radnum`.

type/algnumext

`type(ausdr, algnumext)`

Testet auf eine algebraische Zahlerweiterung ◇ Eine algebraische Zahlerweiterung ist die Wurzel eines univariaten Polynoms mit algebraischen Zahlen als Koeffizienten, welche als `RootOf`-Ausdruck definiert sind. Dieser ist sowohl zum Test `type/algext` als auch zum Test `type/algnum` äquivalent. ◇ Siehe auch: `RootOf, type/algext, type/algnum, type/radnumext`.

type/'and'

`type(ausdr, 'and')`

Testet auf einen and-Ausdruck ◇ Siehe auch: `type/logical, type/'not', type/'or'`.

type/anyfunc

`type(ausdr, anyfunc(typ₁, typ₂, ...))`

Stellt fest, ob es sich um eine Funktion handelt, die nach Argumenten des angegebenen Typs in der angegebenen Reihenfolge verlangt ◇ `type(g(2,1.3), anyfunc(integer, float))`; ⟶ *true* ◇ Siehe auch: `type/function, type/specfunc`.

type/anything

`type(ausdr, anything)`

Diese Funktion ergibt immer *true* ◇ Siehe auch: `type/nothing`.

type/arctrig

`type(ausdr, arctrig)`
`type(ausdr, arctrig(var))`

Testet auf einen inversen trigonometrischen oder hyperbolisch inversen trigonometrischen Funktionsaufruf ◇ Die inverse trigonometrische Funktion muß die letzte Operation sein, die bei der Auswertung des Ausdrucks ausgeführt wird. Die zweite Form testet, ob der Funktionsaufruf die Variable var enthält. ◇ `type(2*arcsinh(x), arctrig)`; ⟶ *false* ◇ Siehe auch: `type/trig, type/function, type/mathfunc, type/trig`.

type/array

`type(ausdr, array)`
`type(ausdr, 'array'(typ))`

Stellt fest, ob es sich um ein Feld handelt ◇ Die zweite Form stellt fest, ob es sich um ein Feld mit Einträgen vom angegebenen Typ handelt. ◇ Siehe auch: `array, type/matrix, type/scalar, type/table, type/vector`.

type/boolean

`type(ausdr, boolean)`

Testet auf den Boolschen Typ ◇ Ein Boolscher Ausdruck ist definiert als ein Ausdruck vom Typ `relation`, Typ `logical` oder als eine der Boolschen Konstanten true, *false* oder *FAIL*. ◇ Siehe auch: `type/logical, type/relation`.

type/complex

`type(ausdr, complex)`
`type(ausdr, complex(typ))`

Testet auf eine komplexe Konstante ◇ Die zweite Form prüft nach, ob die Real- und Imaginärteile vom angegebenen Typ sind. ◇ Siehe auch: `evalc, type/numeric, type/realcons`.

type/constant

`type(ausdr, constant)`

Testet auf eine komplexe Konstante bzw. auf eine der durch die globale Variable constants gegebene nicht-numerische Konstante ◇ Siehe auch: `constants, type/numeric, type/realcons`.

type/cubic
```
type(ausdr, cubic)
type(ausdr, cubic(vars))
```
Testet auf eine kubische Funktion in den angegebenen Variablen ◇ vars kann eine einfache Variable oder eine Liste bzw. Menge von Variablen sein. Falls vars nicht angegeben ist, so muß der Ausdruck vom totalen Grad 3 in seinen Unbestimmten sein. ◇ Siehe auch: `type/linear`, `type/polynom`, `type/quadratic`, `type/quartic`.

type/equation
```
type(ausdr, equation)
```
Testet auf eine Gleichung ◇ Diese Funktion stellt fest, ob ausdr vom Typ `equation` ist, d. h. ob es sich um eine Gleichung handelt. ◇ Siehe auch: `type`, `equation`.

type/even
```
type(ausdr, even)
```
Testet auf eine gerade ganze Zahl ◇ Siehe auch: `type/odd`.

type/evenfunc
```
type(ausdr, evenfunc(var))
```
Testet auf einen geraden Ausdruck in der Variablen var ◇ Siehe auch: `type/oddfunc`.

type/expanded
```
type(ausdr, expanded)
```
Testet auf ein entwickeltes Polynom ◇ Diese Funktion ergibt *true*, falls ausdr ein entwickeltes Polynom ist, *false* sonst. ◇ Siehe auch: `expand`, `type/polynom`.

type/facint
```
type(ausdr, facint)
```
Testet auf eine in Faktoren zerlegte ganze Zahl ◇ Eine in Faktoren zerlegte ganze Zahl ist ein Ausdruck, so wie er von `ifactor` geliefert wird. ◇ Siehe auch: `ifactor`, `type/integer`.

type/float
```
type(ausdr, float)
```
Testet auf eine Gleitkommazahl ◇ Siehe auch: `evalf`, `Float`, `type/integer`, `type/numeric`, `type/realcons`.

type/fraction
```
type(ausdr, fraction)
```
Testet auf einen Bruch ◇ Ein Bruch hat einen ganzzahligen Zähler und eine positiven ganzzahligen Nenner. ◇ Siehe auch: `type/integer`, `type/numeric`, `type/rational`.

type/function
```
type(ausdr, function)
```
Testet auf einen Funktionsaufruf ◇ Ein Funktionsaufruf hat die Form `f(args)`. ◇ `type(g(x,y), function);` $\longrightarrow$ *true* ◇ Siehe auch: `type/evenfunc`, `type/mathfunc`, `type/oddfunc`.

type/identical
```
type(ausdr₁, identical(ausdr₂))
```
Prüft, ob $ausdr_1$ mit $ausdr_2$ identisch ist

type/indexed
```
type(ausdr, indexed)
```
Prüft, ob es sich um einen Namen handelt, der durch einen Index angesprochen wird ◇ Ein solcher Name ist von der Form `name[ausdrfolge]`. ◇ Siehe auch: `type/name`.

type/infinity
```
type(ausdr, infinity)
```
Prüft, ob ausdr plus oder minus Unendlich ergibt ◇ Diese Option ist neu in Version 3.

type/integer
```
type(ausdr, integer)
```
Testet auf eine ganze Zahl ◇ Siehe auch: `type/facint`, `type/negint`, `type/nonnegint`, `type/posint`, `type/primeint`.

type/'intersect'
```
type(ausdr, 'intersect')
```
Testet auf einen `intersect`-Ausdruck ◊ Siehe auch: `type/'minus'`, `type/'union'`.

type/laurent
```
type(ausdr, laurent)
```
Prüft, ob es sich um eine Laurentreihe (mit endlichem Hauptteil) handelt ◊ Eine Laurentreihe ist eine Reihe, bei der nur ganzzahlige Potenzen der Variablen, nach der sie entwickelt wurde, vorkommen. ◊ Siehe auch: `numapprox[laurent]`, `type/series`, `type/taylor`.

type/linear
```
type(ausdr, linear)
type(ausdr, linear(vars))
```
Testet auf eine lineare Funktion in den angegebenen Variablen ◊ vars kann eine einfache Variable oder eine Liste bzw. Menge von Variablen sein. Ist vars nicht angegeben, so muß der Ausdruck in allen seinen Unbestimmten den Gesamtgrad 1 besitzen. ◊ Siehe auch: `type/cubic`, `type/polynom`, `type/quadratic`, `type/quartic`.

type/list
```
type(ausdr, list)
type(ausdr, list(typ))
```
Testet auf eine Liste ◊ Bei der zweiten Variante wird geprüft, ob es sich um eine Liste mit Elementen vom gegebenen Typ handelt. ◊ `type([1,2,3.], list(integer));` ⟶ *false* ◊ Siehe auch: `type/listlist`, `type/set`.

type/listlist
```
type(ausdr, listlist)
```
Stellt fest, ob es sich um eine Liste von Listen handelt, wobei jede Teilliste die selbe Anzahl von Elementen besitzt ◊ `type([[1,2],[3]], listlist);` ⟶ *false* ◊ Siehe auch: `type/list`.

type/logical
Testet auf einen Ausdruck vom Typ `'and'`, `'or'` oder `'not'` ◊ Siehe auch: `type/'and'`, `type/boolean`, `type/'not'`, `type/'or'`.

type/mathfunc
```
type(ausdr, mathfunc)
```
Stellt fest, ob es sich um eine der bekannten mathematischen Funktionen handelt ◊ Es werden die Namen der Funktionen erkannt (nicht Funktionsaufrufe). ◊ `type(Zeta, mathfunc);` ⟶ *true* ◊ Siehe auch: `type/function`.

type/matrix
```
type(ausdr, matrix)
type(ausdr, 'matrix'(typ))
type(ausdr, 'matrix'(typ, square))
```
Testet auf eine Matrix ◊ Eine Matrix ist ein zweidimensionales Feld, wobei die Indizes bei 1 beginnen. Die zweite Form stellt fest, ob es sich um eine Matrix mit Einträgen vom gegebenen Typ handelt. Bei der dritten Form wird auf eine quadratische Matrix abgefragt. ◊ Siehe auch: `linalg[matrix]`, `type/array`, `type/scalar`, `type/vector`.

type/'minus'
```
type(ausdr, 'minus')
```
Testet auf einen `minus`-Ausdruck ◊ Siehe auch: `type/'intersect'`, `type/'union'`.

type/monomial
```
type(ausdr, monomial)
type(ausdr, monomial(typ))
type(ausdr, monomial(typ, vars))
```
Testet auf ein Monom ◊ typ benennt den Typen des Definitionsbereichs der Koeffizienten und vars benennt die Unbestimmten. vars kann eine einfache Variable oder eine Liste bzw. Menge von Variablen sein. ◊ Siehe auch: `type/polynom`.

type/name
```
type(ausdr, name)
```
Testet auf einen Namen ◊ Ein Name kann eine Zeichenkette oder ein durch einen Index angesprochener Name sein. ◊ `type(a[1], name);` ⟶ *true* ◊ Siehe auch: `type/indexed`, `type/string`.

type/negative
type(ausdr, negative)
Testet auf eine negative Zahl ◇ Siehe auch: type/negint, type/nonneg,
type/numeric, type/positive.

type/negint
type(ausdr, negint)
Testet auf eine negative ganze Zahl ◇ Siehe auch: type/integer, type/negative,
type/nonnegint, type/posint.

type/nonneg
type(ausdr, nonneg)
Testet auf eine nichtnegative Zahl ◇ Siehe auch: type/negative, type/nonnegint,
type/numeric, type/positive.

type/nonnegint
type(ausdr, nonnegint)
Testet auf eine nichtnegative ganze Zahl ◇ Siehe auch: type/integer, type/negint,
type/nonneg, type/posint.

type/'not'
type(ausdr, 'not')
Testet auf einen not-Ausdruck ◇ Siehe auch: type/'and', type/logical, type/'or'.

type/nothing
type(ausdr, nothing)
Diese Funktion ergibt immer *false* ◇ Siehe auch: type/anything.

type/numeric
type(ausdr, numeric)
Testet auf eine ganze Zahl, einen Bruch oder eine Gleitkommazahl ◇ Siehe auch: type/complex, type/float, type/fraction, type/integer,
type/rational, type/realcons.

type/odd
type(ausdr, odd)
Testet auf eine ungerade ganze Zahl ◇ Siehe auch: type/even.

type/oddfunc
type(ausdr, oddfunc(var))
Testet auf einen ungeraden Ausdruck in der Variablen var ◇ Siehe auch: type/evenfunc.

type/operator
type(f, operator)
Testet auf einen funktionalen Operator ◇ type(x->x^2, operator); ⟶ *true* ◇
Siehe auch: type/procedure.

type/'or'
type(ausdr, 'or')
Testet auf einen or-Ausdruck ◇ Siehe auch: type/'and', type/logical, type/'not'.

type/PLOT
type(ausdr, PLOT)
Testet auf eine PLOT-Datenstruktur ◇ Eine PLOT-Datenstruktur wird von einem zweidimensionalen Plotbefehl wie z.B. plot erzeugt. ◇ Siehe auch: plot, type/PLOT3D.

type/PLOT3D
type(ausdr, PLOT3D)
Testet auf eine PLOT3D-Datenstruktur ◇ Dreidimensionale Plotbefehle wie z. B. plot3d
erzeugen solch eine PLOT3D-Datenstruktur. ◇ Siehe auch: plot3d, type/PLOT.

type/point
type(ausdr, point)
Testet auf einen Punkt ◇ Diese Funktion ergibt *true*, falls ausdr eine Gleichung mit einem Namen
auf der linken und einem algebraischen Ausdruck auf der rechten Seite ist, bzw. falls ausdr eine
Menge solcher Gleichungen darstellt. ◇ type({a=x+y,b=1}, point); ⟶ *true* ◇
Siehe auch: student[type/Point].

type/polynom
```
type(ausdr, polynom)
type(ausdr, polynom(typ))
type(ausdr, polynom(typ, vars))
```
Testet auf ein Polynom ◇ typ benennt den Typen des Definitionsbereichs für die Koeffizienten und vars benennt die Unbestimmten. vars kann eine einfache Variable oder eine Menge bzw. Liste von Variablen sein. ◇ `type(x^5+2*ln(y), polynom(anything,x));` ⟶ *true* ◇ Siehe auch: `type/cubic, type/linear, type/monomial, type/quadratic, type/quartic, type/ratpoly`.

type/posint
```
type(ausdr, posint)
```
Testet auf eine positive ganze Zahl ◇ Siehe auch: `type/integer, type/positive, type/negint, type/nonnegint`.

type/positive
```
type(ausdr, positive)
```
Testet auf eine positive Zahl ◇ Siehe auch: `type/negative, type/nonneg, type/numeric, type/posint`.

type/primeint
```
type(ausdr, primeint)
```
Stochastischer Test auf Primzahlen ◇ Diese Funktion ergibt *true*, falls ausdr eine ganze Zahl ist und `isprime(ausdr)` *true* ergibt, sonst ergibt sich *false*. ◇ `type(211,primeint);` ⟶ *true* ◇ Siehe auch: `isprime, type/integer`.

type/procedure
```
type(ausdr, procedure)
```
Testet auf eine Prozedur ◇ `type(type, procedure);` ⟶ *true* ◇ Siehe auch: `type/operator`.

type/protected
```
type(ausdr, protected)
```
Prüft, ob ausdr ein geschützter Name ist ◇ Die meisten Systemnamen sind von sich aus schon geschützt. ◇ Diese Option ist neu in Version 3. ◇ Siehe auch: `protect, unprotect`.

type/quadratic
```
type(ausdr, quadratic)
type(ausdr, quadratic(vars))
```
Stellt fest, ob es sich um eine quadratische Funktion in den angegebenen Variablen handelt ◇ vars kann eine einfache Variable oder eine Liste bzw. Menge von Variablen sein. Ist vars nicht angegeben, so muß der Ausdruck vom Gesamtgrad zwei in allen seinen Unbestimmtem sein. ◇ Siehe auch: `type/cubic, type/linear, type/polynom, type/quartic`.

type/quartic
```
type(ausdr, quartic)
type(ausdr, quartic(vars))
```
Stellt fest, ob es sich um eine Funktion vom Grad 4 in den angegebenen Variablen handelt ◇ vars kann eine einfache Variable oder eine Liste bzw. Menge von Variablen sein. Ist vars nicht angegeben, so muß der Ausdruck vom Gesamtgrad vier in allen seinen Unbestimmtem sein. ◇ Siehe auch: `type/cubic, type/linear, type/polynom, type/quadratic`.

type/radext
```
type(ausdr, radext))
type(ausdr, radext(typ))
```
Testet auf einen Wurzelausdruck ◇ Die erste Form ist äquivalent zu `type/radical`. Die zweite Form stellt fest, ob es sich um einen Wurzelausdruck handelt, bei dem der Teilausdruck unter der Wurzel vom gegebenen Typ ist. ◇ Siehe auch: `type/algext, type/radnum, type/radnumext`.

type/radfun
```
type(ausdr, radfun)
type(ausdr, radfun(typ))
type(ausdr, radfun(typ, vars))
```
Testet auf eine Wurzelfunktion ◇ Eine Wurzelfunktion ist ein Ausdruck in den Variablen vars über dem Bereich typ, der durch Wurzeln erweitert ist. vars kann ein einfacher Name oder eine Liste bzw. Menge von Namen sein. ◇ Siehe auch: `type/algfun, type/radext`.

type/radfunext
```
type(ausdr, radfunext)
```
Prüft, ob es sich um eine Erweiterung einer Wurzelfunktion handelt ◇ Eine Erweiterung einer Wurzelfunktion ist eine Wurzel einer Kombination rationaler Funktionen mit Wurzeln rationaler Funktionen, wobei die Wurzeln als Radikale angegeben sind. Dies ist äquivalent zum Aufruf von `type/radext` und von `type/radfun`. ◇ `type(x^(1/2), radfunext);` $\longrightarrow$ *true* ◇ Siehe auch: `type/radext`, `type/radfun`, `type/radical`, `type/radnumext`.

type/radical
```
type(ausdr, radical)
```
Testet auf Potenzen, wobei der Exponent ein Bruch ist ◇ Siehe auch: `type/'^'`, `type/fraction`, `type/radnum`, `type/radext`, `type/sqrt`.

type/radnum
```
type(ausdr, radnum)
```
Testet auf eine algebraische Zahl, dargestellt mit Hilfe von Radikalen ◇ Diese Funktion testet auf eine rationale Zahl, eine Wurzel einer rationalen Zahl, eine Summe, Produkt oder Quotienten derselben. ◇ Siehe auch: `type/algnum`, `type/radfun`, `type/radical`.

type/radnumext
```
type(ausdr, radnumext)
```
Testet auf eine radikale Zahlerweiterung ◇ Eine radikale Zahlerweiterung ist eine Wurzel eines univariaten Polynoms mit radnum Koeffizienten. Dies ist äquivalent zum Testen von `type/radext` und `type/radnum`. ◇ Siehe auch: `type/algnumext`, `type/radext`, `type/radfunext`, `type/radnum`.

type/range
```
type(ausdr, range)
```
Stellt fest, ob es sich um einen Bereich handelt ◇ Dies ist äquivalent zu `type/'..'`. Ein Ausdruck vom Typ range (auch Typ '..' genannt) hat zwei Operanden, den Ausdruck auf der linken Seite und den Ausdruck auf der rechten Seite.

type/rational
```
type(ausdr, rational)
```
Testet auf einen Bruch oder eine ganze Zahl ◇ Siehe auch: `type/integer`, `type/fraction`, `type/numeric`.

type/ratpoly
```
type(ausdr, ratpoly)
type(ausdr, ratpoly(typ))
type(ausdr, ratpoly(typ, vars))
```
Testet auf eine rationale Funktion ◇ typ benennt den Typen des Definitionsbereichs der Koeffizienten und vars benennt die Unbestimmten. vars kann eine einfache Variable oder eine Liste bzw. Menge von Variablen sein. ◇ Siehe auch: `type/polynom`.

type/realcons
```
type(ausdr, realcons)
```
Testet auf eine reelle Konstante ◇ Eine reelle Konstante ist ein Ausdruck, für welchen `evalf` eine Gleitkommazahl bzw. `infinity` oder `-infinity` zurückgibt. ◇ Siehe auch: `type/complex`, `type/constant`.

type/relation
Testet auf einen Ausdruck vom Typ '<', '<=', '<>' oder '=' ◇ Siehe auch: `type/'='`, `type/'<>'`, `type/'<'`, `type/'<='`, `type/boolean`.

type/RootOf
```
type(ausdr, RootOf)
```
Testet auf einen `RootOf`-Ausdruck ◇ Dies ist äquivalent zu `type/algext`. ◇ Siehe auch: `RootOf`, `type/algext`, `type/algnum`.

type/scalar
```
type(ausdr, scalar)
```
Testet auf einen Skalar ◇ Ein Skalar ist alles, was kein Feld ist. ◇ Siehe auch: `type/array`, `type/matrix`, `type/vector`.

type/series
```
type(ausdr, series)
```
Testet auf eine Reihe ⋄ Siehe auch: `series`, `type/laurent`, `type/taylor`.

type/set
```
type(ausdr, set)
type(ausdr, set(typ))
```
Testet auf eine Menge ⋄ Die zweite Form testet auf eine Menge mit Elementen vom gegebenen Typ. ⋄ `type({1,2,3.}, set(integer))`; ⟶ *false* ⋄ Siehe auch: `type/list`.

type/specfunc
```
type(ausdr, specfunc(typ, name))
```
Testet auf einen bestimmten Funktionsaufruf mit Argumenten vom gegebenen Typ ⋄ `type(g(2,1), specfunc(integer, g))`; ⟶ *true* ⋄ Siehe auch: `type/anyfunc`, `type/function`.

type/sqrt
```
type(ausdr, sqrt)
type(ausdr, 'sqrt'(typ))
```
Testet auf eine Quadratwurzel ⋄ Eine Quadratwurzel ist ein Radikal, wobei der Nenner des Exponenten gleich 2 ist. Die zweite Form prüft, ob der Teilausdruck unter dem Radikal vom gegebenen Typ ist. ⋄ `type((x+1)^(5/2), sqrt)`; ⟶ *true* ⋄ Siehe auch: `sqrt`, `type/radical`.

type/square
```
type(ausdr, square)
```
Testet auf ein perfektes Quadrat ⋄ `type(121, square)`; ⟶ *true* ⋄ `type(ln(x)^4, square)`; ⟶ *true*

type/string
```
type(ausdr, string)
```
Testet auf eine Zeichenkette ⋄ Siehe auch: `type/name`.

type/table
```
type(ausdr, table)
```
Testet auf eine Tabelle ⋄ Siehe auch: `table`, `type/array`.

type/taylor
```
type(ausdr, taylor)
```
Testet auf eine Taylorreihe ⋄ Eine Taylorreihe ist eine Reihe, deren Potenzen der Variablen nach der sie entwickelt wurde, alle nichtnegativ und ganzzahlig sind. ⋄ Siehe auch: `series`, `taylor`, `type/laurent`, `type/series`.

type/TEXT
```
type(ausdr, TEXT)
```
Stellt fest, ob es sich um ein TEXT-Objekt handelt ⋄ Siehe auch: `TEXT`, `type/string`.

type/trig
```
type(ausdr, trig(var))
type(ausdr, trig)
```
Testet auf eine trigonometrische oder hyperbolische trigonometrische Funktion ⋄ Die trigonometrische Funktion muß die letzte bei der Auswertung des Ausdrucks ausgeführte Operation sein. Die zweite Form prüft, ob der Funktionsaufruf die Variable var enthält. ⋄ Siehe auch: `type/arctrig`, `type/mathfunc`.

type/type
```
type(ausdr, type)
```
Testet auf einen Typenausdruck ⋄ Ein Typenausdruck ist als Ausdruck definiert, welcher als zweites Argument eines `type`-Befehls benutzt werden kann. ⋄ Siehe auch: `type`.

type/uneval
```
type(ausdr, uneval)
```
Testet auf einen unausgewerteten Ausdruck ⋄ Ein unausgewerteter Ausdruck ist in einfache rechte Hochkommata ' ' eingeschlossen.

type/'union'
```
type(ausdr, 'union')
```
Testet auf einen union-Ausdruck ◇ Siehe auch: `type/'intersect'`, `type/'minus'`.

type/vector
```
type(ausdr, vector)
type(ausdr, 'vector'(type))
```
Testet auf einen Vektor ◇ Ein Vektor ist ein eindimensionales Feld, welches mit 1 beginnend indiziert wird. Die zweite Form testet auf einen Vektor mit Einträgen vom angegebenen Typ. ◇ Siehe auch: `linalg[vector]`, `type/array`, `type/matrix`, `type/scalar`.

unames
```
unames()
```
Nicht zugewiesene Namen ◇ Diese Funktion ergibt eine Folge von Ausdrücken mit allen aktiven Namen der aktuellen Maple-Sitzung, die „unzugewiesene Namen" sind. Ein unzugewiesener Name ist ein Name, der zwar benutzt wurde, aber keinen Wert außer seinem eigenen Namen besitzt. ◇ Siehe auch: `anames`, `assigned`.

unapply
```
unapply(ausdr, var)
unapply(ausdr, var1, var2, ...)
```
Erzeugt eine Funktion aus einem Ausdruck ◇ Diese Funktion ergibt einen Operator, welcher den Ausdruck berechnet. Die Anzahl und die Reihenfolge der vom Operator verlangten Argumente wird durch die Folge der Variablen festgelegt. ◇ `unapply(a*tan(x), x);` $\longrightarrow x \to a \tan(x)$ ◇ `unapply(a*tan(x), a,x);` $\longrightarrow (a,x) \to a \tan(x)$

unassign
```
unassign(name1, name2, ...)
```
Markiert eine Zuweisung an eine Namen als ungültig ◇ Die Argumente werden vollständig ausgewertet, deshalb werden Namen gewöhnlich in einfache rechte Hochkommata eingeschlossen. Diese Funktion ergibt NULL. ◇ Man muß erst `readlib(unassign)` eingeben, bevor man diesen Befehl benutzen kann. ◇ Siehe auch: `assign`.

undebug
```
undebug(f1, f2, ...)
```
Schaltet das Verfolgen der Ausführung der benannten Prozeduren wieder ab ◇ Synonym für `untrace`. ◇ Siehe auch: `debug`, `untrace`.

union
```
menge1 union menge2
'union'(menge1, menge2, menge3,...)
```
Der Vereinigungsoperator für Mengen ◇ Diese Funktion ergibt die Menge aller der Elemente, die in wenigstens einer der angegebenen Mengen auftreten. ◇ `{a,b} union {b,c};` $\longrightarrow$ $\{a,b,c\}$ ◇ Siehe auch: `intersect`, `minus`, `symmdiff`.

unload
```
unload(f)
```
Lädt die Funktion f aus der aktuellen Sitzung aus ◇ Diese Funktion gibt den Namen f zurück. Es gibt keine On-Line-Hilfsinformation zu dieser Funktion. ◇ Man muß erst `readlib(unload)` eingeben, bevor man diesen Befehl benutzen kann. ◇ Siehe auch: `forget`, `readlib`, `unassign`, `with`.

unprofile
```
unprofile(f1, f2, ...)
```
Schalte das Profilieren der genannten Prozeduren wieder ab ◇ Man muß erst `readlib(profile)` eingeben, bevor man diesen Befehl benutzen kann. ◇ Siehe auch: `profile`, `showprofile`.

unprotect
```
unprotect(name1, name2, ...)
```
Hebt den Schutz von Namen auf ◇ Sind die Namen ungeschützt, so können sie eine neue Bedeutung zugewiesen bekommen. Es wird allerdings davon abgeraten, Maple-Systemnamen zu modifizieren. Man kann den Schutz von Namen auch aufheben, indem man ihre Zuweisung rückgängig macht. ◇ Diese Funktion ist neu in Version 3. ◇ Siehe auch: `protect`, `type/protected`, `unassign`.

untrace

`untrace( f₁, f₂, ... )`

Schalte das Verfolgen der Ausführung der benannten Prozeduren wieder ab ◊ Siehe auch: `trace, undebug`.

updtsrc

`updtsrc dateiname`

`updtsrc options dateiname`

Aktualisiert Maple V Version 2 Quelldateien für Version 3 ◊ Dieser externe Befehl fügt `global` Deklarationen zu Version 2-Prozeduren hinzu, sodaß sie unverändert unter Version 3 laufen. Es können drei Optionen angegeben werden:

- `-h` Unterdrücke den Ausdruck der Überschrift mit Dateinamen
- `-p` Erlaube den Ausdruck von Copyright-Prozeduren
- `-w` Unterdrücke Warnmeldungen zerstörter Prozeduren

◊ Dieser Befehl ist neu in Version 3. ◊ Siehe auch: `global, local, m2src`.

usage

`usage(name)`

Zeigt die Aufrufsfolge und die Beschreibungen der Parameter einer Funktion an ◊ Diese Information wird aus dem On-Line-Hilfstext herausgenommen. Es wird empfohlen, diese Funktion durch doppelte Eingabe des Fragezeichens aufzurufen. ◊ Diese Funktion ist neu in Version 3 ◊ Siehe auch: `??, example, help, info, related`.

userinfo

`userinfo(n, f, ausdr₁, ausdr₂ ...)`

`userinfo(n, fmenge, ausdr₁, ausdr₂ ...)`

Wertet und druckt den Ausdruck aus, wenn `infolevel[f]` oder `infolevel[all]` den Wert n oder einen größeren Wert besitzt ◊ Das zweite Argument kann auch eine Menge von Prozedurnamen sein, für die die Information ausgedruckt werden soll. Normalerweise ist n eine ganze Zahl zwischen 1 und 5. Größere n entsprechen ausführlicherer Information. ◊ Siehe auch: `infolevel`.

value

`value(ausdr)`

Wertet starre Funktionen aus ◊ Diese Funktion erzwingt die Auswertung starrer Funktionen wie `Int, Limit, Diff, Sum` und `Product`. Man könnte denselben Effekt erzielen, indem man die mit Großbuchstaben beginnenden Namen durch ihre mit Kleinbuchstaben beginnenden Gegenstücke ersetzt und dann `eval` aufruft. ◊ `value(Int(x^2, x=0..1));` $\longrightarrow \frac{1}{3}$ ◊ Siehe auch: `diff, eval, limit, product, int, sum`.

verify

`verify('f(args)', ausdr)`

`verify('f(args)')`

`verify(ausdr)`

`verify(glchg)`

`verify(liste)`

`verify(menge)`

Verifiziert gewisse Maple-Berechnungen ◊ Die erste Variante verifiziert, daß der Funktionsaufruf ausdr ergibt. Die zweite Form verifiziert die Berechnung des Funktionsaufrufs durch Auswertung der Funktion und nachfolgender Anwendung der inversen Funktion auf das Ergebnis. Bei beiden Varianten sollten einfache rechte Hochkommata den Funktionsnamen einschließen, um eine vorzeitige Auswertung zu verhindern. Die dritte Variante überprüft, ob ausdr zu null äquivalent ist. Die vierte Variante prüft nach, ob die gegebene Gleichung stimmt. Die letzten beiden Varianten verifizieren ein jedes Element einer Liste bzw. Menge. Das Ergebnis dieser Funktion ist entweder *true, false* oder *FAIL*. ◊ Man muß erst `readlib(verify)` eingeben, bevor man diesen Befehl benutzen kann. ◊ `verify('int(2*t,t)');` $\longrightarrow$ *true*

W

`W(z)`

`W(n, z)`

Lamberts W- (oder omega-)Funktion ◊ `W(z)` genügt der Gleichung $W(z) \exp(W(z)) = z$. Der ausgewählte Zweig ist der eindeutig bestimmte Zweig, der an der Stelle 0 analytisch ist. Das zweite Schema berechnet andere Zweige der Lösung dieser Gleichung. n kann eine beliebige ganze Zahl sein.

whattype
whattype(ausdr)
Erfragt den Grunddatentypen des Ausdrucks ⋄ whattype(a+2*b); ⟶ + ⋄
whattype(a,b,c); ⟶ *exprseq* ⋄ Siehe auch: hastype, type.

while
while bed do anweisungen od
Führt die Anweisungen aus, solange die Bedingung erfüllt ist ⋄ Die Bedingung wird am Anfang
eines jeden Schleifendurchlaufs getestet. ⋄ See do.

with
with(paket)
with(paket, f_1, f_2, ...)
with(share)
Definiert Funktionen aus einem Bibliothekspaket ⋄ Diese Funktion erlaubt es, Kurznamen der
Form f anstelle der ausführlichen Namen der Form paket[f] zu benutzen. Die erste Form
definiert alle Funktionen des Pakets in der aktuellen Sitzung. Die zweite Form definiert nur
die genannten Funktionen des Pakets. Die durch die globale Variable libname spezifizierten
Bibliotheken werden in der angegebenen Reihenfolge nach dem Paket durchsucht. Die spezielle
Form with(share) aktualisiert libname, so daß auch auf Funktionen aus der Share-Bibliothek
zurückgegriffen werden kann. Es wird keine einzige Funktion dadurch definiert. Befindet sich
diie Share-Bibliothek nicht an der erwarteten Stelle, so sollte man ihr Verzeichnis der Variablen
sharename zuweisen, bevor man with(share) aufruft. ⋄ with(plots): ⋄ Siehe auch:
libname, readlib.

words
words()
words(n)
Erfragt den Speicherplatzverbrauch ⋄ Diese Funktion ergibt die Gesamtzahl der in dieser Sitzung
benutzten Speicherplatzworte. Diese Zahl ist in status[1] abgespeichert. Die zweite Form
verlangt, daß den Speicherplatzverbrauch betreffende Meldungen jedesmal nach dem Belegen n
weiterer Worte ausgegeben werden. Der voreingestellte Wert n unterscheidet sich von System zu
System. Der gegenwärtige Wert ist in status[4] abgespeichert. ⋄ Siehe auch: gc, status,
time.

write
write($ausdr_1$, $ausdr_2$, ...)
Schreibt eine Folge von Ausdrücken in eine durch open geöffnete Datei ⋄ Ausdrücke werden
in lineprint-Form in die Datei geschrieben. ⋄ Man muß erst readlib(write) eingeben,
bevor man diesen Befehl benutzen kann. ⋄ Siehe auch: appendto, close, lprint, open,
save, writeln, writeto.

writeln
writeln($ausdr_1$, $ausdr_2$)
Schreibt eine Folge von Ausdrücken gefolgt von einem Zeilenumbruchzeichen in die durch
open geöffnete Datei ⋄ Ausdrücke werden in lineprint-Form in die Datei geschrieben. ⋄ Man
muß erst readlib(write) eingeben, bevor man diesen Befehl benutzen kann. ⋄ Siehe auch:
appendto, close, lprint, open, save, write, writeto.

writeto
writeto(dateiname)
writeto(terminal)
Schreibt sämtliche nachfolgende Ausgabe in eine Datei ⋄ Bei der Befehlszeilenschnittstelle
werden Prompts und Eingabeanweisungen auch in die Datei übertragen; Prompts erscheinen aber
nicht auf dem Schirm, wenn in eine Datei geschrieben wird. Die zweite Form bringt die Ausgabe
auf den Schirm zurück. Ist die Datei schon existent, so ist der alte Inhalt verloren. ⋄ Siehe auch:
appendto, save, write.

Zeta
Zeta(s)
Zeta(n, s)
Zeta(n, s, q)
Die Riemannsche Zeta-Funktion ⋄ Die erste Form wertet die Zeta-Funktion an der Stelle s aus:

$$\zeta(s) = \sum_{i=1}^{\infty} \frac{1}{i^s}$$

Die zweite Form ergibt die nte Ableitung der ζ-Funktion. Der dritte Parameter ändert die Summe:

$$\zeta(0, s, q) = \sum_{i=0}^{\infty} \frac{1}{(i+q)^s}$$

und $\zeta(n, s, q)$ ergibt die nte Ableitung dieser Funktion. $\diamond$ `Zeta(2);` $\longrightarrow \frac{1}{6}\pi^2$

zip
```
zip(f, liste₁, liste₂)
zip(f, liste₁, liste₂, default)
```
Schmilzt zwei Listen bzw. Vektoren zusammen $\diamond$ Diese Funktion wendet die binäre Funktion f auf die entsprechenden Komponenten zweier Listen oder Vektoren an und ergibt eine neue Liste bzw. Vektor. Ist ein viertes Argument angegeben, so wird dieses als Ersatzwert benutzt, wenn eine der Listen bzw. Vektoren kürzer als die andere ist. $\diamond$ `zip(f, [a,b], [c,d,e]);` $\longrightarrow$ $[f(a, c), f(b, d)]$ $\diamond$ Siehe auch: `map`.

ztrans
```
ztrans(ausdr, n, z)
```
Z-Transformation $\diamond$ Diese Funktion berechnet die Z-Transformation eines Ausdrucks ausdr in der Variablen n, wobei sich ein Ausdruck in z ergibt. Sie erkennt die Deltafunktion `Delta(...)` und die Treppenfunktion `Step(...)`. Diese Transformation ist folgendermaßen definiert: $\sum_{n=0}^{\infty} (ausdr)/z^n$ $\diamond$ `ztrans(a^n,n,z);` $\longrightarrow \frac{z}{z-a}$ $\diamond$ Siehe auch: `invztrans`, `rsolve`.

E   Elektronische Resourcen

Ein großer Teil von Informationen über Maple ist On-Line über elektronische Mail, Internet-Datentransfer und elektronische Bulletinboards erhältlich. Hat man Benutzerberechtigung für Internet oder Bitnet, kann man an diese Informationen herankommen. Die andere Möglichkeit ist ein Modem, welches an einem solchen Rechner angeschlossen ist.

E.1   Die Share-Bibliothek

Die Maple-Share-Bibliothek enthält Maple-Code, der von Benutzern beigetragen wurde und Dokumentation. Diese Bibliothek wird auf elektronischem Wege verbreitet und ist kostenlos erhältlich. Die Share-Bibliothek enthält Dutzende von Maple-Anwendungsprogrammen in allen möglichen Bereichen von Mathematik, Natur- und Ingenieurswissenschaften. Diese Anwendungsprogramme werden von Maple-Benutzern aus der ganzen Welt gestiftet. Die Share-Bibliothek enthält außerdem Lernprogramme für Maple, Zusammenfassungen neuer Funktionalitäten der neuesten Versionen und Dokumentation zu bestimmten Anwendungen. Die Maple-Entwickler selbst machen Fehlerkorrekturen und Verbesserungen zu Maple-Bibliotheksroutinen dort bekannt.

Die Share-Bibliothek ist auf dem Internet erhältlich via anonymous FTP und zwar von den fünf Adressen, die in der folgenden Tabelle aufgelistet sind. Der letzte Abschnitt dieses Kapitels (Seite 317) beschreibt, wie man anonymous FTP benutzt. Die Share-Bibliothek wird ungefähr dreimal im Jahr aktualisiert.

Internet-Name	Internet-Adresse	Dateiverzeichnis	Ort
`daisy.uwaterloo.ca`	129.97.140.58	maple	Kanada
`ftp.maplesoft.on.ca`	192.139.233.5	pub/maple	Kanada
`ftp.inria.fr`	128.93.2.54	lang/maple	Frankreich
`canb.can.nl`	192.16.187.2	pub/maple-ftplib	Holland
`neptune.inf.ethz.ch`	129.132.101.33	maple	Schweiz

Die Share-Bibliothek ist nach Versionen gesplittet: Maple V Version 2 Beiträge sind in dem „5.2"-Unterverzeichnis des Hauptverzeichnisses, welches in der dritten Spalte der Tabelle aufgelistet ist, zu finden. Bei `daisy.uwaterloo.ca` befinden sie sich z. B. in maple/5.2. Innerhalb von 5.2 gibt es vier hauptsächliche Unterverzeichnisse:

share	Von Benutzern gestifteter Maple-Code mit zugehöriger Dokumentation.
lib	Korrekturen und Verbesserungen zu Maple-Bibliotheksroutinen und Hilfsdateien.
doc	Allgemeine Artikel über Maple: viele in $\mathrm{T_{E}X}$ oder $\mathrm{L^AT_EX}$, andere in PostScript oder einfachem Textformat.
test	Testbeipiele für viele gestiftete Routinen.

Sollte man keinen Zugang zu FTP und dem Internet haben, so kann man dennoch auf die Share-Bibliothek durch elektronische Mail zugreifen. In diesem Fall sendet man einfach eine Nachricht an `maple-netlib@can.nl`, welche die Zeile „send info" enthält. Ein Programm empfängt diese Botschaft und meldet sich mit weiteren Instruktionen.

Ein Teil der Share-Bibliothek wird mit Maple mitgeliefert. Mit dem Befehl `?share[contents]` erhält man eine Liste der Share-Bibliotheksroutinen, die mit dem System mitgeliefert wurden. Unter Maple V Version 2 und Version 3 ist es sehr einfach, diese Share-Bibliotheksfunktionen einzuladen und zu benutzen.

Die Share-Bibliothek ist gewöhnlich in einem Verzeichnis mit Namen `share` installiert, die zum Haupt-Bibliotheksverzeichnis von Maple benachbart ist. Ist die Share-Bibliothek an anderer Stelle installiert, so muß man der Variablen `sharename` erst das entsprechende Verzeichnis zuweisen. Um die Sitzung so einzurichten, daß die Share-Bibliothek benutzt werden kann, gebe man

```
> with(share);
```

ein. Dies modifiziert die Variable `libname` so, daß Maple die Share-Bibliothek durchsucht, sobald die Haupt-Bibliotheken durchsucht wurden, wenn man `readlib` oder `with` benutzt. Man kann z. B. die Share-Bibliotheksfunktion `fit` zur Berechnung einer Approximation in kleinsten Quadraten an gewisse Daten mit dem Befehl `readlib(fit)` einladen.

Die meisten Share-Bibliotheksfunktionen kommen mit Hilfsseiten im Maple-Format. Auf diese wird wie auf andere Hilfsstichworte zugewiesen, nachdem man eine Share-Bibliotheksdatei geladen hat. Man kann sich zum Beispiel die Hilfsseite für `fit` durch Eingabe von `?fit` ansehen.

Ausgewählte Beiträge zur Share-Bibliothek

Dieser Abschnitt beschreibt ausgewählte Funktionen, Arbeitsblätter und Dokumente der Share-Bibliothek. Arbeitsblätter befinden sich in Dateien, die mit „.ms" enden und können auf jeder Maple-Plattform benutzt werden, die die Arbeitsblattschnittstelle unterstützt. Einige dieser Arbeitsblätter sind eventuell schon auf dem jeweiligen System vorhanden, da ein Teil der Share-Bibliothek mit der akademischen Version von Maple V Version 2 und Version 3 mitgeliefert wird. Sie sind alle durch anonymous FTP oder elektronische Mail erhältlich, so wie oben beschrieben. Am Ende einer jeden Beschreibung findet man den Namen des Autors (bzw. der Autoren) und den Namen und Ort der Datei, welche das Programm bzw. Dokument enthält.

Die Beiträge sind in neun verschiedene Kategorien aufgeteilt worden: Algebra, Analysis, Kombinatorik, Geometrie, Lineare Algebra, Zahlentheorie Natur- und Ingenieurswissenschaften, Dienstprogramme (Utilities) und Sonstige Dokumente.

Algebra

algcurve	Ein Paket von Routinen zur Berechnung algebraischer Kurven in zwei Dimensionen. Enthält Routinen zur Berechnung singulärer Punkte, Tangenten, Wendepunkte, Schnittpunkte und eine Routine zum Zeichnen von Kurven. S. Schwendimann. (`algcurve`)
charsets	Ein Paket, welches die charakteristische Mengenmethode von Ritt-Wu implementiert. Enthält charakteristische Mengen (multivariater) Polynommengen, welche die Polynommengen in aufsteigende Mengen und unzerlegbare aufsteigende Mengen aufteilen, algebraische Varietäten in unzerlegbare Komponenten aufteilen, Polynome über algebraischen Zahlkörpern faktorieren und Systeme polynomialer Gleichungen lösen. D. Wang. (`algebra/charsets`)
compoly	Ein schnellerer Algorithmus zur Zerlegung von Polynomen (Gutierrez u. a.), welcher nicht nach einer Faktorierung verlangt. B. Salvy and F. Morain. (`compoly`)
coxeter weyl	Pakete zum Erforschen von Wurzelsystemen und endlicher Coxeter-Gruppen. Das weyl-Paket benötigt das coxeter-Paket und enthält Prozeduren zur Manipulation von Gewichtsvektoren und zur Berechnung von Vielfachheiten für unzerlegbare Darstellungen halbeinfacher Lie-Algebren. J. Stembridge. (`coxeter/coxeter, coxeter/weyl`)
fields	Ein Paket zur Bestimmung des transzendatelen Grades einer Körpererweiterung, oder des Grades einer algebraischen Erweiterung, zweier über den rationalen Zahlen oder einem algebraischen Zahlkörper liegender Körper oder eines algebraischen Zahlkörpers. G. Kemper. (`algebra/fields, algebra/fields.ms`)
fullparfrac	Vollständige Partialbruchzerlegung einer rationalen Funktion in $\mathbf{Q}(x)$ über dem algebraischen Abschluß von $\mathbf{Q}$ ohne Faktorzerlegung. B. Salvy. (`fparfrac`)
galois	Berechnet die Galoisgruppe eines Polynoms, dessen Grad nicht größer als 7 ist. Erweitert die Standard-Bibliotheksroutine `galois` von $\mathbf{Q}[x]$ auf $\mathbf{Q}[t_1, t_2, \ldots, t_m][x]$, d. h., auf Polynome mit polynomialen Koeffizienten. R. Sommeling, T. Mattman und J. McKay. (`algebra/galois`)
GB	Berechnet eine reduzierte, minimale Gröbnerbasis einer Menge von Polynomen über einem Körper von Primordnung, wobei entweder reine lexikographische Ordnung oder Ordnung nach dem totalen Grad benutzt wird. Enthält die Routine NormalForm zur Reduktion eines Polynoms über einem solchen Körper modulo eines Ideals. D. Gruntz. (`mod/GB`)
group.ms	Ein Arbeitsblatt, welches Fragen zu Rubiks Würfel behandelt. (`algebra/group.ms`)

Hurwitz	Prüft, ob ein Polynom vom Hurwitz-Typ ist, d. h., ob der Realteil einer jeden Nullstelle negativ ist. R. Corless. (`Hurwitz`)
IF	Paket von Routinen, die mit reellen algebraischen Zahlen arbeiten und Systeme von Gleichungen und Ungleichungen auflösen. Eine Anwendung dieser Prozeduren berechnet eine zylindrische algebraische Zerlegung einer ebenen algebraischen Kurve. F. Cucker. (`IF`)
IntBasis	Routinen zur schnellen Berechnung einer Integralbasis für einen algebraischen Funktionenkörper (integral_basis), zur Berechnung von Puiseux-Reihenentwicklungen (puiseux) und zur Berechnung des Geschlechts einer algebraischen Kurve (genus). M. van Hoeij. (`IntBasis`)
invar	Ein Paket von Routinen zur Berechnung des invarianten Ringes von Permutationsgruppen oder endlich-linearen Gruppen über **Q** oder einem algebraischen Zahlkörper. G. Kemper. (`algebra/invar`)
posets	Ein Paket von Routinen zur Manipulation teilweise geordneter Mengen, darunter Routinen zur Aufzählung aller nichtisomorphen teilweise geordneter Mengen und Gitterstrukturen mit n Ecken. J. Stembridge. (`posets`)
SF	Ein Paket von Routinen zur Manipulation symmetrischer Funktionen. Dieses Paket kann symmetrische Funktionen in folgenden Basen darstellen: monomiale symmetrische Funktionen, elementare symmetrische Funktionen, kompletthomogene symmetrische Funktionen, symmetrische Funktionen in Potenzsummendarstellung, sowie Schur-Funktionen. J. Stembridge. (`SF`)
sglplot	Zeichnet eine Teilgruppen-Gitterstruktur in drei Dimensionen auf. M. Monagan. (`plots/sglplot`)
SqrFree	Berechnet die quadratfreie Faktorzerlegung eines multivariaten Polynoms über einem Körper mit Primzahlordnung. (Maples Routine `Sqrfree` gilt nur für univariate Polynome.) S. Swanson. (`mod/SqrFree`)
subres	Berechnet die Teilresultantenfolge der polynomialen Reste. G. Labahn und M. Monagan. (`subres`)
Subres	Berechnet die Teilresultantenfolge der polynomialen Reste über den ganzen Zahlen modulo m. G. Labahn und M. Monagan. (`mod/Subres`)
symmpoly	Erzeugt elementare symmetrische Polynome. M. Monagan. (`combinat/symmpoly`)
traubjen	Traub-Jenkins-Algorithmus zur Berechnung der komplexen Wurzeln eines Polynoms. B. Salvy. (`traubjen`)
trinom.ms	Berechnet primitive Trinome über endlichen Körpern, welche für fehlerbehebende Codes und zur Erzeugung von Zufallszahlen benutzt werden können. Dies demonstriert, wie man Maple zum Rechnen mit Polynomen über endlichen Körpern benutzen kann. M. Monagan. (`algebra/trinom.ms`)

Analysis

approx.ms	Ein Maple-Arbeitsblatt, welches verschiedene numerische Approximationstechniken zur Entwicklung polynomialer und rationaler Funktionsapproximationen illustriert. Darunter Taylorreihen-, Tschebyscheffreihen-, Padé-, Tschebyscheff-Padé- und Minmax-Approximationen. K. Geddes. (`numerics/approx.ms`)
autodiff	Eine Sammlung von Routinen zur automatischen (algorithmischen) Differentiation. W. Neuenschwander und M. Monagan. (`autodiff/DIFF, GRADIENT, HESSIAN, JACOBIAN, TAYLOR`)

balloon.ms — Eine lange flexible Leine wird akkurat am Boden befestigt und ein Heliumballon wird an einem Ende befestigt. Die Bewegung des aufsteigenden Ballons wird durch eine Differentialgleichung beschrieben, welche numerisch gelöst und dann aufgezeichnet wird. Dieses Arbeitsblatt benötigt das Plotpaket ODE aus der Share-Bibliothek. D. Schwalbe. (`plots/balloon.ms`)

BesselH — Implementation von Hankelfunktions mittels BesselJ und BesselY. D. Meade. (`hankel, hankel.ms`)

fft — Berechnet die schnelle Fouriertransformation (FFT). S. Earl. (`numerics/fft`)

fht — Berechnet die schnelle Hartleytransformation. S. Earl. (`numerics/fht`)

fit — Eine (lineare) Modellierung einer Kurve im Sinne der kleinsten Quadrate an eine Menge von Daten. D. Gruntz. (`fit`)

fjeforms — Eine revidierte Version des `difforms`-Paket zum Rechnen mit Differentialformen. FJE Enterprises. (`fjeforms/fjeforms`)

gdev
glimit — Allgemeine Reihenentwicklungen und symbolische Grenzwerte. Es wird ein leistungsfähigeres Modell zur asymptotischen Reihenentwicklung benutzt als bei Maples `asympt`- und `series`-Befehlen. B. Salvy. (`gdev`)

gfun — Ein Paket zum Rechnen mit erzeugenden Funktionen. Verwandelt implizite Gleichungen in Differentialgleichungen, Differentialgleichungen in Rekursionen und umgekehrt, gewöhnliche in exponentiale Rekursionen. Es werden auch lineare Rekursionen oder Differentialgleichungen aus endlichen Listen von Koeffizienten zurückgewonnen. B. Salvy und P. Zimmermann. (`gfun`)

GRADIENT.ms — Ein Arbeitsblatt mit Beispielen zur automatischen (algorithmischen) Differentiation unter Verwendung von Maples D-Operator und der Funktion GRADIENT aus der mit Version 2 mitgelieferten Share-Bibliothek zur Berechnung partieller Ableitungen, Gradienten und Jacobimatrizen von Funktionen, die als Maple-Prozeduren gegeben sind. M. Monagan. (`autodiff/GRADIENT.ms`)

guesss — Eine Routine zum Erraten des nächsten Werts einer Folge. Diese Routine sucht nach allgemeineren Differentialgleichungen als das gfun-Paket. Es wird eine verallgemeinerte Kettenbruchmethode zum Finden der Differentialgleichung benutzt. H. Derksen. (`guesss`)

ilp — Ein Algorithmus zur ganzzahligen linearen Programmierung zum Maximieren einer linearen Funktion unter einer Menge von Restriktionen. A. Pathria. (`ilp`)

intpak — Experimentelles Paket zur Intervallarithmetik. A. Connell und R. Corless. (`numerics/intpak`)

LambertW.ps — Eine PostScript-Datei, welche Lamberts W-Funktion (die W-Funktion in Maple) dokumentiert. Enthält Eigenschaften, Integrationsformeln und -techniken, asymptotische Betrachtungen und Anwendungen. R. Corless, G. Gonnet, D. Hare und D. Jeffrey. (`LambertW.ps`)

logistic.ms — Ein Arbeitsblatt zur Behandlung des logistischen Modells zum Bevölkerungswachstum: $P' = aP - bP^2$. D. Schwalbe. (`plots/logistic.ms`)

logmap.ms — Ein Arbeitsblatt, welches die periodenverdoppelnde Bifurkationenfolge einer diskreten logistischen Abbildung untersucht. R. Corless. (`calculus/logmap.ms`)

MatPade — Funktionen zur Berechnung von Matrix-Padé-Approximationen, darunter Hermite-Padé, simultane Padé und rechte und linke Padé-Approximationen. G. Labahn. (`algebra/MatPade, algebra/MatPade.ms`)

ODE — Eine Sammlung von Routinen zur numerischen Lösung und Zeichnung von Differentialgleichungen aus dem Kapitel 5 des *Maple V Flight Manual*. Dieser Code ist in der Share-Bibliothek der Studentenversion von Maple V Version 2 enthalten. D. Schwalbe. (`plots/ODE`)

pade2	Verallgemeinerte Padé-Approximationen. H. Derksen. (`numerics/pade2`)
parfrac.ms	Ein Arbeitsblatt, welches die Partialbruchzerlegung zur Integration rationaler Funktionen illustriert. M. Monagan. (`calculus/parfrac.ms`)
polycon	Ein Paket zur Analyse polynomialer und rationaler Kontrollsysteme. K. Forsman. (`engineer/polycon`)
PS	Ein Paket zu formalen Potenzreihen mit vielen Verbesserungen gegnüber dem Bibliothekspaket `powseries` zur Manipulation von Potenzreihen. D. Gruntz. (`PS`)
ratinterp	Berechnet eine rationale Funktion, die die gegebenen Datenpunkte interpoliert. C. von Achenbach. (`numerics/rfinterp`)
ratlode	Findet die rationalen Lösungen zu einer linearen gewöhnlichen Differentialgleichung n^ter Ordnung mit rationalen Koeffizienten. M. Bronstein. (`calculus/ratlode`)
trans	Ein Paket von Routinen zu rationalen Funktionsapproximationen an rationale Punkte, Taylor- und asymptotische Reihen und Funktionen. J. Grotendorst. (`numerics/trans`)

Kombinatorik

coxpoly	Berechnet das Coxeterpolynom eines zyklischen Baumes mit Wurzel. A. Boldt. (`combinat/coxpoly`)
perm	Ein Paket von Routinen zum Rechnen mit Permutationsgruppen, darunter Routinen zum Berechnen von Orbits, Teilgruppen und zum Prüfen, ob zwei Gruppen konjugiert sind. Dies sind zudem Prozeduren, die zur Darstellung und Manipulation kombinatorischer Strukturen benutzt werden. Y. Chiricota. (`combinat/perm`)
relpoly	Berechnet das resultierende Zuverlässigkeitspolynom für einen Graphen mit einer gegebenen Wahrscheinlichkeit für den Ausfall einer Kante. M. Monagan. (`combinat/relpoly`)

Geometrie

billiard.ms	Ein Arbeitsblatt, welches die Lösung zum Billiardproblem mit einem kreisförmigen Billiardtisch angibt. Die numerische Lösung demonstriert den Nutzen algorithmischer Differentiation. W. Gander und D. Gruntz. (`geometry/billiard.ms`)
surfaces	Ein Paket zur Berechnung grundlegender differentialgeometrischer Größen parametrischer Flächen im Raum, darunter erste und zweite Fundamentalformen, metrische Determinante, Gaußkrümmung und mittlere Krümmung. T. Murdoch. (`geometry/surfaces`)

Lineare Algebra

autoevalm	Eine Dienstroutine zur automatischen Auswertung von Matrixausdrücken. E. Johnson. (`linalg/autoevalm`)
classical	Rational kanonische Form für eine Matrix rationaler Zahlen. Enthält ein Dienstprogramm zur Berechnung der Hyper-Begleitmatrix eines univariaten Polynoms. E. Johnson. (`linalg/class`)
eigen.ms	Ein Arbeitsblatt-Lernprogramm für `eigenvals`, `eigenvects` und damit zusammenhängende Befehle zur Berechnung exakter symbolischer Werte für Eigenwerte und Eigenvektoren von numerischen und symbolischen Matrizen. Enthält ein Lernprogramm zum Rechnen mit Nullstellen von Polynomen unter Benutzung der `RootOf`-Schreibweise. M. Monagan. (`linalg/eigen.ms`)

IntSolve Ein Löser von linearen Integralgleichungen (benötigt `linalg/Echelon`). H. Ye und R. Corless. (`linalg/IntSolve`)

lapack.ms Ein Arbeitsblatt, welches die besonderen Eigenschaften der 6×6 Matrix auf der Umschlagseite des LAPACK User's Guide untersucht. M. Monagan. (`linalg/lapack.ms`)

magic Erzeugt ein magisches Quadrat. Enthält die Routine ismagic zum Testen, ob eine gegebene quadratische ganzzahlige Matrix ein magisches Quadrat darstellt. D. Gruntz. (`linalg/magic`)

normform Eine Sammlung von Routinen zur Berechnung von Normalformen von Matrizen. Darunter sind ismithex, smithex, frobenius, jordan, jordansymbolic und ratjordan zur Berechnung von Smith-, Frobenius- und Jordan-Normalformen. Normalerweise schneller und allgemeiner als die ähnlichen in der Maple-Bibliothek enthaltenen Routinen. T. Mulders und A. Levelt. (`linalg/normform`)

Normform Eine Sammlung von Routinen zur Berechnung der Normalformen von Matrizen über den ganzen Zahlen modulo p. Enthält Frobenius, Ratjordan und Jordansymbolic. T. Mulders und A. Levelt. (`mod/Normform`)

pascal Erzeugt eine Pascal-Matrix. M. Monagan. (`linalg/pascal`)

pffge Primitive bruchfreie Gaußelimination für eine rechteckige Matrix multivariater Polynome. Nachdem eine Reihenoperation durchgeführt wurde, wird der ggT der Polynome dieser Reihe herausdividiert, so daß die Größe der zwischendurch auftretenden Polynome minimiert wird. M. Monagan. (`linalg/pffge`)

RowEchelon Ergibt die Zeilenstufenform R einer rechteckigen Matrix A. Berechnet zudem Matrizen P, L und U, sodaß gilt $A = PLUR$, wobei P eine Permutationsmatrix, L eine untere und U eine obere Dreiecksmatrix ist. R. Corless und D. Jeffrey. (`linalg/Echelon`)

rrefshow Ein Lernwerkzeug zum Nachvollziehen und Beobachten eines jeden Schritts bei der Reihenreduktion einer Matrix auf Stufenform. E. Johnson. (`linalg/rrefshow`)

sffdet Berechnet die Determinante einer quadratischen Matrix, dabei eine Variante von Bareiss bruchfreiem Algorithmus benutzend, die sich besonders für dünn besetzte Matrizen mit ganzzahligen oder polynomialen Einträgen eignet. Q. Nguyen. (`linalg/sffdet`)

sffge Wendet Bareiss bruchfreien Gaußeliminationsalgorithmus auf eine rechteckige Matrix von Polynomen an. Diese Routine hat dieselbe Funktionalität wie `linalg[ffgausselim]`, ist aber mehr auf dünn besetzte Matrizen hin spezialisiert. I. Berchtold und M. Monagan. (`linalg/sffge`)

Zahlentheorie

DistTo1 Die $3n + 1$-Behauptung oder Collatz-Problem oder Ulams Behauptung. Berechnet die Anzahl der Iterationen zu 1 auf effiziente Weise. G. Gonnet. (`numtheor/Collatz`)

elliptic Berechnet die Ordnung der Gruppe von Punkten auf einer nichtsingulären elliptischen Kurve über einem endlichen Körper von Primzahlordnung. E. Von York. (`numtheor/elliptic`)

irredheu Ein heuristischer Unzerlegbarkeitstest von Polynomen in $\mathbf{Q}[x]$ durch Berechnen von Primzahlauswertungen und Primzahlentests von ganzen Zahlen. Es wird behauptet, daß dieser Unzerlegbarkeitstest mit polynomialem Aufwand durchgeführt werden kann. M. Monagan. (`numtheor/irredheu`)

isprime	Eine verbesserte wahrscheinlichkeitstheoretische Primzahltestroutine, welche eine modifizierte starke Pseudoprimzahltestbasis 2 und einen Lucastest benutzt. Eine zusammengesetzte Zahl, die beiden Tests genügt, ist bisher noch nicht gefunden worden; allerdings ist es möglich, daß solch ein Gegenbeispiel existiert. Diese verbesserte `isprime`-Funktion ist in Maple V Version 3 eingebaut worden. G. Gonnet mit M. Schoenert. (`isprime`)

Natur- und Ingenieurswissenschaften

AFA.ms	Ein Arbeitsblatt zur algebraischen Funktionenapproximation. Eine Prozedur rekonstrueirt den Ausdruck der Dirac-Energien aus den Reihenkoeffizienten unter Benutzung einer heuristischen Polynomapproximation. G. Fee und T. Scott. (`science/AFA.ms`)
AnalSPT.in Anal3PTB.in	Harmonische Analyse von einphasigen und dreiphasigen Wellenprofilen von Thyristor-Schaltkreisen. A. Rough und J. Richardson. (`engineer/AnalSPT.in, Anal3PTB.in, harmonal`)
biology.ms	Ein Arbeitsblatt zur Anwendung des ODE-Pakets auf ein biologisches Problem, wo zwei Bevölkerungen sich um überlebenswichtige Resourcen streiten. Das biologische System ist durch zwei Differentialgleichungen erster Ordnung modelliert und es werden Phasenplots der Lösungen gezeichnet, welche Beispiel stabiler und unstabiler Bevölkerungen darstellen. D. Schwalbe. (`plots/biology.ms`)
bohratom.ms	Ein Arbeitsblatt zur Lösung dreier nichtlinearer Gleichungen, die aus der Bohr-Theorie, angewandt auf das Wasserstoffatom, stammen. D. Redfern, T. Scott und R. Pavelle. (`science/bohratom.ms`)
chemeqn.ms	Ein Arbeitsblatt, welches die Koeffizienten in einer chemischen Reaktion ausbalanciert. D. Redfern, T. Scott und R. Pavelle. (`science/chemeqn.ms`)
doubpend.ms	Ein Arbeitsblatt, welches die Lösung zur Differentialgleichung eines doppelten Pendels approximiert und seine Bewegung simuliert. D. Schwalbe. (`plots/doubpend.ms`)
filter.ms	Ein Arbeitsblatt, welches den Effekt eines Niedrigbandfilters auf einen Wechsel in Signal- oder Stromfrequenz analysiert. R. I. Adare und T. Lee. (`engineer/filter.ms`)
flash.ms	Ein Arbeitsblatt, welches Blitzberechnungen ausführt, um die Phasenbedingung eines Gemischs unter bestimmtem Druck und bestimmter Temperatur berechnet. R. Taylor. (`science/flash.ms`)
heatcap.ms	Ein Arbeitsblatt zur Berechnung der mittleren Energie und Hitzekapazität eines Einsteinkörpers. T. Scott. (`science/heatcap.ms`)
kinetics	Prozeduren zur Bestimmung des Systems von Differentialgleichungen für ein gegebenes Reaktionsmodell, die zugehörigen Erhaltungsgesetze und einige der Objekte, die einen Bereitschaftsstatus Null haben. M. Holmes. (`science/kinetics`)
lagrange.ms	Ein Arbeitsblatt, welches Lagrangesche Multiplikatoren zur Minimierung einer Funktion unter einer Restriktion anwendet. A. Rough. (`engineer/lagrange.ms`)
Maxgas.ms	Ein Arbeitsblatt zur Berechnung der wahrscheinlichsten Geschwindigkeit der Maxwell-Boltzman-Verteilung. D. Redfern, T. Scott und R. Pavelle. (`science/Maxgas.ms`)
McConnel.ms	Ein Arbeitsblatt zur Matrixalgebra, insbesondere Matrixexponenten, zur symbolischen Berechnung eines Systems von Differentialgleichungen erster Ordnung in Biochemie, nämlich der McConnell-Gleichungen. J. Grotendorst, P. Jansen und S. M. Schoberth. (`science/McConnel.ms`)

nonlin.ms — Ein Arbeitsblatt zur Illustration der geometrischen und der Newton-Raphson-Iteration zur Approximation von Wurzeln nichtlinearer Gleichungen einer Variablen. A. Rough. (`engineer/nonlin.ms`)

pendulum.ms — Ein Arbeitsblatt, welches die Bewegung eines Pendels in einer Flüssigkeit als gewöhnliche Dgl. zweiter Ordnung beschreibt, die gewöhnliche Dgl. dann analytisch löst und seine Bewegung dann für Flüssigkeiten verschiedener Viskositäten aufzeichnet. D. Harper. (`science/pendulum.ms`)

phase.ms — Ein Arbeitsblatt, welches einfache thermodynamische Berechnungen ausführt, die z. B. bestimmen, wann sich Dampfblasen bilden oder wann der Kondensationspunkt erreicht ist; daneben werden auch Phasendiagramme erzeugt und gezeichnet und Blitzberechnungen ausgeführt. R. Taylor. (`science/phase.ms`)

planck.ms — Ein Arbeitsblatt zur Berechnung eines bestimmten Integrals, dem Stefan-Boltzman-Gesetz (der Schwarzkörper-Strahlung). T. Scott. (`science/planck.ms`)

poten.ms — Potentialfelder unter Benutzung von Greens Funktionen in zwei Dimensionen. Die Neumann- und Dirichlet-Probleme. A. Rough. (`engineer/poten.ms`)

quantopt.ms — Eine Arbeitsblatt-Anwendung zu den optischen Übergängen zwischen zwei Orbitalen auf verschiedenen Atomen. Dies verlangt nach dreidimensionaler Integration des Produkts der Gaußverteilungen. D. Redfern, T. Scott und R. Pavelle. (`science/quantopt.ms`)

robotarm.ms — Ein Arbeitsblatt zur Lösung des Wegplanungsproblems für einen einfachen zweigelenkigen ebenen Roboterarm, so wie es bei Fließbandoperationen oft vorkommt. Zeigt eine Animation zweier spezieller Lösungen. G. P. Porciello und T. Lee. (`engineer/robotarm.ms`)

shear.ms — Ein Arbeitsblatt, welches zwei Designprobleme für ein Maschinenelement vorstellt und dabei Gleichgewichtsgleichungen löst, um allgemeine Lösungen für Scherungs- und normale Stresskomponenten zu erhalten. J. Argent und T. Lee. (`engineer/shear.ms`)

shottraj.ms — Ein Arbeitsblatt, welches eine gewöhnliche Dgl. zweiter Ordnung löst, die die Bewegung einer mit gerader Bahn in die Luft geschossenen Kugel beschreibt; die Lösung wird aufgezeichet. M. Monagan. (`science/shottraj.ms`)

statval.ms — Ein Arbeitsblatt mit Übungen zum Finden von Maxima, Minima und Sattelpunkten auf Flächen in zwei Dimensionen. A. Rough. (`engineer/statval.ms`)

stepresp.ms — Ein Arbeitsblatt, welches die Stufenreaktion eines RC-Schaltkreises analysiert. R. I. Adare und T. Lee. (`engineer/stepresp.ms`)

stream.ms — Ein Arbeitsblatt, welches die Stromlinien in zweidimensionalen Vektorfeldern illustriert. A. Rough. (`engineer/stream.ms`)

wheatsto.ms — Ein Arbeitsblatt zur Anwendung von Kirchhoffs Gesetzen auf den besonderen, „Wheatstone Bridge" genannten, elektrischen Schaltkreis. T. Scott und M. Monagan. (`science/wheatsto.ms`)

Dienstprogramme

convert/arctanh — Konvertiert alle in einem Ausdruck vorkommenden Logarithmen und inversen hyperbolischen trigonometrischen Funktionen in eine entsprechende Form in `arctanh`. V. Broman. (`convert/arctanh`)

eps — Erzeugt encapsulated postscript für ein Maple-Diagramm. so daß man Maple-Graphiken in andere Anwendungen einbinden kann. Man kann eine Anzahl von Parametern einstellen, z. B. Skalierung, Rotation und Verschiebung. J. S. Devitt. (`eps`) fortran.ms   Eine Diskussion der häufigen Fehler bei der naiven Benutzung symbolischer Berechnungen, wenn Fortran-Code erzeugt werden soll. Als Beispiel ist die Erzeugung von Fortran-Code zur Berechnung der Inversen einer symmetrischen 3-mal-3-Matrix gegeben. M. Monagan. (`numerics/fortran.ms`)

gdegree   Berechnet den Grad eines Ausdrucks, wobei auch rationale und symbolische Exponenten erlaubt sind. Dies ist ein Beispiel zum Schreiben einer Maple-Prozedur, die einen Ausdruck rekursiv abarbeitet. M. Monagan. (`gdegree`)

maclaurinsubs   Ersetzt Funktionen in einem Ausdruck durch formale Maclaurin-Reihen. V. Broman. (`macsubs`)

macroC   Ein Maple-Paket zur Erzeugung von Code in der Programmiersprache C. Es können sämtliche C-Strukturen erzeugt werden und der resultierende Code kann optimiert werden. Die Maple-Bibliotheksroutine `C` verarbeitet nur Ausdrücke. P. Capolsini. (`macroC`)

macrofort   Eine Sammlung von Prozeduren zur Erzeugung von FORTRAN-Code; es wird die Erzeugung vollständiger FORTRAN-Programme mit Deklarationen und Kontrollstrukturen ermöglicht. C. Gomez. (`macrofor`)

mathematica   Verwandelt einen Maple-Ausdruck in einen äquivalenten Mathematica-Ausdruck. Es können auch Integrale, Matrizen, einfache Operatoren, Polynome und Formeln übersetzt werden. D. Gruntz. (`math`)

readshare   Vereinfacht das Einladen von Code aus der Share-Bibliothek. M. Monagan. (`readshare`)

reorder   Vertauscht Summen, Grenzwerte oder Integrale in Ausdrücken. V. Broman. (`reorder`)

saveglob   Routinen zum Abspeichern und Wiederherstellen globaler Variablen, so daß man
restglob   bei der Fehlersuche zwar Änderungen vornehmen, aber auch den alten Zustand wiederherstellen kann. D. Gruntz. (`saveglob`)

sprint   Kurzdruckprogramm zum Ausdruck großer Ausdrücke. M. Monagan. (`sprint`)

tex   Paket zur Erzeugung von LaTeX, einfacher TeX und $\mathcal{A}_{\mathcal{M}}\mathcal{S}$-TeX Ausgabe mit Zeilenumbruch, darunter auch Zeilenumbruch von Vektoren und Ausgabe von Prozeduren. Y. Yu. (`tex`)

undistribute   Zieht konstante Faktoren aus Integranden, Summanden und Grenzwerten heraus. V. Broman. (`undist`)

xdvi   Erzeugt LaTeX Ausgabe für einen Ausdruck, formatiert diese mit `latex` und zeigt die entstandene .dvi-Datei mit `xdvi` auf dem Bildschirm an. Dieser Befehl läuft nur auf Unix-Systemen, die `latex` und `xdvi` unterstützen. M. Monagan. (`xdvi`)

Sonstige Dokumente

New Features in Maple V Release 2, Symbolic Computation Group, 32 Seiten.
Ein begleitendes Arbeitsblatt (M. Monagan and R. Neumann) gibt Beispiele dieser Änderungen anhand einer interaktiven Sitzung. (`doc/summary.tex`, `doc/summary.ms`)

Programming in Maple: The Basics, M. Monagan, 53 Seiten. (`program.tex`)

The Maple Computer Algebra System, M. Monagan, 7 Seiten. (`doc/Maple.tex`)

Der Dokument-Abschnitt der Version 2-Share-Bibliothek enthält zudem mehrere LaTeX style-Dateien, die von vielen Autoren zum Schreiben von Artikeln, welche Maple-Befehle enthalten, benutzt wurden.

E.2 Der Info-Server und User-Groups

Der Maple-Info-Server

Der Maple-Info-Server ist eine FTP-Stelle, welche von Waterloo Maple Software unterstützt wird. Dieses Archiv enthält eine Kopie der Share-Bibliothek und eine ganze Menge zusätzlicher Information über Maple. Dazu gehören Maple-Demonstrationen, Listen der Maple-Funktionalitäten, eine Liste von Plattformen für die Maple erhältlich ist, Informationen über aktuelle Plattformen, eine Liste der aktuellen Bücher, Presseinformationen, die sich mit Maple und Waterloo Maple Software beschäftigen, sowie Antworten zu einigen häufig vorkommenden technischen Fragen und Problemen mit Maple.

Man kann diesen Info-Server via anonymous FTP unter `ftp.maplesoft.on.ca` erreichen.

Die Maple-User-Group

Die Maple-User-Group ist ein elektronisches Forum zum Austausch über Maple, das Hunderte von Maple-Benutzern in der ganzen Welt zusammenschaltet. Botschaften werden durch elektronische Mail übermittelt. Viele an diese Gruppe gerichtete Fragen beschäftigen sich damit, ob Maple eine bestimmte Berechnung ausführen kann; andere suchen Hilfe zur Lösung eines Problems. Es werden Ankündigungen von Ergänzungen zur Share-Bibliothek, von neuen, Maple unterstützenden Plattformen und neuen Versionen der Software über diesem Forum verbreitet. Waterloo Maple Software fragt manchmal nach Meinungen und Kommentaren zu Maple-Funktionen und Dokumentation. Obwohl die Maple-User-Group von Waterloo Maple Software gesponsert wird, ist sie trotzdem von diesem Unternehmen unabhängig. Maple-Benutzer antworten auf die Fragen anderer Benutzer. Um der Maple-User-Group beizutreten, sende man eine Nachricht mittels elektronischer Mail an

```
maple_group@daisy.waterloo.edu
```

und bitte um Zulassung. Es wird keine Gebühr erhoben.

News-Groups

Das elektronische USENET-Bulletinboard `sci.math.symbolic` ist eine andere vorzügliche Informationsquelle. Teilnehmer aus der ganzen Welt diskutieren Computeralgebrasysteme wie Maple. Viele Universitäten und Unternehmen empfangen diese USENET-Bulletinboards. Man kann einen eigenen Zugang durch Unternehmen wie Anterior Technology oder UUNET Technologies erhalten.

Anterior Technology	UUNET Technologies, Inc.
P.O. Box 1206	3110 Fairview Park Drive, Suite 570
Menlo Park, CA 94026-1206	Falls Church, VA 22042
Email: `info@fernwood.mpk.ca.us`	Email: `info@uunet.uu.net`
Fax: 415-322-1753	Fax: 703-204-8001
Tel. 415-328-5615	Tel. 703-204-8000

E.3 Wie man Anonymous FTP benutzt

Das Internet-Dateitransferprogramm (file transfer program) `ftp` kopiert Dateien von einem Rechner zu einem anderen Rechner, wobei die Rechner durch das Internet verbunden sein müssen. Einige Adressen haben Archive, auf die man zugreifen kann, indem man einen speziellen Modus, genannt „anonymous FTP" benutzt.

Man beginnt eine FTP-Sitzung von einem ans Internet angeschlossenen Rechner mit dem Befehl `ftp` *zielname*. Um zum Beispiel auf die Share-Bibliothek von `daisy.uwaterloo.ca` zuzugreifen, gebe man ein:

```
ftp daisy.uwaterloo.ca
```

Sollte der Rechner mit einer Fehlermeldung antworten, so sollte man die numerische Adresse anstelle des symbolischen Namens ausprobieren:

```
ftp 129.97.140.58
```

Ist man verbunden, meldet sich der Zielrechner mit einer Eingabeaufforderung und verlangt nach Namen und Passwort. Man loggt sich ein unter dem Namen anonymous und gibt die eigene elektronische Adresse als Passwort ein.

Einige Befehle zum Durchsuchen der Archive und zum Übertragen ausgewählter Dateien sind in der folgenden Tabelle aufgelistet.

FTP-Befehl	Beschreibung
`ls` *oder* `dir`	Liste die Dateien im aktuellen Dateiverzeichnis auf
`cd` *verz*	Wechsle das Verzeichnis
`cd ..`	Wechsle ins Heimatverzeichns
`get` *datei*	Übertrage *datei* auf den eigenen Rechner
`mget` *dateien*	Übertrage mehrere Dateien
`quit` *oder* `bye`	Beende eine `ftp`-Sitzung
`ascii`	Stelle ASCII-(Text)-Übertragung ein
`binary`	Stelle Binärübertragung ein
`help`	Liste alle Befehle auf

F   Oft gestellte Fragen

Der erste Abschnitt beantwortet die von Benutzern sehr häufig zu Maple gestellten Fragen. Im zweiten Abschnitt werden einige allgemeine technische Fragen behandelt.

F.1   Allgemeine Fragen

Was kann Maple?

Maple ist in der Lage, fortgeschrittene symbolische Manipulationen sowie präzise numerische Berechnungen durchzuführen und Funktionen und Daten in zwei und drei Dimensionen aufzuzeichnen. Maple kann univariate oder multivariate Ausdrücke in Variablen über den rationalen Zahlen, algebraischen Zahlkörpern oder endlichen Körpern manipulieren. Es kann darüberhinaus viele analytische Operationen durchführen: Grenzwertbestimmung, Differentiation, numerische und symbolische Integration, Taylorreihen, Differentialgleichungen und asymptotische Analysis. Maple löst Gleichungen und Rekursionen. Es kann entweder genaue numerische Ergebnisse berechnen oder aber Approximationen mit sehr großer Genauigkeit zurückliefern. Maple unterstüzt eine Vielzahl zwei- und dreidimensionaler Diagramme, darunter implizite Plots, logarithmische Graphen, parametrische Kurven und Flächen, Konturenplots, konforme Abbildungen, Vektorfelder, Polygone und Polyeder, Datendiagramme und Animationen. Maple umfaßt Pakete mathematischer Funktionen, welche Hunderte von Operationen und Algorithmen aus linearer Algebra, Kombinatorik und Graphentheorie, Geometrie, Zahlentheorie, Statistik, mathematischer Physik, Gruppentheorie, Gröbnerbasen, formaler Logik, linearer Programmierung und anderem implementieren. Maple hat eine mächtige Programmiersprache, die Pascal ähnelt, zum Schreiben eigener mathematischer Anwendungen. Man kann eine beliebige Maple-Funktion aus einem Maple-Programm heraus aufrufen. Der größte Teil von Maple ist in dieser Programmiersprache geschrieben und man kann diesen Code tatsächlich inspizieren und auch modifizieren.

Wer benutzt Maple?

Maple gehört mittlerweile bei vielen Universitäten und Unternehmen in der ganzen Welt zur Standardsoftware. Die hauptsächlichen Maple-Benutzer sind Mathematiker, Wissenschaftler, Ingenieure, Lehrer und Studenten.

Wird Maple in Gymnasien benutzt?

Tatsächlich wird Maple in Gymnasien sowohl in Europa als auch in Nordamerika benutzt. Allein in der Provinz Ontario, Kanada, gibt es mehr als 700 Gymnasien (High schools), die Maple benutzen. Was Maple für Gymnasien attraktiv macht ist der Preis und die geringen Anforderungen an die Hardware.

Auf welchen Maschinen läuft Maple?

Maple läuft auf einer ganzen Reihe von Computern, darunter 386- und 486-Computern (DOS, Windows), auf den 88000-Prozessor basierenden Systemen (Unix), Amiga, Apollo, Apple Macintosh, Atari, Convex C2 und C3, Cray XMP und YMP, DEC Alpha OSF/1, DECstation, Personal DECstation, VAX, VAXstation und MicroVAX (Ultrix and VMS), Fujitsu VP 2000, HP 9000, IBM RS/6000, S/370 und Personalcomputern, Intergraph 2000 und 6000, MIPS, NeXT, Sequent Symmetry, Silicon Graphics Indy, Indigo, Iris und Crimson sowie Sun 3, 4, ELC, IPC, und SPARCstation (SunOS oder Solaris). Maple läuft auch auf DOS-Personalcomputern mit oder ohne Microsoft Windows. Maple-Befehle und -Programme sind portabel: Man kann dasselbe Maple-Programm auf einem Personalcomputer, einem Arbeitsplatzrechner (Workstation), einem Großrechner (Mainframe) oder einem Superrechner laufenlassen.

Wieviel Speicherplatz wird von Maple benötigt? Wieviel Plattenplatz ist nötig?

Dies hängt von der verwandten Plattform ab und davon, ob man die akademische oder die Studentenversion benutzt.

Die akademische Version für den Macintosh verlangt nach 2.5 Megabytes Speicherplatz und 12 bis 17 Megabytes freien Plattenplatz. Dies ist abhängig davon, ob man solche optionalen Komponenten wie die Share-Bibliothek und das interaktive Lernprogramm installieren will. Die akademische Version auf einem Personalcomputer verlangt nach 10 bis 16 Megabytes freiem Plattenplatz. Für die Microsoft-Windows-Schnittstelle werden vier Megabytes Speicherplatz benötigt; für die DOS-Schnittstelle reichen ganze zwei Megabytes aus.

Bei der Studentenversion unterscheiden sich diese Zahlen auf drei Arten. Erstens ist es so, daß nur ein kleiner Teil der Share-Bibliothek mit der Studentenversion mitgeliefert wird; dies führt dazu, daß der maximale Plattenplatzbedarf um circa 3.5 Megabyte geringer ausfällt. Zweitens ist die Maple-Bibliothek komprimiert abgespeichert, was den erforderlichen Plattenplatz um weitere Megabytes reduziert. Drittens ist mehr Speicherplatz nötig, da die Bibliotheksroutinen unkomprimiert vorliegen müssen, wenn man Maple ausführen will. Deshalb werden für die Studentenversion ein oder zwei zusätzliche Megabytes Speicherplatz empfohlen.

Wie unterscheidet sich die Studentenversion von Maple von der akademischen Version?

Der Abschnitt mit dem Titel „Studenten- und akademische Versionen" auf Seite 68 in Kapitel A vergleicht die beiden Versionen und zeigt die Grenzen von beiden auf.

Wo kann ich Maple erwerben?

Um Maple zu erwerben, sollte man den örtlichen Softwarehändler aufsuchen oder sich an eine der im letzten Abschnitt von Kapitel A „Wie man Maple erwirbt" (Seite 68) aufgelisteten Unternehmen wenden. Man findet dort auch eine Liste von Adressen und Telefonnummern.

Wie lernt man Maple am besten?

Die beste Art Maple zu lernen, besteht darin, es zu benutzen. Der Leser ist ausdrücklich dazu aufgefordert, die Beispiele und Aufgaben aus Kapitel A durchzuarbeiten. Es gibt aber auch einige sehr gute Lehrbücher zu Maple. Diese sind in Kapitel H auf Seite 354 beginnend, aufgelistet.

An wen kann ich mich wenden, wenn ich Probleme mit Maple habe?

Sollte man Probleme oder Fragen haben, so empfehlen wir, Bücher und Artikel über Maple zu lesen, mit dem System zu experimentieren und sich mit anderen Benutzern auszutauschen. Man kann andere Maple-Benutzer zum Beispiel elektronisch erreichen, wenn man Zugang zu einem Modem oder zu einem Netz wie Internet oder Bitnet hat. Man siehe Kapitel E, um mehr über elektronische Korrespondenz und die Maple User Group zu erfahren (Seite 317). Man siehe auch Kapitel H zur Information über Maples technische Beratung (Seite 356).

Gibt es ein Internet-Diskussionsforum (news group) für Maple-Benutzer?

Die USENET news group `sci.math.symbolic` diskutiert und informiert über Computeralgebra und Computeralgebrasysteme wie Maple.

F.2 Technische Fragen

In diesem Abschnitt werden einige geläufige technische Fragen zu Maple beantwortet. Es werden Beispiele zu Funktionen und Optionen gegeben, die oft übersehen werden, es wird beschrieben, wie man einige bekannte Fehler umgehen kann, es werden Tips zur Zeitmessung und zur Optimierung von Berechnungen gegeben und es werden etwas fortgeschrittenere Fragen zur Programmierung behandelt.

Mathematische Funktionen

Wie kann ich verschiedene Folgen von Zufallszahlen erzeugen?

Bei jedem Start einer Maple-Sitzung ergibt rand dieselbe Folge „zufälliger Zahlen".

```
% maple
> rand();
```

$$427419669081$$

```
> rand();
```

$$321110693270$$

```
> quit
```

In einer neuen Sitzung erhalten wir dieselben Zahlen:

```
% maple
> rand();
```

$$427419669081$$

```
> rand();
```

$$321110693270$$

Um diese Folge von Zufallszahlen zu verändern, weise man der globalen Variablen _seed eine beliebige von Null verschiedene ganze Zahl zu.

```
% maple
> _seed := 2;
```

$$\_seed := 2$$

```
> rand();
```

$$854839338162$$

```
> rand();
```

$$642221386540$$

Wie passe ich eine Kurve an Daten an?

In Maple V Version 3 kann man die Funktion leastsquare aus dem Unterpaket fit des stats-Pakets verwenden. Zum Beispiel können wir eine kubische Kurve durch Datenpunkte legen, die von der Exponentialfunktion im Bereich zwischen 0 und 1 stammen.

```
> with(stats): with(fit):
> xdata := [seq(i/10., i=0..10)]:
> ydata := map(exp, xdata):
> leastsquare[[x,y], y=c0+c1*x+c2*x^2+c3*x^3]([xdata, ydata]);
```

$$y = .9995154052 + 1.016158410\,x + .4229242923\,x^2 + .2791658137\,x^3$$

In Maple V Version 2 und vorher legt die Funktion `regression` aus dem `stats`-Paket eine
Kurve durch Daten, allerdings muß man die Daten erst als statistische Matrix darstellen. Wir
behandeln dasselbe Beispiel mit diesem Befehl.

```
> with(stats):
> data := array([seq([i/10., exp(i/10.)], i=0..10)]):
> statmatrix := putkey(data, [x,y]):
> regression(statmatrix, y = c0 + c1*x + c2*x^2 + c3*x^3);
```

$$\{c2 = .4229245377, c1 = 1.016158301, c3 = .2791656638, c0 = .9995154153\}$$

Die `fit`-Funktion der Share-Bibliothek stellt eine andere Methode dar, eine Kurve an Daten
anzupassen. Sie benutzt ebenfalls die Methode der kleinsten Quadrate.

```
> with(share):
> readlib(fit):
> xdata := [seq(i/10., i=0..10)]:
> ydata := map(exp, xdata):
> fit(xdata, ydata, [1, t, t^2, t^3], t);
```

$$.999515409 + 1.016158418\,t + .4229242375\,t^2 + .279165859\,t^3$$

Um mehr über die Share-Bibliothek und ihre Anwendung zu erfahren, konsultiere man Kapitel E
(Seite 308).

Manipulation von Maple-Befehlen

*Wie kann ich verhindern, daß Maple Teilausdrücke bei langen Ergebnissen
durch %1, %2, usw. ersetzt?*

Man setze die `interface`-Variable `labeling` auf `false`.

```
> interface(labeling=false);
```

Ein Beispiel zur Vergabe von Bezeichnungen bei der Ausgabe einer `solve`-Berechnung findet
man auf Seite 17.

*Wie kann ich die Anzahl von Elementen einer Folge von Ausdrücken bestimmen
oder einzelne Ausdrücke aus einer Folge herausgreifen?*

Jede Funktion in Maple akzeptiert ihre Argumente als Folge von Ausdrücken. Der Aufruf von
`nops` bei einer Folge von Ausdrücken ergäbe also einen Fehler, da `nops` ein einfaches Argument
erwartet. Ein ganz ähnliches Problem stellt sich mit `op`.

```
> myseq := v, w, x, y, z:
> nops(myseq);
  Error, wrong number (or type) of parameters in function nops;
> op(2..3, myseq);
  Error, wrong number (or type) of parameters in function op;
```

Um dieses Problem zu lösen, verwandelt man die Folge in eine Liste, indem man sie in eckige Klammern einschließt.

```
> nops([myseq]);
```

$$5$$

```
> op(2..3, [myseq]);
```

$$w, x$$

Der Auswahloperator wählt Elemente direkt aus einer Folge von Ausdrücken aus.

```
> myseq[2..3];
```

$$w, x$$

Ist es möglich, eine Funktion auf die Koeffizienten eines Polynoms anzuwenden. Ich habe versucht, die Betragsfunktion auf alle Koeffizienten eines Polynoms anzuwenden, um die Koeffizienten positiv zu machen, aber das funktionierte nicht.

Das vierte Argument zum `collect`-Befehl gibt eine Funktion an, die auf alle Koeffizienten des Polynoms angewandt werden soll. Dies kann eine Funktion sein, die nach einem einzigen Argument verlangt, wie `abs`, `floor`, `round` oder `c -> c^2`.

```
> p := x^3 - x^2 + x - 3:
> collect(p, x, distributed, abs);
```

$$x^3 + x^2 + x + 3$$

Man kann dieselbe Technik für Polynome in mehreren Variablen anwenden.

```
> q := 4.7*x^3*y^2 + 3.01*x*y + 2.*x + 6.9:
> collect(q, [x,y], distributed, round);
```

$$7 + 2x + 5x^3y^2 + 3xy$$

Eine andere Anwendung der `collect`-Funktion besteht darin, ein Polynom in x und y in ein Polynom in x zu überführen, wobei die in y faktorierten Polynome die Koeffizienten sind. Wir listen x als die einzige Unbestimmte auf, so daß die Polynome in y als die Koeffizienten behandelt werden.

```
> r := x^2*y^2 + 2*x^2*y + x^2 + x*y^3 + x + 1:
> factor(r);
```

$$xy^3 + x + x^2 + 2x^2y + x^2y^2 + 1$$

```
> collect(r, x, distributed, factor);
```

$$1 + (y + 1)(y^2 - y + 1)x + (y + 1)^2 x^2$$

Wie kann ich eine Reihe an einem Punkt auswerten?

Mit direkter Ersetzung geht es nicht. Man muß die Reihe zuerst in einen regulären Ausdruck verwandeln ohne das große O.

```
> s := taylor(tanh(x), x=0, 9);
```

$$s := x - \frac{1}{3}x^3 + \frac{2}{15}x^5 - \frac{17}{315}x^7 + O\left(x^9\right)$$

```
> subs(x=0.5, s);
  Error, invalid substitution in series
```

Man wandelt die Potenzreihe in ein gewöhnliches Polynom um mit Hilfe des `convert`-Befehls.

```
> convert(s, polynom);
```

$$x - \frac{1}{3}x^3 + \frac{2}{15}x^5 - \frac{17}{315}x^7$$

```
> subs(x=0.5, ");
```

$$.4620783730$$

Diese Methode gilt auch für Laurentreihen; allerdings muß das Ergebnis nicht unbedingt ein Polynom sein (eine Laurentreihe kann mit einigen Termen beginnen, bei denen x im Nenner steht). Man kann diese Technik jedoch nicht auf asymptotische Reihen anwenden. Wir berechnen eine asymptotische Entwicklung für den natürlichen Logarithmus von $n!$ für n gegen Unendlich und versuchen, den O-Term mit dem `convert`-Befehl loszuwerden:

```
> asympt(ln(n!), n);
```

$$(\ln(n) - 1)\,n + \frac{1}{2}\ln(n) + \ln\left(\sqrt{2}\sqrt{\pi}\right) + \frac{1}{12}\frac{1}{n} - \frac{1}{360}\frac{1}{n^3} + O\left(\frac{1}{n^5}\right)$$

```
> convert(", polynom);
```

$$(\ln(n) - 1)\,n + \frac{1}{2}\ln(n) + \ln\left(\sqrt{2}\sqrt{\pi}\right) + \frac{1}{12}\frac{1}{n} - \frac{1}{360}\frac{1}{n^3} + O\left(\frac{1}{n^5}\right)$$

Man kann nun das große O durch eine 0 ersetzen, um diesen letzten Term loszuwerden. Dadurch erhalten wir die Nullfunktion, angewandt auf $1/n^5$ und die Nullfunktion gibt immer 0 zurück, unabhängig vom jeweiligen Argument. Die `simplify`-Funktion mit der Option `atsign` erkennt dies und transformiert den Ausdruck in seine endgültige Form.

```
> subs(O=0, ");
```

$$(\ln(n) - 1)\,n + \frac{1}{2}\ln(n) + \ln\left(\sqrt{2}\sqrt{\pi}\right) + \frac{1}{12}\frac{1}{n} - \frac{1}{360}\frac{1}{n^3} + 0\left(\frac{1}{n^5}\right)$$

```
> simplify(", atsign);
```

$$(\ln(n) - 1)\,n + \frac{1}{2}\ln(n) + \ln\left(\sqrt{2}\sqrt{\pi}\right) + \frac{1}{12}\frac{1}{n} - \frac{1}{360}\frac{1}{n^3}$$

```
> evalf(subs(n=200, "));
```

$$863.2319872$$

```
> evalf(ln(200!));
```

$$863.2319872$$

Das Lesen von Maple-Dateien

Ich erhalte eine Fehlermeldung, welche eine inkorrekte oder veraltete .m-Datei anzeigt, wenn ich versuche, eine Datei in meine Maple-Sitzung einzulesen. Wie kann ich dieses Problem beheben?

Es gibt zwei potentielle Ursachen für eine Fehlermeldung dieser Art:

```
Error, filename.m is an incorrect or outdated .m file
```

Maple verlangt, daß Dateien, die auf „.m" enden, in einem speziellem Binärformat vorliegen. Maple kann Dateien in diesem Format sehr schnell verarbeiten. Ist die Datei eine einfache Textdatei (d.h. wenn man sie als Benutzer lesen kann), so sollte man diese umbenennen und es nochmal versuchen. Ist die Datei schon in Binärformat, kann es sein, daß sie von einer anderen Maple-Version erzeugt wurde. Benutzt man Maple V Version 3, so dient der Befehl `m2src` zum Umwandeln einer Version 2 „.m"-Datei in eine einfache Textdatei. Ein anderes Programm, `updtsrc`, kann dann diese Version 2-Textdatei für die Version 3 aktualisieren.
Die Formate für Maple V und Maple V Version 2 sind ebenfalls inkompatibel. In diesem Fall sollte man sich die ursprüngliche Textversion besorgen und diese in Maple einlesen. Man sollte danach eine neue „.m"-Datei zur weiteren Verwendung abspeichern.

Zeitmessung und Optimierung

Wie messe ich die Zeit, die von einer Maple-Berechnung verbraucht wird?

Wir illustrieren hier drei Möglichkeiten. Unten zerlegen wir eine große ganze Zahl in Faktoren, wobei wir drei verschiedene Algorithmen benutzen. Wir messen die Zeit auf drei verschiedene Arten. Die benutzten Algorithmen sind Morrison und Brillharts Kettenbruchalgorithmus (die Voreinstellung), Lenstras elliptische Kurvenmethode und Pollards rho-Methode. (Die erhaltenen Zeitmessungsergebnisse sollten nicht dazu verwandt werden, die allgemeine Effizienz dieser Methoden abzuschätzen, da es bestimmte Situationen gibt, in denen ein Algorithmus besser als die anderen ist.)
Erstens ergibt die `time`-Funktion die Gesamtzahl der benutzten CPU-Sekunden seit dem Start der Maple-Sitzung. Man kann ihren Wert vor und nach einer Berechnung abfragen, um so die von einer Folge von Befehlen benutzte Zeit zu berechnen.

```
> start := time():
> ifactor(10^31 - 1);
```

$$(3)^2 \, (6943319) \, (57336415063790604359) \, (2791)$$

```
> time() - start;
```

$$133.083$$

Zweitens gibt es den `timing`-Befehl zur Berechnung der verbrauchten Zeit in der `history`-Umgebung.

```
> readlib(history):
> history();
O1 := timing(ifactor(10^31 - 1, lenstra));
```

$$(3)^2 \, (6943319) \, (57336415063790604359) \, (2791)$$

```
time = 41.68
O2 := off;
```

Drittens zeigt die showtime-Umgebung die benutzte Zeit und den benutzten Speicherplatz nach jedem eingegebenen Befehl an.

```
> readlib(showtime):
> showtime();
O1 := ifactor(10^31 - 1, pollard);
```

$$(3)^2 \, (6943319) \, (57336415063790604359) \, (2791)$$

```
time    8.66    words    324926
O2 := off;
```

Maple scheint außergewöhnlich lange für die Berechnung eines Ausdrucks der Form $a\hat{\ }b \bmod m$ zu brauchen, wenn a und b ganze Zahlen mittlerer Größe sind. Tatsächlich kommt es manchmal vor, daß Maple überhaupt nichts berechnet. Was kann man dagegen tun?

Man sollte den neutralen Exponentialoperator &^ benutzen. Benutzt man den gewöhnlichen Exponentialoperator, so berechnet Maple zuerst $a\hat{\ }b$ und reduziert danach das Ergebnis modulo m. Dies erhöht die Dauer der Berechnung immens und es kann vorkommen, daß das Zwischenresultat so groß wird, daß Maple nicht mehr weiterrechnet. Das Zwischenresultat im ersten Beispiel unten hat über dreißigtausend Stellen; das zweite über fünf Millionen.

```
> start := time():
> 8765 ^ 7832 mod 5367;
```

$$5308$$

```
> time() - start;
```

$$27.767$$

```
> 6578493 ^ 735493 mod 73638;
  Error, object too large
```

Der neutrale Exponentialoperator zusammen mit mod verhindert diese Kurzsichtigkeit und berechnet das Ergebnis wesentlich effizienter.

```
> start := time():
> 8765 &^ 7832 mod 5367;
```

$$5308$$

```
> time() - start;
```

$$.017$$

```
> 6578493 &^ 735493 mod 73638;
```

$$19935$$

```
> time() - .017 - start;
```

$$.016$$

Ich habe einige numerische Routinen in Maple geschrieben, die nur nach einer bescheidenen Genauigkeit verlangen, aber sie scheinen trotzdem wesentlich langsamer als ähnliche kompilierte Programme zu sein. Gibt es Möglichkeiten, die Effizienz zu verbessern?

Numerische Routinen in Maple sind langsamer als kompilierte Routinen. Dies hat zwei Gründe: Erstens werden Maple-Programme bei der Ausführung interpretiert, sie werden nicht vorher kompiliert. Zweitens ist die Gleitkommaarithmetik von der Software emuliert, selbst wenn die verlangte Genauigkeit so bescheiden ist, daß direkt in der Computer-Hardware ausgewertet werden könnte. Gegen die verbrauchte Zeit zum Interpretieren kann man wenig tun, man kann die Anwendung aber erheblich beschleunigen, wenn man Auswertung durch die Hardware verlangt.
Die Funktion evalhf wertet Ausdrücke unter Verwendung der Hardware-Gleitkomaarithmetik aus. Die meisten Rechner berechnen Gleitkommaausdrücke in Hardware bis zu einer Genauigkeit von fünfzehn Stellen. Die Digits-Option zu evalhf ergibt die Anzahl der Stellen, die von der Hardware unterstützt werden.

```
> evalhf(Digits);
```

$$15.$$

Verlangt ein Anwendungsprogramm nach einer solchen oder sogar nach einer geringeren Genauigkeit, dann sollte man den Code so ändern, daß evalhf benutzt wird, um die Effizienz zu verbessern.
Die Funktion evalhf verlangt, daß jeder Operand in einem Ausdruck eine Zahl, eine Variable, der eine Zahl zugewiesen wurde, oder eine Referenz auf ein numerisches Feld ist. Sie akzeptiert keine symbolischen Ausdrücke oder Verweise auf andere Datenstrukturen wie Mengen oder Listen. Wegen dieser Einschränkung kann es nötig sein, ein Zwischenresultat abzuspeichern, bevor man evalhf aufruft.

```
> nums := [10, 20, 30, 40]:
> evalhf(nums[3]/100);
  Error, unable to evaluate expression -to hardware floats
> temp := nums[3]:
> evalhf(temp/100);
```

$$.3000000000000000$$

Selbst mit evalhf ist ein Maple-Programm langsamer als ein äquivalentes kompiliertes Programm. Dennoch bevorzugen viele Leute Maple zum Experimentieren mit Berechnungen und zur Entwicklung von Prototypen für numerische Probleme; danach wechselt man dann zu einer kompilierten Sprache um langwierige Berechnungen durchzuführen. Die Routinen zur Übersetzung von Code in Maple (siehe Seite 64) ermöglichen einen Übergang zu C oder FORTRAN.

Programmierung

Kann ich eine Maple-Funktion aus externen Programmen heraus ausrufen?

Nicht mit der gewöhnlichen Maple-Version. Es gibt jedoch eine andere Version für mehrere Plattformen, mit der man Maple-Routinen direkt aus C-Programmen aufrufen kann. Wegen weiterer Informationen zu dieser „C-aufrufbaren" Version von Maple sollte man sich an den örtlichen Softwarehändler wenden.

Kann ich externe Programme aus Maple heraus aufrufen?

Der Befehl `system` und das escape-to-host-Zeichen `!` stehen auf etlichen Plattformen zum Aufruf externer Programme aus Maple heraus zur Verfügung. Will man ein Programm ausführen, welches als Eingabe von Maple berechnete Werte verwendet, so hat man diese Werte erst in eine Datei zu schreiben unter Benutzung von Funktionen wie `writeto` oder `write`. Man sollte sicherstellen, daß man die Datei schließt, nachdem alle Daten hineingeschrieben wurden. Dies kann man mit Hilfe von `writeto(terminal)` bzw. `close()` erreichen. Danach benutzt man den `system`-Befehl, um das externe Programm mit dieser Datei als Eingabe aufzurufen. Will man die Ergebnisse eines externen Programms in eine Maple-Sitzung einladen, so muß man wiederum eine Zwischendatei benutzen. Die Maple V Version 2 Befehle `readline` und `readdata` ermöglichen es, Daten aus Dateien zu lesen.

Gibt es eine Möglichkeit eine Funktion wiederholt auszuwerten, ohne so umständliche Ausdrücke wie f(f(f(...f(x)...))) zu verwenden? Kann ich zwei verschiedene Funktionen zusammensetzen ohne f(g(x)) zu schreiben?

Der wiederholte Verkettungsoperator `@@` bezeichnet eine geschachtelte Auswertung einer einzigen Funktion. Dieser binäre Operator hat die Form $f@@n$, wobei f die Funktion ist, die man iterieren möchte und n ist die Anzahl der gewünschten Iterationen. Somit ist `ln@@3` ausgewertet in x gleich `ln(ln(ln(x)))`. Man muß eine iterierte Funktionen in Klammern einschließen, wenn man sie aufrufen will:

```
> (cos@@50)(1.);
```

$$.7390851340$$

Der Verkettungsoperator `@`, kombiniert zwei beliebige Funktionen. Die Funktion $f@g$ ausgewertet in x berechnet $f(g(x))$. Wir definieren beispielsweise eine Funktion `logsec`, die den natürlichen Logarithmus des Absolutwertes des Sekans einer Zahl berechnet:

```
> logsec := ln@abs@sec;
```

$$logsec := \ln@abs@sec$$

```
> logsec(Pi);
```

$$0$$

Wie bei der wiederholten Verkettung muß man eine Komposition in Klammern einschließen, wenn man sie direkt aufruft.

```
> (ln@ln)(1000.);
```

$$1.932644734$$

Kann ich mir Maple-Quellcode anschauen?

Sämtliche Funktionen in der Maple-Bibliothek sind in Maples eigener Programmiersprache geschrieben. Man kann den Quellcode einer beliebigen Funktion der Maple-Bibliothek inspizieren. Die Bibliothek enthält den weitaus größten Teil der mathematischen Routinen von Maple, einige grundlegende Funktionen sind aber auch im Kern (oder Kernel) definiert. Der Kernel ist ein kompiliertes C-Programm und man kann sich dessen Quellcode nicht ansehen.

Um sich den Quellcode einer Bibliotheksfunktion anzuschauen, setze man die `interface`-Variable `verboseproc` auf 2. Dann drucke man den Rumpf oder Körper der Funktion mit `eval` oder `print` aus. In diesem ausführlichen Modus sieht man auch den Rumpf einer jeden beliebigen, mit `readlib` eingelesenen Bibliotheksfunktion.

Im folgenden Beispiel setzen wir zuerst `verboseproc`, danach lesen wir die Definition für `copy` ein, einer Routine zur Erzeugung einer Kopie eines Feldes oder einer Tabelle. Maple spielt ihren Quellcode vor. Wir versuchen dann `evalf`, haben damit aber keinen Erfolg, da `evalf` im Maple-Kern definiert ist (die `options builtin` identifizieren dies als solches). Man findet einige weitere Beispiele in Kapitel A, beginnend auf Seite 53.

```
> interface(verboseproc = 2);
> readlib(copy);
  proc(A)
  options 'Copyright 1993 by Waterloo Maple Software';
      if type(A,{array,table}) then
          if type(A,name) then map(proc() args end,eval(A))
          else map(proc() args end,A)
          fi
      else A
      fi
  end

> print(evalf);
  proc() options builtin,remember; 76 end

> interface(verboseproc = 1);
```

Die Master-Version[1] der Maple-Bibliothek enthält erklärende Kommentare, die von den Maple-Programmierern verfaßt wurden. Diese Kommentare sind aus der gewöhnlichen kommerziellen Version entfernt worden. Man kann eine Version der Master-Kopie der Maple-Bibliotheksquelle zusammen mit Kommentaren beim Maple-Vertreiber kaufen.

Wie sehen die Regeln für die Bindung (Gültigkeitsbereich) von Definitionen in Maple aus? Kann ich eine Funktion innerhalb einer anderen Funktion deklarieren und alle Variablen der inneren Funktion in der äußeren Funktion verwenden, so wie es bei Pascal möglich ist?

Jede Variable in Maple ist entweder ein formaler Parameter, eine lokale oder eine globale Variable. Bevor Version 3 war der Unterschied zwischen lokalen und globalen Variablen einfach: eine Variable ist lokal genau dann, wenn sie als lokale Variable deklariert wurde. In Version 3 ist eine Variable lokal, falls sie als lokale Variable deklariert wurde oder falls sie undeklariert ist und eine der folgenden Bedingungen erfüllt ist.

- Sie ist die Indexvariable einer `for`- oder `seq`-Anweisung.
- Sie tritt auf der linken Seite einer Anweisung auf.

Im Gegensatz zu Pascal ist es so, daß eine innerhalb einer anderen Prozedur definierte Prozedur nicht auf die lokalen Variablen oder Formalparameter der äußeren Prozedur zugreifen kann. Wir illustrieren dies anhand einiger Beipiele.

In diesem Programm ist `g` innerhalb des Rumpfes von `f` definiert, aber das `a` innerhalb des Rumpfes von `g` bezieht sich auf die globale Variable `a`, nicht auf die lokale Variable von `f`. Ein Aufruf von `f` liefert den globalen Wert von `a`.

---

[1] Anm. d. Übers: Das heißt die Originalversion

```
> f := proc()
>     local a, g;
>     a := 1;
>     g := proc() a end;
>     g()
> end:
> a := 2:
> f();
```

$$2$$

Wir versuchen nun, eine Funktion addn einer einfachen Variablen n zu definieren, welche eine andere Funktion ergibt. Diese zurückgegebene Funktion sollte n zu ihrem Argument hinzuaddieren. Wir sind wiederum gescheitert, wenn die innere Funktion den formalen Parameter der äußeren Funktion nicht erkennen kann.

```
> addn := n -> (x -> x + n);
```

$$addn := n \rightarrow x \rightarrow x + n$$

```
> addn(5);
```

$$x \rightarrow x + n$$

Andere Programmiersprachen wie Pascal benutzen eine ausgefeiltere Bindungsregel, geschachtelte lexikalische Bindung, welche das Problem löst. Maple wird geschachtelte lexikalische Bindung in zukünftigen Versionen benutzen.
Mit der gegenwärtigen Version von Maple lösen wir diese Probleme, indem wir die geschachtelte lexikalische Bindung durch eine kreative Substitution simulieren.

```
> f := proc()
>     local a, g;
>     a := 1;
>     g := subs(aa=a, proc() aa end);
>     g()
> end:
> a := 2:
> f();
```

$$1$$

```
> addn := n -> subs(nn=n, (x -> x + nn)):
> addn(5);
```

$$x \rightarrow x + 5$$

```
> "(10);
```

$$15$$

Eine andere Möglichkeit besteht darin, unapply in einem Prozedurenrumpf zu verwenden, um bei jedem Durchlauf der Prozedur eine neue Funktion zu erzeugen.

```
> addn := n -> unapply(x+n, x):
> addn(17);
```

$$x \rightarrow x + 17$$

Wie erzeuge ich mein eigenes Paket von Maple-Funktionen? Wie kann ich meine eigene Bibliothek erzeugen?

Mit diesem Beispiel demonstrieren wir beides. Ein Paket in Maple ist einfach eine Tabelle, deren Einträge Prozeduren sind. Dies erklärt, warum der Aufruf einer Maple-Funktion in einem Paket der Syntax für Suchen in Tabellen ähnelt (z. B. combinat[fibonacci](15)). Um ein eigenes Paket zu erzeugen, gibt man zuerst alle Funktion in eine Datei ein und benennt eine jede dieser Funktionen als Eintrag einer Tabelle. Der Name der Tabelle ist der Name des Pakets. Unten haben wir einige Polynomoperationen kodiert, die nicht in der Maple-Bibliothek erhältlich sind. Wir möchten diese in einem neuen Paket mit Namen polyops zusammenfassen. Hier ist der Code für unser Paket, welchen wir in eine Datei mit Namen „polyops" geschrieben haben.

```
polyops[len] := proc(p:polynom(constant), x:name)
    convert(map(abs, [coeffs(expand(p), x)]), '+')
end:


polyops[height] := proc(p:polynom(constant), x:name)
    max(coeffs(collect(p, x, distributed, abs), x))
end:


polyops[qnorm] := proc(p:polynom(constant), x:name)
    sqrt(convert(map(z->z*conjugate(z),
        [coeffs(expand(p), x)]),'+'))
end:


polyops[boundRoots] := proc(p:polynom(constant), x:name)
    local q, d, s, n, t, b, b1, b2, b3;
    q := collect(p, x, distributed, evalf);
    d := degree(q, x); s := lcoeff(q, x); n := nops(q);
    if d=ldegree(q, x) then RETURN(0) fi;
    if s <> 1. then q := expand(q/s) fi;
    b1 := 1 + polyops[height](q - x^d, x);
    b2 := max(1., polyops[len](q - x^d, x));
    b := min(b1, b2); b3 := 0;
    for t in q-x^d while b3<b do
        b3 := max(b3, (n*abs(lcoeff(t,x)))^(1./(d-degree(t,x))))
    od;
    userinfo(3, polyops, [b1, b2, b3]);
    min(b, b3)
end:


polyops[boundRootsDense] := proc(p:polynom(constant), x:name)
    local q, d, s, k, b, b4, b5;
    q := collect(p, x, distributed, evalf);
    if ldegree(q)>0 then q := expand(q/x^ldegree(q)) fi;
    if type(q, constant) then RETURN(0) fi;
    d := degree(q, x); s := lcoeff(q, x);
    if s <> 1. then q := expand(q/s) fi;
    b := polyops[boundRoots](q, x);
    b4 := convert([abs(coeff(q,x,0)),
        seq(abs(coeff(q,x,k-1)-coeff(q,x,k)), k=1..d)], '+');
    if nops(q)<d+1 then b5 := infinity else
```

```
        if type(q, polynom(positive, x)) then
            b5 := max(seq(coeff(q,x,k-1)/coeff(q,x,k), k=1..d))
        else
            b5 := max(abs(coeff(q,x,0)/coeff(q,x,1)),
                      seq(2*abs(coeff(q,x,k-1)/coeff(q,x,k)),
                                                        k=2..d))
        fi
    fi;
    userinfo(3, polyops, [b, b4, b5]);
    min(b, b4, b5)
end:
```

Dieses Paket stellt ein schönes Beispiel zur Programmierung in Maple dar, so daß wir ein wenig abschweifen, um es zu beschreiben. Ist der Leser lediglich daran interessiert, wie man Pakete erstellt, so können die nächsten Paragraphen bis zur Zeile „Ende des Exkurs" übersprungen werden.

Beginn des Exkurs

Jede dieser Routinen verlangt nach zwei Argumenten: einem Polynom in einer Variablen und dem Namen der Variablen. Das Polynom kann reelle oder komplexe Koeffizienten haben, aber alle Koeffizienten müssen konstant sein.

Die ersten drei Funktion berechnen gewisse Maße für die Komplexität eines Polynoms. Gegeben sei das Polynom

$$p(x) = a_0 + a_1 x + \cdots + a_n x^n.$$

Dann berechnen diese Funktionen:

$$\begin{aligned}
\text{len}(p, x) &= |a_0| + |a_1| + \cdots + |a_n| \\
\text{height}(p, x) &= \max\{|a_0|, |a_1|, \ldots, |a_n|\} \\
\text{qnorm}(p, x) &= \left(|a_0|^2 + |a_1|^2 + \cdots + |a_n|^2\right)^{1/2}
\end{aligned}$$

Die len-Funktion ist die *Länge* des Polynoms. Wir haben sie mit len bezeichnet, um nicht mit Maples length-Befehl in Konflikt zu geraten. Die Funktion qnorm berechnet die *quadratische Norm* von $p(x)$.

Die letzten beiden Funktionen berechnen eine obere Schranke für die Größe der größten Nullstelle des Polynoms. Wenn also polyops[boundRoots] z. B. 5.7 für ein Polynom $p(x)$ ergibt, dann liegen alle Nullstellen von $p(x)$ (komplex wie reell) innerhalb des Kreises mit Radius 5.7 in der komplexen Ebene. Die Funktion polyops[boundRoots] benutzt drei Methoden zur Berechnung einer Schranke, wobei das beste der drei Zwischenresultate b1, b2 und b3 zurückgegeben wird. Die ersten beiden Schranken basieren auf der Länge und Höhe (Funktion „height") des Polynoms. Keine der drei Methoden versucht, die Lage der Nullstellen zu bestimmen. Tatsächlich setzt diese Funktion keinen einzigen Wert ins Polynom ein. Dies ist ein großer Vorteil wenn man versucht, die Nullstellen eines Polynoms mit sehr großem Grad einzugrenzen. Diese Funktion ist am effizientesten für *dünne* Polynome – d. h. für Polynome mit nur wenigen von Null verschiedenen Koeffizienten.

Die letzte Funktion polyops[boundRootsDense] ruft polyops[boundRoots] auf und berechnet dann zwei weitere Schranken, b4 und b5. Es ist nur sinnvoll diese Schranken zu berechnen, wenn das Polynom *dicht* ist; d. h. alle oder fast alle Koeffizienten sind von Null verschieden. Die beste dieser fünf Schranken wird zurückgegeben.

Will man sich alle berechneten Schranken anschauen, so gibt man

```
> infolevel[polyops] := 3:
```

ein, bevor man die Funktion aufruft. Dies aktiviert die userinfo-Anweisungen in diesen beiden Routinen.

Methoden zum Eingrenzen von Nullstellen sind zusammen mit vielen anderen interessanten Resultaten über Polynome im Buch *Mathematics for Computer Algebra* von Maurice Mignotte (siehe Buchliste auf Seite 356) beschrieben.

Der Vollständigkeit halber bemerken wir noch, daß Maple eine Sonstige Bibliotheksfunktion rootbound besitzt, welche die Nullstellen von Polynomen eingrenzt, welche zur Zeit aber undokumentiert ist. Indem man sich den Quellcode dieser Funktion anschaut, erkennt man, daß rootbound einen ganz anderen Algorithmus verwendet. Es werden einfach immer größere Werte in das Polynom eingesetzt, bis der führende Term so groß es, daß die Terme niedrigerer Ordnung diesen nicht mehr auslöschen können, um den ganzen Ausdruck gleich Null werden zu lassen.

Ende des Exkurs

Nachdem man diese Datei in eine Maple-Sitzung eingelesen hat, kann man eine jede dieser Funktionen aufrufen, aber wir müssen die lange Tabellensuchform des Namens verwenden.

```
> read polyops;
> p := x^10 + x^9 - x^7 - x^6 - x^5 - x^4 - x^3 + x + 1:
> polyops[qnorm](p, x);
```

$$3$$

```
> polyops[boundRootsDense](p, x);
```

$$2.$$

Funktionen aus den gewöhnlichen Bibliothekspaketen können mit kurzen Namen (ohne Aufsuchen in Tabellen) aufgerufen werden, sobald sie mit dem `with`-Befehl in die Sitzung eingeladen wurden. Wir würden dies mit unserem `polyops`-Paket ganz gerne genauso handhaben. Dazu müssen wir zwei Schritte ausführen: Wir müssen unsere eigene Bibliothek erzeugen und `polyops` darin hineinkopieren. Außerdem müssen wir unsere Maple-Umgebung so modifizieren, daß der `with`-Befehl auch nach Paketen in dieser Bibliothek sucht.

Zuerst müssen wir uns überlegen, wo wir unsere Maple-Bibliothek installieren wollen. Bei diesem Beispiel benutzen wir das Unix-Verzeichnis `/usr/myname/mymaplelib`. Nachdem wir dieses Verzeichnis erzeugt haben, starten wir Maple in dem Verzeichnis, welches den Maple-Code enthält und geben die folgenden Befehle ein:

```
> read polyops;
> save '/usr/myname/mymaplelib/polyops.m';
> quit
```

Der Leser würde jetzt selbstverständlich den Namen seines Pakets und das Verzeichnis seiner Bibliothek hier einsetzen, es ist allerdings nötig, daß der Dateiname mit der Erweiterung „.m" endet. Dies stellt sicher, daß die Datei in Maples internem Format abgespeichert wird. Alle Dateien einer Maple-Bibliothek müssen sich in diesem Format befinden.

Nun fügen wir die folgende Zeile an das Ende der Maple-Initialisierungsdatei an (siehe Seite 56), wobei der Leser natürlich wieder sein Maple-Bibliotheksverzeichnis hier einsetzt. (Diese Syntax ist neu in Maple V Version 2. Unter Maple V benutze man den Variablennamen `_liblist` anstelle von `libname` und gebe die Pfade als Liste an.)

```
> libname := libname, '/usr/myname/mymaplelib':
```

Immer wenn man nun `readlib` oder `with` in Maple benutzt, um eine Funktion oder ein Paket in eine Sitzung zu laden, wird Maple nun auch automatisch die neu erstellte Bibliothek nach der Funktion bzw. dem Paket durchsuchen, falls es sie in der Standardbibliothek nicht finden kann.

Die globale Variable `libname` kann beliebig viele Bibliotheksverzeichnisse auflisten. Die Bibliotheken werden immer in der Reihenfolge durchsucht, die durch die Anordnung in dieser Folge impliziert ist. Zum Beispiel kann `libname` so aussehen:

Fehlerkorrektur-Bibliothek, Standardbibliothek, Gruppenprojekt-Bibliothek,
Persoenliche-Bibliothek

In einer neuen Maple-Sitzung laden wir unser Paket mit Hilfe des `with`-Befehls ein und rufen ihre Funktionen mit kurzen Namen auf.

```
> libname;
```

/usr/local/mapleV.2/lib, /usr/myname/mymaplelib

```
> with(polyops);
```

[boundRoots, boundRootsDense, height, len, qnorm]

```
> p := x^10 + x^9 - x^7 - x^6 - x^5 - x^4 - x^3 + x + 1:
> qnorm(p, x);
```

$$3$$

```
> boundRootsDense(p, x);
```

$$2.$$

Diese Methode hat allerdings einen Nachteil: alle Funktionen dieses Pakets werden auf einmal in die Sitzung eingeladen. Bei dem kurzen hier angegebenen Beispiel ist das problemlos, für größere Pakete kann es aber bedeutsam sein, daß nur solche Funktionen eingeladen werden, die auch wirklich gebraucht werden. Wir illustrieren diese Technik anhand des `polyops`-Pakets.
Zuerst erstelle man ein Dateiverzeichnis mit Namen `polyops` in dem persönlichen Bibliotheksverzeichnis. Danach ändere man die Namen ihrer Funktionen zu `polyops/`*fktname*`. Man speichere jede Funktion in eine eigene „.m"-Datei im `polyops`-Verzeichnis ab. Am einfachsten geschieht dies durch Hinzufügen von `save`-Anweisungen zum ursprünglichen Code. Unser modifiziertes `polyops`-Paket beginnt z. B. nun folgendermaßen:

```
'polyops/len' := proc(p:polynom(constant), x:name)
    convert(map(abs, [coeffs(expand(p), x)]), '+')
end:
save 'polyops/len', '/usr/myname/mymaplelib/polyops/len.m';
```

Nun lese man diese Datei in eine Maple-Sitzung ein, um alle „.m"-Dateien zu erzeugen. Schließlich erzeuge man die Master-Datei für `polyops`, die die Routinen des Pakets nach Bedarf einlädt. Diese hat die folgende Form:

```
polyops[len] := 'readlib('polyops/len')':
polyops[height] := 'readlib('polyops/height')':
polyops[qnorm] := 'readlib('polyops/qnorm')':
polyops[boundRoots] := 'readlib('polyops/boundRoots')':
polyops[boundRootsDense] := 'readlib('polyops/boundRootsDense')':
```

(Unter Maple V durchsucht `readlib` nur die Standardbibliothek; jede dieser Anweisungen verlangt also nach einem zweiten Argument, den vollständigen Pfadnamen der Datei, in der die Funktion definiert ist.) Man benutze wiederum Maple, um diese als „polyops.m" abzuspeichern und zur Bibliothek hinzuzufügen (zur obersten Ebene, nicht zum `polyops`-Dateiverzeichnis). Sie ersetzt die alte `polyops.m`-Datei. Wenn wir nun den Befehl `with(polyops)` eingeben, so wird keine der Funktion unverzüglich eingeladen, vielmehr werden ihre Namen einem `readlib`-Befehl zugewiesen, der die Funktion automatisch dann einlädt, wenn sie zum erstenmal aufgerufen wird. Dies verlangsamt spätere Aufrufe derselben Funktion nicht, da `readlib` keine Auswirkung hat auf Funktionen, die bereits geladen wurden (`readlib` hat die `option remember`).
Wir geben noch ein weiteres Beispiel zur Benutzung dieses neuen Schemas an. Die vorgenommenen Veränderungen haben keinen Einfluß darauf. wie das Paket geladen oder die Funktion aufgerufen wird. Um die Sache etwas interessanter zu gestalten, benutzen wir nun ein wesentlich größeres Polynom.

```
> with(polyops);
```

$$[boundRoots,\ boundRootsDense,\ height,\ len,\ qnorm]$$

```
> p := x^10000 + randpoly(x, degree=9999, terms=30,
>         coeffs=rand(-10^6..10^6)) + rand(-10^6..10^6)():
> height(p, x);
```

$$974460$$

```
> boundRoots(p, x);
```

$$1.205553735$$

Wie erzeuge ich Hilfstext zu meinen eigenen Maple-Funktionen und -Paketen?

Um eine Hilfsseite für eine Funktion oder ein Paket zu erzeugen, schreibe man zunächst eine einfache Textversion der Hilfsseite in einem Editor, wobei man den Stil der Maple-Hilfsseiten nachahmt. Am einfachsten verwandelt man diese Textdatei in eine Maple-Hilfsseite mit dem makehelp-Befehl. Diese Sonstige Bibliotheksfunktion installiert den Hilfstext im „help"-Dateiverzeichnis einer Maple-Bibliothek. Diese Hilfsseite steht selbst dann zur Verfügung, wenn die entsprechende Funktion oder Paket nicht eingeladen wurde.

Viele Leute bevorzugen es jedoch, den Hilfstext für eine Funktion bzw. ein Paket da abzuspeichern, wo sich auch der Code befindet. Dies vereinfacht den Transport von Code und Hilfstext auf andere Rechner oder auch den gemeinsamen Zugriff mit anderen Benutzern. Wir beschreiben hier eine Möglichkeit, den Hilfstext so abzuspeichern. Zuerst editiere man die Hilfsdatei, um ein TEXT-Objekt aus dem Hilfstext zu machen, wobei man jede Zeile in schräggestellte Hochkommata einschließt und Zeilen durch Kommata abtrennt. Ist die Hilfsseite eine Einführung zu einem Paket oder Hilfe zu einer Funktion, die nicht zu einem Paket gehört, so sollte man das TEXT-Objekt der Variablen `help/text/name` zuweisen, wobei *name* der Name der Funktion bzw. des Pakets ist. Wir erzeugen z. B. eine Hilfsseite für das polyops-Paket, welches wir im vorangehenden Abschnitt entwickelt haben:

```
'help/text/polyops' := TEXT(
'HILFE FUER: Einfuehrung ins polyops-Paket',
' ',
'AUFRUFSFOLGE:',
'   <function>(args)',
'   polyops[<function>](args)',
' ',
'SYNOPSIS:',
' - Das polyops-Paket enthaelt Funktionen zur Anwendung',
'   spezieller Operationen auf univariate Polynome mit ',
'   reellen oder komplexen Koeffizienten.',
' ',
' - Die zur Verfuegung stehenden Funktionen sind:',
' ',
'         boundRoots  boundRootsDense  height  len  qnorm',
' ',
' - Fuer Hilfe zu einer bestimmten Funktion benutze man',
'   ?polyops[<function>]',
' ',
' - Um z. B. die Hoehe des Polynoms  p in der',
'   Variablen x zu berechnen, benutze man',
'         with(polyops); height(p, x);',
' ',
'SIEHE AUCH: with, polyops[<function>]'):
```

Um eine Hilfsseite für eine Funktion *name*, welche im Paket *pkt* definiert ist, zu erstellen, weise man dem TEXT-Objekt die Variable `help/pkt/text/name` zu. Hier ist z. B. eine Hilfsseite für die Funktion height des polyops-Pakets:

```
'help/polyops/text/height' := TEXT(
'HILFE FUER: polyops[height] - berechne die Hoehe eines Polynoms',
' ',
'AUFRUFSFOLGE:',
'   height(p, x)',
' ',
'PARAMETER:',
'   p - ein Polynom einer Variablen mit konstanten Koeffizienten',
'   x - die Unbestimmte des Polynoms',
```

```
` `,
'SYNOPSIS:',
' - Die Funktion height berechnet die Hoehe eines Polynoms einer',
'   Variablen.',
` `,
' - Die Hoehe eines Polynoms einer Variablen ist der groesste',
'   Koeffizient im Absolutwert des Polynoms.',
` `,
' - Diese Funktion gehoert zum polyops-Paket und muss',
'   durch with(polyops) definiert werden, bevor man sie benutzen',
'   kann.',
` `,
'BEISPIELE:',
'> with(polyops):',
'> height(x^3 + 2*x + 1, x);',
'                                    2',
` `,
'> height(5.3*y^14 + (4+3*I)*y^7 + 16/3, y);',
'                              16/3',
` `,
'SIEHE AUCH:  polyops'):
```

Man füge die Definitionen für die Hilfsseiten zu der Datei hinzu, die den Quellcode enthält. In unserem eigenen Beispiel aus der letzten Frage würden diese Definitionen in der Datei polyops stehen und dann in die Datei polyops.m übersetzt werden. Der Hilfstext steht nur nach dem Laden der Funktion bzw. des Pakets zur Verfügung.

```
> with(polyops):
> ?polyops
HILFE FUER: Einfuehrung ins polyops-Paket

AUFRUFSFOLGE:
  <function>(args)
  polyops[<function>](args)

SYNOPSIS:
  - Das polyops-Paket enthaelt Funktionen zur Anwendung spezieller
    Operationen auf  univariate Polynome mit reellen oder komplexen
    Koeffizienten.

  - Die zur Verfuegung stehenden Funktionen sind:

          boundRoots  boundRootsDense  height  len  qnorm

  - Fuer Hilfe zu einer bestimmten Funktion benutze man
    ?polyops[<function>]

  - Um z. B. die Hoehe des Polynoms  p in der
    Variablen x zu berechnen, benutze man
          with(polyops); height(p, x);


SIEHE AUCH: with, polyops[<function>]
```

G   Mathematica und Maple im Vergleich

Maple und Mathematica sind die beiden erfolgreichsten zur Zeit erhältlichen Computeralgebrasysteme. In diesem Kapitel vergleichen wir die beiden Systeme und zeigen die Unterschiede auf. Im ersten Abschnitt werden sowohl einige der Hauptgemeinsamkeiten der beiden Systeme als auch einige wesentliche Unterschiede behandelt. Im zweiten Abschnitt werden die gebräuchlichen Mathematica-Funktionen, -Optionen und -Symbole zusammen mit ihren Maple-Gegenstücken aufgelistet. Der Zweck dieses Abschnitts besteht darin, Leuten mit Erfahrung in Mathematica das Lernen von Maple zu erleichtern.

G.1   Vergleich

Maple und Mathematica haben ähnliche Fähigkeiten. Beide Systeme führen symbolische Manipulationen sowie numerische Berechnungen mit beliebig hoher Genauigkeit aus; beide Systeme sind auch dazu in der Lage, zwei- und dreidimensionale Graphiken zu erzeugen. Sowohl Maple als auch Mathematica sind programmierbar. Sie laufen auf einer Vielzahl von Rechnern, darunter viele Personalcomputer und Arbeitsplatzrechner, sowie mehrere Groß- und Superrechner. Sie unterscheiden sich aber wesentlich in ihrer Struktur.

Größe

Maple hat einen kleinen Kern und ist modular aufgebaut; Funktionen werden nur dann in den Speicher eingeladen, wenn sie gebraucht werden. Maple verlangt nach zwei Megabytes Hauptspeicherplatz, um vernünftig arbeiten zu können. Mathematica dagegen besitzt einen großen Kern, der nach acht Megabytes Hauptspeicherplatz verlangt, um vernünftig laufen zu können. Bei einigen Systemen kann es wegen dieser Größe oft bis zu einer Minute dauern, bevor der Mathematica-Kern eingeladen ist. Dies ist zum Beispiel beim Macintosh der Fall.

Quellcode und On-Line-Hilfe

Der größte Teil von Maple ist in Maples eigener Programmiersprache geschrieben. Man kann diesen Code inspizieren und sogar modifizieren. Mathematica dagegen ist hauptsächlich in C geschrieben. Man kann sich den Code weder ansehen, noch kann man ihn modifizieren.
Sowohl Maple als auch Mathematica verfügen über On-Line-Hilfe, die dem Benutzer hilft, die benötigten Funktionen zu finden und ihm zeigt, wie man sie benutzt. Die On-Line-Hilfe in Maple ist detaillierter als die in Mathematica. Im Gegensatz zu Mathematica enthält die Maple-Hilfsinformation Beispiele und Querverweise. Sowohl Maple als auch Mathematica verfügen über einen interaktiven Browser von Hilfsstichworten, welcher dem Benutzer hilft, Informationen über einen Befehl zu finden, selbst wenn man den genauen Namen des Befehls nicht kennt.

Programmierbarkeit

Sowohl Maple als auch Mathematica sind programmierbar. Programmierung in Maple ähnelt der Programmierung in Pascal. Mathematica unterstüzt mehrere Programmierarten: prozedurale, funktionale, auf Regeln basierende und objekt-orientierte Programmierung.

Namenskonventionen

Maple ist nicht so konsistent in seinen Namenskonventionen wie Mathematica. Jede spracheigene Funktion in Mathematica beginnt mit einem Großbuchstaben. In Maple beginnen manche Namen mit einem Großbuchstaben, andere mit einem Kleinbuchstaben und wieder andere bestehen nur aus Großbuchstaben.
Maple benutzt sehr oft Abkürzungen, Mathematica benutzt selten Abkürzungen.

Funktionalitäten

Im folgenden führen wir einige wichtige Funktionalitäten von Maple und Mathematica auf.

Maple V Version 2 und Version 3

- Arbeitsblattschnittstelle (wie in Kapitel B beschrieben)
- Ausgabe in mathematischer Schreibweise (unter Benutzung von Symbolen wie $\sqrt{\ }$, $\int$ und $\sum$)
- Kleiner Kern und modularer Aufbau (geringer Speicherplatzbedarf, startet schnell auf allen Systemen)
- Offenes System (Quellcode der meisten Funktionen in Maple kann inspiziert und modifiziert werden)
- On-Line-Dokumentation mit Beispielen

Mathematica 2.2

- Notebook-Frontend
- Mustererkennung (pattern matching)
- Auf Regeln basierende Programmierung
- Klangerzeugung

Das Notebook-Frontend ist ähnlich wie die Maple-Arbeitsschnittstelle aufgebaut. Dieses Frontend, welches man bei Macintosh-, NeXT-, MS-Windows- und X-Windows-Versionen von Mathematica findet, erlaubt es, Notebooks oder Dateien, welche Text, Mathematica-Eingabe, -Ausgabe oder -Graphik enthalten, zu schreiben.

Die Mustererkennungsfunktion erlaubt es, Teilausdrücken Namen zuzuweisen und später vorzuschreiben, was mit den Namen geschehen soll. Hat man zum Beispiel ein Paar von Zahlen, bei der die erste Zahl das Jahr und die zweite Zahl die U.S.-Verschuldung in jenem Jahr darstellt, dann kann mit Hilfe der Musterkennung dem ersten Wert den Namen Jahr und dem zweiten Wert den Namen Schuld zuweisen. Die Regel {Jahr_, Schuld_} :> {Jahr, Log[Schuld]} weist Mathematica an, den Logarithmus des zweiten Werts eines Paares zurückzugeben.

```
In[1]:= {{1950, 256097}, {1970, 370094}, {1990, 3233313}} /.
{Jahr_, Schuld_} :> {Jahr, Log[Schuld]}

Out[1]=  {{1950, Log[256097]}, {1970, Log[370094]},
          {1990, Log[3233313]}}
```

Version 2.0 und spätere Versionen von Mathematica unterstützen akustische Effekte. Genauso wie man eine Funktion zeichnen kann, kann man eine Funktion auch „spielen".
Sowohl Maple als auch Mathematica sind seit ihrer Ersteinführung wesentlich verbessert worden. Einige der Verbesserungen sind auf Bitten der Benutzer vorgenommen worden. Andere Verbesserungen kamen dadurch zustande, daß sowohl Waterloo Maple Software als auch Wolfram Research Inc.[1] danach streben, das beste auf dem Markt befindliche Produkt zu haben. Wir gehen davon aus, daß beide Unternehmen weiterhin danach streben werden, Software zu produzieren, die besser als die ihrer Mitbewerber ist; deshalb ist es sehr wahrscheinlich, daß künftige Versionen noch mehr bieten werden.

G.2 Entsprechende Funktionen in Maple und Mathematica

Auf den folgenden Seiten sind Hunderte von Mathematica-Funktionen zusammen mit der äquivalenten oder zumindest eng verbundenen Maple-Funktion alphabetisch geordnet aufgelistet. Mathematica-Funktionen, welche in Paketen definiert sind, sind auch in dieser Liste enthalten. Der Paketname einer Funktion erscheint genau unterhalb des Funktionsnamens; die Routine AddEdge in Mathematica z. B. gehört zum Paket DiscreteMath`Combinatorica`. Die Schreibweise *paket*[*funktion*] in der Maple-Spalte gibt an, daß *funktion* zum Maple-Paket *paket* gehört. Entsprechen mehrere Maple-Funktionen einer Funktion in Mathematica, so sind diese in aufeinanderfolgenden Zeilen gelistet; der Mathematica-Funktion Eigenvalues z. B. entsprechen die Maple-Funktionen Eigenvals und linalg[eigenvals].

---

[1] Anm. d. Übers: Die Firma, die Mathematica entwickelt

Mathematica	**Maple**
A	
Abort[ ]	ERROR(*meldung*)
Abs[z]	abs(z)
AddEdge[g, {v_1, v_2}, Directed] DiscreteMath`Combinatorica`	networks[addedge]([v_1, v_2], g)
AddEdge[g, {v_1, v_2}] DiscreteMath`Combinatorica`	networks[addedge]({v_1, v_2}, g)
AddVertex[g] DiscreteMath`Combinatorica`	networks[addvertex](v, g)
AiryAi[x]	Ai(x)
AiryBi[x]	Bi(x)
AllPairsShortestPath[g] DiscreteMath`Combinatorica`	networks[allpairs](g)
AmbientLight–>*color*	ambientlight=[r, g, b]
And[*ausdr_1*, *ausdr_2*]	*ausdr_1* and *ausdr_2*
Apart[*ausdr*, x]	convert(*ausdr*, parfrac, x)
Append[*liste*, *elem*]	[op(*liste*), *elem*]
AppendColumns[A_1, A_2, ...] LinearAlgebra`MatrixManipulation`	linalg[stack](A_1, A_2, ...)
AppendRows[A_1, A_2, ...] LinearAlgebra`MatrixManipulation`	linalg[augment](A_1, A_2, ...) linalg[concat](A_1, A_2, ...)
Apply[Plus, *ausdr*]	convert(*ausdr*, '+')
Apply[Times, *ausdr*]	convert(*ausdr*, '*')
ArcCos[z]	arccos(z)
ArcCosh[z]	arccosh(z)
ArcCot[z]	arccot(z)
ArcCoth[z]	arccoth(z)
ArcCsc[z]	arccsc(z)
ArcCsch[z]	arccsch(z)
ArcSec[z]	arcsec(z)
ArcSech[z]	arcsech(z)
ArcSin[z]	arcsin(z)
ArcSinh[z]	arcsinh(z)
ArcTan[x, y]	arctan(y, x)
ArcTan[z]	arctan(z)
ArcTanh[z]	arctanh(z)
Array[f, {m, n}]	linalg[matrix](m, n, f)
Array[f, *dims*]	array(*indexfkt*, *grenzen*, *liste*)
Array[f, n]	[f(i) \$ i=1..n] linalg[vector](n, f) [seq(f(i), i=1..n)]
AspectRatio–>Automatic	scaling=CONSTRAINED
Axes–>False	axes=NONE
Axes–>True	axes=NORMAL
AxesLabel–>{*label_x*, *label_y*, *label_z*}	labels=[*label_x*, *label_y*, *label_z*]
AxesLabel–>{*label_x*, *label_y*}	labels=[*label_x*, *label_y*]
B	
BaseForm[*zahl*, 16]	convert(*zahl*, hex)
BaseForm[*zahl*, 2]	convert(*zahl*, binary)
BaseForm[*zahl*, 8]	convert(*zahl*, octal)
BaseForm[*zahl*, n]	convert(*zahl*, base, n)
BernoulliB[n, x]	bernoulli(n, x) numtheory[B](n, x)
BernoulliB[n]	bernoulli(n) numtheory[B](n)
BesselI[n, z]	BesselI(n, z)
BesselJ[n, z]	BesselJ(n, z)
BesselK[n, z]	BesselK(n, z)
BesselY[n, z]	BesselY(n, z)
Beta[z_1, z_2]	Beta(z_1, z_2)
BetaDistribution[α, β]	beta[α, β]

Statistics ` ContinuousDistributions `	stats[random], stats[statevalf]
Binomial[n, m]	binomial(n, m)
BinomialDistribution[n, p]	binomiald[n, p]
Statistics ` DiscreteDistributions `	stats[random], stats[statevalf]
Boxed–>True	axes=BOXED
Break[ ]	break

C

Cancel[*ausdr*]	normal(*ausdr*)
CartesianMap[e, $\{a, b\}$, $\{c, d\}$]	plots[conformal](e, $z=a+c*$I$..b+d*$I)
Graphics ` ComplexMap `	
CartesianProduct[*liste*$_1$, *liste*$_2$]	combinat[cartprod]([*liste*$_1$, *liste*$_2$])
DiscreteMath ` Combinatorica `	
Catalan	Catalan
CauchyDistribution[a, b]	cauchy[a, b]
Statistics ` ContinuousDistributions `	stats[random], stats[statevalf]
CDF[*verteilung*, x]	stats[statevalf, cdf[*verteilung*]](x)
Statistics ` ContinuousDistributions `	
CDF[*verteilung*, x]	stats[statevalf, dcdf[*verteilung*]](x)
Statistics ` DiscreteDistributions `	
Ceiling[x]	ceil(x)
CentralMoment[*liste*, n]	stats[describe, moment[n, mean]](*liste*)
Statistics ` DescriptiveStatistics `	
CForm[*ausdr*]	C(*ausdr*)
ChebyshevT[n, x]	orthopoly[T](n, x)
ChebyshevU[n, x]	orthopoly[U](n, x)
Check[*ausdr*, *fehlerausdr*]	traperror(*ausdr*)
CheckAbort[*ausdr*, *fehlerausdr*]	traperror(*ausdr*)
ChineseRemainderTheorem[*liste*$_1$, *liste*$_2$]	chrem(*liste*$_1$, *liste*$_2$)
NumberTheory ` NumberTheoryFunctions `	numtheory[mcombine](a, ra, b, rb)
ChiSquareDistribution[n]	chisquare[n]
Statistics ` ContinuousDistributions `	stats[random], stats[statevalf]
Chop[*ausdr*]	fnormal(*ausdr*)
ChromaticPolynomial[g, z]	networks[chrompoly](g, z)
DiscreteMath ` Combinatorica `	
Clear[*name*]	unassign('*name*')
	name := '*name*'
Close[*strom*]	close( )
Coefficient[*poly*, *ausdr*]	coeff(*poly*, *ausdr*)
Coefficient[*poly*, *var*, n]	coeff(*poly*, x, n)
Coefficient[*ausdr*, *form*]	degree(a, x)
	lcoeff(p, x)
CoefficientList[*poly*, $\{x_1, x_2, \ldots\}$]	coeffs(*poly*, $\{x_1, x_2, \ldots\}$)
CoefficientList[*poly*, x]	coeffs(*poly*, x)
Collect[*ausdr*, x]	collect(*ausdr*, x)
Complement[*liste*$_1$, *liste*$_2$]	*menge*$_1$ minus *menge*$_2$
Complex	complex
ComplexExpand[*ausdr*]	evalc(*ausdr*)
ComplexToTrig[*ausdr*]	convert(*ausdr*, trig)
Algebra ` Trigonometry `	
ComposeSeries[a, b]	powseries[compose](a, b)
Composition[f, g]	f @ g
Compositions[n, k]	combinat[composition](n, k)
DiscreteMath ` Combinatorica `	
Conjugate[z]	conjugate(z)
ConnectedComponents[g]	networks[components](g)
DiscreteMath ` Combinatorica `	
ConstrainedMax[*ausdr*, *unglchgen*, *vars*]	simplex[maximize](*ausdr* , *unglchgen*, NONNEGATIVE)
ConstrainedMin[*ausdr*, *unglchgen*, *vars*]	simplex[minimize](*ausdr* , *unglchgen*, NONNEGATIVE)
ContextToFilename["*context*`"]	convert(*dateiname*, hostfile)
ContinuedFraction[x, n]	convert(x, confrac, n)
NumberTheory ` ContinuedFractions `	numtheory[cfrac](x, n, quotients)

ContourPlot[. . . , Contours–>*liste*] plots[contourplot](. . . , contours=*liste*)
ContourPlot[. . . , Contours–>*n*] plots[contourplot](. . . , contours=*n*)
ContourPlot[. . . , ContourStyle–>Dashing[*liste*]] plots[contourplot](. . . , linestyle=*n*)
ContourPlot[. . . , ContourStyle–>Thickness[*r*]] plots[contourplot](. . . , thickness=*n*)
ContourPlot[*ausdr*, $\{x, a, b\}$, $\{y, c, d\}$] plot3d(*ausdr*, $x=a..b$, $y=c..d$,
$\quad$style=CONTOUR, orientation=[0, 0])
plots[contourplot](*ausdr*, $x=a..b$, $y=c..d$)

Contours–>*liste* contours=*liste*
Contours–>*n* contours=*n*
ContourStyle–>Dashing[*liste*] linestyle=*n*
ContourStyle–>Thickness[*r*] thickness=*n*
Contract[*g*, $\{x, y\}$] networks[contract]($\{x, y\}$, *g*)
$\quad$DiscreteMath ` Combinatorica `
Convert[*alt*, *neu*] convert(*alt*, degrees)
$\quad$Miscellaneous ` Units ` convert(*alt*, metric)
convert(*alt*, radians)

ConvexHull[$\{\{x_1, y_1\}, \{x_2, y_2\}, \ldots\}$] geometry[convexhull](*punkte*)
$\quad$DiscreteMath ` ComputationalGeometry `
Cos[*z*] cos(*z*)
Cosh[*z*] cosh(*z*)
CosIntegral[*z*] Ci(*z*)
Cot[*z*] cot(*z*)
Coth[*z*] coth(*z*)
Count[*ausdr*, *teilausdr*, Infinity] numboccur(*ausdr*, *teilausdr*)
CrossProduct[*u*, *v*] linalg[crossprod](*u*, *v*)
$\quad$Calculus ` VectorAnalysis `
Csc[*z*] csc(*z*)
Csch[*z*] csch(*z*)
Curl[*f*, Cylindrical[*vars*]] linalg[curl](*f*, *vars*, coords=cylindrical)
$\quad$Calculus ` VectorAnalysis `
Curl[*f*, Spherical[*vars*]] linalg[curl](*f*, *vars*, coords=spherical)
$\quad$Calculus ` VectorAnalysis `
Curl[*f*] linalg[curl](*f*, *vars*)
$\quad$Calculus ` VectorAnalysis `
Cycle[*n*] networks[cycle](*n*)
$\quad$DiscreteMath ` Combinatorica `
Cyclotomic[*n*, *x*] numtheory[cyclotomic](*n*, *x*)
CylindricalPlot3D[*ausdr*, rng_r, rng_ϕ] plot3d(*ausdr*, rng_θ, rng_z, coords=cylindrical)
$\quad$Graphics ` ParametricPlot3D ` plots[cylinderplot](*ausdr*, rng_θ, rng_z)

D

D[*ausdr*, $x_1, x_2, \ldots$] diff(*expr*, $x_1, x_2, \ldots$)
D[*ausdr*, *x*] diff(*ausdr*, *x*)
DeleteVertex[*g*, *v*] networks[delete](*v*, *g*)
$\quad$DiscreteMath ` Combinatorica `
Delta[*t*] Dirac(*t*)
$\quad$Calculus ` Common ` Support `
Denominator[*ausdr*] denom(*ausdr*)
DensityPlot[*ausdr*, r_x, r_y] plots[densityplot](*ausdr*, r_x, r_y)
Det[*A*, Modulus–>*p*] Det(*A*) mod *p*
Det[*A*] linalg[det](*A*)
DiagonalMatrix[$\{b_1, b_2, \ldots\}$] linalg[BlockDiagonal]($b_1, b_2, \ldots$)
linalg[diag]($b_1, b_2, \ldots$)
Dijkstra[*g*, *v*] networks[shortpathtree](*g*, *v*)
$\quad$DiscreteMath ` Combinatorica `
Dimensions[*A*] linalg[coldim](*A*)
linalg[rowdim](*A*)

DiscreteUniformDistribution[*a*, *b*] discreteuniform[*a*, *b*]
$\quad$Statistics ` DiscreteDistributions ` $\quad$stats[random], stats[statevalf]
Display[*kanal*, *graphik*] interface(plotdevice=postscript)
Div[*f*, Cylindrical[*vars*]] linalg[diverge](*f*, *vars*, coords=cylindrical)
$\quad$Calculus ` VectorAnalysis `
Div[*f*, Spherical[*vars*]] linalg[diverge](*f*, *vars*, coords=spherical)
$\quad$Calculus ` VectorAnalysis `

Mathematica	Maple
Div[*f*] Calculus ` VectorAnalysis `	linalg[diverge](*f*, *vars*)
Divisors[*n*, GaussianIntegers–>True]	GaussInt[GIdivisor](*n*)
Divisors[*n*]	numtheory[divisors](*n*)
DivisorSigma[*k*, *n*]	numtheory[sigma][*k*](*n*)
DivisorSigma[*n*]	numtheory[sigma](*n*)
Do[*ausdr*, {*i*, i_0, i_1, *d*}]	for *i* from i_0 to i_1 by *d* do *rumpf* od
Do[*ausdr*, {*i*, i_0, i_1}]	for *i* from i_0 to i_1 do *rumpf* od
Do[*ausdr*, {*i*, i_1}]	for *i* to i_1 do *rumpf* od
Dot[*A*, *B*]	linalg[multiply](*A*, *B*)
Dot[*u*, *v*]	linalg[dotprod](*u*, *v*)
Drop[*list*, *n*]	[op(*n*+1..nops(*liste*), *liste*)] [*liste*[*n*+1..nops(*liste*)]]
Drop[*liste*, −*n*]	[op(1..nops(*liste*)−*n*, *liste*)] [*liste*[1..nops(*liste*)−*n*]]
DSolve[*glg*, *y*[*x*], *x*]	dsolve(*glg*, *y*(*x*))
Dt[*f*]	D(*f*)

E

Mathematica	Maple
E	E
Edges[*g*] DiscreteMath ` Combinatorica `	networks[adjacency](*g*)
Edit[*ausdr*]	edit(*ausdr*)
Eigenvalues[*A*]	Eigenvals(*A*) linalg[eigenvals](*A*)
Eigenvectors[*A*]	Eigenvals(*A*, *vektoren*) linalg[eigenvects](*A*)
EllipticE[ϕ, *m*]	LegendreE(sin(ϕ), sqrt(*m*))
EllipticE[*m*]	LegendreEc(sqrt(*m*))
EllipticF[ϕ, *m*]	LegendreF(sin(ϕ), sqrt(*m*))
EllipticK[*m*]	LegendreKc(sqrt(*m*))
EllipticPi[*n*, ϕ, *m*]	LegendrePi(sin(ϕ), *n*, sqrt(*m*))
EllipticPi[*n*, *m*]	LegendrePic(*n*, sqrt(*m*))
Erf[*x*]	erf(*x*)
Erfc[*x*]	erfc(*x*)
EulerE[*n*, *x*]	euler(*n*, *x*)
EulerE[*n*]	euler(*n*)
EulerGamma	gamma
EulerPhi[*n*]	numtheory[phi](*n*)
Evaluate[*ausdr*]	eval(*ausdr*)
EvenQ[*n*]	type(*n*, even)
Exit[ ]	done quit stop
Exp[*z*]	exp(*z*)
Expand[*ausdr*, Trig–>True]	combine(*ausdr*, trig)
Expand[*ausdr*]	expand(*ausdr*)
ExpandDenominator[*ausdr*]	normal(*ausdr*, expanded)
ExpandNumerator[*ausdr*]	normal(*ausdr*, expanded)
ExpIntegralEi[*x*]	Ei(*x*)

ExponentialDistribution[λ]
  Statistics ` ContinuousDistributions `
	exponential[λ, 0]
	  stats[random], stats[statevalf]

ExtendedGCD[*n*, *m*]	igcdex(*n*, *m*, 's', 't')

F

Mathematica	Maple
Factor[*poly*, GaussianIntegers–>True]	GaussInt[GIfacpoly](*poly*)
Factor[*poly*, Modulus–>*p*]	Factor(*poly*) mod *p*
Factor[*poly*]	factor(*poly*)
Factor[*ausdr*, Trig–>True]	expand(*ausdr*)
Factorial[*n*]	factorial(*n*)
FactorInteger[*n*, GaussianIntegers–>True]	GaussInt[GIfactor](*n*) GaussInt[GIfactors](*n*)
FactorInteger[*n*]	ifactor(*n*) ifactors(*n*)

Mathematica	Maple
FactorIntegerECM[n] NumberTheory ' FactorIntegerECM '	ifactor(n, lenstra)
FactorList[$poly$]	factors($poly$)
FactorSquareFree[$poly$]	convert($poly$, sqrfree, x)
FactorSquareFreeList[$poly$, Modulus–>p]	Sqrfree($poly$) mod p
FactorSquareFreeList[$poly$]	sqrfree($poly$)
False	false
Fibonacci[n] DiscreteMath ' CombinatorialFunctions '	combinat[fibonacci](n)
FindMinimum[$ausdr$, $\{x, x_0\}$]	extrema($ausdr$, { }, x) minimize($ausdr$, $\{x\}$)
First[$liste$]	op(1, $liste$) $liste$[1]
Fit[$daten$, $fktnen$, $vars$]	linalg[leastsqrs](A, b) stats[fit, leastsquare[$vars$, eqn, cfs]]($data$)
Floor[x]	floor(x)
FontForm[$kette$, $\{font, n\}$]	axesfont=[$familie$, $stil$, n] font=[$familie$, $stil$, n] labelfont=[$familie$, $stil$, n] titlefont=[$familie$, $stil$, n]
FortranForm[$ausdr$]	fortran($ausdr$)
Fourier[$\{z_1, z_2, \ldots\}$]	FFT(m, x, y)
FourierTransform[$ausdr$, t, w] Calculus ' FourierTransform '	fourier($ausdr$, t, w)
Frame–>True	axes=FRAME
FRatioDistribution[n_1, n_2] Statistics ' ContinuousDistributions '	fratio[n_1, n_2] stats[random], stats[statevalf]
Frequencies[$list$] Statistics ' DescriptiveStatistics '	stats[transform, tally]($liste$)
FresnelC[x]	FresnelC(x)
FresnelS[x]	FresnelS(x)
Function[$rumpf$]	proc($args$) $rumpf$ end

G

Mathematica	Maple
Gamma[a, z]	GAMMA(a, z)
Gamma[z]	GAMMA(z)
GammaDistribution[α, β] Statistics ' ContinuousDistributions '	gamma[α, β] stats[random], stats[statevalf]
GCD[n_1, n_2, $\ldots$]	GaussInt[GIgcd](n_1, n_2, $\ldots$) igcd(n_1, n_2, $\ldots$) numtheory[GIgcd](n_1, n_2, $\ldots$)
GegenbauerC[n, m, x]	orthopoly[G](n, m, x)
GeometricMean[$liste$] Statistics ' DescriptiveStatistics '	stats[describe, geometricmean]($liste$)
Get["$dateiname$"]	read '$dateiname$'
Grad[$ausdr$, Cylindrical[$vars$]] Calculus ' VectorAnalysis '	linalg[grad]($ausdr$, $vars$, coords=cylindrical)
Grad[$ausdr$, Spherical[$vars$]] Calculus ' VectorAnalysis '	linalg[grad]($ausdr$, $vars$, coords=spherical)
Grad[$ausdr$] Calculus ' VectorAnalysis '	linalg[grad]($ausdr$, $vars$)
GramSchmidt[$\{v_1, v_2, \ldots\}$] LinearAlgebra ' Orthogonalization '	linalg[GramSchmidt]([v_1, v_2, $\ldots$])
Graph[$adjmat$, $vliste$] DiscreteMath ' Combinatorica '	networks[graph]($emenge$, $kmenge$)
GraphUnion[g, h] DiscreteMath ' Combinatorica '	networks[gunion](g, h)
GrayCode[$liste$] DiscreteMath ' Combinatorica '	combinat[graycode](n)
GroebnerBasis[$\{poly_1, \ldots\}$, $\{x_1, \ldots\}$]	grobner[gbasis]([$poly_1$, $\ldots$], [x_1, $\ldots$])

H

Mathematica	Maple
HarmonicMean[$liste$] Statistics ' DescriptiveStatistics '	stats[describe, harmonicmean]($liste$)

Head[*ausdr*]	op(0, *ausdr*)
	whattype(*ausdr*)
HermiteH[*n*, *x*]	orthopoly[H](*n*, *x*)
HiddenSurface–>False	style=WIREFRAME
HiddenSurface–>True	style=HIDDEN
HilbertMatrix[*n*, *n*]	linalg[hilbert](*n*)
LinearAlgebra ` MatrixManipulation `	
Hold[*ausdr*]	freeze(*ausdr*)
	'*ausdr*'
Hypergeometric0F1[*a*, *z*]	hypergeom([ ], [*a*], *z*)
Hypergeometric1F1[*a*, *b*, *z*]	hypergeom([*a*], [*b*], *z*)
Hypergeometric2F1[*a*, *b*, *c*, *z*]	hypergeom([*a*, *b*], [*c*], *z*)
HypergeometricDistribution[n, n_s, n_t]	hypergeometric[n_s, n_f, n]
Statistics ` DiscreteDistributions `	stats[random], stats[statevalf]
HypergeometricF[$\{n_1, \ldots\}$, $\{d_1, \ldots\}$, z]	hypergeom([$n_1, \ldots$], [$d_1, \ldots$], z)
DiscreteMath ` RSolve `	
HypergeometricPFQ[$\{n_1, \ldots\}$, $\{d_1, \ldots\}$, z]	hypergeom([$n_1, \ldots$], [$d_1, \ldots$], z)

I

I	I
IdentityMatrix[*n*]	array(identity, 1..*n*, 1..*n*)
If[*bedingung*, $ausdr_t$, $ausdr_f$]	if *bedingung* then $ausdr_t$ else $ausdr_f$ fi
Im[*z*]	Im(*z*)
ImplicitPlot[*glg*, $\{x, a, b\}$]	plots[implicitplot](*glg*, *x=a..b*)
Graphics ` ImplicitPlot `	
IncidenceMatrix[*g*]	networks[incidence](*g*)
DiscreteMath ` Combinatorica `	
Infinity	infinity
Input["*prompt*"]	readstat('*prompt*')
InputForm[*ausdr*]	lprint(*ausdr*)
Insert[*l*, *e*, *n*]	[op(1..*n*-1, *l*), *e*, op(*n*..nops(*l*), *l*)]
Integer	integer
IntegerQ[*n*]	type(*n*, integer)
Integrate[*ausdr*, $\{x, a, b\}$]	int(*ausdr*, *x=a..b*)
Integrate[*ausdr*, *x*]	int(*ausdr*, *x*)
InterpolatingPolynomial[$\{\{x_1, y_1\}, \ldots\}$, x]	interp([$x_1, \ldots$], [$y_1, \ldots$], x)
Intersection[$liste_1$, $liste_2$]	$menge_1$ intersect $menge_2$
InverseFourier[$\{z_1, z_2, \ldots\}$]	iFFT(*m*, *x*, *y*)
InverseFourierTransform[*ausdr*, *t*, *w*]	invfourier(*ausdr*, *t*, *w*)
Calculus ` FourierTransform `	
InverseFunction[*f*]	invfunc[*f*]
InverseLaplaceTransform[*ausdr*, *s*, *t*]	invlaplace(*ausdr*, *s*, *t*)
Calculus ` LaplaceTransform `	

J

JacobiSymbol[*n*, *m*]	numtheory[J](*n*, *m*)
	numtheory[jacobi](*n*, *m*)
Join[$liste_1$, $liste_2$, $\ldots$]	[op($liste_1$), op($liste_2$), $\ldots$]
JordanDecomposition[*A*]	linalg[jordan](*A*)

K

KSubsets[*l*, *k*]	combinat[choose](*l*, *k*)
DiscreteMath ` Combinatorica `	
Kurtosis[*liste*]	stats[describe, kurtosis](*liste*)
Statistics ` DescriptiveStatistics `	

L

LaguerreL[*n*, *a*, *x*]	orthopoly[L](*n*, *a*, *x*)
LaguerreL[*n*, *x*]	orthopoly[L](*n*, *x*)
LaplaceDistribution[μ, β]	laplaced[μ, β]
Statistics ` ContinuousDistributions `	stats[random], stats[statevalf]
LaplaceTransform[*ausdr*, *t*, *s*]	laplace(*ausdr*, *t*, *s*)
Calculus ` LaplaceTransform `	
Laplacian[*ausdr*]	linalg[laplacian](*ausdr*, *vars*)

Calculus ` VectorAnalysis ` Laplacian[*aus*, Cylindrical[*vbs*]] Calculus ` VectorAnalysis `	linalg[laplacian](*aus*, *vbs*, coords=cylindrical)
Laplacian[*aus*, Spherical[*vbs*]] Calculus ` VectorAnalysis `	linalg[laplacian](*aus*, *vbs*, coords=spherical)
Last[*list*]	op(nops(*liste*), *liste*) *liste*[nops(*liste*)]
LatticeReduce[$\{v_1, v_2, \ldots\}$]	lattice([$v_1, v_2, \ldots$])
LCM[$n_1, n_2, \ldots$]	ilcm($n_1, n_2, \ldots$)
LegendreP[n, x]	orthopoly[P](n, x)
Length[*ausdr*]	linalg[vectdim](v) nops(*ausdr*)
LightSources->$\{\{pos_1, c_1\}, \ldots\}$	light=[ϕ, θ, r, g, b]
Limit[*ausdr*, $x \rightarrow x_0$, Direction->1]	limit(*ausdr*, $x=x_0$, left)
Limit[*ausdr*, $x \rightarrow x_0$, Direction->-1]	limit(*ausdr*, $x=x_0$, right)
Limit[*ausdr*, $x \rightarrow x_0$]	limit(*ausdr*, $x=x_0$)
LinearProgramming[c, m, b]	simplex[minimize](*ausdr* , *unglchgen*, NONNEGATIVE)
LinearSolve[A, b]	linalg[linsolve](A, b)
ListPlot3D[A]	plots[matrixplot](A) plots[surfdata](*liste*)
ListPlot[$\{\{x_1, y_1\}, \ldots\}$, PlotJoined->True]	plot([$x_1, y_1, \ldots$])
ListPlot[$\{\{x_1, y_1\}, \{x_2, y_2\}, \ldots\}$]	plot([$x_1, y_1, x_2, y_2, \ldots$], style=POINT)
ListQ[*ausdr*]	type(*ausdr*, list)
Log[10, z]	log10(z)
Log[b, z]	log[b](z)
Log[z]	ln(z) log(z)
LogGamma[z]	lnGAMMA(z)
LogicalExpand[*ausdr*]	evalb(x)
LogIntegral[x]	Li(x)

LogisticDistribution[μ, β]
  Statistics ` ContinuousDistributions `
	logistic[μ, β]
	  stats[random], stats[statevalf]

LogLogPlot[*ausdr*, $\{x, a, b\}$] Graphics ` Graphics `	plots[loglogplot](*ausdr*, $x=a..b$)

LogNormalDistribution[μ, σ]
  Statistics ` ContinuousDistributions `
	lognormal[μ, σ]
	  stats[random], stats[statevalf]

LogPlot[*ausdr*, $\{x, a, b\}$] Graphics ` Graphics `	plots[logplot](*ausdr*, $x=a..b$)

M

MakeSimple[g] DiscreteMath ` Combinatorica `	networks[gsimp](g)
Map[f, *ausdr*]	map(f, *ausdr*)
MatchQ[*ausdr*, *muster*]	match(*ausdr*=*muster*, v, '*s*')
MatrixExp[A]	linalg[exponential](A)
MatrixQ[*ausdr*]	type(*ausdr*, listlist) type(*ausdr*, matrix)
Max[$x_1, x_2, \ldots$]	max($x_1, x_2, \ldots$)
Mean[*liste*] Statistics ` DescriptiveStatistics `	stats[describe, mean](*list*)
MeanDeviation[*liste*] Statistics ` DescriptiveStatistics `	stats[describe, meandeviation](*liste*)
Median[*liste*] Statistics ` DescriptiveStatistics `	stats[describe, median](*liste*)
MemberQ[*ausdr*, *teil*]	has(*ausdr*, *teil*) member(*teil*, *ausdr*)
MemoryInUse[ ]	words( )
MeshStyle->Dashing[*liste*]	linestyle=n
MeshStyle->Thickness[r]	thickness=n
Message[*symbol::tag*, $e_1, e_2, \ldots$]	userinfo(*ebene*, *name*, $e_1, e_2 \ldots$)
Min[$x_1, x_2, \ldots$]	min($x_1, x_2, \ldots$)
MinimumSpanningTree[g] DiscreteMath ` Combinatorica `	networks[spantree](g)

MKS[*ausdr*]
  Miscellaneous `Units`
Mod[*m, n*]

convert(*ausdr*, metric)

irem(*m, n*)
m mod *n*
modp(*m, n*)

Mode[*liste*]
  Statistics `DescriptiveStatistics`
Module[{$v_1, v_2, \ldots$}, *rumpf*]
MoebiusMu[*n*]
MovieParametricPlot[{e_1, e_2}, r_x, r_t]
  Graphics `Animation`
MoviePlot3D[*ausdr*, r_x, r_y, r_t]
  Graphics `Animation`
MoviePlot[*ausdr*, r_x, r_t]
  Graphics `Animation`
MovingAverage[*liste, n*]
  Statistics `DescriptiveStatistics`
Multinomial[$n_1, n_2, \ldots$]

stats[describe, mode](*liste*)

proc(*args*) local $v_1, v_2, \ldots$; *rumpf* end
numtheory[mobius](*n*)
plots[animate]([e_1, e_2, r_x], r_t)

plots[animate3d](*ausdr*, r_x, r_y, r_t)

plots[animate](*ausdr*, r_x, r_t)

stats[transform, moving[$n + 1$]](*liste*)

combinat[multinomial](*n*, $n_1, n_2, \ldots$)

N

N[*ausdr, n*]
N[*ausdr*]

evalf(*ausdr, n*)
convert(*ausdr*, float)
evalf(*ausdr*)

Names[ ]
NDSolve[*glchgen, vars*, {*x, xmin, xmax*}]
Needs["*kontext*`"]
Negative[*x*]
NegativeBinomialDistribution[*n, p*]
  Statistics `DiscreteDistributions`
Nest[*f, x, n*]
NetworkFlow[*g, quelle, senke*]
  DiscreteMath `Combinatorica`
NextComposition[*l*]
  DiscreteMath `Combinatorica`
NextPrime[*n*]
  NumberTheory `NumberTheoryFunctions`
NIntegrate[*ausdr*, {*x, a, b*}]

anames( )
dsolve(*glchgen, vars*, numeric)
with(*paket*)
type(*x*, negative)
negativebinomial[*n, p*]
  stats[random], stats[statevalf]
(f@@n)(x)
networks[flow](*g, quelle, senke*)

combinat[nextpart](*l*)

nextprime(*n*)

evalf(Int(*ausdr*, *x=a..b*))
`evalf/int`(*ausdr*, *x=a..b*)
student[simpson](*ausdr*, *x=a..b*)
student[trapezoid](*ausdr*, *x=a..b*)

NonNegative[*x*]
Normal[*reihe*]
NormalDistribution[μ, σ]
  Statistics `ContinuousDistributions`
Normalize[*v*]
  LinearAlgebra `Orthogonalization`
Not[*ausdr*]
NSolve[*glchgen, vars*]
NullSpace[*A*]

type(*x*, nonneg)
convert(*reihe*, polynom)
normal[μ, σ]
  stats[random], stats[statevalf]
linalg[normalize](*v*)

not *ausdr*
fsolve(*glchgen, vars*)
linalg[kernel](*A*)
linalg[nullspace](*A*)

NumberOfCompositions[*n, k*]
  DiscreteMath `Combinatorica`
NumberOfPartitions[*n*]
  DiscreteMath `Combinatorica`
NumberQ[*x*]
Numerator[*ausdr*]

combinat[numbcomp](*n, k*)

combinat[numbpart](*n*)

type(*x*, numeric)
numer(*ausdr*)

O

O[*x*]^*n*
OddQ[*n*]
Off[$f_1, f_2, \ldots$]

On[$f_1, f_2, \ldots$]

O(*x*^*n*)
type(*n*, odd)
undebug($f_1, f_2, \ldots$)
untrace($f_1, f_2, \ldots$)

debug($f_1, f_2, \ldots$)
trace($f_1, f_2, \ldots$)

Mathematica	Maple
OpenAppend["*dateiname*"]	appendto('*dateiname*')
OpenRead["*dateiname*"]	readline('*dateiname*')
OpenWrite["*dateiname*"]	open('*dateiname*')
	writeto('*dateiname*')
Or[*ausdr*$_1$, *ausdr*$_2$]	*ausdr*$_1$ or *ausdr*$_2$
OrderedQ[{*kette*$_1$, *kette*$_2$}]	lexorder(*kette*$_1$, *kette*$_2$)
OutputForm[*ausdr*]	print(*ausdr*)

P

Mathematica	Maple
Pade[*ausdr*, {*x*, *a*, *m*, *n*}] Calculus`Pade`	numapprox[pade](*ausdr*, *x*=*a*, [*m*, *n*])
ParametricPlot3D[{e_x, e_y, e_z}, r_t, r_u]	plot3d([e_x, e_y, e_z], r_t, r_u)
ParametricPlot3D[{e_x, e_y, e_z}, r_t]	plots[spacecurve]([e_x, e_y, e_z], r_t)
ParametricPlot[{e_x, e_y}, {t, t_0, t_1}]	plot([e_x, e_y, t=t_0..t_1])
Part[*ausdr*, *i*]	op(*i*, *ausdr*)
Partitions[*n*] DiscreteMath`Combinatorica`	combinat[partition](*n*)
PartitionsP[*n*]	combinat[numbpart](*n*)
PDF[*verteilung*, *x*] Statistics`ContinuousDistributions`	stats[statevalf, pdf[*verteilung*]](*x*)
PDF[*verteilung*, *x*] Statistics`DiscreteDistributions`	stats[statevalf, pf[*verteilung*]](*x*)
Permutations[*liste*]	combinat[permute](*liste*)
Pi	Pi
PlanarQ[*g*] DiscreteMath`Combinatorica`	networks[isplanar](*g*)
Plot3D[..., AmbientLight->*farbe*]	plot3d(..., ambientlight=[*r*, *g*, *b*])
Plot3D[..., Boxed->True]	plot3d(..., axes=BOXED)
Plot3D[..., HiddenSurface->False]	plot3d(..., style=WIREFRAME)
Plot3D[..., HiddenSurface->True]	plot3d(..., style=HIDDEN)
Plot3D[..., LightSources->{{pos_1, c_1}, ...}]	plot3d(..., light=[ϕ, θ, *r*, *g*, *b*])
Plot3D[..., MeshStyle->Dashing[*liste*]]	plot3d(..., linestyle=*n*)
Plot3D[..., MeshStyle->Thickness[*r*]]	plot3d(..., thickness=*n*)
Plot3D[..., PlotPoints->{*n*, *m*}]	plot3d(..., grid=[*n*, *m*])
Plot3D[..., PlotRange->{{*a*, *b*}, {*c*, *d*}, {*r*, *s*}}]	plot3d(..., view=[*a*..*b*, *c*..*d*, *r*..*s*])
Plot3D[..., PlotRange->{*r*, *s*}]	plot3d(..., view=*r*..*s*)
Plot3D[..., Shading->True]	plot3d(..., style=PATCH)
Plot3D[..., Ticks->{$einh_x$, $einh_y$, $einh_z$}]	plot3d(..., tickmarks=[n_1, n_2, n_3])
Plot3D[..., ViewPoint->{*x*, *y*, *z*}]	plot3d(..., orientation=[θ, ϕ])
Plot3D[{*expr*$_1$, ...}, {*x*, *a*, *b*}, {*y*, *c*, *d*}]	plot3d({*expr*$_1$, ...}, *x*=*a*..*b*, *y*=*c*..*d*)
Plot3D[{*expr*, *s*}, {*x*, *a*, *b*}, {*y*, *c*, *d*}]	plot3d(*expr*, *rx*, *ry*, color=*s*)
Plot3D[*expr*, {*x*, *a*, *b*}, {*y*, *c*, *d*}]	plot3d(*expr*, *x*=*a*..*b*, *y*=*c*..*d*)
Plot[..., AspectRatio->Automatic]	plot(..., scaling=CONSTRAINED)
Plot[..., Axes->False]	plot(..., axes=NONE)
Plot[..., Axes->True]	plot(..., axes=NORMAL)
Plot[..., AxesLabel->{$label_x$, $label_y$}]	plot(..., labels=[$label_x$, $label_y$])
Plot[..., Frame->True]	plot(..., axes=FRAME)
Plot[..., PlotDivision->*d*]	plot(..., resolution=*n*)
Plot[..., PlotLabel->*label*]	plot(..., title=*label*)
Plot[..., PlotPoints->*n*]	plot(..., numpoints=*n*)
Plot[..., PlotRange->{{*a*, *b*}, {*c*, *d*}}]	plot(..., view=[*a*..*b*, *c*..*d*])
Plot[..., PlotRange->{*c*, *d*}]	plot(..., *c*..*d*)
Plot[..., PlotStyle->Dashing[*liste*]]	plot(..., linestyle=*n*)
Plot[..., PlotStyle->Hue[*h*]]	plot(..., color=COLOR(HUE, *h*))
Plot[..., PlotStyle->RGBColor[*r*, *g*, *b*]]	plot(..., color=COLOR(RGB, *r*, *g*, *b*))
Plot[..., PlotStyle->Thickness[*r*]]	plot(..., thickness=*n*)
Plot[..., Ticks->{$einh_x$, $einh_y$}]	plot(..., tickmarks=[n_1, n_2]) plot(..., xtickmarks=n_1, ytickmarks=n_2)
Plot[{*ausdr*$_1$, *ausdr*$_2$, ...}, {*x*, *a*, *b*}]	plot({*ausdr*$_1$, *ausdr*$_2$, ...}, *x*=*a*..*b*)
Plot[*ausdr*, {*x*, *a*, *b*}]	plot(*ausdr*, *x*=*a*..*b*)
PlotDivision->*d*	resolution=*n*
PlotGradientField3D[*ausdr*, r_x, r_y, r_z] Graphics`PlotField3D`	plots[gradplot3d](*ausdr*, r_x, r_y, r_z)
PlotGradientField[*ausdr*, r_x, r_y]	plots[gradplot](*ausdr*, r_x, r_y)

Mathematica	Maple
Graphics ' PlotField '	
PlotLabel–>*label*	title=*label*
PlotPoints–>{n, m}	grid=[n, m]
PlotPoints–>*n*	numpoints=*n*
PlotRange–>{{a, b}, {c, d}, {r, s}}	view=[a..b, c..d, r..s]
PlotRange–>{{a, b}, {c, d}}	view=[a..b, c..d]
PlotRange–>{c, d}	c..d
PlotRange–>{r, s}	view=r..s
PlotStyle–>Dashing[*liste*]	linestyle=*n*
PlotStyle–>Hue[*h*]	color=COLOR(HUE, *h*)
PlotStyle–>RGBColor[*r*, *g*, *b*]	color=COLOR(RGB, *r*, *g*, *b*)
PlotStyle–>Thickness[*r*]	thickness=*n*
PlotVectorField3D[{e_x, e_y, e_z}, r_x, r_y, r_z]	plots[fieldplot3d]([e_x, e_y, e_z], r_x, r_y, r_z)
Graphics ' PlotField3D '	
PlotVectorField[{e_x, e_y}, r_x, r_y]	plots[fieldplot]([e_x, e_y], r_x, r_y)
Graphics ' PlotField '	
PoissonDistribution[μ]	poisson[μ]
Statistics ' DiscreteDistributions '	stats[random], stats[statevalf]
PolarPlot[*ausdr*, r_t]	plot([$ausdr_r$, $ausdr_\theta$, r_t], coords=polar)
Graphics ' Graphics '	plots[polarplot](*ausdr*, r_t)
PolyGamma[*n*, *z*]	Psi(*n*, *z*)
PolyGamma[*z*]	Psi(*z*)
Polygon[{ pkt_1, pkt_2, . . .}]	plots[polygonplot3d]([pkt_1, pkt_2, . . .])
	plots[polygonplot]([pkt_1, pkt_2, . . .])
Polyhedron[*name*]	plots[polyhedraplot](*p*, polytype=*name*)
Graphics ' Polyhedra '	
PolynomialDivision[*p*, *q*, *x*]	quo(*p*, *q*, *x*, '*r*')
PolynomialGCD[$poly_1$, $poly_2$, Modulus–>*n*]	Gcd($poly_1$, $poly_2$) mod *n*
PolynomialGCD[$poly_1$, $poly_2$]	gcd($poly_1$, $poly_2$)
PolynomialLCM[$poly_1$, $poly_2$, Modulus–>*n*]	Lcm($poly_1$, $poly_2$) mod *n*
PolynomialLCM[$poly_1$, $poly_2$]	lcm($poly_1$, $poly_2$)
PolynomialMod[$poly_1$, $poly_2$]	rem($poly_1$, $poly_2$, *x*)
PolynomialMod[*poly*, *m*]	*poly* mod *m*
PolynomialQ[*ausdr*, *x*]	type(*ausdr*, polynom(anything, *x*))
PolynomialQuotient[$poly_1$, $poly_2$, *x*]	quo($poly_1$, $poly_2$, *x*)
PolynomialRemainder[$poly_1$, $poly_2$, *x*]	rem($poly_1$, $poly_2$, *x*)
Positive[*x*]	type(*x*, positive)
PowerExpand[*ausdr*]	expand(*ausdr*)
PowerMod[*a*, *b*, *n*]	Power(*a*, *b*) mod *n*
	a &^ *b* mod *n*
Prepend[*liste*, *elem*]	[*elem*, op(*liste*)]
Prime[*n*]	ithprime(*n*)
PrimeQ[*n*, GaussianIntegers–>True]	GaussInt[GIprime](*n*)
PrimeQ[*n*]	isprime(*n*)
	type(*n*, primeint)
PrimitiveRoot[*n*]	numtheory[primroot](*n*)
NumberTheory ' NumberTheoryFunctions '	
Print[*ausdr*]	print(*ausdr*)
Product[*ausdr*, {*i*, *a*, *b*}]	Product(*ausdr*, i=a..b)
	product(*ausdr*, i=a..b)
Protect[*name*]	protect(*name*)
Put[*ausdr*, "*dateiname*"]	writeln('*dateiname*')
	writeto('*dateiname*')
PutAppend[*ausdr*, "*dateiname*"]	appendto('*dateiname*')

Q

Mathematica	Maple
Quantile[*liste*, *q*]	stats[describe, quantile[*q*]](*liste*)
Statistics ' DescriptiveStatistics '	
Quartiles[*liste*]	stats[describe, quartile[*n*]](*liste*)
Statistics ' DescriptiveStatistics '	
Quit[ ]	done
	quit
	stop
Quotient[*m*, *n*]	floor(*m/n*)

R

Random[Integer, 999999999999] — rand( )

Random[*verteilung*]
  Statistics ` ContinuousDistributions ` — stats[random, *verteilung*]()

Random[*verteilung*]
  Statistics ` DiscreteDistributions ` — stats[random, *verteilung*]()

RandomGraph[*n*, *p*]
  DiscreteMath ` Combinatorica ` — networks[random](*n*, prob=*p*)

RandomPartition[*n*]
  DiscreteMath ` Combinatorica ` — combinat[randpart](*n*)

RandomPermutation1[*n*]
  DiscreteMath ` Combinatorica ` — combinat[randperm](*n*)

RandomPermutation2[*n*]
  DiscreteMath ` Combinatorica ` — combinat[randperm](*n*)

Range[*a*, *b*] — [$*a*..*b*]
  [seq(*i*, *i*=*a*..*b*)]

Rational[*n*, *d*] — type(*x*, fraction)
  type(*x*, rational)

Rational — fraction

Rationalize[*x*] — convert(*x*, fraction)
  convert(*x*, rational)

Re[*z*] — Re(*z*)

Read[*strom*, String] — readline('*dateiname*')

Read[*strom*] — readstat('*prompt*')

ReadList["*dateiname*", *typ*] — readdata('*dateiname*', *typ*, *spal*)

Real — float

RealInterval[{*a*, *b*}] — *a*..*b*

Recognize[*r*, *n*, *t*]
  NumberTheory ` Recognize ` — minpoly(*r*, *n*)

Regress[*daten*, *fktnen*, *vars*]
  Statistics ` LinearRegression ` — stats[fit, leastsquare[*vars*]](*daten*)

ReleaseHold[*ausdr*] — thaw(*var*)

ReplaceAll[*ausdr*, *regeln*] — asubs(*eqn*, *ausdr*)
  subs(*subs*, *ausdr*)

ReplacePart[*ausdr*, *neu*, *n*] — subsop(*n*=*neu*, *ausdr*)

Residue[*ausdr*, {*x*, *a*}] — residue(*ausdr*, *x*=*a*)

Rest[*liste*] — op(2..nops(*liste*), *liste*)
  liste[2..nops(*liste*)]

Resultant[$poly_1$, $poly_2$, *x*, Modulus–>*p*] — Resultant($poly_1$, $poly_2$, *x*) mod *p*

Resultant[$poly_1$, $poly_2$, *x*] — resultant($poly_1$, $poly_2$, *x*)

Return[*ausdr*] — RETURN(*ausdr*)

RootMeanSquare[*liste*]
  Statistics ` DescriptiveStatistics ` — stats[describe, quadraticmean](*liste*)

RotateLeft[*l*] — [op(2..nops(*l*), *l*), op(1, *l*)]

RotateRight[*l*] — [op(nops(*l*), *l*), op(1..nops(*l*)–1, *l*)]

Round[*x*] — round(*x*)

RowReduce[*A*, Modulus–>*p*] — Gaussjord(*A*) mod *p*

RowReduce[*A*] — linalg[gaussjord](*A*)
  linalg[rref](*A*)

RSolve[*glchgen*, *namen*, *var*]
  DiscreteMath ` RSolve ` — rsolve(*glchgen*, *namen*)

Run[*ausdr*] — !*befehl*
  system(*befehl*)

S

SampleRange[*liste*]
  Statistics ` DescriptiveStatistics ` — stats[describe, range](*liste*)

Save["*dateiname*", $name_1$, $name_2$, ...] — save $name_1$, $name_2$, ..., '*dateiname*'

ScatterPlot3D[{{x_1, y_1, z_1}, ...}]
  Graphics ` Graphics3D ` — plots[pointplot]({[x_1, y_1, z_1], ...})

Sec[*z*] — sec(*z*)

Sech[*z*] — sech(*z*)

SeedRandom[*n*] — _seed := *n*

Mathematica	Maple
Select[*liste*, *test*]	select(*test*, *liste*)
SequenceForm[*ausdr*$_1$, *ausdr*$_2$, ...]	" . *ausdr*$_1$. *ausdr*$_2$
	cat(*ausdr*$_1$, *ausdr*$_2$, ...)
Series[*ausdr*, {*x*, Infinity, *n*}]	asympt(*ausdr*, *x*, *n*)
Series[*ausdr*, {*x*, *x*$_0$, *n*}]	series(*ausdr*, *x*=*x*$_0$, *n*)
	taylor(*ausdr*, *x*=*x*$_0$, *n*)
Set[*name*, *wert*]	assign(*name*, *wert*)
	assign(*name*=*wert*)
	name := *wert*
SetDelayed[*name*, *wert*]	*name* := '*wert*'
SetOptions[Plot, *options*]	plots[setoptions](*options*)
SetOptions[Plot3D, *options*]	plots[setoptions3d](*options*)
SetOptions[*strom*, PageHeight–>*n*]	interface(screenheight=*n*)
SetOptions[*strom*, PageWidth–>*n*]	interface(screenwidth=*n*)
Shading–>True	style=PATCH
Show[*g*$_1$, *g*$_2$, ...]	plots[display3d]([*g*$_1$, *g*$_2$, ...])
	plots[display]([*g*$_1$, *g*$_2$, ...])
Show[*graphik*]	plots[display3d](*graphik*)
	plots[display](*graphik*)
ShowAnimation[{*g*$_1$, *g*$_2$,...}]	plots[display]([*g*$_1$, *g*$_2$, ...], insequence=true)
Graphics ' Animation '	
Sign[*z*]	signum(*z*)
Simplify[*ausdr*]	simplify(*ausdr*)
Sin[*z*]	sin(*z*)
SingularValues[*A*]	Svd(*A*)
Sinh[*z*]	sinh(*z*)
SinhIntegral[*z*]	Shi(*z*)
SinIntegral[*z*]	Si(*z*)
Skewness[*liste*]	stats[describe, skewness](*liste*)
Statistics ' DescriptiveStatistics '	
Solve[{*glchgen*, Modulus==*p*}, Mode–>Modular]	msolve(*glchgen*, *p*)
Solve[*eqns*, *vars*]	solve(*glchgen*, *vars*)
Sort[*liste*]	sort(*liste*)
Sort[*liste*, *f*]	sort(*liste*, *f*)
SphericalPlot3D[*ausdr*, r_θ, r_ϕ]	plot3d(*ausdr*, r_θ, r_ϕ, coords=spherical)
Graphics ' ParametricPlot3D '	plots[sphereplot](*ausdr*, r_θ, r_ϕ)
Spline[*punkte*, Cubic]	spline(*punkte*$_x$, *punkte*$_y$, *x*, cubic)
Graphics ' Spline '	
Sqrt[*z*]	sqrt(*z*)
SqrtMod[*d*, *n*]	numtheory[msqrt](*d*, *n*)
NumberTheory ' NumberTheoryFunctions '	
SquareFreeQ[*n*]	numtheory[issqrfree](*n*)
NumberTheory ' NumberTheoryFunctions '	
StandardDeviation[*liste*]	stats[describe, standarddeviation[1]](*liste*)
Statistics ' DescriptiveStatistics '	
StandardDeviationMLE[*liste*]	stats[describe, standarddeviation](*liste*)
Statistics ' DescriptiveStatistics '	
StirlingFirst[*n*, *m*]	combinat[stirling1](*n*, *m*)
DiscreteMath ' Combinatorica '	
StirlingS1[*n*, *m*]	combinat[stirling1](*n*, *m*)
StirlingS2[*n*, *m*]	combinat[stirling2](*n*, *m*)
StirlingSecond[*n*, *m*]	combinat[stirling2](*n*, *m*)
DiscreteMath ' Combinatorica '	
StringDrop["*ket*", *n*]	substring('*ket*', *n*+1..length('*ket*'))
StringJoin["*kette*$_1$", "*kette*$_2$"]	'*kette*$_1$ ' . '*kette*$_2$ '
	cat('*kette*$_1$ ', '*kette*$_2$ ')
StringLength["*kette*"]	length('*kette*')
StringPosition["*kette*", "*teil*"]	search('*kettestring*', '*teil*')
StringQ[*ausdr*]	type(*ausdr*, string)
StringTake["*kette*", {*m*, *n*}]	substring('*kette*', *m*..*n*)
StudentTDistribution[*n*]	studentst[*n*]
Statistics ' ContinuousDistributions '	stats[random], stats[statevalf]
Sum[*ausdr*, {*i*, *a*, *b*}]	sum('*ausdr*', '*i*'=*a*..*b*)
	Sum('*ausdr*', '*i*'=*a*..*b*)

Symbol	name

T

Table[*ausdr*, {i, 1, m}, {j, 1, n}]	linalg[matrix](m, n, f)
Table[*ausdr*, {i, 1, n}]	linalg[vector](n, f)
Table[*ausdr*, {i, a, b}]	[*ausdr* \$ i=a..b]
	[seq(*ausdr*, i=a..b)]
Take[A, {m, n}]	linalg[row](A, m..n)
Take[*liste*, {m, n}]	[op(m..n, *liste*)]
	[*liste*[m..n]]
Take[*liste*, n]	[op(1..n, *liste*)]
	[*liste*[1..n]]
TakeColumns[A, {m, n}]	linalg[col](A, m..n)
LinearAlgebra ' MatrixManipulation '	
TakeMatrix[A, {r_1, r_2}, {c_1, c_2}]	linalg[submatrix](A, r_1..r_2, c_1..c_2)
LinearAlgebra ' MatrixManipulation '	
TakeRows[A, {m, n}]	linalg[row](A, m..n)
LinearAlgebra ' MatrixManipulation '	
Tan[z]	tan(z)
Tanh[z]	tanh(z)
TeXForm[*ausdr*]	latex(*ausdr*)
Text[*ausdr*, {x, y, z}]	plots[textplot3d]([x, y, z, *kette*])
Text[*ausdr*, {x, y}]	plots[textplot]([x, y, *kette*])
Ticks–>{$einh_x$, $einh_y$, $einh_z$}	tickmarks=[n_1, n_2, n_3]
Ticks–>{$einh_x$, $einh_y$}	tickmarks=[n_1, n_2]
	xtickmarks=n
	ytickmarks=n
TimeUsed[ ]	time( )
Timing[*ausdr*]	history( ); timing(*ausdr*)
	showtime( ); *ausdr*
ToAdjacencyLists[g]	networks[adjacency](g)
DiscreteMath ' Combinatorica '	
ToExpression["*kette*"]	parse('*kette*')
Together[*ausdr*]	normal(*ausdr*)
ToString[*ausdr*]	convert(*ausdr*, name)
	convert(*ausdr*, string)
Trace[*ausdr*]	debug(f)
	trace(f)
Transpose[A]	linalg[transpose](A)
TrigReduce[*ausdr*]	expand(*ausdr*)
Algebra ' Trigonometry '	
TrigToComplex[*ausdr*]	convert(*ausdr*, exp)
Algebra ' Trigonometry '	
True	true
TrueQ[*ausdr*]	evalb(*ausdr*)

U

UniformDistribution[a, b]	uniform[a, b]
Statistics ' ContinuousDistributions '	stats[random], stats[statevalf]
Union[*liste$_1$*, *liste$_2$*]	*menge$_1$* union *menge$_2$*
UnitStep[x]	Heaviside(x)
Calculus ' DiracDelta '	
Unprotect[*name*]	unprotect(*name*)
Unset[*name*]	unassign('*name*')
	name := '*name*'

V

ValueQ[*name*]	assigned(*name*)
Variables[*ausdr*]	indets(*ausdr*)
Variance[*liste*]	stats[describe, variance[1]](*liste*)
Statistics ' DescriptiveStatistics '	
VarianceMLE[*liste*]	stats[describe, variance](*liste*)
Statistics ' DescriptiveStatistics '	
VectorQ[*ausdr*]	type(*ausdr*, vector)

ViewPoint–>$\{x, y, z\}$	orientation=$[\theta, \phi]$

W

WeibullDistribution[α, β]	weibull[α, β]
Statistics ` ContinuousDistributions `	stats[random], stats[statevalf]
While[*test, rumpf*]	while *test* do *rumpf* od
Write["*dateiname*", *ausdr*]	write(*ausdr*)
	writeln(*ausdr*)
	writeto('*dateiame*')

Z

ZeroMatrix[m, n]	linalg[matrix](m, n, 0)
LinearAlgebra ` MatrixManipulation `	
Zeta[s, a]	Zeta(0, s, a)
Zeta[s]	Zeta(s)

\$

\$Display	interface(plotoutput='*dateiname*')
\$Failed	FAIL
\$MachinePrecision	evalhf(Digits)
\$Path	libname
\$Version	interface(version)

$a + b$	$a + b$
$a - b$	$a - b$
$a\ b$	$a * b$
$a * b$	$a * b$
$a ** b$	$a \ \&* b$
a / b	a / b
$a\,\hat{}\,b$	$a\,\hat{}\,b$
	$a ** b$

$n!$	$n!$
$+a$	$+a$
$-a$	$-a$
$u\ .\ v$	linalg[dotprod](u, v)
$a == b$	$a = b$
$a\ != b$	$a <> b$
$a < b$	$a < b$
$a <= b$	$a <= b$
$a > b$	$a > b$
$a >= b$	$a >= b$
$a\ \&\& b$	a and b
$a \parallel b$	a or b
$!a$	not a
"*kette*"	'*kette*'
"*kette$_1$* "<> "*kette$_2$*"	'*kette$_1$*' . '*kette$_2$*'
$\{e_1, e_2, \ldots\}$	$[e_1, e_2, \ldots]$
ausdr[[i]]	op(i, *ausdr*)
liste[[i]]	*liste*[i]
name = *wert*	*name* := *wert*
	assign(*name, wert*)
name := *wert*	*name* := '*wert*'
name =.	unassign('*name*')
	name := '*name*'
ausdr /. *alt*–>*neu*	asubs(*alt*=*neu, ausdr*)
	subs(*alt*=*neu, ausdr*)
anweisung (* show output *)	*anweisung* ; # show output
anweisung ; (* suppress output *)	*anweisung* : # suppress output
rumpf&	proc(*args*) *rumpf* end
name _ *kopf*	*name*:*typ*
%	"
%%	""
%%%	"""
<< "*dateiname*"	read '*dateiname*'

ausdr >> "dateiname"	writeln('*dateiname*')
	writeto('*dateiname*')
ausdr >>> "dateiname"	appendto('*dateiname*')
(kommentar *)*	# *kommentar*
?name	*?stichwort*
!befehl	*!befehl*
	system(*befehl*)

H Wie man mehr über Maple erfährt

H.1 Bücher und Fachzeitschriften

Die in diesem Abschnitt aufgelisteten Bücher und Fachzeitschriften sind sowohl für den Maple-Benutzer als auch für diejenigen, die allgemein an symbolischer Berechnung und Computeralgebrasystemen interessiert sind, von Interesse.

Über Maple

Die Anzahl der Bücher über Maple wächst ständig. In diesem Abschnitt sind Bücher und Zeitschriften über Maple nach drei Hauptkategorien geordnet angegeben: allgemeine Lehrbücher und Nachschlagewerke (Handbücher), mathematische Lehrbücher und Kursergänzungen, sowie Anwendungen.

Allgemeine Lehr- und Handbücher

Abell, Martha L. und James P. Braselton, *Maple V by Example* (Academic Press)

Abell, Martha L. und James P. Braselton, *The Maple V Handbook* (Academic Press, 1994)

Blachman, Nancy, *Using Maple* (Brooks/Cole, in Vorbereitung)

Burkhardt, Werner *Erste Schritte mit Maple* (Springer, in Vorbereitung) (auch auf englisch)

Corless, Robert M.: *Essential Maple. A Guide for Scientific Programmers* (Springer, in Vorbereitung)

Corless, Robert M.: *Symbolic Recipes. Scientific Computing with Maple* (Springer, in Vorbereitung)

Char, Bruce W., Keith O. Geddes, Gaston H. Gonnet, Benton L. Leong, Michael B. Monagan und Stephen M. Watt, *First Leaves: A Tutorial Introduction to Maple V* (Springer-Verlag, 1992)

Char, Bruce W., Keith O. Geddes, Gaston H. Gonnet, Benton L. Leong, Michael B. Monagan und Stephen M. Watt, *Maple V Language Reference Manual* (Springer-Verlag, 1991)

Char, Bruce W., Geddes, Keith O., Gonnet, Gaston H., Leong, Benton L., Monagan, Michael B., Watt, Stephen M. *First Leaves: A Tutorial Introduction to Maple V.* (Springer, 1992)

Gloggengiesser, Helmut: *Maple V Software für Mathematiker* (Markt u. Technik, 1993) ISBN 3-87791-439-X

Heck, André, *Introduction to Maple* (Springer-Verlag, 1993)

Kamerich, Ernic, *A Guide to Maple* (Springer, 1994)

Kofler, Michael: Maple V Release 2. Einführung und Leitfaden (Addison-Wesley)

Redfern, Darren, *The Maple Handbook* (Springer, 1993)

Mathematische Lehrbücher und Kursergänzungen

Abell, Martha L. und James P. Braselton, *Differential Equations with Maple V* (Academic Press, in Vorbereitung)

Braun, Rüdiger und Meise, Reinhold *Analysis mit Maple* (Vieweg, in Vorbereitung)

Auer, John W., *Maple Solutions Manual for Linear Algebra with Applications* (Prentice-Hall, 1991)

Bauldry, William C. und Joseph R. Fielder, *Calculus Laboratories with Maple* (Brooks/Cole, 1991)

Burbella, D. C. M. und C. T. J. Dodson, *Self-Tutor for Computer Calculus Using Maple* (Prentice-Hall Canada, 1993)

Cheung, C. K. und John Harer, *Multivariable Calculus with Maple V* (John Wiley & Sons, 1994) ISBN 0-471-59835-6

Devitt, John S., *Calculus with Maple V* (Brooks/Cole, 1993) ISBN 0-534-16362-9

Ellis, Wade Jr., Eugene W. Johnson, Ed Lodi und Daniel Schwalbe, *Maple V Flight Manual: Tutorials for Calculus, Linear Algebra, and Differential Equations* (Brooks/Cole, 1992)

Ellis, Wade Jr. und Ed Lodi, *Maple for the Calculus Student: A Tutorial* (Brooks/Cole, 1989)

Fattahi, Abi, *Maple V Calculus Labs* (Brooks/Cole, 1992) ISBN 0-534-19272-6

Geddes, K. O., B. Marshman, I. McGee, P. Ponzo und B. Char, *Maple Calculus Workbook: Problems and Solutions* (Waterloo Maple Software, 1989)

Harris, Kent, *Discovering Calculus with Maple* (John Wiley & Sons, 1992)

Heinrich, Elkedagmar, Janetzko, Hans-Dieter *Das Maple Arbeitsbuch* (Vieweg 1995)

Holmes, M. H., J. G. Ecker, W. E. Boyce und W. L. Siegmann, *Exploring Calculus with Maple* (Addison-Wesley, 1993)

Johnson, Eugene, *Linear Algebra with Maple V* (Brooks/Cole, 1993)

Kreyszig, Erwin und E. J. Normington, *Maple Computer Manual for Advanced Engineering Mathematics* (John Wiley & Sons, 1994)

Mathews, David M. und Keith E. Schwingendorf, *Precalculus Investigations Using Maple* (HarperCollins, 1994)

McLaughlin, R., *Calculus and Maple V* (Saunders College Publishing, 1993)

Schwalbe, Daniel, *Differential Equations Using Maple* (Brooks/Cole, in Vorbereitung)

Small, Donald B. und John M. Hosack, *Explorations in Calculus with a Computer Algebra System* (McGraw-Hill, 1990)

Anwendungen

Baylis, W. E., *Theoretical Methods in the Physical Sciences, An Introduction to Problem Solving Using Maple V* (Birkhäuser)

Devitt, J. S. und G. J. Fee, *Tackling Mathematical Problems with Maple* (Oxford, in Vorbereitung)

Gander, Walter und Jiří Hřebíček, Eds., *Solving Problems in Scientific Computing Using Maple and Matlab* (Springer, 1993)

Lee, Thomas, Ed., *Mathematical Computation with Maple V – Ideas and Applications: Proceedings of the Maple Summer Workshop and Symposium, University of Michigan, Ann Arbor, 1993* (Birkhäuser, 1993)

Maple Technical Newsletter, Birkhäuser, Boston

Scott, Tony, *Computer Algebra and the Magic of Maple* (Birkhäuser, in Vorbereitung)

Über Computeralgebra

Die folgenden Bücher, Konferenzbände und Fachzeitschriften diskutieren Algorithmen und andere Aspekte der Computeralgebra und von Computeralgebrasystemen.

Akritas, Alkiviadis G., *Elements of Computer Algebra with Applications* (John Wiley & Sons, 1989)

Becker, Thomas und Volker Weispfenning, in Zusammenarbeit mit Heinz Kredel, *Gröbner Bases, A Computational Approach to Commutative Algebra* (Springer, 1993)

Buchberger, Bruno, George E. Collins und Rüdiger Loos, in Zusammenarbeit mit Rudolph Albrecht, Eds., *Computer Algebra: Symbolic and Algebraic Computation* (Springer, 2nd Edition, 1983)

Davenport, J. H., Y. Siret und E. Tournier, *Computer Algebra: Systems and Algorithms for Algebraic Computation* (Academic Press, 2te Auflage, 1993)

Geddes, Keith O., Stephen R. Czapor und George Labahn, *Algorithms for Computer Algebra* (Kluwer Academic Publishers, 1992)

Harper, David, Chris Wooff und David Hodgkinson, *A Guide to Computer Algebra Systems* (John Wiley & Sons, 1991)

Journal of Symbolic Computation, Academic Press

Knuth, Donald E., *The Art of Computer Programming*, Bd. 2, *Seminumerical Algorithms* (Addison-Wesley, 2te Auflage, 1981)

Mignotte, Maurice, *Mathematics for Computer Algebra* (Springer, 1992)

SIGSAM Bulletin, A Quarterly Publication of the Special Interest Group on Symbolic & Algebraic Manipulation, ACM Press

Zippel, Richard, *Effective Polynomial Computation* (Kluwer Academic Publishers, 1993)

Über Graphik

Das folgende Buch gibt einen sehr guten Überblick über die Kurven und Flächen, die man mit Systemen wie Maple erzeugen kann.

von Seggern, David, *CRC Standard Curves and Surfaces* (CRC Press, 1993)

H.2 Technische Unterstützung

Um Hilfe bei technischen Problemen zu erhalten, wende man sich an den Vertreiber, von dem man Maple erworben hat. Waterloo Maple Software, Brooks/Cole, MathSoft und andere Anbieter unterstützen jeweils ihre eigenen Kunden. Mit den Installationsanweisungen sollte auch eine Telefonnummer und eine elektonische Mailadresse für technischen Beistand mitgeliefert sein. Die Adressen einiger Anbieter findet man auf Seite 68.

Hat man die eigene Maple-Kopie durch eine Sammellizenz erworben, sollte man sich zwecks technischer Beratung an den örtlichen technischen Vertreter oder an den Systemverwalter wenden.

Der Maple-Info-Server gibt Antworten auf einige oft gestellte Fragen und behandelt einige häufig vorkommende Probleme. Weitere Information findet man in Kapitel E (Seite 317).

H.3   Training

Auf Konferenzen, an Universitäten und in der Industrie werden häufig Arbeitssitzungen (Work-shops) zu Maple angeboten. Variable Symbols und Waterloo Maple Software bieten ebenfalls gegenwärtig Workshops an. Die Adresse von Variable Symbols findet man auf Seite 357 (unter „Nancy Blachman"). Die Adresse von Waterloo Maple Software befindet sich auf Seite 69.

H.4   Konferenzen

Der Maple Summer Workshop and Symposium (MSWS) ist eine sehr gute Maple-Informationsquelle. Dieser wird jährlich von Waterloo Maple Software gesponsert. Zur Konferenz gehören normaler-weise Kurse für Anfänger und fortgeschrittene Maple-Benutzer, Diskussionen über die Anwendung von Maple im Unterricht, Gastredner, sowie Präsentationen von Forschungsartikeln und Kontakt mit Entwicklern und technischem Beratungspersonal von Waterloo Maple Software. Um weitere Informationen über MSWS und andere Konferenzen über Maple zu erhalten, wende man sich an Waterloo Maple Software. (Die Adresse findet man auf Seite 69.)

Das International Symposium on Symbolic and Algebraic Computation (ISSAC) ist eine große jähr-lich stattfindende Konferenz, wo Forscher Algorithmen in Computeralgebra und die Entwicklung von Computeralgebrasystemen diskutieren.

H.5   Fehlt irgendetwas?

Wir hoffen wirklich, daß dieses Handbuch Ihnen dabei hilft, Maple effektiv zu benutzen. Wir haben versucht, alle wichtigen Informationen zu berücksichtigen und diese in logischer Form anzuordnen. Lassen Sie uns bitte wissen, wenn wir dieses Buch irgendwie verbessern können.

Nancy Blachman
Variable Symbols, Inc.
6537 Chabot Road
Oakland, CA 94618-1618
Email: nb@cs.stanford.edu
Fax: 510-652-8461
Telefon: 510-652-8462

Michael Mossinghoff
Department of Mathematics
University of Texas at Austin
Austin, TX 78712
Email: mossingh@math.utexas.edu

H.6   Über die Autoren

Nancy Blachman ist eine international bekannte Autorin und Instruktorin mathematischer Softwa-re. Ihr Buch *Mathematica: A Practical Approach* (Prentice Hall, 1992) ist das am meisten gekaufte Lehrbuch über Mathematica. Sie schrieb auch *Mathematica griffbereit, Version 2* (Vieweg, 1993) und wirkte an der Entwicklung des auf Macintosh HyperCard basierenden *Mathematica Help Stack* und der MS-Windows *Mathematica Help* mit. Nancy schreibt zur Zeit zusammen mit Cameron Smith das *Mathematica Graphics Guidebook* (Addison-Wesley, 1994). Sie gründete Variable Sym-bols, Inc., ein Unternehmen, welches sich auf Training und Beratung bezüglich mathematischer Software spezialisiert hat; sie ist zudem eine Instruktorin am Computer Science Department der St-anford University. Sie hat Abschlüsse in Mathematik, Operations Research und Computer Science von der University of Birmingham (England), der University of California, Berkeley und Stanford University.

Michael Mossinghoff ist ein Student an der University of Texas in Austin, wo er an seiner Pro-motion in Mathematik arbeitet. Er hat Mathematik-Vorlesungen an der Universität gehalten, sowie Workshops über Mathematica für Professoren und Studenten. Er hat einen Master of Science in Computer Science von Stanford University und einen Bachelor of Science in Mathematik von Te-xas A & M University. Seine Forschungsinteressen sind angewandte Zahlentheorie, diophantische Approximationen und Computeralgebrasysteme.

I   Verzeichnis wichtiger Begriffe

ALGOL 68 Eine historisch bedeutende Programmiersprache, die die Gestalt vieler moderner Programmiersprachen, darunter Pascal, Ada und Maples Programmiersprache, geprägt hat.

Alias Eine Abkürzung, die sowohl für die Maple-Eingabe als auch -Ausgabe von Maple-Ausdrücken benutzt wird. Die imaginäre Einheit `I` zum Beispiel ist in Maple tatsächlich ein Alias für `(-1)^(1/2)`. Ein Alias kann mit dem `alias`-Befehl definiert werden.

Anweisungstrenner Satzzeichen, welches aufeinander folgende Anweisungen in einer Maple-Sitzung oder einem Maple-Programm abtrennt. In Maple gibt es zwei Anweisungstrenner: das Semikolon (`;`) und den Doppelpunkt (`:`). Endet eine Anweisung mit einem Doppelpunkt, so wird ihr Ergebnis nicht ausgegeben. Siehe Seite 42.

Arbeitsblatt Ein Maple-Dokument, welches es dem Benutzer ermöglicht, Maple-Befehle und -Ergebnisse, Graphiken und erklärenden Text zu kombinieren. Arbeitsblätter erlauben ferner die Manipulation von Graphiken, den Wechsel von Zeichensätzen und die Vorgabe von Seitenumbrüchen. Man kann interaktive Lernprogramme und Dokumente von hoher Qualität mit Maple-Arbeitsblättern gestalten. Arbeitsblätter stellen die Standard-Benutzerschnittstelle von Maple V Version 2 und Version 3 auf allen Rechnern mit genügender Graphikfähigkeit dar. Siehe Seite 70.

Argumente Ausdrücke, die als Eingabe angegeben werden, wenn eine Funktion aufgerufen wird. Bei dem Funktionsaufruf `evalf(Pi, 25)` zum Beispiel, ist das erste Argument `Pi` und das zweite ist `25`. Diese werden auch aktuelle Argumente oder Aktualparameter genannt.

Assoziativität Die Auswertungsrichtung von Operatoren mit derselben Priorität in einem Ausdruck ohne Klammern. Zum Beispiel sind `*` und `/` linksassoziative Operatoren auf derselben Prioritätsebene, somit wird der Ausdruck `a*b/c` als `(a*b)/c` ausgewertet. Nichtassoziative Operatoren haben keine vorbestimmte Anordnungsregel, deshalb ist der Ausdruck `a^b^c` syntaktisch inkorrekt und kann nicht von Maple ausgewertet werden. Die Tabelle auf Seite 365 listet den Assoziativitätstyp für jeden Programmiersprachen- und neutralen Operator in Maple auf. Diese Eigenschaft bestimmt zusammen mit der Priorität wie Ausdrücke ausgewertet werden.

Ausdrucksfolge Eine durch Kommata abgetrennte Sammlung von Maple-Ausdrücken. Die leere Folge ist durch `NULL` gekennzeichnet. Siehe Seite 44.

Benutzerschnittstelle Eine der drei Hauptkomponenten des Maple-Systems. Im Gegensazt zu den beiden anderen Komponenten, dem Kern und der Maple-Bibliothek, kann die Benutzerschnittstelle auf verschiedenen Rechnern durchaus verschieden sein. Die Benutzerschnittstelle legt fest, wie der Benutzer interaktiv mit Maple während einer Sitzung kommuniziert. In Maple V Version 2 und Version 3 benutzen alle Rechner, die genügend graphikfähig sind, die Arbeitsblatt-Schnittstelle. Systeme ohne Graphik, wie einfache Textbildschirme, benutzen eine textorientierte Maple-Schnittstelle. Viele Maple V-Plattformen unterstützen auch eine graphische Schnittstelle (zum Beispiel unter X oder SunView), aber nur wenige haben eine Schnittstelle ähnlich der Arbeitsblatt-Schnittstelle (nämlich Macintosh und NeXT). Kapitel B, welches auf Seite 70 beginnt, beschreibt die wichtigsten Varianten der Maple-Benutzerschnittstellen.

Bereich Ein Maple-Ausdruck der Form $a..b$, welcher eine Menge von Zahlen zwischen a und b darstellt. Siehe Seite 45.

Binärer Operator Ein Operator, welcher nach zwei Argumenten verlangt. Binäre Programmiersprachenoperatoren in Maple werden in Infix-Schreibweise geschrieben, d. h., der Operator wird zwischen die beiden Argumente gestellt: zum Beispiel `a + b`. Neutrale Operatoren können ebenfalls in Infix-Schreibweise geschrieben werden: `a &^ b` zum Beispiel.

C Eine Programmiersprache, die von Dennis Ritchie entwickelt wurde; sie steht historisch in engem Zusammenhang mit dem Unix-Betriebssystem, ist heutzutage aber wegen ihrer Leistungsfähigkeit, Einfachheit und leichten Übertragbarkeit weitverbreitet. Maple kann Ausdrücke in C-Syntax übersetzen. Siehe Seite 64.

Einfache Zeichenkette (Simple String) Eine beliebige Kombination von Buchstaben, Zahlen und Zeichen, die mit einem Unterstrich beginnen. In Maple V Version 2 ist die maximale Länge der Kette auf 499 Zeichen beschränkt. In Maple V Version 3 ist diese Beschränkung aufgehoben. Siehe Seite 39.

Eqn Ein System zum Setzen von Gleichungen und mathematischen Formeln, welches zusammen mit dem `troff`-Programm des Unix-Systems zum Formatieren von Dokumenten benutzt wird. Maple kann Ausdrücke in `eqn`-Syntax übersetzen. Siehe Seite 64.

Escape-Zeichen Ein Zeichen, welches Maple anzeigt, daß die restlichen Zeichen der Eingabezeile besonders behandelt werden sollen. Es gibt vier Escape-Zeichen in Maple: #, \, ? und !. Ihre Bedeutungen sind in der Tabelle auf Seite 366 erklärt.

Feld Ein spezielle Tabelle, die durch einen Bereich aufeinanderfolgender ganzer Zahlen in jeder Dimension indiziert wird. Der englische Begriff lautet Array. Siehe Seite 50.

Formalparameter Die Namen, die zwischen den Klammern nach dem Wort `proc` in einer Prozedurendefinition auftauchen, oder die Namen, die auf der linken Seite eines Pfeiloperators zur Definition von Funktionen stehen oder auch die Namen, die nach dem ersten vertikalen Strich in einer Funktion in spitzen Klammern auftreten. Maple benutzt den Mechanismus *Aufruf durch ausgewerten Namen* zur Ersetzung formaler Parameter, wenn eine Prozedur oder Funktion aufgerufen wird: die aktuellen Argumente werden erst ausgewertet, dann wird jedes Auftreten eines Formalparameters im Rumpf der Prozedur oder Funktion durch den Wert des entsprechenden aktuellen Arguments ersetzt. Daraus folgend ist es nicht möglich, einem Formalparameter einen Wert innerhalb des Rumpfs einer Prozedur oder Funktion zuzuweisen, solange man nicht ein freies Symbol als entsprechenden Aktualparameter weitergibt.

FORTRAN Eine Programmiersprache, die sehr oft für numerische Aufgaben in Forschung und Technik verwendet wird. Maple kann Ausdrücke in FORTRAN-Syntax übersetzen. Siehe Seite 64.

FTP Das File Transfer Protocol, zwischen verschiedenen Rechnern verbunden durch das Internet. Kapitel E beschreibt, wie man Dateien mit Hilfe von FTP überträgt. Siehe Seite 317.

Globale Variable Eine Variable, deren Wert während der ganzen Maple-Sitzung bekannt ist. Jede Variable, welche in der Sitzung explizit zugewiesen wird, ist eine globale Variable. In Maple V Version 2 ist eine in einer Prozedur verwendete Variable eine globale Variable genau dann, wenn sie nicht explizit als `local` erklärt ist. In Maple V Version 3 kann eine in einer Prozedur benutzte Variable explizit als `global` erklärt werden. Eine innerhlab einer Prozedur undeklararierte Variable wird als global angesehen, wenn sie keine Indexvariable einer `for`- oder `seq`-Anweisung ist und falls sie nicht auf der linken Seite einer Zuweisung innerhalb der Prozedur auftritt. Maple erkennt auch einige globale Systemvariablen, wie die Saat für Zufallszahlen `_seed`. Eine globale Variable existiert, bis man sie explizit freigibt. Siehe Seite 41.

Hue Eine Art, eine Farbe in Maple für Graphiken auszuwählen. Ein Hue ist eine Farbe des Regenbogens, welche durch eine reelle Zahl zwischen 0 und 1 angegeben wird. Ein Hue-Wert 0 steht für rot; größere Werte ergeben das Spektrum von Orange,- Gelb-, Grün, Blau- und Indigo-Schattierungen; 1 steht für reines violett. Siehe Seiten 23 und 29.

In Hochkommata eingeschlossene Kette (Quoted String) Eine Kombination von Null oder mehr Zeichen, welche in Hochkommata eingeschlossen sind: aum Beispiel, `'name'`. In einer solchen Kette kan ein jedes Zeichen vorkommen, auch das Zeilenumbruchszeichen. Will man das schräggestellte Hochkomma selbst in die Kette einschließen, so muß man zwei aufeinanderfolgende Hochkommata eingeben, sobald man ein einzelnes schräggestelltes Hochkomma in einer Kette haben will. In Maple V Version 2 ist die maximale Länge einer Kette auf 499 Zeichen begrenzt. In Maple V Version 3 gibt es diese Beschränkung nicht mehr. Siehe Seite 39.

Kern Eine der drei Hauptkomponenten des Maple-Systems. Die anderen sind die Maple-Bibliothek und die Benutzerschnittstelle. Der Kern stellt das eigentliche Rechenwerk von Maple dar und besteht aus kompiliertem C-Code. Dieser wird immer dann geladen, wenn eine Maple-Sitzung gestartet wird. Funktionen, die im Kern implementiert sind (spracheigene Funktionen), sind immer ansprechbar, aber man kann sich ihren Quellcode nicht anschauen. Siehe Seite 53.

Konstante Eine numerische Konstante (eine ganze Zahl, Bruch, oder Gleitkommazahl), oder eine symbolische Konstante. Die symbolischen Konstanten in Maple sind `E`, `Pi`, `gamma`, `Catalan`, `I`, `true`, `false`, `FAIL`, und `infinity`. Siehe Seite 13.

LaTeX Eine spezielle, von Leslie Lamport geschriebene Version von TeX die mittels mehrerer hinzugefügter Befehle das Setzen von Ausdrücken erleichtert. Dieses Buch wurde mit LaTeX gesetzt. Maple kann Ausdücke in LaTeX Syntax übersetzen. Siehe Seite 64.

Liste Null oder mehr Ausdrücke, die durch Kommata abgetrennt und in eckige Klammern [ ] eingeschlossen sind. Eine Liste kann Duplikate enthalten und die Anordnung ihrer Elemente wird vom System niemals verändert. Siehe Seite 46.

Lokale Variable In Maple V Version 2, ist eine Variable lokal zu einer Prozedur genau dann, wenn sie explizit als `local` deklariert ist. In Maple V Version 3 ist eine Variable, welche weder als `local` noch `global` deklariert wurde, eine lokale Variable, falls sie die Indexvariable einer `for`- oderr `seq`-Anweisung ist oder falls sie auf der linken Seite einer Anweisung innerhalb der Prozedur auftritt. Der Wert einer lokalen Variablen ist nur innerhalb der Prozedur bzw. Funktion bekannt, in der sie definiert wurde und ist vom Wert einer globalen Variablen mit demselben Namen unabhängig. Die folgende Prozedur zum Beispiel deklariert zwei lokale Variablen a und b (und einen formalen Parameter, x):

```
proc(x) local a,b; anweisungsfolge end;
```

Maple V Version 2 sowie frühere Versionen lassen lokale Variablendeklarationen auch in Pfeilfunktionen zu:

```
x -> local a,b; ausdruck;
```

Alle Versionen erlauben lokale Variablen innerhalb Funktionen, die in spitzen Klammern definiert wurden:

```
< ausdruck | x | a,b >;
```

Maple-Bibliothek Eine der drei Hauptkomponenten des Maple Systems. Die anderen sind der Kern und die Benutzerschnittstelle. Die Maple-Bibliothek enthält den Großteil von Maples mathematischen Routinen und ist in Maples eigener Programmiersprache geschrieben. Man kann den Quellcode einer beliebigen Funktion der Maple-Bibliothek inspizieren. Die Maple-Bibliothek zerfällt in drei Teile: Standard-Bibliotheksfunktionen, Sonstige Bibliotheksfunktionen und Pakete. Siehe Seite 53.

Maple V Eine Version von Maple, die erstmals im September des Jahres 1991 veröffentlicht wurde.

Maple V Version 2 Eine Version von Maple, die erstmals im November des Jahres 1992 veröffentlicht wurde. Maple V Version 2 umfaßt neue und erweiterte mathematische Routinen, effektivere numerische Algorithmen, mathematische Ausgabe, die Arbeitsblattschnittstelle, einen Browser zum Anzeigen von Hilfsstichworten, etliche neue Graphikroutinen und -optionen, verbesserte Eingabe und Ausgabe und mehrere neue Pakete.

Maple V Version 3 Eine Version von Maple, die erstmal im März 1994 veröffentlicht wurde. Maple V Version 3 enthält zusätzliche Hilfsbefehle, erweiterte Plotoptionen, Schutz gegen die Zuweisung von Systemnamen, erweiterte Routinen zur Verarbeitung von Zeichenketten, sowie Verbesserungen zu vielen mathematischen Funktionen und Paketen, darunter Integration, algebraische Manipulation, Differentialgleichungen, Laplacetransformationen, Vektoranalysis, das Lösen von Gleichungen, Statistik, und Zahlentheorie.

March Ein Systemprogramm, welches mit Maple V Version 2 und Version 3 mitgeliefert wird; es erzeugt und verwaltet Archive für Maple-Routinen. Die Maple-Bibliothek ist eine einfache Archivdatei in Maple V Version 2 und Version 3.

Mathematica Ein Computeralgebrasystem, welches von Wolfram Research, Inc entwickelt wurde. Mathematica und Maple haben ähnliche Fähigkeiten.

Matrix Ein spezielles zweidimensionales Feld, dessen Index bei 1 beginnt für beide Dimensionen. Siehe Seite 50.

Menge Keine oder mehrere Ausdrücke, die durch Kommata getrennt in geschweifte Klammern { } eingeschlossen sind. Eine Menge kann keine Duplikate enthalten und ihre Elemente können vom System umgeordnet werden. Siehe Seite 49.

Mint Ein Programm zur Diagnostik, welches zusammen mit Maple geliefert wird; es erkennt syntaktische Fehler, weist auf potentielle Programmierfehler hin und verfolgt den Gebrauch globaler und lokaler Variablen innerhalb von Maple-Programmen. Siehe Seite 60.

Neutraler Operator Ein Operator, der mit einem Klammeraffen (&) beginnt. Der Rest kann eine beliebige einfache Zeichenkette oder eine Folge von nichtalphanumerischen Zeichen aus der folgenden Liste sein: +-*/^=<>?!"., @%$~. Beispielsweise sind &myop und &++% gültige neutrale Operatoren. Maple erzwingt für neutrale Operatoren keine feste Semantik. Man kann Prozeduren zur Manipulation von Ausdrücken definieren, die solche Operatoren enthalten. Maple benutzt den neutralen Operator &*, um nichtkommutative Multiplikation, darunter Matrixmultiplikation, anzuzeigen und benutzt &^ in zwei Zusammenhängen: als formale Exponentiation zusammen mit mod und als das Dachprodukt in liesymm und anderen Paketen. Neutrale Operatoren können in unärer Präfixform, binärer Infixform oder der gewöhnlichen Funktionsaufrufform geschrieben werden.

Nichtassoziativer Operator Ein Operator ohne Gruppierungsregel. Für einen Ausdruck mit zwei oder mehreren aufeinanderfolgenden nichtassoziativen Operatoren derselben Priorität muß man Klammern angeben, um klarzumachen, in welcher Reihenfolge die Operation ausgeführt werden soll. Zum Beispiel stellt a^b^c einen Syntaxfehler dar. Man muß stattdessen (a^b)^c oder a^(b^c) schreiben. In der Tabelle auf Seite 365 findet man den Typ der Assoziativität für jede Programmiersprache sowie die neutralen Operatoren in Maple.

Null-Operator Ein Operator, der keine Argumente benötigt. In Maples Programmiersprache gibt es drei solcher Operatoren: ", " " und " " ", welche dazu benutzt werden, auf die drei letzten Ergebnisse zuzugreifen. Siehe Seite 364.

Operator Eine Prozedur oder ein Funktionsname, ein Pfeilausdruck, ein Funktionsausdruck in spitzen Klammern, ein neutraler oder ein Programmiersprachenoperator, bzw. eine Kombinationen dieser.

Option Ein optionales Argument für eine Funktion. Optionen stehen nach den zwingend verlangten Argumenten und sind oft von der Form *name=wert*. Zum Beispiel ist die Option scaling=CONSTRAINED eine Option, die an die plot-Funktion (siehe Seite 20) gegeben werden kann. Optionen können in beliebiger Reihenfolge auftreten.

Paket Eine Tabelle mit Prozeduren als Einträgen. Die Maple-Bibliothek enthält viele Pakete, die Hunderte von oft vorkommenden Operationen und Algorithmen aus diversen Bereichen der Mathematik implementieren. Man kann sich den Quellcode einer jeden in einem Paket definierten Funktion anschauen. Es gibt verschiedene Möglichkeiten, Funktionen aus Maple-Bibliothekspaketen einzuladen und zu benutzen. Um zum Beispiel die display-Funktion des plots-Pakets aufrufen zu können, kann man den langen Funktionsnamen plots[display] benutzen. Man kann aber auch diese Funktion erst mit with(plots, display) einladen, oder auch alle Funktionen des Pakets auf einmal einladen und zwar mittels with(plots). Danach ruft man dann einfach display auf. Siehe Seiten 54 und 331.

Pascal Eine prozedurale Programmiersprache, die von Niklaus Wirth entwickelt wurde und ursprünglich zum Lehren der strukturierten Programmierung dienen sollte. Sie wird oft in einführenden Programmierkursen gelehrt und ist heutzutage besonders auf Personalcomputern weitverbreitet. Die Syntax von Maples Programmiersprache ist in vielerlei Hinsicht der von Pascal ähnlich.

Portabel Einfach übertragbar von einem Rechner auf einen anderen. Maple-Befehle und -Programme sind so gestaltet, daß sie auf alle unterstützten Plattformen übertragbar sind.

Priorität Die Bindungskraft eines Programmiersprachen- oder neutralen Operators. Priorität und Assoziativität bestimmen die Auswertungsreihenfolge in einem Ausdruck ohne Klammern zur expliziten Gruppierung. Operator höherer Priorität werden zuerst ausgewertet, somit wird a := b . 3 + 2 * c ausgewertet als a := ((b . 3) + (2 * c)). Auf Seite 365 befindet sich eine Prioritätstabelle für alle Programmiersprachen- und neutralen Operatoren in Maple.

Programmiersprachenoperator Ein spracheigener Operator zur Erzeugung von Ausdrücken wie +, < oder `union`. Eine vollständige Liste aller Programmiersprachenoperatoren befindet sich in der Tabelle auf Seite 364. Programmiersprachenoperatoren sind entweder Null, unär oder binär.

Prozedurale Programmierung Eine Programmiertechnik, bei der eine Funktion oder Prozedur als eine Abfolge von Schritten geschrieben wird. Maple hat eine prozedurale Programmiersprache mit einer Syntax, die ähnlich der von ALGOL 68 und Pascal ist.

Rekursive Funktion Eine Funktion, die sich selbst aufruft, sei es direkt oder durch eine zwischenzeitlich aufgerufene dritte Funktion. Maple erlaubt rekursive Funktionen.

RGB Die rot-grün-blau Kodierungsmethode zur Auswahl einer Farbe in Maple-Graphiken. Man kann jede beliebige Farbe auswählen, indem man die entsprechenden drei Komponentenintensitäten r, g und b als reelle Zahlen zwischen 0 und 1 auswählt, wobei 0 für keinen Beitrag der Komponente und 1 für die volle Intensität steht. Siehe Seiten 24 und 30.

Satzzeichen Ein Zeichen zur Abgrenzung vonm Ausdrücken, Anweisungen oder Datenstrukturen in Maple. Die Satzzeichen in Maple sind `;` `:` `'` `` ` `` `(` `)` `[` `]` `{` `}` `<` `|` `>`. Ihre Bedeutung findet man in der Tabelle auf Seite 366.

Schema Das Schema für einen Befehl gibt an, wieviele Argumente die Funktion benötigt und von welchem Typ diese sein müssen. Das Schema `iquo(m, n)` zeigt zum Beispiel an, daß die ganzzahlige Quotientenfunktion zwei ganze Zahlen als Argumente benötigt. Kapitel D, welches auf Seite 120 beginnt, beinhaltet Schemata für alle Maple-Befehle.

Schlüsselwort Ein reserviertes Wort, welches zum Formulieren von Maple-Anweisungen benötigt wird. Ein Schlüsselwort kann kein gültiger Variablenname sein. Die Schlüsselworte in Maple sind `and`, `by`, `do`, `done`, `elif`, `else`, `end`, `fi`, `for`, `from`, `if`, `in`, `intersect`, `local`, `minus`, `mod`, `not`, `od`, `option`, `options`, `or`, `proc`, `quit`, `read`, `save`, `stop`, `then`, `to`, `union` und `while`.

Share-Bibliothek Eine Sammlung frei erhältlicher Maple-Programme und -Dokumente. Die Share-Bibliothek stellt die aktuellste Quelle dar für vorgenommene Korrekturen von fehlerhaften Maple-Bibliotheksroutinen, Maple-Code für diverse Anwendungen, der von Autoren in der ganzen Welt zur Verfügung gestellt wurde und verschiedene Dokumente, darunter Einführungen und Informationen zu der neuesten Maple-Version. Teile der Maple-Share-Bibliothek werden zusammen mit Maple geliefert und gewöhnlich in einem Verzeichnis namens „share" installiert. Wie man eine Kopie der aktuellen Version der Share-Bibliothek erhalten kann, ist in Kapitel E (Seite 308) beschrieben.

Sitzung Eine interaktive Anwendung von Maple, vom Anfang bis zum Ende. Ergebnisse, die man während einer Sitzung berechnet, muß man explizit vor Verlassen der Sitzung abspeichern, wenn man sie in einer künftigen Sitzung wieder benutzen will. Siehe Seite 3.

Sonstige Bibliotheksfunktion Eine Funktion der Maple-Bibliothek, die explizit mit `readlib` eingeladen werden muß, bevor sie in einer Sitzung benutzt werden kann. Man kann sich den Quellcode einer Sonstigen Bibliotheksfunktion anschauen. Siehe Seite 56.

Spracheigenene Funktion Eine im Maple-Kern definierte Funktion, also eine Funktion, die immer zur Verfügung steht. Spracheigenene Routinen sind die Implementationen besonders wichtiger Maple-Routinen, wie z. B. Arithmetik und Parsen von Ausdrücken. Der Code einer spracheigenen Funktion kann nicht inspiziert werden. Siehe Seite 53.

Standard-Bibliotheksfunktion Eine Funktion der Maple-Bibliothek, welche automatisch in die Sitzung eingeladen wird, sobald sie benötigt wird. Man kann sich den Quellcode einer jeden Standard-Bibliotheksfunktion anschauen. Siehe Seite 54.

Starre Funktion Eine formale Funktion, welche einen mathematischen Ausdruck darstellt. Diese Funktion führt keine Berechnungen durch. Zum Beispiel ergibt `Int(cos(x), x)` $\int \cos x \, dx$. In Maple beginnen alle starren Funktionen mit einem Großbuchstaben (allerdings sind nicht alle Funktionen, die mit einem Großbuchstaben beginnen, starr). Siehe Seite 5.

Symbolic Computation Group Eine Forschungsgruppe im Department of Computer Science der University of Waterloo, die von Keith Geddes und Gaston Gonnet im Jahre 1980 gegründet wurde. Die Symbolic Computation Group entwickelt Maple und ist ein bedeutender Forschungsschwerpunkt im Bereich der Computeralgebra.

Tabelle Eine allgemeine multidimensionale Datenstruktur in Maple, welche durch eine beliebige Zeichenkette bzw. einen beliebigen Ausdruck indiziert werden kann. Siehe Seite 52.

Teilpaket Ein Paket, welches innerhalb eines anderen Pakets definiert ist. In Maple V Version 3 sind die meisten Funktionen des `stats`-Pakets in Teilpakete aufgeteilt. Der `with`-Befehl lädt Teilpakete genauso ein wie Pakete. Um zum Beispiel die `mean`-Funktion aus dem `display`-Teilpaket von `stats` aufzurufen, kann man den langen Funktionsnamen `stats[describe, mean]` verwenden. Man kann aber auch erst `with(stats)` eingeben und dann `describe[mean]` benutzen. Im Gegensatz dazu kann man auch `with(stats)` gefolgt von `with(describe)` eingeben und dann einfach `mean` aufrufen. Siehe Seite 56.

TEX Ein System, welches von Donald Knuth zum Setzen von Büchern und Dokumenten entwickelt wurde; es ist besonders auf mathematische Bücher und Dokumente zugeschnitten.

Token Syntaktische Komponente eines Maple-Ausdrucks oder einer Maple-Anweisung. Tokens in Maple sind ganze Zahlen, Zeichenketten, Programmiersprachenoperatoren, Schlüsselworte und Satzzeichen.

Ulps „Units in the last place", also Einheiten in der letzten Stelle. Dies ist eine Einheit zum Testen auf angenäherte Gleichheit von Gleitkommazahlen in Maple; diese wird in Befehlen wie `testfloat` benutzt. Für eine gegebene Gleitkommazahl s, stellt ein ulp die Änderung um ± 1 in der $n$ten signifikanten Stelle von s dar, wobei n der aktuelle Wert von `Digits` ist. Wenn zum Beispiel `Digits` gleich 5 ist, so ist 1.2345 ein ulp von 1.2344 und 1.2346 entfernt.

Umgebungsvariable Eine spezielle Klasse globaler Variablen, die lokal verändert werden können, ohne den globalen Wert zu verändern. Man kann eine Umgebungsvariable innerhalb einer Prozedur umsetzen, wobei sie aber beim Ausstieg aus dieser Prozedur wieder auf den alten Wert zurückgesetzt wird. Die spracheigenen Umgebungsvariablen in Maple sind `Digits`, `'mod'`, `Normalizer`, `printlevel`, und `Testzero`. Jede mit `_Env` beginnende Variable ist ebenfalls eine Umgebungsvariable.

Unärer Operator Ein Operator, der nach einem Argument verlangt. Die meisten unären Programmiersprachenoperatoren in Maple werden in Präfixschreibweise geschrieben: zum Beispiel `-3`. Einige werden in Postfixschreibweise dargestellt: zum Beispiel `4!`. Neutrale Operatoren können in unärer Präfixschreibweise dargestellt werden.

Variable Symbols, Inc. Ein Unternehmen, welches im Jahre 1989 von Nancy Blachman gegründet wurde; es bietet Training und Werkzeuge (Tools) an, um die Benutzung technischer Software wie Maple zu erleichtern. Variable Symbols, Inc., 6537 Chabot Road, Oakland, CA 94618, Fax 001-510-652-8461, Telefon 001-510-652-8462.

Vektor Ein spezielles eindimensionales Feld, dessen Index bei 1 beginnt. Siehe Seite 50.

X Ein auf Fenstern basierendes System, welches am Massachusetts Institute of Technology entwickelt wurde und auf vielen Arbeitsplatzrechnern weitverbreitet ist.

Zeichenkette Eine einfache (simple) oder eine in Hochkommata eingeschlossene (quoted) Zeichenkette. Jede Zeichenkette stellt einen gültigen Variablennamen dar, mit Ausnahme einer Kette, die mit einem geschützten Namen übereinstimmt. In Maple V Version 3 sind die meisten Systemnamen geschützt; in Version 2 sind nur Schlüsselworte und gewisse symbolische Kontanten geschützt. In Version 3 ist die Länge einer Kette uneingeschränkt, in Version 2 ist die maximale Länge auf 499 Zeichen festgesetzt. Siehe Seite 39.

J   Tabellen

J.1   Null-Operatoren

Maple enthält drei Programmiersprachenoperatoren, die überhaupt keine Argumente benötigen. Dies sind die „ditto"-Operatoren.

Operator	Beschreibung
"	Letztes Ergebnis
" "	Vorletztes Ergebnis
" " "	Vorvorletztes Ergebnis

J.2   Operatorpriorität

Maple enthält viele unäre und binäre Operatoren. Die folgende Tabelle listet alle Programmiersprachenoperatoren sowie die neutralen Operatoren in Maple, die ein oder zwei Argumente benötigen. (Die neutralen Operatoren sind solche, welche mit einem Ampersand, & beginnen.) Die Operatoren sind nach ihren Prioritäten geordnet aufgelistet, die mit der höchsten Priorität zuerst. Der Operator mit der höchsten Priorität ist die Verkettung oder der Dezimalpunkt; der mit der niedrigsten ist die Zuweisung. Operatoren, die in derselben Schachtel vorkommen, haben auch dieselbe Priorität. In der Tabelle findet man auch die Assoziativitätsregeln für jeden Operator. Da zum Beispiel die binären Operatoren + und - linksassoziativ sind und dieselbe Priorität besitzen, wird der Ausdruck $x + y - z$ berechnet als $(x + y) - z$ und $x - y + z$ als $(x - y) + z$. Nichtassoziative Operatoren gehorchen keiner Gruppierungsregel, deshalb führt $x\hat{\ }y\hat{\ }z$ zu einem Syntaxfehler. Die meisten unären Operatoren in Maple sind Präfixoperatoren: zum Beispiel die Negation (-3). Die einzigen Ausnahmen sind Fakualtät (4 !) sowie manchmal der Dezimalpunkt (5 .), wie in der Tabelle vermerkt.

Operator	Typ	Name	Assoziativität
.	binär	Verkettung (linker Operand ist Zeichenkette)	linksassoziativ
.	binär	Dezimalpunkt	
.	unär	Dezimalpunkt (Präfix oder Postfix)	
%	unär	Bezeichnung	nichtassoziativ
&kette	binär	Neutraler Operator	linksassoziative
&kette	unär	Neutraler Operator	
!	unär	Fakultät (Postfix)	linksassoziativ
^		Exponentiation	
**	binär	Exponentiation	nichtassoziativ
@@		Wiederholte Komposition	
*		Multiplikation	
&*		Nichtkommutative Multiplikation	
/	binär	Division	linksassoziativ
@		Komposition	
intersect		Schnitt von Mengen	
+	binär	Addition	
+	unär	Plus	
-	binär	Subtraktion	linksasoziativ
-	unär	Negation	
union	binär	Vereinigung von Mengen	

Operator	Typ	Name	Assoziativität
`minus`	binär	Subtraktion von Mengen	
`mod`	binär	Modulo	nichtassoziativ
`..`	binär	Ellipsis (Bereich)	nichtassoziativ
`<`		Kleiner als	
`<=`		Kleiner als oder gleich	
`>`	binär	Größer als	nichtassoziativ
`>=`		Größer als oder gleich	
`=`		Gleich	
`<>`		Nicht Gleich	
`$`	binär	Folge	nichtassoziativ
`$`	unär	Folge	
`not`	unär	Logische Verneinung	rechtsassoziativ
`and`	binär	Logische Konjunktion	linksassoziativ
`or`	binär	Logische Disjunktion	linksassoziativ
`->`	binär	Pfeil (Funktion)	rechtsassoziativ
`,`	binär	Komma (Ausdrucksfolge)	linksassoziativ
`:=`	binär	Zuweisung	nichtassoziativ

J.3 Satzzeichen

Maple enthält mehrere Satzzeichen zum Beenden von Anweisungen, Ausdrücken, Funktionen, Zeichenketten und Datenstrukturen.

Satzzeichen	Beschreibung
`;`	Anweisungstrenner
`:`	Anweisungstrenner, gib Ergebnis nicht aus
`` `zeichen` ``	Wörtlich genommene Zeichenkette
`'ausdr'`	Verzögere die Auswertung von ausdr
`( )`	Gruppierung von Ausdrücken
`f(args)`	Funktionsaufruf
`[ e1, e2, ... ]`	Liste
`ausdr[ sub ]`	Auswahloperation
`{ e1, e2, ... }`	Menge
`(| |)`	Alternativ zu `[ ]`
`(* *)`	Alternativ zu `{ }`
`< ausdr >`	Funktion in spitzen Klammern
`< ausdr | vars >`	Funktion in spitzen Klammern
`< ausdr | vars | lokalvars >`	Funktion in spitzen Klammern

J.4 Escape-Zeichen

Ein *Escape-Zeichen* zeigt an, daß der Text auf der Zeile auf besondere Weise verarbeitet werden soll.

Zeichen	Position	Beschreibung
`#`	beliebig	Rest der Zeile ist Kommentar
`\`	Ende der Zeile	Fortsetzung der Zeile
`\`	Nicht am Ende der Zeile	Kein Effekt (zur besseren Lesbarkeit)
`?`	Zeilenanfang	Hilfe
`!`	Zeilenanfang	Befehl des unterliegenden Betriebssystems

Das escape-to-host-Zeichnen `!` zum Zugriff auf das unterliegende Betriebssystem wird nicht von allen Maple-Plattformen unterstützt.

Das Maple Arbeitsbuch

von Elkedagmar Heinrich und Hans-Dieter Janetzko

1995. X, 263 Seiten mit 72 Abbildungen
und 55 Übungsaufgaben. Kartoniert.
ISBN 3-528-06591-5

Aus dem Inhalt: Inhalt: Einführung – Analysis – Integral-
rechnung – Algebra – Graphik – Maple als Programmiersprache.

Computeralgebra-Pakete finden immer mehr Verbrei-
tung und werden auch in höherem Maße schon in der
Mathematik-Ausbildung von Studenten an Fachhoch-
schulen und Universitäten verwendet. Analog zum Lehrbuch derselben Autoren zu Mathematica lernt der Leser
das Programmpaket nicht als Selbstzweck, sondern als
Werkzeug zum Lösen seiner mathematischen Probleme
kennen. Darüber hinaus erfährt er, wo Maple an seine
Grenzen gelangt und mit welchen Kniffen man seine
Fähigkeiten voll ausnutzen kann.

Über die Autoren: Prof. Dr. Elkedagmar Heinrich und
Dipl.-Math. Hans-Dieter Janetzko lehren beide an der
Fachhochschule Konstanz das Fach Mathematik.

Verlag Vieweg · Postfach 15 46 · 65005 Wiesbaden